国家级线下一流本科课程《力学导论》配套教材
航空宇航科学与技术教材出版工程

教育部高等学校航空航天类专业
教学指导委员会推荐教材

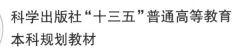
科学出版社"十三五"普通高等教育
本科规划教材

教育部高等学校力学类专业
教学指导委员会推荐教材

力 学 导 论

An Overview of Mechanics

杨卫 赵沛 王宏涛 著

科 学 出 版 社
北 京

内 容 简 介

本书是著者在浙江大学讲授通识课程《力学导论》两年后凝练出的教材。现阶段力学学科知识日益固结的现状与现代高等教育的冲突逐渐明显,特别是力学研究涉及对象的复杂性和学科交叉性越来越突出,并出现了一系列处于科学前沿的新问题和新领域。著者希望能够通过这样一本导论性质的教材,梳理力学过去、现在和未来的主要发展脉络,并能够体现力学的严谨和博大、力学知识的真善美。

本书主要面向本科生、研究生,以及希望了解力学全貌的同等学力者,旨在为互联网时代有志于力学的初学者提供一个具有启发性的、全视野的学科拓展知识平台。

图书在版编目(CIP)数据

力学导论 / 杨卫,赵沛,王宏涛著. —北京:科学出版社,2020.11(2024.7重印)
航空宇航科学与技术教材出版工程
科学出版社"十三五"普通高等教育本科规划教材
ISBN 978-7-03-066698-7

Ⅰ.①力… Ⅱ.①杨… ②赵… ③王… Ⅲ.①力学—高等学校—教材 Ⅳ.①O3

中国版本图书馆 CIP 数据核字(2020)第 214740 号

责任编辑:潘志坚 徐杨峰 / 责任校对:谭宏宇
责任印制:黄晓鸣 / 封面设计:殷 靓

科 学 出 版 社 出版
北京东黄城根北街 16 号
邮政编码:100717
http://www.sciencep.com

南京展望文化发展有限公司排版
苏州市越洋印刷有限公司印刷
科学出版社发行 各地新华书店经销

*

2020 年 11 月第 一 版 开本:787×1092 1/16
2024 年 7 月第 三 次印刷 印张:32 3/4
字数:603 000

定价:128.00 元
(如有印装质量问题,我社负责调换)

航空宇航科学与技术教材出版工程
专家委员会

航空宇航科学与技术教材出版工程
编写委员会

丛书序

　　我在清华园中出生,旧航空馆对面北坡静置的一架旧飞机是我童年时流连忘返之处。1973 年,我作为一名陕北延安老区的北京知青,怀揣着一张印有西北工业大学航空类专业的入学通知书来到古城西安,开始了延绵 46 年矢志航宇的研修生涯。1984 年底,我在美国布朗大学工学部固体与结构力学学门通过 Ph. D 的论文答辩,旋即带着在 24 门力学、材料科学和应用数学方面的修课笔记回到清华大学,开始了一名力学学者的登攀之路。1994 年我担任该校工程力学系的系主任。随之不久,清华大学委托我组织一个航天研究中心,并在 2004 年成为该校航天航空学院的首任执行院长。2006 年,我受命到杭州担任浙江大学校长,第二年便在该校组建了航空航天学院。力学学科与航宇学科就像一个交互传递信息的双螺旋,记录下我的学业成长。

　　以我对这两个学科所用教科书的观察:力学教科书有一个推陈出新的问题,航宇教科书有一个宽窄适度的问题。20 世纪 80~90 年代是我国力学类教科书发展的鼎盛时期,之后便只有局部的推进,未出现整体的推陈出新。力学教科书的现状也确实令人扼腕叹息:近现代的力学新应用还未能有效地融入力学学科的基本教材;在物理、生物、化学中所形成的新认识还没能以学科交叉的形式折射到力学学科;以数据科学、人工智能、深度学习为代表的数据驱动研究方法还没有在力学的知识体系中引起足够的共鸣。

　　如果说力学学科面临着知识固结的危险,航宇学科却孕育着重新洗牌的机遇。在军民融合发展的教育背景下,随着知识体系的涌动向前,航宇学科出现了重塑架构的可能性。一是知识配置方式的融合。在传统的航宇强校(如哈尔滨工业大学、北京航空航天大学、西北工业大学、国防科技大学等),实行的是航宇学科的密集配置。每门课程专业性强,但知识覆盖面窄,于是必然缺少融会贯通的教科书之作。而 2000 年后在综合型大学(如清华大学、浙江大学、同济大学等)新成立的航空航天学院,其课程体系与教科书知识面较宽,但不够健全,即宽失于泛、窄不概全,缺乏军民融合、深入浅出的上乘之作。若能够将这两类大学的教育名家聚集于一堂,互相切磋,是有可能纲举目张,塑造出一套横跨航空和宇航领域,体系完备、粒度适中的经典教科书。于是在郑耀教授的热心倡导和推动下,我们聚得22所高校和5个工业部门(航天科技、航天科工、中航、商飞、中航发)的数十位航宇专家为一堂,开启"航空宇航科学与技术教材出版工程",在科学出版社的大力促进下,为航空与宇航一级学科编纂这套教科书。

考虑到多所高校的航宇学科,或以力学作为理论基础,或由其原有的工程力学系改造而成,所以有必要在教学体系上实行航宇与力学这两个一级学科的共融。美国航宇学科之父冯·卡门先生曾经有一句名言:"科学家发现现存的世界,工程师创造未来的世界……而力学则处在最激动人心的地位,即我们可以两者并举!"因此,我们既希望能够表达航宇学科的无垠、神奇与壮美,也得以表达力学学科的严谨和博大。感谢包为民先生、杜善义先生两位学贯中西的航宇大家的加盟,我们这个由18位专家(多为两院院士)组成的教材建设专家委员会开始使出十八般武艺,推动这一出版工程。

因此,为满足航宇课程建设和不同类型高校之需,在科学出版社盛情邀请下,我们决心编好这套丛书。本套丛书力争实现三个目标:一是全景式地反映航宇学科在当代的知识全貌;二是为不同类型教研机构的航宇学科提供可剪裁组配的教科书体系;三是为若干传统的基础性课程提供其新貌。我们旨在为移动互联网时代,有志于航空和宇航的初学者提供一个全视野和启发性的学科知识平台。

这里要感谢科学出版社上海分社的潘志坚编审和徐杨峰编辑,他们的大胆提议、不断鼓励、精心编辑和精品意识使得本套丛书的出版成为可能。

是为总序。

2019 年于杭州西湖区求是村、北京海淀区紫竹公寓

前　言

　　我一生中有大半辈子与力学和航空航天有关。我生于清华园。1958年,清华大学工程力学系建系之际,我是一个出没在古月堂、工字厅的幼儿园顽童,昔日航空馆对面山坡前放置的老式飞机是我流连忘返之处。1973年,我作为一名工农兵学员,从插队落户的陕北延川县来到西北工业大学这所以三航——"航空、航天、航海"奉为立校根基的大学就读。1978年,我成为清华大学工程力学系"文革"后的第一届研究生,深刻体会到通过黄克智老师的口试之难;同年,张维先生为我写推荐信到美国布朗大学留学,主修固体与结构力学。1984年底,我成为清华大学工程力学系的一名新教师。1988年,我作为工程力学系的一名青年教师,获得了自己学术生涯中第一个人才奖励称号——青年科技奖。1996年,我已经是清华大学工程力学系的系主任,正在与本系的同事们(如梁新刚老师、符松老师、李俊峰老师等)和当时在其他院系的同仁们(如龚克老师、尤政老师、陆建华老师、李路明老师等)一起,探索如何在清华大学重建航天航空学科。2003年,我有幸当选为中国科学院院士。我们在2004年成立了清华大学航天航空学院,由王永志先生担任院长,我担任常务副院长,梁新刚老师担任党委书记。之后不久,我被教育部抽调到国务院学位办工作,并在2006年被任命为浙江大学校长。2007年,我们在浙江大学以工程力学系为基础,重建了航空航天学科。2013年,我担任国家自然科学基金委主任,回到北京。2018年,我卸任基金委主任,重返力学与航空航天。

　　1956年创建的清华大学工程力学班,承蒙钱学森先生、郭永怀先生相继主持,到1958年已经引发了我国理工科大学中一批工程力学系的奠基,标志着新中国起步初期,由理工主导、全面起飞时代的到来。清华大学航空系也从冯·卡门参与过的抗战中建系的峥嵘岁月,到院系调整时的骤然调出,再到2004年重新恢复航空航天学科。航空-力学的几代学者们,从早期中国积贫积弱时立志自强的航空梦,到1958年时横跨理工、剑指航天的工程力学梦,再到新世纪发生在我国一流理工科大学新的航天航空梦(目前我国已经有近50所大学设航空航天学科),80年的跌宕起伏,令人浮想联翩,夜不能寐。

　　从现代高等教育的角度来看,力学学科面临着知识固结的危险,而航空航天学科却又在新的进展下,尤其是在军民融合发展的教育体系下,出现了重塑架构的可能性。在科学出版社的大力促进下,我们开始编纂这套航空与宇航一级学科的丛书,实乃及时之举。对力学这个一级学科来讲,一直需要一本能够简明地概述其主要内容,点出力学过去、现在和未来的主要发展脉络的导论性质的书,能够体现力学的严谨和博大、力学知识的真善美。在目前专业设置逐渐宽化,学科交叉日益受到重视的情景下,这样一本教科书或导论式的参考书似有必要。作为中国力学学会的第十任理事长,亲力做好此事也确有尽职之责。

因此,在导论课之由、航宇课程建设之需、科学出版社之邀下,我和我在浙江大学交叉力学中心的同事赵沛副教授和王宏涛教授一起,为实现这一个"小目标"而携手向前。我们旨在为移动互联网时代,有志于力学的初学者提供一个全视野、简明款、启发性的理性思维与学科拓展知识平台。书中第 1、2、3、9、10、15、19 章由赵沛完成,第 6、8、18 章由王宏涛完成,其余各章及全书的通稿由杨卫完成。书中的一些绘图工作由常若菲女士协调完成。本书的部分图片来自互联网,原始出处不详,如有侵权,请联系作者。

是为前言。

2020 年春于杭州西湖区求是村、北京海淀区紫竹公寓

目　录

丛书序
前言

引言 ……………………………………………………………………………… 001
  0.1　力学之哲学思考 ……………………………………………………… 001
  0.2　力学之基础作用 ……………………………………………………… 003
  0.3　力学之桥梁作用 ……………………………………………………… 004
  0.4　力学之交叉作用 ……………………………………………………… 004
  0.5　力学之量化作用 ……………………………………………………… 005
  0.6　力学之方法论 ………………………………………………………… 006
  0.7　力学的奠基、辐射到嬗变 …………………………………………… 007
  参考文献 …………………………………………………………………… 008
  思考题 ……………………………………………………………………… 008

第一篇　力学往事——力学 1.0：学科的建构

第 1 章　牛顿力学 ………………………………………………………………… 013
  1.1　形体力学——墨子、亚里士多德、阿基米德 ……………………… 013
    第一推动·亚里士多德·给我一个支点·托勒密的地球中心说·《墨辩》·
    张衡的浑天说和地动仪
  1.2　文艺复兴时的力学——达·芬奇、哥白尼、开普勒、伽利略 ……… 017
    达·芬奇的早期工程研究·哥白尼的太阳中心说·开普勒的天文数据与
    三定律·伽利略的运动学说与悬臂梁
  1.3　质点力学——万有引力与牛顿三定律 ……………………………… 022
    牛顿与《自然哲学的数学原理》·万有引力与开普勒的天文数据·胡克与

牛顿的争论 · 牛顿力学的近现代推广 · 力的解释

1.4　分析工具——解析几何、微积分与微分方程 ·················· 027
笛卡儿坐标系 · 微积分与微分方程

1.5　哲学思考——确定性与混沌、量子坍缩 ···················· 029
确定性原理 · 混沌的发生 · 蝴蝶效应 · 量子坍缩 ·《原理》300 年诞辰上
力学家的道歉

参考文献 ·· 031

思考题 ·· 033

第 2 章　拉格朗日-哈密顿力学 ···································· 034

2.1　最小作用量原理与分析力学——分析的工具与程序 ·········· 034
欧拉与变分法 · 最小作用量原理 · 广义坐标、广义速度与拉格朗日方程 ·
动力系统 · 能量积分 · 格林的路径无关

2.2　哈密顿力学——力学之美 ··································· 039
哈密顿力学的创立 · 经典力学与量子力学 · 薛定谔对哈密顿的赞誉

2.3　诺特定律——物理世界的对称性 ··························· 042
哈密顿体系的对称美 · 诺特定理、对称性破缺与晶体缺陷 · 广义能量力

2.4　哈密顿-雅可比方法——力学的代数化 ····················· 045
雅可比矩阵 · 神经网络基本算法

2.5　热平衡与热力学三定律——过程的方向感 ·················· 046
焦耳、克劳修斯的经典演绎 · 卡拉西奥多里的数学解释 · 气体动力学解释 ·
热寂学说

2.6　阿诺德理论——力学与数学的完美契合 ···················· 051
高维空间中的力学

参考文献 ·· 052

思考题 ·· 054

第 3 章　理论力学与应用力学的分离 ································ 055

3.1　理论力学的发展——现代物理科学的脊梁 ·················· 055
光的波动说与微粒说 · 麦克斯韦的电动力学 · 两朵乌云 · 量子力学 · 相对
论力学 · 规范场论与标准模型

3.2　应用力学学派——开创技术科学研究 ······················ 061
应用性与优雅性的争论 · 哥廷根学派

3.3　固体与流体的稳定性——从欧拉到柯伊塔 ·················· 064
连续介质力学 · 欧拉稳定性 · 小扰动影响与后屈曲 · 瑞利的液滴稳定性 ·

层流与湍流

3.4　边界层与机翼理论——应用力学的范例 ·············· 067
机翼与黏性·普朗特的边界层理论·层流与湍流边界层解·机翼理论与
升力

3.5　湍流统计理论——随机意义上的湍流分布律 ·············· 069
湍流的统计学派

3.6　位错理论——固体强度之穴位 ·············· 072
晶体材料·位错的表征

3.7　IUTAM 的成立——全球力学组织的奠基 ·············· 074
冯·卡门与伯格斯的贡献

参考文献 ·············· 076

思考题 ·············· 078

第 4 章　连续介质力学 ·············· 080

4.1　连续介质假设——微观与宏观的桥梁 ·············· 080
连续介质假设·假设的有效性·星云假说·德拜蛇

4.2　连续介质的运动学——映射、变形、流形 ·············· 082
拉格朗日描述与欧拉描述·变形与映射·变形协调条件

4.3　柯西应力张量——应力的双轮马车 ·············· 087
柯西应力

4.4　守恒律——牛顿定律的连续介质化 ·············· 087
力学场方程

4.5　本构定律——本构响应与公理体系 ·············· 088
泛函表示·确定性公理·局部性公理·客观性公理·物质对称群·记忆
衰减性·塑性与可塑性

4.6　能量方程——弱解的数学万花筒 ·············· 090
弱解·虚功原理·虚位移原理·虚应力原理·可能功原理·功的互等定
理·胡-鹫津广义变分原理·海灵格-赖斯纳变分原理·余能原理·势能
原理·最小势能原理·最小余能原理·两个原理的关系

4.7　热力学定律的连续介质化——微分型的理论威力 ·············· 100
均匀热平衡体系·热平衡·热力学第零定律·绝热功·热力学第一定律·
准静态过程·热力学第二定律·热力学的连续介质化·熵产出方程

4.8　能量的物理描述——自由能与熵 ·············· 104
热焓·亥姆霍兹自由能·吉布斯自由能·熵

参考文献 ·············· 106

思考题 ·· 106

第 5 章 固体与流体 ·· 108

5.1 固体与流体的定义——力学定义：剪切为判 ································· 108

5.2 软物质的定义——穿越流固之间 ··· 108

5.3 理想流体与真实流体——流者无形、黏者有滞 ·························· 109
理想流体 · 牛顿流体

5.4 纳维-斯托克斯方程——横跨三世纪的难题 ······························· 111

5.5 涡与湍流——涡生无穷、湍扰万维 ·· 113
理想流动的涡定理 · 湍流与转捩 · 湍流结构理论

5.6 弹性体——经典之美 ·· 116
弹性的概念 · 弹性常数的争论 · 弹性响应 · 超弹性 · 福伊特对称性 ·
晶体弹性 · 长链高分子 · 内能应力与熵应力

5.7 纳维方程——巨匠之力 ·· 124

5.8 平面应变与平面应力问题——平面之简 ···································· 126

5.9 塑性体——集缺陷运动之大成 ··· 128
塑性行为 · 应力应变曲线 · 一维理论 · 三维理论 · 弹性区与屈服面 · 应变
率的加法分解 · 最大塑性功原理 · 证明 · 金属塑性

参考文献 ··· 136

思考题 ··· 137

第 6 章 计算与实验 ·· 138

6.1 有限差分法——从连续到离散 ··· 138
离散化方法 · 差分格式 · 稳定性 · 数值耗散与数值色散

6.2 有限元法——从离散微分方程到离散积分方程 ··························· 141
有限元法的诞生 · 有限元格式 · 收敛性 · 应用

6.3 分子动力学计算——牛顿力学的原子模拟器 ······························ 145
分子运动论 · 应用举例 · 基本方法 · 原子间作用势 · 局限性与挑战

6.4 机械量测——表征基本力学性能 ·· 149
机械量测 · 拉伸 · 振动 · 冲击 · 疲劳

6.5 声学量测——由振动感知物质世界 ·· 152
声学参数测量 · 超声无损检测 · 超声显微技术 · 超声立体显示 · 超声
指纹传感器

6.6 热学量测——度量无序的躁动 ··· 156
热学参数量测 · 接触式热量测 · 热电偶 · 非接触式热量测 · 热冲击 · 热

疲劳·热烧蚀

6.7　光学量测——绚丽的光影 ·· 160

光学参数量测·光弹性法·散斑法·云纹干涉法·显微光学法

6.8　电学量测——把握力与电的转换 ·· 167

电学参数量测·电阻传感器·电容传感器·涡流法

6.9　磁学量测——探究磁场的扰动 ·· 170

磁场量测·磁场构建·磁滞回线·磁感应加热

参考文献 ·· 172

思考题 ·· 174

第二篇　力学今生——力学 2.0：学科的辐射

第 7 章　飞行器力学 ·· 179

7.1　机翼理论与空气动力学——形成工程科学的方法论 ············· 180

升力与阻力·边界层理论·机翼理论·边界层厚度·边界层方程·分离和
转捩·边界层增厚与热边界层·普朗特的传承·信息与智能时代的飞行器

7.2　大飞机与尺度律——极致的结构优化 ································· 186

平方/立方尺度律·结构优化与减振·健康监测·减阻·风洞

7.3　航空发动机——熔点之上的不灭金身 ································· 188

航空发动机的类型·喷气发动机·涡喷/涡桨发动机·涡扇发动机·发动
机效率·桨扇发动机·涡轴发动机·自适应发动机·高温力学

7.4　高超飞行：乘波体与超燃发动机——浪迹空天的飞舟 ········· 193

高超飞行·冲压喷气式发动机·吸气式冲压发动机·高超声速实验·高超
声速力学

7.5　数字化装配——数字与力学的交响曲 ································· 198

制造与装配·人民空军的逆袭

参考文献 ·· 200

思考题 ·· 201

第 8 章　机器人动力学 ·· 202

8.1　机器人概述——从科幻到现实 ·· 202

罗梭的万能工人·宇航工程机械师·阿西莫机器人·DARPA 机器人
挑战赛·动力机器人·机器人系统总成

8.2　刚体动力学——建模的力学要素 ··· 208

刚体机构建模·欧拉角·坐标系转换·角速度·四元数与万向锁·正逆

运动学·刚体动力学·动力塑造

8.3 反馈控制——自然界的基本法则 ························· 220

反馈控制·倒立摆·PID 控制·线性系统与状态空间·时域分析与频域
分析·伯德图·可控性与可观察性·线性系统反馈控制与状态估计·LQR
控制器·卡尔曼滤波

8.4 动力机器人控制——模型预测控制的应用 ·················· 229

层级控制架构·混合动力学系统控制·雷伯特控制器·模型预测控制·
猎豹四足机器人控制

参考文献 ·· 233

思考题 ·· 234

第9章 微纳力学 ·· 236

9.1 物理力学——横跨连续介质与原子尺度的力学 ··············· 236

连续性假设的局限·物理力学·固体强度·计算与仿真·显微实验力学·
电磁流体力学

9.2 细观力学——探索细观结构的演化规律 ···················· 240

细观尺度·细观结构·晶体塑性·孪晶·位错理论·位错动力学·细观
损伤力学

9.3 微纳电子器件——纳米力电学的应用 ····················· 245

电子封装·层裂与爆米花效应·电迁移·穿层位错与共格应变·应变工
程·二维材料·范德华力·卡西米尔力·布朗运动

9.4 微纳流体力学——分子自由程与分子作用力 ················· 251

微纳尺度流动·克努森数·毛细现象

9.5 微纳传热学——热载流子与统计温度 ····················· 254

微纳导热·微纳传热理论·微纳传热实测·二维材料传热

参考文献 ·· 256

思考题 ·· 258

第10章 材料的力学 ··· 259

10.1 晶体塑性——晶格畸变与物质滑移 ······················ 259

弹性与塑性·单晶体塑性·多晶体平均·织构

10.2 断裂力学——场强与耗能的综合 ························· 264

理论强度与断裂力学·断裂类型·格里菲斯理论与能量释放率·应力
强度因子与断裂韧性·弹塑性断裂力学·J 积分·HRR 场·断裂过程
区·尺度关系

10.3　复合材料力学——硬相与软相的优化组合 ·················· 270

　　复合连通度·树脂基复合材料·金属基复合材料·陶瓷基复合材料·碳/

　　碳复合材料·多铁材料

10.4　软物质力学——流体与固体的过渡 ························· 274

　　软物质·增韧·增韧型水凝胶·功能软物质

10.5　跨层次力学——不同物质描述层次的穿越 ·················· 278

　　细观与纳观·第一性原理计算·握手区

10.6　低维材料力学——极限维度与极限性能 ···················· 280

　　低维材料·石墨烯力学·石墨烯纳米带力学·碳纳米管力学

参考文献 ··· 285

思考题 ··· 289

第 11 章　工程力学 ·· 291

11.1　结构力学——承力骨架 ··································· 291

　　结构静力学·结构完整性·结构动力学

11.2　地震动力学——断续体的波动力学 ························· 297

　　地幔动力学·断层·地震·震级·地壳的破裂速度·地震模拟·地震的

　　前兆

11.3　风沙力学——两相流的湍动 ······························ 301

　　风与沙的两相流·湍流边界层·沙尘暴·起沙·沙尘电·全场观测野

　　外阵列·沙面演化与沙丘

11.4　环境力学——力学的共融之道 ···························· 304

　　毛细作用·吉布斯-汤姆森效应·未冻水·泥沙理论·泥沙起动·泥石

　　流·河流污染·气溶胶

11.5　岩土力学——非正交塑性流动 ···························· 309

　　岩土·岩土工程·本构描述·剪胀与压力敏感·非正交流动律

11.6　高边坡与剪切带——岩土体的纵横钉扎 ··················· 310

　　岩土的液化·剪切带·高边坡·滑坡·锚固与监测

11.7　盾构力学——大地深处的破坏力学 ························· 312

　　盾构施工法·盾构施工的力学

参考文献 ··· 313

思考题 ··· 314

第 12 章　流程力学 ·· 315

12.1　多相流——多相介质的传质与传热 ························· 315

流程工业·多相流·反应过程·燃烧过程

12.2 多尺度模拟——力之贯通与流之协调 ……………………………… 317

连续介质尺度·细观尺度·气体动力学尺度·宏细微观模拟

12.3 流变学——流者恒流、变者善变 …………………………………… 320

流变体·本构模拟·率相关流变过程

12.4 力化学——力场下的化学行为 ……………………………………… 323

反应热力学·反应动力学·催化过程

12.5 压裂过程——大地深处的断裂与渗流 ……………………………… 325

压裂·定向井与丛式井·水平钻井·水力压裂·渗流

参考文献 ……………………………………………………………………… 328

思考题 ………………………………………………………………………… 329

第13章　制造力学 …………………………………………………………… 330

13.1 成形力学——压应力主导下的塑性流动 ………………………… 330

压力加工·压力加工原理·应力状态·摩擦与润滑·型腔控制

13.2 相变力学——材料组织的再造 …………………………………… 332

材料的相图·相变热力学·液态凝固的形核与长大·过冷与冷却过程图·
相变动力学·固态相变·马氏体型相变·块型转变·有序无序转变·亚
稳分域·软模·畴变·相变应力·形变能·回复·再结晶·外延生长

13.3 材料加工——塑性流动与局部化 ………………………………… 339

切削·冲压·挤压·锻压·轧制

13.4 装甲力学——矛与盾之歌 ………………………………………… 342

高速碰撞·侵彻·穿甲过程·破甲过程·穿透深度·复合装甲·反应装甲

参考文献 ……………………………………………………………………… 348

思考题 ………………………………………………………………………… 349

第14章　交通力学 …………………………………………………………… 350

14.1 船舶流体力学——流线与波浪 …………………………………… 350

流线型·流体阻力·摩擦阻力与压差阻力·球鼻艏劈波·波浪理论·
伯格斯方程·波浪与船舶的相互作用·减摇·横倾·舟自横·船舶/
海水界面·艇桨舵系统·气垫船·水翼船

14.2 船舶结构力学——从骨架式到框架式 …………………………… 356

船体的龙骨设计·密封舱体技术与低应力脆断·潜艇的耐压性、续航性
与静音性·潜艇的主承力艇体设计

14.3 潜艇的减振降噪——从敲锣打鼓到洋底寂舟 …………………… 358

机械振动噪声与水流动力噪声·动力系统减振降噪·浮筏隔振·螺旋
桨设计·低频振动与群模式·桨-鳍-舵一体化设计·数值潜艇

14.4　高铁动力学——速度的力之歌 ······················· 360
高速列车的分布式动力驱动·列车的气动阻力·高速列车的升力与脱轨
系数·高速列车与基础结构的动力相互作用·高速列车的减振设计与舒
适性

14.5　高铁可靠性——血染的理论 ······················· 363
行车网与信号安全控制·运行线路的防沉降设计·轮轴的高周疲劳可靠性

14.6　轮轨关系——碰撞导致的蠕滑与振动 ··················· 365
轮轨关系·垂向运动·横向运动·轮轨碰撞力学·蠕滑·横向稳定性·
曲线通过理论·防脱轨设计·抑制轮轨接触碰撞振动

14.7　汽车力学：动力链——吸-压-燃-排的四重奏 ··············· 368
汽车发动机·四冲程汽油机·汽车排放·轮胎·抓地性

14.8　汽车力学：成形加工——压力变形的精准控制 ·············· 373
大型结构件的锻压加工·板材加工·机器人装配线与工业4.0

14.9　汽车力学：轻量化——比强度与塑性动力学 ··············· 374
轻量化·铝合金·镁合金·碳纤维增强复合材料·交通事故·耐撞性

参考文献 ······································· 380

思考题 ··· 381

第15章　运动力学 ·································· 383

15.1　运动的力学测量——运动学状态的闪照 ················· 383
运动体的测量·三维重建技术·"华南虎"照片的鉴定·激光测速与激光
测角·高速摄影运动分析·光学相干层析成像

15.2　运动的流体力学——凭流而翔 ······················ 390
香蕉球·奥运的皮划艇设计·赛艇的前进力·泳姿的进步·划臂动作

15.3　运动的减阻——边界层的功效 ······················ 394
高尔夫球·"鲨鱼皮"泳衣·冰雪运动·摩擦阻力

15.4　高性能运动器械——弹性与储能 ····················· 398
设计原则与选材·撑杆·球拍·蹦极

15.5　弹道动力学——射击者的制胜轨迹 ···················· 402
弹道设计·弹膛内推进过程·弹道动力学控制

参考文献 ······································· 406

思考题 ··· 408

第三篇 力学前瞻——力学 3.0：学科的嬗变

三元世界

第 16 章 生命力学 ·· 415

16.1 生命体中力的产生——力之源泉 ···························· 415
分子马达·希尔模型·横桥动力学模型

16.2 康复力学——应力与生长 ··································· 417
康复力学·生物力学·应力与生长

16.3 细胞力学——细胞与分子层次的力生物学 ··················· 419
力生物学·力学-化学耦合·红细胞的拉伸·细胞通道·细胞凋亡·
基因编辑·生命体修复

16.4 生命体的柔性电子诊测——人机界面的多物理对话 ············ 421
柔性电子·可延展性·岛桥结构·柔性医疗器械·界面多物理对话·
多尺度力生物学

16.5 脑科学——意念、信息、质流三元聚顶 ······················ 424
脑核磁·脑机接口·脑起搏器·智慧软物质·类脑计算·神经元激发·
意念力·扩散张量影像·神经网联·智能介质力学

16.6 生命力——源与泉 ·· 430
生命力的三方面·四种关联形式

参考文献 ·· 432
思考题 ·· 434

第 17 章 信息力学 ·· 436

17.1 物理时空与信息时空的关联——信息力学与牛顿力学的相似性 ········· 436
时空观·驱动量·作用力·熵·介质·基本规律·缺陷·破坏·隔离·
外界作用·转变

17.2 虚拟现实关联——数字孪生与混合增强 ···················· 440
虚拟影像·数字孪生技术·混合增强·虚拟实验技术

17.3 数据驱动——数据的流与力 ······························· 443
大数据研究·数据类型·数据的统计性·数据驱动与传播·数据驱动的
力学研究

17.4 CPH 三元互动——智-质-志融合 ··························· 445
信息物理系统·三元智-质-志融合

17.5 人工智能缘起——三个力学来源与组成部分 ······· 446

人工智能的三个来源·力学信息学

参考文献 ······· 449

思考题 ······· 450

第18章 数据学习与数据驱动机器人 ······· 451

18.1 深度学习——向深度发掘的函数构造方式 ······· 451

视觉识别·深度前馈网络·卷积神经网络·循环神经网络

18.2 最优控制与强化学习——沿不同角度: 尝试, 失败与反思 ······· 457

最优控制·强化学习

18.3 步态学习——足式动物的力学智慧 ······· 461

步态行为·步态转换·步态动力学模型

18.4 生物的数字孪生体——数据驱动的步态自适应生成 ······· 464

生物的数字孪生体·运动步态·监督学习·步态生成算法

18.5 数据驱动的足式机器人——由虚拟走向现实 ······· 466

新的挑战·深度强化学习·灵巧操作算法·向实际机器人迁移·数据
驱动四足机器人·深度模仿学习

参考文献 ······· 472

思考题 ······· 473

第19章 社会力学 ······· 475

19.1 社会物理学——机械世界观的问世 ······· 475

机械世界观·社会力学·社会生产力·社会统计学·社会物理学·
社会实验室

19.2 社会体的连续介质描述——社会介质的时空观 ······· 478

社会空间·社会介质·连续介质描述·社会化学·广义软物质

19.3 社会韧性与社会安全——社会介质的断裂与修复 ······· 481

韧性·社会韧性·可恢复性·力学描述·双网络·自然灾害·社会伦理·
水凝胶模型

19.4 社会的多层次跨界流动——多相流力学 ······· 486

人口动力学·多相流·社会可塑性·城市3.0

参考文献 ······· 490

思考题 ······· 492

结束语 ·· 493

　力学之先行 ·· 493

　力学之广袤 ·· 494

　　　航空航天·武器装备·高端装备·基础设施建设

　力学之交叉 ·· 496

　　　数据动力学·物理力学·力学与材料·力化学与环境力学·生命力学·

　　　智能介质力学·研究命题的交叉

　力学之根骨 ·· 500

　力学之未来 ·· 500

　参考文献 ·· 501

　思考题 ·· 502

引　言

　　顾名思义,《力学导论》是力学的引导和入门之书。它应该是针对想认真地研读力学之人的第一本教科书。《力学导论》又是一部概括之书,它旨在从全视野的广度上展开力学的全貌。《力学导论》还试图织造一张学科交叉之网,它将囊括与力学相交叉的主要学科命题。与把力学视为一门较成熟学科的传统认识不同,力学的两大特征驱动着其不断改造自身的外延与内涵[1]。第一个特征来自力学向深度挖掘的探索性,它不断地寻找形形色色的交互作用机制。第二个特征来自力学的凝聚性和连接性,作为一座横跨理工的桥梁,它不断地再出发,去连接基础与应用之间的道道鸿沟。

0.1　力学之哲学思考

　　哲学是抓总的。约 20 年前,清华大学工程力学系的 10 位力学学科的博士生给钱学森(Hsue-Shen Tsien, 1911~2009)* 先生(图 0.1)写过一封信,对工程力学的发展表示迷惘,请钱先生为其解疑释惑。钱老很快就回了信。信的大意是:"研究工程力学一定要结合国家重大需求,结合重大工程,复杂系统。……而这些重大工程问题千变万化,如何能够把握它?"钱老给出的药方是:"一定要以马克思主义哲学来引导我们分析和解决复杂工程问题的过程。"这说明一定要用马克思主义哲学来把握力学的发展。

图 0.1　钱学森
(1911~2009)

　　力学的发展常常引起哲学家、科学家的哲学思考。中国古代先哲墨子(约公元前 476 年~公元前 390 年)讲过:"力,刑(通'形')之所以奋也"。如果把这里的"形"理解为"形体"或"有形的质量",将动词"奋"解释为"奋进"或"运动状态的变化"或"加速度"的话,有的学者就把墨子的这句话解释为"力就是质量乘以加速度",即牛顿(Isaac Newton, 1643~1727)第二定律的雏形。德国

---

　　* 在本书中,当首次出现知名学者的中文名时,将在名后的括号中标注其西文名与生卒年。

图0.2 《自然科学的形而上学基础》封面

的古典哲学家康德（Immanuel Kant，1724~1804）所著的《自然科学的形而上学基础》一书[2]，共分为四章，即：（1）运动学的形而上学基础；（2）动力学的形而上学基础；（3）力学的形而上学基础；（4）现象学的形而上学基础。该书对早期力学体系的哲学思想进行了系统地探究，其中译本的封面见图0.2。

黑格尔（Georg Hegel，1770~1831）在其立身之作《精神现象学》第三章"力与知性：现象和超感官世界"中讲到"力与力的交互作用"时是这样定义力的表现和存在的辩证统一的："……这种运动过程就叫作力：力的一个环节，就是力之分散为各自具有独立存在的质料，就是力的表现；但是当力的这些各自独立存在的质料消失其存在时，便是力的本身，或没有表现的和被迫返回自身的力。但是第一，那被迫返回自身的力必然要表现其自身；第二，在表现时力同样是存在于自身内的力，正如当存在于自身内时力也是表现一样。"[3]他并强调"力就是返回到自身的力"。除了间接地肯定牛顿第三定律以外，黑格尔的这一思想还是中国哲学中"由用求体""格物穷理"的系统性的体现。马克思（Karl Marx，1818~1883）特别注重黑格尔的《精神现象学》，曾称"精神现象学是黑格尔哲学的真正起源和秘密"。在《德意志意识形态》一书中又称精神现象学是"黑格尔的圣经"[4]。马克思和恩格斯（Friedrich Engels，1820~1895）都认为机械唯物论和马赫（Ernst Mach，1838~1916）主义有悖于黑格尔的辩证法。

有鉴于此，力理念的演绎有现象和本质这两者间辩证性的对立统一。力作用于有形与无迹之间。在2012年科学出版社出版的《未来10年中国学科发展战略：力学》卷中，对力学是这样定义的："力学是关于力、运动及其关系的科学。……力学研究介质运动、变形、流动的宏微观行为，揭示力学过程及其与物理、化学、生物学过程的相互作用规律。"[5]亦见杨卫所著的文献[6]与1985年出版的《中国大百科全书·力学》卷[7]相比，这一定义体现了三点进步：（1）用"力学是关于力、运动及其关系的科学"取代了原来的"力学是研究物质机械运动规律的科学"，将力学从当前已经研究的相对充分的"机械运动"桎梏中解脱出来，从笛卡儿（René Descartes，1596~1650）、拉普拉斯（Pierre-Simon Laplace，1749~1827）、费尔巴哈（Ludwig Feuerbach，1804~1872）、马赫等建立发展的机械唯物主义中解放出来；（2）"力学研究介质运动、变形、流动的宏微观行为"突破了以往力学研究宏观、物理学研究微观的传统分工,体现了跨层次、跨尺度的思想和行动;(3)"揭示力学过程及其与物理、化学、生物学过程的相互作用规律"体现了力学的学科交叉性。

2018 年 5 月 28 日,习近平同志在两院院士大会上的讲话中指出,"《墨经》中写道,'力,刑之所以奋也',就是说动力是使物体运动的原因……"这里的"动力"即表示"动之力"(dynamics),又代表"动源力"(power),还代表"动机力"(motivation)。从 dynamics 来看,我们有牛顿第二定律,或"力,形之所以奋也";从 power 来看,我们有造就万物运动的动源力,或"力,万物之作用也";从 motivation 来看,我们有激发主观能动性的精神力和信息力,或"力,精神所以奋也"。本书中的三篇将对这些哲学思想进行实证式演示。

0.2　力学之基础作用

力学可谓是"理科之先行,工科之基础"。牛顿力学是力学在学科发展上起先行作用的范例,参见赵亚溥的《力学讲义》[8]。欧洲自文艺复兴到 19 世纪末,力学的发展一直引领和主导着整个科学的发展。从工业革命开始,牛顿力学就一直是工科的理论基础。

力学是统领全局的学科,必须把握灵魂、把握总体、把握关联、把握贯穿;力学是抓总的,不能一叶障目,不见森林;不能守在中段,要顶天立地。

力学的传承与创新在科学和人才的培养上也起着基础作用。大量的工程人才出自力学。力学需要一代一代的传承,每一位力学工作者,不仅需要研考自身的学问,还需要传承后人,教育他们热爱力学。力学要不断推陈出新,不仅在理论上要不断有新的建树,在应用上也要不断开拓新的领域。在第二次世界大战德国战败之际,苏联派遣了一支庞大的接收团把德国大批军工装备和仪器设备运回国内;而美国更重视人才的接收。当时在加州理工学院任教的冯·卡门(Theodore von Kármán,1881～1963,图 0.3)和他的学生钱学森一道来到德国,努力劝说普朗特(Ludwig Prandtl,1875～1953)前往美国,参见图 0.4。该幅照片出自冯·卡门的回忆录 *The Wind and Beyond*[9]。该回忆录由一位记者埃德森(Lee Edson)整理,记录了冯·卡门的生平。其中这张照片非常珍贵,因为普朗特是德国空气动力学和航空的代表,冯·卡门是美国航空航天的代表,而钱学森后来成为中国导弹技术的领军人。因此可称这张图为"空天三代",它反映了航空航天与工程力学的顶尖学脉的传承。

图 0.3　冯·卡门
(1881～1963)

图 0.4 空天三代：普朗特、冯·卡门、钱学森

0.3 力学之桥梁作用

除基础作用外,力学还是横跨理工的桥梁。

力学之"横跨"作用可广义地体现在五跨上:(1)跨学科,如横跨理工、沟联理科诸门等;(2)跨尺度,从宇观、巨观、宏观、细观到微观;(3)跨介质,从固体到流体到等离子体;(4)跨流域,从太空、稀薄气体临近空间、大气层、海洋到陆地;(5)跨界别,从科学界到工业界到医学界到信息界到思想界到文体界。这在后续的各章中将有具体展现。

美国航天之父冯·卡门先生是这样定义科学家与工程师的:"Scientists discover the world that exists; engineers create the world that never was."("科学家发现现存的世界,工程师创造未来的世界。")他接着是这样陈述力学的作用的:"Mechanics is at the most exciting stage and we can do both!"("力学则处在最激动人心的地位,即我们可以两者并举!")。也就是说,力学是科学,也是工程;力学可以造就理工结合的桥梁。

著名力学家、中国航天之父钱学森将主要基于力学和信息科学的工程学基础称为技术科学或工程科学。他是这样定义工程科学的:"工程科学主要是研究人工自然的一般规律,是理论研究和应用研究的结合,主要探索基础理论的应用问题。"[10]

0.4 力学之交叉作用

力学之交叉作用是力学的本质属性之一。一方面,力无所不在;另一方面,任何交互作用都涉及力。力学的一个新疆域就是探讨由延展或交叉形式展现出来的力学,可以将力学的这一发展新趋势称为交叉力学[1]。交叉力学是力学具有包容力的新生长点,可以从三个层次来理解。

(1)从学科交叉的角度来讲,力学横跨理工,是研究万物之间交互作用的科学。力学是交叉性最强的学科。在理科方面,力学与数、理、化、天、地、生均有交集;在工科方面,力学在机械、材料、航空航天、土木、电机、数据与计算、生物医学等诸项工程中均有应用。

(2)从表象交叉的角度来讲,又可以分为对象交叉(如固体与流体介质间的交叉)、层次交叉(如宏观、细观、微观各层次和不同尺度的交叉)、功能交叉(如多场耦合交叉)、属性交叉(如刚与柔交叉、通导与绝缘交叉),等等。

(3)从内涵交叉的角度来讲,又有精神与物质的交叉(如质智交叉),物理力、信息力与生命力的交叉,物质范畴与社会范畴的交叉等。

0.5　力学之量化作用

力学从诞生之日起,就是一门定量的学科。

在早期,力学与数学相伴而生。阿基米德(Archimedes of Syracuse,公元前287~公元前212)是静力学和流体静力学的奠基人,并且享有"力学之父"的尊称。他同时也是成果卓著的几何学家。牛顿在提出牛顿力学的基本框架之时,也创立了微积分。爱因斯坦(Albert Einstein,1879~1955)在提出广义相对论之时,借助了非欧几何来定量地表达弯曲时空中的运算。力学的研究催生了一系列定量的数值方法,如瑞利-利兹法(John Strutt, 3rd Baron Rayleigh, 1842~1919;Walther Ritz, 1878~1909)、差分法、有限元、小波法等。数学与力学有相通的名词体系,如"动力系统"既是常微分方程理论中的核心问题,又是力学学科中动力学与振动的核心问题。新中国成立初期,很多大学的数学学科和力学学科采取共同发展的模式,称为数学力学系。

解析、建模、定解、模拟一直是力学的主旋律。解析一直是力学过程的第一步,包括凝练力学问题、分析因果关系、寻找主要矛盾、寻找特征表现等。解析之后就是建模,建模是为量化过程提供抓手,提供可能的数学分析途径。建模的终点在于提出定解问题,包括全部定解方程和初边值条件;若有可能的话,刻画该定解问题的存在性、唯一性、稳定性,并探讨其场分布的光滑性。模拟就是从分析、数值或实验类比的方法,定量地给出该力学问题的解。

力学对工学的渗透多以定量为其主要优势。力学是各种工程问题中摆脱经验主义束缚的工具。力学中的建模和简化模型计算为工程问题的初步设计提供了可行的路径,而各种计算力学的详细模拟则促进了更精确的工程方案制定。对流体力学来讲,各种高品质的数字孪生(digital twin)平台,如数值风洞、数值潜航器、数字航空发动机等,已经或即将成为复杂工程系统的定量模拟手段;对固体力学来说,对各种工程结构、工程机械和制备过程的模拟已经成为设计各类工程系统不可或缺的软件系统,跨尺度、多层次的模拟已经渗入各种材料体系(如材料基因组的研究等)。

力学的定量化为其在许多非传统领域的应用,为力学名词的多学科化提供了媒介作用。这里举下面三个例子。"Elasticity"(弹性理论)是固体力学中最早实现定量化的分支学科,但如果在当今的互联网上查这个词的话,出现量最大的是在股市理论中,指股市的弹性。它可用于定量地描述在需求(买方)和供给(卖方)的股市博弈中,由于市场交易架构的本构律(弹性)而引起的股市震荡等种种动力学行为。"Plasticity"(塑性力学)是固体力学中对塑性体变形规律的描述,但若在互联网上查这个词的话,出现量最大的是在脑科学理论中,指脑的可塑性。它定量地描述大脑神经系统在后天成长过程中在神经生物网络上的演变,及其对行为科学的影响。"Dynamics"(动力学)是力学的一个分支,它用到音乐学,就可以定量地描述交响乐中旋律的展开;用到人口学,就可以定量地描述在特定自然地理情景下人口流动的动力学行为。

0.6　力学之方法论

力学在方法论上堪称先导。以往有基于因果关系的分析、计算、实验三类方法,并建立了基础力学、计算力学、实验力学等相应学科。近年来更孕育产生了第四类以关联为特征的方法:数据驱动。

基础力学的三个组成部分是:动力学、理性力学、物理力学。动力学以牛顿力学为第一个高峰;拉格朗日-哈密顿力学(Joseph Lagrange, 1736~1813; William R. Hamilton, 1805~1865)为第二个高峰;庞加莱-李雅普诺夫-阿诺德动力系统理论(Jules Poincaré, 1854~1912; Aleksandr M. Lyapunov, 1857~1918; Vladimir I. Arnold, 1937~2010)为第三个高峰;混沌与复杂系统理论为第四个高峰。当今的动力学,已经完全摆脱了确定论的哲学框架,也成为现代人工智能中三个源头之一"行为主义"的分析基础。理性力学是自然哲学的力学式表现,它致力于数学与物理科学的统一。理性力学提出构筑以客观性公理、确定性公理、时间不可逆性、记忆衰退性、物质对称群等为基础的公理化体系[11]。物理力学旨在从物质科学的微观、细观、宏观诸表征层次的关联出发,阐述其力学行为的物理本元。1953年,钱学森先生正式提出物理力学概念,并开拓了高温高压的新领域。1962年他编著的《物理力学讲义》正式出版[12]。除体相物质外,物理力学还可以用于探讨低维物质。物理力学还致力于探讨在力、热、声、光、电、磁、核、能量、信息、生命等多因素作用下的耦合力学行为。研究重点包括：细观力学、物质的跨层次理论、多场耦合力学、低维物质力学、核爆过程稳定性等。

计算力学从早期的瑞利-利兹法、伽辽金法（Boris Galerkin，1871~1945）、差分法，到20世纪60年代起风靡所有工程和科学领域的有限元法，促成了计算力学这一学科的诞生，引领工程和科学计算软件的发展。由计算力学初期符号化、逻辑运算思想所引发的符号主义学派，由多尺度、跨层次计算实践形成的连接主义学派，是现代人工智能三个源头中的另外两个源头。

实验力学集早期的各种物理测试方法之大成。从始于阿基米德的浮力量测，伽利略（Galileo Galilei，1564~1642）比萨落体实验的速度量测，开普勒（Johannes Kepler，1571~1630）的天文轨道量测，胡克（Robert Hooke，1635~1703，也译作虎克）的弹性量测，牛顿的光折射量测，到20世纪中叶形成的以机械量测、光测、电测、流体量测、振动量测等为核心内容的实验力学学科，其在科学方面的贡献可圈可点。近30年，物理、化学和生物学中新量测手段的融入，为实验力学中新方法的形成注入了勃勃生机。

数据驱动的研究将成为力学的第四类方法。这一方法探讨由于数据的动力型关联而形成的现象学规律。其表现在：（1）关联方法的研究，如基于连接主义的神经网络关联方法；（2）数据关联和驱动平台的建立，如借助谷歌（Google）的张量流（TensorFlow）平台；（3）流媒体作为连续介质的流体力学研究，类似于康德的星云假说、周培源（1902~1993）的湍流封闭假设等；（4）物理规律的机器学习，如何通过机器学习来获取繁复的、实验无法定量模拟的复杂系统规律。

力学的探究促发了新的数学方法。天体力学的发展促进了测量学和解析几何学；牛顿力学造就了微积分；连续介质力学促进了微分方程的研究；理性力学促进了张量函数表示、对称群和积分方程；弹性力学促进了复变函数理论；固体力学促进了奇异性理论、应力波理论；动力学促进了动力系统、傅里叶（Joseph Fourier，1768~1830）变换和小波方法；计算力学的发展促进了离散数学、变分法与有限元；实验力学的发展促进了比拟分析、谱分析和相似律等数学方法的发展。

0.7　力学的奠基、辐射到嬗变

力学不但涉及物理世界，还涉及信息世界与生命世界，体现了其既错综复杂又基础本质的相互作用。它既包括物理力，即我们熟知的强作用力、弱作用力、电磁力和万有引力；也包括信息力，如信息的传播力、影响力和置信力；还包括生命力的各种体现形式。力学的发展,是这三类力逐渐被认识的过程,由此体现出力学的奠基、辐射与嬗变这三个特征阶段。

在这一情景下,力学 1.0 反映了力学的奠基,指力学体系的建构,其特点是墨子所说的"形之力";力学 2.0 反映了力学的辐射,指基本力学体系向各个工程与科学学科的辐射应用,其特点是威尔逊(Edward Wilson)所说的"知识大融通"[13],或我们所称的"融之力";力学 3.0 反映了力学从物质世界向精神世界的嬗变,其特点是科学巨人们所建立的经典力学的意念复兴,或我们将要探究的"魂之力"。

这三部分内容,将在随后的三篇中依次展开。读者将体会到:宇宙之大,基本粒子之小,从物质到精神,力无所不在!

参考文献

1. Yang W, Wang H T, Li T F, et al. X-Mechanics:An endless frontier[J]. Science Chian-Physics Mechanics & Astronomy, 2019, 62(1):014601.

2. 依曼努尔·康德. 自然科学的形而上学基础[M]. 邓晓芒,译. 上海:上海人民出版社,2003.

3. 格奥尔格·威廉·弗里德里希·黑格尔. 精神现象学[M]. 贺麟,王玖兴,译. 北京:商务出版社,1983:90.

4. 卡尔·马克思,弗里德里希·恩格斯. 德意志意识形态[M]. 莫斯科,1932.

5. 国家自然科学基金委员会,中国科学院. 未来 10 年中国学科发展战略:力学[M]. 北京:科学出版社,2012.

6. 杨卫. 中国力学 60 年[J]. 力学学报,2017,(5):973-977.

7. 中国大百科全书出版社编辑部. 中国大百科全书力学卷[M]. 北京:中国大百科全书出版社,1985.

8. 赵亚溥. 力学讲义[M]. 北京:科学出版社,2018.

9. von Kármán T, Edson L. The Wind and Beyond:Theodore von kármán — pioneer in aviation and pathfinder in space[M]. Boston-Toronto:Little, Brown and Company, 1967.

10. Hsien H S. Engineering and engineering sciences[J]. Chinese Institution of Engineers, 1948, 6:1-14.

11. Truesdell C. A first course in rational continuum mechanics[M]. Pittsburgh:Academic Press, 1977.

12. 钱学森. 物理力学讲义[M]. 北京:科学出版社,1962.

13. Wilson E O. Consilience:The unity of knowledge[M]. 北京:中信出版社,2016.

思考题

1. 试考察力学的交叉性。在下述学科中:数学、物理学、化学、天文学、地学、生物学、工程学、农学、医学、信息科学、社会科学、艺术学、哲学,力学如何与之交叉,并形成了哪些交叉学科?

2. 在上述列举学科的发源阶段,力学或力学家做出了哪些重要的贡献?

3. 如何去体会黑格尔所说的具体的力与抽象的力?

4. 从力学作为方法论基础的角度上,给出其作为分析方法、实验方法、计算方法和数据学习方法的例证。

5. 试找出 5~10 个与力学有关的英文名词,并说明它们在力学与其他学科的内涵及不同。

第一篇
力学往事——力学 1.0：学科的建构

力学是现代科学的启蒙。力学史记录了人类对科学与工程认知的脚步。在本书的第一篇中，我们从力学往事说起，讲到力学学科的建构，即 1.0 版本的力学。

第1章
牛顿力学

人类对自己赖以生存的这个世界的认识始于力学,而对力学的认识始于运动的相对性,并表现在两大体系中:天体运动和抛物运动。人类对这二者的探究均开始于亚里士多德(Aristotle,图 1. 1),其间经历了托勒密(Claudius Ptolemy,100~170)、哥白尼(Nicolaus Copernicus,1473~1543)、开普勒、伽利略等,最终一统于牛顿的万有引力理论,前后长达两千年。在通往牛顿力学的途中,最为广泛传播的两个故事是伽利略的比萨斜塔自由落体实验和牛顿的苹果落地传说,它们用一种科普的方式向大众说明了一个科学体系的建立,是如何层层剥去缠绕在表象的棕衣,抽丝剥茧地接近真理的。中国古代也一直将"格物、致知"看作君子立身治世"八目"之首。1971 年在阿波罗 15 号登上月球后,宇航员大卫·斯科特(David Scott,1932~)用锤子和羽毛在全世界面前演示了自由落体运动,发现在没有空气阻力后二者同时到达月面,"伽利略是正确的!"回溯 400 年前的地球上,能够卓越地认识到这一点的伽利略和牛顿,无疑是让人格外钦佩的。牛顿的最伟大之处不仅仅在于他用一个力学体系构建了一个符合因果律与确定性——这也是人类对世界最大的直观——的万物运行框架,还在于他的这个力学体系直至今日还在深刻地影响着我们看待世界的方式——即所谓机械世界观。自然界的这种冷冰冰而不受人类情感和思维所干涉的法则,也构成了马克思辩证唯物主义的科学基础。正如爱因斯坦在纪念牛顿逝世 200 周年时所赞扬的那样:"在他以前和以后都还没有人能像他那样决定着西方的思想、研究和实践的方向。"[1]

1.1 形体力学——墨子、亚里士多德、阿基米德

第一推动 人类对"力"最深入的思考是"第一推动"(The First Cause 或 The Prime Mover)问题,直至今日依然未能获得具有哲学意义上充分信服力的答案。第一推动是由古希腊学者最早提出的一个哲学概念。亚里士多德认为,"凡运动的事物必然都有推动者在推着它运动",但是这种推动不能无限向上

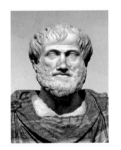

图 1. 1 亚里士多德(公元前 384 ~ 公元前 322)

追溯,因此必然存在一个"第一推动者",它是一切事物和运动产生的最终原因。牛顿的晚年也曾经提出"上帝是第一推动"的观点,他的这种观点甚至引导他走向了神学。牛顿在万有引力定律中提出行星运动的来源是太阳的引力作用,那么为什么行星最初能够开始切线运动?在无法对这个原因进行解释后,牛顿提出,最初是上帝先进行了"第一次推动",行星才开始随后按照万有引力定律进行运行。随着宇宙微波背景辐射的发现和"大爆炸"理论的兴起,人们逐渐认可宇宙是起源于约 150 亿年前一个体积无限小,密度、温度和曲率无限大的"奇点"的突然膨胀,其中所蕴含的巨大能量构成了宇宙中天体发生运动的最初动力。但正如霍金(Stephen Hawking,1942~2018)所证明的,经典广义相对论在大爆炸奇点处崩溃[2],因此对于第一推动的科学描述依然处于谜团之中。

从另一种意义上说,科学也是在追寻"第一推动"的过程中诞生的。科学的本质是人类的一种结合了创造性、批判性与客观性的发现活动,因此在科学诞生后的自我进化过程中,它表现出极高的生命力,成为人类文明与社会进步的原动力。

亚里士多德 当我们谈论起科学,首先需要谈论亚里士多德。亚里士多德是古希腊各学科知识的集大成者,一生在诸多方面均有涉猎,并不凡地表现在他的众多著作中。亚里士多德最伟大的贡献在于构建了一个完整而庞大的知识体系,并影响了之后两千年间整个人类文明的发展。亚里士多德学说中关于自然哲学(即科学)和逻辑学的部分,对后世的科学发展影响深远。从一定意义上来说,文艺复兴时期开始的"科学革命"实际上是当时的先行者们对亚里士多德关于宇宙和运动观点的勇敢驳斥。

亚里士多德在许多科学问题上都建立了自己的理论。他认为,地球是一个位于宇宙中心的圆球,由水、气、土、火四种元素构成,地球上的物体越重,其从天上落下的速度就越快;地球以外的其他天体则由"以太"(ether)构成,并围绕地球做匀速圆周运动;体积相等的两个物体,较重的下落得比较快;等等。亚里士多德的这些观点,要经历哥白尼、伽利略、牛顿、道尔顿(John Dalton,1766~1844)等几十代人的努力才能彻底退出历史舞台,而其中"以太"学说,更是直到 20 世纪初爱因斯坦创立相对论后才销声匿迹。

图 1.2 菲尔兹奖章上的阿基米德头像

给我一个支点 阿基米德(图 1.2)是伟大的古希腊哲学家、百科全书式科学家、数学家、物理学家、力学家,静态力学和流体静力学的奠基人,并且享有"力学之父"的美称。阿基米德在当时的学术中心亚历山大城完成学业后,专注于进行数学研究,逐渐奠定了他成为未来两千年中最杰出数学家之一的地位。阿基米德曾经求解过确定重心的方法、球体的体积公式、圆周率的算法、圆锥曲线的性质等。为了纪念阿基米德在数学上的巨大成就,现代数学的最高奖"菲尔兹奖"(Fields Medal)奖章的正面雕刻有他的头像。

据古希腊数学家帕普思(Pappus of Alexandria,290～350)的著作中记载,阿基米德曾经帮助将当时制造的一艘巨轮从海滩上弄下水,并在这个场合说出了著名的"给我一个支点,我就能移动地球"。这句论断表明了他对杠杆性质的理解。在阿基米德的著作《论平面板的平衡》中,他用欧几里得(Euclid of Alexandria,约公元前 325～公元前 265)的方式来对其中的内容进行演绎,即建立公理、提出定理、给出证明,最终给出了他的结论:"质量相等的两个物体如果到支点距离相等,则处于平衡状态,距离不等则处于非平衡状态,而且杠杆将向着距离更远的物体倾斜。"

阿基米德的其他成就包括:制作了当时最精密的天象仪,用于支持地心说;完成了《论浮体》和《有关力学定理的方法》等著作,阐述了他在早期流体力学和工程学中的一些发现等[3]。"一千年后,阿基米德的发现仍会在人们心中唤起我们此时感受到的那种赞叹"[4]。

托勒密的地球中心说　古希腊包括亚里士多德和阿基米德之内的众多数学家和天文学家们,都在努力地构建他们眼中的宇宙体系。他们希望能够准确地预言出天体的运行轨道,从它们当前的位置,来计算出下一个时刻的位置。为了能够尽量将问题简单化,他们制定了一个基本的出发点,即"地球是静止于宇宙的中心,而所有的天体绕着地球进行旋转"。例如,亚里士多德将这些天体的轨迹解释为"简单的绕地球圆形轨道",也就是著名的"地球中心说(地心说)"。

500 年后的托勒密继承和发展了亚里士多德的宇宙模型,并成为"地心说"的集大成者。托勒密将地球视为静止的球体。为了将当时一些行星"不同寻常的运行轨迹"纳入亚里士多德的体系,他将行星的运行轨迹抽象为众多圆形的组合,从而将行星的不规则运动表示成匀速圆周运动的叠加(图 1.3)。托勒密的宇宙理论能够对太阳、月球和当时所知的水、火、金、土、木五大行星的运动给出较为准确

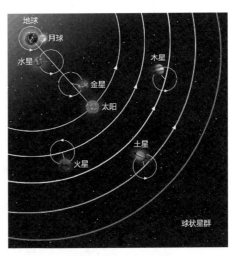

图 1.3　托勒密的行星运动模型

的预测,因此直到 16 世纪还在支配着当时的主流天文学思想。但是,这一宇宙理论也是最早在随后开始的"科学革命"浪潮中被冲毁的。

《墨辩》 古代的中国人,对于自然和宇宙也有着不输于西方人的思考,其中有代表性的著作之一是《墨子》,其中的《经上》《经下》《经说上》《经说下》《大取》《小取》被合称为《墨辩》。胡适认为,"《墨辩》是'中国古代第一奇书',是科学的百科全书"[5]。《经上》中所提出的"力,刑之所以奋也",表现出中国古代学者们对于"力"的思考。对于这句话的解释,一直存在有争议,但较为被认可的解释是"力是使物体运动的原因"。有些学者也把这种定义认为是牛顿第二定律的雏形。

除力学外,《墨辩》中还包括了许多其他的科学门类,包括算学、几何学、光学、心理学、人生哲学、政治学、经济学等[5]。英国学者李约瑟(Joseph Needham,1900~1995)在其编著的《中国科学技术史》中曾经提出著名的"李约瑟难题":"尽管中国古代对人类科技发展做出了很多重要贡献,但为什么科学和工业革命没有在近代的中国发生?"[6]而冯友兰对《墨辩》的评价则可以看作对这个问题的一个回答:"以我看来,如果中国人遵循墨子的善即有用的思想,那就可能早就产生了科学。"[7]

张衡的浑天说和地动仪 中国古代学者也有自己的宇宙学说,最有代表性的是盖天说和浑天说。盖天说认为"天"是像盖子一样罩在"地"之上,而浑天说则认为"天"是将"地"包裹在其中。张衡(78~139)是浑天说的代表人物之一,他将"天"与"地"的关系比喻成蛋壳和蛋黄的关系:"浑天如鸡子。天体圆如弹丸,地如鸡子中黄,孤居于天内,天大而地小。天表里有水,天之包地,犹壳之裹黄。"[8]张衡对当时的浑天仪(图1.4)进行了改进,采用水力驱动,使其可以自动进行天文观测。浑天仪是浑仪和浑象的合称,浑仪用于测量天体在球面上的坐标,浑象则用来演示天体在球面上的运动。由于张衡在天文方面做出的巨大贡献,小行星1802号和月球背面的一座环形山和分别被命名为"张衡星"和"张衡环形山"。

图1.4 张衡改进的浑天仪模型

除了"观天"之外,张衡在"测地"方面也取得了不凡成就,他的另一件著名工程作品是他发明的地动仪(候风地动仪)。地动仪是基于张衡自己的"地震理论"研制的,完成于公元132年,"以精铜铸成,员(通圆)径八尺,合盖隆起,形似酒尊(通樽),饰以篆文山龟鸟兽之形。中有都柱,傍行八道,施关发机。外有八龙,首衔铜丸,下有蟾蜍,张口承之。其牙机巧制,皆隐在尊中,覆盖周密无际。如有地动,尊则振龙,机发吐丸,而蟾蜍衔之。振声激扬,伺者因此觉知。虽一龙发机,而七首不动,寻其方面,乃知震之所在"[8]。地动仪成功地检测到了当时西部地区发生的一次地震,"于是皆服其妙。自此以后,乃令史官记地动所从方起"。这比起西方国家用仪器记录地震的历史早一千七百多年。但是不同于浑天仪,地动仪目前已经完全失传,除了史书上的一些记载,并没有留下实物与图样,因此对于其内部结构至今依然存在争议,也没有公认的能够完全复原原作的作品出现。

1.2　文艺复兴时的力学——达·芬奇、哥白尼、开普勒、伽利略

达·芬奇的早期工程研究　达·芬奇(Leonardo da Vinci, 1452~1519)是著名的画家,被认为是文艺复兴"三杰"之一。但是,他在早期的工程科学中也取得了辉煌的成就。事实上,达·芬奇更认可自己作为工程师的身份。正如他在著名的《致米兰大公书》中所自我陈述的那样:"我能建造坚固、轻便又耐用的桥梁,便于携带……我知道如何从沟渠中抽水及制造各式桥梁……我能造出便于行军的云梯和其他类似设备……我有办法摧毁任何岩石或城堡,即使它建造在山崖之上……我能制造易于搬运的大炮,可用来投射小石块,犹如下冰雹一般……如果战争发生在海上,我也能造出各种用于进攻和防守的武器……我有办法悄无声息地挖出通往指定地点的地道,即使在途中需要穿越河流……我能制作坚不可摧的战车,可以在敌军中横冲直撞无法损毁……在和平时期我可以建造各种令人满意的公共及私人建筑,以及修建水利设施……我还可以绘画。"[9]达·芬奇的一生中留下了大量手稿,内容涵盖了直升机、扑翼机、四轮车、战船、投石机、手弩、钟表等,表现了他当时对力学在工程中应用的思考。其中的许多设计经过实物还原后,令人惊叹不已。例如,在他的一个关于水轮机设计的手稿中(图1.5),包含了早期能量转化原理的利用。这个水轮机的模型中包括了一个利用弹簧的弹性势能释放装置,当水轮机发生转动时,该弹簧装置即被逐渐绞紧,储存弹性势能,而当没有水的时候水轮机停止转动,弹簧装置就慢慢松开以释放弹性势能,在上述过程中实现机械能和弹性势能的互相转化。人体解剖学也是达·芬奇最早开始研究的,他在这方面的手稿在很大程度上推动了医学的发展。

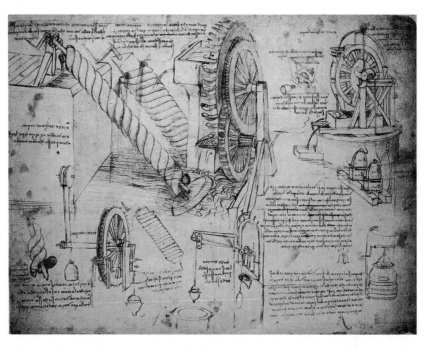

图 1.5　达·芬奇的水轮机设计手稿

达·芬奇强调力学是自然科学的基础,并研究过许多力学问题,并把自己称为"实验的信徒"。他根据实验和观测得出:"重物沿它和地心相连的直线下落,下落的速度同时间成正比。"在静力学方面,他严格确定了"力矩"概念。他已知道力的平行四边形法则,并且在利用这一法则研究重物沿斜面运动的过程中,正确地得到摩擦力的定义,即物体"都不能自己运动……每个物体在其运动方向上都有一个重力",物体运动时"虽然接触面的宽度和长度可能会发生变化,但是同样的物体在运动中所受的摩擦阻力大小保持不变",并且用"三份铜和七份锡融化在一起"配置了一种减摩合金。在材料力学方面,达·芬奇试图去创造一种巨型雕塑的整体铸造技术并细致研究了用于铸造的各种材料,设计了用于支撑米兰大教堂不稳固结构的拱形扶壁系统[10],还研究了悬挂物体线材的选择准则(图 1.6),说明了同种材质、同种横截面的情况下,越长的画线越容易断裂。这为后来的统计强度理论[如强度的韦伯(Waloddi Weibull, 1887~1979)分布理论]提供了方向。在流体力学方面,达·芬奇总结出河水的流速同河道宽度成反比,并用这一结论说明血液在血管中的流动。此外,达·芬奇的手稿里还曾经用大涡和小涡重重叠叠的结构表现过湍流(图 1.7),并加以说明:"水面的漩涡运动与卷发类似,……水产生的漩涡,一方面受主要水流冲力的影响,另一方面受次要水流和回流的影响。"[11]湍流是现代力学研究的一个重要内容。达·芬奇还设计了最早的螺旋式和滑翔式飞行器。

哥白尼的太阳中心说　托勒密关于宇宙运行的学说在他逝世大约 1 400 年后开始遭遇挑战,最早发起冲锋的是波兰天文学家哥白尼。哥白尼最伟大的著

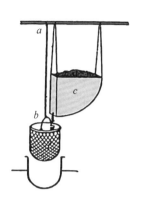

图 1.6　达·芬奇研究线材强度的实验示意图

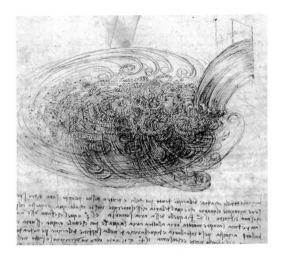

图 1.7　达·芬奇绘制的湍流示意图

作是他阐述"日心说"理论的《天体运行论》。在这本著作里，哥白尼摒弃了地球是宇宙中心的理论，而将太阳放置在了宇宙中心的位置，所有行星都以圆形轨道在绕着太阳运动，地球也是如此，不但每年绕着静止的太阳运动一周，还每天绕着自己的轴自转一周。但是关于地球自转的观点是来自哥白尼本身的哲学思考，因为在当时并没有直接的观测证据能够支持这一点。不过哥白尼根据自己的观测求解出地球一个公转周期的时间为 365 天 6 小时 9 分 40 秒，与现代测量值的误差只有百万分之一[12]。但是，由于害怕当时的基督教会反对，哥白尼在书稿完成后并没有立刻出版，而是推迟了数十年的时间，据说直到临终前的那天才收到书的校样本。

　　哥白尼的"日心说"虽然依然存在着一些缺陷，但却是人类对宇宙认识的一场巨大革命，使得人类的世界观开始由亚里士多德式向牛顿式进行转换。恩格斯评价《天体运行论》时认为："自然科学借以宣布其独立并且好像是重演路德（Martin Luther, 1483~1546）焚烧教谕的革命行为，便是哥白尼那本不朽著作的出版，他用这本书（虽然是胆怯地而且可说是只在临终时）来向自然事物方面的教会权威挑战，从此自然科学便开始从神学中解放出来。"[13]爱因斯坦则说："哥白尼的伟大成就不仅为现代天文学铺平了道路，也让人们的宇宙观产生了关键性的改变。一旦认识到了地球并非世界的中心，而只是其中一颗较小的行星，那么以人类为中心的错觉也就如过眼云烟了。可以说，哥白尼以其工作和伟大的人格，教导人们要谦逊。"[14]

　　开普勒的天文数据与三定律　　第一个接受哥白尼太阳中心说理论的人是开普勒。开普勒是德国著名的天文学家，出生于符腾堡的一个雇佣兵家庭[15]。从幼年开始，开普勒就视力受损，但是他在图宾根神学院学习神学时依然深入

图 1.8　布拉格街头
开普勒与第谷的雕像

研究天文学,并于 1596 年底出版了他的第一本关于行星轨道的著作《宇宙的奥秘》,吸引了丹麦著名天文学家第谷(Tycho Brahe, 1546~1601)的注意。1600 年,开普勒受到第谷的邀请前往布拉格进行共同研究,两人的会面成为欧洲科学史上最重大的事件之一(图 1.8)。

第谷有着几十年利用肉眼进行精密天文观测的经验,并在丹麦的赫芬岛上拥有一座观天堡和许多天文观测仪器,在望远镜发明之前的时代,这些设备使第谷走在数据收集的前沿。在第谷去世后,开普勒继承了他的天文观测数据、观测仪器和未竟事业。1609 年,在这些数据的基础上,开普勒结合自己的理论与数学计算,发表了关于火星运动的著作《新天文学》,提出了他的第一定律和第二定律,并在 1619 年出版的著作《世界的和谐》中提出了第三定律。开普勒行星运动三大定律是对当时天文理论的重大革新,它们的表述如下[16-17]:

第一定律(椭圆定律):行星沿各自的椭圆轨道绕太阳运动,太阳处在椭圆的一个焦点上;

第二定律(面积定律):在相等时间内,太阳和行星之间的连线扫过的面积相等;

第三定律(周期定律):行星绕太阳公转周期的平方和它们椭圆轨道半长轴的立方成正比。

开普勒行星运动三大定律为他赢得了"天空立法者"的称号,并最终为牛顿及当时的科学家们发现万有引力铺平了道路。事实上,对于自己的工作能否被当时的受众接受,开普勒并不看好。在《世界的和谐》中他写道:"我已经义无反顾地写完了这本书,无论是当代还是我的子孙中有没有人去阅读它,这都不重要,就让它去花一百年的时间去等候读者吧。"[17]幸运的是,在随后的几十年中,开普勒的工作就得到了以胡克为首的一批科学家的关注,并在其基础上最终由牛顿在 1687 年提出了万有引力定律。

伽利略的运动学说与悬臂梁　伽利略是意大利著名的物理学家、天文学家和哲学家,是近代实验科学的先驱者。他的成就包括:自由落体定律、惯性定律、相对性原理,改进望远镜和其所带来的天文观测等,被霍金认为"自然科学的诞生要归功于伽利略,他在这方面的功劳大概无人能及"。1609 年,45 岁的伽利略将他改进的利伯希(Hans Lippershey, 1570~1619)望远镜对准天空,完成了人类历史上首次天文望远镜观测,并于次年发表了他关于木星卫星、月球环形山等现象的发现,成为哥白尼学说的捍卫者。

　　伽利略在他的著作《关于托勒密和哥白尼两大世界体系的对话》(图 1.9)中,首次提出了他对于运动的观念:"在理想条件下,如果消除一切阻碍因素,那么物体一旦开始运动,就倾向于一直保持这种运动。"伽利略突破了从亚里士多德时代基于日常观察来思考问题的方法。他将现象的解释上升到"理想的"层面,从思想上排除对问题产生干扰的次要因素,从而获得更加接近本质的答案。伽利略的这种做法对以后的牛顿甚至爱因斯坦均产生了深远的影响。这样,只存在于几何空间中的"思想实验",允许人们去构造和研究,却永远不可能实

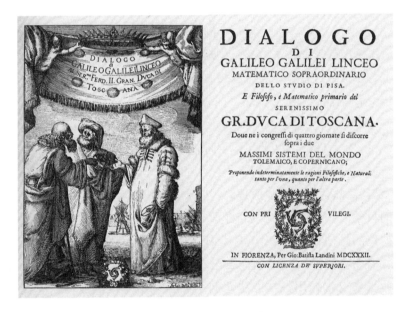

图 1.9　《关于托勒密和哥白尼两大世界体系的对话》一书封面

现。伽利略最著名的一本著作为《关于两门新科学的对话》。伽利略在这本书中表达了他对于数学、运动学和力学等的思考,如自由落体现象、抛体的运动轨迹、摆的周期性问题、最速下降路径问题、固体强度问题等。这本著作中有一个著名的悬臂梁问题(图 1.10),即一面墙插有一根横梁,梁的自由端吊着一个重物,它在自由端受到集中力产生弯曲时将如何变形。伽利略求解了这个问题。他认为,对于 AB 端固定在

图 1.10　《关于两门新科学的对话》中的悬臂梁问题

墙中的棱柱体 ABCD，其破坏过程应该是："如果该柱体被折断，其断裂将发生在 B 点，此处是榫眼的边界，起着受力杠杆 BC 的支点的作用；固体 BA 的粗细是杠杆的另一臂，沿着它分布着抗力。这一抗力反抗处于墙外的 BD 分布与处于墙内部分的分离。"[18] 伽利略对于梁变形过程的分析是不正确的，虽然他在上述推理中得到了"细长悬臂梁自由端能承受集中载荷的最大值与梁的长度成反比；对于矩形截面，该值与截面高度平方和宽度的积成正比；对于圆形截面，该值与截面半径的立方成正比"这一正确的结论。正确的梁模型一直到大约两百年后才逐渐完善，即现在广为接受的欧拉-伯努利梁（Leonhard Euler，1707~1783；Daniel Bernoulli，1700~1782），其中梁的上层纤维受拉，下层受压，中间有一层纤维长度保持不变，这层纤维被称为中性层；梁弯曲时的横截面具有转动支点；中性层和横截面的交线被称为中性轴。中性轴的位置问题在 1826 年由法国科学家纳维（Claude Navier，1785~1836）彻底解决。

在《关于两门新科学的对话》中，伽利略写道："通往一种非常广阔和卓越的科学的道路即将开辟出来；我们这里所做的努力仅仅是它的基础，比我看得更远的人将会探索这门科学更为隐秘的角落。"而这个比伽利略"看得更远"的人就是伟大的科学家牛顿。

1.3　质点力学——万有引力与牛顿三定律

图 1.11　艾萨克·牛顿（1643~1727）

牛顿与《自然哲学的数学原理》　牛顿（图 1.11）是人类历史上出现的最有影响的科学家，并兼具数学家、哲学家和经济学家于一身。奠定牛顿在科学史上地位的是他在 1687 年 7 月 5 日出版的不朽著作《自然哲学的数学原理》（以下简称《原理》）。正如他自己在第三卷的前言中所说，为了"演示世界体系的框架"，牛顿用数学方法阐明了宇宙中最基本的法则——万有引力定律和三大运动定律。这四条定律构成了一个统一的体系，被认为是人类智慧史上最伟大的一项成就，由此奠定了之后三个世纪中物理界的科学观点，被称为现代工程学的基础。美国国父杰斐逊（Thomas Jefferson，1743~1826）认为，"美国宪法是臣服于牛顿力学规律的"。拉格朗日评价牛顿时说："牛顿是最杰出的天才，同时也是最幸运的，因为我们不可能再找到另外一次机遇去建立世界的体系。"爱因斯坦也说过："幸运的牛顿，幸福的科学童年！他融实验者、理论家、机械师（力学师）为一体，同时又是阐释的艺术家。他以坚强、自信和孤独的姿态屹立在我们面前"，"至今还没有可能用一个同样无所不包的统一概念，来代替牛顿的关于宇宙的统一概念"，"牛顿的地位远远高于他的贡献所能够体现的，因为牛顿是处于人类智力发展至关重要的拐点上"。

牛顿在《原理》的开篇即提出了著名的三大运动定律。首先,伽利略等提出的"不受阻碍的运动将一直保持下去"的这一"思想结论"被牛顿明确命名为"匀速直线运动定律",今天也被称为"惯性定律";其次,牛顿首次指出,力的作用结果不是产生速度,而是产生加速度,包括运动速率的变化和运动方向的变化,从而成功地将变速直线运动和匀速圆周运动进行了等效,也正式通过这种方式将运动的分析纳入了数学之中;最后,牛顿用"作用力与反作用力定律"对他所提出的"力是微粒之间的互相吸引作用"进行了数学上的说明。

万有引力与开普勒的天文数据　牛顿在《原理》中还提出了万有引力定律,成功地解释了第谷和开普勒的天文数据。万有引力定律的核心为太阳与行星间的相互作用(即向心力)和该作用与距离之间的平方反比关系,其证明可简单示例如下(图 1.12)。

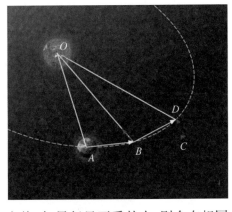

图 1.12　万有引力的求解示意图

假设白色虚线为行星绕太阳运行的椭圆轨道(开普勒第一定律),太阳位于椭圆的焦点位置。在某一时刻,行星位于 A 位置,并在极小的时间 $\mathrm{d}t$ 后继续沿直线运行到了 B 位置,且向量 $\overrightarrow{AB}$ 的模等于向量 $\overrightarrow{BC}$ 的模,$\triangle OAB$ 面积与 $\triangle OBC$ 面积相等。根据牛顿第一定律,如果行星不受外力,则会在相同时间 $\mathrm{d}t$ 内继续运动至 C 位置;但事实上行星由于受到太阳的作用,$\mathrm{d}t$ 时间后真实位置在 D 处。根据开普勒第二定律,$\triangle OAB$ 面积与 $\triangle OBD$ 面积相等,因此 $\triangle OBD$ 面积与 $\triangle OBC$ 面积相等,向量 $\overrightarrow{CD}$ 平行于向量 $\overrightarrow{OB}$。考虑向量 $\overrightarrow{BD}$ 的平行四边形合成法则及 $\mathrm{d}t$ 的性质,行星在 B 处的受力为朝向太阳的向心力。随后将行星的椭圆轨道近似为圆形轨道,则行星运动变为匀速圆周运动。由于匀速圆周运动中向心加速度 $a = \omega^2 R$ [该表达式此前已由惠更斯(Christiaan Huygens,1629～1695)推导获得],根据牛顿第二定律,行星受到向心力作用 $F = m\omega^2 R$,用运动周期 $T = 2\pi/\omega$ 表示则为 $F = m(2\pi/T)^2 R$。在以上式子中,ω 为行星运动角速度;R 为近似圆形轨道半径;m 为行星质量。在开普勒第三定律中,$T^2 = C_1 R^3$,C_1 为比例常数。因此,

$$F = \frac{4\pi^2}{C_1}\frac{m}{R^2} \tag{1.1}$$

根据牛顿第三定律,F 还可以用太阳质量 M 表示为

$$F = \frac{4\pi^2}{C_2} \frac{M}{R^2} \qquad (1.2)$$

式(1.2)中，C_2 为另一比例常数，综合即可得万有引力定律的现代表达式，即

$$F = G \frac{mM}{R^2} 。 \qquad (1.3)$$

式(1.3)中，G 为万有引力常数。由此可见，在推导万有引力定律中，椭圆问题中微分的合理使用是其中至关重要的一步，这也是创立了"流数术"的牛顿最终能够完成万有引力定律的重要原因之一。

胡克与牛顿的争论　和牛顿同时代的还有一位科学家是胡克。胡克是著名的力学家、光学家、建筑学家，并且被认为是"细胞学之父"。现在英国凯恩斯镇的威伦区，还保存有胡克当年亲自设计的威伦教堂（Willen Church，图1.13），它是早期英国巴洛克风格的典范。胡克去世后安葬于伦敦主教门镇的圣海伦教堂，后迁葬于他处。圣海伦教堂窗户上原保存有胡克的纪念画像（图1.14），1993 年毁于教堂附近的卡车爆炸事件。

图 1.13　由胡克设计的威伦教堂

图 1.14　圣海伦教堂窗户上的胡克画像

　　虽然胡克的一生有着数百项独创的发明与发现，但是目前仅有的以他名字命名的是一条关于弹性体变形与力关系的定律，即著名的胡克定律（Hooke's Law）。这是胡克在力学领域里最重要的贡献。1676 年，胡克在通过对弹簧的性质进行了大量研究后，发表了一篇很短的文章，用一个拉丁语字谜的形式表

示为"ceiiinosssttuv"。这是当时科学界的惯例,如果科学界还不能确认自己的发现,则先把发现打乱字母顺序发表,确认后再恢复正常顺序。两年后胡克公布了这个字谜的答案:"ut tensio sic vis",即"张力和变形成正比",后来被命名为胡克定律。当一种材料的力学性质满足胡克定律时,则称其具有"线弹性"(linear elasticity)。

胡克在一生中与牛顿发生过多次冲突。两人的冲突最早始于对光本性的认识:胡克认同光的波动学说,而牛顿则认为光的本质是粒子。两人的分歧在万有引力定律的发现权上达到了顶峰。1679 年,胡克给牛顿的信中提出了自己关于引力的假说,并在 1680 年的信中将其表述为"引力总是与物体到中心距离的平方成反比,而由于速度与引力的平方根成正比,因此就如开普勒所提出的,速度与距离成反比"[19]。但是,由于胡克缺少必需的数学工具,他仅能找到该平方反比定律的近似表达,未能给出明确的运动方程。

牛顿在收到该信件后并未向胡克表达自己的看法,但是他仔细研究了这个问题,并试着用质量、力等一些基本的概念来求解其中的基本原理。1686 年,牛顿向皇家学会提交了一篇名为 *Philosophiae Naturalis Principia Mathematica* (《自然哲学的数学原理》)的论文,阐述了他对于该问题的思考和结果。但由于和胡克之间因为引力问题发现权的争议,未得到皇家学会的出版。一年以后,哈雷(Edmond Halley,1656~1742,哈雷彗星的发现者)自费出版了牛顿的这本著作,即著名的《原理》。在看到未出版的书稿时,胡克希望牛顿能够在序言中对自己的贡献进行一些阐述,被牛顿断然拒绝,并宣称自己早在 20 多年前已经获得了该问题的答案。事实上,从牛顿当时和胡克来往的信件判断,直到 1684 年左右牛顿依然对引力问题不得要领[20]。

牛顿力学的近现代推广　《原理》的出版为持续近两千年的"宇宙框架演绎"画上了一个暂时的句号。牛顿用"万有引力"这一概念终结了亚里士多德时代就开始的对天体和抛体运动的讨论,证明二者的根源是相同的。牛顿力学的诞生深刻地影响着之后出现的光学、热力学和电磁学,一代又一代的科学家们将牛顿力学奉为"圣经",并沿着牛顿所指引的方式和道路去完成宇宙其他部分的拼图。牛顿力学可以认为是现代科学的启蒙。

但是,牛顿建立的整个力学体系,在 19 世纪末到 20 世纪初开始大面积坍塌,其最大的冲击来自相对论和量子力学。相对论对牛顿力学的变革始于对高速运动物体的思考。事实上,相对论在本质上与牛顿力学是一脉相承的,狭义和广义相对论,依然是对运动学和引力的知识深化。牛顿力学的另一个冲击则来自量子力学,其变革的主要对象是微观世界的运动规律和测量这一动作本身。在量子力学中,决定微观粒子的运动不再是"轨迹"而是"概率"。正如狭义相对论在低速下可以近似为牛顿力学一样,量子力学中的核心参量为普朗克

常数 h（约为 6.626×10^{-34} J·s），以德国物理学家普朗克（Max Planck，1858~1947）命名。当该常数的值变为 0 时，量子化的不连续性消失，量子力学即"退化"为经典力学。

力的解释 在万有引力定律的推导过程中，牛顿用到了行星受到太阳吸引时的"向心力"。事实上，对于"力"的思考与解释，最早开始于亚里士多德时代。亚里士多德将抛出物体的运动解释为手通过空气等媒介对物体进行了作用的传递，但又主张媒介会起到阻碍运动的作用。为了解决亚里士多德的这一矛盾说法，后来的科学家逐渐发展出了"冲力（impertus）理论"，认为在抛出物体的同时，有"冲力"从手传递给了物体内部，使物体保持向前的运动，这种"冲力"会随着时间的延长而逐渐削弱。

向新物理学中"力"的概念进行过渡是首先从开普勒开始的。在著作《宇宙的奥秘》的第二版中开普勒有这样的描述："……当我仔细考虑了这一原因随距离增加而减弱的现象时……我得到如下的结论：这个力是某种物质性的

图 1.15　剑桥大学三一学院前的苹果树

东西……是一种由物体中发射出的无形物。"[21]牛顿的最伟大之处之一就是他从各种复杂的运动现象之中抽象出了"力"的概念，这种抽象可能首先是从他将"维持行星圆周运动"与"物体发生自由落体运动"的两种作用等同起来开始的，即广为传播的"苹果落地"的故事（图 1.15）。后来，牛顿为基于这样一种作用的运动现象提供了一系列的数学基础，并将其明确定义为"每一个物质微粒都吸引其他任何一个物质微粒"的作用。但是，在给惠更斯等人的回信中，牛顿也明确表示他并不清楚引力的本质是什么，但是他引入的这种作用，使得所有由此导出的定律中都得到了精确的数学描述。

除了引力之外，电磁作用也是一种力。麦克斯韦（James Maxwell，1831~1879）证明了电磁力的作用是需要传递时间的，这便与牛顿万有引力的"超距性"（force-at-a-distance）产生了矛盾。麦克斯韦将电磁力纳入他所提出"场"（field）的概念，并将其看作一个真实存在的媒介间发生作用的空间，而不是一个为了简化数学计算而设置的模型。这是对"力"概念的一次革新。事实上，麦克斯韦理论的建立依然依照着牛顿所确立的力学分析方法，而且如果没有牛顿力学对描述质点轨迹所取得的巨大成功，也无法为场理论的诞生提供足够的物理和数学支持。

　　"场"由此以后也正式成为"力"所发生作用的媒介,对力的认识开始逐渐转向对场的认识。科学家们也开始试图将引力用类似的"场"理论来解释,其中最为成功的是广义相对论。爱因斯坦的灵感,很大程度上就来自麦克斯韦。在一次访问牛顿的母校剑桥大学时,有人对爱因斯坦说:"你站在了牛顿肩膀上。"爱因斯坦却回答:"不,我是站在麦克斯韦的肩上。"[22]——剑桥大学,也正是麦克斯韦的母校。在广义相对论中,爱因斯坦将引力解释为大质量天体使空间产生弯曲,而空间的弯曲会造成邻近天体运行轨道的改变,并表现为一种"吸引力作用"。在广义相对论的预测中,质量在空间中发生变化时,空间本身也会产生类似"一石激起千层浪"一样的涟漪,并沿着时空扩散,这即是引力波。它已经于2016 年被索恩(Kip Thorne, 1940~)等的 LIGO(The Laser Interferometer Gravitational-Wave Observatory)实验所捕捉并获得 2017 年诺贝尔物理学奖。

　　20 世纪后半叶开始,基本粒子的标准模型(The Standard Model)开始建立(详见第 3 章),它的基础是外尔(Hermann Weyl, 1885~1955)的规范场论(gauge theory)和杨振宁(Chen-Ning Yang, 1922~)与米尔斯(Robert Mills, 1927~1999)的杨-米尔斯理论(Yang-Mills Gauge Theory)。随着高能物理学的发展和电子对撞机技术的提高,科学家们逐渐将所有的基本粒子归为两大类:一类是自旋为半奇数的基本粒子,叫作费米子(Fermion),被认为是构成物质的主要单位;另一类则是自旋为整数的基本粒子,叫作玻色子(Boson),则被认为是传播相互作用的主要媒介。例如,光子就是传播电磁相互作用的主要媒介。玻色子也成为现代科学中对"力"的全新解释。2011 年发现的被称为"上帝粒子"的希格斯(Peter Higgs, 1929~)子也是一种玻色子,它被看作质量的来源,由物体所处的空间通过希格斯子的传播赋予物体质量。但是,目前看似成功将电磁力、强力(核结合作用)和弱力(核衰变作用)三者成功进行统一并收获了众多诺贝尔物理学奖的标准模型,对于万有引力依然是一筹莫展。虽然有物理学家提出了一种自旋为 2 的玻色子作为引力的传播媒介,即所谓的引力子,但是它从未被实际观测到。一个非常重要的原因是引力发生作用的尺度相比剩余三者而言太大,因此当统一到同一尺度后,引力的数量级过小,现有测量手段无法提供任何证据作为支持。其他试图将引力包括其中的"万物理论"(Theory of Everything),包括以威滕(Edward Witten, 1951~)为代表的 M 理论等,但目前尚未带来广为信服的结论。

　　从科学史的角度来看,人类对于自然界的认识,始于引力,也将终于引力。

1.4　分析工具——解析几何、微积分与微分方程

笛卡儿坐标系　人类早已认识到宇宙背后的深刻原理是以数学的形式表

现出来的。杠杆原理的提出即是阿基米德将典型的物理学问题抽象成几何问题的一种尝试。在伽利略心中,"哲学写在这部称为宇宙的大书上……它以数学语言写就,其字符是三角形、圆形和其他几何图形"。开普勒则更认为几何学是先于万物和永恒的,上帝把几何学当成了创世的原型。回溯整个科学的发展史,不难得出,其与数学的进步息息相关,"……科学也给人以这样深刻的印象,即它们正在迫使数学站到整个时代的前沿。正如我们所知,没有数学家的种种成就,科学革命是绝不可能的"[23]。近代数学中最伟大的两项成就,是笛卡儿发明的解析几何及牛顿与莱布尼茨(Gottfried Leibniz, 1646~1716)共同创立的微积分,而后者又是在前者的基础上才得以实现。

笛卡儿不仅是一位伟大的哲学家,也是一位天才的数学家,是数学史上一位极其重要的革新者。笛卡儿 1673 年发表了著作《科学中正确运用理性和追求真理的方法论》,在其中的附录《几何学》中提出,"这些曲线——我们可以称为'几何的',即它们可以精确地度量——上的所有的点,必定跟直线上的所有

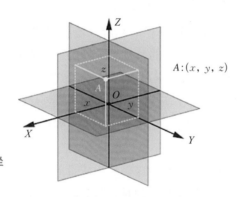

图 1.16　笛卡儿坐标系

的点具有一种确切的关系,而且这种关系必须用单个的方程来表示。"这篇附录标志着解析几何的诞生,即一种通过将平面上的点与由一对数字(x, y)表示的坐标点进行一一对应后,将代数方程用几何曲线进行表示的数学方法。由于笛卡儿在创立解析几何上的突出贡献,正则坐标系也被称为"笛卡儿坐标系"(图 1.16)。

微积分与微分方程　在数学史上,微积分的发明可以被看作和欧氏几何及解析几何的诞生具有同等重要意义的事件。事实上,世界各国均在文明的发展过程中诞生过微积分的哲学思想。古希腊科学家曾发明过类似于求积分的"穷竭法",中国古代刘徽(225~295)和祖冲之(429~500)求解圆周率时所采用的"割圆术"本质上也接近于求积分的过程。在近代西方,在开普勒、卡瓦列利(Francesco Cavalieri, 1598~1647)、费马(Pierre de Fermat, 1607~1665)、巴罗(Isaac Barrow, 1630~1677,牛顿的老师)等先驱者工作的基础上,牛顿和莱布尼茨完成了微积分这一最伟大数学工具的最终创立。1666 年,牛顿完成了他的第一篇关于微积分的论文《流数短论》,提出了"流数"(fluxion)的概念,此即近似于现代微积分中的"微分"。1684 年,莱布尼茨正式发表他对微分的发现,并于两年后发表了有关积分的研究。牛顿和莱布尼茨均发现了微分和积分是具有互逆性质的一对运算,但牛顿在微积分中更侧重于运用几何表达进行力学分析,而莱布尼茨则主要着眼于微积分系统中的数学运算本身。但是,在牛顿

的时代,微积分这一工具出现在牛顿的身边无疑是至关重要的,因为"微分方程理论的建立,满足了现代物理学家对确定性的全部要求"[1],而确定性正是牛顿力学的重要内核。

在牛顿与莱布尼茨关于微积分发明权的争论中,现代的看法认为二人均独立地完成了这一工具的创立,但前者的发现时间较早,后者则首先发表了论文。现代高等数学中表示定积分与被积函数的原函数之间关系的微积分基本定理即被称为"牛顿-莱布尼茨公式"(Newton-Leibniz formula)。莱布尼茨所发明的微积分符号系统迅速在欧洲大陆传播,极大地促进了微积分的普及和发展,而在该过程中,英国人由于受限于牛顿发明的微积分中较为不便的符号,数学上逐渐被欧洲大陆抛在后面。事实上,虽然在晚期二人水火不容,但是他们均曾经对对方有过很高的评价。莱布尼茨认为:"在从世界开始到牛顿生活的时代的全部数学中,牛顿的工作超过了一半",而牛顿则形容莱布尼茨是"最杰出的几何学家"。

微积分的创立为牛顿力学大厦的最终完成奠定了基础。在《原理》第一编第一章的第一个引理中,牛顿写道:"量以及量的比值,在任何有限的时间范围之内连续地向着相等接近,而且在该时间终了前互相接近,其差小于任意给定值,则最终必然相等。"这个引理建立了牛顿整部著作的微分体系,即用"无穷小"情形下的"作用量"去分析"非无穷小"情形下的运动行为。例如,"最后速度意味着物体以该速度运动着,既不是在它到达最后处所并终止运动之前,也不是在其后,而是在它到达的一瞬间。"

1.5　哲学思考——确定性与混沌、量子坍缩

确定性原理　牛顿力学的基本方程告诉我们:当给定了初始状态的参数条件后,就可以根据基本方程去推导之后或者之前所有时间物体的运动状态,即这些自然法则都具有确定性和时间对称性。确定性中不包含任何随机成分。对于确定性的模型,只要设定了输入和各个输入之间的关系,其输出也是确定的,而与实验次数无关。与确定性类似的另一个概念是决定论。决定论是一种哲学立场,认为每个事件的发生,包括人类的认知、举止、决定和行动,都有条件决定它发生,而非另外的事件发生。决定论又称"拉普拉斯信条"。法国数学家拉普拉斯在牛顿力学的基础上曾构想出一种"拉普拉斯妖"(Laplace demon),在知道了宇宙中每个原子确切的位置和动量后,它能够使用牛顿定律来展现宇宙现在、过去以及未来。

混沌的发生　"确定性"的对应面是"混沌"(chaos)。"混沌"是一个富有现代科学含义的词汇,但是却在古代中国文化中具有其源头,指代一些神话传

说中的人物或巨兽。《庄子·应帝王》即描述有"南海之帝为倏,北海之帝为忽,中央之帝为混沌。倏与忽时相与遇于混沌之地,混沌待之甚善。倏与忽谋报混沌之德,曰:'人皆有七窍,以视听食息,此独无有,尝试凿预之。'日凿一窍,七日而混沌死。"这个故事也表明,当"混沌"遭遇外力的干时,其本身会发生剧变,这也在一定程度上与其现代意义相符合。混沌的现代内涵涉及广阔,一般用于指代某种"表现为随机"的时间相关过程,其中包含有涨落、分叉和不确定性。湍流即为一种典型的混沌现象。

混沌现象出现的根源之一,是经典力学理论在描述多体或系统时出现的不完备性。牛顿力学和相对论力学均是着眼于两个物体(天体)之间力的描述,但是如果系统的自由度增加了,它们在准确记录系统的状态时就会捉襟见肘。三体(即包含三个天体的系统在万有引力作用下的运动)问题直至今日尚无法获得精确求解。此外,经典力学中的基本方程,在描述与时间相关的规律时无法描述时间的不可逆性,正向与反向的时间将会给出同样的运动规律。但当个体置于系统中时,它们之间的相互作用将为系统带来熵增,其表达形式为热力学第二定律,也即时间的不可逆性。此外,热力学中平衡和非平衡状态下的统计方法,也与经典力学中"轨迹"的确定性描述存在矛盾[24]。这些经典力学和热力学之间无法逾越的鸿沟,最终不可避免地造成了确定性的终结和混沌的产生。物理学家温伯格(Steven Weinberg, 1933~,1979 年获诺贝尔物理学奖)在表达他对湍流的看法时即表现出对经典理论的灰心,认为湍流问题将会"在基本粒子的终极理论成功之后可能仍然毫无解决办法,因为我们已经理解了关于控制流体的基本原理所需要知道的一切"[25]。

蝴蝶效应　混沌理论的代表之一是"蝴蝶效应"(The Butterfly Effect),由现代气象学家洛伦兹(Edward Lorenz, 1917~2008)命名。其通俗说法是"巴西的一只蝴蝶扇动翅膀时,能引起得克萨斯州的一场龙卷风"。洛伦兹在对具有有限质量的水动力学封闭系统进行数值计算时,将其中三种输入数据的有效数字从小数点后 6 位简化为 3 位,两者的计算结果却完全不同[26]。他意识到问题的根源在于,当计算机发生迭代时,每一步的运算误差均被放大,从而彻底改变了系统的状态。蝴蝶效应说明,一些开始看起来微不足道的因素,可能在过程的后期起着举足轻重的作用。

20 世纪 50 年代,美国数学家冯·诺依曼(John von Neumann, 1903~1957)曾经在普林斯顿进行过一次演讲,认为只要拥有好的电脑,就能够对气象中稳定的部分进行预测,并对不稳定的扰动进行人为控制。但是气象学家们以 1949 年的一次飓风作为研究对象,无数次地设定了当时的天气条件,却没有一次能够如预期般发生在实际的地点[27]。即使时至今日,对于天气的预测依然只能提供一个概率。冯·诺依曼最终走向失败的原因,就在于整个天气系统中每个细小变量所存在的蝴蝶效应。

量子坍缩　不确定性同时还表现在自然法则的基础层面上。量子力学中的基本方程——薛定谔（Erwin Schrödinger，1887～1961）方程，同样是确定性的，并且其表达形式对于过去和未来具有对称性。在薛定谔方程中，当给定了一个初始状态的波函数，便能够推导出所有其他时间的波函数及其叠加状态，并被解释为相应发生概率的混合（详见第 3 章）。然而，对于真实测量而言，即使对于符合量子力学的微观粒子，其表现出的状态在当次测量中也具有"唯一性"，也就是说发生了"量子坍缩"或"波函数的坍缩"，对应于其他概率的状态在"遭遇"测量这一动作的时候消失。量子坍缩现象已经由电子的双缝衍射实验证明。这种不确定性也许是熵所带来的，正如物理学家泡利（Wolfgang Pauli，1900～1958）所说，"有一些事情只在作出观察时才真正发生，并与……熵的必然增加相关"[28]。此外，与概率解释几乎同时提出的海森堡（Werner Heisenberg，1901～1976）不确定性关系（uncertainty principle，不可能同时知道一个粒子的位置和它的速度，也称测不准原理）也是自然法则不确定性的表现，迫使经典力学的"朴素实在论"走向了终结。

对于混沌和不确定性的更多认识，有赖于对科学和哲学更加深入的研究。但不确定性可能就是这个世界的本质属性之一。正如哲学家波普尔（Karl Popper，1902～1994）认为的，"世界可能就是不确定性的，即使不存在对它进行实验和干预它的观测主体"[29]。

《原理》300 年诞辰上力学家的道歉　1986 年，著名流体力学家、应用数学家、曾担任第 16 任剑桥大学卢卡斯数学教席的莱特希尔（Sir M. James Lighthill，图 1.17），在英国皇家学会纪念《原理》出版 300 周年的演讲中这样说道："这里我必须再次代表全世界的力学实践者们郑重声明如下：我们的前辈们，由于他们在牛顿力学指引下所取得的非凡成就，使得他们对于牛顿力学在对预测自然原理时的普适性深信不疑。事实上，在 1960 年之前我们也是倾向于这么认为，并向公众宣传说一个满足牛顿运动定律的系统就是一个确定性的系统。但是现在我们知道这种看法是错误的。因此，对于 1960 年以后这一说法给公众带来的误导，我们全体愿就此道歉。"[30]

图 1.17　詹姆斯·莱特希尔（1924～1998）

参考文献

1. Albert Einstein's appreciation of Newton at the second centenary of Newton's death[J]. Smithsonian Annual Report，1927.

2. 斯蒂芬·霍金. 我的简史[M]. 吴忠超，译. 长沙：湖南科学技术出版社，2014.

3. 保罗·斯特拉瑟恩. 阿基米德与支点[M]. 马玉凤，译. 沈阳：辽宁教育出版社，2000.

4. Horwich P. Eds. World changes：Thomas Kuhn and the nature of science[M].

Pittsburgh：University of Pittsburgh，2010.

5. 胡适.中国哲学史大纲上册[M].北京：东方出版社,1996.

6. 李约瑟.中国科学技术史[M].陆学善,等,译.北京：科学出版社,2013.

7. 冯友兰.三松堂学术文集[M].北京：北京大学出版社,1984.

8. 范晔.后汉书[M].上海：中华书局,1965.

9. Kemp M, Walker M. Leonardo on painting[M]. New Haven：Yale University Press, 1989.

10. 沃尔特·艾萨克森.列奥纳多·达·芬奇传——从凡人到天才的创造力密码[M].汪冰,译.北京：中信出版集团,2018.

11. Richter J P. Notebooks, 389. Windsor, RCIN 912579[Z].

12. 尼古拉·哥白尼.天体运行论[M].叶式辉,译.北京：北京大学出版社,2006.

13. 卡尔·马克思,弗里德里希·恩格斯.马克思恩格斯全集[M].中共中央马克思恩格斯列宁斯大林著作编译局,编译.北京：人民出版社,2013.

14. 阿尔伯特·爱因斯坦.我的世界观[M].方在庆,编译.北京：中信出版集团,2018.

15. 艾哈德·厄泽尔.开普勒传[M].任立,译.北京：科学普及出版社,1981.

16. Kepler J. Summary of Copernican astronomy[M]. Austria：Johann Planck, 1622.

17. Kepler J. The harmony of the world[M]. Philadelphia, Pennsylvania：American Philosophical Society, 1997.

18. 伽利略.关于两门新科学的对话[M].武际可,译.北京：北京大学出版社,2006.

19. Jourdain P E B. The principles of mechanics with Newton from 1679 to 1680[J]. The Monist, 1914, 24(4)：515－564.

20. 武际可.力学史[M].上海：上海辞书出版社,2010.

21. Kepler J. The cosmographic mystery, the second edition with notes[M]. 1621.

22. Ohanian H C. Einstein's mistakes：The human failings of genius[M]. New York：W. W. Norton & Company, 2008.

23. 巴特菲尔德.近代科学的起源[M].张丽萍,郭贵春,等,译.北京：华夏出版社,1988.

24. 伊利亚·普里戈金.确定性的终结——时间、混沌与新自然法则[M].湛敏,译.上海：上海世纪出版集团,2009.

25. 史蒂文·温伯格.湖畔遐思——宇宙和现实世界[M].丁亦兵,等,译.北京：科学出版社,2015.

26. Lorenz E N. Deterministic nonperiodic flow[J]. Journal of the Atmospheric Sciences, 1963, 20：130－141.

27. 王颖.混沌状态的清晰思考[M].北京：中国青年出版社,1999.

28. Laurikainen K V. Beyond the atom：The philosophical thought of Wolfgang Pauli[M]. Berlin：Springer Verlag, 1988.

29. Popper K R. Quantum theory and the schism in physics[M]. Totowa, New Jersey：Rowman and Littlefield, 1982.

30. Lighthill M J. The recently recognized failure of predictability in Newtonian dynamics[J]. Proceedings of the Royal Society A, 1986, 407: 35－50.

思考题

1. 从"力"概念的演绎来看,"力"被定义为"物体间的相互作用"。亚里士多德最早思考的问题是"力是如何被产生的",由此萌生了"第一推动问题";而牛顿则以其第二和第三定律,将"力"认为是可以"被萌生"但也可以"被传递";麦克斯韦用"场"的概念将"力"置于其中;而现代物理学的标准模型则将"力"的本质解释为玻色子起到的传递作用(引力除外)。由此可见,"力"的发展是从"无形"的抽象概念逐渐变为"有形"的具体概念,看上去似乎是我们用现代的科学观测为两千多年前的"力的猜想"提出了一个解释。那么,试思考:如果亚里士多德、墨子等古代研究者提出的并不是"力",那么科学的发展是否依然会沿着历史轨道进行?

2. 牛顿用他的三大定律和万有引力定律"演绎了世界体系的框架"。但是在历史的长河中一定有着很多除了牛顿力学之外的、用来解释世界的理论,但是都湮没在历史的长河中。牛顿力学的成功在于它解释了当时能够观察到的实验现象。试思考:你能否思考一种新的解释世界的方法,但不局限于它是数理逻辑的?(例如:有没有可能我们实际上生活在未来人类的一段电脑程序中?)

3. 现代物理学中的 M 理论提出,真实的宇宙实际上是一个高维空间(11维),除了三维之外的维度蜷缩于非常小的尺度上。《三体》中即提出一个大胆的想法,原本无限的光速,它目前的有限实际上是我们的宇宙不断在"宇宙战争"中被"降维"导致的。请继续发挥脑洞,从高维空间的角度思考物理学的前沿问题,如是否有第五种力、其他各物理学常数的来源、暗物质等。

第2章
拉格朗日-哈密顿力学

在《分析力学》的前言中,作者拉格朗日写道:"我给自己建立了这样一个问题:如何简化(牛顿)力学的理论及相关问题的通用型解题方法;如何从某一固定观点出发,去统一一迄今为了求解力学问题所建立的各种理论。在这个工作中将不需要任何的图表,不需要任何建构的、几何的或者受力的讨论,需要的仅仅是基于一种寻常和统一方法的纯代数分析和运算。那些喜欢数学分析的人将会很欣喜地看到,力学也从此变成了一门分析的学科,并将为此深深地感谢于我。"[1]拉格朗日与晚其约半个世纪的哈密顿严格地践行了这段话,通过当时最先进的数学工具——变分法,对牛顿的动力学体系进行了重塑。这门全新的拉格朗日-哈密顿力学——在后来的世纪里甚至被冠以"经典力学"之名,深刻地影响着整个力学领域,不仅由于其本身所开拓出的全新诠释方法,也在于它在力学的发展中起到的重要衔接作用:它"承上",用"能量"的观点重新演绎了牛顿体系中的"力";它"启下",用其思想深刻地启发并影响了现代物理学的诞生与发展。科学本身也并没有忽视他们的成就,以他们两人名字命名的拉格朗日量和哈密顿量也成为在物理学发展历程中最重要的一对物理量。

2.1 最小作用量原理与分析力学
——分析的工具与程序

欧拉与变分法 力学从牛顿的框架产生自我进化,最早始于变分法的创立。变分法的原意为"对变量的微积分学",其与函数的关系可以类比于微积分与数的关系。变分法的研究对象为泛函,这类函数的变量是由一个以上的函数所确定,而变分法是求解泛函极值的一套系统理论。

变分法的萌芽最早来自对笛卡儿坐标系中曲线或曲面的研究,有三个代表性的问题。第一个是最速降线问题(图2.1):"当两点不

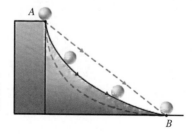

图 2.1 具有不同高度的两点之间的最速降线

在同一高度且不处于垂直位置时,质点仅在重力作用下在二者之间运动的曲线形式是什么?"在 1696 年瑞士数学家约翰·伯努利(Johann Bernoulli,1667~1748)正式公开征求该问题解答之后,全欧洲的数学家们都被吸引来参与求解,甚至包括牛顿、莱布尼茨这两位微积分的创始人。这些欧洲最聪明的大脑们最终给出了正确的解,即现在所称的圆滚线(也称旋轮线或摆线,cycloid)。第二个是短程线问题:"求某一空间曲面上所给两点间长度最短的曲线",它最早的解法也由约翰·伯努利在 1697 年给出。第三个是等周问题:"一条长度固定的封闭曲线,其所围成的最大面积是什么?"尽管早在古希腊时代,当时的人们已经知道这个曲线是圆,但是其求解方法却一直未曾建立。

被约翰·伯努利称为"无与伦比的、数学家中的王子"的瑞士数学家欧拉(图 2.2)在著作《寻找具有极大值和极小值性质的曲线,等周问题的最广义解答》中给出了第二和第三个问题的一般解法[2]。1733 年,欧拉出版了其著作《变分原理》,赋予了这类求解方法以一个崭新的名字:"变分"。从此,一个全新的数学领域——数学分析由此诞生,并成为与代数、几何并列的数学三大支柱之一。数学分析将微积分从简单地处理数拓展到了处理函数的领域,这是整个数学领域的一场伟大变革,其重要性丝毫不亚于微积分的发明。事实上,数学也是由此时开始脱离于力学的框架,逐渐彰显出自己的独立性,并成为几乎所有应用科学的强大基础工具。欧拉本人当时并未将自己所创立的这门数学应用于力学问题,但是,他在自己的另一部著作《力学》中,表达了对数学分析在力学中应用的思考:"它具有重新描述牛顿动力学体系的巨大潜力。"[3]

图 2.2 莱昂哈德·欧拉(1707~1783)

最小作用量原理 在讲述数学分析如何重塑牛顿力学之前,需要首先提及的是"最小作用量原理"(图 2.3)。最小作用量原理代表着人类对这个世界运行规律最本质的认识。爱因斯坦曾经对大多数的科学研究都不屑一顾:"我想知道上帝是

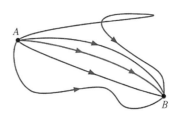

图 2.3 两点之间的最小作用量

如何创造这个世界的,对这个或那个现象、这个或那个元素的谱我不感兴趣,我想知道的是他的思想,其他的都是细节问题。"[4]但是他却将最小作用量原理看作"物理学家们窥探到的那一点点、上帝创造世界的秘密"。量子力学的集大成者费曼(Richard Feynman,1918~1988)也在第一次遭遇最小作用量原理之时就发出了"我随即为之倾倒,能以这样不寻常的方式来表达一个法则,简直是个不可思议的奇迹"的感慨[5]。在评论倒塌的经典物理学大厦时,费曼甚至总结道:"在如此多的废墟中间,还有什么东西

屹立长存呢? 只有最小作用量原理迄今未经触动,人们似乎相信它会比其他原理更长久。"[6]

从爱因斯坦的相对论到薛定谔等的量子理论,它们都笼罩在最小作用量原理伟大的思想之下。从这个意义上来说,最小作用量原理无愧于人类所创造出的最高理论。

对最小作用量原理的研究,最早起源于"业余数学家之王"费马在几何光学中发现的最小光程原理。费马发现,光在两点间传播时所通过的实际路径,是通过这两点间所有路径中花费时间最短的那一条。这实际上就是一条曲线的极值问题,因此也就与变分法建立起了联系。

类似于光传播的极值现象,实际生活中还有许多,比如水往低处流等,让人感觉这个世界就如同人类大脑一样在运行:寻找最省力的那种方式。之后的法国科学家莫培督(Pierre de Maupertuis, 1698~1759)在1741~1746年发表了多篇论文,给出了最小作用量原理的命名与含义:"自然在产生效果时总是选择最简单的手段,它所选取的途径是作用量为最小的那个。只要找到合适的作用量,就可以构建该学科的理论基础。"[7]

莫培督给出的作用量为物体的质量、位移与速度的乘积。这个定义也表明了他对一个动力学过程中的所有因素均已加以考虑。从莫培督的定义来看,作用量的量纲是 $M \cdot L \cdot LT^{-1}$,其单位为 J·s,这个量纲与量子力学中最重要的普朗克常数一致,这实际上从另一层面证明作用量是世界运行的一种本质属性,"整个世界的终极设计可以写到一张餐巾纸上,那行紧凑的公式可以推导出所有的物理定律,而那张餐巾纸上写的其实就是作用量的表达式"[8]。

当作用量用一个函数来表达时,对最小作用量的求解成为一个变分法问题。因此,最小作用量原理就自然而然地引出了拉格朗日-哈密顿力学这一宏大的体系。构建这一体系的第一步是由法国数学家、力学家拉格朗日迈出的。拉格朗日的这一步是如此成功,以至于之后的物理学家们开始用作用量来描述整个物理世界——只需要在它的表达式中不断加上描述新领域的项即可。事实上,这一思路也在最近一百年的时间里,不断带领着物理学走向前进。

广义坐标、广义速度与拉格朗日方程 有了新的基本原理和数学工具,就预示着一门新的力学即将诞生。这门力学的正式名字是分析力学,其创始人为拉格朗日(图2.4),将其推上巅峰的是哈密顿。分析力学这个名字源于拉格朗日1788年出版的不朽巨著《分析力学》。拉格朗日的工作是如此伟大,以至于连哈密顿都将其描述为"拉格朗日展现出以一个惊世骇俗的公式描述了系统运动万变的结果,拉格朗日方法的美在于它完全容纳了其结果的尊严,以至于他

图2.4 约瑟夫·拉格朗日(1736~1813)

的伟大工作仿佛像一种科学的诗篇"[9]。

对于 19 岁就在都灵皇家炮兵学院担任数学教授的拉格朗日来说,他通常被视为纯数学家,是公认的 18 世纪中与欧拉齐名的璀璨双子星,是法国历史上最杰出的数学大师,是拿破仑(Napoléon Bonaparte,1769~1821)所称赞的"数学科学高耸的金字塔"。拉格朗日在数学上最重要的贡献是发展了欧拉所开创的变分法。他也和欧拉一样,对数学的思考始终与其在力学中的应用紧密结合着。拉格朗日继承了将变分法应用于力学的尝试,最终证明了欧拉的猜测,即变分法能够提供解决牛顿动力学问题的一般方法,并且能够使得其变得更加完整与和谐。

拉格朗日的基本思想在于,他认为牛顿力学实际上反映的是一个质点的三维空间坐标随着时间坐标所发生的变化,因此可以将牛顿力学等效为四维空间中的几何。而变分法既然能够用来描述几何曲面的极值问题,那么它就同样有能力去确定一个运动质点的空间和时间坐标。由此出发,拉格朗日将具有有限个自由度系统的所有坐标用 q_i($i = 1, 2, \cdots, N$)来表示,命名为广义坐标,又称为拉格朗日坐标,而广义坐标对时间的导数 $\dot{q}_i$ 则命名为广义速度。在广义坐标和广义速度的基础上,拉格朗日将用拉格朗日量 $L(q, \dot{q}, t) = T - U$ 来作为系统的动力学参数,其中 T 为与广义速度 $\dot{q}_i$ 相关的能量部分,被称为动能;而 U 则为与广义坐标 q_i 相关的能量部分,被称为势能。这样,拉格朗日把牛顿力学的运动方程从以力为核心改写为以能量为核心,这也是分析力学和之后整个物理学的基础。拉格朗日量的出现是如此的重要,甚至连宇宙的演化都可以用"当能量从大爆炸减退后,它沿着一条拉格朗日量的空间轨迹滑行"来形容[10]。

在拉格朗日量的基础上,结合最小作用量原理,拉格朗日推导出了被哈密顿称为"惊世骇俗公式"的拉格朗日方程:

$$\frac{\mathrm{d}}{\mathrm{d}t}\frac{\partial L}{\partial \dot{q}_i} - \frac{\partial L}{\partial q_i} = 0 \quad (i = 1, 2, \cdots, N) \tag{2.1}$$

拉格朗日方程与牛顿力学是自洽的。在拉格朗日方程的基础上,仅通过简单的数学运算即可推导出牛顿三大定律和开普勒三大定律。拉格朗日将最小作用量原理变成了一种真正数学化的语言,具有特定的物理思想,还能写成极其优美和简洁的方程形式。这种对于美的追求也成为后来的科学家们创造新理论的出发点之一。

动力系统 动力系统(图 2.5)是一个借鉴了力学概念的数学名词,指一个按时间发展进行演变的系统。如果以动力学为例,如行星运动、流体运动等,它们的运动规律可以用牛顿运动方程或者是纳维-斯托克斯(Sir George Stokes,

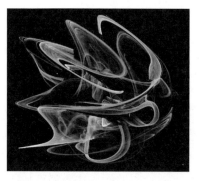

图 2.5 　动力系统

1819~1903）方程（Navier-Stokes equations）来描述，这样在数学上这两个方程就分别构成了动力系统。拉格朗日方程也是一个典型的动力系统。随着时间的演变，这些方程所确定的系统各时刻坐标在整个"坐标空间"中构成了某种几何形状，可以利用特定的数学方法去求解，一个动力学问题转变为一个几何问题。有了动力系统这一概念，力学就和几何更加紧密而有序地结合起来，而微分几何也逐渐替代了微分方程，成为求解动力学问题更加强大的利器。最早深入研究动力系统的学者，是 19 世纪末 20 世纪初伟大的法国数学家庞加莱。

动力系统不但可以用来描述运动这种连续的现象，还可以用来描述不连续的现象，如进化过程、经济活动等。如果一个动力系统描述的行为是按连续时间变化的，称为连续动力系统；而按照离散时间变化的，则称为离散动力系统。

能量积分　从拉格朗日力学的体系中，可以轻易地获得对一个运动学系统能量的描述。当其中的主动力都有势时，其动能可以完整地用广义速度表示为二次函数：

$$T = T_2 + T_1 + T_0 = \frac{1}{2}A_{ij}\dot{q}_i\dot{q}_j + B_i\dot{q}_i + C \tag{2.2}$$

式（2.2）中，A、B、C 为包含广义坐标与时间的项。当体系的势能 U 不显含时间变量时，体系的拉格朗日量 $L = T - U$ 同样不显含时间，可推导得

$$T_2 - T_0 + U = E \tag{2.3}$$

式（2.3）被称为广义能量积分或广义能量守恒。我们所熟知的机械能守恒定律是广义能量守恒的一种特殊情况，即 $T_0 = 0$，此时所代表的 $T + U = E$ 也被称为能量积分。利用广义能量积分和能量积分，能够简洁地解决某些主动力和约束作用下的动力学问题。

格林的路径无关　在数学中有一系列以 19 世纪早期英国数学家格林（George Green，1793~1841）命名的概念，如格林函数、格林公式等，特别是格林公式，给出了二重积分和曲线积分之间的联系，即封闭曲线的线积分可以转化为二重积分的形式：

$$\oint_L P\mathrm{d}x + Q\mathrm{d}y = \iint_D \left(\frac{\partial Q}{\partial x} - \frac{\partial P}{\partial y}\right)\mathrm{d}x\mathrm{d}y \tag{2.4}$$

从格林公式中，可以获得一个非常重要的推论：在某些势场中，力的做功

与路径无关。这样的力也被称为保守力。例如,考虑处于不同高度的两个位置,物体在二者之间移动的时候,无论采用何种路径,重力所做的功均等于物体重力与这两个位置的高度差的乘积。

满足路径无关的势场,必须具有一定的先决条件。以数学语言来描述,如果把力矢量写成 $\boldsymbol{F} = P\boldsymbol{i} + Q\boldsymbol{j}$ 的形式,力做功路径的微元为 $\mathrm{d}\boldsymbol{r} = \mathrm{d}x\boldsymbol{i} + \mathrm{d}y\boldsymbol{j}$,当物体具有相同的初始与结束位置时,该力沿某封闭路径做功的总量(即格林公式左边)为零。此时必须满足 $\dfrac{\partial Q}{\partial x} = \dfrac{\partial P}{\partial y}$,且该力场必须为与路径无关的这部分功所对应势能的梯度场,如重力场即重力势能的梯度场等。从能量的角度来看,格林的路径无关原理极大地简化了对基于能量方法的物体动力学分析与求解。

2.2　哈密顿力学——力学之美

哈密顿力学的创立　哈密顿(图 2.6)出生于爱尔兰都柏林的一个律师家庭。他被三一学院聘为天文学教授的时候还不满 22 岁。在 30 岁那年,哈密顿受封为爵士,两年后他又当选为爱尔兰皇家科学院院长。新成立的美国科学院也把哈密顿推选为第一个外籍院士。像欧拉和拉格朗日一样,哈密顿在数学上同样取得了非常伟大的成就。他打破了自牛顿以后一两百年内欧洲大陆数学家们对数学发展的垄断,成为"继牛顿之后英语国家中最伟大的数学家"[11]。

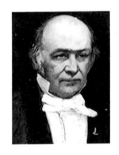

图 2.6　威廉·哈密顿(1805~1865)

哈密顿思考力学的出发点来自他对光学的研究。1835 年,哈密顿发表了具有深远影响的论文《变分作用原理》与《波动力学的一般方法》,在费马最小光程原理的基础上,提出了他著名的"力学-光学类比"。法国科学史家杜格斯(René Dugas,1897~1957)曾如此描述哈密顿力学的创立[12]:"出于对拉格朗日在动力学方面工作完美性的美慕,哈密顿开始了他对几何光学体系的建设,并用不包含任何形而上理论的完美形式加以实现,更重要的是,它能够用来描述所有的实验现象。回归到动力学,哈密顿用类似于他在光学中所做工作的方式,发展了作用量原理,最终用两个微分形式的方程,推导出动力学一般问题的解。"

哈密顿最终完成的力学体系,主要由哈密顿原理、哈密顿(正则)方程及哈密顿-雅可比方程三部分构成。哈密顿原理是建立在拉格朗日的伟大工作之上——这也代表了哈密顿对拉格朗日的尊崇——可以表述为"具有完整理想约束的保守系统,在某一特定时间间隔内具有相同始终位置的所有可能运动路径中,真实运动的哈密顿作用量有极值",其中哈密顿作用量 S 的数学表达式为

$S = \int_{t_1}^{t_2} L dt$。相比于能量,哈密顿作用量 S 代表着运动更本质的性质。哈密顿作用量 S 的量纲是能量乘以时间,反映了能量随着时间所发生的变化,因此表达了"运行"这一概念:既与能量相关,又与时间相关。当 S 的变分 $\delta S = 0$ 时,即获得最小作用量原理的数学形式。

哈密顿的工作毫无疑问是站在拉格朗日的肩膀上的。哈密顿认为,在动力学中,只有综合反映质量与速度的动量才能作为和坐标同样重要的基础量。因此,哈密顿用广义动量 $p_i = m\dot{q}_i$ 代替了广义速度 $\dot{q}_i$,用哈密顿量 $H(q, p, t) = T + U$ 代替拉格朗日量 L,将拉格朗日方程改写成为一对哈密顿方程:

$$\begin{cases} \dot{q} = \dfrac{\partial H}{\partial p} \\ \dot{p} = -\dfrac{\partial H}{\partial q} \end{cases} \quad (2.5)$$

与拉格朗日量代表运动真实路径的"驱动力"不同,哈密顿量代表运动系统的动能与势能之和,因此可以用来描述运动系统在该真实路径上的能量及其演化。但是,哈密顿方程与拉格朗日方程具有等价性,二者可以通过将拉格朗日方程经过勒让德变换(Adrien-Marie Legendre, 1752~1833) $H(p, q, t) = \sum p_i \dot{q}_i - L$ 得出。

从最小作用量原理出发,可以获得作用量 S 与哈密顿函数 H 之间的关系,也被称为哈密顿-雅可比(Carl Jacobi, 1804~1851)方程,方程如下:

$$\frac{\partial S}{\partial t} + H = 0 \quad (2.6)$$

这个方程将两个哈密顿常微分方程再次简化为一个偏微分方程,却又远比拉格朗日方程更为简单。这也代表着哈密顿力学体系大厦正式建造完成,此时的分析力学发展到达了顶峰。

经典力学与量子力学 经过欧拉、拉格朗日、哈密顿等一流数学分析大师们的努力,力学得以解析的方式重塑理论框架,并被奉为经典。这门所谓的"经典力学"通过其严谨的结构与逻辑,和极具对称与简洁的表达形式,向世人展示了令人震撼的美感,以至于所有人都相信,按照这一套力学规律能够解释宇宙间所有的运动现象。

然而经典力学的美好在1900年开始遭遇巨大的挑战,并迅速形成了相对论力学与量子力学两座新的大厦。二者在建立过程中均受到哈密顿力学的深远影响。以量子力学为例,哈密顿力学与其重要分支波动力学之间的关系,完全可以类比于光学中牛顿的粒子理论与惠更斯的波动理论。1926年,薛定谔(图2.7)独自一口气连续发表6篇论文构造起波动力学,其中所提出的薛定谔方程是现代物理学中最广为人知和最为人所用的方程:

$$i\hbar\dot{\Psi} = \hat{H}\Psi \qquad (2.7)$$

图2.7 埃尔温·薛定谔(1887~1961)

薛定谔方程在描述量子力学基本规律方面的地位无可取代。方程中的 Ψ 为粒子的波函数,$\hbar$ 为约化普朗克常数,$\hat{H}$ 是哈密顿算符,代表了系统的哈密顿量。方程(2.7)如此之重要,以至于它被铭刻于薛定谔的墓碑之上。方程(2.7)如此对称优美:左方为虚数(i),右方为实数(1);左方为导数 $\dot{\Psi}$,右方为函数 Ψ;左方为 $\hbar$,右方为 $\hat{H}$。薛定谔方程与哈密顿-雅可比方程有着高度的相似性——而这种相似性事实上也有其根源——$\hbar$ 为零时,薛定谔方程即退化为哈密顿-雅可比方程。在薛定谔最早的思考中,他试图对电子行为找到一种合理描述。1924年物质波理论的提出给了他巨大的灵感——根据德·布罗意(Louis de Broglie,1892~1987)的理论,电子本质上也是一种波。薛定谔由此出发,认为应该能找到一个波动方程来描述电子的运动,就如同惠更斯原理能够描述光的波动那样。惠更斯原理在动力学中已经有了非常优美和完整的形式,那就是哈密顿原理。薛定谔为哈密顿原理添加上了约束条件,即其极小值是符合量子化条件的,也就是普朗克常数的整数倍。所以从一定意义上来说,波动力学并不是新的理论,而是哈密顿力学在新的实验结果基础上的拓展。但是这并不影响对薛定谔这一贡献的评价。索末菲(Arnold Sommerfeld,1868~1951)甚至认为,波动力学"是20世纪惊人发现中最惊人的一个"[13]。

薛定谔对哈密顿力学的推崇可能很大程度上来自他对美的执着。这不仅仅体现在他同样具有的诗人身份上,也体现在他对数学美的极致追求中。狄拉克(Paul Dirac,1902~1984)曾说:"我和薛定谔都极为欣赏数学美,这种对数学美的欣赏,曾经支配我们的全部工作,这是我们的一种信念,相信描述自然界基本规律的方程,都必定有显著的数学美。"[14]薛定谔方程最终体现出的与哈密顿-雅可比方程如孪生一般的偏微分方程形式,也再次向所有人证明了科学所具有的美感。

薛定谔对哈密顿的赞誉 薛定谔本人将自己所取得的成就大部分归功于哈密顿。他对哈密顿充满了赞誉:"现代物理学的发展让哈密顿声誉日隆。他著名的力学-光学类比实际上催生了波动力学。波动力学本身对哈密顿众多的科学思想并未有很大的拓展,当代物理学家们所需要的只不过是在一个世纪前哈密顿处理实验结果的基础上再多思考一点点而已。现代物理学所有理论的核心概念都是哈密顿量,如果你想用现代物理学来解决任何问题,你首先需要知道的就是其哈密顿量。所以,哈密顿是有史以来最伟大的人物之一。"[15]

1933 年,由于对"发现原子理论新的有效形式"的贡献,薛定谔荣获诺贝尔物理学奖。在当年的颁奖演讲中,他依然不吝篇幅地去讲述哈密顿给他的启示:"费马原理(最小光程原理)是波动理论的精华,哈密顿发现质点在力场中的运动也受到类似规律的支配,因此从那时起这个原理就以他的名字命名,并且使他成名。哈密顿原理没有明确说出质点选择了最快的路径,但它确实与最小光程原理异曲同工。大自然似乎把同一规律用完全不同的方式表现两次,一次用十分明显的光线来表现,另一次则是以质点来表现。因此除非以某种方式把质点和波动性联系起来,才能理解这些。"[16]

2.3 诺特定律——物理世界的对称性

哈密顿体系的对称美 哈密顿的力学体系具有一种极具震撼的对称、简洁与优美,并能够自然而然地推导出动力学中的各种对称性及守恒律。对称性是某种具有特定行为的变换,守恒律则是在某类变换操作下不变的物理量。在所有守恒律中,目前为止最为基本、未发现任何特例的是动量守恒、角动量守恒和能量守恒。例如将哈密顿量对时间求全导数,可得

$$\frac{\mathrm{d}H}{\mathrm{d}t} = \frac{\partial H}{\partial t} + \sum \frac{\partial H}{\partial q_i}\dot{q}_i + \sum \frac{\partial H}{\partial p_i}\dot{p}_i \tag{2.8}$$

将哈密顿方程中广义动量与广义坐标的微分关系带入,即有 $\dfrac{\mathrm{d}H}{\mathrm{d}t} = \dfrac{\partial H}{\partial t}$。如果哈密顿量不显含时间,$\mathrm{d}H/\mathrm{d}t = 0$,即为能量守恒定律。

诺特定理、对称性破缺与晶体缺陷 将对称性与守恒律紧密结合起来的,是被称为"20 世纪和 21 世纪物理学的指路明灯"的诺特定理(图 2.8)[17]。诺特定理以 20 世纪初德国女数学家诺特(Emmy Noether,1882~1935)的名字命名,该定理是她在 1918 年发现的。诺特天才地意识到,作用量的每一种连续对

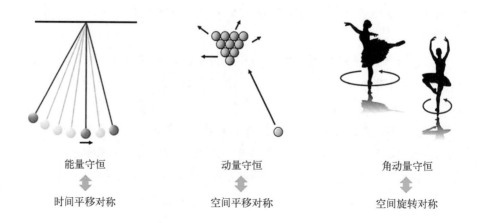

能量守恒	动量守恒	角动量守恒
时间平移对称	空间平移对称	空间旋转对称

图 2.8 诺特定理:对称性与守恒性

称性,都将有一个守恒量与之对应。例如,在动力学中,当哈密顿作用量 S 满足空间平移对称或空间旋转对称时,其对应的分别为动量守恒和角动量守恒定律;而当 S 满足时间平移对称时,其对应的便是能量守恒定律。

这种一一对应关系的提出,把整个物理学带入了一个新的时代。相比于之前物理学家们所尝试的试探法,现在他们可以通过在实验上发现新的守恒量来寻找对应的连续对称性,也可以通过对作用量进行新的连续对称变换来寻找新的守恒定律。只要一项物理学定律是基于作用量而建立的,那么诺特定理即针对其成立,却又并不依赖于这个作用量的具体形式和细节。诺特定律仿佛告诉了我们世界的某些本质:宇宙的"守恒"是亘古不变和放之四海而皆准的——不论何时(能量守恒定律)、何处(动量守恒定律)与何方(角动量守恒定律)。

由于诺特在现代数学上所做出的卓越贡献,她也被称为"现代数学之母"。德国著名数学家外尔评价诺特说:"我们哥廷根的同事常称她为诺特先生,也恭敬地承认她拥有创造性思维的能力。她打破了性别的界限,是一位伟大的数学家,而且是最伟大的。"[18]爱因斯坦在悼念诺特的时候也给予她很高的赞美,"根据仍在世的最强的数学家来判断,诺特小姐是自妇女开始受到高等教育以来最杰出的和最富有创造性的数学天才"[19]。

守恒量对应于某变换操作中的不变物理量。当这个物理量在变换前后具有微小差别,使得它在变换前后能够获得区分,则称为是对称性破缺。当对称性产生破缺,或对称变换是不连续的时候,守恒性就会被打破。对称性破缺最典型的一个例子是粒子弱相互作用中的宇称不守恒定律,其提出者为华人物理学家杨振宁与李政道(Tsung-Dao Lee,1926~)。之前的科学界一直相信,对应于空间反射对称(镜像)变换的宇称也是守恒量,即使诺特定理已经暗示了这种不连续的对称变换可能并无相应的守恒定律。20 世纪中叶,科学家们发现 θ 和 τ 两种新的粒子,它们的自旋、质量、电荷等完全相同,但却具有不同的衰变行为。1956 年,杨振宁和李政道在经过深入研究后大胆断言,τ 和 θ 是互为镜像的同一种粒子,但在弱相互作用的环境中,它们的运动规律却是不完全相同的,即宇称是不守恒的。该断言随后被华人女科学家吴健雄(Chien-Shiung Wu,1912~1997)用实验证明,杨振宁和李政道二人随后赢得了 1957 年的诺贝尔物理学奖。宇称不守恒这一发现,也再次向世人证明了诺特定理的正确与伟大。

在晶体学中,对称性破缺也表现得非常重要。大部分晶体都具有严格的周期性结构,以及空间平移对称、旋转对称或镜像对称的性质。但是,完美的周期性结构仅仅是一种理想的图像,自然界存在的晶体中都存在有偏离完美结构的瑕疵,这些瑕疵被称为晶体缺陷。晶体的缺陷通常能够涵盖从零维到三维的多个维度。零维的缺陷被称为点缺陷,一般包括点阵空位、杂质原子等;一维的缺陷被称为线缺陷,包括链状点缺陷和位错;二维的缺陷被称为面缺陷,主要包括层错、晶界、晶体表面等;三维的缺陷被称为体缺陷,主要是孔洞(也称空洞)、沉淀一类的宏观缺陷。晶体中多种多样不同类型的缺陷,构成了它们在自然界中的真实结构与形貌,进而被人类所用,构建了世界上的客观万物。更重要的是,具有对称性破缺的晶体缺陷,对于材料许多方面的性质而言,所起到的未必总是负面影响——它可以通过多种"缺陷工程"设计,来对材料的一些特性进行增强。

甚至生命的诞生也可能来源于对称性破缺。生命体中的 19 种天然氨基酸全部惊人地呈现左旋型,充分表明了对称性破缺在生命诞生的历程中所起到的关键作用。就像微生物学之父巴斯德(Louis Pasteur,1822~1895)曾经说过的那样,"生命向我们显示的乃是宇宙不对称的功能。宇宙是不对称的,生命受不对称作用支配"[20]。

广义能量力 对于牛顿力学和拉格朗日-哈密顿力学体系,其研究对象均可以认为是不具有实际尺寸且不发生变形的物体,即所谓"质点"。而这些质点的运动,可以看作在物理空间中进行的。此时,我们把运动空间视为物质实体之外的部分。但是真实物体具有一定的三维尺寸,且在外力作用下都会发生变形,对应于这些真实物体的是"物质空间",此时的运动空间是物质实体之内的部分。物质空间中的"力"与"运动"也要拓展到更广义的层面,即"广义能量力"(generalized energetic forces)。广义能量力可以包括将原子与分子束缚在一起从而构成物质的力,也可以包括在物质内部驱动物质组分进行运动的力等。举例来说,晶体中有时会存在位错等缺陷(详见第 3 章与第 9 章),当晶体受外力作用时,其中的位错会发生运动。此时对于位错而言好像是受到了力的作用,但实际上位错是物质内部组分的一种畸变区,不是一个具有质量的物质实体,因此并不会有牛顿意义上的力作用于位错之上。这种位错运动的实质,是它们被物质中的弹性场所包围,其他实体部分运动过程中的相互作用通过弹性场传递,最终形成了类似该区域的"运动"效果。但是,由于一个含有位错的系统,其能量与位错的位置相关,因此可以在其基础上建立"能量"和"力"的概念,并发展出相应的晶格缺陷动力学理论或晶体缺陷场论[21]。在物质空间中更具有广泛性的力学理论是连续介质力学(详见第 4 章),在其基础上可以发展出一系列研究物质空间的力学,例如联系位移、应变和质点速度等的运动学方程,联系应力和质点加速度的动力学方程,联系能量及其耗散关系的能量方程,联系应力、应变与其速率之间的关系的材料本构方程等[22]。

在物质空间中,如果物质具有对称性(如晶体),那么作用于物质之上的物理过程也必定具有相应的对称性。因此,物理空间中诺特定理中关于对称性和守恒律的关系可以自然地扩展到物质空间中。断裂力学中的J积分(详见第10章)即是一个典型的例子。

1968年,莱斯(James R. Rice,1940~)和切列帕诺夫(Genady P. Cherepanov,1937~)各自独立地提出了断裂力学中最核心的概念之一——J积分,用来定量地表征材料裂纹尖端区域的应力应变的集中程度,特别是莱斯对J积分的各种性质和应用进行了详细的阐述,极大地促进了断裂力学的发展。J积分具有明确的物理意义,它表示弹性变形(或比例加载下的塑性变形)下材料的应变能释放率以及裂纹扩展单位面积所释放的能量,并且在均匀介质中沿任意闭合回路的J积分数值守恒,与积分路径无关。后来发现,J积分是埃塞尔比(John Eshelby,1916~1988)在1951年建立的能动量张量(energy-momentumtensor,也称能量-动量张量)中的第一平移积分[23],而能动量张量又与诺特守恒积分紧密相关。1972年,诺尔斯(J. K. Knowles,1931~2009)和斯滕伯格(E. Sternberg,1917~1988)对线弹性力学中的守恒定律进行了深入而系统的研究[24]。他们将J积分概念推广到有限变形的三维非线性弹性体,用诺特定理论证了对于非线性弹性的三维有限变形体,存在七个与路径无关的积分[J_k积分($k=1,2,3$);L_k积分($k=1,2,3$);M积分],扩大了J积分等一系列路径无关的积分的应用范围。

J积分作为一种守恒量,其对应的对称性为材料中的奇点在均匀材料中所具有的平动不变性(或物质空间中的"线动量"守恒方程)。除J积分外,L积分表示材料中的缺陷在具有转动同性的材料中所具有的转动不变性(或物质空间中的"动量矩"守恒方程),M积分对应于缺陷标尺的度量不变性(或物质空间中的"度量"守恒方程)[25]。

2.4　哈密顿-雅可比方法——力学的代数化

雅可比矩阵　雅可比(图2.9)于1804年出生于普鲁士的一个犹太人家庭,23岁即被选为柏林科学院院士。雅可比是一位杰出的数学家,他所完善的哈密顿-雅可比方程,见式(2.5),不但为哈密顿力学指出了另外一条发展道路,还成功地启发了薛定谔开创出波动力学,见式(2.6)。雅可比的最大贡献是他提出的雅可比矩阵和雅可比行列式——这两者直至今日依然在科技的发展中起着重要作用。

雅可比矩阵的定义为,假设 f 为一个从 N 维欧氏空间转换到 M 维欧氏空间的函数,若将其偏导数组成一个 M 行 N 列的矩阵,那么这个矩阵就是雅可比矩阵。若 N 与 M 相等,则雅可比矩阵所对应的行列式即为雅可比行列式。雅可比矩阵将代数方法引入力学和动力系统。它能够用于求解某点处微分方程组

图2.9　卡尔·雅可比(1804~1851)

的近似解,因为它给出了某可微方程在一点处的最优线性趋近,这一优化方法在当今神经网络计算中得以大显身手。

神经网络基本算法　在生命体的表层布满了各种神经元,它们交互形成了复杂的神经网络,用来为生命体接受外界的信息并反馈给神经中枢。现代社会我们更常听到的"神经网络"(图 2.10)是一种机器学习方法(详见第 17 章与第18 章),其从计算的输入端到输出端具有多节点、多互联和多层次等特点,但其结构往往比生命体内的神经元更为简单——对于后者,我们人类直至如今依然认识非常有限。神经网络在输入端接受各种不同的数据,然后通过对其加以不同的权重进行叠加等运算,这些数据、权重和运算过程共同构成

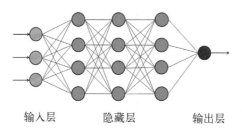

图 2.10　神经网络示意图

输入层　　隐藏层　　输出层

了神经元与互联网络。经过运算,神经网络将最终结果与某预设阈值比较,作为是否可以激活输出的标准,从而完成各种指令。

基于神经网络构建的计算机程序需要进行训练,而训练的基本原理是最优性原理。以此为指导,神经网络可以发送朝向精确输出方向进行的自我进化。我们通过为神经网络输入大量数据,并根据其输出结果与我们所做的预期结果进行比较后,调整输入数据权重,不断使神经网络最终的输出结果去趋向我们的预期,此即为训练过程。最优性原理是美国数学家贝尔曼(Richard Bellman,1920~1984)在 1956 年提出的,可以表述为"如果存在全局最优解,那么全局最优也必定是局部最优"[26]。最优性原理为存在多阶段的决策过程做出了简化:不论过去如何,只需要从当前的状态出发为下一步做最优决策即可。

在最优性原理的基础上贝尔曼发展了哈密顿-雅可比-贝尔曼方程(Hamilton-Jacobi-Bellman Equation,HJB 方程),它也构成了神经网络运行的基础,因为 HJB 方程的解——最优值函数是某一特定系统在给定约束条件后具有最小成本的函数,而哈密顿-雅可比方程是 HJB 方程对应于连续时空的近似。

2.5　热平衡与热力学三定律——过程的方向感

焦耳、克劳修斯的经典演绎　在哈密顿量的表达式中,如果以负方向的时间 $-t$ 来代替 t,它的形式不会发生任何变化。这实际上证明了物理过程可以按照时间反演的顺序进行,即它是可逆的。这与我们的直觉并不相符。毕竟,如果没有任何外界干预,热水会慢慢变冷,但冷水不会慢慢变热,时间演进是明显存在着一个箭头的。对于时间是否具有箭头这一问题的深入探索,交给了

19 世纪隆重登场的热力学。

随着蒸汽机和内燃机的发展,对热和能量的研究变得越来越重要。19 世纪中期焦耳(James Joule,1818~1889)发现,不管是采用通电或者是机械方式,只要外力做的功是相同的,那么功所产生的热量也相同,即"热功当量"(亦见 6.6 节)。焦耳的实验最终证明,在一个系统中,能量总值是守恒的,做功过程中所消失的能量都将最终转化为热量。

随后不久,热力学中最重要的物理量"熵"(entropy,图 2.11)出现了。熵是由克劳修斯(Rudolf Clausius,1822~1888)于 1865 年在一篇《论热的移动力及可能由此得出的热定律》的论文中首次引入的,用来作为一个热力学体系的状态函数[27]。熵并不是一个抽象的概念,而是一个具有明确物理意义的可测量量。所有物质处于绝对零度时的熵都为零(此也即为热力学第三定律),通过升温过程将每一无穷小过程里系统吸收的热量除以吸收热量时的绝对温度,再对整个过程求积分,即可获得该系统在升温结束时所具有的熵。

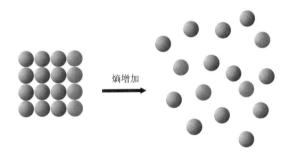

图 2.11　熵

像牛顿力学一样,热力学中也有为人熟知的三大定律。热力学第一定律是能量守恒定律,主要基于焦耳的实验结果提出,其内容是"一个孤立热力学系统的能量总值将不会发生变化"。热力学第二定律具有几种不同的表达形式,它的克劳修斯表述为"热量可以自发地从温度高的物体传递到温度低的物体,但不可能自发地从温度低的物体传递到温度高的物体"[27];而开尔文(William Thomson,1st Baron Kelvin,1824~1907)表述为"物体不可能从单一热源吸取热量,并将这热量完全变为功,而不产生其他影响"[28]。从熵的角度来描述,热力学第二定律可以表述为"在一个孤立系统中,它的熵的总量不会减小",这也即是著名的熵增原理。简单地说,热力学第二定律可以理解为,一个孤立系统可用的能量在不断减少,而内部无序的程度在不断增加。

需要指出的是,从作为动力学基础的最小作用量原理出发,目前依然无法推导出热力学理论。热力学第二定律表达了在趋近于热平衡的过程中熵的行为满足"最大作用量原理",但该过程中取"最小极值"的"热力学作用量"尚未被发现。热力学与经典力学二者的统一有待于未来更加先进科学理论的出现,但其建立也许要比能容纳四种相互作用的"万物理论"还要艰难。

　　热力学第一和第二定律,结合前述的热力学第三定律,共同构成了热力学的基础。在三大定律之外,还有热力学第零定律作为补充:"若体系 A 和 B 分别同体系 C 处于热平衡,则 A 和 B 之间也处于热平衡。"所谓的热平衡状态,是指某一时间间隔内两体系间的净交换热量为零。在热力学第零定律的基础上,结合熵的定义,可以将温度(开尔文温标)定义为在体系状态保持不变时它的内能与熵偏导的商,即

$$T = \frac{\partial U}{\partial S} \tag{2.9}$$

关于更多热力学的讨论,详见第 4 章。

　　卡拉西奥多里的数学解释　　卡拉西奥多里(Constantin Caratheodory,1873~1950)是"热力学公理化"思想的提出者。在 20 世纪初期的两篇论文中,他陈述了他的热力学两大公理,试图将整个热力学像欧氏几何一样建立在公理体系之上。这两大公理分别对应于热力学第一和第二定律,第一公理为"系统态函数内能在一过程中的改变量,等于在该过程中所做功的负值";而第二公理则为"从一个处于均匀热平衡的任意状态出发,存在着一个不可能由绝热且准静态的过程所连通的邻近状态"[29]。在这两个公理的表述中,没有涉及热量、温度或熵这三大热力学概念中的任何一个。

　　卡拉西奥多里的第二公理具有更大的独创性。他从这条公理出发,用数学工具推导出了热力学温标,推导出存在着作为状态函数的内能与熵,从而把以往的热力学概念赋予了在数学公理体系下的严格证明,详见第 4.7 节。但是一百年过去,卡拉西奥多里所提出的"热力学公理化"体系还未获得学界的广泛认可,特别是随着对微观世界认识的逐渐深入,基于分子观点和统计学的气体动力学解释开始在热力学的发展中占据了统治地位。

　　气体动力学解释　　物质是由大量原子构成的。这些原子时刻进行着随机的热运动,这使得热力学理论的建立变得非常困难,此时就必须用到统计学。1858 年,克劳修斯引进了分子"平均自由程"的概念,启发麦克斯韦发表了《气体动力理论的说明》一文,在其中他用统计学的方法推导出了气体分子的速度分布规律。1877 年,玻尔兹曼(Ludwig Boltzmann,1844~1906)在该分子速度分布规律(图 2.12)的基础上,从微观上对熵进行了解释,认为它是一个用来描述大量粒子位置和速度的概率函数。由此现代热力学的基础正式建立起来,热力学与统计学也变得牢不可分。1902 年,吉布斯(Josiah Gibbs,1839~1903)在他

的著作《统计力学的基本原理》中,正式
将麦克斯韦和玻耳兹曼创立的热力学
的统计解释发展成为系统的理论——
统计力学。统计力学实际上是经典力
学在大数目个体下的推广,它将热力学
与运动原子的性质联系起来,从原子层
面上描述了宏观物质的行为。后来希
尔伯特(David Hilbert, 1862～1943,19
世纪末和 20 世纪前期最具影响力的数

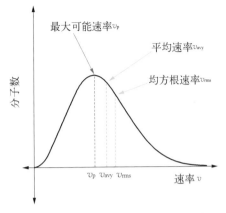

图 2.12　玻尔兹曼
的速度分布规律

学家之一)为玻尔兹曼理论建立了数学模型,使它具有了一套能够被普遍采用
的有效运算工具。

　　需要特别值得一提的是玻尔兹曼的熵解释。玻尔兹曼认为,熵表示了系统
中大量微观粒子的无序性,并在此基础上给出了它的定量表达式。这一公式在
1900 年由普朗克改写成我们现在所熟知的形式,即熵为

$$S = k\ln \Omega \tag{2.10}$$

　　这是物理学中最美丽和最富有智慧的公式之一,它将作为经验科学的热力
学与严谨的数学之间建立起关系。公式中 k 为玻尔兹曼常数,Ω 代表该热力学
体系对应的宏观状态数,因此熵值的增加代表着无序性的增加。玻尔兹曼常数
的数值等于理想气体常数 R 除以阿伏伽德罗(Lorenzo Avogadro, 1776～1856)
常数 N_A,其物理意义是单个气体分子平均动能随绝对温度变化的系数。由此
可见,玻尔兹曼的工作是完全建立在原子论的基础之上的,也获得了一些科学
家的认可。如当时(1900 年)的爱因斯坦就认为:"玻尔兹曼的工作实在出色,
他真是位阐述大师,我确信他的理论在原理上是正确的,这就是说,我的确认
为,可以将其看成是由一个个具有确定大小的、彼此分开的点质量组成的,它们
的运动遵从一定的规律……这是在力学角度解释物理现象之路上迈出的一
步。"[30] 但是,当时的科学界主流对原子论充满了怀疑与责难,最终玻尔兹曼在
相关科学争论中饱受压抑之苦,于 1906 年自杀身亡。

　　如前所述,经典力学和热力学目前对在时间的处理上存在着矛盾。热力
学第二定律认为,在任何一个系统里,熵处于持续增加的状态,这实际上就决
定了时间是具有方向的(时间箭头),而经典力学中却并没有对时间的方向
做出过任何阐述。如果我们拍摄两只台球相撞,或是地球绕着太阳公转的片
段,然后将它倒过来放映,我们不会感觉有任何异常,这就说明质点的运动学
过程是可逆的。但是如果片段的内容是一滴墨水从一片微黑的水中聚集起
来,我们就会知道这个片段是倒着放映的。这种时间箭头产生的原因就在于

概率的影响。但是总之,虽然经典力学和热力学目前不能纳入同一个理论框架中,但是热力学归根到底是微观层面的经典力学,只是它处理对象的数目特别大而已。事实上,目前最为流行的分子动力学仿真方法,就是在计算机强大运算性能的帮助下,在牛顿运动方程描述个体碰撞的基础上,去仿真出具有大量个体的体系所具有的宏观性质,其结果具有极高的可信度(见 6.3 节和第 9 章)。

热寂学说 "热寂"(Heat Death)是对宇宙终极命运的一种猜想。根据热力学第二定律,当宇宙的熵不断增加直至最大值时,宇宙中的所有其他能量都将转化为热能,整个宇宙达到热平衡状态,再也没有任何可以维持运动或是生命的能量存在,"一切迹象都以不可抵抗的力量说明,一个或一系列确定的宇宙演化事件,将在并非无穷的某一个时间或某些时间发生……除不能化为辐射的原子之外不会留下任何原子,宇宙间将无日光也无星光,只有辐射的一道冷辉均匀地扩散在空间,这的确是今日科学所可以看到的全部宇宙演化,终究必将达到的最后结局"[31]。此时即为所谓的热寂状态。

图 2.13 开尔文
(1824～1907)

热寂理论最早由热力学第二定律开尔文表述和开尔文温标的提出者开尔文勋爵(图 2.13)于 1851 年左右提出[28],随后获得了克劳修斯的支持。这一"科学理论"从思想上"击溃"了一代又一代卓越的天才们,如控制论之父维纳(Norbert Wiener, 1894～1964)就曾经发出"我们迟早会死去,很有可能,当世界走向统一的庞大的热平衡状态,那里不再发生任何真正新的东西时,我们周围的宇宙将由于热寂而死去,什么也没有留下"的悲叹[32]。但是,也有许多著名的科学家和哲学家,如麦克斯韦、玻尔兹曼、恩格斯等,从不同角度对热寂学说进行着批判。恩格斯在致马克思的信中就曾指出:"这种理论认为,世界愈来愈冷却,宇宙中的温度愈来愈平均化,因此,最后将出现一个一切生命都不能生存的时刻,整个世界将由一个围着一个转动的冰冻的球体所组成。我现在预料神父们将抓住这种理论,当作唯物主义的最新成就……而这种论证实质上是与辩证唯物论背道而驰的。"[33]

热寂学说基于一个基本假设:宇宙是一个封闭且有限的热力学系统,以使得热力学第二定律能够适用。20 世纪后半叶开始,"宇宙大爆炸"的理论逐渐得到了科学界的公认。大爆炸理论表明宇宙处在不断地膨胀之中,其中的辐射和粒子永远不可能达到热平衡状态。此外,引力的因素也需要被考虑进宇宙的热力学模型之中。这两者使得符合热力学第二定律的"热寂状态"永远不会到来。

但宇宙的命运却不会因此而变得更加令人乐观。大爆炸理论也预言了另一个"宇宙末日"——宇宙将永远膨胀下去。这是目前最先进的理论所告诉我们的宇宙归宿,也再次把我们拉回到被"热寂学说"支配的恐惧中。"从对方的眼睛里,他们看到了大宇宙黑暗的前景在永远的膨胀中,所有的星系将互相远离,一直退到各自的视线之外。到那时,从宇宙间的任何一点望去,所有的方向都是一片黑暗。恒星将相继熄灭,实体物质将解体为稀薄的星云,寒冷和黑暗将统治一切,宇宙将变成一座空旷的坟墓,所有的文明和所有的记忆都将永远埋藏在这座无边无际的坟墓中,一切都永远死去"[34]。

2.6　阿诺德理论——力学与数学的完美契合

图 2.14　弗拉基米尔·阿诺德(1937~2010)

高维空间中的力学　阿诺德(图 2.14)是 20 世纪最伟大的数学家之一,曾因微分方程和动力系统等方面的重大贡献而获得数学界的终身成就奖——沃尔夫奖。阿诺德对动力系统进行了深入的研究,并将庞加莱的一些几何定理推广到高维,催生了这些问题的辛几何(symplectic geometry)解决方法,取得了令人叹服的结果。在阿诺德的著作《经典力学的数学方法》中,他"以最优美的现代数学形式讨论经典力学问题"[35],大幅度推进了动力学的研究步伐。在阿诺德的工作中,人们可以由衷地认同爱因斯坦的话:"纯数学是一种逻辑理念的诗篇。它寻求的是以简单的、逻辑的和统一的形式,把最大可能的形式关系圈汇集起来的最一般的操作观念。在这种接近逻辑美的努力中,人们发现了那些为更深入、更透彻地理解自然定律所必需的精神法则。"[19]

以动力学中最重要的三个体系牛顿力学、拉格朗日力学和哈密顿力学为例。牛顿力学所对应的是"欧氏空间"(Euclidean space),牛顿力学的基本方程能够在该空间中用笛卡儿坐标来描述。一个牛顿方程动力系统,其中各点的坐标可以构成这个三维空间中的一个几何曲面或曲线,即某种"流形"(manifold),并随着时间而发生演变。拉格朗日力学对应的则是"构形空间"(configuration space)。构形是对某系统中每个点位置的完整说明,构形空间指的就是一个系统所有可能构形组成的空间,在拉格朗日力学中对应于用广义坐标表示的 N 维空间,拉格朗日方程动力系统所对应的"流形"是该 N 维空间中的非欧几何问题。

最后,哈密顿力学所对应的是"相空间"(phase space)。相空间是由两套满足微分对易关系的广义坐标和广义动量坐标以斜交的方式构成,是一个 $2N$ 维的空间。事实上,根据纳什(John Nash,1928~2015)嵌入定理[36],任何一个黎曼流形都可以看作高维欧几里得空间的子流形;比如,球面是一个典型的二维黎曼几何空间,但是也可以看作嵌入三维欧氏空间的一个子空间。因此,拉格朗日力学对应的构形空间也就成为哈密顿力学所属相空间的一个子空间,与哈密顿力学之间满足勒让德变换的关系。在相空间中哈密顿方程动力系统表现出的流形被称为"辛流形"(symplectic manifold),哈密顿方程所刻画的物理过程,可以等效为相空间的辛几何变换。对于没有耗散的保守系统,辛流形的广义体积不随时间变化。因为采用了比构形空间更为高维的相空间,哈密顿力学将拉格朗日力学的几何描述变得更为简单,而且有着更加优美的对称性。但是,从应用效果上而言,在面对具体的问题时拉格朗日力学和哈密顿力学分别有着各自的优势。例如,在量子力学中哈密顿力学的用途较为广泛,而在经典场论中则多采用拉格朗日力学进行描述。

参考文献

1. Lagrange J L. Analytical mechanics[M]. Berlin:Springer-Science + Business Media,1997.

2. Euler L. Methodus inveniendi lineas curvas maximi minimive proprietate gaudentes sive solutio problematis isoperimetrici latissimo sensu accepti[M]. Lausanne & Geneve:Apud Marcum-Michaelem Bousquet & Socios,1744.

3. Euler L. Mechanica[OL]. http://www.17centurymaths.com/contents/mechanica1.html.

4. Institute for Advanced Study by The Center for History of Physics. Albert Einstein:In brief[OL]. https://www.ias.edu/albert-einstein-brief.

5. 玛丽·格里宾,约翰·格里宾. 迷人的科学风采——费恩曼传[M]. 江向东,译. 上海:上海科技教育出版社,2005.

6. Poincaré H. The foundations of sciences:Science and hypothesis,the value of science,science and method[M]. New York:11 Science Press,1913.

7. Maupertuis P L. Accord de différentes lois de la nature qui avaient jusqu'ici paru incompatibles[J]. Mémoires de l'Académie Royale des Sciences,1744:417-426.

8. 阿·热. 可怕的对称——现代物理学中美的探索[M]. 荀坤,劳玉军,译. 长沙:湖南科学技术出版社,1999.

9. Hamilton W R. On a general method in dynamics:By which the study of the motions of all free systems of attracting or repelling points is reduced to the search and differentiation of one central relation,or characteristic function[J]. Philosophical Transactions of The Royal Society,1834,124:247-308.

10. 黄克孙. 大自然的基本力——规范场的故事[M]. 杨建邺,龙芸,译. 上海:上海世纪出版集团,2009.

11. Whittaker E T. Lives in science[M]. New York,1957.

12. Dugas R. A history of mechanics[M]. New York:Dover Publications,Inc.,1988.

13. Moore W. Schrödinger:Life and thought[M]. Cambridge:Cambridge University Press,1989.

14. 保罗·狄拉克. 回忆激励人心的年代[J]. 曹南燕,译. 科学与哲学,1981,(6-7):193.

15. Schrodinger E. The Hamilton postage stamps：An announcement by the Irish minister of Posts and Telegraphs，referenced in T. I. Hankins，Sir William Rowan Hamilton［M］. Baltimore：John Hopkins University Press，1980.

16. 薛定谔. 薛定谔讲演录［M］. 范岱年，胡新和，译. 北京：北京大学出版社，2007.

17. Emily Conover. In her short life，mathematician Emmy Noether changed the face of physics［J］. Science News，2018，193(11)：20.

18. Weyl H. Speech at the funeral of Emmy Noether on 18 April 1935. quote from Peter Roquette，Emmy Noether and Hermann Weyl. extended manuscript at the Hermann Weyl conference in Bielefeld［Z］. 2006.

19. Einstein A. The late Emmy Noether，to the editor of the New York Times［N］. New York Times，1935.

20. Pasteur L. Pasteur présente quelques observations sur les force dissymétriques naturelles ［J］. Comptes Rendus de l'Académie des Science，1874，79：1515－1518.

21. 阿诺·索末菲. 变形介质力学 I［M］. 范天佑，等，译. 北京：科学出版社，2018.

22. 王礼立，胡时胜，杨黎明，等. 材料动力学［M］. 合肥：中国科学技术大学出版社，2017.

23. Esheley J D. The continuum theory of lattice defects［J］. Solid State Physics，1956，3：79－144.

24. Knowles J K，Sternberg E. On a class of conservation laws in linearized and finite elasticity［J］. Archive for Rational Mechanics and Analysis，1972，44：187－211.

25. 杨卫. 宏微观断裂力学［M］. 北京：国防工业出版社，1995.

26. Kirk D E. Optimal control theory：An introduction［M］. Englewood Cliffs：Prentice-Hall，1970.

27. Clausius R. On a modified form of the second fundamental theorem in the mechanical theory of heat［J］. London，Edinburgh，and Dublin Philosophical Magazine and Journal of Science，1856，12(77)：81－98.

28. Thomson W. On the dynamical theory of heat，with numerical results deduced from Mr. Joule's equivalent of a thermal unit，and Mr. Regnault's observations on steam［J］. The London，Edinburgh，and Dublin Philosophical Magazine and Journal of Science，1852，4(22)，8－21.

29. Pogliani L，Berberan-Santos M N. Constantin Carathéodory and the axiomatic thermodynamics［J］. Journal of Mathematical Chemistry，2000，28(1)：313－324.

30. Einstein A. Letter to Mileva Maric［M］. New York：Princeton University Press，1987.

31. 威廉·丹皮尔. 科学史［M］. 李珩，译. 北京：中国人民大学出版社，2010.

32. 诺伯特·维纳. 汉译世界学术名著丛书：人有人的用途——控制论和社会［M］. 陈步，译. 北京：商务印书馆，1978.

33. 卡尔·马克思，弗里德里希·恩格斯. 马克思恩格斯全集［M］. 中共中央马克思恩格斯列宁斯大林著作编译局，编译. 北京：人民出版社，2013.

34. 刘慈欣. 三体 3：死神永生［M］. 重庆：重庆出版社，2012.

35. 弗拉基米尔·阿诺德. 经典力学的数学方法[M]. 齐民友, 译. 北京: 高等教育出版社, 2016.

36. Whitney H. The self-intersections of a smooth n-manifold in $2n$-space[J]. Annals of Mathematics, 1944, 45(2): 220−246.

思考题

1. 在诞生以后, 拉格朗日-哈密顿力学就迅速代替了牛顿力学成为经典力学的主流, 而且在相对论力学与量子力学诞生之后, 依然能够在现代物理学包括"标准模型"中依然发挥着重要作用。试思考其中的原因。

2. 莫培督定义的作用量量纲是 $M \cdot L \cdot LT^{-1}$, 单位为 $J \cdot s$, 而哈密顿则将作用量 S 定义为 $S = \int_{t_1}^{t_2} L \mathrm{d}t$。那么, 作用量是自然界的一个本质物理量, 还是人类用其他物理量进行组合后得到的一个表达式? 如果将作用量的数学表达式更换为其他形式(如改为莫培督的定义), 那么将会如何影响拉格朗日-哈密顿力学?

3. 薛定谔方程是量子力学的基本方程, 其地位类似于牛顿三定律在牛顿力学中的地位。也和牛顿三定律类似, 薛定谔方程也并不能利用"更根本"的假定来证明。薛定谔当年如何得到薛定谔方程, 这已经成为一个谜题, 一个猜测是他从哈密顿-雅可比方程, 或平面波的波函数与波粒二象性等理论"拼凑"得到。试给出一种薛定谔方程的"推导"方法。

第3章
理论力学与应用力学的分离

    1963 年 2 月 18 日,为了表彰冯·卡门对科学、技术和教育事业所做出的无与伦比的贡献,当时的美国总统肯尼迪(J. F. Kennedy, 1917~1963)授予他美国历史上第一枚国家科学勋章。时年届 81 岁高龄、双脚患关节炎的冯·卡门摇摇晃晃地走到授勋地点的台阶前时,好像由于疼痛难忍,突然停了下来,肯尼迪迅速赶上去一把将他扶住。冯·卡门轻轻地把肯尼迪扶他的手推开。"总统先生,"他微微一笑说,"走下坡路是不用扶的,只有向上爬的时候才需要拉一把。"[1]两个月后冯·卡门就去世了。也许在冯·卡门说这句话时,脑中回忆起的是他年轻时代在哥廷根求学时导师普朗特的悉心指导;又或者是他自己在加州理工学院任教时,在他指导下正风华正茂的钱学森和五人火箭小组……

3.1 理论力学的发展——现代物理科学的脊梁

    光的波动说与微粒说　在科学史上,力学一直是自然科学的引领者,它代表着人类对于探寻万物运行规律的追求。但是,进入 20 世纪后,着眼于发展工程技术的应用力学开始逐渐从力学中分离出来,并迅速在各行各业得到用武之地,塑造出辉煌的现代物质文明。

    理论力学与应用力学走上不同的道路,直接的原因来自对流体运动的研究。但一个更重要的原因是,19 世纪兴起的电动力学开始成为"传统力学"——也即现在所称的"物理学"的主流之一,它提出的"场"的概念构成了现代物理学的基础。电动力学最早可以上溯到 17 世纪对光本性的争论。当时胡克和惠更斯等认为光和声音类似,是一种需要通过介质传播的波,但是被以牛顿为代表的微粒说所驳斥,这也直接导致了胡克和牛顿两人之后旷日持久的矛盾。但到了 19 世纪,托马斯·杨(Thomas Young, 1773~1829)、菲涅尔(Augustin-Jean Fresnel, 1788~1827)和泊松(Siméon-Denis Poisson, 1781~1840)等,再次用双缝干涉和泊松亮斑的实验,将光的波动说拉回到人们的视线。但是,揭开光本性面纱的第一步,是由半个世纪之后的麦克斯韦完成的。

麦克斯韦的电动力学 在麦克斯韦时代,相比于光学而言,一个更受关注的领域是方兴未艾的电磁学——但是光学和电磁学却在这个时代神奇地被统一在了一起。对电磁学产生第一个巨大贡献的人是英国的法拉第(Michael Faraday,1791~1867)。法拉第并没有接受过许多的学校教育,但是他有着对科学非常执着的热情以及奋斗的决心和毅力。法拉第首先发现了电磁感应现象,提出了电解定律、电力线和磁力线理论,并制造出世界上第一台发电机,开启了人类走入电力时代的大门。

$$\nabla \cdot E = \frac{\rho}{\varepsilon_0}$$

$$\nabla \cdot B = 0$$

$$\nabla \times E = -\frac{\partial B}{\partial t}$$

$$\nabla \times B = \mu_0 J + \mu_0 \varepsilon_0 \frac{\partial E}{\partial t}$$

图 3.1 詹姆斯·麦克斯韦与麦克斯韦方程组

在法拉第工作的基础上,麦克斯韦(图 3.1)几乎以一己之力将电磁学的大厦建造完成。麦克斯韦最伟大的贡献,是他用四个微积分方程(图 3.1)将电和磁统一到电磁场的概念中,由此实现了自牛顿统一了天体和抛体运动后的第二次力的统一[2]。以麦克斯韦方程组为代表的电动力学也极大地推动了人类进入现代社会的进程。麦克斯韦方程组还证明了,光实际上也是在电磁场中传播的一种波,即电磁波的一种,后来由赫兹(Heinrich R. Hertz,1857~1894)进行了实验上的证明。由于建立了引力之外另一个宏观作用力的理论体系,麦克斯韦的工作也被爱因斯坦称为"自牛顿以后理论物理学中第一个伟大变革"[3]。

有趣的是,麦克斯韦是用一个"不正确的"模型推出了正确的科学结论[4]。由于缺少来自实验现象的足够证据,他的电磁理论实际上是基于当时经典的介质弹性学说来推导得到的,在该学说中电力是介质中分子涡旋形变过程中的弹性势能,而磁力则为转动动能[2]。但事实上,电磁性质和弹性理论并无本质上的联系——前者可以归结于现代物理学范畴,而后者则是经典的连续介质力学。但是这也反映出在麦克斯韦时代,对理论力学与应用力学的思考是一体的。

两朵乌云 由于牛顿力学(经典力学)、热力学和电动力学所取得的巨大成就,使得当时的很多科学家都信心满满地认为已经解决了物理学中的全部重大问题。但是一些有洞察力的物理学家们还是能够感受到在这片表面平静下涌动的暗流。正如 1900 年 4 月 27 日开尔文勋爵在英国皇家学会的演讲中所说的,明朗的物理学天空中至少还有"两朵乌云":一朵乌云与黑体辐射(blackbody radiation,即热辐射)有关,即当时所有的物理模型都无法使理论结果与实验现象相一致;另一朵乌云则来自迈克耳孙-莫雷(Albert A. Michelson,1852~1931;Edward W. Morley,1838~1923)实验,它宣布了科学家们寻找亚里士多德所假设的"以太"的尝试正式失败[5]。
这以开尔文勋爵为代表的物理学家们没
有预料到的是,两朵乌云给随后的物理
学所带来的变革是天翻地覆式的,前者
导致了量子力学的诞生,后者则引领了
狭义和广义相对论的出现。

图 3.2　马克斯·普
朗克与阿尔伯特·爱
因斯坦

量子力学　作为量子力学雏形的量
子论,开始于普朗克对黑体辐射现象的
思考。为了对实验结果进行更好的解
释,普朗克(图3.2)突破了传统物理理论
的限制,创新性地将能量看成是不连续
的,将其单元称为"量子"(quantum),并
给出了著名的普朗克公式[6-9]:

$$E = h\nu$$

式中,E 是辐射出的量子的能量;ν 是辐射的频率;h 是著名的普朗克常数。量
子的概念随后被爱因斯坦拓展到光量子(又称为光子,photon),成功地解释了
金属中的光电效应。这一成就为他赢得了 1921 年的诺贝尔物理学奖。

　　量子论随后被进一步体系化,形成了量子力学,它也被看作现代物理学的
基础。量子力学的创立者们,可能是人类历史上最杰出的年轻人群体:爱因斯
坦提出光量子理论,26 岁;玻尔(Niels Bohr, 1885~1962)提出能级理论,28 岁;
泡利提出不相容原理,25 岁;德·布罗意提出物质波,32 岁;海森堡建立矩阵力
学,24 岁;薛定谔建立波动力学,39 岁;狄拉克提出狄拉克方程,26 岁……

　　从科学史角度来看,量子力学最神奇的地方在于,它庞大理论体系的真正
成熟仅仅用了五年时间(1925~1930)。而且在这五年中,量子力学还走上了殊
途同归的两条道路:在第 2 章中介绍过的以薛定谔为代表的波动力学(wave
mechanics)和以海森堡(图 3.3)为代表的矩阵力学(matrix mechanics)。之后以
玻尔为代表的哥本哈根学派(Copenhagen School)不断将量子力学的研究推向
更高潮,再次夯实了从亚里士多德时代以来欧洲作为世界科学中心的地位,直
到二战之后才被美国超越。

图 3.3　维尔纳·
海森堡（1901 ~
1976)

　　1923 年,海森堡毕业于慕尼黑大学,但是严格地说,博士期间他在德国哥
廷根大学"物质结构研讨班"的交流生涯对他的影响更为深刻,在这里他结识
了一批之后与他共同奋斗在量子力学最前线的同学们,如泡利、狄拉克、约当
(Pascual Jordan, 1902~1980)等。海森堡的博士论文是关于流体力学的,但是
在答辩过程中并不顺利。在毕业之后,海森堡重新回到了哥廷根大学与玻恩

(Max Born，1882~1970)一起工作。1924 年，海森堡发表了一篇论文（被称为"一个人的文章"）[10]，创造了一套新的数学符号，用来描述可观测量之间的关系。但是，这套符号却并不满足乘法的交换律，即

$$A \cdot B \neq B \cdot A$$

海森堡由此产生了巨大的困惑。在他休假期间，玻恩和已成为他助教的约当却发现这套符号可以用当时流行的矩阵来解释，于是共同联名发表了另一篇论文（被称为"两个人的文章"）来对海森堡的论文进行注释[11]，并在次年三人联名发表了第三篇论文（被称为"三个人的文章"）[12]。这三篇论文共同构成了整个矩阵力学的体系，相比于玻尔的原子模型，这套理论能够更好、更精确地解释原子的光谱，其核心思想实际上就来自不满足乘法交换律的全新符号体系。

但是，矩阵力学和前述薛定谔所建立的波动力学，虽然同样能够准确地对原子的实验现象进行描述，但是在诞生初期是互不相容的。1926 年，薛定谔证明了波动力学和矩阵力学二者本质上是相同的，由此量子力学的框架基本建立[13]。但是，对量子力学本质的争论却一直持续到现在，其核心在于对波函数（见第 2 章）的解释。1926 年，玻恩提出波函数实际代表的是粒子出现的概率，并不代表实际空间中的波或波包[14]。1927 年，海森堡提出不确定性关系，表明粒子的位置和速度不能同时确定[15]。在此二者的基础上，1927 年玻尔提出"互补原理"（complementarity principle）[16]，认为"观测"这一动作将必然干扰到被观测的对象，从而破坏经典牛顿力学中的因果论，导致概率的出现——量子力学的结果，只能用统计的方式来描述。这即为量子力学的"哥本哈根诠释"（Copenhagen interpretation）。

"哥本哈根诠释"在当时即遭到了爱因斯坦、薛定谔等人的强烈质疑，他们的共同观点是波函数一定是一个实在的、可观测的物理量，而不是代表某种概率。因此，爱因斯坦有了那句名言"上帝不会掷骰子"，薛定谔也提出了不可能存在"既生又死"的"猫"（即"薛定谔的猫"，图 3.4）。在今天看来，对量子力学本质的解释中"哥本哈根诠释"略占上风，但是以"多世界理论"（the many-worlds interpretation）为代表的其他理论也占有一席之地。

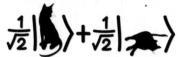

图3.4 "薛定谔的猫"

相对论力学 在量子力学的诞生之初，它的创立者们并没有想过彻底革新整个牛顿力学体系。比如当有人询问普朗克对辐射是否连续的看法时，普朗克将其比喻为用小碗从水缸中舀水，即辐射本

质上是连续的,只有在被吸收或发射时才是量子化的。薛定谔更是竭尽全力地试图用哈密顿力学体系来构造他的薛定谔方程。但是,爱因斯坦可能从一开始就打算对牛顿力学进行较为彻底的变革——即使不是完全摧毁它的基础,但是至少要改变它解析世界的方式。爱因斯坦的相对论现在被具体区分为狭义的和广义的,它们在最初分别来源于两个思想实验:当一个人和一束光以相同的速度前进时,人所看到的光是否在原位振动?当一个人处于加速运动中和引力作用中,他是否可以对二者进行区分?——相对论最后对于二者都给出了否定的答案。在狭义相对论中,爱因斯坦用洛伦兹(Hendrik Lorentz, 1853~1928)变换代替了伽利略变换,给出了物体运动速度的上限为光速这一结论,并证明当物体运动时,会发生钟慢尺缩和质量增加的现象,牛顿运动定律只不过是狭义相对论在低速时的近似。这是对从牛顿以来大家深信不疑的绝对时空观进行的变革,也彻底将亚里士多德提出的以太学说剔除了科学的范畴。而在广义相对论中,爱因斯坦将狭义相对论中所使用的惯性参考系拓展至非惯性参考系,将引力的来源解释为巨大质量给时空所带来的几何弯曲,就像在一块柔软平整的布面上放置一个铁球,铁球下陷会使得周围布面上的物体向着铁球移动,这即为引力产生的根源(图3.5)。弯曲时空的概念使得爱因斯坦可以超脱"力"这一概念本身,将求解问题的目光放在对几何的解析上,而非欧几何

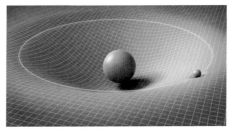

图 3.5　质量引起时空弯曲及引力的来源

恰恰为他提供了这样一个工具。广义相对论的诞生,将狭义相对论和牛顿力学纳入了一个全新的体系。至此,人类对于时空、引力和运动的认识彻底融合,人类的世界观也进入了一个全新的阶段。

规范场论与标准模型　目前人类知道自然界中所有的力——也即物体间的相互作用——只有四种基本类型。除了早已熟悉的引力和电磁力(电磁作用)之外,在 20 世纪里还发现了原子在衰变过程中的弱力(弱相互作用)和存在于原子核内部的强力(强相互作用)。质子和中子牢牢结合构成原子核的"黏合力"就是强力的一种。虽然之后人类一直尝试寻找第五种基本力,但是到目前为止都以失败告终。

但是随着物理学的不断发展,物理学家们越来越倾向于认为,"四"也不是所有基本力类型的最终答案,目前人类所认为的四种基本力,可能只是某一种更加"基本"的力的不同"表现"。因此,物理学一定存在一个"万物理论",可以用一个方程来描述所有的物理学。比如,在爱因斯坦成功地用广义相对论描述了引力之后,就开始致力于构建新的理论框架来将描述原子世界的量子力学也纳入进来,但是一百年过去了,经过了几代人的尝试至今没有实现。爱因斯坦之后

的物理学也并非毫无进展,其中最大的突破是规范场论(Gauge Theory)和基本粒子的标准模型。

1918 年,德国数学家外尔提出了"规范不变性原理",其中"规范"的含义是"尺度"。外尔认为,由于"钟慢尺缩",相对论中的时空几何会对做闭合回路运动的物体产生一种电磁效应,由此就将电磁力纳入了引力的范畴。但是外尔的观点遭到了爱因斯坦的强烈质疑,爱因斯坦认为这动摇了"测量"的基础。1927 年,福克(Vladimir Fock,1898~1974)和伦敦(Fritz London,1900~1954)发现,只要在外尔的理论中加入了虚数 i,它就能够用来真正描述电磁力。1954 年,杨振宁和米尔斯将外尔的规范场论进行了推广,建立了杨-米尔斯理论,后来该理论被用来成功地统一了弱力和电磁力,建立了弱电统一理论。外尔、杨振宁和米尔斯的工作构成了目前物理学最前沿研究的基础。

规范场论给力(也就是物体间的相互作用)赋予了新的定义。它认为,力是通过规范粒子来完成的,力的作用方式实际上就是这些规范粒子在物体间的传播过程。描述这些规范粒子和其他基本粒子的理论,被称为基本粒子的标准模型(图 3.6)。在标准模型中,基本粒子包括 48 种构成物质的费米子(自旋为半奇数的粒子)、12 种传播相互作用的玻色子(自旋为整数的粒子)和一种"赋予质量"的希格斯玻色子。夸克就是构成质子和中子的基本费米子,而光子就是用来传播电磁力的玻色子。但是,标准模型并未对引力的作用方式做出任何解释,这也是规范理论作为"万物理论"所缺失的重要一块。

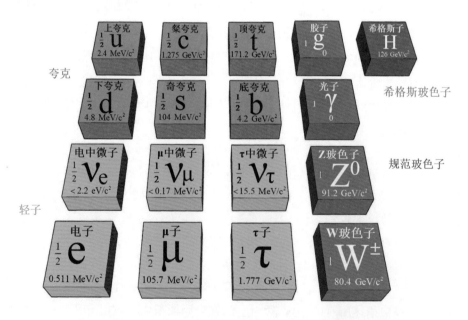

图 3.6　标准模型中的基本粒子:名称、符号、自旋及其质量

量子力学、相对论和以规范场论等为代表的物理学理论正式地、并无比清晰地将现代物理学和现代力学区分开来。现代物理学(特别是理论物理学)正

在越来越深入地研究世界和自然的本质,其基础是著名的"四大力学"(经典力学、量子力学、电动力学和统计力学),极大(宇宙尺度)和极小(小于原子尺度)是它所关注的对象,"悟物穷理"是它所践行的原则,而实现"万物理论"则是许多现代物理学家毕生的梦想——也就是如果我们的宇宙开始于一个"大爆炸"的奇点,那么在这个奇点处的物理定律是什么样的? 这和我们下文介绍的以应用力学为代表的现代力学,产生了迥然的区别。

3.2　应用力学学派——开创技术科学研究

应用性与优雅性的争论　19 世纪末 20 世纪初,随着动力和能源工业的迅速发展,特别是后来世界大战中对新式武器的需求,从事工程实际的工程师和数学家已经没有足够的耐心去等待物质与运动中更深刻的基本原理的出现。这些科学家们逐渐开始不再执着于像前人那样写出更加普适、优美和对称的数理方程,而是采用更加快捷的方式,直接通过观察和试验来获得现象的规律,再建立相应的逻辑和理论来直面问题本身。这部分学者发现,采用这种方式能够有效而可靠地解决问题。就像冯·卡门所说的那样,"任何一个工程技术问题,根本就没有 100% 的准确答案,要说有,那只是解决问题和开拓问题的办法。"

在此基础上,以工程实际问题为导向的应用力学应运而生。应用力学研究发展的第一个推动力,是莱特兄弟发明动力飞机后各国对航空技术的强烈需求,而引领这场技术变革并使之席卷世界的,是著名的哥廷根应用力学学派。

哥廷根学派　矩阵力学的创始人海森堡曾在德国哥廷根大学(图 3.7)求学,而这里也是量子力学的重要发源地之一。事实上,德国哥廷根大学曾经培养出一大批杰出数学家、物理学家和力学家,他们将二战前的德国带到了世界科学中心的位置上,并极大地促进了整个人类文明的发展,这就是大名鼎鼎的

图 3.7　哥廷根大学

"哥廷根学派"。作为哥廷根学派的重要组成部分,与以玻恩为代表的哥廷根应用物理学派不同,哥廷根应用力学学派倡导基础研究需要与应用研究相互融合,共同为工程实践服务。哥廷根应用力学学派的代表人物是普朗特,其学术思想后来经过普朗特的弟子冯·卡门和铁摩辛柯(Stephen Timoshenko,1878~1972,也译作铁木辛柯)等传至美国,再经冯·卡门的弟子钱学森、郭永怀(Yung-Huai Kuo,1909~1968)和钱伟长(Wei-Zang Chien,1912~2010)等传入中国,深刻地影响了全世界20世纪的力学发展。

哥廷根学派的辉煌离不开其塑造者、被公认为"数学王子"的高斯(Johann C. Gauss,1777~1855),所以哥廷根学派很多时候也仅仅指代哥廷根数学学派。高斯一生的大部分时间都在哥廷根大学求学和任教,并培养出一大批卓越非凡的弟子,由此开始了哥廷根长达两个多世纪的辉煌。黎曼(Bernhard Riemann,1826~1866)是高斯最得意的传人之一,他在非欧几何、数学分析等方面都做出了出色的工作,所提出的黎曼猜想(Riemann hypothesis,图3.8)至今仍困扰着数学界最出色的天才们。黎曼之后的雅可比、希尔伯特(David Hilbert,1862~1943)、外尔、冯·诺依曼、诺特等也不断在高斯和黎曼留下遗产的基础上持续耕耘,最终将现代数学推向了极盛。值得一提的是希尔伯特在

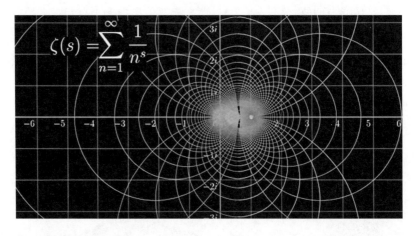

$$\zeta(s) = \sum_{n=1}^{\infty} \frac{1}{n^s}$$

图3.8 黎曼猜想

1900年巴黎的第二届数学家大会上提出了著名的23个数学难题,指引了由此开始的一百多年里数学前进的方向[17]。

然而,数学家克莱因(Felix Klein,1849~1925)才是哥廷根学派后来形成世界性影响的引领者和组织者。克莱因在哥廷根大学建立了应用数学系、技术物理系和应用力学系,并大力推动理论与工程实际相结合的研究路线。1904年,克莱因邀请年仅29岁的普朗特(图3.9)到哥廷根大学执教,由此开始创建了哥廷根应用力学学派。在来到哥廷根之前,普朗特在弗普尔(August Föppl,1854~1924)的指导下获得博士学位,随后在汉诺威高等理工学院从事力学教学工作。在普朗特的领导下,哥廷根应用力学学派人才辈出,当时的许多力学

图 3. 9 路 德 维希·普朗特(1875~1953)

大师都出自普朗特的门下。普朗特也领导了哥廷根大学第一个风洞的建造,极大地推动了此后空气动力学的发展。

　　冯·卡门跟随普朗特学习与工作长达 7 年时间,后来在克莱因的推荐下到亚琛工学院工作。1930 年,冯·卡门移居美国加州理工学院任职,开始了为美国空军工作的生涯,并不断在航空航天技术方面取得关键性突破。冯·卡门起草的第一份美国空军发展蓝图,为美国后来的世界霸权奠定了坚实的科学基础。冯·卡门还参与创建了美国制造火箭发动机的通用(GE)航空喷气公司。像他的导师普朗特一样,冯·卡门也培养了许多杰出的应用力学人才,他的三位出色的中国弟子钱学森、郭永怀和钱伟长,引领了 20 世纪 50 年代以后中国力学和航空航天事业的发展。由于冯·卡门能够"如此完美地代表这枚奖章所涉及的所有领域——科学、工程学和教育学"[1],美国总统肯尼迪在 1963 年授予他美国第一枚国家科学勋章。

　　钱学森是中国人最耳熟能详的名字之一,也是冯·卡门最著名的弟子。冯·卡门认为钱学森是"当时美国处于领导地位的第一流火箭专家,是一个无可置疑的天才"[18]。钱学森更为人所知的是美国前海军部长金贝尔(Dan Kimball,1896~1970)的评价:"无论在哪里,他都值五个师。"[18]在 1955 年钱学森突破艰难险阻回到中国之后,对中国的力学、航天和国防事业作出了巨大贡献,其中最重要的可以被概括为十一个"第一":"组建中国第一个火箭、导弹研究机构;组建中国第一个空气动力学专业研究机构;指导设计中国第一枚液体探空火箭;组织中国第一枚近程地地导弹发射;组织中国第一枚改进后中近程地地导弹发射;组织中国首次导弹与原子弹'两弹结合'试验;组织中国第一颗人造地球卫星发射;首次获得中国空军环境探测数据;领导制造中国第一艘核动力潜艇;指挥发射中国第一颗返回式卫星;参与组织领导了中国洲际导弹第一次全程飞行、潜艇水下导弹发射和地球静止轨道试验通信卫星发射。"[19]

　　除此之外,钱学森更创造性地提出了"力学是技术科学"的论点[20],极大地发展了哥廷根应用力学学派的思想。力学也更加清晰地从物理学中分离出来,从此成为"技术科学"或"工程科学(图 3.10)"的一个重要组成部分[21]。按照钱学森的定义,"技术科学是具有科学基础的工程理论"。实际上,即使从钱学森回国之前的中国近代力学史来看,力学在中国早已经走上了这条"技术科学"的发展道路。早在 1913 年,北洋大学(现天津大学)就开始为本科生开设应用力学、材料力学和水力学等力学课程。20 世纪 30 年代清华大学成立了航空研究所,并开始建设风洞。以桥梁学家茅以升(1896~1989)、流体和振动力学家张国藩(1905~1975)及地质学家李四光(1889~1971,英文名为 J. S. Lee)等为代表的一批早期力学家为中国的力学发展奠定了良好的基础。在新中国成立以后,为了适应新中国经济和国防事业发展的要求,在早期形成的力学土壤中,一大批具有海外求学经历的力学研究者们回国,在"一穷二白"的环境中做出了世界级的成果,促进了力学在中国的蓬勃发展。这些人中最优秀的代表人物是钱学森及开创了湍流模式理论流派的周培源,在弹性力学、变分方法等领域做出卓越贡献的钱伟长,跨声速空气动力学家和"两弹一星"元勋郭永怀等。1951 年,钱伟长在中国科学院数学研究所创立了力学研究室。1956 年,钱学森、钱伟长与郭永怀在力学研究室的基础上成立了中国科学院力学研究所,从此力学研究在我国有了专门的机构。力学研究所的三位创办人均为冯·卡门的学生,所以一定程度上可以说,中国的现代力学发展很大程度上是由哥廷根应用力学学派推动的[22]。

图 3. 10 钱学森论文"工程与工程科学"

3.3 固体与流体的稳定性——从欧拉到柯伊塔

连续介质力学 在与现代物理学分离之后,应用力学迅速走上了属于自己的发展道路。因为要与工程实际相结合,因此工程中最重要的三种物质形态——固体、液体和气体——就成为应用力学主要关注的对象,后两者又被统称为流体(见第 5 章)。处于固体和流体形态的物质在受到外力时的稳定性,也成为应用力学研究的主要内容,其典型问题见图 3.11,连续介质力学这门学科

图 3. 11 固体与流体的各种不稳定性

从左到右:流动的瑞利不稳定性;气泡的形成与猝灭;干冰的气化

也应运而生(见第 4 章)。这里所说的稳定性,不仅仅包括狭义上的"保持平衡状态的能力",也包括广义上物质空间对外力的反馈程度,如固体的弹性和塑性、湍流的运动等。

物质的弹性是指物质在外力作用下其形状或大小发生变化,但是当外力消失时又恢复原状的性质(详见第 10 章)。因为构成真实世界的一切固体都处于外力作用下,所以固体弹性也就成为应用力学最重要的研究方向之一。弹性问题研究中的第一个重要里程碑是胡克所提出的"力如伸长那样变化"(ut tensio sic vis),即著名的胡克定律,但是弹性领域里第一套系统化的理论,是弹性线理论(Euler's elastica,图 3.12)。

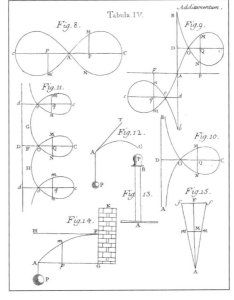

图 3.12 莱昂哈德·欧拉的弹性线

欧拉稳定性 弹性线理论是由欧拉建立的一套研究一维弹性固体在大变形时的力学理论[23]。出于自己作为数学家的兴趣,欧拉非常关注一维物体在外力下的变形问题,因为这时其形状是直角坐标系中的曲线,能用对应的方程写出。1742 年,丹尼尔·伯努利与欧拉讨论能否采用最小作用量原理的思路求解弹性线问题,即弹性结构的平衡构型是否能从能量的极小值获得。在此基础上,欧拉用其发展的变分法计算了弹性线的平衡形状与应变能极小值的关系,获得了在直角坐标系中弹性线的平衡方程。欧拉研究了弹性线在失去稳定性(又称失稳)时发生的各种弯曲变形行为,并在其基础上进一步研究了细长杆件的屈曲(buckling,当外力达到某一临界值时结构由平衡状态突然跳到另一个随遇平衡状态)问题。后来,欧拉又与伯努利一起简化了上述弹性线理论,并应用到受横向外力梁的变形问题研究中,提出了著名的欧拉-伯努利梁方程[24]。欧拉-伯努利方程在 19 世纪开始引起广泛关注,并成为第二次工业革命的基石。哥廷根应用力学学派创始人普朗特的博士学位论文也与梁受到外力后的侧向屈曲问题有关。

小扰动影响与后屈曲 但是当经典的稳定理论从一维的杆件扩展到板壳结构的时候,则与实验结果形成了巨大的差异。比如,对于受到轴向压缩的圆柱壳(图 3.13),其破坏压力要

图 3.13 圆柱壳的失稳:以易拉罐为例

比理论预测值低得多。在这种情况下,系统研究结构在临界载荷点之后行为的后屈曲(post-buckling)理论也应运而生。1945 年,荷兰学者柯伊塔(Warner Koiter,图 3.14)在他的博士论文《关于弹性平衡的稳定性》(在第二次世界大战中完成)中提出了后屈曲问题的一般理论[25-26],也被称为渐进屈曲理论或初始后屈曲理论。柯伊塔发现,在初始后屈曲阶段,结构的行为完全取决于载荷在临界点处的分叉特征,此时小扰动即可以对随后的变形行为产生巨大影响。这是现代弹性稳定理论所取得的最大成果。在此基础上,柯伊塔深入考察了受力物体对缺陷的敏感程度,将后屈曲行为与缺陷导致的临界载荷分叉消失(即对称性破缺)关联起来,从而解释了一些情况下结构的临界载荷低于理论预测值的原因。因此,他也被看作缺陷敏感度理论的创始人。柯伊塔的理论使复杂的后屈曲问题的分析大大简化,特别是对于小初始缺陷的影响所给出的结果具有相当高的精确性[27]。

图 3.14　沃纳·柯伊塔(1914~1997)

瑞利的液滴稳定性　流体中的不稳定性则更为常见,天花板上水滴的持续滴落现象就是个代表性例子,亦见图 3.11 的左图。瑞利(图 3.15)发现,如果将重的流体放置于轻的流体之上,它们之间界面的微小扰动会被重力的差别以指数增长的形式扩大,从而使得两种流体不断发生混合。这种现象也被称为瑞利-泰勒(Geoffrey I. Taylor,1886~1975)不稳定性(Rayleigh-Taylor instability)[28]。所以,当有液体膜附着在天花板上时,就相当于较重的水置于较轻的空气上,满足了瑞利-泰勒不稳定性发生的条件,水膜就会逐渐形成液滴。瑞利科学生涯的研究涉及了流体力学、声学、光学等多个方面,特别是在弹性振动理论和光的散射理论(瑞利散射定律)方面取得了巨大成就。许多研究者将瑞利看作唯一获得过诺贝尔物理学奖的力学家,但实际上,他被授予 1904 年的诺贝尔物理学奖是因为他发现了惰性气体氩气。

图 3.15　瑞利勋爵(1842~1919)

层流与湍流　1883 年,英国学者雷诺(Osborne Reynolds,图 3.16)提出了层流(laminar flow)和湍流(turbulent flow 或 turbulence)的概念,从此将流体的稳定性研究正式带入了湍流的世界。雷诺通过管道和槽道流动的细致实验,结合他对平均速度场和脉动速度场所起作用的认识,对湍流给出了较为精确的描述[29]。他建议用一个无量纲数即"雷诺数"(Reynolds number)作为二者的判别条件。雷诺数记为 $Re = \rho v d / \mu$,其中 v、ρ、μ 分别为流体的流速、密度与黏性系数,d 为一特征长度。例如对流体流过圆形管道,则 d 为管道的当量直径。在较低雷诺数时的流动属于层流,即规则流动;而在较高雷诺数时的液体流动则归结于湍流的范畴。雷诺数实际上是流体流动中惯性力与黏性力比值的度量。

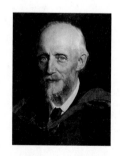

图 3.16　奥斯鲍恩·雷诺(1842~1912)

湍流是一种由不同尺度、不同频率的涡体(vortex,流体做圆周运动的流动现象)构成的复杂流动现象,是一个典型的多尺度问题。当流体流过或绕过固体表面时,一般都会在流动中出现湍流,见图 3.17(a)。湍流与层流最大的不同在于湍流的随机性,这种随机性的产生不仅仅来自外部的扰动和激励,更重要的是来自湍流自身内部的非线性机制。在自然界中湍流可以说是无处不在,见图 3.17 (b)。最早意识到湍流的重要性的并不是科学界而是工程界,其源头是普朗特的边界层理论(boundary layer theory)。

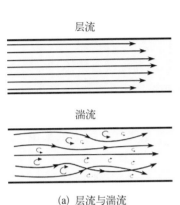

层流

湍流

(a) 层流与湍流

(b) 海洋中的湍流

图 3.17　湍流的生成

3.4　边界层与机翼理论——应用力学的范例

机翼与黏性　借助"翼"(在飞机被发明之后,它也被更多地称为"机翼")来辅助人进行有效的飞行,是人类征服自然的最大努力之一。科学界很早已经认识到这种飞行的升力来源是伯努利原理(Bernoulli's principle),即机翼的上下面之间因为空气流动的速率不同而产生不同的压强,进而引起机翼背风面的上吸力和迎风面的托举力。但是,飞行过程中的阻力问题却困扰了科学界一百余年。1752 年,达朗贝尔(Jean le Rond d'Alembert,图 3.18)提出,当一个运动的物体通过没有黏性的流体时,如果不计流体摩擦力,那么物体就不会遇到阻力,因为此时物体前后的流线分布是对称的。这一论断明显是违背常理的,这也就是著名的"达朗贝尔佯谬"(d'Alembert's paradox)。现在看来,这一佯谬仅仅是整体流动和局部流动的关系及其中黏性区域大小的问题;但是在当时的力学界是一个大难题。围绕着达朗贝尔佯谬,许多当时以及后来的力学家们都进行了深入的研究,一定程度上甚至催生了流体力学中最重要与最基本的方程:纳维-斯托克斯方程。达朗贝尔佯谬的一个重要突破来自空气动力学家亥姆霍兹(Hermann von Helmholtz,1821~1894,图 3.19),他发现当一个倾斜的平板在空气中运动时,在平板的后面会形成一个向后无限伸展的由"零空气"组成的尾流区域,从而使平板前后的压力发生变化,这个压力差就表现为阻力。但是,由于此时的力学理论研究还并未与实际的工程应用产生联系,所以亥姆霍兹的理论并未给当时的飞行实践提供出有效的支持。

图 3.18　让·勒朗·达朗贝尔(1717~1783)

图 3.19　赫尔曼·冯·亥姆霍兹(1821~1894)

普朗特的边界层理论　1904 年,在海德堡举行的第三届国际数学大会上,普朗特首次提出空气动力学发展史上最著名的理论——边界层(也称附面层)理论[30]。事实上,他也正是凭借这篇题为《论黏性很小的流体运动》的报告,吸引了克莱因的注意,从而被引进到了哥廷根大学。在这篇论文里,普朗特给出了在飞行过程中阻力的来源,巧妙而彻底地解决了达朗贝尔佯谬。普朗特指出,达朗贝尔的错误就在于他假设"流体没有黏性"。以空气为例,当物体在空气中运动时,空气对物体的摩擦主要来源于贴近物体表面的薄薄一层,即所谓的"边界层",边界层之外的空气对物体运动的摩擦影响可以忽略不计。因为空气附着于运动物体表面,在黏性的影响下,空气必然会发生一个从静止到运动速度的过渡,这时它的速度梯度会使其在边界层中产生显著的湍流运动及与物体表面的摩擦,并伴随着巨大的能量损失。这也就是飞行中阻力的来源,见图 3.20。

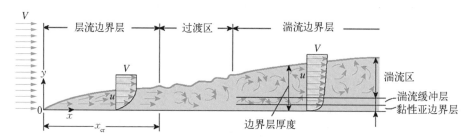

图 3.20　运动平板表面上的边界层

普朗特的边界层理论开辟了与工程应用相结合的力学研究道路,这与几乎是同时诞生的量子论和相对论的纯理论性有着重大差别。力学与物理也从此时开始分道扬镳。普朗特将复杂的气体流动机制问题转化为数学问题去处理,正好符合了当时正在兴起的航空工业的迫切需求,空气动力学这个庞大的科学领域也因此开始迅速成长起来。

图 3.21　保罗·布拉修斯(1883~1970)

层流与湍流边界层解　必须指出的是,边界层理论的基础是边界层假设,这一假设被科学界所承认的原因是它与实验结果相符,但并不存在确切的理论基础。边界层理论的真正基础的建立还要依靠于对纳维-斯托克斯方程进行求解[31]。边界层包括了层流边界层和湍流边界层。1908 年,普朗特的学生布拉修斯(Paul Blasius,图 3.21)做出了对边界层解析理论的第一个突破,求出了二维定常层流边界层方程的解析解,从而精确地描绘了层流边界层的结构。这也标志着人类对层流领域的基本征服[32]。1921 年冯·卡门推导出了适用于层流和湍流边界层的动量积分方程(momentum-integral equation)[33],同年波尔豪森(Karl Pohlhausen)也建立了基于动量积分方程的边界层近似求解方法[34]。这些方法使得机翼在飞行中所受到的摩擦阻力可以得到较为准确的估计。但是,距离普朗特提出边界层理论已经一个多世纪过去了,一般壁面上湍流边界层的解析理论还依然困扰着流体力学家,参见 7.1 节。

机翼理论与升力　普朗特对应用力学所做出的另一个重大贡献是在机翼理论领域。飞机在飞行时,在与飞行方向垂直的方向上,飞机因伯努利原理而受到升力作用,同时受到由于边界层而产生的与运动方向相反的阻力。阻力必须由飞机发动机提供动力来克服,但是却无法由水平推进的发动机来实现升力的增加。为了能够实现尽可能大的升力和尽可能小的阻力,就必须要对机翼的剖面形状(即翼型)进行设计,使空气在流过时不但能够产生大的气压差,同时摩擦也尽可能小。研究翼型在空气中运动时的空气动力学特性的理论被称为机翼理论。

普朗特深入研究了机翼的升力问题,并试图为其寻找合适的数学工具。他与兰开斯特(Friedricks Lanchester, 1868~1946)、芒克(Max Munk, 1890~1986)等人合作,在 1918~1919 年提出了"升力线理论"(lifting-line theory),又称"兰开斯特-普朗特机翼理论"(Lanchester-Prandtl wing theory)[35-36]。普朗特指出,有限翼展的机翼可以用一根"升力线"来模拟,它与机翼长度相等并附着于机翼的位置上。在升力线上,各处的涡强及其引起的环流量是不同的,而且在机翼的最后方会留下一片自由尾涡(trailing vortex)。普朗特的工作指出了机翼的翼尖涡和诱导阻力(induced drag,由于产生升力而诱导出来的附加阻力)之间的本质联系,使人们认识到具有有限翼展机翼上翼尖效应的重要性。

由于普朗特在边界层理论、机翼理论、风洞实验技术、湍流理论等方面所做出的巨大贡献,他被称为"空气动力学之父"和"现代流体力学之父"。

3.5　湍流统计理论——随机意义上的湍流分布律

湍流的统计学派　普朗特的工作让科学界迅速认识到湍流的重要性,之后有许多力学家也投身于该领域并做出了新的贡献。例如,冯·卡门在 1911 年发表了一篇论文,文中假设:水流经过一个圆柱体时一分为二,在圆柱体后方会形成完全对称的两股涡流。若两股涡流是按一定几何图案排列的,那么整个流动的外形就会稳定。实验结果与冯·卡门的这个理论计算非常吻合,因此这种流动被命名为"卡门涡街"(Kármán vortex street)[37-38]。卡门涡街为在流体中运动的物体提供了一套尾流结构的几何解析方法,帮助人们明白如何利用流线型设计来减少阻力,从而成为现代飞机、汽车设计的基础。此外,卡门涡街还能用于振动分析等领域,冯·卡门用其解释了著名的塔科马大桥(Tacoma Narrows Bridge)的坍塌。

随着普朗特层流边界层问题的解决,当时的力学家们对用纳维-斯托克斯方程来彻底解决湍流问题充满信心,但是他们很快就遇到了巨大的挫折。对纳维-斯托克斯方程求解过程中诸多不尽如人意的结果,让像冯·卡门、泰勒这样的顶尖力学家都开始怀疑,湍流是不是只能够利用统计理论来解释。原因在于,湍流是一个具有大量自由度的复杂系统。在湍流的运动中所有的这些自由度都将发挥作用,也许只研究其中某些具有平均意义的现象更有实际意义。1922 年,英国气象学家理查德森(Lewis Richardson,1881~1953)提出了湍流的能量级串理论(energy cascade theory,图 3.22),即大尺度涡体通过剪切作用从宏观流动中获取能量,再通过黏性耗散过程自我分裂成不同尺度的小涡体,并在该分裂过程中传递能量[39]。他曾经将这个过程描述为"大涡里面套小涡,大涡给小涡以速度,小涡里面更有小涡,直到被黏性耗散。"1930 年,在普朗特提供的实验数据的基础上,冯·卡门发表了《湍流的力学相似原理》的论文,公开了他新发现的"壁面定律(law of the wall)",在高雷诺数的湍流中某点平均速度与该点到壁面距离的对数成正比,这也是最早的湍流对数定律(logarithmic scaling of turbulence)[40]。冯·卡门的这一发现,证明了表面上杂乱无章的湍流运动内部存在着可预测的某种有序结构。

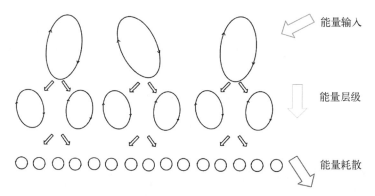

能量输入

能量层级

能量耗散

图 3.22 能量串级理论的示意图

图 3.23 杰弗里·泰勒(1886~1975)

1935 年,英国力学家泰勒(图 3.23)做了一系列实验,通过在风洞实验的均匀气流中设置格栅的方式来产生不规则气流。他发现这种不规则气流在向下游的运动过程中,由于没有外界干扰,会逐渐转变为各向同性湍流(isotropic turbulence),由此建立了均匀各向同性湍流理论[41]。泰勒进一步引入了拉格朗日相关和欧拉相关,分别用来描述流动的扩散能力和湍流脉动场,正式开创了湍流统计理论(statistical theory of turbulence)的研究。在这些概念的基础上,泰勒给出了均匀各向同性湍流的能量衰减规律。1938 年,冯·卡门和霍沃思(Leslie Howarth,1911~2001)导出了各向同性湍流结构函数的动力学方程,即著名的 Kármán-Howarth(K-H)方程[42-43]。

湍流统计理论的真正大师是力学家柯尔莫哥洛夫(Andrey Kolmogorov,图3.24),他建立了湍流的局部相似性理论(self-similar turbulence theory,又称局部均匀各向同性理论或 K41 理论)。柯尔莫哥洛夫也是俄罗斯历史上(包括前苏联)最伟大的数学家之一,现代统计学的创始人,也是伟大的教育家。动力系统大师阿诺德(见第2章)就是他的学生之一。1941年,柯尔莫哥洛夫指出,在大雷诺数情况下,湍流中各种尺度不同或涨落周期不同的涡体处于平衡状态,其能量进行从大涡体到小涡体的传递。但是,由于湍流所处容器的体积是有限的,因此最大涡体的流动并不是各向同性的,但是最小涡体却能够显示出各向同性的特征。他进一步给出了这种局部各向同性和一般各向同性的速度关联函数,指出在大雷诺数情况下,该关联函数与到湍流中心(容器中心)距离的2/3次方成正比,从而比较完整地给出了速度相关函数和能量衰变之间的规律,实现了湍流两点之间在速率和方向上关系的预测[44]。几年之后,魏茨泽克

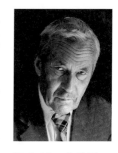

图 3.24 安德雷·柯尔莫哥洛夫 (1903~1987)

(Carl von Weizsäcker, 1912~2007)和昂萨格(Las Onsager, 1903~1976)利用局部相似性理论得到了各向同性湍流的速度谱,并获得了湍流中的一个重要结论,即湍流结构函数能谱密度分布的-5/3定律:湍流的能谱密度与波数的-5/3次方成比例(图3.25)[45-46]。该关系与柯尔莫哥洛夫所获得的2/3次方关系是等价的[47]。波数代表着湍流空间的结构大小,波数越大,涡体结构的尺度越小。

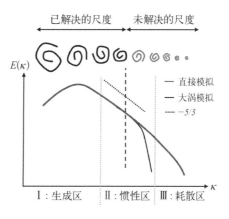

图 3.25 湍流能谱密度与波数之间的对数率

必须指出的是,该定律仅在整个能量谱的中间段有效,即中波数情形。对应于小波数即大尺度涡体,统计理论应该被单个流体动力学边界问题所替代;而对于大波数即小尺度涡体,纳维-斯托克斯方程表明,其摩擦力将使能谱强度快速降低到零。

柯尔莫哥洛夫等的-5/3定律是目前为止湍流研究中所取得的最伟大成果,但是却并不是湍流问题的终极答案。比如苏联著名物理学家、诺贝尔物理学奖得主朗道(Lev Landau, 1908~1968,图3.26)就曾经对其提出过质疑。朗道认为,由于湍流的能量耗散是随时间变化的,如果假设该-5/3定律对于湍流每个瞬时的情形适用,那么由于能量耗散与时间的非线性关系,将所有瞬时平均后的结果必然不能用-5/3定律表达,因此该定律不能用于表述时间平均下的普适规律[48]。但是事实上,-5/3定律依然与大量的实验结果相符合,这也是湍流统计理论的优势所在。甚至在柯尔莫哥洛夫理论提出半个多世纪之前的1889年,著名印象派画家梵·高(Vincent van Gogh, 1853~1890)就在他精神崩溃之后的名作《星月夜》(*The Starry Night*)中表现出湍流般的星系流动(图3.27),而其中光与暗的变化,和-5/3定律有着惊人的一致性[49]。这也暗示了,湍流的对数定律也许是其最本质的规律之一。

图 3.26 列夫·朗道(1908~1968)

图 3.27 梵·高作品《星月夜》

虽然湍流的统计理论取得了令人瞩目的成就,但是流体力学家们依然没有放弃对湍流本质的研究,正如现代物理学家们在执着于构建"万物理论"这一"圣杯"一样。著名物理学家索末菲就曾经对冯·卡门说,他盼望在有生之年能弄明白两个自然现象,即量子力学和湍流[1]。而在冯·卡门心中,他认为"湍流是宇宙间伟大和谐的一个环节,这个伟大和谐在背后支配着宇宙间的一切运动"[1]。

3.6 位错理论——固体强度之穴位

晶体材料 宏观的晶体材料一般由许多无序排列的晶粒(grains)组成。每个晶粒都是由原子或分子组成的具有某种长程有序特征的空间点阵(lattice),而原子或分子则在点阵中的格点面或格点线上进行排列。由多个排列或取向不同的晶粒构成的晶体被称为多晶(polycrystal),而单个晶粒构成的晶体就被称为单晶(single crystal),见图 3.28。1912 年,劳厄(Max von Laue,1879~1960)通过 X 射线衍射实验证实,大部分固体材料和所有的金属都具有上述晶体结构,这为他赢得了 1914 年的诺贝尔物理学奖。对于晶体来说,除了之前讲过的弹性,塑性(plasticity,材料受外力作用变形时不能恢复原状的行为)也是一个重要而又典型的现象。现代晶体塑性理论建立的根基是位错理论(dislocation theory)。在 20 世纪初期,晶体的研究中出现了这样一个问题:

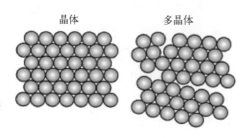

晶体　　　　　　多晶体

图 3.28 单晶与多晶示意图

为什么晶体可以在较小的应力时就能表现出塑性？1934 年，奥罗万（Egon
Orowan，图 3.29 左）、波拉尼（Michael Polanyi，图 3.29 中）和泰勒几乎同时提出
晶体中位错（dislocation）的概念，各自独立地对这一问题作出了回答[50-52]。位
错是晶体中原子局部不规则排列（即缺陷）的一种。三人认为，晶体的塑性
变形在本质上是晶面的相对滑移，但是这种滑移不可能是整体的刚性滑移，
而应该是借助于位错的形式，沿着滑移的晶面逐渐扩展开来的。泰勒将这种
位错定义为刃型位错（edge dislocation），并以清晰的物质空间图像表明，位
错是一种晶体线缺陷，是已滑移区和未滑移区的边界，在滑移过程中所需
的切应力逐渐减小。由于滑移过程是由局部变形逐步达到整体位移，因此
不需要很大的外力，就可以将局部变形逐渐传到晶体表面，使晶体发生塑
性变形。

图 3.29 位错理论
的提出与贡献者

从左到右：埃贡·奥罗
万（1902～1989）；迈克
尔·波拉尼（1891～
1976）；约翰内斯·伯格
斯（1895～1981）

　　位错的表征　1939 年，伯格斯（Jan Burgers，图 3.29 右）提出用伯格斯向量
（Burgers vector）来表征位错，并引入螺型位错（screw dislocation）的概念[53]。刃
型位错与螺型位错是最基本的两种位错类型，二者对应的伯格斯回路见
图 3.30。1948 年，海登瑞斯（R. D. Heidenreich）和肖克莱（William Shockley，
1910～1989）提出了位错分解的概念，引入了不全位错（partial dislocations），说
明了位错的精细结构[54]。第二年，科特雷尔（Alan Cottrell，1919～2012）对溶质
原子和位错的交互作用展开了系统研究，提出了溶质原子与位错的交互作用模
型和科特雷尔气团（Cottrell atmosphere）的概念，见图 3.31，用碳原子的钉扎位

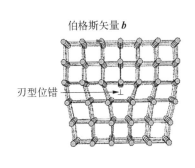

伯格斯矢量 **b**

刃型位错

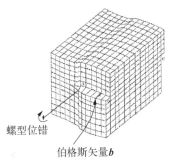

螺型位错

伯格斯矢量 **b**

图 3.30 刃型位错
与螺型位错中的伯格
斯矢量

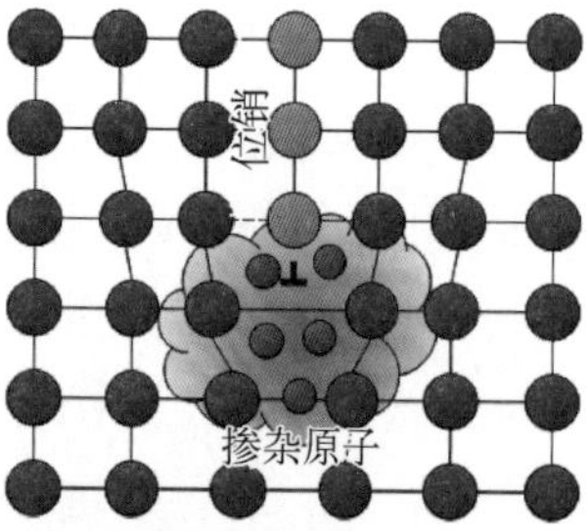

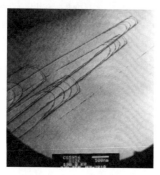

图 3.31 科雷特尔气团

图 3.32 透射电子显微镜下位错的实测

错成功地解释了钢材屈服现象的内在机制[55]。但直到这时,位错也仅仅是停留在纸面上的一种猜想。直到位错第一篇论文发表二十多年后的 1956 年,赫希(Peter Hirsch,1925~)在英国卡文迪许实验室(Cavendish Laboratory)通过透射电子显微镜观察铝膜,才得到了第一张具有可信度的位错运动图像[56],见图 3.32,而此时位错的理论研究已经进入到高度成熟的阶段。

位错概念的提出及发展是材料科学与力学发展史上的里程碑。索末菲认为,"位错是塑性的基本载体。没有位错的塑性理论,就如同没有电流的电动力学。"现在,大家已经普遍接受,位错是晶体自身的一种缺陷,可与晶体的弹性应力场产生交互作用,从而在外力作用下运动并穿过晶体,使晶体的晶面滑移并表现为宏观上的永久性形状变化,即塑性变形。

3.7 IUTAM 的成立——全球力学组织的奠基

冯·卡门与伯格斯的贡献 国际理论与应用力学联合会(International Union of Theoretical and Applied Mechanics,IUTAM)是国际力学领域最为权威的学术组织(图 3.33)。1922 年,考虑到当时流体力学和空气动力学研究的迅速发展,冯·卡门认为有必要给相关领域的研究者们提供一个交流的机会。他邀请了一系列参会者,如他的导师普朗特等。虽然当时一些著名的科学家如洛伦兹、索末菲等因为政治因素接到邀请却并未参会,但最终在当年 9 月份,有 33 位科学家参加了由冯·卡门组织、在奥地利因斯布鲁克举办的这次会议。在此会议基础上,1924 年在荷兰的代尔夫特正式举行了第一届国际应用力学会议,当时共有 207 名参会者,见图 3.34。

图 3.33 IUTAM 会标

之后的几次国际应用力学大会分别在瑞士苏黎世、瑞典斯德哥尔摩、英国剑桥和美国坎布里奇举行,随后因为第二次世界大战而暂停。1946 年,第六届国际应用力学大会在法国巴黎举行。在这次会议期间,伯格斯向泰勒提议成立一个力学组织,不仅仅用来筹办国际应用力学大会,而且可以在平时增强力学研究者之间的联系。泰勒、冯·卡门等迅速响应,IUTAM 就在国际应用力学大会筹委会的基础上成立了,1946 年 9 月 26 日也被认为是 IUTAM 的正式诞生

图 3.34 第一届国际应用力学会议(荷兰代尔夫特)

日。1947 年 IUTAM 正式加入国际科学联盟,随后伯格斯被选为第一任秘书长。1951 年 5 月,冯・卡门被授予为 IUTAM 名誉主席[57]。如今,IUTAM 已经发展成为拥有 450 多名活跃成员、55 个国家会员和 18 个附属机构的国际学术组织,在组织国际力学界进行学术交流和引领力学学科发展等方面,发挥着不可或缺的作用。

IUTAM 成立后,北京大学周培源教授(图 3.35)以个人名义加入其中,并成为理事。后来,由于我国无力学学会,周培源的理事身份被中断,直至 1978 年才获得恢复。在 1957 年中国力学学会成立后,在周培源的持续努力下,中国于 1980 年成为 IUTAM 的团体会员。中国台北和中国香港也相继于 1980 年和 1996 年成为团体会员。

图 3.35 周培源(1902~1993)

IUTAM 成立后,之前的国际应用力学大会也改称为国际理论与应用力学大会(International Congress of Theoretical and Applied Mechanics,ICTAM,中文译为世界力学家大会),每四年举行一次,是力学界水平最高、最具影响力的国际盛会,被视为是力学界的奥林匹克大会。经过几代中国力学家 20 余年的不懈努力,2012 年的第 23 届 ICTAM 在中国北京成功举行,见图 3.36,白以龙任大会主席。在该次大会上,陈十一做了开幕式报告[58]。我国学者王仁、郑哲敏、杨卫曾先后担任过 IUTAM 执委。

图 3.36 第 23 届 ICTAM 在中国北京举行

参考文献

1. 冯·卡门,李·埃德森.航空航天时代的科学奇才[M].曹开成,译.上海：复旦大学出版社,2019.

2. Maxwell J C. A dynamical theory of the electromagnetic field [J]. Philosophical Transactions of the Royal Society of London, 1865, 155: 459－512.

3. Einstein A. Issac Newton[R]. Smithsonian Annual Report, 1927.

4. 赵峥.物理学与人类文明十六讲[M].北京：高等教育出版社,2016.

5. Kelvin L. Nineteenth century clouds over the dynamical theory of heat and light [J]. Notices of the Proceedings at the Meetings of the Members of the Royal Institution of Great Britain with Abstracts of the Discourses, 1901, 16: 363－397.

6. Planck M. Über eine verbesserung der wienschen spektralgleichung[J]. Verhandlungen der Deutschen Physikalischen Gesellschaft, 1900, 2(17): 202－204.

7. Planck M. Zur theorie des gesetzes der energieverteilung im normalspectrum [J]. Verhandlungen der Deutschen Physikalischen Gesellschaft, 1900, 2(17): 237－252.

8. Planck M. Entropie und temperatur strahlender wärme[J]. Annalen der Physik, 1900, 306(4): 719－737.

9. Planck M. Über irreversible strahlungsvorgänge[J]. Annalen der Physik, 1900, 306(1): 69－122.

10. Heisenberg W. Über quantentheoretische umdeutung kinematischer und mechanischer beziehungen[J]. Zeitschrift für Physik, 1925, 33: 879－893.

11. Born M, Jordan P. Zur quantenmechanik [J]. Zeitschrift für Physik, 1925, 34: 858－888.

12. Born M, Heisenberg W, Jordan P. Zur quantenmechanik II[J], Zeitschrift für Physik, 1925, 35: 557－615.

13. Schrodinger E. On the connection of Heisenberg-Born-Jordan's quantum mechanics with mine[J]. Annalen Der Physik, 1926, 79(8): 734－756.

14. Born M. Zur Quantenmechanik der Stoßvorgänge[J]. Zeitschrift für Physik, 1926, 37(12): 863－867.

15. Heisenberg W. Über den anschaulichen Inhalt der quantentheoretischen Kinematik und Mechanik[J]. Zeitschrift für Physik, 1927, 43(3－4): 172－198.

16. Bohr N. The quantum postulate and the recent development of atomic theory [J]. Nature, 1928, 121: 580－590.

17. Hilbert D. Mathematical Problems[J]. Bulletin of the American Mathematical Society, 1902, 8(10): 437－479.

18. 叶永烈.钱学森[M].上海：上海交通大学出版社,2010.

19. 新华社.钱学森同志生平[N].新华社,2009－11－6.

20. 钱学森.论技术科学[J].科学通报,1957,4: 97－104.

21. 钱学森.工程和工程科学[J].力学进展,2009,39(6): 643－649.

22. 钱伟长,郑哲敏. 20 世纪中国知名科学家学术成就概览:力学卷第一分册[M].北京:科学出版社,2014.

23. Euler L. Methodus in inveniendi lineas curvas maximi minimive proprietate gaudentes. [M]. Lausanne et Génève, 1744.

24. Euler L. Decouverte d'un nouveau principe de Mecanique[J]. Mémoires de l'académie des sciences de Berlin, 1752, 6: 185 - 217.

25. Koiter W T. On the stability of elastic equilibrium[D]. Delft: Delft University, 1945.

26. Koiter W T. Elastic stability and post-buckling behavior[J]. Procceedings Symposium On Non-linear Problems, 1963, 257 - 275.

27. 黄宝宗,任文敏. Koiter 稳定理论及其应用[J].力学进展,1987,17(1): 30 - 38.

28. Taylor G I. The instability of liquid surfaces when accelerated in a direction perpendicular to their planes. I[J]. Proceedings of the Royal Society of London, 1950, 201 (1065): 192 - 196.

29. Reynolds O. An experimental investigation of the circumstances which determine whether the motion of water shall be direct or sinuous, and of the law of resistance in parallel channels[J]. Philosophical Transactions of the Royal Society London A, 1883, 174: 935 - 982.

30. Prandtl L. Über flüssigkeitsbewegung bei sehr kleiner Reibung. Verhandl Ⅲ [J]. Intern. Math. Kongr. Heidelberg, Auch: Gesammelte Abhandlungen, 1904, 2: 484 - 491.

31. van Dyke M. Perturbation methods in fluid mechanics [M]. 2nd ed. Parabolic Press, 1975.

32. Blasius H. Grenzschichten in flüssigkeiten mit kleiner reibung[J]. Zeitschrift für Angewandte Mathematik und Physik, 1908, 56: 1 - 37.

33. von Kármán T. Uberlaminare und tubulente reibung[J]. Zeitschrift für Angewandte Mathematik und Mechanik, 1921, 1: 233 - 247.

34. Pohlhausen K. The approxiamte integration of the differential equation of laminar boundary layer[J]. Zeitschrift für Angewandte Mathematik und Mechanik, 1921, 1: 252 - 268.

35. Prandtl L. Tragflügeltheorie [M]. Königliche Gesellschaft der Wissenschaften zu Göttingen, 1918.

36. Houghton E L, Carpenter P W, Heinmann B. Aerodynamics for Engineering Students [M]. 5th ed. Oxford: Butterworth-Heinemann, 2016.

37. von Kármán T. Über den Mechanismus des Widerstandes, den ein bewegter Körper in einer Flüssigkeit erfährt[J]. Nachrichten von der Gesellschaft der Wissenschaften zu Göttingen. Mathematisch-Physikalische Klasse, 1911: 509 - 517; 1912: 547 - 556.

38. von Kármán T, Rubach H. Überden Mechanismus des Flüssigkeits- und Luftwiderstandes [J]. Physikalische Zeitschrift, 1912, 13: 49 - 59.

39. Richardson L F. Weather prediction by numerical process[M]. Cambridge: Cambridge University Press, 1922.

40. von Kármán T. Mechanische Ähnlichkeit und Turbulenz[J]. Nachrichten von der

Gesellschaft der Wissenschaften zu Göttingen, Fachgruppe 1 (Mathematik), 1930, 58 – 76.

41. Taylor G I. Statistical theory of turbulence[J]. Proceedings of the Royal Society of London. Series A, Mathematical and Physical Sciences, 1935, 151(873): 421 – 444.

42. von Kármán T. The fundamentals of the statistical theory of turbulence[J]. Journal of Aeronautical, 1937, 4: 131 – 138.

43. von Kármán T, Howarth L. On the statistical theory of isotropic turbulence[J]. Proceedings of the Royal Society, 1938, 164: 192 – 215.

44. Kolmogorov A N. Local structure of turbulence in an incompressible viscous fluid at very large Reynolds numbers[J]. Doklady Akademii Nauk SSSR, 1941, 30: 299 – 303; 1941, 31: 538 – 541; 1941, 32: 19 – 21.

45. von Weizsäcker C F. Das Spektrum der Turbulenz bei großen Reynoldsschen Zahlen[J]. Zeitschrift für Physik, 1948, 124: 614 – 627.

46. Onsager L. The distribution of energy in turbulence[J]. Physical Review, 1945, 68: 286(A).

47. 周培源. 湍流理论的近代发展[J]. 物理学报, 1957, 13(3): 220 – 244.

48. 朗道 Л Д, 栗弗席兹 E M. 流体动力学[M]. 李植, 译. 北京: 高等教育出版社, 2013.

49. Aragón L, Naumis G G, Bai M, et al. Turbulent luminance in impassioned van Gogh paintings[J]. Journal of Mathematical Imaging and Vision, 2008, 30: 275 – 283.

50. Polanyi M. Lattice distortion which originates plastic flow[J]. Zeitschrift für Physik, 1934, 89(9 – 10): 660 – 662.

51. Orowan E. Plasticity of crystals[J]. Zeitschrift für Physik, 1934, 89(9 – 10): 605 – 659.

52. Taylor G. The mechanism of plastic deformation of crystals, Part I. Theoretical[J]. Proceedings of the Royal Society A, 1934, 145(855): 362 – 387.

53. Burgers J M. Some considerations on the fields of stress connected with dislocations in a regular crystal lattice. I. [J]. Nederland: Koninklijke Nederlandse Akademie van Wetenschappen, 1939, 72 – 96.

54. Heidenreich R, Shockley W. Report of a conference on the strength of solids[R]. University of Bristol, London: Physical Society, 1948, 57.

55. 阿兰·科特雷尔. 晶体中的位错和范性流变[M]. 葛庭燧, 译. 北京: 科学出版社, 1962.

56. Hirsch V R. Horne W, Whelan M J. Direct observations of the arrangement and motion of dislocations in aluminum[J]. Philosophical Magazine, 1956, 1(7): 677.

57. Alkemade I F. Some of IUTAM's history[OL]. https://iutam.org/history-2/.

58. 胡海岩. 我与国际力学联盟[J]. 力学与实践, 2018, 40: 98 – 105.

思考题

1. 谈一谈在你心中物理学和力学的区别。

2. 一般认为,科学是技术的基础,是技术的源头。科学是认识世界,技术是改造世界;科学是"从 0 到 1",技术则是"从 1 到无穷大"。在当代社会,随着技术的迅猛发展,特别是当人工智能可以不断通过"自主学习"不断提高某项技术的水平并创造出价值时,科学在人们心中的地位似乎在不断地降低。请谈一谈你对科学和技术的看法。

3. 牛顿的动力学推进了机械的发明,促进了第一次工业革命的产生和发展;以欧拉-伯努利梁为代表的固体力学是第二次工业革命的基石;而流体力学则与人类的动力飞行相得益彰,共同谱写了第三次工业革命的空天篇章。在新一轮技术革命到来之际,谈一谈你对其中力学可以扮演的角色的看法。

第4章
连续介质力学

4.1 连续介质假设——微观与宏观的桥梁

力学家们对基于粒子和刚体的牛顿力学进行延伸,进一步提出了连续介质力学。

连续介质假设 连续介质假设由瑞士著名科学家欧拉于 1753 年提出,是连续介质力学中一个根本性假设。它体现了一种新的时空观。从空间的观点来看,连续介质假设将真实流体或固体所占有的空间视为由"质点"来连续地无空隙的充满。所谓质点指的是微观上充分大、宏观上充分小的微团。所谓"微观上充分大",是指该微团的尺度和分子运动的尺度相比应足够大,使得微团中包含大量的粒子,对微团进行统计平均后能得到确定的表征值;所谓"宏观上充分小",是指该微团的尺度和所研究问题的特征尺度相比要充分小,使得微团上赋予的物理量可视为均匀不变,从而可以把该微团近似地看成是几何上的一个点。质点所具有的宏观物理量(如质量、速度、压力、温度等)满足一切应该遵循的物理定律。例如:质量守恒定律、牛顿运动定律、能量守恒定律、热力学定律,以及扩散、黏性及热传导等输运规律。

从时间的观点来看,它还要求对于进行统计平均的时间,必须是微观充分长、宏观充分短。所谓"微观充分长",意指统计平均的时间应选得足够长,使得在这段时间内,微观的过程(如粒子间的碰撞)已进行了许多次,能够由统计平均得到确定的数值;所谓"宏观充分短",意指统计平均的宏观时间应该比所研究问题的特征时间小得多,以致可以把进行平均的时间视为宏观的一个瞬间。

假设的有效性 连续介质假设在常规情形下是成立的。这种处理流体和固体宏观运动的方法,已获得很大成功。一方面,对流体来说,在冰点温度和一个大气压下,一立方毫米体积中所含气体分子数约为 2.7×10^{16} 个,即使在一立方微米这样一个宏观上说来很小的体积里也还有 2.7×10^{7} 个分子,这样的体积从微观方面来看还相当大。另一方面,在冰点温度和一个大气压下,每立方毫米的气体分子在一秒内要碰撞 10^{26} 次,即使在很小的体积(如一立方微米)内的分子在一微秒这样的宏观看来很短的时间内,仍然要碰撞 10^{11} 次,这个时间从微观看来也足够长。

如果连续介质中"质点"的尺寸与真实物体中的分子自由程具有相同量级,连续介质假设可能失效。例如,在稀薄气体中,分子间的距离很大,有可能接近物体的特征尺度,此时虽然获得确定平均值的分子团还存在,但无法再将其视为一个质点。又如,考虑激波内的气体运动,激波的波前厚度与分子自由程同量级,激波内的流体只能看成分子而不能当作连续介质来处理。对流体来讲,物质的致密度越大,就能够在越小的尺度应用连续介质假设。连续介质假设存在着一个适用尺度的下限。对该下限值来说,液体最低、稠密气体次之、稀薄气体再次之、等离子体最为苛刻。

固体由于高度致密且具有更规则的原子排列,其连续介质假设的适用尺度具有更低的下限。对弹性行为来说,具有规则原子点阵的晶体弹性比具有长链网状结构的高分子熵弹性有更低的连续介质假设的适用尺度下限。由弹性体的统计理论[1],纳米尺度的晶体弹性也可以近似用建立在宏观连续介质基础上的弹性力学来描述。文献中这类例子层出不穷:利用弹性共振,直径为几个纳米的碳纳米管可以做成纳米秤,称量基因的重量[2]。对塑性行为来讲,固体中特有的微细结构(如位错、损伤、界面等)提升了连续介质假设中的适用尺度。这里需要引入细观力学的概念(详见第9章):即一个宏观连续介质质点需要包括足够多的细观元素,使人们可以在一个细观代表胞元上实现具有时间和空间统计意义的平均;而每个细观胞元上又应包括足够多的细观连续介质质点(且该细观质点又包括足量的粒子),使我们可以用满足弹性力学的统计规律进行描述[3]。

在连续介质假设下,空间中每个点在每一时刻都具有确定的物理量。这些物理量是空间坐标和时间的连续函数,从而可以利用强有力的数学分析工具。根据连续介质假设得到的理论结果,在很多情况下与实验结果较符合。

星云假说 连续介质描述和离散粒子描述是描述物质运动的两种模式,是哲学意义上的对立和统一。这里以星云假说为例来说明这一点。太阳星云是地球所在的太阳系形成的气体云气,它最早由斯威登堡(Emanuel Swedenborg, 1688~1772)在 1734 年提出的。熟知斯威登堡工作的著名哲学家康德就采用连续介质观点的"星云假说"[4]来阐述太阳系的起源,并以之来替代和洞悉呈离散状的"灿烂的星空"。康德认为在星云慢慢地旋转下,由于引力的作用,云气逐渐坍塌和渐渐变得扁平,最后形成恒星和行星。拉普拉斯在 1796 年也提出了相同的模型。早期的宇宙论由此形成。20 世纪 60 年代,林家翘(Chia-Chiao Lin, 1916~2013)采用连续介质模型来研究天体物理,创立了星系螺旋结构的密度波理论[5]，成功地解释了盘状星系螺旋结构的主要特征。他确认了天文学家观察到的旋臂是波而不是物质臂，克服了困扰天文界数十年的"缠卷疑难"，进而发展了可长期维持星系旋臂的动力学理论。这种"云气"和"星云"的认识论与当代的"云计算"有异曲同工之妙。无论是数据云还是计算云，均由云滴组成，在云的连续介质描述下遮盖了每个云滴之间的相互作用，但却可以进行统计和平均得出其信息传递的宏观规律。

德拜蛇 连续介质描述和粒子描述是认识物质相互作用机制的两种方式。这两种方式既可能是交替进行的，又可能是首尾连接的。从宇观、巨观、宏观、

细观到微观，我们交替地、协同地用连续介质描述和粒子描述来描述物质和物质上承载的物理规律。荷兰科学家德拜（Peter Debye，1884~1966）曾用一只首尾连接的蛇来描述这种层次之间的连接，后人称为"德拜蛇"，见图4.1。

图 4.1　德拜与德拜蛇

4.2　连续介质的运动学——映射、变形、流形

拉格朗日描述与欧拉描述 考虑一任意形状的三维物体。其在某一参考时刻 t_0 占据一个三维体域 V_0，称为参考构型（见图4.2中左侧物体）。在某一固定的笛卡儿坐标系下，该体域中的一个物质质点可由向量 X 来标记，该向量又称为该质点的物质坐标或拉格朗日坐标。在某一后续时刻 t，同样物质集合的体域变为 V，称为即时构型（见图4.2中右侧物体）而物质坐标为向量 X 的物质点在即时构型的坐标为 x，该向量称为该质点在时刻 t 的即时坐标或欧拉坐标。从图4.3中所映射的变形一般为有限变形（即变形量 $u = x - X$ 与物质坐标本身相比一般不可忽略）。流体的流动，软物质的变形，柔软生物质（如肌肉）的变形多为有限变形；而固体和坚硬的生物质（如骨）的变形多为小变形。从

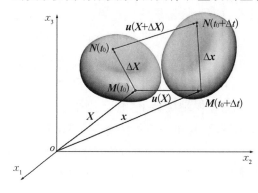

参考构形到即时构形的映射也可以理解为是从参考时刻 t_0 到后续时刻 t 的几何流形[6]。若仅仅描述这一变化的几何流形，而不考虑造成这一变化（或形成因果关系）的力学元素，则称为对物质变形或流动的运动学描述。若以即时坐标作为场方程的自变量，选用一个

图 4.2　三维物体的运动学

固定的几何窗口来观察运动,这时便称为运动的欧拉描述。欧拉描述并不对固定物质点溯源其运动中历经的因果关系,只探究其影像的时间变幻。若以参考坐标作为场方程的自变量,选用一个固定的物质点集合来观察运动,这时便称为运动的拉格朗日描述。拉格朗日描述可溯源固定物质点在运动中历经的因果关系,但并不要求其后续影像的近邻性。

在拉格朗日描述下,若将任一物理量 f 视为拉格朗日坐标 $\boldsymbol{X}$ 与时间 t 的函数,则其对时间的变化率可视为对时间 t 的偏导数。即

$$\dot{f} = \frac{\partial}{\partial t} f(\boldsymbol{X}, t) \tag{4.1}$$

在欧拉描述下,若将任一物理量 f 视为欧拉坐标 $\boldsymbol{x}$ 与时间 t 的函数,则其对时间的变化率(称为随体导数)可视为对时间 t 的局部导数与对流导数(convective derivative)之和。即

$$\dot{f} = \frac{\partial}{\partial t} f(x_i, t) + v_k \frac{\partial}{\partial x_k} f(x_i, t) \tag{4.2}$$

式(4.2)中,$\boldsymbol{v}$ 为该点的流动速度。今后,为了使表达式简洁紧凑,对时间和坐标的导数分别记为 $\frac{\partial}{\partial t}(\ ) = (\dot{\ })$ 和 $\frac{\partial}{\partial x_i}(\ ) = (\ )_{,i}$。 按照爱因斯坦约定,对重复出现的拉丁下标(亦称为哑标),将视为从 1 到 3 的求和。对图 4.2 中任一微团的体积变化率为

$$\dot{V}/V = v_{k,k} \tag{4.3}$$

变形与映射 若采用张量的笛卡儿坐标形式,物质的变形梯度为

$$F_{ij} = \frac{\partial x_i}{\partial X_j} \tag{4.4}$$

计算机显示中的图形变幻也可以采用同样的几何流形表示。如在科幻电影《阿凡达》中,相对于人体演员的自然态来建立参考坐标,在所需表现的阿凡达自然态上建立一一对应的映射坐标,人体演员到阿凡达之间的映射就可以表示为式(4.4)的"变形梯度"(或变换张量)。该映射建立后,人体演员的位置移动、肢体腾挪、面部表情变化等都可以映射成为阿凡达的运动学图像,成为电影中阿凡达栩栩如生的运动影像。

在有限变形的一般情形下,格林应变张量可由变形梯度表示为

$$E_{ij} = F_{ik}F_{kj} - \delta_{ij} \tag{4.5}$$

式(4.5)中，δ_{ij} 表示克罗内克(Leopold Kronecker，1823~1891)δ 函数。

变形协调条件 在小变形的假设下，易于导出小变形的应变张量(记为 ε_{ij})等于位移梯度的对称部分：

$$\varepsilon_{ij} = \frac{1}{2}(u_{i,j} + u_{j,i}) \tag{4.6}$$

式(4.6)表明：应变张量的 6 个对称分量可以由 3 个位移分量来表示。因此应变张量不能任意给定，否则变形后的构型可能会出现开裂或者重叠，如图 4.3(b)和图 4.3(c)所示。避免变形过程中出现开裂或者重叠的条件称为协调(compatibility)方程。

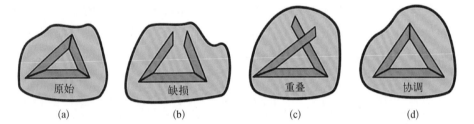

图 4.3 变形协调性

(a) 原始 (b) 缺损 (c) 重叠 (d) 协调

由式(4.6)，易于验证：对应变张量施以左右旋度运算后，结果为零，即

$$\nabla \times \boldsymbol{\varepsilon} \times \nabla = \mathbf{0} \tag{4.7}$$

式(4.7)中，∇ 是梯度算子，$\times$ 表示向量积。在张量运算中常以置换符号 e_{mjk} 来表示向量积。于是，式(4.7)左端的分量形式可写为

$$L_{mn} \equiv e_{mjk}e_{nil}\varepsilon_{ij,kl} \tag{4.8}$$

并可称为不协调张量。式(4.8)代表了 9 个标量方程，但由不协调张量 L_{mn} 的性质可以证明其中大部分为冗余。

性质一：对称性

$$L_{mn} = L_{nm} \tag{4.9}$$

这一性质的证明需要利用到置换张量 e_{mjk} 和克罗内克 δ 函数 δ_{mj} 之间的恒等式：

$$e_{mjk}e_{nil} = \begin{vmatrix} \delta_{mn} & \delta_{mi} & \delta_{ml} \\ \delta_{jn} & \delta_{ji} & \delta_{jl} \\ \delta_{kn} & \delta_{ki} & \delta_{kl} \end{vmatrix} \tag{4.10}$$

性质二：比安奇恒等式(Bianchi identity)

$$L_{mn,n} = 0 \tag{4.11}$$

即不协调张量 L_{mn} 的散度为零。式(4.9)和式(4.11)表明不协调张量 L_{mn} 要满

足 6 个约束方程,因此 9 个协调条件式(4.7)中仅有 3 个是独立的。

对平面问题,协调条件退化为一个标量方程:

$$\varepsilon_{\alpha\alpha,\beta\beta} = \varepsilon_{\alpha\beta,\alpha\beta} \qquad (4.12)$$

式(4.12)中,希腊字母哑标表示从 1 到 2 求和。变形协调条件式(4.7)或式(4.12)是微分形式,表示局部变形的性质。由于位移场的单值性,应变协调还有一些总体的附加要求。为说明这一点,可引进单连通域和多连通域的概念。若域内的任意闭曲线可以始终保持在域内连续变形而收缩为域内的一点,则称为单连通域。图 4.4 给出了一些单连通域的例子。而在多连通域中,至少有一条曲线无法收缩为域内一点,如图 4.5 所示。

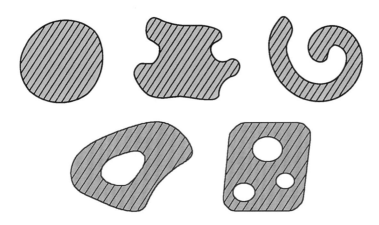

图 4.4　单连通域

图 4.5　多连通域

考虑图 4.6 所示 A、B 两点。命题为:假定 A 点的位移已知,是否可由给定的应变场唯一地确定 B 点的位移?

B 点的位移可由沿连接 A、B 两点的任意曲线 s(如图 4.6 所示)积分得到

$$u_i^B = u_i^A + \int_A^B \frac{\partial u_i}{\partial s}\mathrm{d}s \qquad (4.13)$$

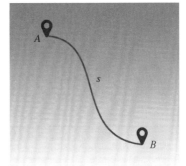

图 4.6　连接 A、B 两点的任意积分路径

位移的单值性要求该表达式与路径无关。它等价于:对任意通过 A、B 两点的闭合曲线,上式给出的积分为零,即对任意通过 A、B 两点的闭合曲线 L_1,有

$$\oint_{L_1} \frac{\partial u_i}{\partial s}\mathrm{d}s = 0 \qquad (4.14)$$

对于单连通域,对任意通过 A,B 两点的闭合曲线积分为零的条件可以放松为对任意无限小闭回路的积分为零。即对任意无限小闭回路 L_2,有

$$\oint_{L_2} \frac{\partial u_i}{\partial s} \mathrm{d}s = 0 \tag{4.15}$$

如果假定应变场是分片光滑的,不难证明式(4.14)与式(4.15)的等价性。

下面讨论多连通域的应变协调条件。对于 n 连通域,应变协调条件除要求满足式(4.7)外,还要求满足 $n-1$ 个位移单值条件

$$\oint_{\Gamma_i} \frac{\partial u_i}{\partial s} \mathrm{d}s = 0, \ i = 1, \cdots, n-1 \tag{4.16}$$

式(4.16)中,Γ_i 是环绕 n 连通域中第 i 个孔洞的闭合曲线。

下面给出由应变场求解位移场的推导。几何方程(4.6)将位移梯度和应变联系在一起。可以从 $u_{i,j} + u_{j,i} = 2\varepsilon_{ij}$ 出发,从给定的应变 ε_{ij} 积分得到位移 u_i。显然,最后得到的位移场并不唯一。因为在任何求得的位移场上,都可以叠加任意的刚体位移 $u_i^{\mathrm{rigid}} = \Omega_{ji}^0 x_j + C_i$,后者对应于零应变场。符号 Ω_{ij}^0 代表二阶反对称张量,$\Omega_{ij}^0 = -\Omega_{ji}^0$,用来表示刚体转动。

位移梯度包括对称和反对称部分,对称部分由应变给出,反对称部分 $\Omega_{ij} = \frac{1}{2}(u_{i,j} - u_{j,i})$ 可以从应变的梯度得到。具体推导过程如下:

$$2\Omega_{ij,k} = u_{i,jk} - u_{j,ik} = (u_{i,k} + u_{k,i})_{,j} - (u_{k,j} - u_{j,k})_{,i}$$
$$= 2\varepsilon_{ik,j} - 2\varepsilon_{jk,i} \equiv 2U_{ijk} \tag{4.17}$$

对式(4.17)进行积分得

$$\Omega_{ij} = \Omega_{ij}(0) + \int_0^x U_{ijk}(x')\mathrm{d}x'_k \equiv \Omega_{ij}(0) + I_{ji}(\boldsymbol{x}) \tag{4.18}$$

将位移梯度写为 $u_{i,j} = \varepsilon_{ij} + \Omega_{ij}$,将上式代入得

$$u_i(\boldsymbol{x}) = u_i(0) + \Omega_{ij}(0)x_j + \int_0^x (\varepsilon_{ij} + I_{ij})\mathrm{d}x'_j \tag{4.19}$$

利用分部积分可以消除上式中的二重积分,最后结果为

$$u_i(\boldsymbol{x}) = u_i(0) + \Omega_{ij}(0)x_j + \int_0^x \varepsilon_{ij}(\boldsymbol{y})\mathrm{d}y_j + \int_0^x (x_j - y_j)U_{ijk}(\boldsymbol{y})\mathrm{d}y_k \tag{4.20}$$

若考察式(4.20)和前两式中的积分对路径的依赖性,可推导得出这恰为变形协调条件式(4.7)的分量形式。这说明式(4.7)既是位移场单值性的必要条件,也是位移场单值性的充分条件。

4.3 柯西应力张量——应力的双轮马车

柯西应力 柯西(Augustin Cauchy,图 4.7)是世界著名数学家和力学家。他是数学分析严格化的开拓者,复变函数论的奠基者,也是弹性力学理论基础的建立者。柯西应力张量(Cauchy's stress tensor)是他对力学的重要贡献。1822 年,柯西在三维情况下规范了应力的概念,揭示了应力具有二阶对称张量的性质。在有限变形情况下,由于变形前的初始构形和变形后的瞬态构形差别较大,所以分别定义在这两个构形上的应力张量就很有必要。在大变形分析中,柯西应力张量是一种采用欧拉描述法(以质点的即时坐标 x 和时间 t 作为自变量描述)定义在 t 时刻现时构形上的应力张量 σ_{ij},又称欧拉应力张量。

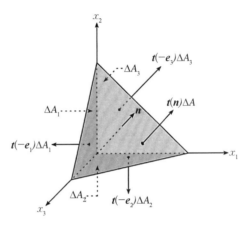

图 4.7 奥古斯丁·柯西(1789~1857)

取三维空间笛卡儿坐标系,在 t 时刻的即时构形中截取一个四面单元体,其斜面面元为 ΔA,单位长法线向量为 n,见图 4.8。四面单元体的另外三个垂直相交的面元 $\Delta A_i (i = 1, 2, 3)$ 与所取坐标面平行,单位长法线向量为 $e_i (i = 1, 2, 3)$。当四面单元体趋于无穷小时,其体积力与惯性力

图 4.8 柯西四面体的平衡分析

与四面上的面力相比趋近于零,因此只需满足面力平衡条件。由四面单元体的力平衡条件可得面上的应力向量(亦称为柯西面力向量)为

$$T_j = \sigma_{ij} n_i \qquad (4.21)$$

等式右端的 σ_{ij} 便是柯西应力张量,它是二阶张量。柯西应力原理表明需要用两个向量(即斜截面上的面力向量 T 与斜截面法线向量 n)以并矢的方式来定义一个应力张量。T 与 n 可称为应力张量的两驾马车。柯西的其他贡献包括:提出主应力和主应变的概念;推广胡克定律;建立了用应力分量表示的连续体运动方程和边界条件。柯西还给出了几何方程,即当位移对坐标的导数远小于 1 时,六个应变分量(三个拉伸分量和三个剪切分量)可以表示为位移的导数(见上一节的推导)。这与流体力学中欧拉用速度场导数表示的应变率类似。

4.4 守恒律——牛顿定律的连续介质化

力学场方程 下面探讨力学场方程的微分形式。这里虽然仅对小变形的

情况作出推导,但结果不难推广到有限变形的情况[7]。

如图 4.9 所示,三维物体占据空间区域 V,在外载下发生无限小变形,其应力边界与位移边界分别为 S_t 与 S_u。描述该问题的基本场变量共有 16 个,它们

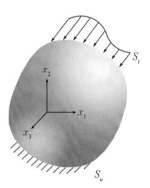

图 4.9 三维连续体

是:密度函数 ρ;3 个位移分量 u_i;6 个对称二阶应变;6 个对称二阶应力张量。场变量一般是空间坐标 x_i 和时间 t 的函数。显然,求解所有的场变量需要 16 个方程。若密度变化不大,如对绝大多数的固体和液体,则可将其视为常数;若密度的变化不可忽略,则可利用式(4.3)作为连续性方程。现补足其他 15 个方程。在连续介质力学中,牛顿的线动量方程可写为

$$\sigma_{ij,j} + f_i = \rho \ddot{u}_i \qquad (4.22)$$

式(4.22)中,ρ 和 f_i 分别表示单位体积的质量和体力。若取一个单元六面体,计算其受力情况,则式(4.22)右端相当于质量(密度)乘以加速度,而左端的两项分别代表不平衡面力和不平衡体力。如果连续介质体处于准静态,即物质点的速度远小于应力波速时,方程(4.22)可简化为

$$\sigma_{ij,j} + f_i = 0 \qquad (4.23)$$

在连续介质力学中,体力偶的作用被当成高阶小量而忽略不计。于是,由单元六面体的动量矩平衡可以导出剪(切)应力互等定理:

$$\sigma_{ij} = \sigma_{ji} \qquad (4.24)$$

我们简单地回顾一下式(4.24)的基本假设。考虑弹性体元 ΔV,体力偶 m 的作用正比于 $m \times \Delta V$,而面力的合力矩正比于 $\tau \times \Delta V$(τ 表示应力大小),前者远小于后者时,导出式(4.24)成立。该假设并不总是成立,例如处于强磁场中的弹性体就不能忽略体力偶的影响。在一百多年前,科萨拉兄弟(Eugène Cosserat,1866~1931;François Cosserat,1852~1914)提出一套偶应力理论来处理这种情况。这时应力张量有 9 个独立的分量,而不是 6 个。在现代文献中,应力张量的反对称部分称为"偶应力"。偶应力概念在弹性力学中的应用归功于闵德林(Raymond D. Mindlin,1906~1987)。近年发展的应变梯度理论在一定程度上借鉴了偶应力理论中非对称应力的概念。

4.5 本构定律——本构响应与公理体系

泛函表示 物质是由特有的本构关系所刻画的。物体的本构定律定性与定量描述了物体的本质性构成,也表示由变形引起的应力变化。气体与液体不

一样,前者是可压缩的,后者是近似不可压缩的。气体和液体统称为流体,流体
与固体不一样,前者不能承受剪切,后者可以承受剪切(见下一章)。固体中的
晶体与高分子材料也不一样,他们的自由能构成和塑性行为有很大差异。一般
认为,物体中任意一点的即时应力(即对应于物质点 X、时间 t)是该物体中全
部变形历史的泛函。从这一点出发,力学家们引入了下述关于本构关系的公理
化体系。

　　确定性公理　出于牛顿力学的可求积性,人们曾经认为物体中每一点的应
力状态的时间演化都是确定的。也就是说,知道物体中每一点的过去与现在,
就可以推测它的未来。其数学表达是:(1)物体中任意一点的即时应力可表
达为该点迄今为止的历史泛函;(2)若该点过去到现今的响应都是唯一的,其
今后的响应也是唯一的。该确定性公设对于大多数情况是正确的,但对于复杂
的非线性演化情况,却可能发生分叉、突变、混沌和湍流,此时确定性公理失效。

　　局部性公理　该公理认为,由于固体中原子相互作用的屏蔽性和流体对剪
切作用的弱传递性,某一物质点的响应仅仅与其周围局部的物质粒子有关,而
与较远处的物质粒子的变形响应无关。如对固体来说,在数个原子交互作用截
断半径之外的响应就不发生影响;对流体来说,在数个分子自由程之外的行为
也会影响甚微。其数学表达是:(1)某一点 X 的本构关系仅与围绕该点的微
小邻域的变形行为有关,与该邻域以外的各连续介质点的变形历史无关;
(2)在进一步有关光滑邻域的假设下,若在点 X 处进行泰勒展开(布鲁克·泰
勒,Brook Taylor,1685~1731),则在点 X 处的本构关系仅与该点处变形梯度和
各高阶变形梯度有关。应该指出,有一类材料不满足局部性公理,人们称为非
局部材料,对它们必须用非局部力学进行研究。

　　客观性公理　该公理认为,对事物进行客观观察的空间是各向同性的,若
从不同角度上进行观察,其所得到物质响应是相同的。其数学表示是:(1)物
体的本构关系要满足对观察坐标系平动的不变性;(2)物体的本构关系要满足
对观察坐标系转动的不变性。对二阶、四阶甚至高阶张量型本构关系,其满足
客观性的方式由张量表示定理给出,可参见郑泉水(1961~)的长文[8]。

　　物质对称群　不同的物质各有其物质对称性,如很多流体都是各向同性
的。也就是说,如果从不同的方向对同一物质点加载,其应力响应是类似的。
对晶体材料,其所对应的 14 种布拉菲(Auguste Bravais,1811~1863)点阵,均可
以找出其对应的物质对称群。物质对称群与客观性公理相结合,可以极大地约
束本构关系的张量函数类型,使得科学家们简化对本构关系的表达。

　　记忆衰减性　物体中任一质点对以往变形历史的记忆具有衰减性。若采
用记忆性泛函来表达以往变形历史的影响,则与变形历史进行卷积的记忆函数
必须是一个衰减函数,甚至是快衰减函数。若物体瞬间就可以失去对以往变形

历史的记忆,则现今的变形响应与以往的变形历史无关,这种物体就称为弹性体;若物体虽然不能瞬间丧失对以往变形历史的记忆,但却可以随时间的延续而不断失去对以往变形历史的记忆,以致到最后可以完全忘却,这种物体就称为黏弹性体。

塑性与可塑性 变形所遗留的无法忘却的记忆(或称为永久变形),代表着物体的塑性。力学家们往往称被动发生的永久变形记忆为塑性,而生物学家(尤其是脑科学或神经科学家)称主动发生的神经网络的连接变化为可塑性。塑性是固体力学中较复杂的概念,而可塑性是当前脑科学中最热门的研究领域。

4.6 能量方程——弱解的数学万花筒

弱解 求解连续介质力学的微分方程组可以得到其强解,即光滑可微的解;我们还可以考虑求得其平方可积的弱解。求弱解是构筑在能量原理上的求解过程,其特点可概括如下:(1)从运动学可能状态或者静力学可能状态出发去求出弱解;(2)可以考虑或者不考虑附加约束条件,不同的选择给出不同形式的变分原理,例如1类、2类或者3类独立变量的变分原理等;(3)泛函的构造以能量原理[例如胡-鹫津(胡海昌,1928~2011;鹫津久一郎,Kyuichiro Washizu,1921~1981)变分原理、海灵格-赖斯纳(Ernst Hellinger,1883~1950;Eric Reissener,1913~1996)变分原理、最小势能原理或者最小余能原理]等为基础;(4)这一方法降低了对解连续性或者光滑性的要求,这也是称为弱解的原因;(5)求解具体问题时进行适当的截断,有各种不同的近似方法,如有限元、瑞利-利兹法、加权余量法等,这些近似方法是计算力学的中心内容(见第6章)。现按照上述次序来阐述构造弱解的过程。

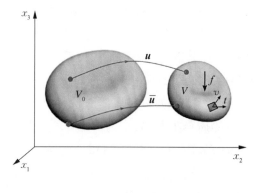

图 4.10 几何变形示意图

虚功原理 考虑三维弹性体的变形状态,参考构型和即时构型如图 4.10 所示。变形的运动学状态由域内位移场 $u(V)$、应变场 ε 以及给定的边界位移 $\bar{u}(\partial V)$ 来描述;而变形的静力学状态,由域内应力场 $\sigma(V)$、体力 $f(V)$ 以及给定的边界面力 $t(\partial V)$ 共同刻画。边界的单位法线方向记为 v。

按照对力学状态刻画的不同,可以把基本场变量分为两组,分别是 (σ,f,t) 和 $(\varepsilon,u,\bar{u})$。如果前一组在域 V 内满足平衡方程 $\sigma_{ij,j}+f_i=0$,边界 ∂V 上满足 $\sigma_{ij}v_j=t_i$,则称为静力协调场;若后一组在域 V 内满足几何方程

$\varepsilon_{ij} = \dfrac{1}{2}(u_{i,j} + u_{j,i})$，边界 ∂V 上满足 $u_i = \bar{u}_i$，则称为变形协调场。静力协调场

$(\boldsymbol{\sigma}, \boldsymbol{f}, \boldsymbol{t})$ 和变形协调场 $(\boldsymbol{\varepsilon}, \boldsymbol{u}, \bar{\boldsymbol{u}})$ 联合组成变形体内连续介质场。可分别定

义外力功 W_{e} 和内力功 W_{i} 如下：

$$W_{\mathrm{e}} = \int_V f_i u_i \mathrm{d}V + \int_{\partial V} t_i \bar{u}_i \mathrm{d}S \tag{4.25}$$

$$W_{\mathrm{i}} = \int_V \sigma_{ij}\varepsilon_{ij}\mathrm{d}V \tag{4.26}$$

如果连续介质场满足 $W_{\mathrm{e}} = W_{\mathrm{i}}$，则称为全协调场。对全协调场，我们有下述定理。

定理：如果一个连续介质场既是静力协调场，又是变形协调场，那么它必为全协调场。

证明：

由外力功定义出发，直接计算可得

$$W_{\mathrm{e}} = \int_V f_i u_i \mathrm{d}V + \int_{\partial V} t_i \bar{u}_i \mathrm{d}S = -\int_V \sigma_{ij,j} u_i \mathrm{d}V + \int_{\partial V} \sigma_{ij} v_j \bar{u}_i \mathrm{d}S \quad (\mathrm{SC})$$

$$= \int_V \sigma_{ij} u_{i,j} \mathrm{d}V - \int_V (\sigma_{ij} u_i)_{,j} \mathrm{d}V + \int_{\partial V} \sigma_{ij} v_j \bar{u}_i \mathrm{d}S \tag{4.27}$$

$$= \int_V \sigma_{ij} u_{i,j} \mathrm{d}V + \int_{\partial V} \sigma_{ij} v_j (\bar{u}_i - u_i) \mathrm{d}S = \int_V \sigma_{ij} \varepsilon_{ij} \mathrm{d}V \quad (\mathrm{KC})$$

$$= W_{\mathrm{i}}$$

证毕。

上述定理有两种等价的表述：

定理 1：如果一个连续介质场对所有的运动协调场都全协调，则其静力场必然静力协调。

定理 2：如果一个连续介质场对所有的静力协调场都全协调，则其运动场必然运动协调。

下面给出定理 1 的证明，定理 2 的证明方法类似。

证明：

由全协调的假设可知 $W_{\mathrm{e}} = W_{\mathrm{i}}$，即

$$\int_V f_i u_i \mathrm{d}V + \int_{\partial V} t_i \bar{u}_i \mathrm{d}S = \int_V \sigma_{ij}\varepsilon_{ij}\mathrm{d}V = \int_V \sigma_{ij} u_{i,j} \mathrm{d}V \tag{4.28}$$

对式 (4.28) 最右端应用散度定理可得

$$\int_V \sigma_{ij} u_{i,j} \mathrm{d}V = \int_{\partial V} \sigma_{ij} u_i v_j \mathrm{d}S - \int_V \sigma_{ij,j} u_i \mathrm{d}V \qquad (4.29)$$

将式(4.29)代入式(4.28),重新组合,并考虑到运动协调场边界上满足 $\boldsymbol{u} = \bar{\boldsymbol{u}}$,可得

$$\int_V (\sigma_{ij,j} + f_i) u_i \mathrm{d}V + \int_{\partial V} (t_i - \sigma_{ij} v_j) \bar{u}_i \mathrm{d}S = 0 \qquad (4.30)$$

可采用反证法来证明式(4.30)等价于静力协调条件。假设域内存在一点 $\boldsymbol{x}_0$ 使得 $\sigma_{ij,j} + f_i \neq 0$。不失一般性,令 $\sigma_{ij,j} + f_i > 0$,由应力场的连续性可知: $\sigma_{ij,j} + f_i$ 在 $\boldsymbol{x}_0$ 的一个邻域 $V_0 \subset V$ 内大于零。按如下方式选择一个运动场,使其域 V 内满足

$$u_i = C_0(\boldsymbol{x})(\sigma_{ij,j} + f_i) \qquad (4.31)$$

边界 ∂V 上 $\bar{u}_i = 0$,并且式(4.31)中函数 $C_0(\boldsymbol{x})$ 可选取为在 V_0 内大于零,在 $V - V_0$ 内等于零。由式(4.30)可得

$$\int_{V_0} C_0(\boldsymbol{x})(\sigma_{ij,j} + f_i)(\sigma_{ik,k} + f_i) \mathrm{d}V = 0 \qquad (4.32)$$

又在邻域 V_0 内, $C_0(\boldsymbol{x}) > 0$ 及 $(\sigma_{ij,j} + f_i)(\sigma_{ik,k} + f_i) > 0$,所以式(4.32)左端积分恒大于零,与该式矛盾。由反证法可知,在域 V 内有

$$\sigma_{ij,j} + f_i = 0 \qquad (4.33)$$

类似地,假定边界上一点 $\boldsymbol{x}_1$ 处有 $t_i - \sigma_{ij} v_j > 0$。由连续性可知至少存在 $\boldsymbol{x}_1$ 的一个邻域 $S_0 \subset \partial V$ 使得整个邻域内都有 $t_i - \sigma_{ij} v_j > 0$。选择边界位移场为

$$\bar{u}_i = C_2(\boldsymbol{x})(t_i - \sigma_{ij} v_i) \qquad (4.34)$$

式(4.34)中, $C_2(\boldsymbol{x})$ 在 S_0 内大于零,在 $\partial V - S_0$ 内等于零。同时利用式(4.34)和平衡方程,可以将式(4.30)写为

$$\int_{S_0} C_2(\boldsymbol{x})(t_i - \sigma_{ij} v_i)(t_i - \sigma_{ij} v_i) \mathrm{d}S = 0 \qquad (4.35)$$

又根据假设可知式(4.35)左端积分大于零,从而导致矛盾,所以边界上有

$$\sigma_{ij} v_j = t_i \qquad (4.36)$$

式(4.36)即为静力协调场满足的条件,因此定理1证毕。

我们用上标"(s)"表示静力协调场,用上标"(k)"表示运动协调场。静力协调场在运动协调场上所做的功称为复合功。下面证明内复合功等于外复合功:

$$W_i = \int_V \overset{(s)}{\sigma_{ij}} \overset{(k)}{\varepsilon_{ij}} \mathrm{d}V = \int_V \overset{(s)}{\sigma_{ij}} \overset{(k)}{u_{i,j}} \mathrm{d}V$$

$$= \int_V [\, (\overset{(s)}{\sigma_{ij}} \overset{(k)}{u_i})_{,j} - \overset{(s)}{\sigma_{ij,j}} \overset{(k)}{u_i} \,] \, \mathrm{d}V$$

$$= \int_S \overset{(s)}{\sigma_{ij}} v_j \overset{(k)}{u_i} \mathrm{d}S + \int_V \overset{(s)}{f_i} \overset{(k)}{u_i} \mathrm{d}V \qquad (4.37)$$

$$= \int_S \overset{(s)}{t_i} \overset{(k)}{u_i} \mathrm{d}S + \int_V \overset{(s)}{f_i} \overset{(k)}{u_i} \mathrm{d}V$$

$$= W_e$$

可对上述推导做如下说明：首先，静力协调场（$\boldsymbol{\sigma}^{(s)}$，$\boldsymbol{t}^{(s)}$，$\boldsymbol{f}^{(s)}$）和运动协调场（$\boldsymbol{u}^{(k)}$，$\boldsymbol{\varepsilon}^{(k)}$，$\bar{\boldsymbol{u}}^{(k)}$）可以独立选择；其次，推导过程不涉及材料的本构，因此对任何材料都适用；最后，式(4.37)是前面证明过的定理的另外一种表述，只不过这里强调两个场之间没有相互联系。

　　虚位移原理　假定所有的边界条件由位移边界 S_u 和力边界 S_t 构成，满足

$$\partial V = S = S_t \cup S_u; \ S_t \cap S_u = \phi \qquad (4.38)$$

图 4.11 表示运动协调场，真实运动场必然是运动协调场。

　　引入虚运动场（$\delta\boldsymbol{u}$，$\delta\boldsymbol{\varepsilon}$，$\delta\bar{\boldsymbol{u}}$），它在域 V 内满足

$$\delta\varepsilon_{ij} = \frac{1}{2}(\delta u_{i,j} + \delta u_{j,i}) \qquad (4.39)$$

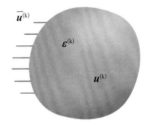

运动协调场　　　　图 4.11　运动协调场

在位移边界 S_u 上满足

$$\delta u_i = 0 \qquad (4.40)$$

将(4.37)中运动协调场替换以虚运动场（$\delta\boldsymbol{u}$，$\delta\boldsymbol{\varepsilon}$，$\delta\bar{\boldsymbol{u}}$），可得虚内功和虚外功之间的等式：

$$\int_V \sigma_{ij} \delta\varepsilon_{ij} \mathrm{d}V = \int_V f_i \delta u_i \mathrm{d}V + \int_{S_t} t_i \delta u_i \mathrm{d}S, \ \forall \, \mathrm{KC} \, \delta\boldsymbol{u}, \, \delta\boldsymbol{\varepsilon} \qquad (4.41)$$

式(4.41)称为虚位移原理，或者虚功原理，由此推出的欧拉方程即为域内平衡方程和力边界条件。

　　虚应力原理　虚应力原理是定理 2 的特例。这里仍然假定弹性体全部边界可按照(4.38)分为两部分，在位移边界 S_u 上给定 $\boldsymbol{u} = \bar{\boldsymbol{u}}$。选择静力协调场（$\delta\boldsymbol{\sigma}$，$\delta\boldsymbol{f}$，$\delta\boldsymbol{t}$）在域内满足 $\delta\sigma_{ij,j} + \delta f_i = 0$，在力边界 S_t 上 $\delta\sigma_{ij}v_j = 0$。由定理 2 可知，如果对任意的虚静力协调场（$\delta\boldsymbol{\sigma}$，$\delta\boldsymbol{f}$，$\delta\boldsymbol{t}$）有

$$\int_V \left[\frac{1}{2}(u_{i,j} + u_{j,i}) - \varepsilon_{ij} \right] \delta\sigma_{ij}\mathrm{d}V + \int_S (\bar{u}_i - u_i)\delta t_i \mathrm{d}S = 0 \qquad (4.42)$$

则导出欧拉方程为域内几何方程:

$$\varepsilon_{ij} = \frac{1}{2}(u_{i,j} + u_{j,i}) \qquad (4.43)$$

和位移边界条件:

$$u_i = \bar{u}_i \qquad (4.44)$$

即运动场 $(\boldsymbol{u}, \boldsymbol{\varepsilon}, \bar{\boldsymbol{u}})$ 是协调的。

从前面的讨论可知,静力协调条件等价于弹性力学微分列式中的动量方程和应力边界条件,运动协调条件等价于其中的几何方程和位移边界条件,如果考虑到物体的本构关系,就可以建立起能量原理(弱解)和强解之间的关系。

可能功原理　考虑如图 4.12 所示的两种协调状态,并且假定它们之间相互独立。图 4.12(a)所示为静力可能场,它在域内和所有边界上均满足静力协调条件:

$$\sigma_{ij,j}^{(s)} + f_i^{(s)} = 0 \qquad \text{域 } V \text{ 内} \qquad (4.45)$$

$$\sigma_{ij}^{(s)} v_j = t_i^{(s)} \qquad \text{所有边界 } S \text{ 上} \qquad (4.46)$$

图 4.12(b)所示为运动可能场,它在域内和所有边界上满足运动协调条件:

$$\varepsilon_{ij}^{(k)} = \frac{1}{2}(u_{i,j}^{(k)} + u_{j,i}^{(k)}) \qquad \text{域 } V \text{ 内} \qquad (4.47)$$

$$u_i^{(k)} = \bar{u}_i \qquad \text{所有边界 } S \text{ 上} \qquad (4.48)$$

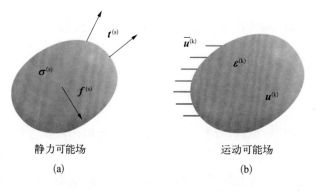

静力可能场　　　　　　　　　　　运动可能场
(a)　　　　　　　　　　　　　(b)

图 4.12　两种协调状态

静力可能场在运动可能场上所做的外复合功和内复合功分别为

$$W_e = \int_V f_i^{(s)} u_i^{(k)} \mathrm{d}V + \int_S t_i^{(s)} u_i^{(k)} \mathrm{d}S \qquad (4.49)$$

$$W_{\mathrm{i}} = \int_V \overset{(\mathrm{s})}{\sigma_{ij}} \overset{(\mathrm{k})}{\varepsilon_{ij}} \mathrm{d}V \qquad (4.50)$$

由式(4.37)可得可能功原理

$$W_{\mathrm{e}} = W_{\mathrm{i}} \qquad (4.51)$$

　　功的互等定理　真实的变形场既是静力协调的,也是运动协调的。将它应用于可能功原理,可以导出功的互等定理。假设在同一个弹性体上分别作用两组载荷,选择载荷(1)作用下的变形场为静力协调场,载荷(2)作用下的变形场为运动协调场,由可能功原理可以推出

$$\int_V \sigma_{ij}^{(1)} \varepsilon_{ij}^{(2)} \mathrm{d}V = \int_V f_i^{(1)} u_i^{(2)} \mathrm{d}V + \int_S t_i^{(1)} u_i^{(2)} \mathrm{d}S \qquad (4.52)$$

若选择静力协调场为载荷(2)作用下的变形场,而选择运动协调场为载荷(1)作用下的变形场,则可得

$$\int_V \sigma_{ij}^{(2)} \varepsilon_{ij}^{(1)} \mathrm{d}V = \int_V f_i^{(2)} u_i^{(1)} \mathrm{d}V + \int_S t_i^{(2)} u_i^{(1)} \mathrm{d}S \qquad (4.53)$$

在线弹性小变形的假定下,可知

$$\sigma_{ij}^{(1)} \varepsilon_{ij}^{(2)} = C_{ijkl} \varepsilon_{kl}^{(1)} \varepsilon_{ij}^{(2)} = C_{ijkl} \varepsilon_{kl}^{(2)} \varepsilon_{ij}^{(1)} = C_{klij} \varepsilon_{kl}^{(2)} \varepsilon_{ij}^{(1)}$$
$$= \sigma_{kl}^{(2)} \varepsilon_{kl}^{(1)} = \sigma_{ij}^{(2)} \varepsilon_{ij}^{(1)} \qquad (4.54)$$

所以上两式的右端也必定相等,即

$$\int_V f_i^{(1)} u_i^{(2)} \mathrm{d}V + \int_S t_i^{(1)} u_i^{(2)} \mathrm{d}S = \int_V f_i^{(2)} u_i^{(1)} \mathrm{d}V + \int_S t_i^{(2)} u_i^{(1)} \mathrm{d}S \qquad (4.55)$$

式(4.55)即贝蒂(Enrico Betti, 1823~1892)功互等定理,或者称为外功互等定理。

　　胡-鹫津广义变分原理　胡海昌[9]和鹫津[10]分别独立地提出了胡-鹫津变分原理。它是最广泛的一种变分原理,不要求事先满足任何场方程。对线弹性体,胡-鹫津能量泛函定义为

$$H[\boldsymbol{u}, \boldsymbol{\varepsilon}, \boldsymbol{\sigma}] = \int_V \left[\frac{1}{2} \boldsymbol{\varepsilon} : \boldsymbol{C} : \boldsymbol{\varepsilon} - \boldsymbol{f} \cdot \boldsymbol{u} - \boldsymbol{\sigma} : (\boldsymbol{\varepsilon} - \nabla^{\mathrm{s}} \boldsymbol{u}) \right] \mathrm{d}V$$
$$- \int_{S_t} \boldsymbol{t} \cdot \boldsymbol{u} \mathrm{d}S - \int_{S_u} \boldsymbol{v} \cdot \boldsymbol{\sigma} \cdot (\boldsymbol{u} - \bar{\boldsymbol{u}}) \mathrm{d}S \qquad (4.56)$$

式(4.56)中, $\nabla^{\mathrm{s}} \equiv \frac{1}{2}(\nabla + \nabla^{\mathrm{T}})$ 表示对称梯度算子。胡-鹫津泛函的自变函数为三类变量,即位移 $\boldsymbol{u}$、应变 $\boldsymbol{\varepsilon}$ 和应力 $\boldsymbol{\sigma}$。它的变分原理可以叙述为:若胡-鹫津

泛函对于任意连续自变函数 $\boldsymbol{\alpha}$、$\boldsymbol{\beta}$、$\boldsymbol{\gamma}$（$\boldsymbol{\alpha}$ 可以是任意矢量，$\boldsymbol{\beta}$、$\boldsymbol{\gamma}$ 必须为二阶对称张量）的变分为零，即 $\delta H = 0$，则其欧拉方程为线弹性力学的基本微分方程和边界条件，证明如下。

按照泛函变分定义可知

$$\delta H = \frac{\partial H}{\partial \boldsymbol{u}} \cdot \boldsymbol{\alpha} + \frac{\partial H}{\partial \boldsymbol{\varepsilon}} \cdot \boldsymbol{\beta} + \frac{\partial H}{\partial \boldsymbol{\sigma}} \cdot \boldsymbol{\gamma} = 0 \tag{4.57}$$

由 $\boldsymbol{\alpha}$、$\boldsymbol{\beta}$、$\boldsymbol{\gamma}$ 的任意性，要求每一项分别为零。由第一项为零可以导出

$$0 = \frac{\partial H}{\partial \boldsymbol{u}} \cdot \boldsymbol{\alpha} = \int_V [-\boldsymbol{f} \cdot \boldsymbol{\alpha} + \boldsymbol{\sigma} : \nabla^s \boldsymbol{\alpha}] \mathrm{d}V - \int_{S_t} \boldsymbol{t} \cdot \boldsymbol{\alpha} \mathrm{d}S - \int_{S_u} \boldsymbol{v} \cdot \boldsymbol{\sigma} \cdot \boldsymbol{\alpha} \mathrm{d}S \tag{4.58}$$

推导过程中利用了 $\dfrac{\partial}{\partial \boldsymbol{u}} (\nabla^s \boldsymbol{u}) \cdot \boldsymbol{\alpha} = \dfrac{\mathrm{d}}{\mathrm{d}\boldsymbol{\epsilon}} [\nabla^s \hat{\boldsymbol{u}}]_{\epsilon = 0} = \nabla^s \left(\dfrac{\mathrm{d}}{\mathrm{d}\boldsymbol{\epsilon}} \hat{\boldsymbol{u}} \right)_{\epsilon=0} = \nabla^s \boldsymbol{\alpha}$，且有 $\hat{\boldsymbol{u}} = u + \epsilon \boldsymbol{\alpha}$。对式（4.58）分部积分并重新组合后可得

$$0 = -\int_V [\boldsymbol{f} + \nabla \cdot \boldsymbol{\sigma}] \cdot \boldsymbol{\alpha} \mathrm{d}V + \int_{S_t} [\boldsymbol{\sigma} \cdot \boldsymbol{v} - \boldsymbol{t}] \cdot \boldsymbol{\alpha} \mathrm{d}S \tag{4.59}$$

由 $\boldsymbol{\alpha}$ 的任意性可导出平衡方程和应力边界条件。

泛函变分的第二项可表示为

$$0 = \frac{\partial H}{\partial \boldsymbol{\varepsilon}} \cdot \boldsymbol{\beta} = \int_V [\boldsymbol{C} : \boldsymbol{\varepsilon} - \boldsymbol{\sigma}] : \boldsymbol{\beta} \mathrm{d}V \tag{4.60}$$

由 $\boldsymbol{\beta}$ 是任意二阶对称张量，可导出线弹性本构关系式。

泛函变分的最后一项可以写为

$$0 = \frac{\partial H}{\partial \boldsymbol{\sigma}} \cdot \boldsymbol{\gamma} = -\int_V (\boldsymbol{\varepsilon} - \nabla^s \boldsymbol{u}) : \boldsymbol{\gamma} \mathrm{d}V - \int_{S_u} \boldsymbol{v} \cdot \boldsymbol{\gamma} \cdot (\boldsymbol{u} - \bar{\boldsymbol{u}}) \mathrm{d}S \tag{4.61}$$

同样，由 $\boldsymbol{\gamma}$ 是任意二阶对称张量，可导出几何方程和位移边界条件。

海灵格-赖斯纳变分原理 注意到胡-鹫津泛函式（4.56）中 $\dfrac{1}{2} \boldsymbol{\varepsilon} : (\boldsymbol{C} : \boldsymbol{\varepsilon})$ 表示弹性应变能。从弹性应变能出发，可以利用勒让德变换得到应变余能：

$$\chi(\boldsymbol{\sigma}) = \boldsymbol{\sigma} \cdot \boldsymbol{\varepsilon} - \frac{1}{2} \boldsymbol{\varepsilon} : (\boldsymbol{C} : \boldsymbol{\varepsilon}) = \frac{1}{2} \boldsymbol{\sigma} : S : \boldsymbol{\sigma} \tag{4.62}$$

将式（4.62）对应力张量求导，可得到应变张量，即 $\dfrac{\partial \chi}{\partial \boldsymbol{\sigma}} = \boldsymbol{\varepsilon}$。若将胡-鹫津泛函

式 (4.56) 中 $\boldsymbol{\sigma} : \boldsymbol{\varepsilon} - \dfrac{1}{2} \boldsymbol{\varepsilon} : (\boldsymbol{C} : \boldsymbol{\varepsilon})$ 改写为 $\dfrac{1}{2} \boldsymbol{\sigma} : \boldsymbol{S} : \boldsymbol{\sigma}$，就可以得到两类变量（即位移 $\boldsymbol{u}$ 和应力 $\boldsymbol{\sigma}$）的海灵格-赖斯纳泛函：

$$R[\boldsymbol{u}, \boldsymbol{\sigma}] = \int_V \left[-\frac{1}{2} \boldsymbol{\sigma} : \boldsymbol{S} : \boldsymbol{\sigma} - \boldsymbol{f} \cdot \boldsymbol{u} + \boldsymbol{\sigma} : \nabla^s \boldsymbol{u} \right] \mathrm{d}V$$
$$- \int_{S_t} \boldsymbol{t} \cdot \boldsymbol{u} \mathrm{d}S - \int_{S_u} \boldsymbol{v} \cdot \boldsymbol{\sigma} \cdot (\boldsymbol{u} - \bar{\boldsymbol{u}}) \mathrm{d}S \qquad (4.63)$$

如果线弹性本构关系事先满足，则海灵格-赖斯纳变分原理可以叙述为：若海灵格-赖斯纳泛函对于任意连续自变函数 $\boldsymbol{\alpha}$、$\boldsymbol{\gamma}$（$\boldsymbol{\alpha}$ 可以是任意矢量，$\boldsymbol{\gamma}$ 必须为二阶对称张量）的变分为零，即 $\delta R = 0$，则平衡方程、应力边界条件、几何方程、位移边界条件均成立。证明方法与胡-鹫津变分原理的证明类似。由海灵格-赖斯纳变分可得

$$\delta R = \frac{\partial R}{\partial \boldsymbol{u}} \cdot \boldsymbol{\alpha} + \frac{\partial R}{\partial \boldsymbol{\sigma}} \cdot \boldsymbol{\gamma} \qquad (4.64)$$

仍然利用 $\boldsymbol{\alpha}$ 和 $\boldsymbol{\gamma}$ 的独立性，可知式 (4.64) 中两项分别为零。第一项给出

$$0 = \frac{\partial R}{\partial \boldsymbol{u}} \cdot \boldsymbol{\alpha} = \int_V [\boldsymbol{\sigma} : \nabla^s \boldsymbol{\alpha} - \boldsymbol{f} \cdot \boldsymbol{\alpha}] \mathrm{d}V - \int_{S_t} \boldsymbol{t} \cdot \boldsymbol{\alpha} \mathrm{d}S - \int_{S_u} \boldsymbol{v} \cdot \boldsymbol{\sigma} \cdot \boldsymbol{\alpha} \mathrm{d}S$$
$$= - \int_V [\nabla \cdot \boldsymbol{\sigma} + \boldsymbol{f}] \cdot \boldsymbol{\alpha} \mathrm{d}V - \int_{S_t} (\boldsymbol{t} - \boldsymbol{v} \cdot \boldsymbol{\sigma}) \cdot \boldsymbol{\alpha} \mathrm{d}S \quad \forall \boldsymbol{\alpha} \qquad (4.65)$$

由此可导出平衡方程和应力边界条件。

第二项给出

$$0 = \frac{\partial R}{\partial \boldsymbol{\sigma}} \cdot \boldsymbol{\gamma} = \int_V [-\boldsymbol{S} : \boldsymbol{\sigma} + \nabla^s \boldsymbol{u}] : \boldsymbol{\gamma} \mathrm{d}V - \int_{S_u} \boldsymbol{v} \cdot \boldsymbol{\gamma} \cdot (\boldsymbol{u} - \bar{\boldsymbol{u}}) \mathrm{d}S$$
$$= \int_V [\nabla^s \boldsymbol{u} - \boldsymbol{\varepsilon}] : \boldsymbol{\gamma} \mathrm{d}V - \int_{S_u} \boldsymbol{v} \cdot \boldsymbol{\gamma} \cdot (\boldsymbol{u} - \bar{\boldsymbol{u}}) \mathrm{d}S \quad \forall \boldsymbol{\gamma} \qquad (4.66)$$

由此可导出几何方程和位移边界条件。

余能原理 余能原理要求事先假定平衡方程，线弹性本构方程和应力边界条件满足，从胡-鹫津泛函出发，可以得到余能泛函：

$$C[\boldsymbol{\sigma}] = - \int_V \frac{1}{2} \boldsymbol{\sigma} : \boldsymbol{S} : \boldsymbol{\sigma} \mathrm{d}V + \int_{S_u} \boldsymbol{v} \cdot \boldsymbol{\sigma} \cdot \bar{\boldsymbol{u}} \mathrm{d}S \qquad (4.67)$$

它仅包括一类变量，即应力张量 $\boldsymbol{\sigma}$。余能原理可以叙述为：若余能泛函对于任意连续自变函数 $\boldsymbol{\gamma}$（$\boldsymbol{\gamma}$ 必须为二阶对称张量）变分为零 $\delta C = 0$，则几何方程和

位移边界条件成立。余能原理的证明稍微复杂一点。对余能泛函变分可得

$$\delta C = \frac{\partial C}{\partial \boldsymbol{\sigma}} \cdot \boldsymbol{\gamma} = 0,\ \text{或者}$$

$$0 = \int_V - (\boldsymbol{\sigma} : \boldsymbol{S}) : \boldsymbol{\gamma} \mathrm{d}V + \int_{S_u} \boldsymbol{v} \cdot \boldsymbol{\gamma} \cdot \bar{\boldsymbol{u}} \mathrm{d}S \quad \forall \boldsymbol{\gamma} \tag{4.68}$$

选取 $\boldsymbol{\gamma}$ 满足 $\boldsymbol{\gamma}^{\mathrm{T}} = \boldsymbol{\gamma}$,且在域 V 内 $\nabla \cdot \boldsymbol{\gamma} = \boldsymbol{0}$,在力边界 S_t 上 $\boldsymbol{v} \cdot \boldsymbol{\gamma} = \boldsymbol{0}$。由散度定理可以推出

$$\int_S \boldsymbol{v} \cdot \boldsymbol{\gamma} \cdot \boldsymbol{u} \mathrm{d}S = \int_V \nabla \cdot (\boldsymbol{\gamma} \cdot \boldsymbol{u}) \mathrm{d}V = \int_V [(\nabla \cdot \boldsymbol{\gamma}) \cdot \boldsymbol{u} + \boldsymbol{\gamma} : \nabla^s \boldsymbol{u}] \mathrm{d}V = \int_V \boldsymbol{\gamma} : \nabla^s \boldsymbol{u} \mathrm{d}V \tag{4.69}$$

在推导的过程中利用了对 $\boldsymbol{\gamma}$ 的限制条件。将式(4.69)代入泛函变分式,重新组合后可得

$$0 = \int_V [-(\boldsymbol{\sigma} : \boldsymbol{S}) : \boldsymbol{\gamma} + \boldsymbol{\gamma} : \nabla^s \boldsymbol{u}] \mathrm{d}V + \int_{S_u} \boldsymbol{v} \cdot \boldsymbol{\gamma} \cdot (\bar{\boldsymbol{u}} - \boldsymbol{u}) \mathrm{d}S \quad \forall \boldsymbol{\gamma} \tag{4.70}$$

由此可以推出几何方程和位移边界条件。

势能原理 仍然从胡-鹫津泛函出发,并假定几何方程、线弹性本构关系和位移边界条件事先满足,可以得到势能泛函

$$P[\boldsymbol{u}] = \int_V \left[\frac{1}{2} \nabla^s \boldsymbol{u} : (\boldsymbol{C} : \nabla^s \boldsymbol{u}) - \boldsymbol{f} \cdot \boldsymbol{u} \right] \mathrm{d}V - \int_{S_t} \boldsymbol{t} \cdot \boldsymbol{u} \mathrm{d}S \tag{4.71}$$

它仅包括一类变量,即位移 $\boldsymbol{u}$。势能原理可以叙述为:若势能泛函对于任意连续自变函数 $\boldsymbol{\beta}$(必须为二阶对称张量)的变分为零 $\delta P = 0$,则平衡方程和应力边界条件成立。

最小势能原理 可将势能泛函(4.71)改写为如下形式:

$$P = \Pi = \int_V W(\varepsilon_{ij}) \mathrm{d}V - \int_V \boldsymbol{f} \cdot \boldsymbol{u} \mathrm{d}V - \int_{S_t} \boldsymbol{t} \cdot \boldsymbol{u} \mathrm{d}S \tag{4.72}$$

式(4.72)中,$W(\varepsilon_{ij})$ 表示应变能密度函数。式(4.72)表明:势能泛函等于系统应变能减去外力对系统所做的功。设 $\boldsymbol{u}$、$\bar{\boldsymbol{u}}$、$\boldsymbol{\varepsilon}$ 表示真实运动场,而 $\boldsymbol{u}^{(k)}$、$\bar{\boldsymbol{u}}^{(k)}$、$\boldsymbol{\varepsilon}^{(k)}$ 表示一组运动协调场,则运动协调场所对应的势能为

$$\Pi^{(k)} = \int_V W(\boldsymbol{\varepsilon}^{(k)}) \mathrm{d}V - \int_V \boldsymbol{f} \cdot \boldsymbol{u}^{(k)} \mathrm{d}V - \int_{S_t} \boldsymbol{t} \cdot \boldsymbol{u}^{(k)} \mathrm{d}S \tag{4.73}$$

式(4.73)与式(4.72)的差为

$$\Pi^{(k)} - \Pi = \int_V \left[W(\boldsymbol{\varepsilon}^{(k)}) - W(\boldsymbol{\varepsilon}) \right] dV - \int_V \boldsymbol{f} \cdot (\boldsymbol{u}^{(k)} - \boldsymbol{u}) dV - \int_{S_t} \boldsymbol{t} \cdot (\boldsymbol{u}^{(k)} - \boldsymbol{u}) dS$$

$$(4.74)$$

由可能功原理(4.51)可得

$$-\int_V \boldsymbol{f} \cdot (\boldsymbol{u}^{(k)} - \boldsymbol{u}) dV - \int_S \boldsymbol{t} \cdot (\boldsymbol{u}^{(k)} - \boldsymbol{u}) dS = -\int_V \boldsymbol{\sigma} : (\boldsymbol{\varepsilon}^{(k)} - \boldsymbol{\varepsilon}) dV$$

$$(4.75)$$

在利用(4.51)时,可取静力协调场 $\boldsymbol{f}^{(s)}$、$\boldsymbol{t}^{(s)}$ 和 $\boldsymbol{\sigma}^{(s)}$ 为真实静力场 $\boldsymbol{f}$、$\boldsymbol{t}$ 和 $\boldsymbol{\sigma}$,而取运动协调场 $\boldsymbol{u}^{(k)}$、$\bar{\boldsymbol{u}}^{(k)}$、$\boldsymbol{\varepsilon}^{(k)}$ 为运动协调场和真实运动场之差。将式(4.75)代入式(4.74)可得

$$\Pi^{(k)} - \Pi = \int_V \left[W(\boldsymbol{\varepsilon}^{(k)}) - W(\boldsymbol{\varepsilon}) - \frac{\partial W}{\partial \boldsymbol{\varepsilon}} (\boldsymbol{\varepsilon}^{(k)} - \boldsymbol{\varepsilon}) \right] dV \qquad (4.76)$$

因为应变能密度 W 是凸函数,则式(4.76)被积函数非负。因此对任意运动协调场,式(4.77)成立:

$$\Pi^{(k)} - \Pi \geq 0 \qquad (4.77)$$

在所有的运动协调场中,真实运动场使得势能泛函取最小值,此即最小势能原理。

最小余能原理　我们将式(4.62)中定义的余能密度 χ 重新记为 W_c,前面曾给出 $\dfrac{\partial W_c}{\partial \boldsymbol{\sigma}} = \boldsymbol{\varepsilon}$。系统的余能可以写为

$$C \equiv \Pi_c = \int_V W_c(\boldsymbol{\sigma}) dV - \int_{S_u} \boldsymbol{t} \cdot \bar{\boldsymbol{u}} dS \qquad (4.78)$$

静力协调场 $\boldsymbol{f}^{(s)}$、$\boldsymbol{t}^{(s)}$ 和 $\boldsymbol{\sigma}^{(s)}$ 的余能为

$$\Pi_c^{(s)} = \int_V W_c(\boldsymbol{\sigma}^{(s)}) dV - \int_{S_u} \boldsymbol{t}^{(s)} \cdot \bar{\boldsymbol{u}} dS \qquad (4.79)$$

类似地,如果假定余能密度 $W_c(\boldsymbol{\sigma})$ 为凸函数,则可以证明对于任意静力协调场,真实静力场使得余能泛函取最小值,即

$$\Pi_c^{(s)} \geq \Pi_c \qquad (4.80)$$

此即最小余能原理。

两个原理的关系　势能式(4.72)与余能式(4.78)之和为

$$\Pi + \Pi_c = \int_V (W + W_c)\,\mathrm{d}V - \int_V \boldsymbol{f} \cdot \boldsymbol{u}\,\mathrm{d}V - \int_{S_t} \boldsymbol{t} \cdot \boldsymbol{u}\,\mathrm{d}S - \int_{S_u} \boldsymbol{t} \cdot \boldsymbol{u}\,\mathrm{d}S$$

$$= \int_V \boldsymbol{\sigma} : \boldsymbol{\varepsilon}\,\mathrm{d}V - \int_V \boldsymbol{f} \cdot \boldsymbol{u}\,\mathrm{d}V - \int_S \boldsymbol{t} \cdot \boldsymbol{u}\,\mathrm{d}S = 0 \qquad (4.81)$$

后一等式由可能功原理给出。因此势能与余能之间的关系可以简单地表示为

$$\Pi = -\Pi_c \qquad (4.82)$$

再由最小势能原理和最小余能原理,我们可以得到以下关系式:

$$\Pi_c^{(s)} \geqslant \Pi_c = -\Pi \geqslant -\Pi^{(k)} \qquad (4.83)$$

4.7 热力学定律的连续介质化 ——微分型的理论威力

本节先引入基本的热力学定律,再导出其连续介质表示。

均匀热平衡体系 首先给出均匀热平衡体系的定义:若(1)所有连续介质点均处于静止态(即其速度场为零);(2)体系的所有性能量均不随时间变化;(3)所有的内禀性能量均与空间位置无关,则称该体系处于均匀热平衡状态。注意:上述的第一个条件是指连续介质点处于(宏观)静止态,此时组成该连续介质点的各个原子仍可能保持一定的热振动。

对处于均匀热平衡状态的体系,其中存在着 $n+1$ 个状态变量。对弹性固体,有 $n=6$;对气体,有 $n=1$。所有状态变量可以分属于两类:独立状态变量(自变量)与相关状态变量(因变量)。

热平衡 考虑两个分别处于均匀热平衡状态的系统 A 与 B。若使两者充分接触后,状态变量都不发生变化,则称系统 A 与系统 B 处于热平衡,并记为 A~B。注意:这里所说的充分接触,是指不能以任何方式阻止系统 A 中的原子与系统 B 中的原子发生交互作用。这里讲的不发生变化,可以按照以下的方式来进行检验:除了各自的最后一个性能变量外,保持系统 A 与系统 B 的其他所有性能变量不变;若产生充分接触后,两个系统各自的最后一个性能变量也保持不变,则称这两个系统处于热平衡。

热力学第零定律 热力学第零定律可以数学归纳为如下三条:(1)A~A;(2)若 A~B,则 B~A;(3)若 A~B 且 B~C,则 A~C。其中第 1 条代表自身的热平衡;第 2 条代表热平衡的次序无关性或交换律;第 3 条代表传递律或热力学的第零定律。上述三条关系,在集合理论的框架下定义了一种等价关系,即系统 A(或集合 A)与系统 B(或集合 B)等价。集合 A 与集合 B 可以各自相同地分解为一定数量的子集,且集合 A 与集合 B 的等价可推广到各自对应子集

的等价。特别地,若对于只有一个独立性能变量的子集,其唯一的性能变量可称为经验温标 θ。一般情况下,常常可以将其 $n+1$ 个状态变量记为 n 个状态变量与经验温标 θ。

绝热功　考虑具有不同经验温标 θ 并各自保持均匀热平衡状态的两个系统 A 与 B,若把它们放在一起,但却在两者之间构造一道绝热壁,则系统 A 与 B 仍可以维持各自的均匀热平衡状态。绝热壁可以起到热绝缘作用。考虑一个由柔性的绝热壁(不能传递热,但可以传递机械功)所隔离的、自身保持均匀热平衡状态的系统。该系统所做的功可定义为绝热功。该系统从时刻 t_1 到时刻 t_2 所做的绝热功为

$$\Delta W = \int_{t_1}^{t_2} \dot{W}(\tau)\,\mathrm{d}\tau \qquad (4.84)$$

热力学第一定律　考虑两个处于均匀热平衡的任意状态 $(C_1, \cdots, C_n, \theta)_A$ 与 $(C_1, \cdots, C_n, \theta)_B$,热力学第一定律可以陈述为:(1) 至少可以从一个方向,无论是从 A 到 B 还是从 B 到 A,来以绝热功的形式连通状态 A 与状态 B;(2) 该过程中所做的绝热功的数量仅取决于状态 A 与状态 B;(3) 绝热功 ΔW 是一个广延量。在理解上述定律的第 1 条时应注意:该定律只要求两个处于均匀热平衡的状态 A 与状态 B 可以至少从一个方向用一条绝热功过程来加以连通,它并不要求连通过程中的所有中间状态都必须处于均匀热平衡状态。

考虑一个参考状态 A。根据热力学第一定律的第 2 条,并依次将之用于任意多个邻近的状态,并考虑到所选择路径的任意性,可知存在着一个状态函数 $U(C_1, \cdots, C_n, \theta)$。对绝热过程,我们有 $\Delta W = \Delta U$,即绝热功等于状态函数 U 的增量。对一般过程,$\Delta W \neq \Delta U$,可写为 $\Delta W = \Delta U - \Delta Q$。对无限邻近的两个过程,有

$$\partial W = \mathrm{d}U - \partial Q \qquad (4.85)$$

式(4.85)中,"d"指对状态函数的、与路径无关的全微分,而"∂"指可能与路径有关的微分增量。

准静态过程　考虑一个由参数 $0 \leq \xi \leq 1$ 刻画的准静态过程 $C_1(\xi)$,$C_2(\xi)$,$\cdots$,$\theta(\xi)$。该类过程基于下述两条假设:(1) 对应于每一个 ξ 值,系统都处于均匀热平衡状态;(2) 令 $C_1, \cdots, C_n$ 为广延型运动学变量,则有

$$\partial W = \sum_{\alpha=1}^{n} \tau_\alpha \partial C_\alpha \qquad (4.86)$$

(4.86)式中的 τ_α 是所有自变量的函数,即 $\tau_\alpha = \tau_\alpha(C_1, \cdots, C_n, \theta)$,也是 c_α 的功共轭。对 n 值为 1 的气体情况,唯一的广延型运动学变量为容积 V,则式

(4.86)简化为$\partial W = -p\partial V$,这里的压力$p$是容积$V$和经验温标$\theta$的函数。准静态过程对应于缓慢的加载过程,在载荷变化的每一个瞬间,都能够达到近似的平衡态,即排除了激波等快速加载过程的发生。在准静态情形下式(4.85)可改写为

$$\partial Q = dU - \partial W = \sum_{\alpha=1}^{n}\frac{\partial U}{\partial C_\alpha}dC_\alpha + \frac{\partial U}{\partial\theta}d\theta - \sum_{\alpha=1}^{n}\tau_\alpha dC_\alpha$$

$$= \sum_{\alpha=1}^{n}\left(\frac{\partial U}{\partial C_\alpha} - \tau_\alpha\right)dC_\alpha + \frac{\partial U}{\partial\theta}d\theta \tag{4.87}$$

上述推导过程的第二个等式利用了U的状态函数特征与式(4.86)。由式(4.87)可知:∂Q是其广延型运动学变量$(C_1,\cdots,C_n,\theta)$的微分型(即微分项的线性组合)。

热力学第二定律 热力学第二定律有不同的陈述方式,如开尔文、克劳修斯的陈述。这里为了与连续介质热力学的叙述相统一,采取了卡拉西奥多里的陈述:从一个处于均匀热平衡的任意状态出发,存在着一个不可能由绝热且准静态的过程所连通的邻近状态。

这一陈述比较抽象,我们进行下述说明。考虑两个邻近的状态“1”和“2”。由热力学第一定律,至少可以从一个方向,由绝热过程来连通状态“1”和“2”。按照卡拉西奥多里对热力学第二定律的表述,存在着状态“2”,使其不能由始发于“1”的绝热、准静态过程来连通。下面给出上述陈述的数学推论。由微分方程理论,热力学第二定律的卡拉西奥多里陈述说明由式(4.87)所定义的微分型具有可积性。也就是说,存在着两个状态函数$F(C_1,\cdots,C_n,\theta)$与$G(C_1,\cdots,C_n,\theta)$,使得

$$\frac{\partial Q}{F} = \frac{1}{F}\left[\sum_{\alpha=1}^{n}\left(\frac{\partial U}{\partial C_\alpha}-\tau_\alpha\right)dC_\alpha + \frac{\partial U}{\partial\theta}d\theta\right] = dG = \sum_{\alpha=1}^{n}\frac{\partial G}{\partial C_\alpha}dC_\alpha + \frac{\partial G}{\partial\theta}d\theta \tag{4.88}$$

在数学理论中,式(4.88)中的F常称为积分因子函数,上式中的G常称为该积分因子的关联函数。注意:这里引入的状态函数$F(C_1,\cdots,C_n,\theta)$与$G(C_1,\cdots,C_n,\theta)$并不唯一,而是可能有无穷多组。但在所有的积分因子函数中,只有唯一的积分因子(可相差一个常数倍数),它仅与经验温标有关。可将其记为$T(\theta)$,称其为绝对热力学温标。它所对应的关联函数为$S(C_1,\cdots,C_n,\theta)$,称其为熵,它既可以视为状态因变量,也可以视为自变量。于是,对一个准静态过程,由热力学第二定律,可将式(4.88)化简为

$$\partial Q = TdS \tag{4.89}$$

将热力学第一定律与热力学第二定律合并,即合并式(4.85)、式(4.86)与式(4.89),可得

$$
\mathrm{d}U = \partial Q + \partial W = T\mathrm{d}S + \sum_{\alpha=1}^{n} \tau_{\alpha}\mathrm{d}C_{\alpha} = \frac{\partial U}{\partial S}\mathrm{d}S + \sum_{\alpha=1}^{n}\left(\frac{\partial U}{\partial C_{\alpha}}\right)\mathrm{d}C_{\alpha} \quad (4.90)
$$

由该方程右端的等式和状态自变量 S 与 C_{α} 的任意性,可得

$$
T = \frac{\partial U}{\partial S}\mathrm{d}S; \quad \tau_{\alpha} = \frac{\partial U}{\partial C_{\alpha}} \quad (4.91)
$$

绝对温标 T 与熵 S,热力学场强 τ_{α}(又称为热力学力)与热力学自变量 C_{α}(又称为热力学流)分别为对应于状态函数内能 U 的功共轭对。

热力学的连续介质化　若将所有的广延量均除以体系中的总质量 M,并用对应的小写字母来表示,则式(4.90)的前一等式可改写为 $\mathrm{d}u = T\mathrm{d}s + \sum_{\alpha=1}^{n}\tau_{\alpha}\mathrm{d}c_{\alpha}$。若考虑一个可适用于准静态过程的慢速加载环境,则有

$$
\dot{u} = T\dot{s} + \sum_{\alpha=1}^{n}\tau_{\alpha}\dot{c}_{\alpha} \quad (4.92)
$$

现仿照上文关于连续介质的假说,将适用于均匀热平衡状态的热力学规律移植到连续介质热力学。若将连续介质中的一个连续介质点(该点的时空坐标为 x 与 t)视为一个热力学系统,这就要求该连续介质点的尺寸满足三个条件:(1)相对于热力学场的空间变化梯度要足够小;(2)在准静态过程的时间尺度下,需要实现热力学平衡的体系要足够小;(3)对形成一个具有足够原子数的热力学体系来说要足够大。如果上述三条得到满足,上文所推导的所有结论可适用于连续介质。这时,连续介质将被视为整体不可逆,但局部可逆。可逆热力学(或平衡态热力学)是由克劳修斯和卡诺(Nicolas Carnot, 1796~1832)等在1850年左右建立的。不可逆热力学(或非平衡态热力学)在1930年前后草创,得益于昂萨格、梅克斯纳(Josef Meixner, 1908~1994)、普利高津(Ilya Prigogine, 1917~2003)等的创造性工作,但目前尚未达到普遍认可的程度。其主要的困难是不可逆热力学尚未获得清晰的原子统计确认。但普利高津已经做了这样的呼吁:"除了经历激波加载的稀薄气体之外,局部可逆性假设是一个好的假设。"

熵产出方程　将式(4.92)两端乘以连续介质的密度 ρ,且进行移项操作可得

$$
\rho T\dot{s} = \rho\dot{u} - \rho\sum_{\alpha=1}^{n}\tau_{\alpha}\dot{c}_{\alpha} \quad (4.93)
$$

单位体积上的内能可由能量方程进行计算:

$$\rho \dot{u} = \sigma_{ij} d_{ij} - q_{i,i} \qquad (4.94)$$

式(4.94)中, σ_{ij} 为应力张量; d_{ij} 为变形率张量(是速度梯度的对称部分); q_i 是热流向量。将能量方程(4.94)代入式(4.93),并经过整理可得

$$\rho \dot{s} = \frac{P_E - P_I}{T} - \frac{q_{i,i}}{T} \qquad (4.95)$$

式(4.95)的左端为单位体积上的熵产出(entropy production),右端的第一项代表外部功 $P_E = \sigma_{ij} d_{ij}$ 与内部功 $P_I = \rho \sum_{\alpha=1}^{n} \tau_\alpha \dot{c}_\alpha$ 之差,第二项代表热流的散度。

考虑一个随时间变化的体域 D_t,其边界为 A_t,其边界外法向向量为 $\boldsymbol{n}$。该体域上熵产出的时间变化率可写为

$$\frac{\mathrm{d}}{\mathrm{d}t} \int_{D_t} \rho s \mathrm{d}V = \int_{D_t} \rho \dot{s} \mathrm{d}V = \int_{D_t} \left(\frac{P_E - P_I}{T} - \frac{q_i T_{,i}}{T^2} \right) \mathrm{d}V - \int_{A_t} \frac{q_i n_i}{T} \mathrm{d}A \qquad (4.96)$$

式(4.96)的第一步利用了连续性方程,第二步利用了式(4.95)、分部积分法以及从体积分转到面积分的高斯公式。现考察等式(4.96)的最右端。式中的第一项的被积函数代表每单位体积的熵产率,可记为 σ_S;而第二项在宏观热力学的对应物为 $\mathrm{d}S = \partial Q / T$,代表跨过表面 A_t 的熵通量。在不可逆热力学中,可采取的另一个假设是:每单位体积的熵产出非负。这就是著名的克劳修斯-迪昂(Pierre Duhem, 1861~1916)不等式:

$$\sigma_S = \frac{P_E - P_I}{T} - \frac{q_i T_{,i}}{T^2} \geqslant 0 \qquad (4.97)$$

该不等式将给本构关系带来很强的热力学约束。

4.8　能量的物理描述——自由能与熵

能量是蕴藏在物质之中的做功能力的一种量化描述。其中最基本的应为由于物体本身的质量所产生的能量,可由著名的爱因斯坦公式 $E = mc^2$ 来加以度量,这里 c 为真空中的光速。除此之外,还有束缚于物质之中的能量(亦称为内能)和可以自由释放的能量(亦称为自由能)。

热焓　热焓 H 可定义为

$$H = U - \sum_{\alpha=1}^{n} \tau_\alpha C_\alpha \qquad (4.98)$$

利用内能的表达式(4.90),其微分表达式可以写为

$$dH = TdS - \sum_{\alpha=1}^{n} C_{\alpha}d\tau_{\alpha} \tag{4.99}$$

若将热焓 H 视为一组自变量 $(\tau_1, \cdots, \tau_n, S)$ 表达的函数,其全微分为

$$dH = \frac{\partial H}{\partial S}dS + \sum_{\alpha=1}^{n} \frac{\partial H}{\partial \tau_{\alpha}}d\tau_{\alpha} \tag{4.100}$$

对比上述两式可得

$$T = \frac{\partial H}{\partial S}; \quad C_{\alpha} = -\frac{\partial H}{\partial \tau_{\alpha}} \tag{4.101}$$

亥姆霍兹自由能　亥姆霍兹自由能 F 可定义为

$$F = U - TS \tag{4.102}$$

利用内能的表达式(4.90),其微分表达式可以写为

$$dF = -SdT + \sum_{\alpha=1}^{n} \tau_{\alpha}dC_{\alpha} \tag{4.103}$$

若将亥姆霍兹自由能 F 视为一组自变量 $(C_1, \cdots, C_n, T)$ 表达的函数,其全微分为

$$dF = \frac{\partial F}{\partial T}dT + \sum_{\alpha=1}^{n} \frac{\partial F}{\partial C_{\alpha}}dC_{\alpha} \tag{4.104}$$

对比上述两式可得

$$S = -\frac{\partial F}{\partial T}; \quad \tau_{\alpha} = \frac{\partial F}{\partial C_{\alpha}} \tag{4.105}$$

吉布斯自由能　吉布斯自由能 G 可定义为

$$G = F - \sum_{\alpha=1}^{n} \tau_{\alpha}dC_{\alpha} \tag{4.106}$$

利用亥姆霍兹自由能 F 的表达式(4.102),其微分表达式可以写为

$$dG = -SdT - \sum_{\alpha=1}^{n} C_{\alpha}d\tau_{\alpha} \tag{4.107}$$

若将吉布斯自由能 G 视为一组自变量 $(\tau_1, \cdots, \tau_n, T)$ 表达的函数,其全微分为

$$dG = \frac{\partial G}{\partial T}dT + \sum_{\alpha=1}^{n} \frac{\partial G}{\partial \tau_{\alpha}}d\tau_{\alpha} \tag{4.108}$$

对比上述两式可知

$$S = -\frac{\partial G}{\partial T}; \quad C_\alpha = -\frac{\partial G}{\partial \tau_\alpha} \qquad (4.109)$$

熵　系统的总熵包括构型熵 S_q 和振动熵 S_p 两部分,构型熵 S_q 可以通过统计力学中的波尔兹曼公式计算:

$$S_q = k\ln \Omega \qquad (4.110)$$

式(4.110)中, k 为波尔兹曼常数;W 为构型的可能排列数目。振动熵 S_p 与原子振动的动能和混乱程度有关,一般不依赖于变形。

参考文献

1. Weiner J H. Statistical mechanics of elasticity[M]. Hoboken:Wiley, 1981.

2. Poncharal P, Wang Z L, Ugarte D, et al. Electrostatic deflections and electromechanical resonances of carbon nanotubes[J]. Science, 1999, 283:1513 - 1516.

3. Yang W, Lee W B. Mesoplasticity and its applications[M]. Berlin:Springer-Verlag, 1993.

4. 康德 I. 自然通史和天体论[M]. 上海:上海人民出版社,1972.

5. Lin C C, Xu F H. On the spiral structure of disk galaxies[J]. The Astrophysical Journal, 1964, 140:646 - 655.

6. Marsden J E, Hughes T J R. Mathematical foundations of elasticity[M]. Englewood Cliffs:Prentice-Hall, 1983.

7. 黄克智. 非线性连续介质力学[M]. 北京:清华大学出版社,1989.

8. Zheng Q S. Theory of representations for tensor functions — A unified invariant approach to constitutive equations[J]. Applied Mechanics Review, 1994, 47:545 - 587.

9. 胡海昌. 弹性理论和塑性理论中的一些变分原理[J]. 物理学报,1954,10(3):259 - 290.

10. Washizu K. On the variational principles of elasticity and plasticity[R]. Boston:Aeroelastic and Structures Research Laboratory, Massachuetts Institute of Technology, Technical Report, 1955:25 - 18.

思考题

1. 以具体的物质体系和应用场景为例,说明连续介质假设(即连续介质质点要在宏观上充分小,在微观上足够大)的适用范围。

2. 试从基本粒子、原子如何组成我们视为连续介质的物质体,来说明如何将宇宙间的繁星视为星云,并进而视为连续介质?

3. 试讨论以带边界条件和初始条件的定解场方程的力学求解,与以基于能量原理的力学求解的异同。哪种更有利于数值求解,哪种更有利于提炼解析规律?

4. 不同的连续介质物质的主要不同在于其本构关系的不同,你能列举出 5~10 种不同的本构关系,并简要地说明其各自数学描述和响应特征的不同吗?

5. 在本章所描述的诸种变分原理中,你能讨论一下它们的优缺点吗?

6. 试描述一下你所认同的熵概念。

7. 传统热力学体系的建立有赖于不同体系之间实现热平衡的概念,如何把这一体系推广(或近似应用)于极大体系(例如膨胀中的宇宙)或极小体系(例如必须考虑电子平衡的纳米尺度体系)?

第5章
固体与流体

5.1　固体与流体的定义——力学定义：剪切为判

宇宙中所有聚集排列的物质都在一定程度上可以用第4章所引入的连续介质模型来描述。按照聚集形态来分，连续介质可粗略地分为凝聚态与等离子态，其中凝聚态又可以分为流体与固体。物理学家按照粒子排列的规律性来区分气体、液体和固体：气体为完全无序排列的粒子聚集体；液体为短程有序但长程无序排列的粒子聚集体；固体为长程有序排列的粒子聚集体。力学家则按照连续介质的剪切承载能力来区分流体和固体。哈佛大学的莱斯（图5.1）在大英百科全书的定义为："一种材料之所以被称为固体而非流体，是因为在自然过程或者工程应用所关心的时间尺度范围内能有效地抵抗剪切变形。"[1]而流体则与之相反，当时间 t 趋于无穷时，其剪切模量 G 消失为零。

图5.1　詹姆斯·莱斯（1940~ ）

对上述固体与流体的力学定义可做三点诠释：（1）虽然长程有序态是抵抗剪切加载的充分条件，但不是其必要条件，如金属玻璃、交联型高分子等物质虽然不具有长程序，但却可以承受剪切作用；（2）流体虽然不能有效地承受长时间的剪切作用，但却可以承受体积变形（可压缩或不可压缩流体），也可以在较短的时间尺度内承受剪切（即具有黏性）；（3）固体可以抵抗体积和形状的改变，而流体在同样的时间尺度内只能抵抗体积变化，而形状可以随意变化。

5.2　软物质的定义——穿越流固之间

软物质是介于固体和流体之间的一种连续介质形态。物理学家将软物质定义为软凝聚态，即聚集体中的原子以一种部分有序的形态出现。力学家将软物质定义为固体与流体的复合介质，可参见文献[2]。对软物质而言，当时间趋于无穷时，其剪切模量并不趋于零，但其剪切模量 G 与体积模量 K 的比值却趋于一个小量 ε，即

$$G/K \to O(\varepsilon) \quad 当\ t \to \infty,\ \varepsilon \ll 1 \qquad (5.1)$$

类比对编织物的分析可以预测,软物质的这种弱抗剪性质使得对其本构方程的渐近展开成为可能,人们可以期待,当对软物质进行单向拉伸时,软物质表面会产生横向(即平行于拉伸方向)皱曲。

可以将软物质视为固体与流体的交叉介质,或具有固体相与流体相的复合材料。这种交叉介质可视为广义软物质,甚至可以将这种广义软物质延展到生命介质或社会介质,参见第 16 章与第 19 章。仿照复合材料界的术语,广义软物质可具有不同形式的拓扑联络。该种拓扑联络,尤其是其固体相的聚集连接方式,将主宰其力学特征。例如,3－0 联络(即固体相为 3 维或体态分布,流体相为点状分布)代表一块多孔固体;0－3 联络(即流体相为 3 维或体态分布,固体相为点状分布)代表一杯稀溶液;3－3 联络(即固体和流体相均为 3 维或体态分布)代表一块浸润的开放孔式海绵。与软物质对体积变形的高抗力相比,其对剪切作用的抵抗能力取决于其固体相框架的可变形性、其充填流体的黏性,以及固液两相之间的交互作用。后者还涉及固液两相之间的化学键合作用。软物质的自由能包括两方面的贡献:来自内能的贡献和来自熵(混合熵与构型熵)的贡献。这里的构型熵不仅包括固体相的构型熵(如高分子网络的构型熵),还包括把固体和流体微结构组合为一体的构型熵。从多物理场耦合的角度来看,可将上述对于软物质的认识拓展到对其输运特性的分析中,即对拓扑绝缘性、导电性甚至超导性质的研究。

5.3　理想流体与真实流体—— 流者无形、黏者有滞

我们将在 5.3 节~5.5 节中讨论流体,在 5.6 节~5.9 节中讨论固体。

理想流体　流体中最为简单的是理想流体(ideal fluid)。理想流体具有四个特征:(1) 不可压缩,即速度向量的散度为零;(2) 不计黏性,即黏度为零或流体运动的阻力为零;(3) 无旋,即速度场的旋度为零;(4) 作用于流体的体力具有势函数。理想流体一般不存在热传导和扩散效应。对理想流动而言,应力张量为球形(各向同性)张量,仅用压力 p 就可以描述,见图 5.2(b)。

理想流体在自然界中并不存在,它是真实流体(real fluid)的一种近似模型。理想流体的流动(ideal flow,即在保守体力下由压力驱动的无黏流动)具有理论研究价值。当流体黏度很小,而相对滑动速度又不大时,可忽略黏性应力,将其视为理想流体。引进理想流体的概念具有实际意义。在研究多种流体流动时,采用理想流体模型能使问题简化,又不会失去流动的主要特性,并能相当

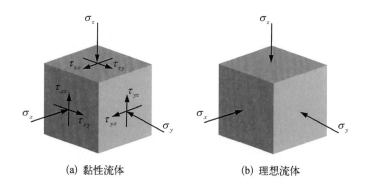

图 5.2　黏性流体与
理想流体的应力特征

(a) 黏性流体　　　　　　(b) 理想流体

准确地反映实际流动状态,所以这种模型具有使用价值。黏性的问题十分复杂,影响因素众多,给研究实际流体带来很大的困难。力学家们往往先把问题简化为不考虑黏性因素的理想流体,找出规律后再考虑对其黏性影响的修正。另外,在很多实际问题中,黏滞性并不起主要作用。

瑞士科学家欧拉在忽略黏性的假定下,建立了描述理想流体运动的基本方程,如下所示:

$$f_i - \frac{1}{\rho} p_{,i} = \frac{\mathrm{D} v_i}{\mathrm{D} t} = \frac{\partial v_i}{\partial t} + v_k v_{i,k} \tag{5.2}$$

式(5.2)中,ρ 为流体的密度;p 为流体中的压力场;f_i 为外部施加的体力;v_i 为速度场;$\mathrm{D}/\mathrm{D}t$ 为随体导数。式(5.2)中后一等式即为随体导数在欧拉坐标系下的定义。

牛顿流体　自然界中各种真实流体都具有黏性,统称为黏性流体或真实流体。有些流体黏性很小(如水、空气等),有些则很大(例如甘油、油漆、蜂蜜等)。液体内摩擦力又称黏性力,在液体流动时呈现的这种性质称为黏性,度量黏性大小的物理量称为黏度。液体的黏性是组成液体分子的内聚力要阻止分子相对运动而产生的内摩擦力。黏性是流体的固有属性,在静止流体或是平衡流体中依然存在黏性。当流层间存在相对运动时,黏性表现为黏性切应力。与固体摩擦力不同,流体的内摩擦力不能阻止液体流动,只能使其减慢。真实流体具有下述行为:(1)存在黏性,或黏性系数 μ 不等于零;(2)流体运动时具有阻力,其应力张量存在剪切分量,见图 5.2 (a);(3)受到非保守力场的作用。

1687 年,牛顿首先做了最简单的剪切流动实验。他的实验如图 5.3 所示。在平行平板之间充满黏性流体,平板间距为 d,下板静止不动,上板以恒定速度 U 在 x 方

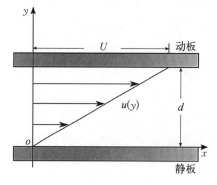

图 5.3　具有小间距
的两块平板之间的剪
切层流

向上平移。由于板上流体随平板一起运动，因此附着于上板的流体速度为 U，附着于下板的流体速度为零。当 U 不大时，板间流体形成稳定层流，速度按照某种规律连续变化。这种速度沿距离 y 的变化称为速度分布 $u(y)$。若两板间的距离很小，则两板间的流速变化无限接近于线性，如图 5.3(a) 所示，则可由流速梯度来简要描述。

设流体各层间的内摩擦力为 F，接触面积为 A，则其对应的剪应力 $\tau = F/A$。实验证明，流体的内摩擦力大小与流体性质有关，与流体速度变化梯度 $\partial u/\partial y$ 成正比。若将比例系数设为 μ，则各物理量近似满足下述关系：

$$\frac{F}{A} = \tau = \mu \frac{\partial u}{\partial y} \tag{5.3}$$

此关系被称为牛顿内摩擦定律。式(5.3)表明流体在流动过程中流体层间所产生的剪应力与法向速度梯度成正比，与压力无关。流体的这一规律与固体表面的摩擦力规律不同。牛顿内摩擦定律是对定常层流的内摩擦力进行定量计算的公式，满足该定律的流体称为牛顿流体。该定律的适用条件为：(1)仅适用于层流流动，不适用于湍流流动；(2)仅适用于牛顿流体，不适用于非牛顿流体。

对于三维情况，假设流体是各向同性的，应力张量和变形速率张量呈线性齐次函数关系，则它们之间最一般的线性关系式为

$$\sigma_{ij} = -p\delta_{ij} + 2\mu\left(d_{ij} - \frac{1}{3}d_{kk}\delta_{ij}\right) + \mu' d_{kk}\delta_{ij} \tag{5.4}$$

式(5.4)中，应力张量 $\sigma_{ij} = -p\delta_{ij} + \tau_{ij}$，其中 p 为各向同性压力；τ_{ij} 为偏应力张量；$d_{ij} = \frac{1}{2}(v_{i,j} + v_{j,i})$ 为变形速率张量；$d_{kk} = v_{k,k}$ 为各向同性体积变形速率张量；δ_{ij} 仍表示克罗内克 δ 函数；μ' 为膨胀黏性系数。式(5.4)就是广义牛顿黏性定律的数学表达式。式(5.3)和式(5.4)是牛顿流体的标志，也是确定牛顿流体的流动本构方程。自然界中许多流体是牛顿流体。水、酒精等大多数纯液体、轻质油、低分子化合物溶液以及低速流动的气体等均为牛顿流体，高分子聚合物的浓溶液和悬浮液一般为非牛顿流体。

5.4　纳维-斯托克斯方程——横跨三世纪的难题

纳维-斯托克斯方程是描述黏性流体动量守恒的运动方程，简称 N-S 方程。黏性流体的运动方程首先由纳维在 1821 年提出，只考虑了不可压缩流体的流

动。泊松在 1831 年提出可压缩流体的运动方程。圣维南(Adhémar Barré de Saint-Venant, 1797~1886)在 1843 年,斯托克斯在 1845 年独立提出黏性系数为一个常数的形式,其沿用形式称为纳维-斯托克斯方程。

对黏性可压缩牛顿流体,其本构关系为式(5.4),连续性方程为

$$\frac{\partial \rho}{\partial t} + (\rho v_i)_{,i} = 0 \qquad (5.5)$$

而运动方程的普遍形式为

$$\Pi_{,i} + f_i = \frac{Dv_i}{Dt} = \frac{\partial v_i}{\partial t} + v_k v_{i,k} \qquad (5.6)$$

式(5.6)中, $\Pi = -\dfrac{p}{\rho} + \Xi$ 为广义势, Ξ 为保守体力的势函数; f_i 为无势的非理想力,其表达式为

$$f_i = \frac{1}{\rho} \tau_{ik,k} + p\left(\frac{1}{\rho}\right)_{,i} + \widehat{f}_i \qquad (5.7)$$

式(5.7)中, τ_{ij} 仍为偏斜应力张量, $\widehat{f}_i$ 为每单位质量上的不守恒外加体力,参见文献[3]。对非理想流动,式(5.7)等式右端中的三项分别代表:流动中的黏性项(如对于可压缩和燃烧中的流体);斜压项;非保守体力项(如磁流体动力学中的洛伦兹力)。若流体是均质且不可压缩的,这时 $\mu =$ 常数,速度场的散度为零,则式(5.5)~式(5.7)可简化为

$$\widehat{f}_i - \frac{1}{\rho} p_{,i} + \frac{\mu}{\rho} v_{i,kk} = \frac{Dv_i}{Dt} = \frac{\partial v_i}{\partial t} + v_k v_{i,k} \qquad (5.8)$$

式(5.8)中, $\widehat{f}_i$ 仍为每单位质量上的外加体力。如果再忽略流体黏性,则式(5.8)就变成通常的欧拉方程形式[式(5.2)],即无黏流体的运动方程。

从理论上讲,有了包括 N-S 方程在内的基本方程组,再加上一定的初始条件和边界条件,就可以确定流体的流动。但是,由于 N-S 方程式(5.8)比欧拉方程多了一个二阶导数项 $\dfrac{\mu}{\rho} v_{i,kk}$,因此除了在一些特定条件下,很难求出方程的精确解。可求得精确解的最简单情况是平行流动。这方面有代表性的流动是圆管内的哈根-泊肃叶(Gotthilf Hagen, 1797~1884;Jean Poiseuille, 1797~1869)流动和两平行平板间的库埃特(Maurice Couette, 1858~1943)流动。

在许多情况下,不用解出 N-S 方程,只要对 N-S 方程各项作量级分析,就可以确定解的特性,或获得方程的近似解。如对于雷诺数 $Re \ll 1$ 的情况,参照

3.3 节,方程式(5.8)右端的加速度项与黏性项相比可以忽略,从而可求得斯托克斯流动的近似解。密立根(Robert Millikan,1868~1953)根据这个解给出了一个有名的应用(密立根油滴实验),即根据空气中细小球状油滴的缓慢流动来求解电子电荷的数值。对于雷诺数 $Re \gg 1$ 的情况,黏性项与加速度项相比可忽略,这时黏性效应仅局限于物体表面附近的边界层内,而在边界层之外,流体行为同无黏性流体无异,所以其流场可用欧拉方程求解;而在边界层内,N-S 方程又可简化为边界层方程。

　　N-S 方程反映了黏性流体(或真实流体)流动的基本力学规律,在流体力学中具有里程碑式的意义。它是一个非线性偏微分方程,求解非常困难和复杂,在求解思路或技术没有进一步发展和突破前,只有在某些十分简单的特例流动问题上才能求得其精确解;但在部分情况下,可以简化方程而得到近似解。N-S 方程解的存在性和光滑性是千禧年大奖难题(也称世界七大数学难题,其中的庞加莱猜想已经解决)之一。从计算机问世和迅速发展以来,N-S 方程的数值求解有了较大的发展。

5.5　涡与湍流——涡生无穷、湍扰万维

　　理想流动的涡定理　理想流动,即在保守力下的无黏等压流动,具有理论研究的价值。尤其是对理想流动的研究建立了多个与涡和其他流动相关量有关的守恒定律。通过理想流动的拉格朗日列式,柯西在 1815 年发现了一个重要的涡不变量。随后,柯西不变量被重新表达为更为后人熟知的开尔文环量定理。亥姆霍兹在 1858 年独立地获得了涡动力学中具有中心地位的守恒定律:亥姆霍兹涡量定理。该定理喻示着涡线和涡曲面冻结于理想流动之中。所以,人们在拉格朗日视角下可以精确地追踪涡线随时间的演化。此外,埃特尔(Hans Ertel,1904~1971)在 1942 年发现了一个在气象学中非常重要的量——势涡量,并证明该量在理想流动中守恒。莫法特(Henry Moffatt,1935~)在1969 年定义了螺旋量为涡线的打结状态的度量,并证明该量在理想流动中为不变量[3]。

　　为了说明前面的论述,可以将涡量定义为

$$\boldsymbol{\omega} = \nabla \times \boldsymbol{v} \tag{5.9}$$

式(5.9)中采用了向量的实体记法,且 ∇ 为梯度算子,$\times$ 为向量积(叉积)。取式(5.6)的旋度,并记该式左端的体力项为 $\boldsymbol{F}$,可得

$$\nabla \times \boldsymbol{F} = \frac{\partial}{\partial t}\boldsymbol{\omega} - \nabla \times (\boldsymbol{v} \times \boldsymbol{\omega}) \tag{5.10}$$

注意式(5.10)的右端是涡量 $\boldsymbol{\omega}$ 的体导数。对理想流动,有 $\boldsymbol{F}=0$,于是可推断出涡量 $\boldsymbol{\omega}$ 的体导数为零。在拉格朗日框架下,涡量冻结于物质粒子之上,亥姆霍兹涡量定理成立。对环量并不守恒但 $\nabla\times\boldsymbol{F}=0$ 的情况,亥姆霍兹涡量定理依然成立。同时可以证明,若 $\nabla\times\boldsymbol{F}=0$,在任何物质围线中所包含的环量的体导数为零,即开尔文环量定理成立。可以指出,仅仅在屈指可数的几种情况下,非理想流动的涡动力学具有环流守恒的性质。这些少数的例子包括稳态平面库埃特流动和泊肃叶流动。对于非理想流动来说,若 $\nabla\times\boldsymbol{F}\neq0$,开尔文环量定理不再成立。

绝大多数的真实流动是有黏的、斜压的,或者具有非保守体力的。这时,上文所述的与涡量有关的守恒定律便不再适用。尤其是亥姆霍兹定理的失效喻示了我们无法准确地追踪速度场中的涡线与涡面。若要对非理想真实流动发展拉格朗日框架的话,或者想要理解流动转捩中的突然且神秘的结构演化,这将成为一个主要的障碍[3]。

湍流与转捩 和涡量有关的守恒定律的失效造成了理想流体与真实流体流动涡动力学之间的巨大鸿沟,进而引起欧拉方程与 N-S 方程之间的巨大鸿沟。对理想流动来说,若涡线的持续扯拽不在有限时间内形成奇异性的话,涡线的拓扑特征将不随时间变化。然而,对真实流动来说,在涡重联的作用下可能发生涡线的拓扑变化;通过一个转捩过程,在初始层流下,些小扰动便可以生成湍流。

壁流动转捩问题由雷诺于 1883 年的著名管流实验中提出,但其转捩机制迄今尚未明确。同时,壁流动转捩也是航空航天等重大工程应用中的关键问题。如飞行器高速飞行中的表面流动会从简单层流向复杂湍流快速转变,其中拟序结构的生成会导致表面摩擦阻力和气动热显著增长,并可使飞行器产生剧烈颤簸乃至热烧蚀。在这类复杂的流动中,如何有效地识别流动结构,如何描述其连续运动,如何准确地表征流动结构对动量与能量输运过程的影响等,一直是亟待解决的问题。周培源发展了均匀各向同性湍流的理论[4],他运用雷诺的平均运动方程和根据速度涨落方程求得的速度关联函数的动力学方程来处理具有雷诺剪应力的普通湍流运动问题。该方法能够给出与实验较为接近的理论结果,并能得到速度涨落平方平均值的理论分布。

湍流结构理论 由于流体宏观运动控制方程具有高度的非线性,因此湍流运动既表现为一定的确定性(如剪切湍流中存在大尺度的拟序结构等),也表现为一定的随机性(如远离壁面区小尺度涨落速度的概率密度函数满足正态分布等)。周培源提出了对湍流理论研究工作的新看法:湍流运动的基本组成部分是流体黏性作用所引起的涡旋运动[5]。如图 5.4 所示,湍流问题中有序性和随机性共存,故具有极高的复杂度。现有的湍流研究方法可粗略地分为湍流结构与湍流统计两个学派:前者是从完全确定性的方程出发,如利用动力系统理论、涡模型与涡动力学等研究湍流;后者是从完全随机性的概率统计观点与随机过程出发,如利用场论、非平衡态统计物理方法等研究湍流,参见 3.3 节中的对应介绍。这两个湍流研究学派在百余年的研究中均取得了一定进展,但各自也存在明显缺陷,如湍流结构研究偏重于定性描述而缺乏定量化的研究体系;湍流统计理论偏重于定量化小尺度湍流的统计特征而缺乏应用中所关注的大尺度运动信息。因此,现有理论只能处理相对理想化的湍流个例,缺乏得以兼容湍流结构与湍流统计的理论体系。湍流的重要特征之一是其流场中存在具有强非线性相互作用的多尺度涡结构。这些占据少量空间的强涡结构在很大程度上决定了湍流动量输运与湍动能生成等关键过程,因此它们被形容为湍流运动的"肌腱"。然而,如何有效识别复杂流动中的涡结构一直是极具争议的问题。目前人们大多采用的是基于欧拉局部速度场的涡识别判据,但此类判据选取标准与等值面阈值选取标准均不唯一,故识别结构时主观性强。对该类涡判据所识别结构的演化过程,也缺乏简单的控制方程支撑。所以,人们对涡识别结果大多只能作定性描述,难以提炼出基于可识别结构的定量预测模型。相比而言,在包含流动演化历史的拉格朗日框架下,可以通过涡量矢量场构造整体涡面结构来分析涡动力学。但因该类结构构造难以实现,所以早期仅局限于概念上的定性讨论。此外,由于涡动力学核心理论中的亥姆霍兹涡量定理在真实流动中失效,所以人们通常认为在真实流动中无法精确追踪涡线与涡面,这也使得多年来很难深入理解转捩与湍流等流体力学经典难题中的涡结构连续演化机制。近期的研究进展致力于探究一种可连续追踪涡结构并可进行定量

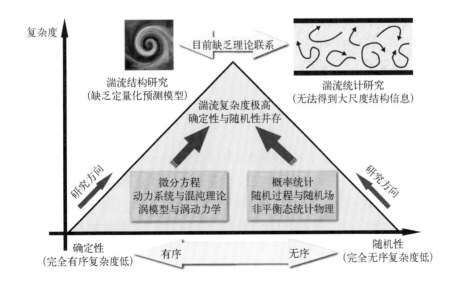

图 5.4　湍流研究现状以及结构与统计研究学派思想示意图

横轴代表研究对象中的随机程度,纵轴代表研究对象的复杂度,湍流中确定性与随机性并存导致复杂度极高。目前湍流结构研究与统计研究均离完全解决湍流问题有相当距离

化系统研究的理论框架与结构表征方法,可以识别出各类涡的扭结[6]。

5.6 弹性体——经典之美

弹性的概念 对固体的研究始于对弹性体的研究。弹性的概念最先由英国科学家胡克提出。胡克定律发现于 1660 年,发表时已经是 1678 年。在他的论文《论弹簧》中,将最初的弹性关系表达形式写为拉丁文的字谜形式"ceiiiosssttuu",重新排列后为"ut tensio sic vis",也就是后人所称的胡克定律,中文意思是"拉力与伸长成正比"。胡克定律建立了线弹性的概念,但尚未表达为应力和应变的形式,参见图 5.5。另有记载,东汉的经学家和教育家郑玄(公元 127~200)为《周礼·冬官考工记·弓人》一文中的"量其力,有三钧"一句做注解时,在《周礼注疏·卷四十二》中写道:"假令弓力胜三石,引之中三尺,驰其弦,以绳缓擽之,每加物一石,则张一尺。"因此国内有物理学家认为胡克定律应被称为"郑玄-胡克定律"。

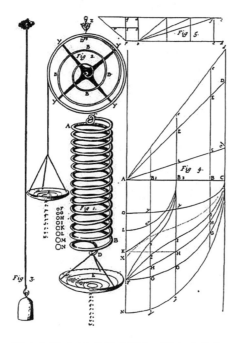

图 5.5 胡克定律的发现(胡克"论弹簧"论文的图)

弹性常数的争论 胡克讨论的是一维弹性体的情况。若想扩展到三维弹性体,需要建立广义的胡克定律。柯西在基于对势的原子模型下,对广义的胡克定律进行了初步的探讨。柯西不仅是一位严谨的数学家,同时具有很强的物理直觉。他从原子论的观点讨论了物体的弹性,利用对势导出了所谓的弹性张量的柯西关系,指出弹性张量具有完全对称性。柯西仔细讨论了各向同性这种特殊情况,认为描述线弹性理论仅需要知道一个弹性常数[7]。我们随后将讨论柯西关系的局限性。

在历史上,一般各向异性弹性固体弹性张量的独立分量数目引起了激烈的争论。1837 年,英国数学家格林指出:如果存在应变能函数,则联系 6 个应力分量和 6 个应变分量的 36 个弹性常数中只有 21 个是独立的。1855 年,开尔文勋爵在更坚实的热力学基础上对此加以讨论,指出对于等温或绝热过程存在应变能。

弹性响应 下面我们从较普遍的弹性假设出发,探讨弹性体的本构关系。

有兴趣的读者,可参阅文献[8]~文献[10]。

参见图 5.6,材料的弹性响应可表述成下述数学形式:

$$\boldsymbol{\sigma} = \boldsymbol{T}(\boldsymbol{F}, \boldsymbol{X}) \tag{5.11}$$

式中,$\boldsymbol{\sigma}$ 为应力张量;$\boldsymbol{F} = \partial \boldsymbol{x}/\partial \boldsymbol{X}$ 为变形梯度,$\boldsymbol{X}$ 和 $\boldsymbol{x}$ 分别是材料点坐标和空间坐标。由于响应为弹性,响应函数 $\boldsymbol{T}$ 仅取决于 $\boldsymbol{F}$ 的当前值。如果材料是均匀的,则式(5.11)中不显含 $\boldsymbol{X}$。 关于定义式(5.11)有下述四点说明。

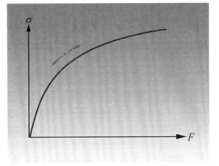

图 5.6　弹性响应

(1) 按照式(5.11)的定义,材料的弹性响应仅与当前的变形状态有关,与变形的历史和过程无关,因此变形率不会影响到本构响应。如图 5.6 所示,应力和变形梯度是一一对应的,不存在迟滞回线,表明弹性体在完全卸载后会恢复到初始状态。

(2) 对于小变形而言,式(5.11)可以写为 $\boldsymbol{\sigma} = \boldsymbol{T}(\boldsymbol{\varepsilon}, \boldsymbol{X})$,其中 $\boldsymbol{\varepsilon}$ 表示应变张量。应注意弹性响应 $\boldsymbol{T}$ 并不一定为线性。

(3) 对于均匀材料,有限变形时,式(5.11)表达为 $\boldsymbol{\sigma} = \boldsymbol{T}(\boldsymbol{F})$;小变形时,则进一步简化为 $\boldsymbol{\sigma} = \boldsymbol{T}(\boldsymbol{\varepsilon})$。

(4) 对于均匀材料,在线弹性小变形的特殊情况下,式(5.11)退化为广义胡克定律 $\boldsymbol{\sigma} = \boldsymbol{C} : \boldsymbol{\varepsilon}$,式中,$\boldsymbol{C}$ 为四阶弹性刚度张量。顺便指出,柔度张量符号为 $\boldsymbol{S}$,与刚度(stiffness)和柔度(compliance)英文单词的首字母恰好相反,可惜的是这种定义已经约定俗成,很难更改了。

超弹性　超弹性是指可以由一个势函数来定义的弹性响应。其中隐含了两条假定:一是弹性体的响应仅仅取决于当前状态,而与过程无关;二是当前状态可以由一个张量来表示,例如对于小变形,可以由应变张量 $\boldsymbol{\varepsilon}$ 来表示。第一条假设给出了路径无关条件。英国数学家格林首先研究了多重积分中的路径无关条件,因此超弹性亦被称为格林弹性。上述"路径无关性"导致了对被积函数偏导数之间的格林关系,以及与此相对应的势函数存在条件。记 W 为一个(标量)弹性势函数,它的物理含义是储存于弹性体中的弹性应变能,因此超弹性的本构关系可以写为

$$\sigma_{ij} = \frac{\partial W}{\partial \varepsilon_{ij}} \tag{5.12}$$

它对于非线性弹性仍然成立。在线弹性的特殊情况下,弹性势为

$$W = \frac{1}{2} C_{ijkl} \varepsilon_{ij} \varepsilon_{kl} \tag{5.13}$$

联立式(5.12)和式(5.13),可以导出广义胡克定律为

$$\sigma_{ij} = \frac{\partial W}{\partial \varepsilon_{ij}} = C_{ijkl}\varepsilon_{kl} \tag{5.14}$$

图5.7 沃耳德玛·
福伊特(1850~1919)

福伊特对称性 我们接着讨论弹性的张量描述,重点在于其福伊特(Woldemar Voigt,图5.7)对称性。广义胡克定律式(5.14),即 $\sigma_{ij} = C_{ijkl}\varepsilon_{kl}$,定义了四阶弹性张量 C_{ijkl}。该张量中各分量的大小可以通过材料的均匀变形来测定。对于三维问题而言,下标 i、j、k 和 l 都可以从1到3自由变化,因此 C_{ijkl} 有 $3^4 = 81$ 个分量。要完整地表示弹性张量,就要通过实验分别测量81个分量,这是一件繁复的工作。此时,可利用材料对称性来去掉不必要的实验。在小变形情况,应变由位移梯度的对称部分表示,即 $\varepsilon_{ij} = \frac{1}{2}(u_{i,j} + u_{j,i}) = \varepsilon_{ji}$,与应力通过广义胡克定律相联系;而位移梯度的反对称部分(即旋转)对应力没有贡献。此外,如果不考虑作用在弹性体元上的偶应力,由剪应力互等定理 $\sigma_{ij} = \sigma_{ji}$ 可以导出应力张量的对称性。利用这些对称性可以得到弹性张量分量之间的关系。

首先考虑应力对称性 $\sigma_{ij} = \sigma_{ji}$,代入式(5.14)可以得到 $C_{ijkl}\varepsilon_{kl} = C_{jikl}\varepsilon_{kl}$。因为该式对任意的 ε_{kl} 都成立,所以弹性张量的前两个下标可以互换,即

$$C_{ijkl} = C_{jikl} \tag{5.15}$$

其次,因为应变是二阶对称张量 $\varepsilon_{kl} = \varepsilon_{lk}$,可以对式(5.14)的哑标做一些调整,有 $C_{ijkl}\varepsilon_{kl} = C_{ijlk}\varepsilon_{lk} = C_{ijlk}\varepsilon_{kl}$。该式同样对任意的 ε_{kl} 都成立,因此弹性张量的后两个下标也可以互换,即

$$C_{ijkl} = C_{ijlk} \tag{5.16}$$

线弹性是超弹性的一种特例。此时存在弹性势 $W = \frac{1}{2}C_{ijkl}\varepsilon_{ij}\varepsilon_{kl}$,也即应变能密度。将弹性势代入式(5.14)给出:

$$C_{ijkl} = \frac{\partial \sigma_{ij}}{\partial \varepsilon_{kl}} = \frac{\partial^2 W}{\partial \varepsilon_{ij}\partial \varepsilon_{kl}} \tag{5.17}$$

在欧氏空间,求导与次序无关,所以弹性张量的前两个下标和后两个也可以互换,即

$$C_{ijkl} = \frac{\partial^2 W}{\partial \varepsilon_{ij}\partial \varepsilon_{kl}} = \frac{\partial^2 W}{\partial \varepsilon_{kl}\partial \varepsilon_{ij}} = C_{klij} \tag{5.18}$$

前面的结果给出了一般弹性张量的所有对称性:

$$C_{ijkl} = C_{jikl} = C_{ijlk} = C_{klij} \tag{5.19}$$

也称为福伊特对称性。

由于福伊特对称性,四阶弹性张量可以用 6×6 的对称矩阵表示,称为弹性矩阵。相应地,可用 6×1 的列向量来表示应力和应变张量。二阶张量下标和列向量下标的转换关系由下式所示的逆时针顺序给出:

$$\begin{bmatrix} 11 & 12 & \leftarrow & 13 \\ & & & \searrow & & \uparrow \\ 21 & 22 & 23 \\ (12) & & \searrow & \uparrow \\ 31 & 32 & 33 \\ (13) & (23) \end{bmatrix}, \begin{bmatrix} 1 \to (11) \\ 2 \to (22) \\ 3 \to (33) \\ 4 \to (13) \\ 5 \to (23) \\ 6 \to (12) \end{bmatrix} \tag{5.20}$$

按以上约定,四阶弹性张量的矩阵表示形式为

$$C_{ijkl} \Rightarrow \begin{bmatrix} \boldsymbol{C}_{\alpha\beta} \end{bmatrix} = \begin{bmatrix} C_{11} & C_{12} & C_{13} & C_{14} & C_{15} & C_{16} \\ & C_{22} & C_{23} & C_{24} & C_{25} & C_{26} \\ & & C_{33} & C_{34} & C_{35} & C_{36} \\ & & & C_{44} & C_{45} & C_{46} \\ & & & & C_{55} & C_{56} \\ & & & & & C_{66} \end{bmatrix} \tag{5.21}$$

下标转换关系可以简记为:当 $i=j$ 时,$\alpha = i$ 或 j;当 $i \neq j$ 时,$\alpha = 9 - i - j$。类似地,有 β 与 k、l 的关系。对于一般各向异性弹性体,式(5.16)中的 21 个分量是相互独立的,这种材料的代表是三斜晶体,它的三个点阵基向量不但长度不同,而且任何两个都不正交。其弹性应变能可表示为应变张量 6 个对称分量的一般二次型:

$$W = \frac{1}{2} C_{ijkl} \varepsilon_{ij} \varepsilon_{kl} = W(\varepsilon_{11}, \varepsilon_{22}, \varepsilon_{33}, \varepsilon_{12}, \varepsilon_{13}, \varepsilon_{23}) \tag{5.22}$$

大多数自然材料和工程材料都具有一定的对称性,它们对弹性张量的限制会减少独立的弹性常数的个数。

固体的弹性不但取决于变形状态,还与其他因素有关,例如温度、材料结构的有序程度等。这些影响因不同材料而异,而且有时非常复杂。以温度效应为例,晶体材料热胀冷缩,而高分子材料却热缩冷胀。这两种材料弹性性质的物理起源各异,因此导致了不同的温度效应。因此有必要简要地介绍弹性的物理

起源,更深入的理解可参考韦纳(Jerome H. Weiner, 1923~)的著作[8]。下面以晶体与高分子材料为例来说明晶体弹性与长链高分子弹性的物理基础。

晶体弹性 晶体由晶胞的周期重复构造而成。晶胞中的主键可以是离子键、共价键、金属键,其键合可以呈各向同性(如金属键)或极化状态(如共价键与离子键)。这些主键的断裂温度一般为 1 000~5 000 K。晶胞中的次键包括范德华(Johannes van der Waals, 1837~1923)键和氢键,其断裂温度在一个低得多的范围(100~500 K)内变化。两原子之间的键合可由一个原子间作用势 U 来描述,如图 5.8(a)所示[11]。这些键合可以简化为连接相邻原子的弹簧。类似于弹簧的原子间键合为晶体的弹性与能量蓄积提供了一个物理来源。原子间作用力定义为 $F = -\dfrac{\mathrm{d}U}{\mathrm{d}r}$,如图 5.8(b)所示。当原子位于平衡位置时,引力和斥力之和为零,这时原子间的距离记为 r_0。当原子间距离 $r < r_0$ 时,作用力表现为斥力;当 $r > r_0$ 为引力。原子键弹簧模型的等效刚度定义为 $S = \dfrac{\mathrm{d}^2 U}{\mathrm{d}r^2}$。当原子间作用力达到最大值时 r_D,$S = 0$;当原子位于平衡位置时,可记 $S_0 = \left(\dfrac{\mathrm{d}^2 U}{\mathrm{d}r^2}\right)_{r=r_0}$,$S_0$ 与胡克定律中的弹性系数有关。

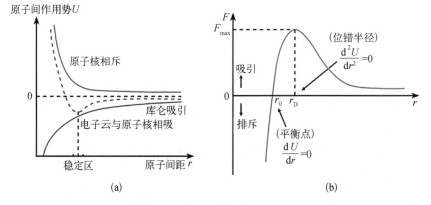

图 5.8 (a)原子间结合能曲线;(b)原子结合力曲线

晶体是晶格原子排列的产物,而晶格由晶胞的重复排列组成。对于简单晶格,每个原子坐标可以写成 $r_{n_1 n_2 n_3} = n_1 a_1 + n_2 a_2 + n_3 a_3$,其中 $n_i(i = 1, 2, 3)$ 是整数,$a_i(i = 1, 2, 3)$ 为晶格基向量,一般并不要求 $a_i(i = 1, 2, 3)$ 之间相互正交。该表达式已经嵌入了晶格的平移对称性。对于复式晶格,原子坐标可以表示为

$$r_{n_1 n_2 n_3} = n_i a_i, \quad r'_{n_1 n_2 n_3} = n_i a_i + \xi \tag{5.23}$$

重复的哑标代表从 1 到 3 求和。石墨和碳纳米管都可以视为复式晶格。

晶体的分类方式有多种,通常按照布拉菲点阵的对称性可以分为 7 大晶系,分别是三斜、单斜、正交、三角、四方、六方和立方晶系。晶体点阵的对称性可以通过 32 个点群和 236 个空间群来表征。晶体的能量为晶格中原子间结合能的叠加;晶体的熵主要为晶格点阵中原子的振动熵。对有不同原子掺杂的情况,还可以包括掺杂原子的构型熵。对含有缺陷的晶体,其缺陷能(如二维缺陷的表面能与界面能、位错芯能、由于位错产生的应变能等)往往主导着缺陷的运动和演化过程。

长链高分子　关于长链高分子材料的科学研究的奠基于 20 世纪上半叶,主要贡献者有著名科学家施陶丁格(Hermann Staudinger,1881~1965)和弗洛里(Paul Flory,1910~1985)等[8]。例如橡胶之类的高分子材料,除具有高弹性、低模量和体积近似不可压的特征外,还表现出高夫(John Gough,1757~1825)-焦耳效应:当载荷固定时,受热收缩、降温伸长;绝热变形时会产生温升。对后一种效应可以做一个简单的测试:迅速拉伸一根橡皮筋后立刻将它贴近嘴唇,你会感到橡皮筋的发热。这种奇特的现象源自长链高分子材料独特的微结构,熵应力在其中起到主导地位。如图 5.9 所示,高分子是由链接强固的共价键主链和与主链呈弱键合的悬挂侧基组成。主链中诸链段的长度和夹角都很难改变。侧基使链与链之间存在弱相互作用,如范德华力。每个链段都可以绕相邻链段转动,所以由链段连接而成的主链具有一定程度上的柔性。

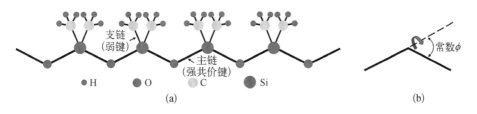

图 5.9　聚合物的长链结构

考虑一条由 n 节长度为 a 的链段组成的主链。对于高分子而言,n 是一个大数。在给定的末端间距 $\boldsymbol{R}$ 下,主链可以有许多种构形(图 5.10 中描述了一种可能的构型)。记 $W = W(\boldsymbol{R}, n)$ 为两末端间距为 $\boldsymbol{R}$ 的可能构型数,并记 $\omega = \omega(\boldsymbol{R}, n)$ 为其统计分布。利用随机行走模型可以算出它遵循高斯分布:

$$\omega(\boldsymbol{R}, n) = \left(\frac{3}{2\pi nb^2}\right)^{\frac{3}{2}} \exp\left(-\frac{3R^2}{2nb^2}\right) \quad R = |\boldsymbol{R}| \qquad (5.24)$$

式(5.19)中,b 表示链段的等效长度,等价于随机行走中的步长。爱因斯坦曾用这一模型研究过布朗(Robert Brown,1773~1858)运动。对于链段自由连接的高分子链,$b = a$;对于图 5.9 中链段间仅能自由旋转的高分子链,$b = 2a$;对于有旋转阻力的高分子链,例如聚乙烯,$b = 6.7a$。

图 5.10 聚合物分子主链在给定两末端距离下的可能构型

给定分子链段数 n，则两末端距离为 $|R|$ 的可能构型数随 $|R|$ 的增加而减少。假设对聚合物施以变形使其两末端矢量由 R 变到 r，相应的可能构型数 W 会发生改变。聚合物分子的构型熵 S_q 可以通过统计力学中的波尔兹曼公式计算[亦参见式(2.9)]：

$$S_q = k\ln W \qquad (5.25)$$

式(5.25)中，k 为波尔兹曼常数；W 为构型的可能排列数目。

内能应力与熵应力 下面讨论内能应力和熵应力。亥姆霍兹自由能可以表示为

$$F = U - TS \qquad (5.26)$$

式中，U、T 和 S 分别表示内能、绝对温度和熵。在弹性体的内能中，只有去除绝对温度和熵乘积项定义的部分(即亥姆霍兹自由能)可以完全释放出来。这也是"自由"的含义。作为超弹性的特例，可以仿照式(5.12)，将自由能 F 视为超弹性的势函数 W，从而导出应力张量为

$$\sigma_{ij} = \frac{\partial F}{\partial \varepsilon_{ij}} = \frac{\partial U}{\partial \varepsilon_{ij}} - T\frac{\partial S}{\partial \varepsilon_{ij}}$$

将上式两端对 T 求偏导，可以导出麦克斯韦关系式为

$$\frac{\partial S}{\partial \varepsilon_{ij}} = -\frac{\partial \sigma_{ij}}{\partial T} \qquad (5.27)$$

因此，应力表达式可以改写为

$$\sigma_{ij} = \frac{\partial U}{\partial \varepsilon_{ij}} + T\frac{\partial \sigma_{ij}}{\partial T} \qquad (5.28)$$

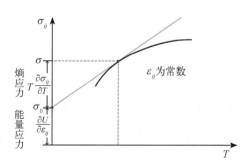

图 5.11 能量应力和熵应力

如图 5.11 所示的应力温度曲线，总应力包括两部分的贡献：能量应力 $\frac{\partial U}{\partial \varepsilon_{ij}}$ 和熵应力 $T\frac{\partial \sigma_{ij}}{\partial T}$。过曲线上一点做切线，与应力轴交于 σ_0，其大小等于能量应力；而余部 $\sigma - \sigma_0$ 为熵应力。对于理想晶体而言，能量应力起

主导作用,熵应力可忽略不计。对高分子材料来说,由 4.8 节,总熵包括构型熵 S_q 和振动熵 S_p 两部分,S_p 基本不受聚合物变形的影响。因此熵应力近似为

$$-T\frac{\partial S}{\partial \varepsilon_{ij}} \approx -T\frac{\partial S_q}{\partial \varepsilon_{ij}} = -\frac{kT}{W}\frac{\partial W}{\partial \varepsilon_{ij}} \tag{5.29}$$

式(5.29)表明了聚合物弹性的物理来源:由变形造成构型熵的改变,从而导致熵应力。这两种极端分别代表了弹性的两种物理起源。

对于各向异性的线弹性体,应力应变关系由线弹性本构关系 $\sigma_{ij} = C_{ijkl}\varepsilon_{kl}$ 来描述,利用几何方程(4.6)和福伊特对称性可得

$$\sigma_{ij} = C_{ijkl}u_{k,l} \tag{5.30}$$

将式(5.30)代入线动量方程可以导出弹性动力学基本方程为

$$(C_{ijkl}u_{k,l})_{,j} + f_i = \rho\ddot{u}_i \tag{5.31}$$

黏弹性是指黏性与弹性并存的物性。可由图 5.12 所示的弹簧单元与黏壶单元的不同组合来探讨不同的黏弹性行为。黏弹性的麦克斯韦模型是针对弹簧单元与黏壶单元的串联情况,此时在两个组元上的应力均为 σ,而应变率可由各自的应变率叠加而成,表达式为

$$\dot{\varepsilon} = C\sigma + S\dot{\sigma} \tag{5.32}$$

式(5.32)中,C 为蠕变系数,S 为柔度系数。在固定的应力下,麦克斯韦模型下的黏弹性体会不断蠕变,因此它从本质上是一种流体,可称为麦克斯韦流体。

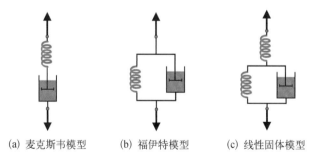

(a) 麦克斯韦模型　　(b) 福伊特模型　　(c) 线性固体模型

图 5.12　黏弹性的三种组合模型

若弹簧单元与黏壶单元为并联,见图 5.12(b),就是黏弹性的福伊特模型。此时在两个组元上的应变均为 ε,而应力可由各自的应力叠加而成,表达式为

$$\sigma = \dot{\varepsilon}/C + E\varepsilon \tag{5.33}$$

式(5.33)中,E 为刚度系数。在固定的应力下,福伊特模型下的黏弹性体会不

断松弛。当时间趋于无穷时,黏壶单元完全松弛,但弹簧单元仍独立承载着应力,因此它在本质上是一种固体,可称为福伊特固体。

若弹簧单元与黏壶单元并联,并再与另一弹簧单元串联,如图 5.12(c)所示,就是线性标准黏弹性体。该模型可视为是上方的弹簧单元与下方的混合单元串联而成,此时在两个单元上所承受的应力均为 σ。因此,可仿照式(5.32)得到总应变率的表达式。式中的第二项应该对应于上方弹簧的柔度系数,而式中的第一项的蠕变系数应该是下方弹簧与黏壶的福伊特组合体的蠕变系数,此处不再赘述。线性标准黏弹性体从本质上是一种固体,可称为线性标准固体。对一般的三维情况,线性黏弹性的本构关系可写为

$$\dot{\varepsilon}_{ij} = C_{ijkl}\sigma_{kl} + S_{ijkl}\dot{\sigma}_{kl} \tag{5.34}$$

式(5.34)中,四阶张量 C 与 S 分别为蠕变张量和柔度张量,它们都应该具有福伊特对称性。

5.7 纳维方程——巨匠之力

欧拉逝世后不久,许多天才科学家聚集法国,他们对弹性力学不懈的研究使得这一领域在法国科学院中异常活跃。其中的几位科学巨匠有纳维、泊松、库仑(Charles-Augustin de Coulomb,1736~1806)、柯西和圣·维南。1821 年,纳维(图 5.13)发表了题为"弹性体平衡和运动方程"的论文,文中弹性体的控制方程首次写为

$$C(\nabla^2 u_i + 2u_{k,ki}) + f_i = 0 \tag{5.35}$$

式(5.35)中,u_i 与 f_i 分别为位移和体力分量;C 为弹性模量的一种度量。这个方程被称为"弹性体的位移方程"或简单称为"纳维方程"。

式(5.35)与今天所知的形式不同[参见后面导出的式(5.37)],它仅对两个拉梅(Gabriel Lamé,图 5.14)常数相等的特殊弹性体成立。为说明这一点,我们不难证明,对于各向同性材料,四阶弹性张量可以用两个拉梅常数 λ 和 μ 来表示为

$$C_{ijkl} = \lambda\delta_{ij}\delta_{kl} + \mu(\delta_{ik}\delta_{jl} + \delta_{il}\delta_{jk}) \tag{5.36}$$

于是,对于各向同性材料,若将式(5.36)代入式(5.30),弹性力学的基本方程可以简化为

$$(\lambda + \mu)u_{k,ki} + \mu \nabla^2 u_i + f_i = \rho\ddot{u}_i \tag{5.37}$$

1829 年,法国科学家泊松(图 5.15)考虑了单向拉伸时的横向收缩问题。

为了纪念他的贡献,横向收缩与纵向伸长比值的负值被命名为泊松比。方程(5.35)成立的条件是材料泊松比为 1/4。另外,泊松发现了横波和纵波,开创了弹性动力学分析。

图 5.15　西莫恩·德尼·泊松(1781~1840)

在 19 世纪的中后期,科学家们得到了大量的弹性力学基本解,并应用于工程实践或者解释自然现象。纳维的学生圣·维南在其中做出了卓越的贡献。1853 年,他提出了半逆解法,并得到了梁的弯曲和非圆截面杆扭转问题的精确解,从而检验了材料力学中在一定假设简化下得到的近似解的准确程度。此外,他提出了著名的圣·维南原理,为数学家和工程师创造了无数机遇和挑战。此后,弹性力学在工程结构上的应用,从杆与梁拓展到了平板。1810~1815 年,法国学者姬曼(Sophie Germain, 1776~1831)和拉格朗日建立矩形薄板的力学方程;1823~1829 年,法国学者泊松和纳维求得矩形薄板在分布静载荷和集中载荷下的变形,但他们对自由边界的处理尚存在问题。

值得一提的是,由于 19 世纪末德国科学家的突出贡献,使得德国随后取代法国成为世界的研究中心。电磁学的奠基人之一,普鲁士物理学家基尔霍夫(Gustav Robert Kirchhoff, 1824~1887,力学中也译作柯希霍夫)在弹性力学领域也颇有建树。1850 年,基尔霍夫理清了薄板的变形假设,提出自由边界上的总剪力概念并建立正确边界条件。1876 年,他出版了著作《力学》,将弹性力学的应用领域扩展到一种新的几何构形——板,在直法线假设的前提下,他运用虚功原理和变分法导出了控制方程。在一维情况下,基尔霍夫板退化为欧拉-伯努利梁。随着板和壳结构出现在土木和机械工程领域,这一理论得到了广泛的应用。电磁学的另一奠基人——亥姆霍兹在弹性力学领域同样功勋卓著。他建立了弹性自由能的概念,以他的名字命名为亥姆霍兹自由能。另外,他还利用亥姆霍兹变换得到无限大弹性体中的应力波解。在这一时期,弹性力学的知识如百川汇集大海,形成了一套完整的体系。代表性著作是勒夫(A. E. H. Love, 1863~1940)的《关于弹性力学数学理论的论述》[12]。该部著作的问世同时标志着 19 世纪整个数学物理的研究中心是弹性力学。除此之外,勒夫本人还在点源解和勒夫波等方面对弹性力学做出贡献。

弹性力学在工程领域的广泛应用应归功于铁摩辛柯(Stephen P. Timoshenko, 1878~1972)的巨大热情。铁摩辛柯出生于俄罗斯帝国统治下的乌克兰,师从“空气动力学之父”普朗特。他尤其热心于弹性力学的工程应用,在弹性地基梁、铁摩辛柯梁、板壳力学和弹性振动等方面都做出了巨大的贡献。铁木辛柯不仅是一位科学家、工程师,同时也是一名伟大的教育家,由他编写的教材几十年来一直在美国工学院使用。他同冯·卡门一起促进了应用力学在美国的繁荣。冯·卡门和他的学生钱学森、钱伟长还解决了薄壁结构的大挠度和屈曲问题。

我们在本节的最后阐述基于广义纳维方程式（5.31）的能量原理。式（5.31）是三个位移分量满足的偏微分方程，对它可做如下的能量诠释。将式（5.31）两边同时乘以速度场 $\dot{u}_i$，然后在弹性体所占区域 V 内积分可得

$$\int_V [\rho \dot{u}_i \ddot{u}_i - \dot{u}_i (C_{ijl} u_{k,l})_{,j}] \, \mathrm{d}V = \int_V f_i \dot{u}_i \mathrm{d}V \tag{5.38}$$

如果区域 V 的边界为 ∂V，外法线为 ν_j，利用高斯定理将体积分化为面积分得

$$\int_V [\rho \dot{u}_i \ddot{u}_i + C_{ijkl} u_{k,l} \dot{u}_{i,j}] \, \mathrm{d}V = \int_{\partial V} C_{ijkl} u_{k,l} \dot{u}_i \nu_j \mathrm{d}S + \int_V f_i \dot{u}_i \mathrm{d}V \tag{5.39}$$

利用福伊特对称性和柯西应力原理，式（5.39）可写为

$$\dot{W}_t(\boldsymbol{u}) + \dot{K}_t(\dot{\boldsymbol{u}}) = \int_{\partial V} T_i \dot{u}_i \mathrm{d}S + \int_V f_i \dot{u}_i \mathrm{d}V \tag{5.40}$$

式（5.40）中，$\boldsymbol{T}$ 为边界面力，$W_t(\boldsymbol{u}) = \dfrac{1}{2} \int_V C_{ijkl} u_{i,j} u_{k,l} \mathrm{d}V$ 表示域 V 内的弹性应变能，$K_t(\boldsymbol{u}) = \dfrac{1}{2} \int_V \rho \dot{u}_i \dot{u}_i \mathrm{d}V$ 为弹性体的总动能。因此式（5.40）可解释为弹性场总能量的变化率等于边界面力和体力所作的功率。

5.8 平面应变与平面应力问题——平面之简

本节讨论平面问题。历史上，这类问题的解法丰富多彩，发展得近乎完善。其中，平面应变和平面应力是经常遇到的两大类问题，本节中所有希腊字母下标均只在 1、2 之间变化。

平面应变问题相对于柱形域，对其有下述基本假设：（1）柱形域的长度远大于其截面内的最大尺寸，即 $L \gg R_{\max}$；（2）截面内载荷与轴向坐标 x_3 无关；（3）柱形域沿着轴向不可伸长，即 $\varepsilon_{33} = 0$。这些假设是自洽的，并且可以证明，平面应变状态可以严格精确的存在。在平面应变问题中，不为零的场变量仅有 u_α、$\varepsilon_{\alpha\beta}$、$\sigma_{\alpha\beta}$ 和 σ_{33}，它们仅是面内坐标 x_1 和 x_2 的函数。

与平面应变问题不同，平面应力问题讨论如图 5.16 所示薄板状物体内的弹性变形，它有如下基本假设：（1）薄板厚度 L 远小于面内的最小尺寸 $R_{\min}$，即 $L \ll R_{\min}$；（2）面内载荷沿面法向 x_3 轴的变化可以忽略不计；（3）上下表面自由。由后两条假设可

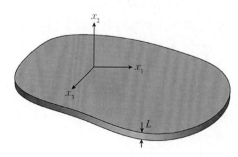

图 5.16 平面应力问题中弹性体的基本几何形状

以证明在整个薄板内 $\sigma_{i3} \approx 0$，非零的场变量有 u_α、$\varepsilon_{\alpha\beta}$、$\varepsilon_{33}$ 和 $\sigma_{\alpha\beta}$，它们也只是面内坐标 x_1 和 x_2 的函数。一般而言，平面应力状态不能严格存在。

两类平面问题的基本假设中都涉及对应力或应变状态的假设。我们知道，对任意给定的应力场或者应变场，并不一定能够保证位移场存在，它们还必须满足协调方程。因此，需要对平面问题的变形协调作进一步的讨论。

三维弹性体协调方程由式(4.7)给出，写成指标形式为

$$e_{mjk} e_{nil} \varepsilon_{ij,\,kl} = 0 \tag{5.41}$$

对于平面问题，应变只依赖于面内坐标 x_α，所以式(5.41)可写为

$$e_{mj\alpha} e_{ni\beta} \varepsilon_{ij,\,\alpha\beta} = 0 \tag{5.42}$$

对平面应变问题，有 $\varepsilon_{3i} = 0$，所以 $e_{m\delta\alpha} e_{n\gamma\beta} \varepsilon_{\gamma\delta,\,\alpha\beta} = 0$。由置换符号的性质，仅当 $m = n = 3$ 时该指标方程才有非平凡的意义。这时，该式退化为标量方程如下：

$$\varepsilon_{\alpha\alpha,\,\beta\beta} - \varepsilon_{\alpha\beta,\,\alpha\beta} = 0 \tag{5.43}$$

式(5.43)称为平面问题的协调方程，对平面应变和平面应力问题都成立。

对于平面应力问题，除 $\varepsilon_{\alpha\beta}$ 外，还有非零分量 ε_{33}。协调方程式(5.42)还存在其他非平凡的方程，即 m 和 n 都不等于 3 的情形，对应的协调方程为

$$e_{\gamma 3\alpha} e_{\delta 3\beta} \varepsilon_{33,\,\alpha\beta} = 0$$

利用关系式 $e_{\gamma 3\alpha} e_{\delta 3\beta} = \delta_{\gamma\delta}\delta_{\alpha\beta} - \delta_{\gamma\beta}\delta_{\alpha\delta}$，可将上式表达为 $\delta_{\gamma\delta}\nabla^2 \varepsilon_{33} - \varepsilon_{33,\,\gamma\delta} = 0$。其三个分量方程为 $\varepsilon_{33,\,11} = \varepsilon_{33,\,22} = \varepsilon_{33,\,12} = 0$。因此，$\varepsilon_{33}$ 只能是坐标 x_α 的线性函数，表达式为

$$\varepsilon_{33} = Ax_1 + Bx_2 + C \tag{5.44}$$

另从平面应力问题假设，要求 $\sigma_{i3} = 0$，因此广义胡克定律可以写为

$$\varepsilon_{ij} = S_{ijkl}\sigma_{kl} = S_{ij\alpha\beta}\sigma_{\alpha\beta} \tag{5.45}$$

考虑"33"分量给出：

$$\varepsilon_{33} = S_{33\alpha\beta}\sigma_{\alpha\beta} = Ax_1 + Bx_2 + C \tag{5.46}$$

式(5.46)给出了在平面应力问题假设下，根据协调方程导出的对面内应力的限制。求解平面问题时，一般先求解面内的场变量 u_α、$\varepsilon_{\alpha\beta}$ 和 $\sigma_{\alpha\beta}$。平面内的几何方程、本构方程和平衡方程已经提供了与未知的场变量个数相同的独立方程。在给定适当的边界条件，方程存在唯一的解。因此一般而言，面内应力不满足式(5.46)。

对于平面应变问题，除面内的场变量外，非零的场变量还有 σ_{33}。由假设

$\varepsilon_{33} = 0$，我们可以求得

$$\sigma_{33} = -\frac{S_{33\alpha\beta}}{S_{3333}}\sigma_{\alpha\beta} \qquad (5.47)$$

由于平面应力问题的假设不自洽，因此有理由对其解的正确性表示怀疑。实际上，薄板中的应力状态是三维的，沿 x_3 方向大小发生变化。若考虑场变量沿板厚方向的平均（用对应变量的上加杠来表示），即

$$\bar{\sigma}_{ij} \equiv \frac{1}{L}\int_0^L \sigma_{ij}\mathrm{d}x_3 \ ; \quad \bar{\varepsilon}_{ij} \equiv \frac{1}{L}\int_0^L \varepsilon_{ij}\mathrm{d}x_3 \ ; \quad \bar{u}_i \equiv \frac{1}{L}\int_0^L u_i\mathrm{d}x_3 \qquad (5.48)$$

可以证明 $\bar{\varepsilon}_{\alpha3} = 0$，所以几何方程仅余 $\bar{\varepsilon}_{\alpha\beta} = \frac{1}{2}(\bar{u}_{\alpha,\beta} + \bar{u}_{\beta,\alpha})$ 和 $\bar{\varepsilon}_{33} = \frac{1}{L}[u_3(x_1,$ $x_2, L) - u_3(x_1, x_2, 0)]$。前一式对应平面问题协调方程式(5.43)，后一式可以适当地选择 $u_3(x_i)$ 使得 $\bar{\varepsilon}_{33} = \frac{-C_{33\alpha\beta}}{C_{3333}}\bar{\varepsilon}_{\alpha\beta}$，从而满足放松后的假设 $\bar{\sigma}_{33} = 0$。因此，对于平面应力问题，求解面内的平衡方程和协调方程得到的变形场实际上是薄板内变形场沿板厚方向的平均值，这类问题被称为广义平面应力问题。

无论是平面应变还是广义平面应力问题，其求解最后都归结于求解一个双调和方程。对该类数学物理问题的一个重大的发展来自以柯洛索夫（Gury Kolosov，1867~1936）和穆斯海里什维里（N. I. Muskhelishvili，1891~1976）为代表的苏联学派。他们发展了弹性力学的复变函数方法。穆斯海里什维里在专著《数学弹性力学的几个基本问题》[13]和《奇异积分方程》[14]对这一方法进行了系统的阐述，其中解析函数理论、柯西积分、奇异积分方程、保角变换和黎曼-希尔伯特问题等数学概念与方法构筑了线弹性平面和反平面问题的理论基础。

5.9 塑性体——集缺陷运动之大成

塑性行为 固体力学界的近年研究倾注于材料的塑性行为与本构表征。以卡罗尔（Michael M. Carroll，1936~2016）教授为首的调研组在为 ASME 应用力学部撰写的报告《固体力学研究的趋势与契机》中写："在当代固体力学中或许是最活跃也是最有争论性的领域是对有限变形塑性和黏塑性的研究。目前有多种学说并行于世，有多个议题处于激辩之中。……这些问题的最终解决将决定固体力学在基础层面的研究水平。"[15]对塑性体的研究方兴日盛，主要有以下原因：（1）塑性理论处于固态物理、固体力学与材料科学的交叉路口，其

宏观与微观方面的研究始终得到这三个学科进展的推动;(2) 在数学和物理方面,塑性理论本身具有足够的复杂性;(3) 近年来连续介质力学除塑性理论外的框架已经大致落成,在计算机技术和材料测试技术的高速发展下,塑性理论与应用或成为固体力学领域最具有挑战性的问题[16]。下面我们逐一引述塑性体的基本力学问题。

　　应力应变曲线　讨论图 5.17 所绘的典型应力应变曲线。首先考虑图 5.17(a)中低碳钢的单轴拉伸曲线,图中的横坐标为单轴拉伸应变 ε,纵坐标为单轴拉伸应力 σ。这里只考虑小变形情况。在屈服应力 σ_S 以下,存在一个弹性区。在该区域内,无论是加载还是卸载响应,均为线弹性。在低应力水平下,也可能发生少量位错线的局部调整,所以对初始屈服点的确定存在着争议。若采纳整体屈服的概念(即定义为位错的大量开动),在实测的低碳钢单轴应力应变曲线中,会观察到一个呈凸起状的上屈服点与随后而来的下屈服平台。屈服点跌落多为位错冲出科特雷尔气团所致[17]。在屈服的平台段可观测到宏观剪切带的形成,并由此造成流动应力的轻微起伏。当塑性变形量跨过屈服平台后,就会出现应变硬化,即应力随塑性变形的加剧而持续增加。应变硬化现象是位错交互作用的体现。

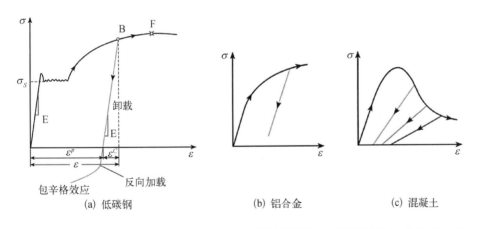

图 5.17　低碳钢、铝合金和混凝土的单轴应力应变曲线

低碳钢的拉伸曲线,特征为屈服平台和包辛格效应;铝合金的拉伸曲线,特征为持续的应变硬化;混凝土压缩曲线,带有软化与材料损伤

(a) 低碳钢　　　　(b) 铝合金　　　　(c) 混凝土

　　在单轴应力应变曲线的塑性段,可以对材料施加两条不同的加载路径:持续加载或弹性卸载。如图 5.17 所示,这一加卸载分叉现象对能量耗散、永久变形和变形可逆性等至关重要。此外,它还提供了一个图 5.17 所示的将总应变分解为弹性部分和塑性部分的工具。当从 B 点开始弹性卸载时,所有的位错都处于静止状态,材料主要靠晶格畸变来实现变形,其宏观响应可以由与初始加载时同样的弹性模量来描述。由应力应变曲线和卸载至应力自由状态的弹性卸载斜直线所圈定的面积,代表了所经历的塑性变形所消耗的能量。如果沿着卸载路径持续下行,会进入反向加载,这时试件中的位错将开始向着反方向运行。如果反向加载的屈服应力与卸载应力等值反号,这种材料响应称为各向同

性硬化。对大多数情况,反向加载出现的应力水平低于各向同性硬化的预测,有时甚至在应力为正值时就会发生。这种偏离各向同性硬化的行为称为包辛格效应(Johann Bauschinger, 1834~1893)。如果应力在一定的正值和负值间变化,材料将显示出循环塑性响应。迟滞回线的演化与稳定是循环塑性的重要特征。

如果在图 5.17 中标示的初始分叉点 B,没有进行卸载,而是继续加载,可能会继续产生塑性变形和应变硬化。从图 5.17 中(a)图所示的峰值点 F 起,在单轴的应力-总应变曲线中会出现软化响应。该软化行为可能出自下述三个来源[18]:(1) 材料软化,如材料内部的孔洞演化;(2) 宏观几何软化,如晶格转动引起软化;(3) 微观几何软化,如滑移系转动引起软化。

对诸如铝合金等其他金属材料可出现不同的应力应变曲线。如图 5.17(b)所示,铝合金的应力响应中不再出现屈服平台,喻示着从塑性屈服开始就一直发生着连续的应变硬化。图 5.17(c) 针对受压缩的混凝土,展示了另外一种应力应变响应。该单轴曲线展示了充分发展的软化段,在混凝土中伴随有微裂纹和局部化剪切的形成。在文献中,常将该阶段称为裂纹损伤阶段。混凝土应力应变曲线的另一特征是卸载模量的不断下降,这是由损伤过程中微裂纹群的弱化导致的[16,19]。

一维理论 下面讨论一维弹塑性响应的数学列式。这里仅考虑小变形情况,对有限变形情况,可参阅杨卫与李荣彬(W. Yang and W. B. Lee)的文献[16]。如图 5.17 所示,在单向拉伸试验中可以直接观测拉棒的总伸长和总载荷。变形起始于弹性响应,该处的应力 σ 正比于总应变 ε,其比例常数 E 代表单向弹性变形的杨氏模量。当试件进入弹塑性阶段时,其承受的应力由材料的流动应力 Y 来平衡,而其应变则是弹性应变与塑性应变的混合。在该阶段的任何一点,都可以通过一个虚拟(也可以是真实)的卸载过程将应力卸至自由状态,这样就可以像图 5.17(a)中那样,将塑性应变 ε^{p} 分解出来。于是,在小变形情况下就有下述对应变的加法分解定理(对有限变形则是对伸长的乘法分解定理[18]):

$$\varepsilon = \varepsilon^{\mathrm{e}} + \varepsilon^{\mathrm{p}} \tag{5.49}$$

由图 5.17(a)可知,式(5.49)中弹性应变 ε^{e} 通过单轴拉伸的胡克定律与应力相联系:

$$\varepsilon^{\mathrm{e}} = \sigma/E \tag{5.50}$$

然而,关于塑性应变 ε^{p} 的表达式却很难以显式写出,因为它往往与应力加载历史 $\sigma(t)$ 有关,这里 t 是一个与时间类似的、单调增加的参数。

通常塑性应变率 $\dot{\varepsilon}^{\mathrm{p}}$ 是一个与当今的应力和应力率均有关的复杂函数。与应力率的相关代表了本构响应的速率敏感性。这样的材料我们称为"率相关塑性"或"黏塑性"材料,此处不拟深入讨论。对速率无关的过程,其本构响应在参数 t 的任何线性变换下应该保持不变。因此,当且仅当塑性应变率是应力率的一次齐次函数时,速率无关假设才得以成立。在关于塑性应变率与应力率成一次齐次函数的假设下,可以导出其必然有下述表达形式:

$$\dot{\varepsilon}^{\mathrm{p}} = \dot{\sigma}/h(\sigma) = \beta(1/E_{\mathrm{t}} - 1/E)\dot{\sigma} \qquad (5.51)$$

式(5.51)中,第一个等式的 $h(\sigma)$ 表示应力的塑性硬化函数。式(5.51)中的第二个表达式可做两点解释:

(1) 式(5.51)中的 $(1/E_{\mathrm{t}} - 1/E)$ 项,作为 $1/h$ 的替代,可由式(5.49)和式(5.50)导出,这时 $E_{\mathrm{t}} = \mathrm{d}\sigma/\mathrm{d}\varepsilon$ 是在当前应力水平下,单向拉伸应力应变曲线的切线模量。E_{t} 值在图 5.17 中的应力应变曲线上可测,且随应力水平而改变。

(2) 式(5.51)中的因子 β 代表一个加载参数。在塑性加载时取 1,在弹性卸载时取 0。

在塑性体研究中,加卸载准则是一个重要的命题。对于一维情形,它的确定却很简单。对由总应变控制的变形过程,无论材料性能为何,都可由总应变率是否严格为正来区分加载与卸载。对由应力控制的变形过程,对非软化材料或是材料的非软化阶段,也可用应力率是否非负来区分加载与卸载。对软化材料,采用应变准则来进行加卸载判断要比采用应力准则方便得多。

三维理论　现在将上述一维理论推广到三维情况。连续介质力学中的基本守恒方程,包括质量守恒、线动量与角动量守恒仍然适用于塑性体。总应变张量与位移向量间的运动学关系也同样适用。我们所面临的问题是:对所考虑的一类材料,若给定应力历史 $\sigma_{ij}(t)$,如何得到对应的应变历史 $\varepsilon_{ij}(t)$,特别是塑性应变历史 $\varepsilon_{ij}^{\mathrm{p}}(t)$。这里单调增加的类时间参量 t 代表历史的进程。它既可以取为真实时间(牛顿时间),也可以取为加载路径长度,参见弧长理论[20]或内时理论[21]。后者还与材料对塑性变形的记忆能力有关。

弹性区与屈服面　通常情况下,我们在应力空间来定义弹性区,该区覆盖了所有不产生塑性应变率的应力状态,可标记为 $\widehat{E}$。对可以产生纯弹性变形的物体,弹性区 $\widehat{E}$ 非空且呈连通状。与一维情况相似,将弹性区 $\widehat{E}$ 在应力空间的包覆面称为屈服面,记为 Y. S. (yield surface)。对屈服面可做出下述评述:(1) 此处假设当弹性区非空时存在屈服面,在文献中也可以找到没有屈服面或存在多个屈服面的处理框架;(2) 除沿着静水应力方向可能无界以外,屈服面应为闭合曲面;(3) 在应力历史的连续性要求下,屈服面应为单连通。

应变率的加法分解　无论是弹性区还是屈服面都在随历史变量 t 发生演

变。无论何时,实时应力不在弹性区内,就在屈服面上。屈服面以外的应力状态是不可达到的。当应力点严格地位于弹性区时,其应力与应变张量的增量间的即时响应为弹性。当应力点位于屈服面之上时,总应变增量可能是弹性部分和塑性部分的融合。通过朝着以往应力状态(该状态或在当今的屈服面之上,或在其内部)的卸载过程,总应变率可以被分解为

$$\dot{\varepsilon}_{ij} = \dot{\varepsilon}_{ij}^{e} + \dot{\varepsilon}_{ij}^{p} \tag{5.52}$$

式(5.52)中,弹性应变率与应力率之间由广义胡克定律相联系,即

$$\dot{\varepsilon}_{ij}^{e} = C_{ijkl}^{-1}\dot{\sigma}_{kl} \tag{5.53}$$

式(5.53)中,C 是具有福伊特对称性的 4 阶弹性张量。对一般弹性各向异性固体,它最多具有 21 个独立弹性常数。式(5.52)可称为应变率的加法分解公式,它是一维公式(5.49)的推广。对有限变形的情况,对速度梯度的对称部分 d 仍可以进行这样的分解。

最大塑性功原理　对塑性响应的进一步描述需要借助于在热力学或物理学背景下的假说。对金属塑性而言,这类假说包括基于应力功非负的德鲁克(Daniel Drucker, 1918～2001)公设[22],基于在无穷小应变循环中只产生非负功的伊留申(A. A. Ilyushin, 1940～2011)公设[23],和基于最大塑性功原理的比绍夫-希尔(J. F. W. Bishop; Rodney Hill, 1921～2011)公设[24]。后者经常被认为具有准热力学性质,有滑移导致金属塑性的物理背景,并易于推广到有限变形的情况。有鉴于此,我们将其作为塑性体力学的基本公设。最大塑性功原理(The Principle of Maximum Plastic Work, PMPW)可在数学上陈述如下:

$$(\sigma_{ij} - \sigma_{ij}^{*})\dot{\varepsilon}_{ij}^{p} \geq 0 \quad \forall \sigma_{ij} \in \text{Y.S.} \text{ 且 } \forall \sigma_{ij}^{*} \in \widehat{E} \tag{5.54}$$

该原理表明:在所有位于弹性区 $\widehat{E}$ 之内的静力允许应力状态 σ_{ij}^{*} 中(也包括屈服面 Y.S. 上的应力状态),真实应力 σ_{ij}(该应力可以产生塑性应变率 $\dot{\varepsilon}_{ij}^{p}$)将产生最大的塑性功率。因此,该原理也被称为最大塑性功率原理。PMPW 并不适用于所有材料,其反例包括具有内摩擦的岩石体和非施密特(Erich Schmid, 1896～1983)类型的金属。下面将罗列根据 PMPW 能得到的推论,并予以证明。

从最大塑性功原理可得下述推论。

(1)正交性:塑性应变率与光滑的屈服面正交。其数学表达为

$$\dot{\varepsilon}_{ij}^{p} = \lambda \frac{\partial F}{\partial \sigma_{ij}} \tag{5.55}$$

式(5.55)中,F 为屈服面函数,它以应力张量为自变量,并取决于一系列硬化参数 $Y_I(I=1,\cdots,n)$。λ 为流动因子。式(5.55)代表了正交式流动法则,也称

为关联性流动法则。

（2）光滑屈服面的外凸性。

（3）屈服面的角点凸性。若由屈服面上数片光滑曲面形成角点时,角点必须外凸。

（4）塑性应变率必须限制在由形成角点的光滑屈服面的外法向所包围的约束锥中。

证明　这里我们仅证明前两个推论,将后两个推论的证明留给读者。参照图 5.18,在屈服面 Y. S. 上的任一应力点 $\boldsymbol{\sigma}$,可在应力空间中构造一个切向超平面 Σ,以及另一个垂直于塑性应变率的超平面 Σ^*。如果两个超平面 Σ 与 Σ^* 并不

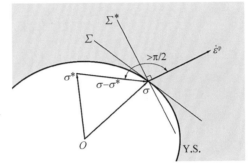

图 5.18　屈服面的凸性与塑性应变率与光滑屈服面的正交性

重合,那么必定在弹性区 $\widehat{E}$ 内存在一个应力点 $\boldsymbol{\sigma}^*$ 使得应力差值 $\boldsymbol{\sigma} - \boldsymbol{\sigma}^*$ 与 $\dot{\boldsymbol{\varepsilon}}^p$ 形成一个钝角,导致违背 PMPW。由反证法,两个超平面 Σ 与 Σ^* 必须重合,从而导致所需证明的正交性。

当正交性建立后,对外凸性的证明则直截了当。考虑在屈服 Y. S. 上任意应力点 $\boldsymbol{\sigma}$,其关联的塑性应变率张量 $\dot{\boldsymbol{\varepsilon}}^p$ 的指向屈服 Y. S. (也就是超平面 Σ) 的外法向。如果在屈服面 Y. S. 上选择另一个应力点 $\boldsymbol{\sigma}^*$,那么,由式(5.54)所数学描述的 PMPW 定义即成为屈服面(总体与局部)外凸性的充分必要条件。证毕。

除了式(5.55)所表达的塑性应变率形式外,其具体形式还可以由 PMPW 和塑性流动的一致性条件所确定。这里的一致性条件是指由 F 所表达的屈服面应该在塑性加载过程中恒等于零。即

$$F(\sigma_{ij}, Y_i) = 0 \quad \forall t \tag{5.56}$$

将式(5.56)与正交性法则(5.55)相结合,可得到其梯度前因子(或流动因子) λ 的表达式为

$$\lambda = -\dot{\varepsilon}^p_{ij} \dot{\sigma}_{ij} \Big/ \sum_{i=1}^{n} \frac{\partial F}{\partial \dot{Y}_i} \tag{5.57}$$

流动因子的另一个表达式可以通过对式(5.55)的两端进行自身内积得到。该表达式与式(5.57)结合,可得出下述关于塑性应变率的显式:

$$\dot{\varepsilon}^p_{ij} = \frac{3}{2h} P_{kl} \dot{\sigma}_{kl} P_{ij} \equiv \sqrt{3/2}\, \dot{\varepsilon}^p P_{ij} \tag{5.58}$$

在塑性应变率的典则表达式(5.58)中,归一化的塑性应变率方向为

$$P_{ij} = \partial F / \partial \sigma_{ij} \Big/ \sqrt{\frac{\partial F}{\partial \sigma_{kl}} \frac{\partial F}{\partial \sigma_{kl}}} \quad P_{ij} P_{ij} = 1 \quad\quad (5.59)$$

而

$$h = -\sqrt{\frac{3}{2}} \sum_{i=1}^{n} \frac{\partial F}{\partial Y_i} \frac{\mathrm{d}Y_i}{\mathrm{d}\bar{\varepsilon}^{\mathrm{p}}} \Big/ \sqrt{\frac{\partial F}{\partial \sigma_{kl}} \frac{\partial F}{\partial \sigma_{kl}}} \quad\quad (5.60)$$

是类似于一维情况下式(5.51)中硬化模量的表达式。一旦知道屈服函数 F 的确切形式,上式中的偏导数 $\dfrac{\partial F}{\partial \sigma_{kl}}$ 与 $\dfrac{\partial F}{\partial Y_i}$ 便可以对应解出,而屈服面随塑性变形的演化 $\dfrac{\mathrm{d}Y_i}{\mathrm{d}\bar{\varepsilon}^{\mathrm{p}}}$ 可由实验测量得到。此外,由式(5.58)可得到下述等效塑性应变率的表达式:

$$\dot{\bar{\varepsilon}}^{\mathrm{p}} = \sqrt{2/3}\, \dot{\bar{\varepsilon}}_{ij}^{\mathrm{p}} P_{ij} = \sqrt{3/2}\, \frac{P_{ij} \dot{\sigma}_{ij}}{h} \quad\quad (5.61)$$

在三维问题中,等效塑性应变率 $\dot{\bar{\varepsilon}}^{\mathrm{p}}$ 起着一维问题中的塑性应变率的作用。可以将这个量视为塑性应变率张量 $\dot{\boldsymbol{\varepsilon}}^{\mathrm{p}}$ 在自身方向上的投影长度,然后乘以一个折算因子 $\sqrt{2/3}$,使得其与一维情况下的塑性应变率相符合。$\dot{\bar{\varepsilon}}^{\mathrm{p}}$ 的物理意义还可以由下述塑性功耗散的表达式来阐释:

$$\dot{W}^{\mathrm{p}} \equiv \sigma_{ij} \dot{\bar{\varepsilon}}_{ij}^{\mathrm{p}} = \sqrt{3/2}\, \sigma_{ij} P_{ij} \dot{\bar{\varepsilon}}^{\mathrm{p}} = \bar{\sigma} \dot{\bar{\varepsilon}}^{\mathrm{p}} \quad\quad (5.62)$$

式(5.62)中,$\bar{\sigma}$ 称为等效应力,可定义为应力张量 $\boldsymbol{\sigma}$ 在塑性应变率方向的投影,再乘以一个因子 $\sqrt{3/2}$,以便与单轴拉伸时的拉应力相符合,如下所示:

$$\bar{\sigma} = \sqrt{3/2}\, \sigma_{ij} P_{ij} \qu\quad (5.63)$$

$\bar{\sigma}$ 形成等效塑性应变率 $\dot{\bar{\varepsilon}}^{\mathrm{p}}$ 的功共轭。这里要说明:上述表达式仅适用于塑性加载,在弹性卸载时塑性应变率逐渐减小到零。

金属塑性 在原子层面上,金属塑性由金属键所刻画,其微观塑性变形多由晶格点阵中的位错滑移所致。位错可沿某一滑移系的滑移持续进行,并不造成点阵结构的崩塌。从某种意义来说,金属相变所产生的形变也可归纳于塑性变形之列(因为其多为不可恢复),但本书中不再进一步讨论相变塑性。以位错为主导的塑性变形机制对金属塑性的宏观度量形成的特征如下文所述。

在布里奇曼(Percy Bridgman, 1882~1961)历史性的静水等压测试后,人们

通常将金属材料近似为不可压缩的。在单纯的塑性变形中的体积或质量守恒
也得到了连续体滑移模型与位错滑移模型的验证。违背这一假设的特例也时
有发生,如对地质材料所观察到的压力敏感和剪胀现象,或当金属材料进入大
幅度孔洞扩展阶段之时。对多数情况,塑性不可压缩近似成立,且可以从数学
上表达为

$$\varepsilon_{ii}^{\mathrm{p}} = 0 \qquad (5.64)$$

因此,无论是塑性应变还是塑性应变率都是偏斜张量。由正交流动法则
(5.55)可知,在式(5.64)的要求下,屈服函数 F 应与静水应力无关。于是,可
将应力张量 $\boldsymbol{\sigma}$ 分解为球形静水应力与偏斜应力 $\boldsymbol{s}$。于是,对金属塑性的情况,
其屈服面函数简化为下述方程中的第一个等式:

$$F(\sigma_{ij}) = F(s_{ij}) = F(J_2, J_3) = F(J_2, J_3^2) \qquad (5.65)$$

式(5.65)的第二个等式对应于材料各向同性响应的进一步假设,而第三个等
式对应于拉压无差异的假设。为简洁起见,式(5.65)略去了对硬化参数的依
赖性。式(5.65)中的符号 J_2 与 J_3 表示偏斜应力张量的第二和第三不变量,定
义为

$$J_2 = s_{ij}s_{ij}/2; \quad J_3 = \det \boldsymbol{s} \qquad (5.66)$$

式(5.66)中,$\det \boldsymbol{s}$ 表示张量 $\boldsymbol{s}$ 的行列式。式(5.65)中所列的各化简步骤可陈述
如下:首先,各向同性响应的假设使得屈服函数 $F(\boldsymbol{s})$ 应为应力偏量 $\boldsymbol{s}$ 的非零
不变量的函数,即仅为 J_2 与 J_3 的函数。对拉伸与压缩的无差异性表明 F 应该
为 J_3 的偶函数,于是得到式(5.65)的最后一式。在塑性力学中,有两个具有历
史重要性的特殊屈服条件,它们是:

(1)冯·米塞斯(Richard von Mises,1883~1953)屈服准则,其屈服函数 F
仅依赖于 J_2,且有

$$F \equiv J_2 - Y^2/3 = 0 \qquad (5.67)$$

式(5.67)中,Y 为单轴加载时的流动应力。在文献中也称这一准则为 J_2 类型的
屈服准则。

(2)特雷斯卡(Henri Tresca,1814~1885)屈服准则,该准则认为屈服函数
依赖于固体内的最大剪应力

$$F \equiv \mathrm{Max}\{|s_1 - s_2|, |s_2 - s_3|, |s_3 - s_1|\} = 2k = Y \qquad (5.68)$$

式(5.68)中,s_1、s_2 与 s_3 是主偏斜应力,而 k 为简单剪切变形时的剪切流动应
力。若要求对单轴拉伸的特例,从米塞斯到特雷斯卡屈服准则应该得到同样的

流动应力,便可以得到式(5.68)中最后一个等式。

在塑性力学的教科书[25-26]中都会指出:对平面应力的情况,米塞斯屈服准则可以表达为在面内主应力平面上的一个椭圆;而特雷斯卡屈服准则可表达为在同一平面上米塞斯椭圆的内接六边形。这两个屈服面仅在特雷斯卡六边形的顶点处吻切,在其他处两者间的最大偏差为15.5%。然而,对另一个特例,即平面应变不可压缩变形,米塞斯屈服函数与特雷斯卡屈服函数重合。两者都可以解析地表达为

$$\left(\sigma_{11} - \sigma_{22}\right)^2 + 4\sigma_{12}^2 = (4/3)Y^2 \tag{5.69}$$

米塞斯或特雷斯卡屈服准则在这一特例下的重合性可归结于在体积不变固体中的剪切主导变形。

参考文献

1. Rice J R. Mechanics of solids[J]. 15th ed. The New Encyclopedia of Britainnica, 2002, 23:734-747.

2. Yang W, Wang H T, Li T F, et al. X-mechanics:An endless frontier[J]. Science China, 2019, 62(1):014601.

3. Hao J, Xiong S, Yang Y. Tracking vortex surfaces frozen in the virtual velocity in non-ideal flows[J]. Journal of Fluid Mechanics, 2019, 863:513-544.

4. Chou P Y. On velocity correlations and the solutions of equations of turbulent fluctuations [J]. Quarterly of Applied Mathematics, 1945, 5(1):38-54.

5. 周培源.湍流理论的近代发展[J].物理学报,1957,13(3):220-244.

6. Xiong S, Yang Y. Effects of twist on the evolution of knotted magnetic flux tubes[J]. Journal of Fluid Mechanics, 2020, 895:A28.

7. Dugas R. A history of mechanics[M]. New York:Dover Publications Inc. , 1988.

8. Weiner J H. Statistical mechanics of elasticity[M]. New York:Wiley, 1983.

9. Green A E, Zerna W. Theoretical elasticity[M]. Oxford:Oxford University Press, 1968.

10. Ashby M F, Jones D R H. Engineering materials 1:An introduction to their properties and applications[M]. Oxford, New York, Seoul, Tokyo:Pergamon Press, 1993.

11. Meyers M A, Chawla K K.金属力学-原理及应用[M].程莉,杨卫,译.北京:高等教育出版社,1989.

12. Love A E H. A Treatise on the mathematical theory of elasticity[M]. Cambridge:Cambridge University Press, 1927.

13. Muskhelishvili N I. Some basic problems of the mathematical theory of elasticity[M]. 5th ed. Moscow:Nauka, 1966.

14. Muskhelishvili N I. Singular integral equations:Boundary problems of function theory and their application to mathematical physics[M]. New York:Dover Publications Inc. , 2008.

15. Carroll M M. Foundations of solid mechanics[J]. Applied Mechanics Reviews, 1985, 38(10): 1301 - 1308.

16. Yang W, Lee W B. Mesoplasticity and its applications[M]. Berlin: Springer-Verlag, 1993.

17. Cottrell A H. 晶体中的位错和范性流变[M]. 葛庭燧, 译. 北京: 科学出版社, 1962: 62 - 64.

18. Asaro R J. Micromechanics of crystals and polycrystals[J]. Advances in Applied Mechanics, 1983, 23: 1 - 115.

19. 杨卫. 宏微观断裂力学[M]. 北京: 国防工业出版社, 1995.

20. Pipkin A C, Rivlin R S. Mechanics of rate-independent materials[J]. Zeitschrift für Angeuandta Mathematik und Physik, 1965, 16: 313.

21. Valanis K C. A theory of viscoplasticity without a yield surface. Part I: General theory [J]. Archives of Mechanics, 1971, 23: 517 - 533.

22. Drucker D C. A more fundamental approach to plastic stress-strain relations[C]. Proceedings of the 1st National Congress of Applied Mechanics, ASME, 1951: 487 - 491.

23. Ilyushin A A. On the postulate of plasticity[J]. Prikladnaya Matematikai Mekhanika, 1961, 25: 503 - 507.

24. Bishop J F W, Hill R. A theory of the plastic distortion of a polycrystalline aggregate under combined stress[J]. Philosophical Magazine Letters, 1951, 42: 414, 1298.

25. 王仁, 熊祝华, 黄文彬. 塑性力学基础[M]. 北京: 科学出版社, 1982.

26. Lubliner J. Plasticity theory[M]. New York: McMillan, 1990.

思考题

1. 试讨论图 5.12 所示的三种黏弹性模型, 哪种是流体? 哪种是固体? 为什么?

2. 讨论流体的欧拉描述与拉格朗日描述。其各自的优缺点如何?

3. 根据对长链高分子材料的熵弹性描述, 说明其为什么会表现出高夫-焦耳效应: 当载荷固定时, 受热收缩、降温伸长; 绝热变形时会产生温升?

4. 柯西利用原子之间的对势作用关系导出了弹性张量的完全对称性。对各向同性这种特殊情况, 柯西认为描述线弹性理论仅需要知道一个弹性常数, 这时的泊松比是多少?

5. 为什么说"一般而言, 平面应力状态不能严格存在"?

6. 如何在三维塑性本构关系中引入包辛格效应?

7. 试对平面应力的情况, 在面内主应力平面上绘出米塞斯屈服准则与特雷斯卡屈服准则。

第6章
计算与实验

"科学的发展是以两个伟大的成就为基础：希腊哲学家发明形式逻辑体系（在欧几里得几何中），以及（在文艺复兴时期）发现通过系统的实验可能找出因果关系"[1]。爱因斯坦的上述论断指出了实验对于科学发展的重要贡献。实验力学的发展造就了成熟的测量体系以及商业化的实验仪器，并广泛地应用于科学研究和国计民生各个领域。计算力学的发展超前于计算机的发展，在力学的基本方程建立之后，各种近似求解方法不断提出，其中包括作为计算力学核心思想的变分法。随着计算机的发展，计算力学已经成为工程设计的基本工具。

本章扼要叙述计算力学和实验力学的基本方法和原理，以及它们与其他学科之间的交叉拓展。

6.1 有限差分法——从连续到离散

离散化方法 将连续介质力学中以空间和时间坐标为变量的连续物理场（如位移、速度、温度等）用有限个离散点上值的集合来代替，并通过基本方程建立不同离散点上物理场数值之间的关系，可称为离散化方法。该方法将依据物理场时空关系的微分方程变换为代数方程组，进而可以方便地利用计算机求解代数方程，以获得连续物理场的近似解。这也是数值计算的基本思想。

从离散化方法的思想出发，已经衍生出有限差分法和有限元方法等多种连续介质力学数值计算方法。在流体力学中，有限差分法是主要的数值方法；在固体力学中，有限元法出现以前，也主要采用差分方法。有限差分方法始于牛顿、欧拉等的工作，他们曾用差分代替微商以简化计算。

1928年，科朗（Richard Courant，图6.1）等证明了三大典型方程差分格式的收敛性定理，为现代有限差分理论提供了基础。有限差分方法便于用计算机计算，因而获得了广泛应用。冯·诺伊曼于1948年提出可以用傅里叶方法分析稳定性，拉克斯（Peter David Lax，1926~2019）等建立了一般差分格式的收敛

图6.1 理查德·科朗（1888~1972）

性、稳定性和相容性之间的关系[2]。20 世纪 60 年代以来,随着计算机的发展,
有限差分方法在流体力学领域获得了重要应用。1963 年哈洛(Francis H.
Harlow,1928~2016)和弗罗姆(Jacob E.
Fromm)用差分方法解决了流体力学著名
难题,即卡门涡街的数值模拟(图 6.2)[3]。
随后,计算流体力学得到了快速发展,较
全面地解决了非定常 N-S 方程求解问题,
成为各类飞行器设计中重要方法。除计

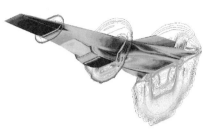

图 6.2 飞行器卡门
涡街的数值模拟

算流体力学领域外,有限差分方法被应用于各类微分方程和积分-微分方程的
定解问题,如常微分方程和偏微分方程的初值问题和边值问题等。它成为把微
分方程离散化,从而求其数值解的基本方
法之一。

差分格式 有限差分法以差分代替
微商,从几何上可以理解为利用切线来近
似切点附近的曲线,见图 6.3。切线的斜
率可以通过切点 x_0 附近任意两点 $x_0 \pm \Delta x$
函数值的差与两点之间距离的比值来近
似。这两点分别取 x_0 和 $x_0 + \Delta x$ 或 x_0 和
$x_0 - \Delta x$,于是就形成了前向差分和后向差

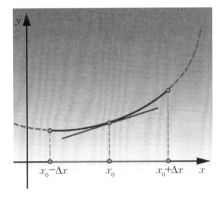

图 6.3 有限差分法
示意图

分两种格式,严格的推导可借助泰勒级数展开方法来进行:

$$f(x_0 + \Delta x) = f(x_0) + \frac{f'(x_0)}{1!}\Delta x + \frac{f^2(x_0)}{2!}\Delta x^2 + \cdots + \frac{f^{(n)}(x_0)}{n!}\Delta x^n + O(\Delta x^{n+1})$$

$$(6.1)$$

考虑一阶近似,前向差分:

$$f(x_0 + \Delta x) = f(x_0) + f'(x_0)\Delta x$$

后向差分:

$$f(x_0) = f(x_0 - \Delta x) + f'(x_0)\Delta x$$

前向差分格式亦称为显式欧拉法,因为 $x_0 + \Delta x$ 处函数值可以基于 x_0 处函数值
及其一阶导数得到。而后向差分格式的预测值 $f(x_0)$ 不仅与 $f(x_0 - \Delta x)$ 有关,
还取决于 x_0 处的导数 $f'(x_0)$;后者往往未知,需要通过同时求解所有网格结点
上的差分方程得到,因此也称为隐式欧拉法。前向差分和后向差分格式的精度
均为 $O(\Delta x)$。泰勒级数展开中 Δx 的幂次呈奇偶交替变化,利用 $x_0 + \Delta x$ 和
$x_0 - \Delta x$ 对 x_0 的对称性,可以得到具有二阶精度的中心差分,为形式统一起见一

般写为中心差分：

$$f'(x_0) = \frac{f(x_0 + 1/2\Delta x) - f(x_0 - 1/2\Delta x)}{\Delta x}$$

一般而言，具有 n 阶精度的 m 阶导数差分格式，需要包括 x_0 在内的 $n+1$ 个结点的函数值来表示，在每个结点上将泰勒级数展开至 $m+n$ 项，并设法消掉除 m 阶导数外的前 $m+n-1$ 阶导数。例如，用于求解非线性常微分方程的龙格-库塔（Carl Runge，1856~1927；Martin Kutta，1867~1944）法中的"RK4"方法，每步误差为 $O(\Delta x^5)$，累计误差为 $O(\Delta x^4)$。由于计算精度的提高，可以适当地放大计算步长，使得总体计算效率得以提升，因此高阶数值方法在大规模计算中获得了广泛应用。

稳定性　显式和隐式欧拉法的区别不仅仅体现在差分格式的数学表达形式，它还深刻地揭示了数值稳定性这一重要概念。我们以一阶常微分方程 $y'(t) = -\alpha y$ $(\alpha > 0)$ 为例，来阐述这一概念。根据显式欧拉法，我们有

$$y_{n+1} = y_n + y'_n \Delta t = (1 - \alpha\Delta t)y_n = (1 - \alpha\Delta t)^{n+1} y_0 \qquad (6.2)$$

若期待上式收敛，则需要 $|1 - \alpha\Delta t| < 1$，即要求积分步长 $\Delta t < \dfrac{2}{\alpha}$。对于隐式欧拉法，这一递推关系则为

$$y_{n+1} = \frac{y_n}{1 + \alpha\Delta t} = \left(\frac{1}{1 + \alpha\Delta t}\right)^{n+1} y_0 \qquad (6.3)$$

显然对于任意积分步长 Δt，式(6.3)均能保证 $y_{n+1} \to 0$ $(n \to \infty)$，即满足收敛性条件。

图 6.4　冯·诺伊曼(1903~1957)

以上对比给出了数值稳定性的基本定义：若任意时间步的误差不会导致其后计算结果的发散，则可称该有限差分法是数值稳定的。数值稳定性与数值误差密切相关，冯·诺伊曼（图 6.4）将数值误差类比于扰动，近似地分解为有限个谐波之和。如果某差分格式使任一谐波分量的振幅随时间而衰减，或至少不变，则该格式是稳定的；反之则不稳定。基于该想法，可建立傅里叶稳定性分析：将误差分解为傅里叶级数，用于验证线性偏微分方程有限差分法的数值稳定性。对于非线性偏微分方程，目前尚无具有一般有效性的数值稳定性分析方法。

数值耗散与数值色散　由于有限差分法中产生的截断误差，离散方程并不严格地等价于连续方程。可以通过在连续方程中引入修正项的方式，使得修正后连续方程的解与离散方程一致。修正项的导数阶数取决于截断误差的阶次。若误差修正项含偶数阶导数，其体现的效果类似于在物理体系中引入阻尼，导

致系统能量的耗散,称为数值耗散,在流体力学计算中称为人工黏性。若误差修正项含奇数阶导数,其效果等价于在物理体系中引入了色散作用,导致不同频率的波在传播过程中发生变形失真,称为数值色散。有鉴于此,如果截断误差中的主项是偶数阶导数,那么数值解体现出耗散行为;当主项是奇数阶导数时,数值解将体现出色散行为。在流体力学计算中,虽然人工黏性会让解的精确性变差,但它能够增强数值解的稳定性。在计算流体力学的诸多应用中(例如对于激波的计算),如果没有足够的人工黏性,数值解就会变得不稳定,因此需要人为地添加一些人工黏性项,来得到稳定的数值解。

6.2 有限元法——从离散微分方程到离散积分方程

建立连续介质力学基本方程的核心思想是赋予连续体中的微元都需要满足的基本物理定律,如质量守恒和牛顿第二定律等,对微元建立平衡方程就得到了微分形式的控制方程。以差分代替微商对微分方程离散进行数值求解,就演化出有限差分法。与之相对,我们也可以从整体上考虑连续体,真实的变形场对应于系统某一能量泛函的最小值。连续体的总能量等于所有微元势能的加和,因此可得到积分形式的基本方程。从数学上可以严格证明:积分形式和微分形式的控制方程等价,即能量原理等价于平衡方程,见4.6节。对于积分方程离散进行数值求解,就发展出有限元方法。

有限元法的诞生 1943年,科朗从数学上明确提出了有限元的思想,发表了第一篇使用三角形单元的多项式函数来求解扭转问题的论文。由于当时计算机尚未出现,该工作并没有引起应有的注意。在工程领域,由于航空事业的飞速发展直接推动了有限元的应用。1956年,特纳(M. J. Turner)、克拉夫(Ray W. Clough,图6.5)、马丁(H. C. Martin)与托普(L. J. Topp)共同在《航空科学学报》(*Journal of the Aeronautical Sciences*)发表了计算飞机机翼强度的论文,主要采用有限元方法研究了杆、梁以及三角形单元刚度表达式。一般认为这是工程领域有限元法的开端。1960年,美国加州大学克拉夫教授在美国土木工程学会会议上发表了一篇处理平面弹性问题论文,将离散单元推广到连续体单元,并首次命名为有限元法。1967年,辛克维奇(Olgierd C. Zienkiewicz,1921~2009)教授和张佑启(Yau-Kai Cheung, 1934~)教授出版了世界上第一本有限元法著作 *The Finite Element Method in Structural Mechanics*,也成为该领域的经典著作,为有限元法的推广应用做出了奠基性的贡献。与此同时,有限元法在中国特定历史环境下并行于西方独立发展起来。1964年冯康(图6.6)创立了数值求解偏微分方程的有限元方法,形成了标准算法,编制了通用的工程结

图6.5 雷·克拉夫(1920~2016)

图6.6 冯康(1920~1993)

构分析计算程序。1965 年，他发表论文《基于变分原理的差分格式》，标志着有限元法在我国的问世[4]。

60 余年来，有限元历经了诞生、发展和完善三个阶段。早期有限元主要针对求解固体力学中的静力平衡问题；现代有限元方法广泛用于解决各种数学物理问题，如结构动力学、波的传播、瞬态温度场以及流体力学问题，涵盖了椭圆形、双曲型以及抛物线型偏微分方程。有限元法的发展催生了工业产品优化设计与使用的数字仿真技术，在计算机上对产品的数字样机进行全生命周期的仿真模拟，缩短更高性能产品的研发周期，降低研发费用。

有限元格式　4.6 节给出了通过能量法，将弹性力学定解方程转换为其等效积分形式的思路。这里我们以弹性力学平面问题为例，在最小势能原理基础上，介绍建立积分方程有限元格式的基本步骤[5]。首先，需要对于求解域进行网格划分，剖分为有限个单元。对于平面问题常采用三角形单元，三个结点以逆时针方向编码为 i、j、m，每个结点有两个位移分量[6]：

$$a_i = \begin{bmatrix} u_i \\ v_i \end{bmatrix} \tag{6.4}$$

按照逆时针顺序集成单元结点位移矩阵为

$$a^e = \begin{bmatrix} u_i & v_i & u_j & v_j & u_m & v_m \end{bmatrix}^T \tag{6.5}$$

其次，单元内任意一点位移可以通过结点位移插值获得，如下所示：

$$\begin{aligned} u = N_i u_i + N_j u_j + N_m u_m \\ v = N_i v_i + N_j v_j + N_m v_m \end{aligned} \tag{6.6}$$

式(6.6)中，N_i 为单元插值函数或形函数。最简单的形函数为线性函数

$$N_i = \frac{1}{2A}(a_i + b_i x + c_i y) \tag{6.7}$$

式(6.7)中，A 为三角形单元面积；常数 a_i、b_i、c_i 为三个结点坐标的函数。利用矩阵的形式可以简洁地记为 $u = Na^e$，其中，

单元位移矩阵：

$$u = \begin{bmatrix} u \\ v \end{bmatrix}$$

插值函数矩阵：

$$N = \begin{bmatrix} N_i & 0 & N_j & 0 & N_m & 0 \\ 0 & N_i & 0 & N_j & 0 & N_m \end{bmatrix}$$

借助插值函数,可以方便地将其他物理量矩阵表示为单元结点位移的函数,

应变:
$$\boldsymbol{\varepsilon} = \begin{bmatrix} \varepsilon_x \\ \varepsilon_y \\ \gamma_{xy} \end{bmatrix} = \boldsymbol{B}\boldsymbol{a}^e$$

应力:
$$\boldsymbol{\sigma} = \begin{bmatrix} \sigma_x \\ \sigma_y \\ \tau_{xy} \end{bmatrix} = \boldsymbol{D}\boldsymbol{B}\boldsymbol{\varepsilon} = \boldsymbol{S}\boldsymbol{a}^e$$

最后,利用上述物理量的矩阵表达写出单元势能,如下所示:

$$
\begin{aligned}
\Pi^e &= \boldsymbol{a}^{e\mathrm{T}}\Big(\int_{\Omega^e}\frac{1}{2}\boldsymbol{B}^{\mathrm{T}}\boldsymbol{D}\boldsymbol{B}\mathrm{d}\Omega\Big)\boldsymbol{a}^e - \boldsymbol{a}^{e\mathrm{T}}\Big(\int_{\Omega^e}\boldsymbol{N}^{\mathrm{T}}\boldsymbol{f}\mathrm{d}\Omega\Big) - \boldsymbol{a}^{e\mathrm{T}}\Big(\int_{S^e_\sigma}\boldsymbol{N}^{\mathrm{T}}\boldsymbol{T}\mathrm{d}S\Big) \\
&= \frac{1}{2}\boldsymbol{a}^{e\mathrm{T}}\boldsymbol{K}^e\boldsymbol{a}^e - \boldsymbol{a}^{e\mathrm{T}}\boldsymbol{P}^e_f - \boldsymbol{a}^{e\mathrm{T}}\boldsymbol{P}^e_S \\
&= \frac{1}{2}\boldsymbol{a}^{e\mathrm{T}}\boldsymbol{K}^e\boldsymbol{a}^e - \boldsymbol{a}^{e\mathrm{T}}\boldsymbol{P}^e
\end{aligned}
\tag{6.8}
$$

式(6.8)中, $\boldsymbol{K}^e$ 为单元刚度矩阵; $\boldsymbol{P}^e$ 为单元等效结点载荷。离散形式的系统总势能等于:

$$\Pi = \sum_e \Pi^e = \frac{1}{2}\boldsymbol{a}^{\mathrm{T}}\boldsymbol{K}\boldsymbol{a} - \boldsymbol{a}^{\mathrm{T}}\boldsymbol{P} \tag{6.9}$$

式(6.9)中, $\boldsymbol{a}$ 为整体结构所有网格结点的位移矩阵。可以利用一个转换矩阵来表示它与单元结点位移之间的关系,即 $\boldsymbol{a}^e = \boldsymbol{G}^e\boldsymbol{a}$,因此得到

结构整体刚度矩阵:

$$\boldsymbol{K} = \sum_e \boldsymbol{G}^{e\mathrm{T}}\boldsymbol{K}^e\boldsymbol{G}^e$$

结构节点载荷矩阵:

$$\boldsymbol{P} = \sum_e \boldsymbol{G}^e\boldsymbol{P}^e$$

根据最小势能原理,若使系统势能取最小值时结点位移为真实位移,则要求 $\delta\Pi = 0$,即

$$\frac{\partial\Pi}{\partial\boldsymbol{a}} = 0 \tag{6.10}$$

这样就得到了有限元的求解方程为

$$\boldsymbol{K}\boldsymbol{a} = \boldsymbol{P} \tag{6.11}$$

式(6.11)中,结构刚度矩阵由单元刚度矩阵集合而成,具有明确的物理意义。其任意分量 K_{ij} 代表结构第 j 个结点位移为单位值且其他结点位移均为零时,需要在第 i 个结点所施加力的大小。考虑功的互等定理以及结果稳定性,结构刚度矩阵应为对称矩阵且主元为正。这里需要指出:单元插值函数需要包容刚体运动在内的位移模式,导致单元刚度矩阵具有奇异性。所以结构刚度矩阵也是奇异阵,需要引入位移边界条件消除奇异性,式(6.11)才有唯一非零解。当连续体离散为有限个单元时,每个单元刚度矩阵仅与单元结点相关,而一个结点仅属于周围少数单元。如果整个结构有大量单元,结构刚度矩阵必然体现出稀疏特性。只要结点编号合理,非零元素将集中在对角线附近带状区域,即刚度矩阵具有带状分布特点。

通过对能量积分方程的离散,求解弹性力学问题转化为代数方程组求解。有限元求解的效率及计算结果的精度在很大程度上取决于线性代数方程组的解法。随着研究对象复杂程度增加,有限元分析需要越来越多的单元来更准确地离散模型,线性代数方程组的阶数也随之增加,例如达到上亿阶次。因而超大规模代数方程高效、高精度求解成为有限元算法的重要问题。

收敛性 与有限差分法一样,对于数值求解的结果需要考虑其收敛性。对于有限元法而言,收敛性定义为当单元网格尺寸趋向零时,有限元解逼近精确值。有限元法的收敛性与形函数密切相关。单元内任一点的数值由形函数插值获得,这表明我们是利用形函数来拟合真实解。形函数一般表达为有限项多项式,而泰勒级数形式对形函数提出了完备性要求。即如果积分方程中被积函数的最高阶导数为 m 阶,则形函数应至少为 m 次完备多项式。同时,求解域内物理场光滑连续,需要形函数满足协调性要求,即在单元的交界面上必须有 C_{m-1} 连续性,即在相邻单元的交界面上应有函数直至 $m-1$ 阶的连续导数。当单元形函数满足上述要求时,数学上可以严格证明,有限元解是收敛的[6]。

对前面建立的三结点三角形单元,形函数同时满足完备性和协调性要求,因此采用这种单元,解是收敛的。但其形函数仅由 1 次完备多项式构成,对于复杂的变形模式,例如裂纹尖端的奇异场,往往需要更密集的网格才能得到较高精度的有限元解,降低了求解效率。另一种方法是采用更高阶的完备多项式,可用较少的单元划分模型同时获得满意的求解精度,由此发展了多种单元形式,如等参元等。

应用 类似于有限差分法,有限元法在工程中的广泛应用推动了商业化有限元软件的快速发展,常用的软件包括 ANASYS、NASTRAN、ABAQUS、FLUENT、COMSOL、MARC、DYNA3D、DASSAULT 等,其应用涵盖固体力学、流体力学、结构动力学、热力学、电磁学、声学等众多学科领域。近年来,国产软件也得到一定发展,如 JIFEX、SiPESC 和 FEPG 等。商业化软件一般集成友好的软件界面,灵活的计算机辅助三维建模系统,自动生成多种结构化或者非结构化网格功能、多物理场耦合分析能力、经过优化的高速并行线性和非线性方程求解器,以及强大的可视化后处理功能。目前,有限元软件的发展不断服务于特定的工程专业领域,从简单的结构变形分析,到全生命周期的仿真模拟,同时集成了行业国际标准及各种数据库。如在土建结构领域中,国产世纪旗云软件具有自动完成建模、计算、优化、出图等功能,方便工程人员使用。除工程领域以外,将有限元法与计算机图形学结合,可广泛应用于电影动画及游戏制作,让计算机生成的角色以符合力学原理的方式融入环境中,令观众无法分辨真实与虚拟的差异。

6.3 分子动力学计算——牛顿力学的原子模拟器

无论有限差分法还是有限元方法,其基本的计算对象是连续介质,即认为真实的流体和固体近似由连续的、充满全空间的介质组成。连续介质力学这一概念最早由法国数学力学家柯西在 19 世纪提出。而早在古希腊时代,哲学家德谟克利特(Democritus,图 6.7)就提出了朴素的"原子论",他认为原子是不可构造和永恒不变的,它们在虚无的空间中运动和作用,可以聚集形成不同形状的团簇,团簇与团簇的结合最终形成各种宏观物质[7]。因为缺乏必要的数学方法和原子尺度观察工具,朴素的"原子论"思想的提出并未像随后的连续介质力学那样获得蓬勃发展,然而这一深刻的思想却潜移默化地影响了众多科学家的世界观。随着自然科学的发展,尤其是 17 世纪科学革命以来,皮埃尔·伽桑狄(Pierre Gassendi,1592~1655)、罗伯特·胡克、丹尼尔·伯努利等科学家重新思考物质结构,认识到固体、液体、气体三种宏观物态之间的转变是因为分子或原子之间作用的结果。1662 年罗伯特·波义耳(Robert Boyle,1627~1691)根据实验提出气体的体积与压强呈反比的关系,埃德姆·马略特(Edme Mariotte,1620~1684)在 1676 年独立地提出类似观点,经后人称为玻意耳-马略特定律。1738 年丹尼尔·伯努利在其著作《流体力学》中提出,气体是由大量向各个方向运动的分子组成的,分子对表面的碰撞就是气压的成因,在分子层面根据牛顿运动定律导出玻意耳-马略特定律。这些结果一直未受到关注,直到焦耳、克劳修斯、麦克斯韦以及玻尔兹曼系统地建立了热力学和统计力学的基础,才确立了分子运动理论[8]。

图 6.7 德谟克利特(公元前 460~公元前 370)

分子运动论 分子运动论是人类正确认识到物质的结构组成和运动的一般规律。它基于气体是由分子组成这一朴素的事实,假设分子运动遵守牛顿第二定律,分子之间或者分子与容器壁面的作用可以近似描述为弹性碰撞。通过简单推导可得[8]

$$PV = \frac{nm\bar{v}^2}{3} \tag{6.12}$$

式(6.12)中,P 和 V 分别为气体压强和体积;n 为气体分子数;m 为分子质量;$\bar{v}$ 为分子运动速度。这个结果深刻地阐释了宏观压强与分子的平均平动动能这一微观量之间的联系。理想气体定律指出:

$$PV = nkT \tag{6.13}$$

式(6.13)中,T 为绝对温度;k 为玻尔兹曼常数。两者比较可以深刻地揭示难以琢磨的温度概念背后的物理机制:体系的绝对温度是分子平均动能的宏观体现。将牛顿第二定律与分子或者原子的思想相结合,使得人们得以完美阐释宏观现象背后的微观机制。这些基本思想推动了从分子或者原子的角度理解固体或者流体的力学行为。这些方法统称为分子动力学方法,它利用计算机模拟大规模分子运动的微观行为,直观地了解体系在一定条件下的演变过程。

应用举例 分子动力学最早在 20 世纪 50 年代由物理学家提出,如今广泛地应用于物理、化学、生物体系的理论研究中。在生物学领域,从蛋白质序列预测蛋白质三维结构以及动力学特征,到探究生物大分子结构与功能的关系、生物大分子之间相互作用以及生物大分子与配体的相互作用等领域,分子动力学在预测结构-功能关系、指导实验设计和诠释实验结果方面都具有重要应用。例如,利用分子动力学模拟可以揭示基因编辑过程原子尺度的作用机制(图6.8),对于开发更可靠的基因编辑技术有重要作用。

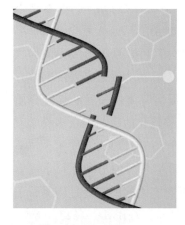

图 6.8 通过分子动力学模拟揭示基因编辑过程的原子尺度作用机制

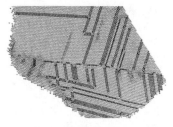

图 6.9 分子动力学应用于材料设计

分子动力学应用的另一个重要领域是材料设计(图6.9),它已经普遍用于模拟堆垛层错、晶界、位错和微裂纹等微观材料缺陷,以图建立材料结构-性能关联,指导材料设计。例如对金属的强韧化问题,可利用大规模分子动力学模拟方法揭示纳米孪晶铜中孪晶片层厚度对于材料屈服强度的影响机制,从模拟来指导如何通过调控孪晶层面厚度来实现金属材料强度与塑性的匹配[9]。分子动力学模拟结果的可靠性与其基本方法以及分子或原子间交互作用模型密切相关。

基本方法 分子动力学方法以原子或者分子组成的聚集体为研究对象,每个分子或原子的受力由分子间相互作用势函数或者分子力场得到,通过数值求

解牛顿运动方程得到每个分子或原子的运动轨迹,从而以动态观点考察系统随
时间演化的行为。系统的宏观物理量由统计力学方法给出,从而建立宏观响应
与微观结构演化之间的关系。对于大量粒子运动轨迹的模拟,数值算法的精度
和效率成为重要的考量。首先,牛顿运动方程具有时间可逆性,因此需要数值
方法在运动方程的求解格式以及边界条件处理时具备时间可逆性;其次,需要
满足物理系统能量守恒以及相空间体积元体积守恒,然而这一点在模拟中并非
显而易见;最后,高精度的数值方法有利于选择较大的时间步长,然而算法复杂
度会降低计算效率[10]。1967 年,法国物理学家韦尔莱(Loup Verlet,图 6.10)将
类似于中心差分方法的数值格式应用于分子动力学模拟[11]:

$$r_i(t + \Delta t) = 2r_i(t) - r_i(t - \Delta t) + \frac{f_i(t)}{m}\Delta t^2 + O(\Delta t^4) \qquad (6.14)$$

图 6.10 卢普·韦
尔莱(1931~2019)

式(6.14)中,$r_i(t)$ 和 $f_i(t)$ 分别为第 i 个粒子在 t 时刻的位置和所受合力。该
方法无须计算粒子的速度 $v_i(t)$,根据当前位置和受力以及前一时刻位置,可以
准确预测下一时刻位置,其数值精度为时间步长的四次方。研究表明该方法比
欧拉方法具有更高的数值稳定性,同时兼具了算法精度和效率之间的平衡。韦
尔莱积分方法的一个变体为在交错的时间点计算位置和速度,好像相互"跃
过"对方,形象地称为"蛙跳"算法:

$$r_i(t + \Delta t) = r_i(t) + v_i\left(t + \frac{1}{2}\Delta t\right) \qquad (6.15)$$

$$v_i\left(t + \frac{1}{2}\Delta t\right) = v_i\left(t - \frac{1}{2}\Delta t\right) + \frac{f_i(t)}{m}\Delta t \qquad (6.16)$$

"蛙跳"算法是分子动力学模拟重要数值积分方法。

原子间作用势 原子间相互作用决定着材料的结构及其内禀物理和力学
特性。就分子动力学方法而言,其模拟的可靠性主要依赖于原子间作用势的准
确程度。目前,已有一批原子间作用势被分子动力学模拟所采用。这些作用势
包括经验性对势模型、多体泛函势模型、壳模型、键级势模型、紧束缚势模型和
局域密度泛函理论[12]。

对势模型只考虑近邻原子之间的相互作用,未考虑多体(即多个原子)的
影响,是对原子间作用形式的简单近似。广泛采用的一类描述粒子间作用的对
势函数是兰纳-琼斯势(Lennard-Jones potential,也称 LJ 势),1924 年由数学家
兰纳-琼斯(Sir John Lennard-Jones,图 6.11)提出[13]。兰纳-琼斯势函数由一项
描述两体在近距离时排斥作用的负 12 次幂项和一项描述两体在远距离时吸引
作用的负 6 次幂项之差组成:

图 6.11 约翰·兰
纳-琼斯(1894~
1954)

$$U(r) = 4\varepsilon \left[\left(\frac{\sigma}{r} \right)^{12} - \left(\frac{\sigma}{r} \right)^{6} \right] \qquad (6.17)$$

式(6.17)中，r 为两个原子之间的距离；ε 和 σ 为拟合参数。LJ 势第一项描述了原子核的库仑相互作用和短程的由电子不相容规则引起的泡利排斥作用；第二项为吸引作用项，描述了长程范德华力的作用。由于其简单的数学表达形式以及抓住了原子间交互作用的主要部分，LJ 势在早期的分子动力学模拟中获得了广泛应用。

对势模型直接导致晶体材料弹性常数满足柯西关系，即 $C_{12} = C_{44}$，但一般材料的弹性常数并不符合这一推论。自 20 世纪 80 年代以来，物理学家提出了考虑多体作用的修正模型，其中镶嵌原子模型（embedded atomic method，EAM）在金属材料的分子动力学模拟中获得了广泛的应用[14]。它的基本思想是把金属的总势能分成两部分：对势部分表示原子核之间的相互作用；另一部分表示原子核镶嵌在背景电子云中的嵌入能。在 EAM 框架中，单个原子的能量可表示为

$$U_i = \sum_{j \neq i} \phi(r_{ij}) + F(\bar{\rho}_i) \qquad (6.18)$$

式(6.18)中，$\phi(r_{ij})$ 为对势项；$F(\bar{\rho}_i)$ 为嵌入能；$\bar{\rho}_i$ 为除第 i 个原子以外的所有其他原子的核外电子在第 i 个原子处产生的电子云密度之和。$\phi(r_{ij})$、$F(\bar{\rho}_i)$ 和 $\bar{\rho}_i$ 函数需要通过拟合宏观参数获得。EAM 势函数很好地描述了金属原子之间的相互作用，已经成为最为普遍使用的描述金属体系的势函数。为了能够精确地描述金属原子的相互作用，科学家们利用半经验的方法，在近二十年发展得到大量 EAM 势函数。

对于共价键材料，其电子云分布呈现出方向性，与金属键材料的电子云近似均匀分布不同。因此，需引入描述键角的修正项，例如用于碳、硅材料分子动力学模拟的特索夫-布伦纳（Jerry Tersoff；Donald Brenner）势函数[15-16]。1985年，卡（Roberto Car）和帕里内罗（Michele Parrinello）在分子动力学模拟中直接基于量子力学方法计算原子间作用，首次把密度泛函理论和分子动力学有机地结合起来，提出了密度泛函分子动力学方法[17]。该方法被称为卡-帕里内罗分子动力学（CPMD），它比基于经验势函数的模拟更为精确，但计算更为复杂，仅能处理数百个原子的体系。

局限性与挑战　分子动力学方法需要计算粒子运动轨迹，从时间尺度来看，其热运动的特征时间长度在飞秒量级，同时受限于计算能力，目前超大规模并行分子动力学计算的粒子数目在 $10^9 \sim 10^{10}$ 量级，模拟的时间长度不超过数百纳秒。自发明分子动力学方法以来，曾经模拟的所有对象原子数之和不超过一粒雨滴中的原子个数，所模拟的时长总和或许比雨滴落地的瞬间还短。从层

次关联的角度上看,粒子运动的平均效果导致了微结构演化的发生,而微结构演化又主导了材料的宏观变形。因此,微观粒子的运动、介观尺度上微结构的演化以及材料的宏观变形是逐层次地施加影响的。分子动力学方法在原子尺度上直观地揭示了宏观现象背后的微观机制,但由于受限于空间、时间尺度以及势函数的准确程度,对模拟结果的解释往往需要与来自实验的证据相结合。近年来人们正在试图建立一个可以连接微观、介观和宏观尺度的多物理耦合的理论框架,并希望借助于这一理论框架,来实现多层次、多尺度的数值模拟(详见 10.5 节)。

6.4　机械量测——表征基本力学性能

任何一种材料都按照一定规律进行着受力—变形—损伤—断裂这样一个过程。在整个过程中,材料具有承载与变形的一定能力,且对变形与断裂也有一定的抵抗能力。对以上力学行为的测试,可以提取出工程应用中的重要力学参数,如弹性模量、屈服应力、抗拉强度和疲劳极限等,为工程结构的设计提供了重要量化指标。

机械量测　伽利略在著作《关于两门新科学的对话》中开创了材料力学性能机械量测的方法。这一方法在现代工程中得到了广泛的应用。例如从飞机设计到试飞,需要在材料、组件和整机多个层面开展机械量测。在设计阶段,飞机轻量化要求不断改进用于新飞机的材料,如发展复合材料、轻质合金和陶瓷等,对材料力学属性的测量可以为设计提供重要参考。对组件的测试中,通常采用真实飞行的负载开展疲劳测试,以确保组装之后的整机满足预期寿命要求。在飞机试飞之前,需要进行不同运行情况的预期载荷测试,发现可能存在的设计缺陷,以确保最大的操作安全性。图 6.12 为美国 F35

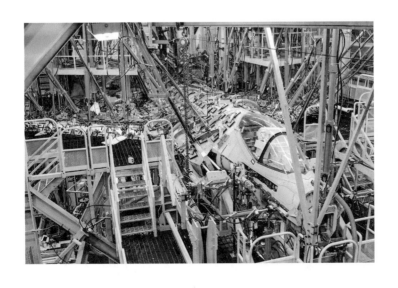

图 6.12　F35 战机的结构力学响应测试平台

战斗机结构力学响应的测试平台,数以百计的作动机构作用在飞机机身的不同位置,按照一定的时间顺序施加载荷,以获得不同载荷下机身的响应。全尺寸试验模拟了整个飞行器的各种经典操作情景,例如着陆、起飞、加压和减压等。通常测试需要持续数年,模拟比飞行次数多数倍的飞机寿命周期。通过系统的机械量测,才能最大限度地保障飞行安全。为保证工程结构或机械的正常工作,构件需要满足强度、刚度、稳定性以及疲劳寿命等基本要求,因此需要了解材料的力学性能,从而发展出系统的力学性能量测方法。

拉伸　拉伸试验是指在承受轴向拉伸载荷下测定材料性能的试验方法(图 6.13)。利用拉伸试验得到的数据可以确定材料的弹性极限、弹性模量、比例极限、拉伸强度、屈服强度、截面收缩率和伸长率。高温下进行的拉伸试验可以得到蠕变数据。简单的拉伸试验提供了丰富的材料力学性能参数。

图 6.13　拉伸试验　　　　　　　图 6.14　振动试验台

振动　振动试验是指评定产品在预期使用环境中的抗振能力而对受振动的实物或模型进行的试验(图 6.14)[18]。结构是否发生振动破坏与其固有频率和振型有关。例如强风吹过圆柱体,在其背面造成涡旋的生成和脱落,产生周期性激振力,如与结构的固有频率相近,会诱发强烈的振动,往往会造成重大事故,如 1940 年 11 月 7 日,美国华盛顿州塔科马桥因涡振致毁。振动试验广泛应用于工程实际,例如火箭和卫星在发射以前都要在大型振动台上测试固有频率和振型。根据施加的振动载荷的类型把振动试验分为正弦振动试验和随机振动试验两种。正弦振动是实验室中经常采用的试验方法,以模拟旋转、脉动在结构中产生的振动,主要用于分析构件的共振频率和振动模态。随机振动则用来分析产品整体性结构抗振性能。

冲击　2003 年 2 月 1 日,哥伦比亚号
航天飞机(Space Shuttle Columbia)外储箱
上的隔热材料碎片在发射时因空气动力
作用冲刷而脱落,并击中左翼前缘,损坏
了航天飞机热防护系统,再入大气层时因
此失事,造成机上 7 名航天员遇难[19]。
结构和材料的抗冲击能力对于工程设计
具有重要意义。冲击试验是一种动态力
学性能试验。高应变率材料力学性能测
试主要利用分离式霍普金斯(Bertram
Hopkinson,1874~1918)杆和轻气炮来进

图 6.15　冲击试验机

行动态加载。空气炮、单级或多级轻气炮、火炮、电磁炮可用于高速和超高速
撞击试验,加载速度最高可达每秒数千米[20]。在结构动态测试方面,往往
通过跌落试验完成。针对材料缺陷敏感性,可利用冲击试验测量冲断一定
形状的试样所消耗的功(图 6.15)。根据试样形状和破断方式,分为弯曲
冲击试验、扭转冲击试验和拉伸冲击试验三种。弯曲冲击试验法操作简
单,应用最广,所用标准试样以 U 形缺口试样和 V 形缺口试样为主。冲击
试验中试样吸收功值大,表示材料韧性好,对结构中的缺口或其他的应力
集中情况不敏感。

疲劳　19 世纪 40 年代,发生了火车轮轴在未超过许用应力情况下突然断
裂的重大事故。断口分析表明:在断面边界上出现了一个"疲劳核",虽然轮轴
名义应力低于许用应力,但是"疲劳核"造成附近的应力集中,在周期性载荷作
用下为裂纹的生成提供了驱动力。随着裂纹的长大,应力集中更加突出;达到
一定程度时,会造成轮轴的突然断裂。在飞机、车辆和各种工程机械发生的事
故中,构件疲劳失效占有很大比例。随后,德国工程师沃勒(August Wöhler,
1819~1914)开创了测定材料在交变载荷下力学性能的试验,对试样施加一个
规定的平均载荷(可能为零)和一个交变载荷,并且记录下产生破坏(疲劳寿
命)所需的循环次数。从疲劳试验中获得的数据可以用 S-N 曲线来表述,S-N
曲线是施加的循环应力幅值相对于试样失效前所需要的循环数的曲线。沃
勒首先得到了表征材料疲劳性能的 S-N 曲线,并提出了疲劳极限概念:即当
应力幅值低于某一水平时,试件将不会发生破坏[21]。对于承受交变载荷的
构件,除必须遵守强度准则外,还需要遵守根据设计寿命提出的疲劳准则
(图 6.16)。

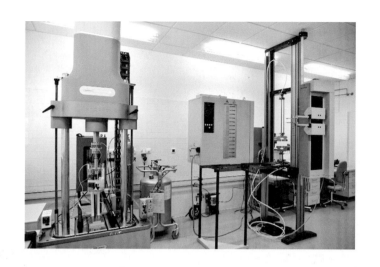

图 6.16 疲劳试验机

6.5 声学量测——由振动感知物质世界

声学现象与物质中机械波的产生、传播和接收密切相关,是人类最早研究的物理现象之一。《吕氏春秋》记载,伏羲作琴,三分损益成十三音。三分损益法就是把管(笛、箫)加长三分之一或减短三分之一,听起来都很和谐,这是最早的声学自然律。三分损益法后来演变出中国古代著名的"宫、商、角、徵、羽"五声音阶,希腊人毕达哥拉斯(Pythagoras of Samos,公元前 570~公元前 495)也提出了相似的自然律(即"五度相生律")[22]。中国 1978 年在湖北随县出土的曾侯乙编钟,全套共 65 件,铸造于公元前 433 年,每件钟均能奏出呈三度音阶的双音,完全符合自然律,音色清纯,可以用来演奏现代音乐,这是中国古代声学成就的证明[23]。在现代,随着科学技术的发展,可以精准地测量声波在物质中的反射、透射和散射行为,通过解析声波的变化,可以广泛地用于对试件进行缺陷检测、几何特性测量、组织结构和力学性能变化检测等。

声学参数测量 声波基本参数包括频率、声强(幅值)和相位。对声波的测量主要利用电磁感应、静电感应或压电效应等原理实现声波与电信号的转换,再通过模数转换为数字信号,从而实现基本参数测量。相应的电声器件也称为换能器,其中压电换能器结构紧凑、控制简单,而且频率范围广,广泛应用于相控阵麦克风、超声波设备、喷墨打印的墨滴制动器、声呐换能器、生物成像和声-生物治疗等领域。

超声无损检测 超声波是指振动频率大于 20 kHz 的声波,超出了人耳的听觉上限。超声波入射到物体会发生反射、折射、衍射和吸收等声学现象,经历这些现象的超声波因与物体发生相互作用而承载了物体的信息。超声检测可以利用超声波探测结构内部的缺陷。近年来,超声检测与其他技术相结合,衍生出多种新型技术,如超声相控阵、激光超声、超声显微技术等,在材料性能评价、结构在线健康监测、医疗诊断等领域得到了广泛应用。超声波在媒质中的反射、折射、衍射、散射等传播规律,与可听声波的规律没有本质上的区别。但是超声波的波长(亚毫米至厘米)较短,穿透力强、分辨率高,因此广泛应用于无损检测领域。

超声显微技术 声波在物质中的传播行为与物质黏弹性特征的空间分布相关,通过对反射波的解析可以了解结构内部的信息。例如,肿瘤和人体器官的弹性模量不同,利用超声成像可以显示肿瘤在器官的位置以及形状,无须手术就可以初步评估肿瘤的恶性程度。

超声波探测能穿透到组织内部而不会造成组织损伤,同时还不会失去其相干性,因此尤其适合用于无创生物医学成像(图 6.17)。另外,反射波的频率与探测物体的速度相关,即多普勒(Christian Doppler,1803~1853)效应,因此超声也可以方便地探测血管中的血流速度。

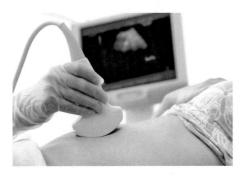

图 6.17 超声显微技术

现代医学临床应用超声波波长范围为 0.2~1 mm。由于波的衍射现象,极限分辨率约为半波长的量级。这个分辨率限制了对更细小的组织结构(例如人的神经元和毛细血管等)的检测,很多重要组织都难以成像。虽然更短的波长能够获得更好的分辨率,但它们对于组织的穿透能力又不够。波的衍射现象不仅存在于声学中,对光学成像依然成立。它决定了声波或者光线无法无限聚焦,焦点大小与波长相关,因此分辨率受限于入射波的波长。分辨率优于半波长的显微技术称为超分辨显微方法。2014 年诺贝尔化学奖授予三位提出光学超分辨显微方法的科学家,他们提出了荧光显微技术。其基本思想是利用被观测对象的分子标记发出的光来成像,改变了传统成像方法的模式,因此不必遵守基于反射或者透射波干涉成像的基本规律,突破了衍射极限[24]。

受到光学超分辨显微方法的启发,要突破超声衍射极限的约束,需要寻找类似于荧光显微技术中荧光蛋白的微小超声源。由于远小于波长的微米级气体微泡对超声有强散射作用,超分辨超声技术便可利用微米级的惰性气体气泡来充当荧光显微技术中荧光团的作用(图 6.18)[24]。这些微气泡对人体很安全,在被注入血液中后,便成为超声的强散射体,它们是医学成像中增强声学造影的标准手段。研究者们通过巧妙设计让微气泡表现得像分立的点声源——这是实现超分辨率成像的关键,然后利用超快超声以每秒 500 帧的速度对鼠脑进行成像,并检查连续图像之间的差异。在帧与帧之间的较短时间里,大部分的影像区域几乎没什么变化,因此每次图像的贡献可以互相抵消。但明显移动或破裂的气泡会显示为波长量级的斑块。研究者们对这些斑块的分布进行高斯拟合,可定位其中心(即气泡)的所在位置。通过重叠 2.5 分钟内拍摄的数万张不同图像的气泡位置,他们获得了老鼠大脑中血管的高分辨率合成图像。因为能够追踪单个气泡在不同图像上的变化,还可以由此推断出每根血管中的血流速度[25]。

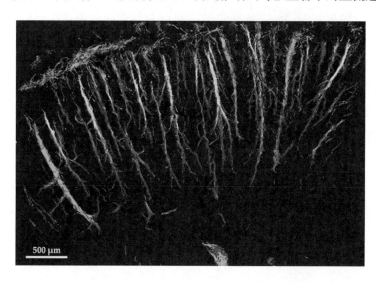

图 6.18　荧光显微技术

超声立体显示　超声立体显示是在声镊(acoustic tweezers)的基础上发展起来的。1986 年阿什金(Arthur Ashkin, 1922~)等利用激光作用在微颗粒上的光场辐射压力,实现对介电粒子、细菌和病毒等的捕捉,从而提出了"光镊"(optical tweezers)的概念。光镊又被称为单光束梯度力光阱,由于它在生物学上的广泛应用,阿什金等获得了 2018 年的诺贝尔物理学奖。声镊受到光镊的启发,通过作用在微粒上的声辐射力的调控,可以实现对微粒的操纵(图6.19)。通过对驱动阵列各个声源(声换能器)的幅值、相位的设计,可以在空

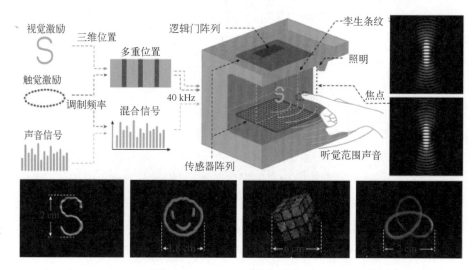

图 6.19　声镊基本装置及可视化效果

间形成特定的压力场。压力场中的微粒对其表面进行压力积分产生的净驱动力和重力协同作用,产生微粒平动的驱动力和旋转的驱动力矩。由于微粒的质量较小且声源的响应速度快,声镊可以实现对微粒的高速操纵(图 6.20),再利用人眼的视觉延迟效应,可以实现立体显示效果[26]。

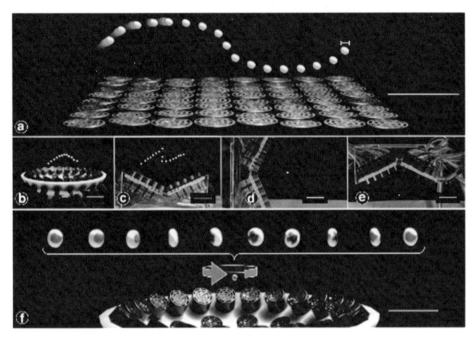

图 6.20　声镊示意图

超声指纹传感器　超声指纹传感器内部集成了压电微加工超声换能器(piezoelectric micromachined ultrasonic transducer, PMUT)阵列(图 6.21)。PMUT 在高压脉冲电信号的激励下,在耦合层产生超声波[27]。由于指纹的纹脊和纹谷和耦合层的接触情况的不一样,导致超声波在传感器的耦合层上表面的反射信号出现差异。由于纹脊处与耦合层直接接触,超声波会继续传播到手指表皮与真皮的界面处发生反射,能够在 PMUT 上产生第二组超声波信号。PMUT 在接收到的超声波信号激励下,产生电信号。该点信号经由互补金属氧化物半导体(complementary metal oxide semiconductor, CMOS),在时序信号控制下有序输出到模数转换器,并输出指纹的数字图像信号。这种居于超声原理的指纹传感器具有指纹信号采集保真度高、结构紧凑的特点。由于超声信号能够穿透玻璃、铝、不锈钢等材质,它可以实现屏下指纹技术。在原理层面,该传感器利用超声信号同时检测手指的表皮和真皮的形貌信号,于是具有抗污染物的特性,并提升了指纹识别的安全性。虽然超声指纹传感器技术发展时间较短,但是由于其显著优异性,它已经开始应用于部分智能手机。

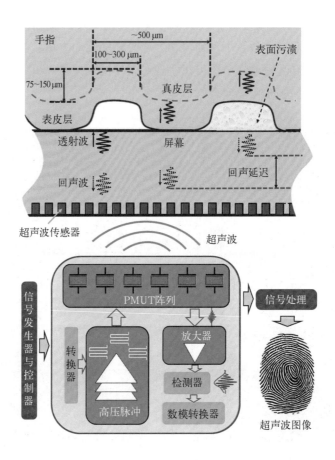

图 6.21 超声指纹传感器示意图

6.6 热学量测——度量无序的躁动

热学参数量测 我们熟知热功当量公式,即 1 cal = 4.18 J,这个等式建立了热量和机械功之间的联系。18 世纪,人们对热的本质的研究走上了一条弯路,"热质说"在物理学史上统治了一百多年。曾有一些科学家对这种错误理论产生过怀疑,但他们没有办法解决热-功关系的问题。1847 年,英国物理学家焦耳(图 6.22)设计了一个巧妙的实验,他在量热器里装了水,中间安上带有叶片的转轴,然后让下降重物带动叶片旋转,由于叶片和水的摩擦,水和量热器都变热了(图 6.23)[28]。根据重物下落的高度,可以算出转化的机械功;根据量热器内水的升高的温度,可以计算水的内能的升高值。把两数进行比较就可以求出热功当量的准确值。今天看来这个实验存在着系统误差,但它第一次给出了热量与机械功的等价关系,否定了"热质说",为热力学的建立铺平了道路。

所有的系统都是热力学系统,热力学参数取决于我们所研究的对象。对于理想气体而言,压强、体积和温度可以描述系统的宏观状态。对于更复杂的系统,例如飞机发动机燃烧室内的气体,还需要更复杂的流体力学参量以及能够

图 6.22 詹姆斯·焦耳(1818~1889)

描述燃烧过程的化学参量来描述。对
于固体而言,材料的组织结构演化和
力学性能与工作温度密切相关,例如
现代 J 级燃气轮机的高温合金叶片服
役环境温度高达 1 800℃,叶片结构的
力学性能与室温下显著不同。对于所
有热力学系统,温度是关键参数。

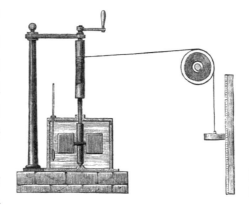

图 6.23　焦耳设计
的热功当量测试实验

　　接触式热量测　接触式测温是常
用的一种方式,将传感器的检测部分
与被测对象接触,通过传导或对流达到热平衡,其显示值代表了被测对象的温
度。常用的温度计有热电偶、热敏电阻、双金属温度计、玻璃液体温度计、压力
式温度计、电阻温度计等。

　　热电偶　1821 年,德国物理学家塞贝克(Thomas J. Seebeck,1770~1831)
发现,将两种不同金属各自的两端分别连接构成回路,如果两种金属的两个结
点处温度不同,就会在这样的线路内发生电流。这种现象被称为热电效应或
"塞贝克效应",它实现了温度差与电信号之间的转换[29]。得益于集成电路的
发展,人们可以快捷、精确地测量电信号,推动了热电效应在温度测量方面的广
泛应用。铂铑合金/铂是一种贵金属热电偶,正极为铂铑合金(铂占 90%,铑占
10%),负极为铂。该热电偶抗氧化能力强,在高温下可以稳定工作,长期使用
温度可达 1 300℃,短期使用可达 1 600℃,有很好的稳定性;在国际适用温标中
用它做 630.74~1 064.43℃ 范围内的标准仪器。最常用的热电偶采用镍铬合金
或镍铝合金,温度量程为−200~+1 200℃[29]。

　　非接触式热量测　非接触式热量测仪器的敏感元件与被测对象不发生接
触,因此可用来测量运动物体、小目标和热容量小或温度变化迅速(瞬变)对象
的表面温度。因为不受感温元件耐温程度的限制,对最高可测温度没有原则上
的限制。非接触式测温的方法一般基于普朗克黑体辐射定律,它给出了黑体发
射出的电磁波强度(辐射率)与温度 T 和波长 λ 之间的关系:

$$I(\lambda,\ T)=\frac{2hc^2}{\lambda^5}\frac{1}{e^{\frac{hc}{\lambda kT}}-1} \tag{6.19}$$

式(6.19)中,h 为普朗克常数;k 为玻尔兹曼常数;c 为光速(图 6.24)。辐射强
度达最大值的波长与温度之间关系为

$$\lambda_{\max}=\frac{2.898\times10^{-3}\ \mathrm{m\cdot K}}{T} \tag{6.20}$$

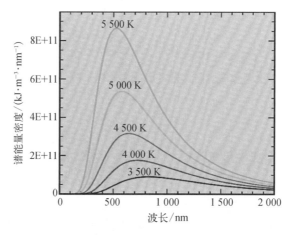

图 6.24 黑体发射出的电磁波强度(辐射率)与温度 T 和波长 λ 之间的关系

在辐射最大的波长 λ_{max} 附近探测电磁波的强度,可以极大地提升测量的敏感度。式(6.20)也称为维恩(Wilhelm Wien, 1864~1928)位移定律。黑体能够吸收向它辐射的全部能量,是研究辐射换热的理想化物体。真实物体会对辐射有一定的吸收,一般通过修正材料表面发射率得到真实辐射[30]。

从零下200℃到零上3 000℃涵盖了大部分温度测量需求,根据维恩位移定律,对应辐射强度最大值的波长范围为 $0.8 \sim 40 \ \mu m$,在红外线的波长范围为 $0.76 \sim 100 \ \mu m$,这也说明了红外线辐射是自然界中最为广泛的电磁波辐射。通

图 6.25 通过红外辐射实现夜视功能

过红外探测器检测物体辐射的功率信号,根据修正了材料表面发射率的普朗克黑体辐射定律,可以方便地转化为温度。探测红外线辐射的与探测可见光没有本质区别,仅在于选择合适的感知材料实现光电信号转换。与常见的光学照相机类似,通过红外辐射可实现夜视功能(图6.25)。

热冲击 热冲击试验测试试件抵抗温度剧烈变化的抗热震性能。温度快速变化可导致温度梯度分布。如果试件各部分受热膨胀不同,便可由于变形协调导致内部热应力。当热应力超过材料强度极限时,会产生开裂、破坏等现象。材料的抗热震性与导热系数、热膨胀系数、弹性模量以及强度和塑性均有关;对于结构的抗震特性而言,它与结构具体的尺寸和形状也有关系。热冲击往往造成热震损伤,但也可以巧妙地加以利用。在我国瓷器史上,由于陶瓷导热性差,古代工匠可利用瓷器出窑前骤然冷却的方法,形成釉面和基底的温差,从而产生热应力,导致釉面形成裂纹。然后,将含有裂纹的瓷器浸泡入含铁离子的溶

液中,裂纹将铁物质吸附进裂纹内形成"铁线",用来装饰瓷器[31]。宋代的哥窑就以裂纹釉工艺著称。

热疲劳　在无外加机械应力的条件下,外部温度的循环变化使构件内部产生周期性应变,由此导致的机械失效称为热疲劳[32]。除了产生热应力外,温度交变还会导致材料内部组织变化,使强度和塑性降低。在极端环境中服役的构件,必须考虑热疲劳性能。例如航空发动机的热端零部件,在开机和关机时涡轮叶片经历快速升温和降温过程中,叶片各个局部的升温、降温速率不同,导致叶片温度分布不均而引起较大的热应力,是引起疲劳损伤的重要原因。

热烧蚀　在高温下,由于热力以及氧化等化学反应的共同作用,构件将发生烧蚀损失,评估抗热烧蚀性能对于发展高超声速飞行器具有重要意义。高超声速飞行器由于在大气层内高速(马赫数大于 6)飞行,表面温度可高达 3 000 K。若产生飞行器外形严重烧蚀,可导致气动力变化进而引起转捩、翻转甚至解体。因此高超声速飞行器的防热设计必须经过严格的热烧蚀考核,以检验飞行器防热材料和结构的可靠性、有效性和适用性。目前,针对飞行器的考核方式主要有飞行试验和地面风洞考核两种。由于飞行试验的失败风险与高额成本,地面风洞考核是高超声速飞行器热防护评测的核心方式。20 世纪 50 年代末,随着长程弹道导弹的诞生,空气动力学专家研制出电弧风洞来对长程弹道导弹热防护结构进行地面考核试验。高温电弧风洞作为地面防热研究的核心设备,其结构示意图如图 6.26 所示。两个圆筒形的电极安装在电弧加热器内,电极外壁通入高压冷却水,内部通入高压空气。试验时,高电压将电弧加热器内铜电极的空气击穿,形成强烈的等离子体电弧放电,剧烈地加热旋转射入的高压空气,从而获得高压高熵气流,进而通过喷管膨胀加速,形成高温射流,对安装在喷管出口的试件进行烧蚀试验。1962 年,美国阿诺德工程发展中心(Arnold Engineering Development Center)开始利用电弧加热器进行试验,并于 1976 年建成了高温电弧风洞(H1)。1995 年,阿诺德工程中心开始研制 60 MW 级别的新一代电弧加热器(H3)。中国航天科技集团公司第十一研究院和中国空气动力研究与发展中心近年来也分别研制建设了 50 MW 级电弧风洞。

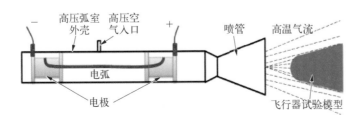

图 6.26　高温电弧风洞结构示意图

6.7 光学量测——绚丽的光影

光学参数量测 光是一种电磁波,电磁场的电场向量 $\boldsymbol{E}$ 和磁场向量 $\boldsymbol{B}$ 垂直,它们又都与传播方向垂直。在光与物质的作用中,电场向量起主要作用。光的传播、干涉、衍射、偏振、成像及与物质的交互作用等现象中的基本规律,构成了利用光进行力学测量的基础。最简单的单色平面波数学表达式为

$$E = a\sin(\omega t - kz) \tag{6.21}$$

式(6.21)中,a 为振幅;ω 为圆频率;$k = \dfrac{2\pi}{\lambda}$ 为波数;λ 为波长。如果考虑空间传播的方向,需要将振幅 a 及波数 k 改写为向量形式 $\boldsymbol{a}$ 和 $\boldsymbol{k}$,其大小分别代表振幅及波数,方向分别代表电场向量方向和传播方向。因此,可将式(6.21)简单地改写为

$$\boldsymbol{E} = \boldsymbol{a}\sin(\omega t - \boldsymbol{k} \cdot \boldsymbol{r}) \tag{6.22}$$

两个平面波之间的干涉可在数学上表示为两个电场向量的叠加,如下所示:

$$\boldsymbol{E} = \boldsymbol{a}_1\sin(\omega_1 t - \boldsymbol{k}_1 \cdot \boldsymbol{r}) + \boldsymbol{a}_2\sin(\omega_2 t - \boldsymbol{k}_2 \cdot \boldsymbol{r}) \tag{6.23}$$

显然,要产生稳定的干涉需要 $\omega_1 = \omega_2$ 和 $\boldsymbol{k}_1 = \boldsymbol{k}_2$,即相干性条件。

激光是最接近单色平面波的光源,具有方向性好、相干性好、亮度高等特性,在各个领域获得了广泛应用。日光和灯光是自然光,它是一切可能的振动方向的许多光波的总和,这些振动同时存在或迅速且无规则地互相替代。其特点是振动方向无规则性,但从统计规律来说关于光的传播方向轴呈轴对称。在力学实验中,一般通过偏振片获得线偏振光进行量测。

光弹性法 在应力作用下,塑料、玻璃、环氧树脂等透明非晶体材料的折射率会发生相应的改变。任意平面应力状态可以分解为两个正交的主应力之和,即

$$\boldsymbol{\sigma} = \sigma_1\boldsymbol{e}_1\boldsymbol{e}_1 + \sigma_2\boldsymbol{e}_2\boldsymbol{e}_2 \tag{6.24}$$

式(6.24)中,$\boldsymbol{e}_1$ 和 $\boldsymbol{e}_2$ 为单位正交向量,分别代表了两个主应力的方向。对于振动向量方向为 $\boldsymbol{e}_1$ 的线偏振光,由于平面应力 $\boldsymbol{\sigma}$ 的作用,其折射率改变仅正比于主应力 $\boldsymbol{\sigma}_1$。相应地,振动向量方向为 $\boldsymbol{e}_2$ 的线偏振光,其折射率改变正比于主

应力 $\boldsymbol{\sigma}_2$。对于入射光振动向量 $\boldsymbol{a} = a_1\boldsymbol{e}_1 + a_2\boldsymbol{e}_2$ 情况,由于两个主应力导致折射率不同,因此出射光会分为两束。在平面应力载荷下,非晶体介质可由各向同性变成各向异性,并展现出对光的双折射现象。两束出射光互相干涉,形成条纹状影像,可直观地显示介质内部的应力状况。图 6.27 显示了透明塑料尺在白光下的光弹现象,在角点出现了较密集的彩色条纹,展示出内部残余应力在此处的集中。双折射现象由苏格兰物理学家布儒斯特(Sir David Brewster,1781~1868)第一次记录,并在 20 世纪初由伦敦大学的科克尔(Ernest Coker,1869~1946)和费隆(Louis Filon,1875~1937)发展应用于应力测量[33]。

图 6.27 透明塑料尺在白光下的光弹现象

定量的光弹性实验一般采用单色光,具体的实验装置由单色光源和两个正交的偏振片组成(图 6.28),在特定载荷下环氧树脂模型置于其中,经过起偏镜后入射平面偏振光为[34]

$$E_{\mathrm{P}} = a\sin(\omega t - kz) \tag{6.25}$$

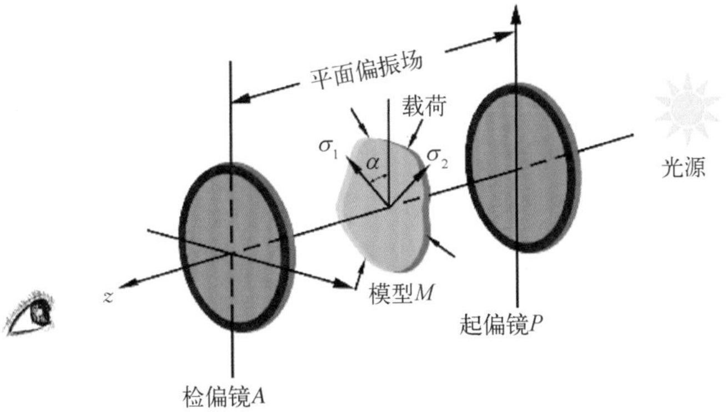

图 6.28 光弹性实验

偏振光向量与主应力 $\boldsymbol{\sigma}_1$ 方向夹角为 α,该偏振光在应力主轴坐标系下的形式为

$$E_{\mathrm{P}} = a\cos\alpha\sin(\omega t - kz)\boldsymbol{e}_1 + a\sin\alpha\sin(\omega t - kz)\boldsymbol{e}_2 \tag{6.26}$$

通过光弹模型后相位变化分别为 ϕ_1 和 ϕ_2,因此有

$$E_{\mathrm{M}} = a\cos\alpha\sin(\omega t - kz + \phi_1)\boldsymbol{e}_1 + a\sin\alpha\sin(\omega t - kz + \phi_2)\boldsymbol{e}_2 \tag{6.27}$$

检偏镜的起偏方向与起偏镜垂直,通过检偏镜后,合成光波为

$$E_{\mathrm{A}} = -a\sin(2\alpha)\sin\frac{\phi_1 - \phi_2}{2}\cos\left(\omega t - kz + \frac{\phi_1 + \phi_2}{2}\right) \tag{6.28}$$

光程差与相位差关系为 $\phi_1 - \phi_2 = \dfrac{2\pi}{\lambda}\delta$，出射光强为

$$I_A = a^2 \sin^2(2\alpha) \sin^2 \frac{\pi\delta}{\lambda} \tag{6.29}$$

由此可见，出射光强不仅与光程差相关，也与偏振光向量与主应力 σ_1 方向夹角 α 相关。光程差 δ 反映了主应力的差，而夹角 α 则给出了主应力的方向。结合力边界条件和平衡方程，就可以求解模型中的平面应力场。下面我们分两种情况讨论。

（1）当 δ 为波长整数倍时，即 $\delta = m\lambda$，光强为零，即产生消光条纹，称为 m 级条纹。根据应力-光学关系，光程差与该点的主应力差以及模型厚度 h 呈正比：

$$\lambda = Ch(\sigma_1 - \sigma_2) \tag{6.30}$$

式(6.30)中，C 为光学应力常数。该消光条纹与主应力差值相关，称为等色线。

（2）如果 $\alpha = 0$ 或 $\pi/2$ 时，即应力主轴方向与偏振轴重合，也将出现干涉条纹，其上各点的主应力倾角相同，称为等倾线。通过旋转起偏镜，可以得到不同倾角的等倾线。从已知边界应力（例如自由边界）出发、依据等色线条纹级数及等倾线主应力倾角，并综合考虑平衡方程，就可以求解全场应力状态。

事实上，人们更感兴趣的是实际复杂工程构件中的应力。虽然工程构件与模型材料弹性常数不一致，但在完全力边界条件下，求解物体中的应力场仅依赖于平衡方程，与材料弹性常数无关。可利用载荷 P、厚度 h 和面内特征尺寸 l 对应力作无量纲化处理。无量纲应力为

$$\hat{\sigma} = \frac{\sigma}{P/lh} \tag{6.31}$$

只要工程构件与光弹模型具有几何相似，那么两者的无量纲应力应该相同。这样，我们就得到了相似律。所以在得到模型应力后，按照相似律可以换算为真实结构应力，即

$$\sigma_{\mathrm{H}} = \left(\frac{P_{\mathrm{H}}}{P_{\mathrm{M}}} \frac{l_{\mathrm{M}}}{l_{\mathrm{H}}} \frac{h_{\mathrm{M}}}{h_{\mathrm{H}}}\right) \sigma_{\mathrm{M}} \tag{6.32}$$

式(6.32)中，下标 H 和 M 分别代表真实结构和光弹模型；$P_{\mathrm{H}}/P_{\mathrm{M}}$ 为载荷比；$l_{\mathrm{M}}/l_{\mathrm{H}}$ 为平面尺寸比；$h_{\mathrm{M}}/h_{\mathrm{H}}$ 为厚度比。

散斑法 当漫反射表面被激光照射时，在空间会出现随机分布的亮斑和暗斑，称为散斑（speckles）。散斑随物体的变形或运动而变化，其光影可以高度精

确地检测出物体表面各点的位移。近年来,由于数字图像技术的发展,形成了数字散斑相关方法,它具有全场测量、非接触、光路简单、无须光学干涉条纹处理、适用的测试对象范围广、对测量环境无特别要求等优点,获得了快速发展[35]。一般认为数字散斑相关方法的基本思想于 20 世纪 80 年代初提出,W. H. Peters 与 W. F. Ranson 利用摄像机记录被测物体加载前后的激光散斑图,然后通过计算加载前后的两幅图像的相关系数极值,来实现物体的表面面内变形测量。考虑测量对象表面微区 Ω 内任一点 $\boldsymbol{X}$,变形后位置 $\boldsymbol{x}$ 可以写为[36]

$$\boldsymbol{x} \approx \boldsymbol{X} + \boldsymbol{u} + \frac{\partial \boldsymbol{u}}{\partial \boldsymbol{X}} \cdot \mathrm{d}\boldsymbol{X} \tag{6.33}$$

式(6.33)中, $\boldsymbol{u}$ 为微区 Ω 中心点 $\boldsymbol{X}_0$ 的位移; $\mathrm{d}\boldsymbol{X} = \boldsymbol{X} - \boldsymbol{X}_0$。变形前后微区散斑图像的相关性是 $\boldsymbol{u}$ 及 $\dfrac{\partial \boldsymbol{u}}{\partial \boldsymbol{X}}$ 的函数,函数表达如下:

$$S\left(\boldsymbol{u}, \frac{\partial \boldsymbol{u}}{\partial \boldsymbol{X}}\right) = 1 - \frac{\sum\limits_{\boldsymbol{X} \in \Omega} f(\boldsymbol{X}) g[\boldsymbol{x}(\boldsymbol{X})]}{\sqrt{\sum\limits_{\boldsymbol{X} \in \Omega} f^2(\boldsymbol{X}) \sum\limits_{\boldsymbol{X} \in \Omega} g^2[\boldsymbol{x}(\boldsymbol{X})]}} \tag{6.34}$$

式(6.34)中, $f(\boldsymbol{X})$ 和 $g(\boldsymbol{x})$ 分别代表变形前后图像在 $\boldsymbol{X}$ 和 $\boldsymbol{x}$ 处的灰度。通过求解式(6.34)的最小值,即可实现面内变形量的提取。利用双目视觉原理,可将二维数字散斑相关方法推广到三维变形场测量,其基本方法是采用互成一定角度的两个图像采集系统,通过匹配两个 CCD 摄像机在同一时刻采集的图像,得到物体的三维形貌图,再比较不同变形时刻的图像序列,得到物体表面的全场三维位移。

虽然散斑方法最早基于激光散斑建立,实质上揭示的是两幅图像灰度值相关性与变形场关系,因此对于散斑的形成并无实质性要求,可以方便地用任何标记和数字相关方法获得全场变形。

云纹干涉法　云纹干涉法是另一种利用光学现象来进行全场应变测量的方法。云纹在我们的生活中随处可见,两块半透明的丝绸重叠在一起会出现明暗间隔的条带,主要原因在于丝线形成的较小的周期性网格,由于上下两层之间的错位而在面内形成了更大的周期结构,即云纹现象。当错位有微小的变化,例如相对平移、转动或者变形,云纹会发生显著的变化,因而可以用干涉云纹来敏感地体现出相对变化[37]。

云纹干涉法的测量元件是由等距离平行黑线组成的栅,称为栅线。相邻栅线的间距称为节距 p,节距的倒数即为栅线密度[图 6.29(a)]。实际测量变形时,需要相同的两块栅。试件栅粘贴于试件表面,随试件一起变形;另一块不变形,仅用来叠加形成云纹,称为分析栅。如果试件栅和分析栅在变形前重合,当在试件栅上施加垂直于栅线的均匀变形时,它若与分析栅相干涉,将产生平行于栅线的云纹[图 6.29(b)]。设相邻条纹的间距为 δ_1,则表明经过 δ_1 的距离,测试栅与分析栅的栅线再次重合,重合处的长度为一个节距 p,由此可以方便计算出试件拉伸应变为[37]

$$\varepsilon = \frac{p}{\delta_1} \tag{6.35}$$

如果正应变沿着栅线方向,则没有云纹产生,表明平行栅仅可以用来测量与之垂直方向的正应变。如果没有变形,而仅仅是试件栅和分析栅发生了微小的相对转动,则将产生垂直于栅线方向的云纹[图 6.29(c)],条纹间距 δ_2 与转角 θ 直接的关系为

$$\theta = \frac{p}{\delta_2} \tag{6.36}$$

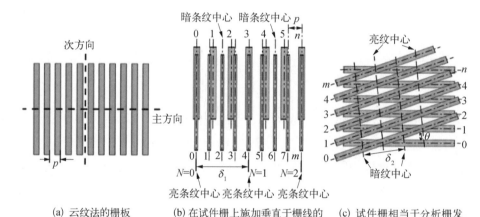

(a) 云纹法的栅板　　(b) 在试件栅上施加垂直于栅线的均匀变形,试件栅与分析栅相干涉,产生平行于栅线的云纹　　(c) 试件栅相当于分析栅发生微小转动,产生垂直于栅线方向的云纹

图 6.29　云纹干涉法

针对一般的变形情况,仍可以通过几何的方向直观来求解条纹的方向。但对于周期性结构,可以借助倒易点阵概念,利用向量来进行计算。对于上述两种情况,云纹对应的倒易点阵向量分别为

主方向正应变:

$$\boldsymbol{b}_1 = \frac{1}{\delta_1}\boldsymbol{e}_1$$

相对转角:

$$\boldsymbol{b}_2 = \frac{1}{\delta_2}\boldsymbol{e}_2$$

两者叠加:

$$\boldsymbol{b} = \frac{1}{\delta_1}\boldsymbol{e}_1 + \frac{1}{\delta_2}\boldsymbol{e}_2$$

式中，e_1 和 e_2 分别为主方向和栅线方向。两者的叠加导致云纹的方向与 **b** 垂直，间距为 $1/|b|$。反之，如果已知云纹垂直方向 **n** 和间距 δ，其倒易点阵向量为 $b = \dfrac{1}{\delta}n$，变形的分量分别为

主方向正应变：

$$\varepsilon = \frac{p}{\delta}n \cdot e_1$$

相对转角：

$$\theta = \frac{p}{\delta}n \cdot e_2$$

以主方向和栅线方向为坐标系，一般的平面位移可分解为 u 和 v 两个分量。可以方便地运用云纹法来求出位移分量 u 的梯度 $\dfrac{\partial u}{\partial x}$ 和 $\dfrac{\partial u}{\partial y}$，而不包含位移分量 v 的梯度的信息。因此要得到应变所有分量，云纹栅应该具有相互垂直的两组栅线，称为正交栅。对于非均匀应变场，云纹一般为弯曲条纹，相邻条纹之间的位移为节距 p，因此条纹的级数 N 与垂直于栅线位移场 u 之间可以建立起关系 $u = Np$。原则上，任何一点的位移都可以写为 $u(x, y) = N(x, y)p$，对于坐标求导就可以得到应变场。

利用条纹级数获得变形场的空间分辨率与栅线密度相关，一般试件栅线密度为 600~1 200 线/毫米，超高密度光栅可达 5 000 线/毫米，但其制造工艺复杂。如果仔细观察云纹，条带并非只是明暗变化，其灰度值在空间呈连续的正、余弦变化，相位和周期蕴含了局部位移及其梯度信息，通过相位提取可极大地提高云纹法的空间分辨率(图 6.30)。

从云纹法的基本原理来看，其核心在于两个周期结构的叠加形成新的周期结构，云纹是自相关性在周期结构上的直观体现，本质上与数字散斑方法一致。因此，只要有周期性结构，就可以利用它来构造云纹，例如利用高分辨透射电子显微镜拍摄的晶格点阵具有很好的周期性，将两幅晶格点阵照片的灰度值叠加，可形成所谓数字云纹，利用数字云纹可以解析晶格缺陷的应变场。由于晶格点阵周期仅为埃*的量级，因此该方法具有纳米级空间分辨率。如果结合相位方

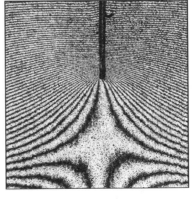

图 6.30　云纹干涉照片

---

* 1 埃(Å) = 0.1 纳米 = 10^{-10} 米。

法,可实现埃量级的空间分辨率。

显微光学法 光学显微镜可以将细微结构放大成像,与光测力学方法结合,可以显著提高测量的空间分辨率。由于光的波动特性,1873 年,德国科学家阿贝(Ernst Abbe,1840~1905)提出显微镜能观察到的分辨率极限与波长的关系为

$$d = \frac{\lambda}{2n\sin\alpha} \tag{6.37}$$

并将这个方程刻在自己的墓碑上(图 6.31)[38]。对于可见光,d 约为 200 nm。利用更小波长的电磁波显然可以提升分辨率,例如,Cu $K\alpha$ X 射线波长仅为 1.54 Å,然而缺少有效的方法聚焦 X 射线。因此,X 射线成像主要利用其穿透力强的特点,而空间分辨率仅在微米量级。电子可以为磁场偏转,利用电磁线圈可以制备用于聚焦电子的电磁透镜,利用电磁透镜组构建的电子显微镜会显著提升空间分辨率,现代商业化球差矫正透射电子显微镜的分辨率可达 0.5 Å。透射电子显微镜的发展,彻底变革了人类对于物质世界的认知能力,因此其发明人卢斯卡(Ernst Ruska,1906~1988)获得了 1986 年诺贝尔物理学奖。

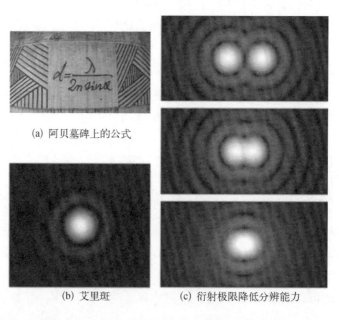

(a) 阿贝墓碑上的公式

图 6.31 显微镜的分辨率极限

(b) 艾里斑

(c) 衍射极限降低分辨能力

无论光学显微镜还是电子显微镜,都需要外界的光或电子对观测对象作用后成像。由于波动性,出射光必然无法无限聚焦,焦点的大小与波长相关,从而分辨率受到波长的限制,即严格遵循阿贝定理。阿贝定理基于光子波动性这一基本物理事实,因此要突破阿贝定理设定的极限,就需要跳出推导阿贝定理的基本模型。但是,如果被测对象能够发光,而且每次仅有少数分子发光,那么这些发光分子的位置可以精确定位。利用发光分子标记,成像分辨率仅取决于发光分子的间距,而与阿贝的衍射极限无关。这一方法在生物领域获得了广泛应

用。例如将荧光蛋白和溶酶体蛋白融合,使用光脉冲将蛋白激发出荧光,由于使用的光脉冲比较微弱,只有一定比例的蛋白被激发。因为发荧光的分子比例足够小,几乎所有能发荧光的分子距离都足够远,超过光学衍射极限 200 nm 的距离。这些分子就都可以在光学显微镜下精确地分辨出来。这一突破性工作由美国霍华德·休斯医学研究所的埃里克·本茨格(Eric Betzig, 1960~),德国马克斯·普朗克生物物理化学研究所的史蒂芬·赫尔(Stefan W. Hell, 1962~)以及美国斯坦福大学的威廉·默尔纳(William E. Moerner, 1953~)在 2005 年实现,他们发明的超分辨荧光显微镜技术获得了 2014 年度诺贝尔化学奖[39]。

关于光学方法在运动学测量中的应用,请参见 15.1 节。

6.8 电学量测——把握力与电的转换

电学参数量测　从 19 世纪末的电报、电力系统,到 20 世纪中期的晶体管和集成电路,电力、电子工业经历了革命性发展,对人类生活的各个层面都产生了深远影响。人类对于电学相关现象的深刻认识,使得电压、电流、电阻、电容、电感这些电学参量的精密测量日臻完善,非电测量也往往转变为电学测量,借助智能芯片或计算机高速自动化处理优势,实现了自动化、数字化和智能化,广泛地应用于人类生活的各个方面。

电阻传感器　电阻应变传感器是将被测对象的变形转换为电阻变化的传感器。常用的传感器为电阻应变片,它在 1938 年先后由西蒙斯(Edward E. Simmons, 1911~2004)和鲁奇(Arthur C. Ruge, 1905~2000)各自独立地发明出来[40]。应变片一般由绝缘基片与金属敏感栅组成(图 6.32)。应变片需要使用正确的黏合剂与物体相连接,当被测部件受外力变形时,敏感栅也随之变形,导致敏感栅的电阻值产生相应的变化。电阻应变片结构简单、使用方便、性能稳定、灵敏度高、频率响应范围宽、环境适用性好,广泛应用于高灵敏的变形测量,包括力传感器、压力传感器、加速度传感器、位移传感器等[40]。

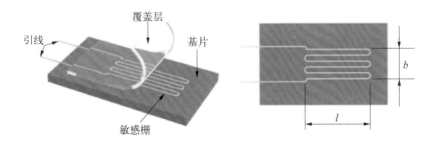

图 6.32　电阻应变片结构示意

电阻应变片敏感栅材料可以为金属或者半导体。根据制备工艺不同,金属电阻应变片又可以细分为金属丝应变片、金属箔应变片、金属薄膜应变片(图

6.33）；半导体电阻应变片可分为体型半导体应变片、扩散型半导体应变片以及薄膜型半导体应变片。虽然形式各异，但基本原理类似，均利用了导电材料电阻随变形变化的特性关系[41]：

$$R = \rho \frac{L}{S} \tag{6.38}$$

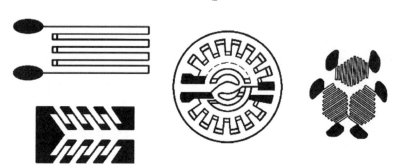

图 6.33 不同形貌的金属电阻应变片

式(6.38)中，ρ 为电阻率；L 和 S 分别为敏感栅长度与截面积。变形将引起 ρ、L 和 S 同时变化，考虑泊松效应，对应的电阻变化为

$$\frac{\mathrm{d}R}{R} = (1 + 2\nu) \frac{\mathrm{d}L}{L} + \frac{\mathrm{d}\rho}{\rho} \tag{6.39}$$

式(6.39)中，ν 为导电材料的泊松比；$\mathrm{d}L/L$ 即为应变 ε，应变片灵敏系数定义为电阻变化与应变的比值：

$$K_S = (1 + 2\nu) + \frac{\mathrm{d}\rho/\rho}{\varepsilon} \tag{6.40}$$

对于金属而言，变形引起电阻率变化可以忽略，$K_S \approx 2$，灵敏系数较低。变形不仅引起半导体几何尺寸变化，其晶格的周期亦相应变化，导致载流子的迁移率发生变化，从而导致电阻率发生较大变化 $\mathrm{d}\rho/\rho = \kappa\varepsilon$。对于半导体单晶硅和锗，压阻系数 κ 呈现强各向异性，最高可达 100。

由机械应变所引起的电阻值变化量很小，难以直接用测阻表作精确测量，故通常采用惠斯通（Sir Charles Wheatstone，1802~1875）电桥将电阻变化转换成电压或电流后，进行放大测量。电桥的四个电阻中可以有 1 个、2 个或者 4 个为应变片，分别成为单臂桥、半桥和全桥。巧妙地利用半桥和全桥测量，可以进一步提高测量的灵敏度。另外，无论是金属电阻应变片，还是半导体电阻应变片，都对温度变化十分敏感。对温度变化引起的电桥测量误差，通常采用温度补偿，如图 6.34 所示的桥路补偿。温度补偿应变片与测量应变片处于同一环境温度下，但不受变形影响，利用电桥差动输出电压特性，可实现温度自补偿[41]。

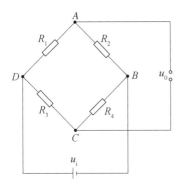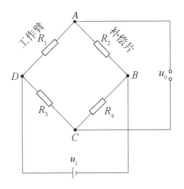

图 6.34　惠斯通电桥

电容传感器　电容描述了物体储存电荷的能力。存储电荷一般与电压相关,因此可以利用电压测量来感知物体电容或者存储电荷的变化。电容参数对电容极板间介质材料、极板间相对位置非常敏感;利用这一敏感性制备的传感器称为电容传感器。电容传感器可以实现非接触信号测量,同时还兼具体积小、分辨率高的优点,与电阻式传感器相比具有低功耗的优点,因而在工业产品和智能设备中被大量使用。目前在智能手机里面应用得最为广泛的多点触摸屏就是基于投射式互电容触摸原理制备的。当手指或导电笔接近电极附近的空间,会干扰电磁场并改变电容,见图 6.35。通过对每个可寻址电极间的电容变化测量转化为位置信号。屏幕上行列两个方向各个电极单元彼此形成电容。利用外部电子设备对每个测量点的电容进行遍历测量,从而实现对屏幕多个触摸点位置的检测。除了触摸屏幕,智能手机的指纹识别传感器(生物识别传感器)也多为基于电容测量原理设计。利用半导体加工技术,今天的指纹传感器芯片可以在不足 $0.5\,\mathrm{cm^2}$ 的晶片表面集成超过 10 000 个微型电容传感器。不同的指纹使电容阵列的电容值发生变化。通过对这些电容值的测量。即可对手指指纹信息进行成像[42]。这种传感器敏感度高、分辨率高、体积小且价格低廉,得到了广泛的应用。

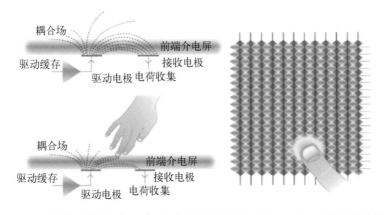

图 6.35　基于投射式互电容触摸原理制备的多点触摸屏

涡流法　涡流检测是建立在电磁感应原理基础之上的一种无损检测方法。当把一块导体置于交变磁场之中,在导体中就有感应电流存在,即产生涡流。

由于导体自身各种因素(如电导率、磁导率、形状、尺寸和缺陷等)的变化,会导致涡流的变化。利用这种现象判定导体性质、状态的检测方法,称为涡流检测[43]。利用涡流可以方便地检测电导率、被检件与检测线圈间的距离,以及裂纹、掺杂等影响电导率的缺陷。

6.9　磁学量测——探究磁场的扰动

地磁场保护地球生物免受太阳风及其他宇宙射线的伤害,其强度、偏角和倾角也为动物迁徙提供定位导航参考。已经发现许多鸟类、爬行类、两栖类、哺乳类等动物都能够利用地磁场导航[44]。1820 年,丹麦物理学家奥斯特(Hans C. Ørsted,1777~1851)发现电流在其周围的空间产生了磁场,开启了现代电磁学之门。由于磁场在电能的产生和利用方面的作用,磁场的测量与构建成为磁学研究的重要领域。

磁场量测　磁学在物理学中有着丰富的内涵。磁学量测有多种方法,各擅胜场,如下文所列述。

(1)探测线圈磁强计:根据法拉第电磁感应定律,通过线圈的磁通量变化,开路线圈两头产生感生电压,闭合线圈中产生感应电流。可通过检测电压或电流(或 LC 电路振荡频率)的变化来测量磁场。探测能力为 20 fT 以上,可靠性高,但不能测量恒定磁场。

(2)超导量子磁强计:根据约瑟夫(Brian Josephson,1940~)效应,超导线圈的磁通量是量子化的,只能是基础磁通量子 $ch/2e$ 的整数倍,通过测量该电流可测得磁通量。灵敏度高,可探测 10 fT 磁场,但需要冷却到线圈材料的超导温度以下,设备复杂。

(3)霍尔效应传感器:根据霍尔(Edwin Hall,1855~1938)效应,通电导体置于磁场中时,因导体中电荷受洛伦兹力作用,在导体垂直于磁场和电流方向的两端积累,从而产生电压。通过测量霍尔电压可测量磁场。霍尔效应传感器结构简单,可以测量静态磁场,广泛应用于角度测量、转速测量以及电流测量。

(4)磁致伸缩磁强计:利用磁致伸缩材料和压电材料的相互作用,将磁致伸缩转变为电压信号输出。通过结构设计,可探测 pT 量级磁场。但需要较强的偏置磁场来避免弱场情况下的非线性响应。

(5)磁光传感器:根据法拉第磁致旋光效应,线偏光通过某些晶体后,其偏振方向随磁场大小而偏转。最大优点是响应快,可到 1 GHz 量级,测量灵敏度可达 30 pT。

磁场构建　地磁场最早被人类用于导航,用天然磁石制成指南针,其 S 极指向地球南极。物质的磁性来源于电子的自旋,铁磁性材料具有自发磁化现象,从而形成磁场。天然磁铁一般为铁的氧化物,磁场较弱。近年来发展的稀土永磁体,其磁场远高于一般铁磁性材料(如铁、钴、镍等)。例如,90 年代发展起来的钕铁硼磁体($Nd_2Fe_{14}B$),其剩余磁化强度为 1.0~1.4 T,磁能积为 200~440 kJ/m^3,矫顽力为 750~2 000 kA/m,是电机动子的关键材料。全球稀土材料约一半应用于电机转子磁铁制造,随着电动汽车以及工业机器人的发展,对稀土永磁体的需求越来越大。

线圈是磁场构建的另外一种重要方法,它的便捷之处在于可以通过线圈几何参数以及外加电流来精确地控制磁场的分布及变化。通过控制电流的大小及相位,电机的静子绕组所产生的磁场得以驱动转子,并实现精确可控的力矩及转速,使电机成为电动汽车、无人机、机器人以及现代制造业的核心。线圈最精密的应用是作为电子显微镜中的电磁透镜。电子作为带电粒子在磁场中运动会受到洛伦兹力的作用,轴对称磁场可以使运动着的电子偏折而发生“聚焦”,像可见光通过玻璃透镜一样。用电磁线圈可以产生轴对称磁场,因此也称为“电磁透镜”。与光学镜头类似,电磁透镜近轴区域磁场和远轴区域磁场对电子束的折射能力不同,因而可以产生像差;由于制造误差,非完美轴对称的磁场也会导致像散。这些缺陷可以通过附加新的磁场来加以修正。透射电子显微镜中包含聚光镜、物镜、中间镜和投影镜四种电磁透镜,经过六十余年的发展,分辨率已从数十纳米提高到 2 Å,这一分辨率足以形成金属的高分辨原子像,但尚难以观察石墨烯(C—C 键长 1.4 埃)的晶格。1992 年德国的三名科学家罗泽(Harald Rose, 1935 ~)、乌尔班(Knut Urban, 1941 ~)与海德尔(Maximilian Haider, 1950~)使用多组电磁线圈(四极、六极和八极)来实现对非理想轴对称磁场的高阶修正,使电子可以更精确地聚焦于像平面,最终实现了亚埃级的分辨率。三位科学家因此获得了 2011 年的沃尔夫奖。目前商业化球差校正电镜分辨率最高可达 0.5 Å。

磁滞回线　若对磁性材料施加周期性变化的磁场,该材料的磁化强度与磁场强度可形成闭合的滞回曲线,称为磁滞回线,反映了磁化过程中磁性材料内部磁畴的变化情况。不同的铁磁质有不同形状的磁滞回线。大多数磁性材料在磁场强度较小时,其磁滞回线为具有中心对称性的 S 型回线;增加磁场强度使得磁化达到饱和状态,可以得到饱和磁滞回线。从饱和磁滞回线上可以读出:若想使磁性材料完全消除剩磁,需加反向磁场,即矫顽力,它反映了铁磁材料保存剩磁状态的能力。正是按矫顽力的大小把铁磁质分成硬磁材料和软磁材料。

磁感应加热　电磁感应加热来源于法拉第发现的电磁感应现象:即交变的磁场在导体中产生感应电流(即涡流),并且由于焦耳热现象在导体中产生热量。磁感应加热是通过把电能转化为磁能,使被测试的导体感应到磁能而发热的加热方式;它从根本上解决了热传导方式加热的效率低下问题[45]。

参考文献

1. 阿尔伯特·爱因斯坦. 走近爱因斯坦[M]. 许良英,译. 沈阳:辽宁教育出版社,2005.

2. 张强. 偏微分方程的有限差分方法[M]. 北京:科学出版社,2018.

3. Fromm J E, Harlow F H. Numerical solution of the problem of vortex street development [J]. The Physics of Fluids, 1963, 6(7): 975 - 982.

4. Tenek L T, Argyris J. Finite element analysis for composite structures[M]. Berlin: Springer Science & Business Media, 2013.

5. 陆明万,罗学富. 弹性理论基础[M]. 北京:清华大学出版社,2000.

6. 王勖成. 有限单元法[M]. 北京:清华大学出版社,2003.

7. Berryman S. The Stanford encyclopedia of philosophy[M]. Palo Alto: Stanford University, 2008.

8. Mendoza E. A Sketch for a history of the kinetic theory of gases[J]. Physics Today, 1961, 14(3): 36 - 39.

9. Li X Y, Wei Y J, Lu L, et al. Dislocation nucleation governed softening and maximum strength in nano-twinned metals[J]. Nature, 2010, 464 (7290): 877 - 880.

10. Frenkel D, Smit B. Understanding molecular simulation: From algorithms to applications [M]. Cambridge, USA: Academic Press, 2001.

11. Verlet L. Computer "experiments" on classical fluids. I. Thermodynamical properties of Lennard-Jones molecules[J]. Physical review, 1967, 159(1): 98.

12. 李晓雁. 纳晶金属和低维结构的多尺度模拟[D]. 北京:清华大学,2007 年.

13. Lennard-Jones J E. Cohesion[J]. Proceedings of the Physical Society, 1931,43(5): 461 - 482.

14. Daw M S, Baskes M I. Embedded-atom method: Derivation and application to impurities, surfaces, and other defects in metals[J]. Physical Review B, 1984, 29(12): 6443 - 6453.

15. Brenner D W. Empirical potential for hydrocarbons for use in simulating the chemical vapor deposition of diamond films[J]. Physical review B, 1990, 42(15): 9458 - 9471.

16. Tersoff J. Empirical interatomic potential for silicon with improved elastic properties[J]. Physical Review B, 1988, 38(14): 9902 - 9905.

17. Car R, Parrinello M. Unified approach for molecular dynamics and density-functional theory[J]. Physical review letters, 1985, 55(22): 2471 - 2474.

18. 陆秋海,李德葆. 工程振动试验分析[M]. 第2版. 北京:清华大学出版社,2015.

19. 张玉妥,李依依. "哥伦比亚"号航天飞机空难原因及其材料分析[J]. 科技导报, 2005,23(7),34 - 37.

20. 薛明德.力学与工程技术的进步[M].第 2 版.北京:高等教育出版社,2017.

21. 刘鸿文.材料力学[M].第 6 版.北京:高等教育出版社,2017.

22. 胡彭.音乐理论的起源:毕达哥拉斯学派的理论(上)[J].音乐艺术,2009,3:75-79.

23. 王友华.也谈曾侯乙编钟的生律法[J].音乐研究,2019,2:32-39.

24. 吕志坚,陆敬泽,吴雅琼,等.几种超分辨率荧光显微技术的原理和近期进展[J].生物化学与生物物理进展,2009,36(12):1626-1634.

25. Miller J L. Ultrasound resolution beats the diffraction limit[J]. Physics Today, 2016, 69(2):14-16.

26. Marzo A, Seah S A, Drinkwater B W, et al. Holographic acoustic elements for manipulation of levitated objects[J]. Nature Communications, 2015, 6(1):8661.

27. Tang H Y, Lu Y P, Jiang X Y,et al. 3-D ultrasonic fingerprint sensor-on-a-chip[J]. IEEE Journal of Solid-State Circuits, 2016, 51(11):2522-2533.

28. Foucault L. Equivalent mécanique de la chaleur. M. Mayer, M. Joule. Chaleur spécifique des gaz sous volume constant. M. Victor Regnault[N]. Journal des débats politiques et littéraires, 1854-6-8.

29. Seebeck T J. Magnetic polarization of metals and minerals by temperature differences [M]. Berlin:Treatises of the Royal Academy of Sciences in Berlin, 1825:265-373.

30. Kogure T, Leung K C. §2.3:Thermodynamic equilibrium and black-body radiation. The astrophysics of emission-line stars[M]. Berlin:Springer, 2007.

31. 丘小君,常斌.从哥窑"金丝铁线"谈起[J].文物鉴定与鉴赏,2016(11):66-71.

32. 平修二.热应力与热疲劳(基础理论与设计应用)[M].郭廷玮,李安定,译.北京:国防工业出版社,1984.

33. Frocht M M. Photoelasticity[M]. London:John Wiley and Sons, 1965.

34. 大连工学院数理力学系光测组.光弹性实验[M].北京:国防工业出版社,1978.

35. Jacquot P. Speckle interferometry:A review of the principal methods in use for experimental mechanics applications[J]. Strain, 2008, 44(1):57-69.

36. 王怀文,亢一澜,谢和平.数字散斑相关方法与应用研究进展[J].力学进展,2005,35(2):195-203.

37. 戴福隆,沈观林,谢惠民,等.实验力学[M].北京:清华大学出版社,2010.

38. Abbe E. Beiträge zur Theorie des Mikroskops und der mikroskopischen Wahrnehmung, Archiv für Mikroskopische Anatomie[J]. Bonn, Germany:Verlag von Max Cohen & Sohn. 1873, 9(1), 413-468.

39. Betzig E, Hell S W, Moerner W E. The Nobel Prize in Chemistry 2014[OL]. https://www. nobelprize. org/prizes/chemistry/2014/summary/[2020-02-27].

40. 铁道部科学研究院铁道建筑研究所编.电阻应变片:第一版[M].北京:人民铁道出版社,1977.

41. 李艳红,李海华.传感器原理及其应用[M].北京:北京理工大学出版社,2010.

42. 3M Touch Systems. Projected capacitive technology, in touch technology brief[OL]. https：//multimedia. 3m. com/mws/media/788463O/tech-brief-projected-capacitive-technology. pdf[2020-02-27].

43. 陈照峰. 无损检测：第一版[M]. 西安：西北工业大学出版社,2015.

44. 张兵芳,田兰香. 动物地磁导航机制研究进展[J]. 动物学杂志,2015,50(5)：801-819.

45. Rudnev V. Handbook of induction heating[M]. Boca Raton：CRC Press, 2003.

思考题

1. 有限差分方法和有限元方法是我们用来求解复杂问题的重要数值方法,你能讲讲这两种方法的异同点吗?

2. 为了补偿有限差分方法的截断误差,可以在连续方程中引入修正项,若误差修正项含奇数阶导数,其效果等价于在物理体系中引入了色散作用,导致不同频率的波在传播过程中发生变形失真,称为数值色散。在真实的物理世界中,你可曾观察到光的色散吗? 它的形成原因是什么?

3. 求解线性代数方程组的问题是现代数值计算中的关键问题,一种方法可以通过消元法来求解,对一个 $n \times n$ 的线性代数方程,如果每做一次加、减、乘、除算是一步,那么需要多少步可以求解 $n \times n$ 的线性代数方程? 随着研究对象复杂程度的增加,有限元分析需要越来越多的单元来更准确地离散模型,线性代数方程组的阶数也随之增加,例如达到 1 亿阶次,以现在主流的电脑为参考,大概需要多少时间可以用消元法求解 1 亿阶的线性代数方程组? 即使我们有这个算力完成消元法求解大型线性方程组,由于计算机的有限精度,可能会带来其他什么问题吗?

4. 表面上看分子动力学模拟是一种非常直接的数值方法,对于我们理解微观机制有直观的帮助。在实际应用中,你认为存在哪些局限性?

5.《吕氏春秋》记载,伏羲作琴,三分损益成十三音。三分损益法就是把管(笛、箫)加长三分之一或减短三分之一,听起来都很和谐,这是最早的声学自然律。三分损益法后来演变出中国古代著名的"宫、商、角、徵、羽"五声音阶。你能说出这五个音阶对应的频率是多少吗?

6. 许多鸟类、爬行类、两栖类、哺乳类等动物都能够利用地磁场导航,它们能够探测磁场的生理学机制是什么?

7. 物理学认为基本粒子都具有波粒二象性,从波的角度可以方便地理解电子显微镜的成像原理。一般的透射电子显微镜中用于成像的电子的能量为 200 keV,请你计算一下电子的波长是多少? 我们现在最好的球差校正电镜的分辨率大约 0.5 Å,达到阿贝原理的极限了吗? 人们考虑到阿贝原理,早期更

多地从提高电子能量的角度来提升分辨率,例如日本曾经建造过电子能量为
1 000 keV 的透射电子显微镜,事实证明电子对被观察的样品的穿透力提升了,
但是分辨率却没有提升,这引起了人们的深入思考,同时也启发了新的球差矫
正电子显微镜的发明。

第二篇
力学今生——力学 2.0：学科的辐射

力学在 20 世纪开始向诸门工程和科学学科进行辐射,从而建立以力学为引导的技术科学群,飞行器力学就是其中的成功范例。

第7章
飞行器力学

飞行器力学的早期进步得益于航空宇航科学和应用力学的交融式发展。前者引发了人类的航天史,有三位科学家的名字将被铭记[1]。他们是俄国的齐奥尔科夫斯基(Konstantin E. Tsiolkovsky,1857~1935)、美国的戈达德(Robert Hutchings Goddard,1882~1945,液体火箭的发明者)和德国的奥伯特(Hermann Oberth,1894~1989,欧洲火箭之父,现代航天学奠基人之一)。1883年,齐奥尔科夫斯基写成了自己的第一篇论文,标题为《自由空间》,首次提出宇宙飞船的运动必须利用喷气原理。他关于喷气式发动机的论文《利用喷气机探测宇宙空间》,阐述了火箭飞行理论,论述了将火箭用于星际交通的可能性,首创液体燃料火箭的设想和原理图。他定量地阐述了火箭在星际空间飞行和从地面起飞的条件;提出为实现飞往其他行星的设想,必须设置地球卫星式的中间站。文中通过计算证明了只有用多级火箭才能飞出地球,并且给出了成为宇宙航行基本公式的火箭速度公式,后人称为齐奥尔科夫斯基公式。齐奥尔科夫斯基在人类宇航史的理论奠基人地位由此确定[2]。他还是一位科幻作家,其科学幻想小说《在地球之外》写的是2017年发生的事[3]。故事大意是:20名不同国籍的科学家和工匠乘坐自己建造的火箭飞船飞出大气层,进入环绕地球的轨道,处于有趣的失重状态。他们建成了大温室,种出了足够食用的蔬菜水果。他们穿上航天服从飞船里出来,在太空中飘游。然后,飞船飞向月球,太空旅行者乘四轮车在月球表面着陆,考察后又点燃火箭离去,与在环月轨道上等候的母船会合。受这批先驱鼓舞,地球人大量迁移到外层空间,住进环绕地球轨道上的温室住宅。而那20名探险家则继续飞到了火星附近,途中曾在一颗无名小行星上降落。旅途漫漫,他们最后成功地返回了地球。

本章主要讨论空气动力学在翱翔于大气中的飞行器中的核心作用,并介绍固体力学和热科学在构成一个工程上可行的飞行器方面所发挥的关键作用。

7.1 机翼理论与空气动力学——形成工程科学的方法论

图 7.1 丹尼尔·伯努利(1700~1782)

升力与阻力 丹尼尔·伯努利(图 7.1)是瑞士著名科学世家伯努利家族的重要成员之一。他的研究领域包括数学、力学、磁学、潮汐、洋流和行星轨道等。1738 年伯努利在斯特拉斯堡出版了《水动力学》一书,奠定了该学科的基础[4]。他提出理想流体的能量守恒定律,即单位质量液体的位置势能、压力势能和动能的总和保持恒定,后称为"伯努利原理"。在此基础上,他又阐述了水的压力和速度之间的关系,提出了流体速度增加则压力减小这一重要结论。机翼横剖面的"流线型",即上沿为弯曲线而下沿为平直的流线设计,就是利用伯努利原理而产生升力的典型案例。

1755 年,由欧拉建立的理想流体的运动方程奠定了流体力学的基础。后经拉格朗日、拉普拉斯等在数学解析方法上的发展,形成了流体力学的一个重要分支——理想流体力学。它运用严密的数学工具,也就是拉普拉斯方程或势论,来研究无黏性的理想流体流动。由于忽略了流体的黏性作用,根据理想流体力学得到的理论预测与实际结果不尽相符。20 世纪初,随着飞行器的出现,需要解决黏性流体中较大速度的物体运动问题,促使黏性流体运动的理论向前跃进。德国物理学家、近代力学奠基人之一的普朗特给出了飞行器在空气中飞行时最基础的升力和阻力的理论描述,后人称其为"空气动力学之父"。

边界层理论 普朗特最重要的贡献在于边界层理论、薄机翼设计和升力线理论。1902~1907 年,普朗特与兰开斯特、贝茨(Albert Betz,1885~1968)和芒克一道,为研究真实机翼的升力问题寻找有用的数学工具。1904 年,普朗特在德国海德堡举行的第三届国际数学家学会上,宣读了题为《关于摩擦极小的流体运动》的论文,建立了边界层理论[5]。他提出边界层的概念:黏性极小的流体绕物体流动时,在紧靠物体附近存在着一层极薄的边界层,其中黏性起着很大的影响。而在边界层外,流体中的黏性可以忽略不计,可将其认为是理想流体(亦参见 3.4 节,尤其是该节中图 3.20)。基于这个假设,普朗特对黏性流动的重要意义给出了物理上的解释,同时对相应的数学上的困难做了最大程度的简化。经简化 N-S 方程可得到普朗特边界层方程,该方程可以精确地分析若干重要实际问题中的黏性流动。比如,他对 3.4 节中提到的流体阻力问题(即"达朗贝尔佯谬"),就给予了明确的解答。在这篇论文中,普朗特首次描述了边界层及其在减阻和流线型设计中的应用,描述了边界层分离,并提出失速概念。这些理论推导在当时就得到了简单实验的支持,这些实验是在普朗特亲手建造的水洞中做的(图 7.2)。在随后的几十年中,普朗特将哥廷根大学发展成为空气动力学理论的推进器,使哥廷根大学在这个学科中领先世界直到二战结束。

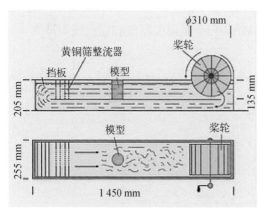

图 7.2 普朗特的水洞设计图及其与水洞合影

边界层理论是流体动力学发展中的一个极其有成效的工具。1907 年,布拉修斯成功地应用层流边界层理论计算了在流体中运动物体的摩擦阻力,亦见 3.4 节[6]。1921 年,冯·卡门[7]和波耳豪森[8]提出了边界层动量积分方程。另外,边界层动能积分方程和热能积分方程也分别由后来的科学家提出。这三个边界层的近似计算方法使边界层理论在工程界中很快地推广开来。边界层理论与其他重要的进展(机翼理论和气体动力学)一起,已成为现代流体力学的基石之一[9],形成了工程科学的方法论。

1914 年,普朗特做了著名的圆球实验,正确地指出:边界层中的流动可以是层流的,也可以是湍流的,而布拉修斯解仅针对着层流情况。他还指出了边界层分离的问题,说明计算阻力的问题是受二者的转捩支配的。从层流向湍流转捩过程的理论研究,是以雷诺的假设为基础的,即承认湍流是由于层流边界层产生不稳定性的结果。1921 年,普朗特开始进行转捩的理论研究,并于 1929 年获得成功。

机翼理论 在实验基础上,普朗特于 1913~1918 年提出了升力线理论和最小诱导阻力理论,后又提出升力面理论等,充实了机翼理论。相关的工作在 1918~1919 年发表,此即"兰开斯特-普朗特机翼理论"[10]。后来普朗特还专门研究了带弯度翼型的气动问题,并提出简化的薄翼理论。这项工作使人们认识到对于有限翼展机翼,翼尖效应对机翼整体性能的重要性。这项工作的主要贡献在于指出翼尖涡流和诱导阻力的本性,在这些理论的指导下,飞机设计师们在飞机被制造出来之前就得以了解其基本性能。

边界层厚度 下面扼要阐述边界层理论。首先引入边界层厚度的概念。边界层内从物面(由于黏附条件,可记当地速度为零)开始,沿法线方向至速度与当地自由流速度 U 相等(大致为等于 $0.995U$)的位置之间的距离,记为 δ。边界层厚度与流动的雷诺数、自由流的状态、物面粗糙度、物面形状和延展范围都有关系。

由绕流物体头部(前缘)起,边界层厚度从零开始沿流动方向逐渐增厚,见图 7.3。工程上,常采用以下三种与边界层内速度分布有关的、并具有一定物理意义的边界层厚度,它们分别为位移厚度、动量损失厚度和能量损失厚度:

$$\delta_1 = \int_0^\infty \left(1 - \frac{u}{U}\right) \mathrm{d}y; \quad \delta_2 = \int_0^\infty \frac{u}{U}\left(1 - \frac{u}{U}\right) \mathrm{d}y; \quad \delta_3 = \int_0^\infty \left(1 - \frac{u^2}{U^2}\right) \mathrm{d}y \quad (7.1)$$

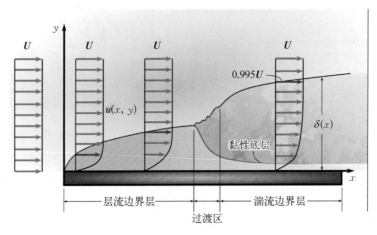

图 7.3 边界层示意图

式(7.1)中,x 方向平行于壁面;y 方向垂直于壁面;u 表示流体质点在 x 方向的速度分量;U 表示来流速度。

边界层的主要特征是:(1)与物体的特征长度相比,边界层的厚度很小,以机翼为例,通常边界层厚度仅为弦长的数百分之一;(2)边界层内沿厚度方向,存在很大的速度梯度;(3)由于边界层内流体质点受到黏性力的作用,流动速度降低,所以要达到外部势流速度,边界层厚度必然逐渐增加;(4)可以近似认为边界层中各截面上的压强等于同一截面上边界层外边界上的压强值;(5)在边界层内,黏性力与惯性力为同一数量级;(6)边界层内有层流和湍流两种流态。

边界层方程 边界层方程是边界层中流体运动所遵循的物理规律的数学表达式,包括边界层微分方程和边界条件。

边界层微分方程:普朗特于 1904 年从纳维-斯托克斯方程出发,把方程中各项的数量级写出并互相比较,由于 y 与边界层厚度 $\delta \ll x$ 为同一量级,同时又判断有 $\delta \propto \sqrt{\mu}$,这里 μ 表示动力黏度(动力黏性系数),所以他将量级为 δ^2 以上的项略去,得到边界层方程。若从不可压缩流体的完整 N-S 方程出发,经过下述三个假设:(1)在 x-y 平面呈二维流动,且沿 z 方向的流动可忽略;(2)沿 y 方向的导数远大于沿 x 方向的导数;(3)u 远大于 v;则二维不可压缩流的层流边界层方程组可写为运动方程：

$$\frac{\partial u}{\partial t} + u\frac{\partial u}{\partial x} + v\frac{\partial u}{\partial y} = -\frac{1}{\rho}\frac{\partial p}{\partial x} + v\frac{\partial^2 u}{\partial y^2} \approx U\frac{\mathrm{d}U}{\mathrm{d}x} + \frac{\mu}{\rho}\frac{\partial^2 u}{\partial y^2} \tag{7.2}$$

连续性方程可简化为

$$\frac{\partial u}{\partial x} + \frac{\partial v}{\partial y} = 0 \tag{7.3}$$

边界条件为

$$\begin{aligned} y = 0: \quad & u = v = 0; \\ y = \infty: \quad & u = U(x, t) \end{aligned} \tag{7.4}$$

式（7.2）~式（7.4）中，u、v 为 x、y 方向的速度分量；p 为压力；ρ 为流体密度。原来 y 方向的动量方程简化成 $\partial p/\partial y = 0$，它表示在边界层内沿垂直于壁面方向的压力保持常值，即壁面上某点的压力 p 等于无黏性外流在此点计算出的 p 值。因此，在边界层流动计算中，p 被认为是已知的物理量。边界层内的流动状态，在低雷诺数时是层流，在高雷诺数时是湍流。关于湍流边界层方程，由于流动随时间、空间而变更，情况非常复杂，目前仍在通过实验和理论研究，弄清湍流的物理机制，得出公认的模型。北京大学佘振苏等学者近期在湍流边界层理论方面做出了有建设性的工作[11]。

分离和转捩 边界层可能发生脱离物面并在物面附近出现回流的现象。当边界层外流压力沿流动方向增加得足够快时，与流动方向相反的压差作用力和壁面黏性阻力使边界层内流体的动量减少，从而在物面某处开始产生分离，形成回流区或漩涡，导致很大的能量耗散。绕流过圆柱、圆球等钝头物体后的流动，角度大的锥形扩散管内的流动是这种分离的典型例子，如图 7.4 示意。分离区沿物面的压力分布与按无黏性流体计算的结果有很大出入，常由实验决定。边界层分离区域大的绕流物体，由于物面压力发生大的变化，物体前后压力明显不平衡，一般存

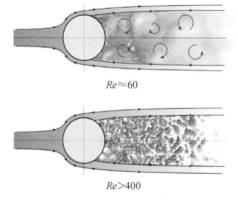

$Re \approx 60$

$Re > 400$

图 7.4 不同雷诺数的圆柱绕流

在着比黏性摩擦阻力大得多的压差阻力（简称压阻，也称形状阻力）。当层流边界层在到达分离点前已转变为湍流时，由于湍流的强烈混合效应，分离点会后移。这样，虽然增大了摩擦阻力，但压差阻力大为降低，从而减少能量损失。在定常流动中，边界层分离是逆压梯度和壁面黏性力阻滞的综合作用的结果。

黏性流体在顺压梯度区域内流动时,不会发生边界层分离。只有在逆压梯度区域内,当逆压梯度足够大时,才能发生边界层分离,见图7.5。

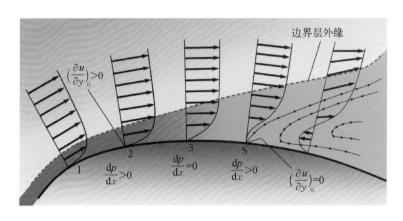

图 7.5 沿边界层的物理量变化特征

边界层增厚与热边界层 边界层分离后,边界层的厚度大大增加,推导边界层方程的基本条件已不成立,量级关系也发生了根本变化,边界层理论不再适用。层流边界层和湍流边界层都能发生分离。由于湍流内脉动运动引起的动量交换,使边界层内的速度剖面均匀化,增大壁面附近流体的动能,所以湍流边界层可以比层流边界层承受更大的逆压梯度,且不易分离。当黏性流体绕流物体时,随着离前缘距离的不断增加,雷诺数也逐渐加大,一般上游为层流边界层,下游从某处后转变为湍流,且边界层急剧增厚。层流向湍流的过渡称为转捩。当所绕流的物体被加热(或冷却)或高速气流掠过物体时,在邻近物面的薄层区域有很大的温度梯度,这一薄层称为热边界层。

普朗特的传承 普朗特重视观察和分析力学现象,养成非凡的直观洞察能力,善于抓住物理本质,概括出数学方程。他曾说:“我只是在相信自己对物理本质已经有深入了解以后,才想到数学方程。方程的用处是说出量的大小,这是直观得不到的,同时它也证明结论是否正确。”[12]铁摩辛柯和冯·卡门都是普朗特的学生。我国力学家刘先志(1906~1990)和陆士嘉(1911~1986)也是普朗特的学生。陆士嘉曾先后在清华大学和北京航空学院(现北京航空航天大学)任教,在我国开启了空气动力学研究。她是中国第一个风洞的创建人,也是中国第一个空气动力学专业的创办者,其教学实践见图7.6。北京航空航天大学成立了“陆士嘉实验室”以资纪念[13]。

自普朗特时代后,飞行器的发展一代推动一代,但机翼理论的基本框架没有改变。尽管现在有了大型风洞和计算流体力学(及相关的数值风洞技术),飞行器的初步设计仍需要根据简明的空气动力学分析来提出。飞行器已经陆续地突破“音障”和“热障”,目前正在研制突破“黑障”的技术,这些突破的关键思想都是在边界层理论的基础上形成的。

信息与智能时代的飞行器 目前的一个前进方向是如何把空气动力学技

图 7.6　陆士嘉教授
（左 2）与学生们

术与电控技术、人工智能技术相结合。以新一代战机为例,歼-10 的总师宋文骢(1930~2016)提出了一个大胆的空气动力学的布局,就是边条襟翼控制的鸭式布局。该布局空气动力学性能很好,但由于非线性程度高,对飞控(飞行控制系统)要求苛刻。飞行器总师既要掌握力学之真谛,还要有很宽的知识面。杨伟(1963~)毕业于西北工业大学空气动力学专业,除空气动力学外,他又认真研究了电控(电子控制系统),探讨使飞机规避进入螺旋状态的控制路径,一旦偏离线性,马上就可以控制住,这样就充分发挥了襟翼控制鸭式布局的空气动力学优势。杨伟先后担任了 7 个战机型号的总师,包括图 7.7 所示的歼-20 战机。歼-20 结合了空气动力学和电控之长,其电控仪表升级了 5 代。现代空战的演进有三代追求目标。第一代为"机动为王";第二代为"信息为王";第三代为"智能为王"。起初战斗机互相进行空中格斗,飞机要做各种加速、转弯、翻滚,这一代是机动为王;接着的一代是信息为王,我方的雷达看得见非合作方,超视距发射导弹,而我方战机的隐身特征使得非合作方探测不到,飞机和武器成为一体,多架飞机组成一体,有不同的作战的方式,利用信息的优势来弥补

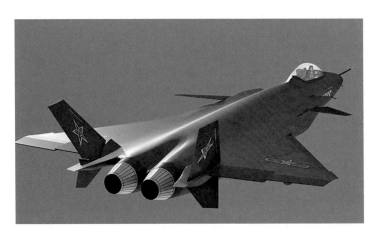

图 7.7　歼-20 战机

发动机的不足;再往下一代是智能为王,如果一架装了人工智能的飞机和驾驶员结合起来进行混合增强,可以战胜若干架尚未安装人工智能的飞机。

7.2 大飞机与尺度律——极致的结构优化

设计飞行器的关键因素是把控其飞行时的升力与阻力。这两者呈现出有趣的尺度效应。

平方/立方尺度律 先讨论升力。在相似的空气动力外形下,升力与飞行器的俯视投影面积——也就是其特征尺度的平方——呈正比;而飞行器的重力与飞行器的体积——也就是其特征尺度的立方——呈正比。这一平方/立方尺度规律表明:飞行器的尺度越大,就越难获得足够的升力来平衡飞行器的重力。这是大型飞机由尺度引起的本质困难,见图7.8。对这一大飞机的瓶颈问题,可能采取的改进措施是:(1)设计具有更高升力系数的气动外形;(2)降低巡航飞行的高度(但这意味着更大的阻力或更多的动力消耗);(3)降低飞行器的质量,如更低的燃料消耗、更低的有效载荷质量或更轻的结构质量。除了第(3)项的最后一点外,其他选项都以飞机能力的下降为代价。只有降低飞行器的结构质量(或结构系数),才能使飞行器产生革命性的变化。这使得固体力学和飞行器结构成为飞行器设计的一个关键组成部分。

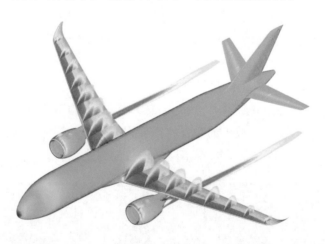

图 7.8 大型飞机

对微型飞行器来讲,其雷诺数正比于飞行器的特征长度。这就走向了另一个极端:惯性作用让位于黏性效应。在空气中飞行的微型飞机就像在黏稠介质中飞行的大型飞机:有足够的升力来平衡重力,却遭遇着很大的阻力。

结构优化与减振 与飞行器结构设计有关的力学内容包括:(1)围绕飞行器在结构轻量化、多功能融合的未来趋势,及增材制造等新制造工艺技术,来开展结构减重与结构/材料一体化技术;(2)围绕对航空飞行器提出的舒适性和经济性的苛刻要求,开展减噪、减振与舒适性研究;(3)围绕对航空飞行器提出的可靠性、安全性要求,开展智能结构与健康监测技术。

第一项内容与结构力学的前沿研究有关,涉及结构/材料一体化技术、超常环境下的材料力学、复合材料结构力学、计算力学等发展方向。结构拓扑优化一直是工程结构优化领域备受瞩目的研究方向。我国学者在结构拓扑优化理论研究中做出了重要贡献:近年来创立的材料/结构一体优化设计、层级结构优化设计、多功能协同设计、整体布局优化设计理论与方法、基于显式几何描述的结构拓扑优化新框架等均产生了较大的学术影响。近十年来,我国学者还面向国家重大需求,主动将拓扑优化的理论与方法应用于长征五号运载火箭、新型舰载机等重要装备,为保障装备运载能力、实现轻量化等做出了突出贡献。飞行器结构材料的发展关键是新型复合材料的力学特性。我国学者提出三维轻质点阵复合材料结构纤维束穿插编织方法和二次铺层工艺,解决了面板和芯层间界面强度低的难题,并成功地应用于新一代运载火箭、亚轨道重复使用运载器的研制[14]。

第二项内容与动力学与振动的前沿研究有关,减噪和吸振的力学解决方案有四条路径:(1)由增加飞行器结构的阻尼来(被动地)吸收振动能量,这一措施在 2019 年充分地显示在对长征五号火箭液氧发动机的事故修正中;(2)在关键节点处设置主动抑振元件,来错相位抵消振动;(3)通过在空气动力外形上抑制转捩和湍流形成,来减弱外激振动;(4)由精细的流固耦合分析来抑制颤振。

健康监测　第三项内容与实验力学与波动力学的前沿研究有关。健康监测旨在提高大型飞机(尤其是大型客机)的可靠性,建立预警机制和维修程序。在飞机各关键部位嵌入传感器,利用物联网和人工智能技术来形成一个数据性阵列的监测系统。尤其是以复合材料为主体的大型飞机结构,可以通过力电耦合、应力波探测等方法,实时地监测复合材料层合结构中的损伤形成和分层行为,并及时启动维持机体健康的自愈合机制。

减阻　减阻的基础是空气动力学的前沿研究。飞行器气动外形的"流线型"设计要用到空气动力学流动机制、空气动力学计算及风洞中的阻力实测。对于微型飞机,黏滞型阻力是主要因素;对于大飞机,由于雷诺数高,其空气动力学行为由湍流多尺度结构所决定。对于后者来说,控制沿机翼发生的转捩和湍流至关重要。我国学者发展了基于物理约束的约束大涡模拟模型,并应用于大飞机气动设计。该方法对 C919 大型客机巡航状态的约束大涡模拟,帮助飞机设计师修改了该飞机的气动外形,使气动阻力明显下降。该项工作在 2012 年世界力学家大会的开幕式报告中加以披露,参见图 7.9[15]。

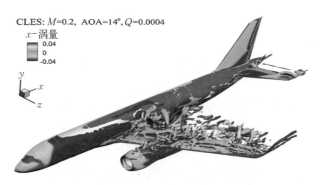

CLES: M=0.2，AOA=14°，Q=0.0004

x-涡量
0.04
0
-0.04

图 7. 9 C919 的气动计算

除宏观外形控制外,还可以对飞行器的表面进行功能性的修饰来改变局部形状或边界层厚度,如通过鲨鱼皮式的表面结构或智能蒙皮来进行减阻或控制转捩,通过关键部位的导板来进行尾涡疏导等。

风洞 以大型风洞为代表的空气动力试验设备设施,是飞行器发展的"摇篮"。步入新世纪,庄逢甘院士牵头制定了《2008—2020 年国家大型空气动力试验设备设施平台建设规划》。在该规划的指引下,一批具有世界先进水平的大型风洞(如大型结冰风洞和声学风洞)相继建成,标志着我国具备了自主开展飞机结冰与防除冰、气动噪声控制等问题的研究和工程应用能力;新建的低速增压风洞使试验雷诺数提高到 10^7 量级,接近真实飞行雷诺数,为大型飞行器的研制提供了重要支撑。

7.3 航空发动机——熔点之上的不灭金身

航空发动机的类型 航空发动机的发展经历了活塞式发动机和燃气涡轮发动机(即喷气发动机)两代,后者又包括涡轮喷气(涡喷)发动机、涡轮风扇(涡扇)发动机、涡轮螺旋桨(涡桨)发动机、涡轮轴(涡轴)发动机和桨扇发动机。

活塞式发动机(多见于老式飞机,如 B-36、运-5 等)的原理和汽车发动机类似,通过燃油在气缸中爆炸燃烧来推动活塞做功(详见 14.7 节)。二战以前,活塞发动机与螺旋桨的组合,使人类获得了挑战天空的能力。到 20 世纪 30 年代末,航空技术的发展将这一组合的能力挖掘到了极限。螺旋桨在飞行速度达到 800 km/h 的时候,桨尖部分实际上已接近了声速,跨声速流场使得螺旋桨的效率急剧下降。螺旋桨的迎风面积大,阻力也大,阻碍了飞行速度的提高。随着飞行高度提高,大气变得稀薄,活塞式发动机的功率也会减小。

喷气发动机 这些不足促进了喷气发动机推进体系。喷气发动机吸入大量的空气,燃烧后高速喷出,对发动机产生反作用力,推动飞机向前飞行。喷气发动机有涡喷、涡桨、涡扇、涡轴四个系列,如图 7.10 所示。

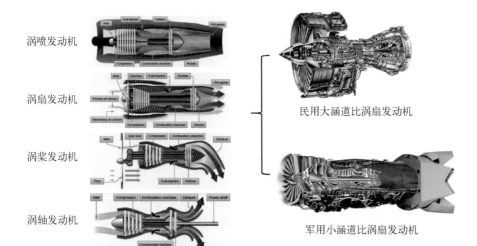

涡喷发动机

涡扇发动机

涡桨发动机

涡轴发动机

民用大涵道比涡扇发动机

军用小涵道比涡扇发动机

图 7.10　喷气发动机概述

涡喷/涡桨发动机　涡喷发动机结构如图 7.11 所示,由进气道、压气机、燃烧室、涡轮和尾喷管组成。部分军用发动机的涡轮和尾喷管间还有加力燃烧室。涡喷发动机依靠燃气流产生推力,用作高速飞机的动力。著名的歼-7、米格-25、SR-71 黑鸟侦察机,都以涡喷发动机为动力,其最大飞行马赫数能突破3。涡喷发动机属于热机,做功原则为:高压下输入能量,低压下释放能量。工作时,发动机首先从进气道吸入空气,进气道需将进气速度控制在合适的范围。压气机为扇叶形式,用于提高吸入的空气的压力。压气机叶片转动对气流做功,使气流的压力、温度升高。随后高压气流进入燃烧室。燃烧室的燃油喷嘴射出油料,与空气混合后点火,产生高温高压燃气,向后喷出。高温高压燃气向后流过高温涡轮,部分内能在涡轮中膨胀转化为机械能,驱动涡轮旋转。由于高温涡轮同压气机装在同一条轴上,因此该过程也驱动压气机旋转,从而反复地压缩吸入空气。从高温涡轮中流出的高温高压燃气,在尾喷管中膨胀,以高速从尾部喷口向后排出。该排出速度比气流进入发动机的速度大得多,从而产生了对发动机的反作用推力。这类发动机具有加速快、设计简便等优点,是较早实用化的喷气发动机类型。如果要让涡喷发动机提高推力,必须增加燃气

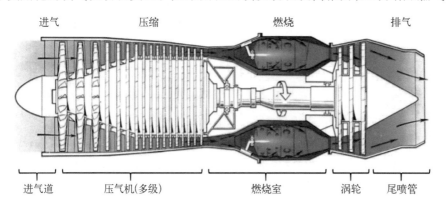

进气　　　　　压缩　　　　　　　燃烧　　　　　　排气

进气道　　　压气机(多级)　　　　燃烧室　　　涡轮　　尾喷管

图 7.11　涡轮喷气发动机

在涡轮前的温度和增压比,这将使排气速度增加,从而损失更多动能。于是,产生了提高推力和降低油耗的矛盾。因为涡喷发动机有高油耗这一致命弱点,所以不能用于商业民航机。

二战后,亚声速民航飞机和大型运输机得到快速发展。飞行速度达到高亚声速即可,但要求耗油量小。因此,发动机效率要很高。涡喷发动机的效率已经无法满足这种需求。因此,使用涡桨发动机的大型飞机便应运而生。涡桨发动机(用于运8、C-130、A-400M等)的本质相当于在涡喷发动机接上一个减速器,并带动外部的螺旋桨。涡桨发动机以螺旋桨产生的拉力(推力)为主,喷气所产生的推力很小,只占螺旋桨的九分之一左右。由于螺旋桨旋转面积大,高速飞行时会产生很大阻力,所以涡桨发动机不适宜用于高速飞行。

涡扇发动机 目前大多数先进飞机都使用涡扇发动机。与涡喷发动机比较,涡扇发动机(其代表型号有涡扇10、涡扇15、AL-31F、F-135、CMF56等)的主要特点是首级压缩机的面积大大增加。通用航空喷气公司在1957年成功推出了CJ805-23型涡扇发动机,立即大面积打破了超声速喷气发动机的纪录。最早的实用化的涡扇发动机是普拉特·惠特尼(Pratt & Whitney)公司的JT-3D涡扇发动机。1960年,罗尔斯·罗伊斯(Rolls Royce)公司的"康威"(Conway)涡扇发动机被波音707远程喷气客机采用,成为第一种被民航客机使用的涡扇发动机。60年代洛克希德"三星"客机和波音747"珍宝"客机采用了罗尔斯·罗伊斯公司的RB211-22B大型涡扇发动机,标志着涡扇发动机的逐渐成熟。

发动机效率 衡量航空发动机性能有以下主要参数。(1)发动机压力比(EPR):即低压涡轮出口总压与低压压气机进口总压之比,对于轴流式压气机的涡扇发动机,它表征推力。(2)风扇转速(n_1):对于高涵道比涡扇发动机,风扇产生推力占绝大部分,所以n_1也是推力表征参数。(3)排气温度(EGT):涡轮进口的总温是发动机最重要的一个参数,但是无法测量,所以用涡轮排气温度来间接反映,应限制EGT以保证涡轮进口温度不超限。(4)燃油消耗率:产生每磅推力每小时所消耗的燃油量,它是重要的经济性指标。

发动机效率指发动机利用燃料热能的有效程度。发动机工作时,其燃料中所含的热能只有一部分转变为推进功,其余部分以热或动能形式损失掉。发动机效率是评定发动机性能的核心指标之一,它分为热效率、推进效率和总效率。发动机有效功率的热当量与单位时间所消耗燃料的含热量之比称为热效率,用以评定发动机作为热机的经济性。活塞式航空发动机的有效功率为轴功率;喷气发动机的有效功率等于单位时间流过发动机内部气流的动能增量。涡喷发动机的热效率一般为24%~30%。发动机推进功率与有效功率之比称为推进效率,用以评定推进器的有效性。现代涡轮喷气发动机的推进效率一般为

50%~65%,带螺旋桨推进器发动机的推进效率可达 80%~90%。推进功率的热当量与单位时间所耗燃料的含热量之比为总效率,它等于热效率与推进效率的乘积,用总效率可以衡量经济性。

一方面,如果将航空发动机视为热机,可用卡诺循环来模拟热机的做功循环,该循环由四个步骤(等温膨胀、绝热膨胀、等温压缩、绝热压缩)组成。航空发动机的效率上限可以想象成工作在两个恒温热源之间的卡诺循环的效率 η。对该准静态过程,其高温热源的温度为 T_1,低温热源的温度为 T_2。通过热力学相关定理可得,卡诺循环的效率 $\eta = 1 - T_2/T_1$。因此,涡轮前温度 T_1 越高,进气道温度 T_2 越低,卡诺循环的效率 η 就越接近于 1,从而可以采用提高燃气在涡轮前的温度和压气机增压比的方式来提高热效率。另一方面,因为高温、高密度的气体包含的能量要大,所以在飞行速度不变的条件下,提高涡轮前温度,自然会使排气速度加大,而流速快的气体在排出时的动能损失大。因此,片面的加大热功率,即加大涡轮前温度,会导致推进效率的下降。要全面提高发动机效率,必须解决热效率和推进效率这一对矛盾。

涡扇发动机的妙处,就在于既提高涡轮前温度,又不增加排气速度。涡扇发动机的结构,实际上就是在涡轮喷气发动机的前方增加几级涡轮,这些涡轮带动一定数量的风扇。风扇吸入气流中的一部分,如普通喷气发动机一样,送进压气机(术语称为“内涵道”),另一部分则直接从涡喷发动机壳外围向外排出(术语称为“外涵道”)。涡扇发动机外涵道与内涵道空气流量的比值称为涵道比(bypass ratio),也称旁通比。如前文所述,涡扇发动机的燃气能量被分配到风扇和燃烧室,分别产生两种排气气流。可以通过适当的涡轮结构和增大风扇直径,这样既提高了涡轮前温度,从而提高了热效率;又使更多的燃气能量经风扇传递到外涵道,从而避免大幅增加排气速度。这样,热效率和推进效率取得了平衡,发动机的效率得到极大提高。但涡扇发动机技术复杂,尤其是如何将风扇吸入的气流正确的分配给外涵道和内涵道,是极大的技术难题。目前,只有少数国家能研制出涡扇发动机。中国刚刚成功研制了两款国产涡扇发动机,涡扇 10 和涡扇 15,见图 7.12。

(a) 涡扇10

(b) 涡扇15

图 7.12　我国的涡扇发动机

桨扇发动机　根据涡扇发动机的原理,在飞行速度不变的情况下,涵道比越高,推进效率就越高。因此,新型涡扇发动机的涵道比越来越大,已经接近了结构所能承受的极限。对于马赫数为 0.8～0.95 的现代高亚声速大型宽体客机,桨扇发动机的概念应运而生。由于无涵道外壳,桨扇发动机的涵道比可以很大。以正在研究中的某型发动机为例,在马赫数为 0.8 时,带动的空气量约为内涵空气流量的 100 倍,相当于涵道比为 100,这是涡扇发动机所望尘莫及的;将其应用于飞机上,可将高空巡航耗油率较目前高涵道比涡扇发动机降低 15%左右。同涡桨发动机相比,桨扇发动机的可用速度又高很多,这是由它们不同的叶片形状所决定的。普通螺旋桨叶片的叶型厚度大以保证强度,弯度大以保证升力系数;这种叶片在低速情况下效率很高,但一旦接近声速,效率就急剧下降。桨扇发动机螺旋桨的叶型则类似于超声速机翼的剖面形状,既宽且薄、前缘尖锐并带有后掠。这种叶型的跨声速性能要好得多,在马赫数为 0.8 时仍有良好的推进效率,使得桨扇发动机成为目前新型发动机中最有希望的一种。

涡轴发动机　涡轴发动机的压气机包括分为轴流式和离心式两种。轴流式的面积小、流量大;离心式的结构简单、工作稳定。涡轴发动机从纯轴流式开始,发展了单级离心、双级离心到轴流与离心混装一起的组合式压气机。目前涡轴发动机一般采用若干级轴流加一级离心构成组合压气机,兼有两者的优点。国产涡轴 6、涡轴 8 发动机为一级轴流加一级离心构成的组合压气机。

自适应发动机　2018 年 6 月,美国空军与通用动力公司签署了一份价值 4.37 亿美元的合同,由该公司为美国空军研发下一代战斗机所需的 45 000 磅推力的新一代航空发动机,将安装在取代 F－22 战斗机的未来战斗机上。为 F－22 和 F－35 战斗机提供动力的普拉特·惠特尼公司也将于近期得到类似规模的合同,为美国空军未来的战斗机研发动力系统。新型航空发动机称为"自适应发动机转化项目",见图 7.13,简称 AETP,于 2016 年提出,旨在进一步提高动力输出和降低油耗,其性能优于 F－35 战机上使用的普拉特·惠特尼 F135 航空发动机。

图 7.13　自适应发动机

高温力学　在航空发动机研制方面,力学可以起到核心作用的问题有四个:(1)如何提高涡轮区的温度;(2)航空发动机内流与燃烧的全尺度数值模拟;(3)航空发动机的疲劳断裂寿命;(4)发动机的高空试验台。为提高涡轮区温度,可采取三项措施:一是采用定向或单晶叶片,F-22的发动机燃烧室出口最高温度是 1 985 K,涡轮叶片采用了单晶硅做的空心叶片,单晶叶片可以大大提高其蠕变强度,而国产"太行"发动机尚未使用国外第三代航空动力装置中广泛使用的单晶涡轮叶片、金属基复合材料和整体粉末冶金涡轮盘;二是发展气膜冷却技术,气膜冷却技术可以使叶片获得 50~200℃ 的温度降;三是敷设热障涂层(TBC),可进一步对叶片和涡轮轴起到保护左右;所有这三项措施,都是固体力学的研究内容。发动机的全尺度数值模拟是计算流体力学最具有挑战性的应用问题,其难度远远超过数值风洞,也超过数值潜航器,可以称为计算流体力学王冠上宝石。其主要难点有四:一是航空发动机的几何复杂性导致全尺度数值模拟的超大规模;二是叶片的变形导致流体运动与固体变形的全耦合;三是流动与燃烧问题的复合导致必须考虑发生着数十种化学反应的复杂多相流问题,不能简单采用 RANS 或大涡模拟;四是湍流发育复杂。航空发动机的疲劳断裂是制约发动机寿命的主要瓶颈。发动机零部件工作在高温、高压、高转速条件下,在各种气膜和热障涂层的保护下,承受着可能超出母材熔点之上的温度,而且要保持数千小时的工作寿命,具有很高的可靠性,这对设计、加工这些零部件以及航空材料的选择来说,是非常大的挑战。对这些工作在熔点温度之上零部件,如何保持其不灭金身,强度和振动问题比温度问题更难解决;在叶片根部和涡轮变截面处的等离子强化起着重要的作用。对发动机的高空实验试车台来说,发动机实时监测,三维流场、温度场显示,推力精确矢量测量都是非常具有难度的,它们是实验流体力学的挑战性内容。

7.4　高超飞行:乘波体与超燃发动机——浪迹空天的飞舟

高超飞行　高超声速飞行是人类长期追求的目标。近空间飞行器的发展涉及国家安全与和平利用空间,已成为 21 世纪国际空天技术竞争的战略制高点。

高超声速的概念与钱学森先生有关。图 7.14 展示了 1949 年 12 月 12 日美国《时代周刊》"科学"栏目的一篇报道[16],题目叫作《上下翻飞的火箭》,副标题是《通过太空从洛杉矶到曼哈顿》。该火箭在大气层之外遵循航天力学的规律,进入大气以后遵循空气动力学规律。70 余年前,作为麻省理工学院的一名年轻教师,钱学森先生提了一个设想:可否把大气层视为水池,将大气层之

图 7.14 时代周刊关于高超的报道

上的真空视为天域,飞行器可以按照打水漂的方式前行,时而在水面之上,时而在水面之下,这就是浪迹于空天的火箭。《时代周刊》的记者评论钱学森的报告说:"尽管报告中大多为艰涩的技术内容,但最后结论却引人入胜:当今的科技已经能够实现洲际飞舟的建造……通过它航行的话,一小时就可以从洛杉矶飞到曼哈顿。"在次年刊发的钱学森本人的论文中[17],他给出了这一设想的主要特点、材料、传热、燃烧、技术参数与飞行器外形设计。

现在的高超声速飞行器,就是 70 年前钱学森眼中的空天间飞舟。它交替利用流体力学和航天力学这两个学科的力学规律来予以实现[18]。在大气中运动需借助乘波体构型;在大气层之上的运动需借助火箭构型。20 世纪以来,美、俄罗斯、西欧、日本等国家大力发展对近空间飞行器的相关研究,以美国为代表,其发展历史已超过 50 年。在我国,国家自然科学基金委员会相继启动两个与近空间高超声速飞行器有关的重大研究计划,为引导我国未来空天飞行器的研制奠定技术基础。

冲压喷气式发动机 (ramjet,用于超声速飞机、洲际导弹、超声速靶机等)是一种构造非常简单、可以发出很大推力、适用于高空高速飞行的空气喷气发动机。冲压发动机工作时,高速气流迎面向发动机吹来,在进气道内扩张减速,气压和温度升高后进入燃烧室与燃油混合燃烧,使温度为 2 000 ~ 2 200℃甚至更高,高温燃气随后经推进喷管膨胀加速,由喷口高速排出而产生推力。其特点是无压气机和燃气涡轮,进入燃烧室的空气利用高速飞行时的冲压作用增压。它构造简单、推力大,特别适用于高速高空飞行。

吸气式冲压发动机 空天飞行器多采用吸气式冲压发动机(scramjet),它是吸气的、冲压式的,可实现超声速燃烧的发动机,见图 7.15。由于没有涡轮和叶片,其进气道到尾喷管的发动机内流与环绕高超声速飞行器的外流相互耦合。

高超声速飞行器可以实现下述应用:(1)拓展时空运用能力,实现便捷天地往返;(2)突破导弹防御系统的战略威慑;(3)实现远程和天对地打击,包括对时间敏感性目标的快速打击;(4)快速、可靠、廉价进出空间,实现远程快速到达和运送。

高超声速实验 在高超声速实验手段研制方面,力学家们也颇有建树。中国科学院力学所俞鸿儒(1928 ~)、姜宗林(1955 ~)的团队建成了 JF12 激波风

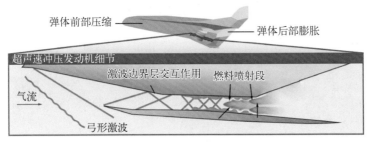

图 7.15　吸气式冲压发动机

洞,采用了独创的反向爆轰驱动方法,在国际上实现了马赫数 5~9 的高焓高超声速平稳飞行条件,且 JF12 的气流持续时间和平稳度都处于国际领先地位,见图 7.16。2016 年,美国航空航天学会把该学会的地面试验奖颁发给姜宗林团队。

图 7.16　JF12 高超声速风洞

目前,姜宗林正在主持建设一个全新的 JF22 超高速风洞,思路从反向爆轰转为正向爆轰。这也是国家自然科学基金资助的重大仪器项目,建成后的实验所覆盖的马赫数为 10~25,其实验温度、实验区域、实验时间等数据也都居于国际前列。这个正在建设之中的装置将为更高速的飞行奠定实验基础。

我国新建的 $\Phi2$ 米高超声速风洞(图 7.17)和 $\Phi1$ 米高超声速低密度风洞(图 7.18),发展了诱导湍流增强换热、边界层增长抑制理论和方法,突破大流量加热器、低密度高马赫数喷管关键技术,使我国形成了近空间、全空域、宽速域、高超声速的空气动力试验研究能力;50 MW 电弧风洞攻克了自动启弧、高温高压、应力变形控制等多项技术难题,具备了大尺寸部件高焓高压热环境长时间模拟考核试验能力。

图 7.17 $\Phi2$ 米高超声速风洞

图 7.18 $\Phi1$ 米高超声速低密度风洞

高超声速力学 有五个力学问题是把握高超声速飞行的关键。

一是乘波体构型的设计。乘波体构型涉及流体力学的内流、外流一体化的设计:外流掠过高超声速飞行器的外构型,内流是从前进气道到超声速燃烧室的设计。乘波体头部常为尖劈形状,尖劈的几何将外流和内流耦合在一起,见图 7.19。我国已经试验成功了乘波体构型,可以实现多种形式的滑翔。我国力学工作者围绕高超声速飞行器在大气层实现有动力飞行必须解决的关键问题,开展了空气动力学的前沿研究,发展了近空间飞行环境的空气动力学,提出了高超声速复杂流动新理论,发展了复杂流动的建模和数值模拟方法,包括计算/实验模拟方法、湍流与转捩、非定常流动、旋涡/分离与激波干扰、发动机内流精确预测等问题。

图 7.19　吸气式高超声速飞行器的内流与外流

　　二是超燃发动机的设计。超声速燃烧的点火和稳燃过程,就像是在十二级台风下点燃一根火柴一样困难,映射着艰深的超燃热力学和超燃动力学。为降低点火阈值,燃料应该先加热到 800℃。点火应在气流稳定的凹型点火区进行。在整个燃烧室和尾喷管中,要精心设计以避免引起卸载效应的激波。我国力学工作者提出了先进推进理论和方法,制定了高超声速飞行器流道设计方法,提高了推进与机体一体化设计能力,有力地支撑了我国高超声速飞行试验平台的低成本研发与成功首飞。国防科技大学团队没有走国际上的空天超燃发动机的老路,而有效地采用了对称、光滑构型和火焰稳定坑,通过总体优化设计,大大降低了服役温度。我国试制成功了超燃发动机,先后实现了正推力和对飞行器的正加速。

　　三是前沿尖劈和燃烧室的结构抗热设计,参见图 7.20。在这两处的最高温度可能为 2 000~2 800℃,需要采取特殊的结构抗热设计。结构的抗热可部分利用油道冷却来进行,在燃烧室和尾喷管的周缘,可采取毛细状的油道冷却技术。一方面,可将燃油预热到 800℃;另一方面,可起到冷却作用。对前沿尖劈和燃烧室,可采取复合型的抗热技术,综合利用可控烧蚀技术、相变冷却技

图 7.20　尖劈构形的高超飞机

术、超轻质材料/结构及热环境预测与防热技术。哈尔滨工业大学团队揭示了超高温防热材料响应机制,分析了多种失效模式及其机制,建立了利用轻质化材料、耐热材料、烧蚀结构的结构一体化设计理论,刻画了可涵盖复合结构、层级结构的优化理论,系统发展了多场耦合高温实验方法(包括热持续、热冲击、热循环等加载过程)与在线信息获取技术,突破了超燃发动机陶瓷基复合材料体系与高导热复合材料体系的技术方法瓶颈。

四是高超声速飞行的智能自主控制理论和方法。这是动力学与控制的学科前沿。在高超声速情况下,控制的窗口非常小,略有误差便可能无法纠正。高超声速飞行的多次试验的失败往往与之有关。必须发展鲁棒的、可快速响应的控制方案。我国力学工作者发展了高超声速飞行器的精细姿态控制系统,提出了多通道协调控制系统设计新概念和新方法,提出了基于在线辨识自适应结构滤波的主动控制律设计方法,实现了高超声速热气动弹性颤振控制。

五是高超声速飞行的实验测试设备。这是实验流体力学的新前沿领域。我国建成了以 $\Phi 2.4$ 米脉冲燃烧风洞和 LF 自由射流系统为代表的推进试验设备,满足了大尺寸吸气式发动机和机体/推进一体化试验需求,成功研制了静风洞技术,为我国吸气式高超声速飞行器提供了不可或缺的试验研究平台。

7.5　数字化装配——数字与力学的交响曲

制造与装配　除飞行器的设计外,飞行器的制造也是需要力学工作者参与的重要领域[17]。飞机装配的精度要求与日俱增。飞机越大,需要装配的零部件越多,外形的精准度要求越高,装配工序越复杂,对装配的要求就越高。飞机装配的代际演化已经从作坊式装配,到车间流水线式装配,到以数字化装配为基础的脉动式装配线[18]。目前,我国的大型飞机(运-20、C919)和主要战机(歼-20、歼-10、枭龙等)均已经实现了脉动式的装配线[19]。飞机的四大装配流程(翼盒装配、机身舱段装配、头尾总装配、翼身与机身的大十字装配)均已经实现了精度在数十微米量级的数字化装配。数字化装配的主要关键技术是:(1)精确的空间数字定位技术,借助于高精度的定位器、三维激光测距系统、高精度夹持系统来实现,其中定位测量技术与实验力学相关;(2)精准的控制精度,有赖于高精度的控制元器件、快速收敛的控制策略和算法、微米级的控制步长来实现,该研发与动力学与控制学科相关;(3)数据流管理,这与人工智能和流媒体的发展有关;(4)装配线上的柔性、任意几何曲面的柔性加工与装配工艺(包括铆接、焊接、黏接、机加工等),如何在任意曲面精准的外形下局部刚化需要装配或机加工的部位是制造工艺力学的关键难题。

人民空军的逆袭　以图 7.21 中所示的运-20 为例,说明大飞机数字化装配的过程。运-20 是大型宽体军用运输机,由 4 个涡扇发动机提供动力。采用的是临界上单翼结构。最大载质量 66 吨,机身长 47 米,翼展 45 米,高 15 米,最大起飞质量 220 吨。它已经跻身全球十大运力最强运输机之列。运-20 的四大装配的精度要求往往在 50 微米以内,数字化装配是关键技术。

图 7.21　运-20:"鲲鹏"

运-20 飞机的数字化装配工程由浙江大学和西安飞机公司集团合作完成[19]。如图 7.22 所示,该工程包括翼盒数字化装配系统、后机身数字化装配系统、中机身数字化装配系统、机头数字化装配系统、翼身对接数字化装配系统、机头、中机身和后机身对接装配等组成。依靠自主创新,十年磨一剑,在飞

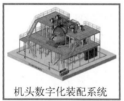

机头数字化装配系统

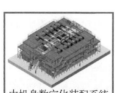

中机身数字化装配系统

后机身数字化装配系统

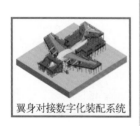

翼身对接数字化装配系统

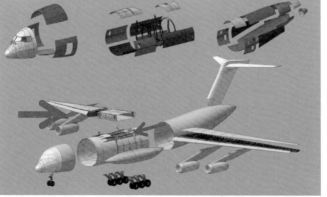

机头、中机身和后机身对接装配

翼盒数字化装配系统

图 7.22　运-20 飞机数字化装配工程

机装配领域,我国已经打破西方发达国家的技术封锁,在运-20飞机、歼-20飞机等重点型号的核心装配环节全面采用了具有世界先进水平的数字化装配技术,形成了美国、欧盟和中国三足鼎立的国际竞争态势,为支撑我国航空装备的跨越式发展奠定了基础,是人民空军实现逆袭的工程支柱。

参考文献

1. Narins B. Notable scientists from 1900 to the present[M]. Gale Group, 2001:2256 - 2258.

2. 钱学森. 星际航行概论[M]. 北京:中国宇航出版社,2008.

3. 康·齐奥尔科夫斯基. 在地球之外[M]. 麦林,译. 长沙:湖南教育出版社,1999.

4. 伯努利 D. 水动力学——关于流体中力和运动的说明[M]. 1738.

5. Prandtl L. über Flüssigkeitsbewegung bei sehr kleiner reibung[J]. Verhandl Ⅲ, Intern. Math. Kongr. Heidelberg, Auch:Gesammelte Abhandlungen, 1904, 2:484 - 491.

6. Blasius H. Grenzschichten in flüssigkeiten mit kleiner reibung[J]. Zeitschrift für Angewandte Mathematik und Physik, 1908, 56:1 - 37.

7. Von Karman T. Uberlaminare und tubulente reibung[J]. Zeitschrift für Angewandte Mathematik und Mechanik, 1921, 1:233 - 247.

8. Pohlhausen K. The approxiamte integration of the differential equation of laminar boundary layer[J]. Zeitschrift für Angewandte Mathematik und Mechanik, 1921, 1:252 - 268.

9. 郭永怀. 边界层理论讲义[M]. 合肥:中国科学技术大学出版社,2008.

10. Houghton E L, Carpenter P W, Heinmann B. Aerodynamics for engineering students (7th ed.)[M]. Oxford:Butterworth-Heinemann, 2016.

11. 佘振苏. 湍流边界层的李群分析解与工程湍流新模型的展望[C]. 第十五届现代数学和力学学术会议摘要集(MMM-XV 2016),2016.

12. 王振东. 介绍《普朗特流体力学基础》[J]. 力学与实践,2010,32(6):126 - 126.

13. 朱自强. 厚德载物 行为世范——陆士嘉生平介绍[J]. 环球飞行,2011,000(003):124 - 127.

14. 杨卫. 中国力学 60 年[J]. 力学学报,2017,49(5):973 - 977.

15. 北京大学工学院网站. 陈十一教授在第 23 届世界力学家大会上做开幕式报告[OL]. http://pkunews.pku.edu.cn/xwzh/2012 - 08/21/content_249849.htm.

16. Rockets up and down[J]. Time, Science Section, 1949, 54(24):46.

17. Tsien H S. Instruction and research at the Daniel and Florence Guggenheim jet propulsion center[J]. Journal of the American Rocket Society, 1950, 81:51 - 64.

18. 杨卫. 力之大道两周天[J]. 力学与实践,2018,40(4):458 - 465.

19. 卢春霞. 浙江大学科研团队潜心十五载——飞机装配,有了国产自动化设备[N]. 人民日报,2018 - 6 - 19.

思考题

1. 试从不可压缩流体的完整 N-S 方程出发,经过本章所叙述的三个假设,导出边界层方程(7.2)与方程(7.3)。

2. 用你自己的认识来说明为什么湍流边界层比层流边界层要厚?

3. 说明飞行器的升力与重力为什么会有平方/立方尺度律,你能各举出三种增加升力或减小重力的方法吗?

4. 飞行器飞行时的振动与噪声是由什么引起的? 有什么方法来使得振动或噪声降低?

5. 什么叫乘波体构形?

6. 飞机装配时,有大量的薄壁结构的铆接与焊接加工,如何提高这些装配加工的精度?

第 8 章
机器人动力学

机器人含义非常广泛,早期机器人概念偏向于具有运动能力的智能体,近年来的发展围绕智能化和运动能力两个中心展开。一方面,机器人可以认为是人工智能在人机交互方面的一个代名词,例如众多的人工智能助手,可以通过对于自然语言语义的理解协助人类完成特定的工作;另一方面,机器人体现为多自由度的机械装置,通过自动化程序完成特定任务,例如工业机械臂、轮式、履带式或者足式的移动机器人等,它的动力学及控制是机器人研究的重要内容。囿于著者的知识范围,本章不对一般性的机器人动力学进行全景概括式的展述,而是以足式机器人为例,扼要叙述实现运动平衡控制的基本实现路径,包括动力学建模、反馈控制以及最优控制。

8.1 机器人概述——从科幻到现实

罗梭的万能工人 《罗梭的万能工人》(*Rossum's Universal Robots*)是捷克作家卡雷尔·恰佩克(Karel Čapek,1890~1938)创作的科幻舞台剧。该剧于1921年首次演出,对科幻文学有着深远的影响,并创造了英文单词"robot"。剧情始于一个用有机合成物来制造人造人的工厂,并称那些人造人为"机器人"(robots),它们外表和人类无异,有自己的思想,并服务于人类。相对于现代所称的机器人,这些生物比较像"赛博格"(Cyborg,即生化人)[1,2]。

在恰佩克创作了"机器人"概念之后,以机器人为主题的科幻作品层出不穷。科幻小说家艾萨克·阿西莫夫(Isaac Asimov,1920~1992)创造了一系列相关科幻作品,大多收录在《我,机器人》(*I, Robots*)中。其中,他于1942年发表的作品《转圈圈》(*Runaround*)提出了关于机器人建造和使用的伦理准则,即"机器人三法则"[3]:一、机器人不得伤害人类,或坐视人类受到伤害;二、除非违背第一法则,否则机器人必须服从人类命令;三、若非违背第一或第二法则,机器人必须保护自己。

2004年上映的同名科幻电影《我,机器人》更是创造了具有仿人外形的

"NS－5 型"服务机器人,身高 180 cm,具有 456 个活动零件,可负重 360 kg;它不仅具有通用人工智能,而且运动和操纵能力都远超人类。电影设定的年代为 2035 年,机器人已经成为最好的生产工具和人类伙伴,在各个领域扮演着日益重要的角色。正如生产 NS－5 机器人的 USR 公司广告词描述的那样:"2035 年,这是个机器人的时代!"[4]。

宇航工程机械师　《星球大战》(*Star Wars*)是美国导演兼编剧乔治 · 卢卡斯(George W. Lucas Jr., 1944~)拍摄的科幻电影,剧中宇航工程机械师(Astromech droids)是一系列多功能机器人,一般用于星际飞船和相关科技的保养和维修工作。或许是受到这一启发,美国国家航空航天局研发了一款名为女武神(Valkyrie)的仿人机器人,高 1.9 m,重 125 kg,头部装有摄像头和激光雷达,腹部装有更多的摄像头和声呐,前臂、膝盖和脚上安装力传感器。手臂、手腕、头、腰部、腿都具有运动自由度,以实现空间移动并保持身体平衡,按照人手外形设计的末端执行器具有一定的操纵能力(图 8.1)[5]。根据设计需求,她能独立完成驾车、爬楼梯、处理核电站事故和太空探索(比如派往火星执行任务)等任务。现实中,女武神机器人依然需要

图 8.1　美国国家航空航天局研发的女武神仿人机器人

吊索的保护才能慢慢行走,仅能完成设定好的简单任务。俄罗斯国家航天公司开发的 Skybot F－850 机器人采取了折中策略,利用遥操作方式赋予机器人更好的环境适应性。Skybot F－850 于 2019 年 8 月 22 日乘坐"联盟 MS－14"飞船前往国际空间站开启首次太空测试。

仿人机器人的发展与人工智能及运动、操纵控制息息相关。人工智能在个别领域取得了显著的进步,但在应对开放、动态、随机、非结构化的复杂环境方面依然存在巨大的鸿沟,这就对机器人的智能化及鲁棒性提出了挑战。目前一种有效的方法是通过协同机器人与人之间的运动和感受,实现人体浸入式操纵体验,提升机器人作业的鲁棒性,通过机器人向人学习以实现机器人从实验室研究向工程与医学应用转化。图 8.2 为浙江大学交叉力学中心研发的智能仿生灵巧机械手,可以通过植入式脑机接口实现抓握功能。具有更广泛应用价值的方法是借助于虚拟现实和增强现实技术,采用人机协同方式,将人类操作包含在机器人的控制回路中。任何的上层规划和认知决定都是由人类用户下达的,而机器人本体只负责相应的实体操作,从而提升机器人的复杂环境适应能力,得以用于深空探索、深海探测、核电站维护等场景。

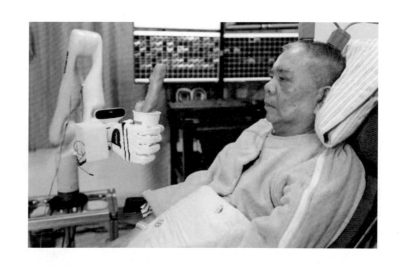

图 8.2 浙江大学研发的智能仿生灵巧机械手

阿西莫机器人 轮的发明是人类技术史上的重要成就,应用于几乎所有的现代陆地交通工具。多数机器人也采取了轮式运动,但足式机器人近年也受到越来越多的关注。与轮式和履带式机器人相比,虽然足式机器人的移动速度较慢、载重量较小且稳定性较差,但它们的腿足可以方便地在沙滩、丛林、雪地、废墟和山地等特殊环境中自由移动和穿行。在战争、救灾、危险环境作业和未知环境探索等不具备理想路况条件时,足式机器人具有特殊的优势。腿足的运动方式能够更好地适应复杂地形环境,成为足式机器人发展的主要驱动力。

图 8.3 阿西莫机器人

足式机器人分为单足、双足、四足和多足四种类型,其中双足和四足机器人主要模仿人类和四足动物的运动形态。阿西莫(ASIMO)机器人是早期最著名的双足机器人,来自日本的科技巨头本田公司,ASIMO 是 advanced step innovative mobility 的缩写,即高级步行创新移动机器人(图 8.3)。顾名思义,它主打的是步行等动作,是全球最早具备人类双足行走能力的仿人机器人。其设计目标是帮助人类完成一些任务,尤其是帮助行动不便的人。阿西莫机器人原型在 1997 年就已经面世,到 2012 年已经演化出了三代产品。阿西莫身高 130 cm,体重 48 kg,速度在 0~9 km/h,基本涵盖了人类步行和跑步的速度(人类步行平均速度为 4~5 km/h),可以上下台阶。2012 年推出的第三代阿西莫全身具有 57 个自由度,可以自如地实现弯腰拿东西、握手挥手等肢体动作[6]。但是,阿西莫运动的姿态与人类差别较大,它的姿态平衡控制基于静力学,即忽略了惯性力的影响。在任何时刻,机器人构型重心的投影必须落在双足构成的支撑图形之内,即零力矩点(zero moment point,ZMP)控制,因此动作显得比较僵硬(图8.4)。由于忽略了惯性力的作用,ZMP 控制无法对动态扰动(例如碰撞等)做出快速响应,因此也难以在真实环境中获得应用。2018 年本田公司终止了双足机器人阿西莫的研发。

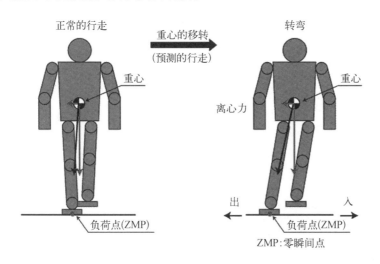

图 8.4 阿西莫机器人的运动姿态

DARPA 机器人挑战赛　美国国防部高级研究计划署(DARPA)在 2012 ~ 2015 年期间组织了全球机器人比赛,举办这一赛事的灵感来自 2011 年日本福岛核事故(图 8.5)。当时,机器人虽然被带到事故现场;但是由于通信设施毁坏、环境恶劣等原因,它们行动缓慢,难以胜任救灾任务。这使得 DARPA 启动机器人挑战赛计划,让研发团队开发可以进入危险环境执行一系列救援任务(包括开门、驾驶汽车、崎岖路面行走、上下楼梯、墙壁钻孔等)的机器人,并借此全方位地考核机器人的适应性、机动性和鲁棒性。在 2015 年举办的比赛中,有来自世界各地的 25 支团队以及他们的机器人参赛,最终由韩国先进科

图 8.5　DARPA 机器人挑战赛的构想场景

技学院(KAIST)队的 HuBo 机器人夺得冠军[7]。参加比赛的机器人包括著名的波士顿动力公司的阿特拉斯(Atlas)双足机器人,由麻省理工 Russ Tedrake 教授团队操控,阿特拉斯当时只迈出了第一步就摔倒在地,需要用起重机才能让机器人重新站立起来。有趣的是,当时的控制策略依然是基于 ZMP 方法,主要原因包括计算能力及非线性优化鲁棒性的不足。

2015 年的 DARPA 机器人挑战赛总决赛备受诟病,即使在人类的协助下,几乎所有的机器人也表现得不尽人意,即使保持身体平衡也难以做到,一次不小心的摔跤或许导致价值不菲的零部件的损坏。DARPA 在总结报告中指出机器人挑战赛"完全失败"。然而,这次比赛却播下了机器人发展的种子,在随后的数年内全球机器人得到了快速发展,出现了一批优秀的机器人。

动力机器人 自 2015 年 DARPA 机器人挑战赛之后,各种高机动性能机器人层出不穷,最为出众的莫过于波士顿动力公司新一代阿特拉斯机器人(图 8.6),它身高 1.8 m,重 82 kg,四肢由液压驱动,全身共 28 个自由度。它使用身体和腿部的传感器进行平衡,并在其头部使用光学雷达和立体传感器,以避免障碍物、评估地形、帮助导航和操纵对象。2019 年波士顿动力公司发布了阿特拉斯机器人跑步(最高速度 5 km/h)、倒立、360°后空翻、跑酷等视频,代表了双足机器人目前最高的运动控制能力[8]。与此同时,基于电机驱动的四足机器人机动性能不断提升,美国麻省理工学院开发的猎豹(Cheetah)3 型四足机器人在完美控制身体平衡条件下实现了 23 km/h 的运动速度,也可以做出后空翻等高难度动作。在 DARPA 机器人挑战赛的激励下,动力机器人在短短数年间取得了巨大的进步,但仍有可观的发展空间。以双足和四足机器人为例,其运动能力和平衡控制与人类(最高速度 43 km/h)和四足动物(如猎豹最高速度 112 km/h)相比,还有一定的距离。

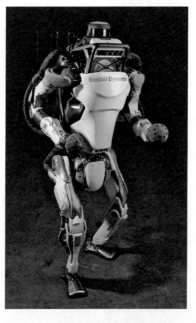

图 8.6 波士顿动力公司的阿特拉斯机器人

机器人系统总成 机器人系统包括机械系统、驱动系统、控制系统和感知系统四部分。机械系统包括身体、末端操作器和行走机构等部分,每一部分都有若干自由度。驱动系统主要是指驱动机械系统动作的驱动装置。根据驱动源的不同,驱动系统一般可分为电机、液压、气动以及混合驱动多种方式,其作用相当于人的肌肉。控制系统的任务是:根据机器人的作业指令程序及从传感器反馈回来的信号来控制机器人的执行机构,使其完成规定的运动和功能。

感知系统通过传感器获取机器人及环境信息,并把这些信息反馈给控制系统。内部状态传感器用于检测各关节的位置、速度等变量。外部状态传感器用于检测机器人与周围环境之间的一些状态变量,如距离、接近程度和接触情况等,用于引导机器人,便于其识别物体并做出相应处理。

图 8.7 是麻省理工学院开源四足机器人雏豹(Mini Cheetah)[9],这款机器人具有优异的动力学性能,可以实现跑、跳、后空翻等复杂动作,它的结构设计在四足机器人中具有代表性。机械系统包括身体框架以及四肢,单腿具有三个自由度,髋关节可以实现侧向和前后转动,膝关节通过皮带轮传动实现前后运动。驱动系统由 12 个直驱电机组成,髋关节处安装三个低减速比直流无刷电机。控制系统分为三个层次:决策(例如路径规划)→运动平衡控制→实现(底层控制)。前两个层次一般在机载微型电脑上完成,第三个层次一般与电机本体封装为一体,实现闭环的力矩、速度和位置控制。决策和运动平衡控制均需要知悉机器人当前所处的状态和环境信息。信息采集由传感器完成;如果仅考虑运动平衡,需要知道身体的姿态信息以及足底的力的信息。可以将以上过程画为框图的形式,它是一个闭环的反馈系统(图 8.8)。

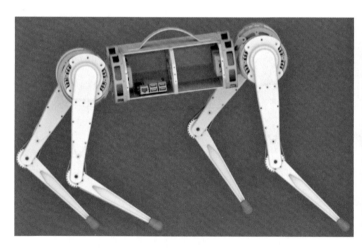

图 8.7　麻省理工学院开源的雏豹四足机器人

当对四足机器人发出运动指令,例如运动的路径、速度等,机器人完成上述指令需要 12 部电机按照一定的顺序和方式转动,通过机械系统转化为足部的空间运动以及和地面的交互作

图 8.8　机器人控制的闭环反馈系统

用,从而通过地面对足部的作用力实现运动状态的改变。因此,足式机器人的控制等价于在足底施加一定的反力,以达到给定运动状态改变。这个反力就是我们的控制输入,它和电机的力矩输出之间关系由腿部机械结构设计确定。特定运动状态的改变反映了对其指令要求,力和运动状态改变之间满足刚体动力

学规律和各种实际约束。人们熟知的是给定作用在物体上的力,来计算物体的运动状态变化。控制问题相当于它的反问题。为了解决这个反问题,我们需要一定的刚体动力学知识和反馈控制的基本知识,分别在以下两节中进行叙述。

8.2 刚体动力学——建模的力学要素

刚体机构建模 刚体机构是一种理想化的力学模型。它保留了物体质量和外形,认为外力的作用仅导致运动状态变化,而忽略变形带来的复杂影响。

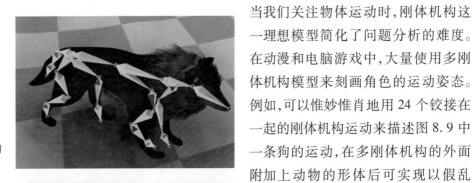

图 8.9 用刚体机构运动描述狗的运动

当我们关注物体运动时,刚体机构这一理想模型简化了问题分析的难度。在动漫和电脑游戏中,大量使用多刚体机构模型来刻画角色的运动姿态。例如,可以惟妙惟肖地用 24 个铰接在一起的刚体机构运动来描述图 8.9 中一条狗的运动,在多刚体机构的外面附加上动物的形体后可实现以假乱真[10]。在电影《阿凡达》的拍摄中,大量采用运动捕获装置获取演员的身体姿态,通过结合刚体运动和贴图技术生成虚拟的阿凡达角色的运动姿态。仅当需要考虑面部表情时,才通过连续体大变形理论建立阿凡达和演员面

图 8.10 电影《阿凡达》中,通过连续体大变形理论建立阿凡达和演员面部的映射

部的映射,见图 8.10。对于动力机器人而言,如果关心的是它的运动平衡问题,刚体机构是足够好的模型。

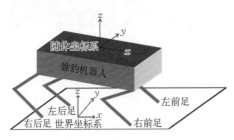

图 8.11 简化的雏豹四足机器人力学模型

图 8.11 是简化的雏豹四足机器人力学模型,其躯干简化为刚体,四肢简化为无质量的刚性连杆机构[11]。要描述某一刚体件在三维空间中的运动状态,不仅需要得知其质心的位置及速度,还需要刻画该刚体件在空间中的取向以及相应的角速度。我们建立两个坐标系,分别为世界坐标系和随体坐标系。世界坐标系固定不变,随体坐标系的原点位于所选择的刚体件质心,坐标轴可以方便地选取为刚体的惯性主轴。在初始时刻,随体坐标系与世界坐标系重合,它的运动历史反映了刚体质心及取向的变化。

欧拉角 在航空领域,飞机的姿态角直观地表述了机体坐标系(即随体坐

标系)与地理坐标系(即世界坐标系)之间的关系,见图 8.12。其中俯仰角 (pitch) θ 为机体 x 轴与地平面之间的夹角,以飞机抬头为正;航向角(yaw) ψ 为机体 x 轴在地平面上的投影与地理坐标系 x 轴间的夹角,以机头右偏航为正;横滚角(roll) ϕ 为机体 xz 平面与铅垂面间的夹角,以飞机向右倾斜为正。

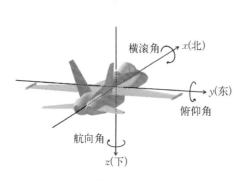 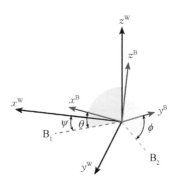

图 8.12 飞机的姿态角直观地表述了机体坐标系与地理坐标系之间的关系　　图 8.13 三个姿态角在两个坐标系中的表示

图 8.13 显示了三个姿态角在两个坐标系中的表示,它们也称为欧拉角,最早由欧拉提出用于表示刚体的取向。也可以从刚体转动的角度理解欧拉角。假设初始随体坐标系与世界坐标系(W 坐标系)重合,考虑如下顺序转动:

(1) 绕世界坐标系 z 轴转动 ψ,中间坐标系记为 B_1 坐标系;

(2) 绕 B_1 坐标系 y 轴转动 θ,新的坐标系记为 B_2 坐标系;

(3) 绕 B_2 坐标系 x 轴转动 ϕ,得到随体坐标系(B 坐标系)的最终取向。

要注意的是转动的顺序不可交换,依次为绕 z 轴(W 坐标系)、y 轴(B_1 坐标系)和 x 轴(B_2 坐标系)转动,因此也称为 z-y-x 欧拉角。

坐标系转换　在多刚体机构的运动学描述中,坐标系的转换是其基础。图 8.14 显示了坐标系之间的转换。我们考虑随体坐标系中的向量 v^B。初始时,随体坐标系与世界坐标系重合,对应的初始向量记为 v^W。依次绕 z 轴(W 坐标系)、y 轴(B_1 坐标系)和 x 轴(B_2 坐标系)转动 v^W 得到的向量分别记为 v^{B_1}、v^{B_2} 和 v^B。

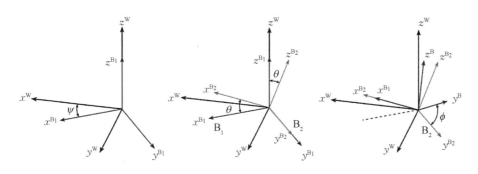

图 8.14 z-y-x 欧拉角与坐标系转换

虽然向量是不依赖于坐标系的客观量,它的分量却依赖于参考坐标系。为方便起见,可利用下标来标示其参考坐标系,如 v^{W} 在世界坐标系下的分量记为 $v_{\mathrm{W}}^{\mathrm{W}} = [\, v_{\mathrm{W}_1}^{\mathrm{W}} ,\ v_{\mathrm{W}_2}^{\mathrm{W}} ,\ v_{\mathrm{W}_3}^{\mathrm{W}} \,]^{\mathrm{T}}$。 若将刚体转动表达为二阶客观张量 $\boldsymbol{R}$,描述转动前后两个向量之间的映射关系,该转动也不依赖于坐标系。例如 $v^{\mathrm{B}_1} = \boldsymbol{R}^{z^{\mathrm{W}}}(\psi) v^{\mathrm{W}}$,其中 $\boldsymbol{R}^{z^{\mathrm{W}}}(\psi)$ 的上标代表转轴,自变量代表转角。

为了方便地表示向量在不同坐标系下的分量之间关系,我们引入坐标变换矩阵 $\boldsymbol{T}$。 例如,$v_{\mathrm{W}}^{\mathrm{B}} = \boldsymbol{T}_{\mathrm{W}}^{\mathrm{B}_2} v_{\mathrm{B}_2}^{\mathrm{B}}$,表示将向量 v^{B} 在 B_2 坐标系下的表示 $v_{\mathrm{B}_2}^{\mathrm{B}}$ 转为在世界坐标系下的表示 $v_{\mathrm{W}}^{\mathrm{B}}$,因此 $v_{\mathrm{W}}^{\mathrm{B}} = \boldsymbol{T}_{\mathrm{W}}^{\mathrm{B}_2} v_{\mathrm{B}_2}^{\mathrm{B}} = \boldsymbol{T}_{\mathrm{W}}^{\mathrm{B}_2} \boldsymbol{R}_{\mathrm{B}_2}^{x^{\mathrm{B}_2}}(\phi) v_{\mathrm{B}_2}^{\mathrm{B}}$。 类似的有

$$v_{\mathrm{B}_2}^{\mathrm{B}_1} = \boldsymbol{R}_{\mathrm{B}_1}^{y^{\mathrm{B}_1}}(\theta) v_{\mathrm{B}_1}^{\mathrm{B}_1} \Rightarrow v_{\mathrm{B}_2}^{\mathrm{B}_2} = \boldsymbol{T}_{\mathrm{B}_2}^{\mathrm{B}_1} v_{\mathrm{B}_1}^{\mathrm{B}_2} = \boldsymbol{T}_{\mathrm{B}_2}^{\mathrm{B}_1} \boldsymbol{R}_{\mathrm{B}_1}^{y^{\mathrm{B}_1}}(\theta) v_{\mathrm{B}_1}^{\mathrm{B}_1} \tag{8.1}$$

显然 $v_{\mathrm{W}}^{\mathrm{W}} = v_{\mathrm{B}_1}^{\mathrm{B}_1} = v_{\mathrm{B}_2}^{\mathrm{B}_2}$,于是可以推出坐标变换矩阵与转动矩阵之间的关系为

$$\boldsymbol{T}_{\mathrm{B}_2}^{\mathrm{B}_1} = \boldsymbol{R}_{\mathrm{B}_1}^{y^{\mathrm{B}_1}}(-\theta) \quad \text{或} \quad \boldsymbol{T}_{\mathrm{B}_1}^{\mathrm{B}_2} = \boldsymbol{R}_{\mathrm{B}_1}^{y^{\mathrm{B}_1}}(\theta) \tag{8.2}$$

向量在不同坐标系下的分量之间关系也可以通过依次坐标转动来建立,即

$$v_{\mathrm{W}}^{\mathrm{B}} = \boldsymbol{R}_{\mathrm{W}}^{z^{\mathrm{W}}}(\psi) \boldsymbol{R}_{\mathrm{B}_1}^{y^{\mathrm{B}_1}}(\theta) \boldsymbol{R}_{\mathrm{B}_2}^{x^{\mathrm{B}_2}}(\phi) v_{\mathrm{W}}^{\mathrm{W}} \tag{8.3}$$

这样就建立了向量 v^{W} 和 v^{B} 在世界坐标系下分量之间的关系。

此外,考虑到向量 v^{B} 是由 v^{W} 通过顺序转动获得,我们可以直接得

$$v^{\mathrm{B}} = \boldsymbol{R}^{x^{\mathrm{B}_2}}(\phi) \boldsymbol{R}^{y^{\mathrm{B}_1}}(\theta) \boldsymbol{R}^{z^{\mathrm{W}}}(\psi) v^{\mathrm{W}} \tag{8.4}$$

上述表达式的物理图像清晰,但是在实际计算中往往需要写出在参考坐标系下的分量表达形式,于是导致较为冗长的推导。

上述用转动的方式描述欧拉角时,依次转动的转轴顺序为 z^{W}、y^{B_1}、x^{B_2},分别为世界坐标系、B_1 坐标系和 B_2 坐标系的 z 轴、y 轴和 x 轴。与此对比,考虑依次绕世界坐标系 x^{W} 轴转动 ϕ、绕 y^{W} 轴转动 θ 和绕 z^{W} 轴 ψ,向量 v^{B} 与 v^{W} 的关系用转动张量表示为

$$v^{\mathrm{B}} = \boldsymbol{R}^{z^{\mathrm{W}}}(\psi) \boldsymbol{R}^{y^{\mathrm{W}}}(\theta) \boldsymbol{R}^{x^{\mathrm{W}}}(\phi) v^{\mathrm{W}} \tag{8.5}$$

由于转轴为世界坐标系下的坐标轴,写为世界坐标系下矩阵乘积的形式为

$$v_{\mathrm{W}}^{\mathrm{B}} = \boldsymbol{R}_{\mathrm{W}}^{z^{\mathrm{W}}}(\psi) \boldsymbol{R}_{\mathrm{W}}^{y^{\mathrm{W}}}(\theta) \boldsymbol{R}_{\mathrm{W}}^{x^{\mathrm{W}}}(\phi) v_{\mathrm{W}}^{\mathrm{W}} \tag{8.6}$$

上述转角称为 x-y-z 固定转角。比较可知:$\boldsymbol{R}_{\mathrm{W}}^{x^{\mathrm{W}}}(\phi) = \boldsymbol{R}_{\mathrm{B}_2}^{x^{\mathrm{B}_2}}(\phi)$,$\boldsymbol{R}_{\mathrm{W}}^{y^{\mathrm{W}}}(\theta) = $

$\boldsymbol{R}_{\mathrm{B}_1}^{y}(\theta)$，$\boldsymbol{R}_{\mathrm{W}}^{z}(\psi)=\boldsymbol{R}_{\mathrm{W}}^{z}(\psi)$。因此，$x$-$y$-$z$ 固定转角与 z-y-x 欧拉角等价。从这层意义上来看，欧拉角也描述了刚体绕世界坐标系 x^{W} 轴、y^{W} 轴和 z^{W} 轴转动角度的大小。

角速度　刚体的运动可以分解为质心运动和绕质心转动。如果转轴固定，角速度可以简单地表示为转角对时间的导数。对于空间转动，角速度的概念并不直观，需要借助转动张量的概念加以诠释。假设刚体绕坐标原点转动，其上一点的瞬时速度可以表示为 $\boldsymbol{v}\equiv\dot{\boldsymbol{r}}=\boldsymbol{\omega}\times\boldsymbol{r}$，其中 $\boldsymbol{r}$ 为该点的坐标向量。由于 $\boldsymbol{r}$ 的长度不变，瞬时速度的方向一定与 $\boldsymbol{r}$ 垂直，它可以表示为角速度与坐标向量的叉积，角速度的方向给出了瞬时转轴位置(图 8.15)。

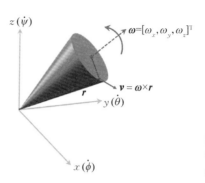

图 8.15　刚体绕坐标原点转动的坐标系表示

四元数与万向锁　前面介绍了刚体转动可以用 z-y-x 欧拉角 (ψ,θ,ϕ) 表示，该转动过程中有一些特殊的情境值得关注。定义 $\boldsymbol{R}_{\mathrm{W}}=\boldsymbol{R}_{\mathrm{W}}^{z}(\psi)\boldsymbol{R}_{\mathrm{B}_1}^{y}(\theta)\boldsymbol{R}_{\mathrm{B}_2}^{x}(\phi)$，其具体形式为

$$\boldsymbol{R}_{\mathrm{W}}=\begin{bmatrix}\cos\psi\cos\theta & \cos\psi\sin\theta\sin\phi-\sin\psi\cos\phi & \cos\psi\sin\theta\cos\phi+\sin\psi\sin\phi\\ \sin\psi\cos\theta & \sin\psi\sin\theta\sin\phi+\cos\psi\cos\phi & \sin\psi\sin\theta\cos\phi-\cos\psi\sin\phi\\ -\sin\theta & \cos\theta\sin\phi & \cos\theta\cos\phi\end{bmatrix}$$

$$(8.7)$$

定义 $\boldsymbol{R}_{\mathrm{W}}=[R_{ij}]_{\mathrm{W}}$，可以根据分量求解出 (ψ,θ,ϕ)：

$$\psi=\mathrm{atan2}(R_{21}/\cos\theta,R_{11}/\cos\theta)$$
$$\phi=\mathrm{atan2}(R_{32}/\cos\theta,R_{33}/\cos\theta)$$
$$\theta=\mathrm{atan2}\left(-R_{31},\sqrt{R_{11}^2+R_{21}^2}\right)$$

$$(8.8)$$

式(8.8)中的 atan2 函数最早出现于 FORTRAN 编程语言中。当 $\theta\neq\pm\dfrac{\pi}{2}$ 时，它即为反正切三角函数，于是可以唯一地确定 z-y-x 欧拉角 (ψ,θ,ϕ)；当 $\theta=\pm\dfrac{\pi}{2}$ 时，即坐标轴 x^{B} 与 z^{W} 重合时，ψ 和 ϕ 无法由转动矩阵确定，称为万向锁问题。

为解决万向锁问题，可以借鉴平面内绕定点转动角度 α 的复数表达形式

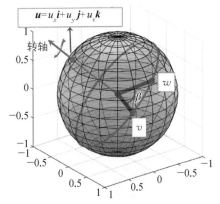

$e^{i\alpha} = \cos\alpha + i\sin\alpha$。如图 8.16 所示,类似引入四元数 $q = \cos\dfrac{\beta}{2} + u\sin\dfrac{\beta}{2}$,其中 β 为转角,$\boldsymbol{u} = u_1\boldsymbol{i} + u_2\boldsymbol{j} + u_3\boldsymbol{k}$ 为沿转轴方向的单位复数,满足 $|u| = \sqrt{u_1^2 + u_2^2 + u_3^2} = 1$,复数单位运算法则定义为 $ii = jj = ijk = -1$。简单计算可以验证 $w = qvq$,其中 v,w 为垂直于转轴 u 的平面上夹角为 β 的向量。可以方便地求解四元数与转

图 8.16 引入四元数求解万向锁问题

动矩阵之间的转化,即 u 对应于特征值为 1 的特征向量,另外两个互为共轭的特征值给出了转角的大小。

图 8.17 多自由度机械臂

正逆运动学 前面描述了单个刚体的运动。一般而言,机器人为多个刚体连接而成的机构,如图 8.17 所示的多自由度机械臂。连接处称为机器人关节,由一个或多个电机驱动。在机械臂末端一般装有执行器。控制机械臂的末端轨迹就可以将执行器送到指定空间位置去完成任务。对于应用而言,将末端轨迹的坐标用世界坐标系来表示较为方便。另一方面,若通过电机实现对机械臂的控制,电机的转角便与关节夹角相同。因此对于控制而言,采用关节角则更为便捷。末端执行器(effector)在世界坐标系中的位置 $\boldsymbol{r}_{\mathrm{W}}^{\mathrm{E}}$ 与操作空间各关节角 $\boldsymbol{q} = [q_1, q_2, \cdots, q_n]^{\mathrm{T}}$ 之间的映射关系称为

正运动学: $$\boldsymbol{r}_{\mathrm{W}}^{\mathrm{E}} = \boldsymbol{\phi}(\boldsymbol{q})$$

逆运动学: $$\boldsymbol{q} = \boldsymbol{\psi}(\boldsymbol{r}_{\mathrm{W}}^{\mathrm{E}})$$

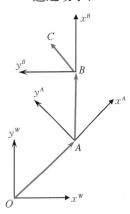

正运动学可以通过坐标变换求解。假设图 8.18 OA-AB-BC 为首尾相连的串联机器人,其末端执行器位于 C 点。世界坐标系原点设定于机器人基座(即 O 点)。在关节处建立局部随体坐标系,例如 A 坐标系原点与 A 关节重合,为刚体 OA 的随体坐标系。一般选择 x^A 坐标轴与 OA 方向一致,这样刚体 AB 与 x^A 的夹角即为关节角。以此类推,可以根据机器人的构型建立所有的坐标系。

图 8.18 首尾相连的串联机器人

正运动学的求解可以按照机器人刚体的连接顺序逐步计算。首先考虑 B 点在世界坐标系的坐标 $\boldsymbol{r}_{\mathrm{W}}^{B}$:

$$\boldsymbol{r}_{\mathrm{W}}^{B} = \boldsymbol{r}_{\mathrm{W}}^{A} + \boldsymbol{R}_{\mathrm{W}}^{A}\boldsymbol{r}_{A}^{B} \tag{8.9}$$

式(8.9)中, $\boldsymbol{r}_{\mathrm{W}}^{A}$ 为 A 点在世界坐标系下的坐标, $\boldsymbol{r}_{A}^{B}$ 为 B 点在 B 坐标系下的坐标。这里的下标约定与前面一致,代表了在相应坐标系下的分量,而上标的含义有所不同。例如, $\boldsymbol{r}_{\mathrm{W}}^{A}$ 表示以 W 坐标系坐标原点为起点, A 点为终点的位置向量;而 $\boldsymbol{r}_{A}^{B}$ 表示以 A 坐标系坐标原点为起点, B 点为终点的位置向量。由于两个坐标系原点不一定重合,因此与前文符号定义有所差别。$\boldsymbol{R}_{\mathrm{W}}^{A}$ 为转动矩阵,描述两个坐标系之间的相对转动,它的分量形式以 W 坐标系为参考坐标系。

为简化推导,我们引入仿射变换变量:

$$\bar{\boldsymbol{r}}_{\mathrm{W}}^{B} = \begin{bmatrix} \boldsymbol{r}_{\mathrm{W}}^{B} \\ 1 \end{bmatrix}; \quad \bar{\boldsymbol{r}}_{A}^{B} = \begin{bmatrix} \boldsymbol{r}_{A}^{B} \\ 1 \end{bmatrix}; \quad \bar{\boldsymbol{T}}_{\mathrm{W}}^{A} = \begin{bmatrix} \boldsymbol{R}_{\mathrm{W}}^{A} & \boldsymbol{r}_{\mathrm{W}}^{A} \\ 0 & 1 \end{bmatrix} \tag{8.10}$$

于是正运动学方程可以简化为

$$\bar{\boldsymbol{r}}_{\mathrm{W}}^{B} = \bar{\boldsymbol{T}}_{\mathrm{W}}^{A}\bar{\boldsymbol{r}}_{A}^{B} \tag{8.11}$$

类似地,可以写出 C 点在 A 坐标系下的坐标为 $\bar{\boldsymbol{r}}_{A}^{C} = \bar{\boldsymbol{T}}_{A}^{B}\bar{\boldsymbol{r}}_{B}^{C}$,再结合上式便可以写出 C 点在世界坐标系下的坐标

$$\bar{\boldsymbol{r}}_{\mathrm{W}}^{C} = \bar{\boldsymbol{T}}_{\mathrm{W}}^{A}\bar{\boldsymbol{r}}_{A}^{C} = \bar{\boldsymbol{T}}_{\mathrm{W}}^{A}\bar{\boldsymbol{T}}_{A}^{B}\bar{\boldsymbol{r}}_{B}^{C} \tag{8.12}$$

上述表达式中每一项仅涉及相邻关节结点的局部随体坐标系之间的平移和转动,可以方便地用操作空间变量描述。如对上述所示的平面三连杆机构,局部坐标系 X 坐标轴沿杆方向,那么 $\boldsymbol{q} = \left[q_{O}, q_{A}, q_{B}\right]^{\mathrm{T}}$ 表示了三个关节角,三个杆长分别为 L_{OA}、L_{AB} 和 L_{BC},式(8.12)涉及的矩阵分别为

$$\bar{\boldsymbol{r}}_{B}^{C}: \qquad \boldsymbol{r}_{B}^{C} = L_{BC}\begin{bmatrix} \cos q_{B} \\ \sin q_{B} \end{bmatrix} \tag{8.13}$$

$$\bar{\boldsymbol{T}}_{A}^{B} \qquad \boldsymbol{R}_{A}^{B} = \begin{bmatrix} \cos q_{A} & -\sin q_{A} \\ \sin q_{A} & \cos q_{A} \end{bmatrix}, \quad \boldsymbol{r}_{A}^{B} = L_{AB}\begin{bmatrix} \cos q_{A} \\ \sin q_{A} \end{bmatrix} \tag{8.14}$$

$$\bar{\boldsymbol{T}}_{\mathrm{W}}^{A} \qquad \boldsymbol{R}_{\mathrm{W}}^{A} = \begin{bmatrix} \cos q_{O} & -\sin q_{O} \\ \sin q_{O} & \cos q_{O} \end{bmatrix}, \quad \boldsymbol{r}_{\mathrm{W}}^{A} = L_{OA}\begin{bmatrix} \cos q_{O} \\ \sin q_{O} \end{bmatrix} \tag{8.15}$$

逆运动学的解不一定具有唯一性。例如,给定 $\boldsymbol{r}_{\mathrm{W}}^{C}$,可以有无穷多 $\boldsymbol{q} = \left[q_{O},\right.$ $\left. q_{A}, q_{B}\right]^{\mathrm{T}}$ 满足方程 $\boldsymbol{r}_{\mathrm{W}}^{\mathrm{E}} = \phi(\boldsymbol{q})$。由于正运动学连续可导,可得

$$\mathrm{d}\boldsymbol{r}_{\mathrm{W}}^{\mathrm{E}} = \frac{\partial \boldsymbol{\phi}}{\partial \boldsymbol{q}}\mathrm{d}\boldsymbol{q} \tag{8.16}$$

如果雅可比矩阵可逆,则有

$$\mathrm{d}\boldsymbol{q} = \left(\frac{\partial \boldsymbol{\phi}}{\partial \boldsymbol{q}}\right)^{-1}\mathrm{d}\boldsymbol{r}_{\mathrm{W}}^{\mathrm{E}} \tag{8.17}$$

通过逐步积分可以求解真实逆运动学。

刚体动力学 目前,动力机器人的设计依然采用了刚体连接的结构。由于刚体缺少变形的自由度,与自然界中善于奔跑的动物相比,在灵活性、能量转化效率以及机动性能方面相差甚远。以四足机器人为例,波士顿动力公司基于柴油动力液压驱动的野猫(Wild Cat)机器人最高时速约 25 km/h,奔跑时发出震耳欲聋的声音。自然界中,猎豹以陆地上短跑速度快而著称,它的骨骼肌系统、身体的流线外形、合理的动力学特性以及身体的柔韧性为稳定地高速运动提供了足够的优化空间。

对于柔性结构的动力学建模可以利用第 6 章的有限元模型,因超出本书范围,所以不再对其进行详细介绍。即使可以建模,其计算的复杂程度也将超出基于状态反馈的动力学控制对于实时性的要求。目前,在设计动力机器人的躯体时,依然视其为刚性框架,其上装载有控制器、电源、驱动器等;而腿部视为简

图 8.19 机器人腿部结构示意图

单连杆机构。躯体一般采用碳纤维或者铝合金型材制造,并通过连杆或者皮带轮传递实现步态控制(图 8.19)。将驱动器上移至躯体部分,可进一步降低腿部的惯性。该方案减少了驱动器最大力矩输出,使得采用小型化的驱动器成为可能,于是便综合提升了机器人的机动性能。以麻省理工学院的雏豹机器人为例,身体和四肢共由 9 个刚体连接而成,每条腿有 3 个自由度,包括髋关节侧向和前后转动自由度和膝关节自由度。三个直驱电机均位于躯体与上肢连接的髋关节处,下肢通过皮带轮传动。四肢为中空的薄壁铝合金箱体结构,90% 的质量集中在包括 12 个电机的刚性躯体部分[9]。全身动力学模型需要考虑所有 9 个刚体运动,对于基于模型预测控制(见 8.4 节)的算法显得过于复杂。尤其对于高机动机器人来讲,需要实时跟踪运动指令(例如速度),并通过基于动力学模型及状态反馈的优化算法生成电机控制

指令,这一过程往往需要在 1~2 ms 内完成,对于机载电脑来说显得较为困难。

如果仅对躯体进行刚体动力学建模(图 8.20),忽略结构的复杂性,虽然不够精确,但是基于高速的姿态反馈(≈ 1 kHz)以及实时($1 \sim 2$ ms)的运动规划调整,可以实现优异的控制效果。图 8.21 为基于躯体刚体动力学模型的坐标显示。躯体运动状态的包括质心位置 $\boldsymbol{p}$,质心速度 $\dot{\boldsymbol{p}}$,Z-Y-X 欧拉角 $\Theta = \left[\phi, \theta, \psi\right]^{\mathrm{T}}$ 和角速度 $\boldsymbol{\omega}$。

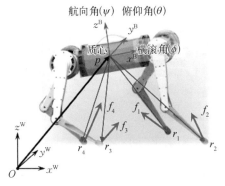

图 8.20 刚体动力学建模

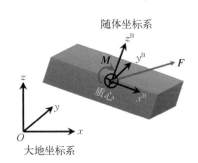

图 8.21 基于躯体刚体动力学模型的坐标表示

躯体满足牛顿第二定律及其推论动量矩定理,即

$$m\dot{\boldsymbol{p}} = \sum_{i=1}^{4} \boldsymbol{f}_i \tag{8.18}$$

$$\frac{\mathrm{d}\boldsymbol{I}^{\mathrm{W}}\boldsymbol{\omega}}{\mathrm{d}t} = \sum_{i=1}^{4} \boldsymbol{d}_i \times \boldsymbol{f}_i \tag{8.19}$$

式(8.19)中,$\boldsymbol{f}_i$ 为地面对第 i 个足底的作用力;$\boldsymbol{d}_i$ 为该足底相对于躯体质心的位置。雏豹机器人模型完成后空翻动作的序列快照如图 8.22 所示[9]。

动力学方程都涉及位置和欧拉角的二阶导数。一般而言,我们不仅关心机器人的位置和取向,还关心其速度和角速度,对于机器人的运动指令经常同时包含位置和速度的信息。通常,将描述刚体运动状态的欧拉角、位置、角速度和速度排列为列矩阵的形式,称为状态空间,记为

$$\boldsymbol{x} = \begin{bmatrix} \Theta \\ \boldsymbol{p} \\ \boldsymbol{\omega} \\ \dot{\boldsymbol{p}} \end{bmatrix} \tag{8.20}$$

基于状态空间,动力学方程可以写为如下标准形式:

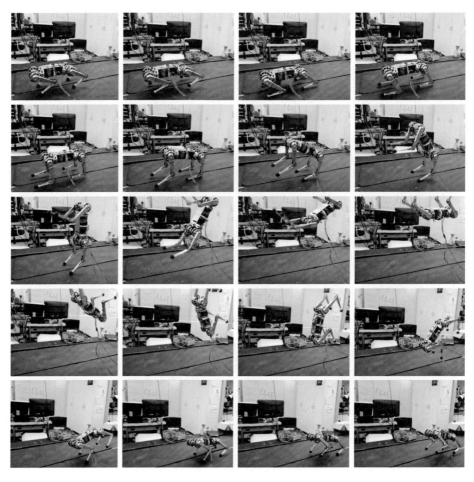

图 8.22 美国麻省理工雏豹机器人模型完成后空翻动作的序列快照

$$\frac{\mathrm{d}\boldsymbol{x}}{\mathrm{d}t} = \boldsymbol{A}\boldsymbol{x} + \boldsymbol{B}\boldsymbol{u} \tag{8.21}$$

在实际操作中,一般需要根据机器人工作的场景,设计轨迹并生成相应的运动状态 $\boldsymbol{x}_{\mathrm{d}}(t)$,根据动力学模型计算相应的足底力 $\boldsymbol{u}_{\mathrm{ff}}(t)$,即前馈控制量。然后,通过控制电机的力矩输出,生成设定的前馈控制量 $\boldsymbol{u}_{\mathrm{ff}}(t)$。理论上,机器人将按照设计的运动状态 $\boldsymbol{x}_{\mathrm{d}}(t)$ 运行。但在实际工况条件下,简化模型无法精确地反映机器人动力学行为。同时,外界存在随机扰动。尤其对于足式机器人而言,足底与地面的接触模型难以准确刻画,地面的崎岖不平难以准确地反映在动力项中。若仅仅依靠输入前馈控制量 $\boldsymbol{u}_{\mathrm{ff}}(t)$,机器人在一段时间后的运动状态将与预设状态差之千里。在 8.3 节中,我们将引入反馈控制的概念来解决这一问题。通过实时比较当前状态与设定状态的差别,不断地调整控制量,从而让机器人尽可能地跟随预设运动状态。在反馈控制中,要反复求解机器人动力学模型,它是优化控制量的重要前提。

动力塑造 猎豹是陆地上短跑速度最快的动物,其最高速度可以达到

112 km/h。除此之外,猎豹的爆发力也相当惊人,百千米加速时间只需要 4 s,
媲美当今世界上性能最好的 F1 方程式赛车。高速奔跑的猎豹腿部在触地时需
要快速向后摆动以产生巨大的推力来维持奔跑速度,在悬空时需要快速向前摆
回到下一次触地时需要的位置。进入匀速奔跑状态的猎豹速度可以近似为 $v = \lambda f$,λ 为步长,f 为腿部摆动频率。猎豹的柔性躯体配合步态可极大地增加步长
λ,在前腿向前摆动为触地做准备阶段,躯干伸展到最大程度,像一个拉伸到极
限的弹簧;在后腿向前摆动为触地做准备阶段,躯干蜷曲到最大角度,像一张拉
满的弯弓。同时躯体的形变为驱动腿部运动提供了动力。高速奔跑的猎豹腿
部摆动频率 f 高达 4 Hz,见图 8.23。

图 8.23　奔跑的猎
豹、腿部肌肉及其简
化动力学模型

通过单摆模型来估计驱动力的大小:$T_{\max} = 4\pi^2 \theta_0 m L^2 f^2 \propto I_{\text{leg}} f^2$,上式表明
最大力矩输出 $T_{\max}$ 正比于腿部的惯性矩 I_{leg} 与摆动频率 f 平方的乘积,而惯性
矩正比于腿部质心到转轴距离 L 的平方,其中,m 为腿部等效
质量;θ_0 为最大摆角。对于匀速奔跑的猎豹,腿部肌肉输出的
驱动力主要用来克服腿部的惯性效应,从猎豹腿部解剖来看,
主要的质量来自肌肉,分布于上肢和髋关节处,尽量地靠近转
动中心以减小惯性矩。

在实际机器人装置中,液压驱动(图 8.24)是颇为理想的
驱动方式。液压源包括油缸和动力发生器,如柴油机或电机,
系统较为笨重,一般置于机器人身体上。动力通过液体介质
传递到四肢,由执行器将压强转为位置或者力的输出。模块
化执行器主要包括阀门、位移传感器和复杂的管路系统。近
年来发展的金属三维打印技术,可以实现复杂管路系统与基
体的一体化制造,避免了接头部分漏油问题,极大地提升了液
压装置的可靠性。正是由于液压驱动所具有的集中动力、分
布传递的特点,尤其是输出单元结构紧凑、质量轻,因此动态

图 8.24　运用于机
器人的液压驱动装置

性能优异。波士顿动力公司的高机动性能机器人,如阿特拉斯机器人、野猫四足机器人等,都采用了液压驱动方式。然而整体液压系统仍然较为复杂,目前没有在机器人领域得到广泛应用。

气动驱动方式类似于液压,在工业自动化领域得到了广泛应用。气动压强传递介质一般为空气,与液体相比,其体积变化带来了控制的复杂性,降低了响应特性。一般气缸的尺寸远大于油缸,不易在机器人本体上应用,所以在动力机器人上很少见到。

电机驱动几乎应用于所有的工业自动化和机器人领域。电机的名目众多,但结构类似,主要包括定子(stator)和转子(rotor)两部分,如图 8.25 所示。近年来得益于功率电子器件及新材料的发展,

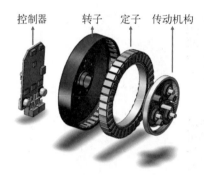

控制器　转子　定子　传动机构

图 8.25　含控制器和电机本体的模块化关节电机

尤其是 1982 年住友金属工业公司的佐川真人(Masato Sagawa, 1943~)发现钕铁硼稀土永磁体具有远高于铁氧体磁铁的磁能积,使得电机的功率密度得到了大幅提升。电机动子采用钕铁硼稀土永磁体代替线圈绕组,避免使用电刷,从而简化了动子结构,极大地提升了可靠性和安全性。同时,受益于更小、电流能力更高、更廉价的高功率场效应晶体管(MOSFET),直流无刷电机结构简单、性能可靠、系统集成度高、可控性能好,因此几乎取代了其他种类繁多的电机。含控制器和电机本体的模块化关节电机广泛应用于机器人领域,基于模块化关节电机可以快速搭建各种形式的机器人。

针对动力机器人而言,电机的选择主要取决于尺寸、转速和最大力矩输出。在限定尺寸条件下,由于单位质量的功率密度存在上限,提高转速必然导致力矩输出降低。在设计中一般采取下述两种方案[12]。

图 8.26　高减速比谐波减速器结构分解图

(1) 低力矩、高转速电机配合高减速比减速器,提升输出端力矩。减速器可以采用多级行星减速器或者谐波减速器,减速比约为 100。以高减速比谐波减速器为例(图 8.26),柔轮齿形较小,能够承受的机械载荷有限,因此会在减速器输出端串联弹簧,即所谓 SEA(series elastic actuator)驱动,以降低冲击载荷影响。因为足底与地面之间作用可近似为冲击载荷,SEA 驱动对于足式机器人尤为重要。

(2) 大力矩、低转速电机配合低减速比减速器,最大输出力矩有限,但整体动力学响应较好。减速器一般采用单级行星减速器,减速比为 5~10;齿形较

大,因此具有较高的承载能力。由于减速比较低,电机驱动电流与减速器输出力矩之间具有较好的线性关系。通过电流采样可以估算电机力矩输出,无须采用外力传感器。采用这种方案的模块电机也称为本体驱动器。

因为电机在工业领域的广泛应用,不同团队使用的电机性能总体类似。图 8.27 按排列分别显示了麻省理工学院研发的猎豹 3 四足机器人、波士顿动力的斑点(Spot)机器人和苏黎世联邦理工学院的 ANYmal 四足机器人。它们的形体大小类似,均为直流无刷电机驱动,都具有 12 个运动自由度。猎豹 3 和斑点机器人设计类似,所有电机置于髋关节处,通过皮带轮驱动下肢,以降低腿部的质量和转动惯量。猎豹 3 采用了具有大功率、大力矩、低减速比的本体驱动关节电机。为提升力矩,采用的电机具有较大的气隙直径,减速比为 6,等效惯性矩相对较小。因此,总体机动性能良好,能够完成跳跃、后空翻等对机动性能要求较高的动作,最高测试速度达 23 km/h。斑点机器人采用了高速、中等减速比的电机,因此电机尺寸更小、质量更小,而且负载能力优异,电机效率也更高。ANYmal 的定位是搜救机器人,搭载众多探测设备,所以负载能力成为优先考虑因素。在设计中采用了 SEA 驱动方式,下肢驱动电机直接放置在膝关节处,既减少了动力传递装置,又节省了身体空间,从而能够搭载更多设备。斑点机器人和 ANYmal 机器人的最高速度都约为 5 km/h。

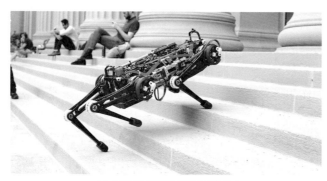

(a) 美国麻省理工的猎豹3机器人

(b) 波士顿动力的斑点机器人　　　　(c) 苏黎世理工的ANYmal机器人

图 8.27　三款典型的四足机器人

8.3 反馈控制——自然界的基本法则

反馈控制　苍蝇是自然界飞行的高手。苍蝇在飞行时采用"8"字形运动振翅;这种振翅方式使翅膀周围的空气形成漩涡状气流,帮助苍蝇轻松地飞行,把空气的阻力变成了飞行的动力。苍蝇头部的复眼可以全面感知周围的环境,它身上的体毛能够感知空气流动性的改变。同时,苍蝇身体中的可感知器官平衡棒做高频振动;当身体的姿态或者航向发生改变时,平衡棒的振动平面的变化就被它基部的感受器感觉,并由神经传到脑部。苍蝇脑部分析了这个偏离的信号以后,就向特定部位的肌肉组织发出"命令",立即纠正偏离的航向[13]。苍蝇飞行控制是一个闭环反馈过程:

(1) 由大脑(控制器)发出控制命令;

(2) 由飞行肌和羽翅(驱动器)执行相应命令,扇动翅膀与空气作用产生飞行动力,实现身体按照一定姿态的飞行;

(3) 由感知器官(传感器)实时感知自身姿态与周围环境,并将状态信息不断反馈给大脑,形成决策。

苍蝇出色的非线性控制器(大脑)能够将不同信息高效快速融合,准确掌握外界环境与当前状态,给出全局最优控制策略。

本节将从力学的角度分析机器人动力学系统控制器的设计。

倒立摆　动力学系统控制器具有广泛的应用。一个重要应用是让不稳定的系统在外力的作用下保持稳定,例如图8.28(a)的平衡车或者竖直向上的火箭[14]。它们的力学模型近似于位于运动小车上的倒立摆[图8.28(b)],外界扰动作用导致摆杆偏离竖直位置,并在重力作用下加速下偏。根据当前摆杆的角度和角速度,在小车上施加相应的驱动力来加以纠正,可维持摆杆在竖直方向稳定;即使摆杆偏离竖直位置,在外界驱动的作用下依然可以回到竖直位置。

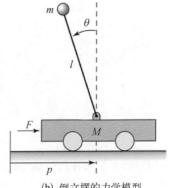

图 8.28

(a) 倒立摆在平衡车和火箭中的应用　　　　(b) 倒立摆的力学模型

以此为例,我们需要根据系统的动力学模型,设计相应的控制器,并根据传感器反馈的信息来估计相应的状态,输入控制器收到驱动力大小和方向的信号,并作用在实际系统上,以实现稳定性控制(图 8.29)。

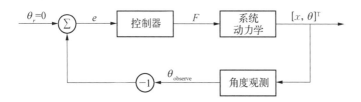

图 8.29　倒立摆及其控制[14]

PID 控制　反馈控制的基本想法是比较当前状态与目标状态,根据两者之差对控制量进行修正。反馈控制的基本思想虽然简单,却是整个控制领域的基础。根据反馈控制,可以设计出简单而有效的控制器。我们以电机驱动的单摆为例,介绍反馈控制基本概念。电机的基本功能是快速转到指定角度,其动力学模型可以表示为

$$I_m\ddot{\theta} + f(\theta, \dot{\theta}) = u \tag{8.22}$$

式(8.22)中,I_m 为电机及负载的等效惯性矩;控制量 u 代表输出驱动力,由静子绕组线圈的电流所决定;$f(\theta, \dot{\theta})$ 项包含了减速器摩擦力以及重力等非惯性项的作用。为阐明概念,假定非惯性项为零,于是方程简化为

$$I_m\ddot{\theta} = u \tag{8.23}$$

基于反馈控制的框图如图 8.30(b)所示,控制器将根据偏差 $e = \theta_r - \theta$ 给出控制量 u,驱动电机带负载转动,如此反复实现转动到指令位置 θ_r。 最简单的反馈控制是式(8.24)所代表的开关控制(on-off control):

$$u = \begin{cases} u_{\max} & \text{if } e > 0 \\ u_{\min} & \text{if } e < 0 \end{cases} \tag{8.24}$$

(a) 单摆系统实物

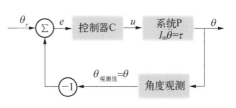

(b) 控制原理框图

图 8.30　反馈控制

开关控制的优点在于控制器构造简单,没有需要调节的参数,但却容易在系统中引入振荡。为了克服开关控制的不足,比例控制(proportional control)假设控

制量与偏差之间成正比，即 $u = k_{\mathrm{p}} e$，根据偏差的大小来进行调节。比例系数可以根据对响应快慢的需求来进行设定。以上控制器都是根据当前状态（θ）与参考状态（θ_r）的偏差 e，采取响应的控制。如果希望对于未来趋势进行判断，根据泰勒级数可以得到 $e(t + \mathrm{d}t) = e(t) + \dot{e}(t)\mathrm{d}t$，因此可以在控制量中加入偏差导数（derivative）的比例项 $k_{\mathrm{d}} \dot{e}$。类似地，还可以考虑偏差历史累积（integral），依同样的方法加入偏差积分的比例项 $k_{\mathrm{i}} \int_0^t e \mathrm{d}t$。综上所述，控制量可以表示为

$$u = k_{\mathrm{p}} e + k_{\mathrm{d}} \dot{e} + k_{\mathrm{i}} \int_0^t e \mathrm{d}t \tag{8.25}$$

这种控制策略称为 PID 控制，P、I、D 分别为比例（proportional）、积分（integral）和微分（derivative）的首字母。在 PID 控制中，积分项具有重要的意义，它保证了误差总是趋向于零。在实际应用中，一般仅考虑比例项和积分项，即 PI 控制。PID 控制简单有效，在工业控制中得到广泛应用。图 8.31 比较了开关控制和 PID 控制的效果。基于开关控制，电机输出端在参考角度（$\theta_r = 1$）附近摆动，而 PID 控制则快速收敛到 $\theta_r = 1$。PID 控制中的系数可以根据收敛快慢及超调大小的要求来确定。

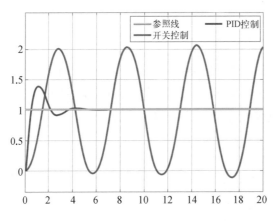

图 8.31 开关控制和 PID 控制的效果对比

PID 控制的历史可追溯至惠更斯在 17 世纪对风车的定摆控制，以及瓦特亲手设计的锥形摆。俄裔美国工程师尼古拉斯·米诺尔斯基（Nicolas Minorsky，图 8.32）在设计美国海军的自动操作系统时，撰写了世上第一篇 PID 控制器的理论分析论文[15]。他的设计思想来自对舵手的观察，即控制船舶不只根据目前的误差，也考虑过去的误差以及误差的变化趋势。

图 8.32 尼古拉斯·米诺尔斯基（1885~1970）

线性系统与状态空间 从前例可见，如果忽略模型中的非线性项，可以得到近似的线性系统，在一定范围内反映了模型的动力学行为。可通过有阻尼的倒立摆模型来阐述两者的相近程度，系统的动力学方程为 $I_m \ddot{\theta} + \eta \dot{\theta} + mgl\theta = 0$。一旦给定初始角度和角速度，该方程就确定了角度和角速度的演化规律，而角度和角速度就定义了系统的状态。一般而言，任意系统的广义位置（x_1）和广义速度（$x_2 = \dot{x}_1$）定义了该系统的状态，参见第 2 章。为方便起见，可将广义位置和广义速度合写为一个列矩阵，称为状态向量：

$$\boldsymbol{x} = \begin{bmatrix} x_1 \\ x_2 \end{bmatrix} \tag{8.26}$$

由状态向量构成的空间称为状态空间。对于倒立摆而言，$x_1 = \theta$，$x_2 = \dot{\theta}$。通过求解动力学方程，可以在状态空间中画出不同初值时状态向量的演化路径，称为相图，如图 8.33 所示。可以看出：无论从任何初值出发，倒立摆最终都会停在竖直位置；而且在竖直位置附近，线性系统与非线性系统的相图相似。因此，在竖直位置的邻域中，线性系统与非线性系统行为相近。通过对相图的特征点和特征线的分析，可以得到系统的定性行为。

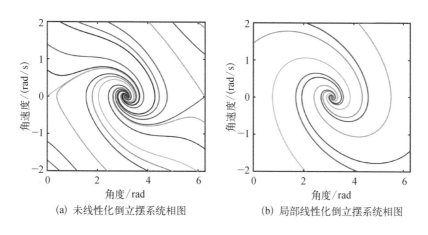

(a) 未线性化倒立摆系统相图　　　(b) 局部线性化倒立摆系统相图

图 8.33　倒立摆的相图

　　时域分析与频域分析　　线性系统是对真实物理系统的近似。通过分析线性系统的响应，可以窥视真实系统的动力学行为；而针对线性系统设计的反馈控制器，在实践中也取得了良好的应用效果。有多种等价的方法可以描述线性系统，不同方法得到的结论相一致。于是，针对不同的应用目的，可以采取较为方便的方法。以刚体动力学为例，对系统模型线性化后，动力学方程可写为如下标准形式：

$$\boldsymbol{M}\ddot{\boldsymbol{q}} + \boldsymbol{C}\dot{\boldsymbol{q}} + \boldsymbol{K}\boldsymbol{q} = \boldsymbol{u} \tag{8.27}$$

式（8.27）中，$\boldsymbol{q}$ 为广义位置。上述方程的解取决于其特征方程的根 λ，即

$$\det(\lambda^2 \boldsymbol{M} + \lambda \boldsymbol{C} + \boldsymbol{K}) = 0 \tag{8.28}$$

求解常微分方程（8.27），可以得到系统状态随时间的演化，由此可以进一步分析系统的动力学特性。此法称为时域分析方法。

　　我们熟知在受迫振动条件下，线性系统稳态响应的频率与激励一致。用数学的语言描述可写为如下形式。

　　激励：

$$\boldsymbol{u} = \boldsymbol{U}(s)\,\mathrm{e}^{st}$$

响应：

$$q = Q(s)e^{st}$$

其中，$s = i\omega$。将激励和响应的形式代入动力学方程，可得

$$(s^2 M + sC + K)Q(s) = U(s) \tag{8.29}$$

通过上式可以方便地求解得

$$Q(s) = T(s)U(s)$$
$$T(s) = (s^2 M + sC + K)^{-1} \tag{8.30}$$

式(8.30)中，$T(s)$反映了线性系统对于激励的响应，称为频响函数。比较可知，频响函数与特征方程相同。使得频响函数不可逆的s值称为极点(poles)，即为特征方程的根。使频响函数为零的s值称为零点(zeros)，在零点处激励对线性系统没有影响。通过以上变换，可以给出系统对于不同频率下激励的响应，称为频域分析。以上傅里叶变换把描述动力学系统的微分方程转变为更容易计算的代数方程。通过傅里叶逆变换，可以给出时域的响应。频域分析和时域分析虽然侧重点不同，但是两者完全等价，因此可仅用频响函数来表示线性系统，即把线性化的刚体动力学系统表示为

$$T(s) = (s^2 M + sC + K)^{-1} \tag{8.31}$$

式(8.31)中，$s = i\omega$代表周期性振动的频率。如果$s = \alpha + i\omega$为一般的复数，以上分析仍然成立，所对应的变换由拉普拉斯变换所代替，此时频响函数也称为传递函数。

伯德图　针对线性的倒立摆系统，可以写出传递函数为

$$T(s) = \frac{1}{s^2 I_m + \eta s + mgl} \tag{8.32}$$

传递函数的幅值代表了响应幅值与激励幅值之间的比值，其相位角代表了响应与激励之间的相位差。图8.34的上下两图分别为传递函数的幅值和相位角与频率关系的曲线。从幅值曲线中可以看出，当激励频率低于系统共振频率时，传递函数近似为常数，系统响应与激励相位差近似为零，因此系统响应几乎完全跟随激励；在共振频率附近，传递函数出现峰值，激励信号被放大，系统发生共振，此时相位差变为 $-\pi/2$；当激励频率高于共振频率时，传递函数幅值快速衰减，表明系统对激励几乎不响应。图8.34清晰地表征出线性系统的动力学特性，称为伯德图(Bode plot)，其早期概念由美国工程师伯德(Hendrik W. Bode，图8.35)在20世纪30年代提出。由此可见，共振频率体现了系统对外界激励响应的快慢，刻画了线性系统的动力学特性。

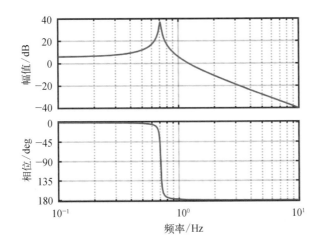

图8.34 上图：频响函数的幅值和频率的关系曲线；下图：频响函数的相位角和频率的关系曲线

可控性与可观察性 对于动力学系统(例如动力机器人)，我们总希望它能够按照设定的轨迹运动，这就涉及系统的可控性。对可控性的准确描述可以借用于状态空间的概念。系统的可控性应该表达为：对给定系统的动力学方程，从原点出发可以到达状态空间中任意一点。对于非线性系统，系统可控性的条件并非显而易见。对于如下线性系统：

$$\dot{x} = Ax + Bu \tag{8.33}$$

式(8.33)中，B 为列矩阵时，有一个简单的结论，即当矩阵 $W_r = \begin{bmatrix} B, & AB, & \cdots, & A^{n-1}B \end{bmatrix}$ 可逆时，该系统可控，反之亦然。

图8.35 亨德里克·伯德(1905~1982)

与可控性类似的一个问题是系统的可观察性，定义为能否通过一段时间的测量值来给出系统的当前状态。一般而言，系统状态无法一一测量，对于线性系统，观测量与状态之间的关系为

$$y = Cx + Du \tag{8.34}$$

系统的可观察性即为：能否根据系统的动力学模型、测量值 y 和控制量 u 来求解 x。对于 C 为行向量、D 为零的情况，以上系统的可观察性等价于 W_o 的满秩条件，W_o 为描述线性系统可观察性的矩阵。

$$W_o = \begin{bmatrix} C \\ CA \\ \vdots \\ CA^{n-1} \end{bmatrix} \tag{8.35}$$

线性系统反馈控制与状态估计 一般线性系统可以表示为

$$\begin{cases} \dot{x} = Ax + Bu \\ y = Cx \end{cases} \tag{8.36}$$

反馈控制可以直观地描述为寻找控制量与状态的直接关系 $u(x)$，使得当 $t \rightarrow \infty$ 时，系统状态能够无限逼近参考状态，即 $x \rightarrow x_r$。更为简便的做法是考虑两者的差值 $e = x_r - x$ 是否趋向于零。我们首先建立偏差 e 满足的方程。如果系统可控、模型精确且无环境扰动，可以根据动力学方程和预设参考状态计算出控制量 u_{ff}：

$$\dot{x}_r = A x_r + B u_{ff} \tag{8.37}$$

在理想情况下，输入前馈控制量 u_{ff}，系统将按照预设参考状态演化。在实践中，模型仅是对真实系统的近似，同时还会有不可预知的扰动，因此实际控制量 $u(x)$ 并不完全等同于前馈控制，还需要包括根据当前状态与参考状态差值的修正，即反馈控制 u_{fb}：

$$u = u_{ff} + u_{fb}(e) \tag{8.38}$$

基于以上分解，差值满足的方程可以写为

$$\dot{e} = A e - B u_{fb}(e) \tag{8.39}$$

假设反馈控制 u_{fb} 形式为 $u_{fb}(x) = K e$，其中 K 为增益矩阵，式(8.39)可改写为

$$\dot{e} = (A - BK) e \tag{8.40}$$

如果式(8.40)中 $A - BK$ 的所有特征值的实部均小于零，则 $e \rightarrow 0$。这些特征根实部的绝对值反映了收敛的快慢。

上述反馈控制设计的前提是知晓系统的当前状态，而实际中能够测量的仅有部分状态量。测量量的一般表述为 $y = C x$。因此，应用上述反馈控制器就要求我们根据一段时间的测量量以及系统模型来计算当前状态估计 $\hat{x}$，并要求当 $t \rightarrow \infty$ 时状态估计趋近真实状态。可以根据测量量、控制量以及系统动力学方程来构造状态估计 $\hat{x}$，使其满足动力学方程，且使得 $\hat{x} \rightarrow x$：

$$\dot{\hat{x}} = A \hat{x} + B u + L(y - C \hat{x}) \tag{8.41}$$

式(8.41)也称为观察器。类似地，对状态估计与实际状态之间的差值 $\tilde{x} = \hat{x} - x$，可写出：

$$\dot{\tilde{x}} = (A - LC) \tilde{x} \tag{8.42}$$

可见，适当地选择 L，可使得式(8.42)中 $A - LC$ 的所有特征值实部小于零，则 $\hat{x} \rightarrow x$。特征值实部的绝对值反映了收敛的快慢。

上述线性系统反馈控制器和观察器的设计形式非常类似。描述线性系统的可控性和可观察性的两个矩阵分别为

$$W_r = [B, AB, \cdots, A^{n-1}B] \tag{8.43}$$

$$W_o = \begin{bmatrix} C \\ CA \\ \vdots \\ CA^{n-1} \end{bmatrix} \tag{8.44}$$

由此不难看出矩阵 W_r 和 W_o 在形式上的对偶性。

在上述分析的基础上,根据状态进行的反馈控制可以进一步改进为基于系统输出量的反馈控制,如图 8.36 所示,主要区别在于需要设计观察器,用状态估计来代替真实状态。

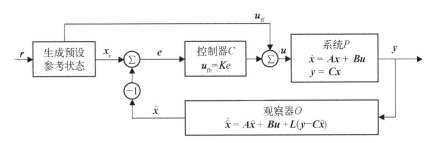

图 8.36 基于系统输出量的反馈控制

LQR 控制器 线性系统的反馈控制器设计要求选择适当的增益矩阵 K,使得 $A - BK$ 的全部特征值的实部均小于零。显然,不同的 K 决定了反馈控制的代价不同。例如,对于电机驱动的动力机器人,增大 K 可以提升系统的响应速度,但是必然提出对电机的力矩输出能力的更高要求。更大的力矩输出能力意味需要更高功率的电机,同时降低电机效率,导致高的能耗,并增加电机发热,降低使用寿命。对于任何系统,可以提出综合权衡各方面要求的目标泛函。最优控制器将使目标泛函取极大或者极小值,由此可以确定增益矩阵 K。对于动力学系统的最优控制,常用的目标泛函为权衡一段时间内的状态偏差累积以及所需的控制量大小,一般写为如下形式:

$$J(e, u) = \int_0^T (e^{\mathrm{T}} Q_x e + u^{\mathrm{T}} Q_u u) \, \mathrm{d}t \tag{8.45}$$

要求式(8.45)中权重矩阵 Q_x 和 Q_u 为半正定或者正定矩阵,在实际应用中通常取为对角矩阵,对角元即为对应的状态分量或者控制分量的权重系数。上述二次型的形式保证了泛函具有唯一的极值,线性系统的最优控制器设计可以通过求解对应的增益矩阵 K 获得

$$u = Q_u^{-1} E^{\mathrm{T}} P e \tag{8.46}$$

式(8.46)中,P 为正定矩阵,满足如下代数黎卡提(Jacopo Riccati,1676~1754)方程:

$$PA + A^{\mathrm{T}} P - PBQ_u^{-1} B^{\mathrm{T}} P + Q_x = 0 \tag{8.47}$$

对于线性系统的二次型泛函的目标优化通常称为线性二次型调节器,或者简称 LQR 控制器(linear quadratic regulator)。

卡尔曼滤波 由于传感器存在误差以及信号噪声,若直接基于测量量进行控制,则会将上述偏差放大 K 倍后引入到系统中。美国数学家卡尔曼(Rudolph E. Kalman,图 8.37)在 1960 年考虑了这一问题,针对如下含随机噪声的线性系统:

图 8.37 鲁道夫·卡尔曼(1930~2016)

$$\begin{cases} \dot{x} = Ax + Bu + Fv \\ y = Cx + w \end{cases} \tag{8.48}$$

式(8.48)中, v 和 w 为噪声项,假设其概率密度函数(pdf)为正态分布:

$$\text{pdf}(v) = \frac{1}{\sqrt[n]{2\pi} \det R_v} \exp\left(-\frac{1}{2} v^T R_v^{-1} v\right)$$

$$\text{pdf}(w) = \frac{1}{\sqrt[n]{2\pi} \det R_w} \exp\left(-\frac{1}{2} w^T R_w^{-1} w\right) \tag{8.49}$$

给定观察器的形式为

$$\dot{\hat{x}} = A\hat{x} + Bu + L(y - C\hat{x}) \tag{8.50}$$

那么最优的观察器应使得一段时间内状态估计的误差最小。对于上述随机过程的目标泛函为

$$J = E\left[(\hat{x} - x)^T(\hat{x} - x)\right] \tag{8.51}$$

通过优化上述目标泛函,可以求解最优的观察器增益 L,其中观察器的形式包含了系统动力学方程。在有关传递函数的论述中明确了动力学系统的响应依赖于激励的频率。对于高频激励,传递函数的幅值迅速减小,因此观察器中测量量的高频噪声将被观测器的传递函数"滤波","滤波"的效果取决于增益 L。假设上述高斯噪声的协方差矩阵为常数,即非时变的随机过程,目标泛函 J 取最小值时对应的观察器增益满足下述方程:

$$L = PC^T R_w^{-1} \tag{8.52}$$

$$PA + A^T P - PC^T R_w^{-1} CP + FR_v F^T = 0 \tag{8.53}$$

该方程即为 8.2 节中求解 LQR 控制器时得到的代数黎卡提方程。对于时变的随机过程,噪声将通过系统的动力学方程影响到状态的演化,因此最优观察器增益也将随时间变化,其表达形式与上式一致,即

$$L(t) = P(t) C^T R_w^{-1}(t) \tag{8.54}$$

有

$$\frac{\mathrm{d}\boldsymbol{P}(t)}{\mathrm{d}t} = \boldsymbol{P}(t)\boldsymbol{A} + \boldsymbol{A}^{\mathrm{T}}\boldsymbol{P}(t) - \boldsymbol{P}(t)\boldsymbol{C}^{\mathrm{T}}\boldsymbol{R}_w^{-1}(t)\boldsymbol{C}\boldsymbol{P}(t) + \boldsymbol{F}\boldsymbol{R}_v(t)\boldsymbol{F}^{\mathrm{T}} \quad (8.55)$$

在实际应用中,可以通过差分来进行计算式(8.55),因此可以逐步更新最优观察器增益。上述最优观察器增益设计方法一般称为卡尔曼滤波。与 LQR 控制器设计比较,两者的数学表达形式相近,本质上都是线性系统的二次型目标泛函的优化问题,所以结论也相近。无论从控制器设计,还是从观察器设计角度来看,其主要思想是优化目标泛函,合理地提出"好"的目标泛函,目标泛函的自变函数需要满足系统动力学的约束条件,动力学系统本身不再处于问题的中心位置而仅仅是约束条件之一。借助于数值方法,基于目标泛函的优化方法解决了大量的工程实际问题。

8.4　动力机器人控制——模型预测控制的应用

8.2 节和 8.3 节分别讲述了基于单刚体的动力学模型以及控制理论的机器人动力学。本节将运用以上方法实现对四足机器人的动力学控制。

层级控制架构　动力机器人需要在维持自身平衡条件下,执行控制者的指令,按照生成的参考状态进行运动,其驱动力来源于电机。以上控制系统逻辑层次为:决策(例如路径规划)→运动平衡控制→实现(底层电机控制)。当前状态估计反馈到决策过程作为参考轨迹生成的参数,这样就形成了动力学系统的闭环控制,如图 8.38 所示。相邻模块仅通过输入和输出联系,因此将复杂的控制问题分解为三个独立模块,每一部分功能独立,实现起来较为简单。这一层级控制架构在机器人控制中得到广泛应用。

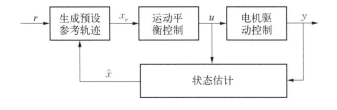

图 8.38　动力学系统的闭环控制框图

混合动力学系统控制　空中飞行机器人、陆地轮带式机器人及其水下潜航机器人的驱动器与环境的相互作用力是持续存在的,它们的动力学方程形式可以保持不变。例如,通过调节四旋翼无人机电机的输出对外力进行连续调节,实现无人机对指令的跟踪(图 8.39)。但是,足式机器人的动力学模型是一个混合动力学系统。当足式机器人的足与地面接触情况改变时,系统的动力学方程会随之改变。当足式机器人的腿处于摆动状态时,控制器只能够改变机器人

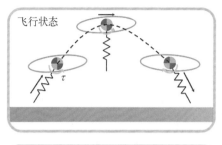

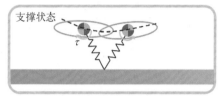

图 8.39 无人机对指令的跟踪

图 8.40 马克·雷伯特(1949~)

图 8.41 伊凡·苏泽兰(1938~)

的构形,却无法影响机器人质心的运动状态,只有当机械腿与地面接触时,通过机械腿与地面的相互作用产生的反力对质心的运动状态进行调整。这就是足式机器人控制问题区别于其他机器人控制的原因。随着机器人的腿的数量增加,不同腿的数量引起足底接触地面的状态不同,进而导致动力学系统变得更加复杂,控制难度也逐渐提升。

雷伯特控制器 针对足式机器人动力学系统控制过程具有间断性这一特点,波士顿动力的创始人雷伯特(Marc Raibert,图 8.40)开发了一种基于有限状态机(finite-state machine, FSM)和 PD 控制算法的足式机器人控制器[16]。这种控制器的设计思想影响了后续的足式机器人的研究人员,成为足式机器人控制的基本架构之一。有限状态机是一种对对象行为建模的工具,用于描述对象在其生命周期内所经历的状态序列以及在这些状态之间的转移和动作等行为的数学计算模型。对足式机器人,可利用有限状态机来处理机器人与地面不同接触状态下动力学模型不一致的问题,即在不同的状态下,采取不一样的控制策略。雷伯特对于单腿机器人系统设计了飞行、着陆、压缩、伸展、离地五个状态,描述足式机器人的状态。当机器人处于飞行状态的时候,利用 PD 控制来操纵机械腿的角度。通过设计不同的着陆时角度可以实现对足式机器人奔跑速度的调节。雷伯特发明的对处于飞行(摆动)状态中的腿的 PD 控制算法一直延续到现在,仍然部分应用于麻省理工学院的猎豹 3 和雏豹机器人的控制。当机器人处于着陆状态时,可利用 PD 控制来调整机器人的身体姿态,保证身体的平衡。当机器人处于支撑状态时,可以控制机器人与地面的垂直作用力大小,来实现对机器人跳跃过程中高度的调节。

基于单腿机器人的控制方案,苏泽兰(Ivan Sutherland,计算机图形学之父,图 8.41)与雷伯特等建立、发展了虚拟腿的概念,从而将这种控制方法扩展到双足机器人和四足机器人。所谓虚拟腿就是将若干同步运动的机械腿视为一条腿进行控制。根据单腿的控制结果,将控制量按照几何关系分配到每条腿上,从而实现多腿的协调控制。诸条机械腿之间的同步运动方式由足式机器人的步态决定。这里的步态是指步行者(人、动物、机器人等)的肢体在时间和空间上的一种协调关系,是移动着的腿有规律的重复顺序和方式,参见 18.3 节。以四足机器人为例,通过对动物的观察,人们总结出了走路、漫步、小跑等四足动物运动的步态类型。设计者会参考人、四足动物的步态规律来设计机器人各个腿之间的配合方式。当机器人处于飞行状态时,利用 PD 控制对机械腿的角度进行控制,通过设计不同的着陆时角度可以实现对足式机器人奔跑速度的调节。

雷伯特控制器展示了雷伯特对于足式运动深刻的理解,然而这一过程需要巧妙的设计以及耐心的控制参数调节。下文将介绍在多数足式机器人控制中应用的模型预测控制方法,它充分利用了现代高性能计算以及高效优化算法的能力,减少了人工设计部分。

模型预测控制　足式机器人的运动平衡状态一般可以用躯体的姿态角加以判断。以四足机器人常见的小跑(trot)步态为例,可以近似认为其俯仰角 θ 和横滚角 ϕ 为零,航向角 ψ 为转弯角度。预设参考状态多给定为质心的速度。这时足式机器人的动力学控制就是给出所有关节驱动力随时间的变化,从而使四肢按照步态形成周期性运动,跟随质心的速度大小和方向,并尽量保持俯仰角 θ 和横滚角 ϕ 为零。控制的目标量为

$$J = \int_t^{t+T} \left[(\boldsymbol{x} - \boldsymbol{x}_r)^{\mathrm{T}} \boldsymbol{Q}_x (\boldsymbol{x} - \boldsymbol{x}_r) + \boldsymbol{u}^{\mathrm{T}} \boldsymbol{Q}_u \boldsymbol{u} \right] \mathrm{d}t \tag{8.56}$$

表达式(8.56)和 LQR 调节器的目标泛函类似。但 LQR 调节器对应的是线性时不变系统,积分限从零到无穷大。使得全局最优的控制量为状态误差的函数,即 $\boldsymbol{u} = -\boldsymbol{Kx}$,与时间无关,并适用于任何状态。因此,LQR 调节器是全局最优解,若系统模型的线性化近似成立,应具有良好的控制效果。但对于非线性问题,难以得到全局最优解。针对这一难点,一般有下述两种思路。

第一种方法借鉴 LQR 调节器的方法,在当前状态附近对模型进行线性化,求得线性系统的最优控制。当系统的状态发生改变时,该线性系统状态方程难以近似描述真实运动状态,就需要不断更新状态,根据 LQR 方法重新求解新的控制量。通过逐步线性化状态方程求解 LQR 调节器实现状态控制也称为迭代 LQR 方法(iLQR)。

第二种方法不对系统状态变化进行线性化,而是缩短目标泛函的积分时间 T。我们仅希望在该段时间内($t\sim t+T$)能够较好地控制非线性系统。这时难以给出该系统控制量和状态量之间的显式形式。一般求解方法是对问题进行离散化,利用数值优化的方法来求解 $t\sim t+T$ 时间范围内的最优轨迹和控制量,得到基于目标优化的开环控制量。上述状态方程和目标优化泛函都是基于状态反馈不断进行修正。通过反复地求解该数值优化问题,可以使驱动系统跟随参考状态演化。目标泛函已经写为常用的二次型的形式,是经典的二次型优化问题,针对该优化问题已经发展了高效稳定的数值算法。在实践中证明了该控制方法的有效性。

以上的控制策略基于系统动力学模型,通过优化求解未来一段时间的最优轨迹,并将此预测作为系统控制的依据,因此也称为模型预测控制(model predictive control,MPC)。对于具有高机动性的四足机器人,若采用简化的刚体动力学模型,往往难以刻画系统的真实状态和动力学特性,如缺失了特征响应时间,未被描述的动力学部分降低了控制的准确程度。我们仅能寄期望于在短时间内,简化模型和真实模型给出的结果相差不大;并且通过快速的反馈不断更新当前状态,减小误差累积,从提升控制品质的角度来改进控制的效果。

对于动力机器人而言,实践中可供利用的预测时间一般为: $T \approx 0.1s \propto \dfrac{1}{f_0}$($f_0$ 为系统的共振频率),而更新频率为 $100 \sim 500$ Hz,是预测时间 T 的 $1/10$ 到 $1/50$,因此需要在 $2 \sim 10$ ms 之内完成一次优化过程。虽然复杂的模型能够更准确地描述机器人系统,但是由于优化参数增加,降低了更新频率,从控制效果上并未体现出优势。对于机动性能较差的机器人,在对优化时间的要求并不苛刻的条件下,采取更精确的模型,往往体现出更好的控制效果。

对于线性系统,模型预测控制可以直接求解出控制量与状态量的线性关系。对于非线性系统,需要进行在线的实时优化求解,对于机载的电脑性能提出了较高的要求。与此相比,LQR 调节器的优势明显,反馈控制增益系数可以提前计算,因此可以实现高的控制频率。与此相比,人类的运动能力是后天学习而来,一旦学会走路、跑步、游泳、滑冰、骑自行车等运动技能,在使用时往往并不需要实时地思考如何应对当前状态,而是基于视觉、触觉、方向等进行条件反射式的反馈,做出相应的动作以保持身体的平衡,仿佛在人体中已经存在了一个全局最优的非线性控制器 $u = u(x)$。这也驱使设计者从机器学习的角度去思考控制问题。本书还将在第 18 章进一步阐述这一问题。

猎豹四足机器人控制 麻省理工学院发展的猎豹(Cheetah)系列机器人无疑是当今四足机器人里面璀璨的明星,利用模型预测控制实现了完美的高机动性控制(图 8.42)。第二代猎豹机器人(Cheetah II)实现了二维平面内的高速自主避障能力,最大奔跑速度为 6.4 m/s[17];第三代猎豹机器人(Cheetah III)则进一步将机器人集成化,虽然缩小了机器人的尺寸,但仍然能够实现 6 m/s 的最大奔跑速度[11];与前面的机器人不同,最新版本的雏豹机器人(Mini Cheetah)采用无人机领域广泛使用的电机进行改装,整体尺寸进一步小型化,

图 8.42 麻省理工学院的猎豹系列机器人

Cheetah II   Cheetah III   Mini Cheetah

仍可以达到 3.7 m/s 的奔跑速度[18]。

包括猎豹机器人在内,大部分四足机器人都采取图 8.43 的三层架构来对足式机器人进行控制[11],分别是高层规划(控制系统示意图中的浅绿色部分),机械腿与身体的动力学控制(控制系统示意图中的橙色部分),以及机器人状态估计(控制系统示意图中的淡蓝色部分)。高层规划主要由质心状态规划器和步态生成器这两个模块来实现。质心状态规划器根据机器人操作人员传输的参考平移速度和身体姿态改变速度来生成机器人闭环控制的参考状态。步态生成器则根据机器人的足底状态来输出每条机械腿的步态参数。对于指定的机器人步态,可以视为某种周期函数。于是,输出的步态参数就是机械腿在对应周期函数中的相位,这些相位参数将决定机械腿是处于支撑状态还是摆动(飞行)状态。控制系统根据不同的步态参数来产生不同的控制方法。总体而言,就是对处于支撑状态的机械腿进行力控制,从而控制质心动力学状态去跟随参考状态;而对处于摆动状态的机械腿采取位置 PD 控制,为下一次着陆做准备。无论机械腿处于哪种控制状态,最终都会根据逆运动学转化为对机器人关节的力矩闭环控制。关节的力矩控制往往由关节上的独立驱动系统进行更高频率的闭环控制,从而提高系统的力控精度和效果。状态估计部分则由卡尔曼滤波完成,通过机器人的陀螺仪、惯性传感器和关节内嵌的角度传感器滤波,实现对机器人质心的位置、速度和姿态的估计,以及每条腿与地面接触情况的估计,为下一个控制周期提供所需要的机器人状态参数。这就是机器人控制的基本流程。当然,不同研究单位在具体实现的过程还有一些具体的考虑。比如苏黎世联邦理工学院机器人实验室对步态生成器进行了修改,结合地形信息传感器,针对具体的地形环境对机器人的步态进行自适应生成[19]。随着机器人的驱动器与结构设计不断扩展机器人机动性的物理边界,足式机器人的控制算法也在不断地改进,达到提升机器人的整体控制效果。

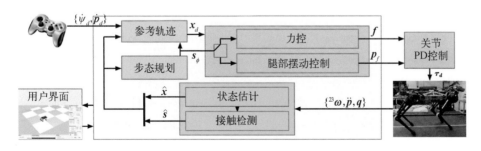

图 8.43　麻省理工学院猎豹 3 控制系统框图

参考文献

1. Roberts A. The history of science fiction[M]. Basingstoke：Palgrave Macmillan, 2016.

2. 艾萨克·阿西莫夫. 阿西莫夫科幻小说[M]. 1979.

3. 艾萨克·阿西莫夫. 阿西莫夫：机器人短篇全集[M]. 叶李华, 译. 南京：江苏文艺出版社,2014.

    4. 机械公敌[Z]. Canlaws Productions,2004.

    5. Valkyrie 机器人主页[OL]. https://gitlab.com/nasa-jsc-robotics/valkyrie/-/wikis/Home.

    6. 阿西莫机器人主页[OL]. https://www.honda.co.jp/ASIMO/about/.

    7. 科技圈. 2400 万奖金争夺战,智创杯 A-TEC 不容错过——机器人实景竞技赛等你来战[OL]. http://www.myzaker.com/article/5ddcd02e8e9f09316626f616/.

    8. Boston Dynamics. Boston dynamics home page[OL]. https://www.bostondynamics.com/.

    9. Katz B G. Low cost, high performance actuators for dynamic robots[D]. Cambridge, USA:Massachusetts Institute of Technology, 2016.

    10. Zhang H, Starke S, Komura T, et al. Mode-adaptive neural networks for quadruped motion control[J]. ACM Transactions on Graphics (TOG), 2018, 37(4): 1 - 11.

    11. Di Carlo J, Wensing P M, Katz B, et al. Dynamic locomotion in the mit cheetah 3 through convex model-predictive control [C]//2018 IEEE/RSJ International Conference on Intelligent Robots and Systems (IROS). IEEE, 2018: 1 - 9.

    12. Wensing P M, Wang A, Seok S, et al. Proprioceptive actuator design in the MIT Cheetah: Impact mitigation and high-bandwidth physical interaction for dynamic legged robots[J]. IEEE Transactions on Robotics, 2017, 33(3): 509 - 522.

    13. Lehmann F O, Dickinson M. H. The cost and control of lift the fruit fly, drosophila[J]. American Zoologist, 1995, 35(5): 143A.

    14. Astrom K J, Murray R. M. Feedback systems: An introduction for scientists and engineers[M]. New Jersey: Princeton University Press. 2012.

    15. Minorsky N. Directional stability of automatically steered bodies[J]. Journal of the American Society for Naval Engineers, 1922, 34(2): 280 - 309.

    16. Raibert M H. Legged robots that balance [M]. Cambridge, Massachusetts: MIT press, 1986.

    17. Park H W, Wensing P M, Kim S. High-speed bounding with the MIT Cheetah 2: Control design and experiments [J]. The International Journal of Robotics Research, 2017, 36(2): 167 - 192.

    18. Kim D, Di Carlo J, Katz B, et al. Highly dynamic quadruped locomotion via whole-body impulse control and model predictive control[J]. arXiv: 1909.06586, 2019.

    19. Hutter M, Gehring C, Lauber A, et al. ANYmal-toward legged robots for harsh environments[J]. Advanced Robotics, 2017, 31(17): 918 - 931.

思考题

    1. 动力机器人在短短数年间取得了巨大的进步,以双足和四足机器人为例,其运动能力和平衡控制与人类(最高速度 43 km/h)和四足动物(如猎豹最高速度 112 km/h)相比尚有差距。你认为差距的原因主要是在机械结构设计、驱动器性能还是控制器设计方面?

2. 在 PID 控制中,P、I 和 D 项分别代表了什么含义? 这么设计的合理性是什么?

3. 基于模型预测的控制方法在足式机器人运动控制中取得了成功,算法主要工作是求解刚体动力学方程。对于软体机器人,我们能用基于模型预测的控制方法来进行操控吗? 这其中潜在的难点是什么?

第 9 章
微纳力学

"请大家注意,我的演讲题目是'在底部有足够的空间',而不仅仅是'在底部有空间'。

我这里给大家描述一个领域,虽然目前几乎没有研究者涉及,但是它理论上是能够提供无穷多的机遇的;它与那些能够发现基本粒子的基础物理学不一样,如果从能够发现更多复杂条件下奇异现象的角度而言,它反而更类似于固体物理学;最重要的是,这个领域的研究能够引导出无数的实际技术应用。

当我们研究的尺度不断减小时,会有非常多的有趣问题出现,这时候研究对象的性质并不是成比例地进行变化。比如,那时候材料之间的黏合会变成分子间力在主导;我们想从螺栓上把螺母拧下却发现很难,因为此时的重力已经不起作用;等等。如果我们想要进入这个领域,就必须要为此类现象做好准备。

在原子层面上,我们也会不断发现新的力、新的现象、新的效应,物质的制备和操控方式也会与宏观完全不同。这些东西并没有违背任何自然规律,但是我们现在还没有发现只是因为我们太大了。"

——费曼,1959[1]

9.1 物理力学——横跨连续介质与原子尺度的力学

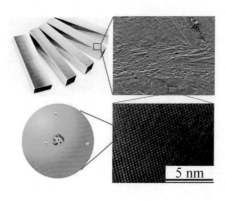

图 9.1 物质的结构示意图:从宏观、到高分辨微观形貌、到原子

连续性假设的局限 随着现代高分辨率表征技术的迅猛发展(图 9.1),科学家们对材料力学行为的认识也有了质的飞跃。微纳米尺度上的大量实验证据使他们普遍接受了这一事实:材料的力学行为与其微观结构有着密切的关系,并涉及多层次的复杂物理机制。因此,更加深入地进行宏观力学行为研究必须

要从更小的尺度上着手进行。但是,传统的连续介质力学认为介质是可以无限分割的连续体,且分割过程中不会改变介质的力学特性。因此,连续介质力学的本构关系中不需要包含与特征尺寸相关的参数,而仅仅使用柯西应力来定义结构内部的内力集度、用应变这一无量纲数来定义结构内部某一点的变形。对于绝大多数工程问题,这种近似是很有效的。然而,对于微纳米结构来说,它们的尺寸已近似于物质组分的颗粒尺寸,而这些组分具有各自的物性,也往往不是无限可分,于是就动摇了连续介质力学的连续性假设。此外,当组分的特征反应长度与研究尺度处于相同量级时,一些过程的进行方式将会有所不同。例如,在气体中分子具有平均自由程,表示分子在两次碰撞之间的平均运动距离,如果研究对象的尺度小于该距离,那么局域平衡态假设就无法成立,经典热传导理论也就会失效。

　　物理力学　　用于解决微纳米尺度上力学问题的手段之一是物理力学(Physical Mechanics)[2]。物理力学最早由钱学森提出(图 9.2)[2],其目的是把有关物质宏观性质的实验数据加以总结和整理,通过对物质的微观分析找出其中的规律,然后再进一步利用这些规律去预见新物质材料的宏观性质。概括地说,物理力学是"从物质微观结构出发,利用近代物理学、物理化学、量子化学等学科的成就,来减少设计人员在确定介质和材料时所花的劳动量,从而更好地为工程技术服务"[3]。物理力学的提出主要由当时(20 世纪 50～60年代)的环境所决定。在钱学森从事的火箭、导弹等事业中,涉及大量的高温高压问题。因此,中国科学院力学所物理力学研究室早期确定的研究方向是要解决高温气体、高压气体、高压固体,以及临界态和超临界态的问题,有着很强的工程背景。

图 9.2　钱学森《物理力学讲义》

　　钱学森后来将物理力学的研究集中到高温气体性质、稠密气体性质,以及利用微观理论研究固体材料的性质三个方面,与它们有着密切关系的是统计力学、分子运动理论、量子化学和物理化学等。物理力学从这些学科中有关原子和分子性质的讨论出发,用统计的方法来计算物质中原子和分子聚集后的性质,从而连通由微观结构到宏观性质的道路。虽然物理力学引用了近代物理和近代化学的许多结果,但是作为力学的一个分支,物理力学依然坚持着"力学是技术学科"这一本质,因此其角色一直是"介乎基础科学和工程技术之间,一面吸取基础科学里的规律和理论,另一面也要吸收工程技术里的经验和规律,把这两方面的东西融会贯通"[3]。随着现代工程技术和各类表征技术的迅猛发展,对宏观状态下物体微观层面上的结构、状态和相互作用的研究变得日益重要,出现了更多、更复杂或极端条件下的力学问题,使得原有在连续介质力学框架下的材料力学分析变得困难重重。此时,物理力学开始直接面向为工程技术、为其所需材料进行物性分析与设计,极大地促进了力学和其他相关学科的发展。

固体强度　物理力学的一个重要研究方向是固体强度问题。20世纪末,随着材料表征尺度的不断深入,固体力学的研究也与时俱进,逐渐分为针对结构的研究和针对材料的研究,前者侧重于对实际工程环境的分析和计算工具的应用,而后者则侧重于探讨不同固体在变形、损伤与破坏时产生的宏微观现象和因果关系(即固体强度问题)。钱学森曾明确指出研究固体强度问题要走微观道路[4],但他也认为这一微观本质是"连基本概念也还不十分清楚的问题"[5]。物理力学研究固体强度的基本做法是从微观入手,在微观层面物性的基础上对组分的运动规律进行分析,再通过特定的微观与宏观结合方式,来阐明固体的宏观力学性质。因此,用物理力学研究固体材料强度问题时,要同时从宏观与微观两个层面出发去思考问题。

计算与仿真　物理力学对材料进行微观分析可通过计算与仿真得到。1985年,钱学森建议将电子计算机的计算能力应用到固体物理力学的研究中去,从量子力学出发进行严格计算,尽量不采用简化与近似方法[4]。这为物理力学在新时期的发展指明了道路。随着高速电子计算机的发展,大规模计算中的分子动力学方法、第一性原理计算、蒙特卡洛方法(由冯·诺伊曼用赌城的名字命名的概率统计方法)等成为物理力学进行研究的主要手段,它们为从原子和分子层面上研究介质及材料的特性提供了有力的工具。现在,各类高速计算与仿真技术已经被广泛应用于研究金属、氧化物、陶瓷、高分子聚合物等不同材料的力学性质与行为,如晶体中位错的结构和运动、各类金属和氧化物的相行为、金属和合金中的缺陷与强韧化机制、材料的损伤与破坏机制、各类界面问题等。在这些计算手段的帮助下,物理力学连通了它从微观到宏观的研究途径,逐渐成为当今力学学科和材料学科的潮流之一。近年来,机器学习也开始与上述计算技术紧密结合,为其中一些关键参数(如粒子相互作用势函数等)的获取提供了更加智能而快捷的手段,极大地提高了计算的效率与规模。

这些计算与仿真方法中最重要的一种是分子动力学方法(图9.3),它在很大程度上被认为是"物理力学的延伸"[6]。分子动力学的介绍详见6.3节。概括来说,分子动力学利用经典力学理论来获得粒子间相互作用或碰撞动力学方面的信息,被广泛地应用于力学、物理、化学、生物的理论研究中。在仿真中,先通过量子力学计算或实验数据,确

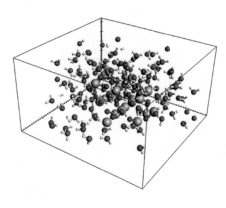

图9.3　分子动力学模拟示意图

定能量较低的体系初始构型,然后随机生成粒子的运动速度,之后粒子可以自由发生吸引、排斥或者碰撞,此时可以根据粒子间相互作用势函数(如 LJ 势[7])对它们的运动轨迹进行计算,用抽样所得的状态计算当时体系的势能和构型积分并导出连续方程,从而实现从微观到宏观的过渡,得到体系的宏观性质。在传统连续介质模型不能提供足够准确的预测结果时,分子动力学能够作为一种直观而有效的工具来研究原子层面上各粒子间的相互作用机制。但是,分子动力学远远无法处理与真实实验条件相同的原子数目,能够进行仿真的时间长度也仅在纳秒左右,因此这种对宏观性质的预测现在还停留在对现象的预测上。

显微实验力学　除了计算之外,实验对物理力学也很重要,因为需要获得材料在微观和宏观层面上的大量物性信息,于是显微实验力学便应运而生。原子力显微镜、原位电子显微镜(图 9.4)等都是常用的实验表征手段。而且,作为技术学科,物理力学中的实验研究也必须结合工程需求。此外,进行更加有效的微观层面实验研究,还

图 9.4　透射电子显微镜原位实验样品杆示意图

需要和一些主攻这类研究的学科(包括物理、化学、材料科学等)展开有效合作,进行学科交叉,这样才能将实验、计算、分析进行有机结合,深入地揭示固体材料力学性质的本质,并根据使用需求从微观结构出发进行材料设计,满足工程实际需求[8]。

电磁流体力学　电磁流体力学(electro-magneto-hydrodynamics)是一门与物理学科有着较强交叉性的力学分支,主要研究流体运动和电磁场之间的相互作用。电磁流体力学之前的主要应用是地球物理学和天文学,如宇宙起源、太阳与恒星的演化等,后来被应用于工程技术领域特别是与等离子体(图 9.5)相关的问题,如电磁波的传播、托卡马克(Tokamak,磁约束下的受控核聚变,又称

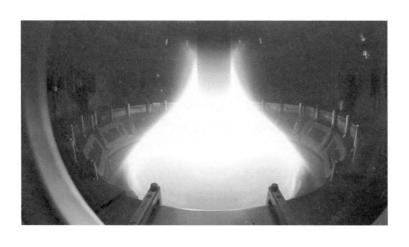

图 9.5　等离子体

"人造太阳")等。电磁流体力学的研究对象是既能导电又能表现出流体特征的介质。当这些导电流体在磁场中运动时,流体内部的感生电流和磁场不但会与磁场发生交互,运动中产生的额外机械力(电磁力)也会对流体运动产生反作用,是一个非常复杂的多场耦合问题。因此,电磁流体力学既考察导电流体在磁场作用下的运动行为,也考察磁场和流体是如何相互作用的,是一门不同于流体力学和电动力学的学科[9-10]。由于电磁流体力学依然是建立在流体的连续介质模型假设之上,因此很多时候可以在麦克斯韦电动力学理论和传统流体力学理论的基础上去求解电磁流体力学问题。

9.2　细观力学——探索细观结构的演化规律

细观尺度　除了学科交叉性质很强的物理力学,在微纳力学研究领域还逐渐形成了另一个依然在传统应用力学框架内的分支,被称为细观力学。细观力学这一中文命名最早也来自钱学森,他将其定义为"用连续介质力学的方法来分析具有细观结构的材料的力学问题的系统性科学"[11]。

材料从尺度上来说,一般可以分为"宏观的"(macroscopic,毫米尺度以上)与"微观的"(microscopic,微米尺度以下),后来又提出了"介观的"(mesoscopic),指代介乎于微观和宏观之间的尺度[12]。随着纳米材料研究的迅速发展,科学家们又提出了"纳观的"(nanoscopic,0.1~100 纳米尺度)这一概念,形成了从纳米到米之间完整的尺度范畴。但是,"细观"一词并不具体指代某一特定尺度,它指的是在光学或常规电子显微镜下可以看到的细微结构所处的尺度,可能涵盖从纳米至毫米的六个数量级,见图 9.6。细观力学的英文常用 meso-mechanics 来表示。

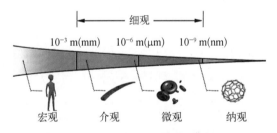

图 9.6　材料研究的尺度及细观尺度的范畴

从字面上说,"meso-"这一前缀可用于表示"middle"(中间的)这一含义,即代表介于"宏观的"和"微观的"之间的力学尺度。"介观的"一词的英文即采用了该含义。但是,该前缀并不能确切反映出细观力学的完整含义,因为细观力学的研究对象不仅包括处于某一具体尺度的细观结构,还包括了横跨多个尺度的跨尺度结构。不同研究尺度与各种材料体系相结合,共同构成了丰富多彩的细观力学范畴[13-14]。

细观结构　细观力学的崛起使得力学分析方法有效地渗透到材料研究的领域,并极大地推动了固体力学和材料科学的发展。细观力学的主要目的是建立材料细观结构与力学性质之间的定量关系。具体来说,细观力学研究固体材料在力学加载环境下细观结构(图 9.7)的萌生与演变,并追溯这一演变过程与材料行为的关系;它在经典连续介质力学理论的框架上,引入了表征材料细观结构的物理量和几何量,由此产生了新的研究手段,如从小尺度至大尺度的均匀化(homogenization)方法、从大尺度至小尺度的差异化(heterogenization)方法、

图 9.7　金属材料中位错的显微图像

缺陷场理论和守恒积分等,从而建立起完善的全新理论框架。因此,细观力学可以看作固体力学与材料科学之间的重要纽带,实现了连续介质力学、计算力学、实验力学、位错理论、晶体塑性理论、断裂与损伤理论、显微测量技术和近代物理测量技术的有机结合,见表 9-1。

表 9-1　不同尺度下的变形力学问题[11]

尺　度	研　究　命　题	学　科
埃(Å)	原子键、电子相互作用	量子力学
原子	热涨落、扩散、速率过程	统计力学
位错	位错运动与交互、塑性流动、强化机制	位错理论、细观力学
滑移	滑移、织构、几何软化	晶体塑性学
细结构	相沉淀、细观损伤、相变	物理冶金学、细观损伤力学
晶粒	晶界、点阵取向、孪晶	金相学、细观力学
连续介质	延性、流动局部化、宏观断裂	连续介质力学
结构	结构几何、环境效应、完整性分析	计算力学

晶体塑性　在微观尺度上,晶体变形的最重要特征是其结构上的不均匀性[13]。在变形过程中,晶体内部会形成位错结构,这是其发生塑性变形的根源(见 3.6 节)。晶体的塑性变形与结构的关系非常密切,其发生的主要方式是滑移(slipping)与孪生(twinning),二者都属于晶体内部沿着某一方向的切向变形。在这两种变形中,晶体中的点阵在变形前后都保持原有的直线和平面状态。晶体发生滑移时,晶体内部的某些原子面上会出现较大的相对位移,其大小通常不小于晶体点阵间距,但在相对位移以外的区域晶体无变形产生;在孪生变形时,晶体中的变形均匀分布在孪生区域内的所有原子面上,且其中每一对相邻原子面的相对位移量相同。晶体在滑移与孪生变形的过程中,其晶体结构不会发生改变,但是孪生变形会改变晶体的原有晶向。

单晶体在受到拉伸的情况下,表面会出现一系列带痕,被称为滑移线或滑移带。细观力学认为,晶体的塑性变形是以滑移的方式进行的,一部分晶体相对于另一部分晶体沿着晶体中的某个平面(滑移面)做相对运动,运动的方向

称为滑移方向。在滑移过程中,晶体中的滑移仅与晶体的结构有关,滑移面一般是晶体中原子排列最紧密的平面,而滑移方向则是原子密度最大的方向。因此,具有不同结构的晶体,它们的滑移行为常常是不同的。1900 年左右,伊荣(James Ewing, 1855~1935)和罗森汉(Walter Rosenhain, 1875~1934)最早在实验中观察到晶体表面的滑移线[12]。1925 年,泰勒和伊拉姆(Constance F. Elam,婚后更名为 Constance Tipper, 1894~1995)等利用 X 射线,证实了滑移行为是一种晶体学现象[15]。

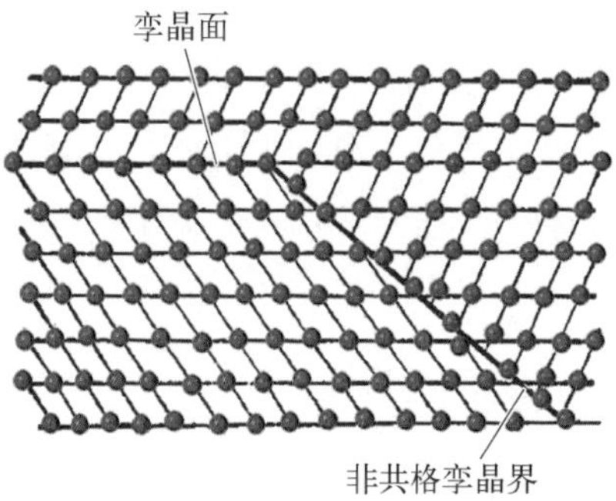

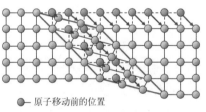

孪晶面

非共格孪晶界

图 9.8 孪晶

孪晶 塑性变形的另一种方式是孪生,主要发生在孪晶(twin 或 twin crystal)中。孪晶(图 9.8)是由两个同种晶体构成的具有非平行晶向的规则结构,构成孪晶的两个单晶可以通过某种对称变换达到彼此重合或者完全平行的状态。这种对称变换的对称面被称为孪晶面。孪晶中两个单晶之间的界面被称为孪晶界,可分为共格孪晶界和非共格孪晶界。共格孪晶界与孪晶面重合,即孪晶面上的所有原子同时为两个晶体共有,这是一种较低能量状态,晶体学性质相对稳定;而非共格孪晶界则不与孪晶面重合,即孪晶面上只有部分原子为两部分晶体所共有,原子的错排严重,从位错角度看是由一系列不全位错(偏位错)组成的位错壁。

● 原子移动前的位置
● 原子移动后的位置

图 9.9 孪生变形

孪生变形(图 9.9)是孪晶中处于孪晶面及其附近的原子沿一定方向发生的切向变形。发生变形的原子所在区域也称为孪生区域。在孪生变形中,孪生区域中处于不同层的原子移动的距离不同,且正比于该层与孪晶面之间的距离。此外,在变形过程中,孪生区域的晶格与非孪生区域的晶格保持镜面对称,且其中的原子发生协同移动,即每个原子仅仅移动一小部分距离,但总的效果是晶体发生宏观的均匀剪切变形。

位错理论 早期的晶体研究者们发现,理想晶体的理论强度要远远高于实验中测量的数值。1934 年,奥罗万、波拉尼和泰勒等几乎同时各自提出了位错学说,认为晶体较低的实际强度来自其内部位错的滑移运动。晶体的位错理论使得晶体的理论数值与实验数值得到了较大程度的吻合,发展至今已经成为研究金属晶体塑性变形、断裂、疲劳、蠕变等力学性质的微观理论基础[13]。

位错是晶体中原子排列线缺陷的一种,是晶体已滑移部分与未滑移部分的分界线。位错在晶体点阵中的几何形态又称为位错线,处于位错面上的原子并不是同时发生滑移,而是逐步完成的,因此只需要较低的应力就可以破坏滑移处原子的键结构。位错可以分为两种主要的类型:刃型位错和螺型位错,二者具有不同的运动机制。刃型位错是晶体中存在的半片如刀刃状的多余原子晶面,其伯格斯向量与位错线垂直,与滑移面平行,即位错的运动方向与伯格斯向量一致。螺型位错是位错线一侧晶体的上下两部分发生相对运动后形成的,其伯格斯向量与位错线平行,与滑移方向垂直,即位错的运动方向与伯格斯向量垂直。由刃型位错和螺型位错组合而成的位错,称为混合位错。位错的运动可以终止于自由表面或者晶界处,但是不能终止于晶粒的内部。

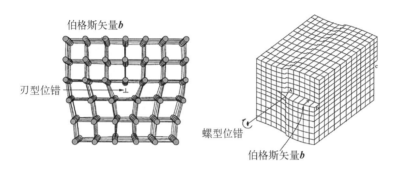

图 9.10 刃型位错与螺型位错

位错动力学 在物质空间中,位错的运动可以看作由"力"驱动的,但是它并不是一种真实力。这是因为位错只是晶体内部某区域畸变的晶格状态,所以位错上的力实际上是作用在晶格畸变区内所有原子上力的合力。但是,这种虚拟的力使位错的行为能够用经典的力学方法进行分析。由于细观力学的目标之一是预测材料的宏观力学性能,这便需要在较大的空间和时间尺度上研究材料微结构问题,因此常规的微观尺度计算方法在细观力学中并不适用,必须建立能覆盖较大尺度范围的恰当方法,以便给出远远超过微纳米尺度的预测,这样基于连续介质力学手段的位错动力学便应运而生。

位错动力学可以通过微观和介观尺度上空间离散连续体的牛顿动力学方法来实现。它的思路是对每根位错分析其受力,然后通过时间和空间的离散化来求解牛顿运动方程,找寻位错运动的近似解。在晶体中,每根位错的应力场可以通过所有位错段对应力贡献的线性叠加得到;基于这些位错段的力学平衡条件,在晶体对称性及弹性各向异性的基础上列出胡克定律和空位化学势作为状态方程,列出牛顿运动定律和扩散定律作为结构演化方程,然后进行时间和空间上的离散化求解。位错动力学的成果极大地丰富了位错理论,如成功地解释了材料内部位错密度不断增加机制的弗兰克-里德(Sir Frederick Frank,1911~1998;Thornton Read,1921~)位错增殖源理论(图 9.11)[16]、晶体塑性流动应力与晶粒尺寸平方根成反比的霍尔-佩奇(Eric O. Hall; Norman J. Petch, 1917～1992)关系及其衍生的多晶晶界强化(也称细晶强化)机制等[17-18]。随着计算机技术的发展,分子动力学方法也越来越多地被用于位错动力学研究,材料内部位错的产生、交互和湮灭开始能够直观而生动地展现在我们面前,见图9.12。

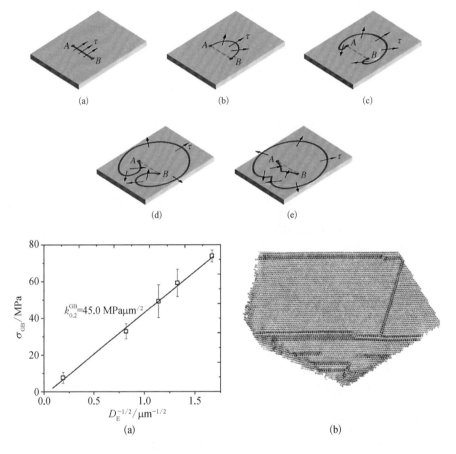

图 9.11 弗兰克-里德位错源

图 9.12 (a)霍尔-佩奇关系;(b)晶界处的位错塞积的分子动力学模拟

细观损伤力学 材料细观力学研究还侧重于材料的细观损伤(图9.13)。细观损伤是指孔洞、微裂纹、脆化相等,其成核机制和演化规律与材料的力学行为有着非常密切的关系[14]。得益于细观力学分析方法的成熟,细观损伤力学能够描述各种类型的损伤形态和分布,通过研究它们的相互作用,来预测其成核、发展和直至破坏的演变过程,因此在20世纪80年代中后期逐渐代替了连续介质损伤力学,主导了整个损伤力学的发展[19]。

细观损伤力学是一个多尺度连续介质力学理论,其研究方法是先从损伤材料中取出一个具有各种细观损伤结构的代表性结构单元,然后对承受宏观应力作为外力的结构单元进行力学计算,得到本构方程并进行进一步的损伤行为分析[20]。细观损伤力学中一个引人关注的研究领域是孔洞与裂纹的演变行为。

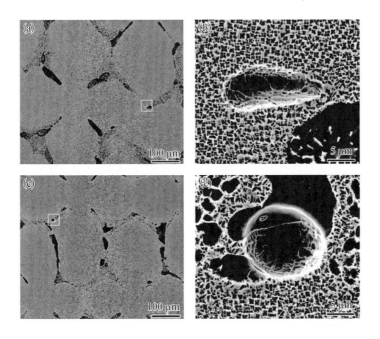

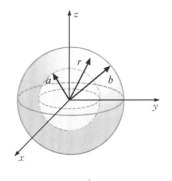

图 9.13 材料的细观损伤

由于工程材料中通常包含大量第二相粒子,当其尺寸较大时,通常会发生自身开裂或与周围基体脱开,因此就在自身附近形成了孔洞。随着材料塑性变形的增加,在应力的作用下这些细观孔洞会扩展、长大与聚集,最终形成宏观裂纹并导致材料的破坏。1975 年,居尔森(Arthur Gurson)提出了一套比较完备的理论,用来描述孔洞和延性断裂这类细观损伤对材料塑性的影响,这是细观损伤力学发展的一个标志性事件[21-22]。居尔森理论认为,宏观性能与细观结构有着密切的关系,因此必须先建立适当的模型——又被称为体胞模型(void-cell model,图 9.14)——来表征具有细观结构的部分。体胞模型将孔洞的体积分数引入损伤

图 9.14 体胞模型

分析中,提供了一套完整的塑性损伤本构理论,但其数学处理方法却并未超出连续介质力学范围。该种做法较好地把细观结构分析纳入了经典连续介质力学的框架之内。

9.3 微纳电子器件——纳米力电学的应用

电子封装 人们通常以诺贝尔物理学奖获得者费曼在 1959 年的经典论文"在底部有足够的空间"作为微纳米技术的开端[1]。目前微纳米技术最重要的工程应用是微纳电子器件。微纳电子器件即处于微米级和纳米级尺度的电子器件,是集成电路的重要组成部分。集成电路是通过一系列特定的加工工艺将

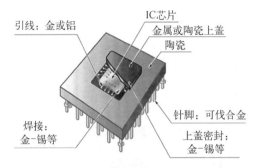

引线：金或铝
IC芯片
金属或陶瓷上盖
陶瓷
焊接：金-锡等
针脚：可伐合金
上盖密封：金-锡等

图 9.15　电子封装

晶体管等各种类型的微纳器件用电路集成在一起的电路系统。微纳电子器件涉及众多学科的知识与技术，力学也是其中之一，最具有代表性的是封装（图 9.15）问题。

封装是（packaging）指提供给集成电路功率、连接、冷却、保护、支撑及人机接口的方法或装置，包括为机电系统提供适当的驱动电源和电连接、有效的散热及组件保护功能等[23]。封装过程中，除了要面对传统电力电子方面的各类失效问题，微纳电子器件还要面对热管理及应力、应变等问题，其代表性有层裂（spallation）、爆米花效应（popcorn effect 或 popcorning）、电迁移（electromigration，EM）等。

层裂与爆米花效应　层裂是一种重要的动态损伤破坏现象，通常发生在物质的异质界面上[14]。集成电路的封装过程涉及多种材料，往往是通过焊接或者黏接的形式组合在一起。由于这些材料在杨氏模量、泊松比、热膨胀系数等力学和热学参数上存在失配，当器件受热时，热应力（又称温度应力）超过了异质界面的强度极限，就会产生层裂失效。界面的层裂是微纳电子器件中颇为普遍的失效形式，在集成电路的封装过程中需要格外注意避免。

图 9.16　爆米花效应

爆米花效应（图 9.16）是层裂的一种极端情形。在封装过程中，如果由于潮湿条件使器件与电路板之间不慎有少量水分存在，那么封装焊接过程中的高温就会使得这些水分迅速转化为大量气体，过高的蒸汽压力可能造成封装塑料与它上面的器件发生分离，从而损伤或者破坏器件，甚至造成封装好的集成电路发生鼓胀或者爆裂。这种现象发生时，常伴有爆米花般的声响，因此被称为"爆米花效应"。爆米花效应是封装过程中可能遭遇的一种比较严重的力学问题。为防止水汽侵入，可采用提高塑料与其表面器件的连接强度、加入填充物延长水汽渗透路径、使用低吸水性封装塑料等方式。另外，封装时必须保持干燥的环境条件，封装应在真空和高温下对各部件进行长时间烘烤以去除水汽。

电迁移　在集成电路封装过程中，需要采用金属引线来传导工作电流，这些引线被称为互连（interconnection）。由于互连中的电流密度通常较大，在其作用下会使得互连中的金属原子沿着电子运动（亦称为电子风）方向进行迁移,这种迁移现象被称为电迁移(electromigration,图 9.17)。电迁移现象受到工作电流、热、温度、互连金属晶体结构、应力状态等多种因素的影响。在电迁移作用下,互连的某一部分由于失去了金属原子,其中会产生孔洞并使

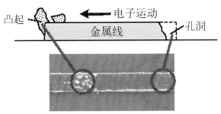

电流密度: 23 MA/cm², 温度: 160℃

图 9.17　电迁移

自身电阻增加,再次加剧了电流的增大和孔洞增大这一恶性循环,最终使得孔洞发生扩展、长大和聚集,最终形成微裂纹并贯穿互连,造成断路[24]。此外,有时电迁移会造成互连中形成凸起(hillock)或晶须(whisker,由单晶生长而成的微纳米级短纤维),造成层间短路现象。因此,电迁移也是会引起集成电路失效的一种重要机制[25]。

从细观力学的角度来看,层裂和电迁移产生的机制都是孔洞和微裂纹的成核、聚集和生长,因此可以在将其视为宏观连续介质的基础上,建立包含孔洞的细观力学本构关系和演化模型来求解,也可以通过其他的计算和仿真手段进行分析。在分析时,要具体地根据系统瞬态(通/关电源)和稳态(使用中)两种情况来进行,一般在设定起始及边界条件后,采用力学中的仿真计算软件来求解封装系统中各部位的温度与热应力分布及其演变情况(图 9.18),查找系统中处于危险点的部位,并进行散热与封装改进,最终使其达到器件需满足的温度与热应力要求。除仿真手段外,系统中各部件实际受到的应力和应变也可以通过实验手段进行测量并与仿真结果进行对照。常见的实验测量仪器有压阻式传感器、云纹干涉仪等,可参见第 6 章。

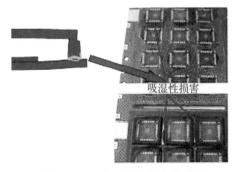

图 9.18　封装过程中的力学仿真

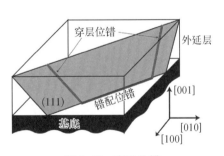

图 9.19　穿层位错

穿层位错与共格应变　除封装外,微纳电子器件中多层材料的制备过程也会对器件性能造成影响,例如,穿层位错(threading dislocations,图 9.19)与共格应变(epitaxial strain)。穿层位错是指从某一应变层表面向内延伸穿越了整个应变层的应变,它通常是晶体在生长过程中产生的。在处于应变状态的半导体层中,穿透位错非常重要,它的运动往往会造成不同半导体界面上的晶格错配,

影响器件的稳定性与可靠性。例如，由于无法解决层状结构生长中穿透位错密度（$10^8 \sim 10^{12}\ \mathrm{cm}^{-2}$）较高的问题，早期基于这些结构制造的激光二极管寿命通常只有 300 小时左右。1997 年，中村修二（Shuji Nakamura，1954 ~）发展了在蓝宝石基体上外延制备氮化镓的技术，大大地降低了氮化镓层中的穿透位错密度，从而使得蓝色激光二极管的寿命提高到 10 000 小时[26]。2014 年，中村修二因为在蓝光二极管商用化方面所做的一系列工作而荣获诺贝尔物理学奖。

"共格"是指界面上的原子同时位于两种不同晶格的物质相的晶格结点上，即两种物质相的晶格彼此无缝连接，从而使该界面上的原子为两种物质相

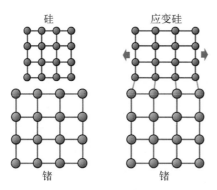

所共享。由于固体一般具有不同的晶格常数，为了在界面上保持共格，一侧物质的晶格就必须要发生弹性畸变，从而产生共格应变，见图 9.20。共格应变的一个重要应用是应变工程（strain engineering，又称弹性应变工程），它通常指在微纳电子器件的加工过程中，通过力学拉伸或压缩来使其中的半导体材料产生弹性应变，

图 9.20 共格应变与应变工程

一定程度上提高了器件的性能。目前应变工程已经作为一种成熟的工艺技术应用于微纳电子器件中，主要代表是应变硅（也称 SiGe）技术。

应变工程 数十年来，半导体器件行业几乎所有的努力都是为了突破摩尔（Gordon Moore，1929 ~）定律瓶颈。1965 年，英特尔（Intel）的创始人之一摩尔指出，集成电路上可容纳的晶体管数目每隔两年便会增加一倍。在此后的几十年里，摩尔定律准确预测了集成电路行业的发展。但是，一旦晶体管的特征尺寸到达纳米量级，量子效应便会起到主导作用，此时常规晶体管的性能会恶化，因此必须采用新型的技术，在保持晶体管原来尺寸的基础上提高其性能。衡量晶体管性能的一个重要指标是其中沟道内的载流子迁移率，它被用来衡量材料内部电子在电场作用下移动的快慢程度。在工业界期望保持现有硅基晶体管工艺不变的前提下，应变硅技术应运而生。应变硅技术是先在硅晶圆衬底上外延生长一层锗，然后在锗的表面进一步生长薄层硅并用于晶体管制造。由于锗的原子半径和晶格常数都大于硅，当二者结合在一起时，在薄层硅中发生共格应变，硅原子之间的键长被拉伸，就相当于在硅中产生了（双轴）应变。在这种应变的作用下，硅的导带能谷发生分裂，沿着电子和空穴输运方向上的总电导有效质量减小，迁移率因此而增加。实验表明，当 SiGe 层中锗含量达到 28% 时，电子的迁移率要比在常规硅中提升 110%[27]。应变硅技术被认为成功地延缓了摩尔定律瓶颈的到来。在工业

界,英特尔、IBM 和 AMD 都已在其部分产品中采用了应变硅技术,并创造出数十亿美元的年额外盈利[28-29]。具有和硅相同结构的金刚石,也能够在应变工程下发生从绝缘体到半导体的转变,但是金刚石打开带隙(也称能隙)所需的弹性应变较大,因此被称为"深度应变工程",见图 9.21[30]。需要注意的是,虽然共格应变可造成有利的电子学能带结构,从而赋予微纳电子元件优异的性能,然而在高共格应变所造成的残余应力作用下,可能会出现穿透位错和错配位错,影响元件功能,参见 13.2 节。

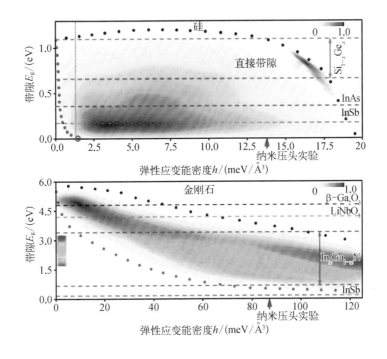

图 9.21　深度弹性应变工程

微机电系统(micro-electro-mechanical systems,MEMS,图 9.22)也称为微电子机械系统,是特征尺寸在亚微米至亚毫米量级,整体尺寸在毫米量级的集成装置系统。微机电系统具有许多不同于传统机电系统的特殊特性,如微型化特性、尺度效应特性、可批量加工特性、可集成化的特性、多技术融合特性、多学科交叉特征等。20 世纪 90 年代,微机电系统随着汽车安全气囊中微机械加速计的商业化取得了巨大的成功。21 世纪以来,具有更小器件尺寸的纳机电系统(NEMS)也进入了高速发

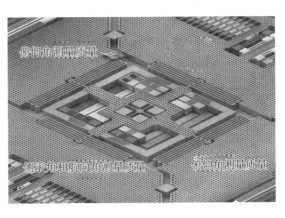

图 9.22　微机电系统

展阶段。微纳机电系统构成了微纳电子器件的另一个重要组成部分。从力学角度看,对这些系统的力学描述需要建立新的理论[25]。

二维材料　除了应变硅之外,近些年二维材料的应变工程也开始得到关注。二维材料是可以看作仅仅有"长"和"宽"两个空间维度,在"高"方向的尺寸接近为零的材料,属于纳米材料的一种。石墨烯就是一种典型的二维材料,它是从石墨中剥离出的单原子层,具有和石墨面相同的碳原子蜂窝状结构。研究发现,通过高压强对石墨烯/六方氮化硼超晶格体系进行应变工程调控,可以实现其带隙大小的连续调控[31](图9.23)。在其他二维材料体系如双层 WSe_2、层状黑磷、$WeSe_2/MoSe_2$ 中也都发现了类似的采用应变技术调控电子结构的现象[32]。

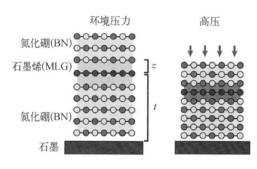

图9.23　通过高压强对石墨烯/六方氮化硼超晶格体系进行应变工程调控

范德华力　在力学中,长度相关性是表征作用力的最基本特征量。在物体密度不变的情况下,体力(如惯性力、电磁力等)与长度的立方成正比,表面力(如黏性力、表面张力等)与长度的平方成正比。因此,当物体处于宏观尺度时,体力对其起主导作用;而在微纳电子器件中,其特征尺寸迅速下降,体力的作用就大幅度减小,而表面力的作用则大幅度增加,甚至在宏观情况下通常可忽略的力开始变得显著起来。其典型代表有:范德华力(图9.24)、卡西米尔(Hendrik Casimir, 1909 ~ 2000)力、布朗力、毛细力等[33]。

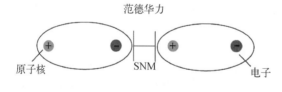

图9.24　范德华力

范德华力由范德华在1873年提出,是中性分子彼此距离非常近时产生的一种微弱电磁引力,也叫分子间力,大小随距离的增加呈几何级数递减。范德华力由色散力、诱导力和取向力三部分组成。色散力是分子的瞬时偶极间的作用力;诱导力是分子的固有偶极与诱导偶极之间的作用力;取向力则是分子的固有偶极之间的作用力。色散力对于范德华力的贡献最大,它具有较长的作用距离,甚至可以大于10纳米,且与距离的关系不服从简单的幂次律。此外,任何两个粒子间的色散力都将受到附近其他粒子的影响。

卡西米尔力　在微纳机电系统中,两块间距极小的平行板间还会存在着卡西米尔力(图9.25),它是源于粒子波的力,大小与间距的指数关系成正比,1948年由卡西米尔首先提出并发现。卡西米尔力也是一种量子力学层面上的力。随着两个物体间距离减少到亚微米量级时,卡西米尔力的影响将不可忽略,因此在

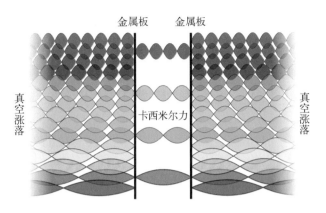

金属板　金属板

真空涨落

卡西米尔力

真空涨落

图 9.25　卡西米尔力

微加速度计、微陀螺仪、谐振器等微机电器件的设计上必须加以考虑。

布朗运动　布朗运动(图 9.26)是一种热运动,能够导致流体分子对其环绕的微小粒子产生碰撞,并产生相应的推力和阻力。这种随机碰撞产生的力被称为布朗力。因为微纳机电系统结构非常微小并具有许多狭窄导流通道,所以极易受到周围气体或液体分子的布朗力的冲击,进而影响各种电信号的

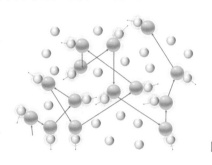

图 9.26　布朗运动

平稳传递。因此,布朗力也构成了大多数微纳机电系统中噪声的根源。

9.4　微纳流体力学——分子自由程与分子作用力

微纳尺度流动　通常把流体视为连续介质,在宏观情况下这种假设是适用的。但是,在微纳米尺度下,流体的分子运动自由程相对较大,不能再简单地视为连续介质。微纳流体力学中会出现明显不同于宏观流动的现象,主要源于以下因素:表面力对流体运动的影响会变得重要,需要新的流体动力学描述方法;流体压降造成的可压缩性影响;微纳尺度上管壁粗糙度与管径的相对粗糙度变大,对微纳尺度流动影响加剧;微小流道内的阻力规律与宏观的情况不同;在微纳尺度流动的流体黏度受到更复杂外界因素的影响;微纳尺度将对包含极性离子的流体流动产生影响,会产生电泳、电渗和电黏等新的物理流动现象;气泡对微纳尺度流动的影响不可忽略等[34]。因此,微纳尺度流动的特征表现在空间、速度、流量、动量、能量等各个方面,具有稀薄效应、不连续效应、表面效应等众多宏观流动不具有的新特征。

克努森数　在微纳流体力学中最重要的一个参量是克努森(Martin Knudsen,1871~1949)数,常用 Kn 表示。因为微纳尺度上的流体流动会产生显

著的压降,流速通常都不是很高,雷诺数一般较小,因此常用克努森数作为表征微纳尺度流动的参数,定义为分子平均自由程与特征几何长度的比。克努森数直接反映了气体或液体分子在流动管道内的相对大小,克努森数大意味着分子的自由程相对所在的空间尺寸来说较大,也即空间内的分子数有限,这是微纳尺度流动的一个重要标志;而克努森数较小则代表空间尺寸较大,分子的自由程效应可以忽略。在微纳尺度流体力学研究中,克努森数用来描述壁面表面力对流动的影响。在距离固体表面几个纳米的范围内,由于受到壁面的影响,流体的动力学性质将呈现非连续分布,需要进行单独考虑。因此,基于克努森数,可将微纳尺度上的流动现象分为连续流区($Kn<0.001$)、滑移流区($0.001<Kn<0.1$)、过渡流区($0.1<Kn<10$)和自由分子流区($Kn>10$),参见图 9.27。在连续流区,流体介质可以如宏观流动一样视为连续无间隙地分布于整个空间,其速度、密度、压力和温度等均是空间和时间的连续函数,然后用纳维-斯托克斯方程来求解;而在具有微纳尺度流动行为的其他流区,则需要把流体视为分子的集合,因此其研究手段是基于分子的模型计算和仿真方法,如分子动力学方法、蒙特卡洛方法、玻尔兹曼方程、刘维(Joseph Liouville, 1809~1882)方程、伯内特(D. Burnett)方程组等。在具体处理微纳尺度流体力学问题时,采用何种模型、何种边界条件,以及如何获得对现有问题的解,均需要进行具体分析。

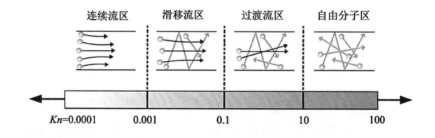

图 9.27 不同的克努森数所对应的流动

图 9.28 毛细作用

毛细现象 在微纳机电系统中也涉及流体力学研究,其中最重要的一个现象是表面力所造成的毛细现象,见图 9.28。把一根细管插入液体中,液体沿管径上升或下降一定的高度,这就是毛细现象,而能够产生毛细现象的细管则被称为毛细管,毛细现象中所产生的作用力被称为毛细力。毛细现象是由液体浸润产生的或由不浸润固体及液体表面张力作用(图 9.29)共同产生的。

简单地说,液体内部的分子被同种分子所包围,因此所受合力为零。但是,处于液体表面层的分子,它们与第二介质相接触,因此处于非零合力影响下,并且会向液体内运动或向第二介质运动。又因为表面不可能单独存在,因此在接

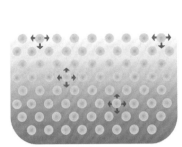
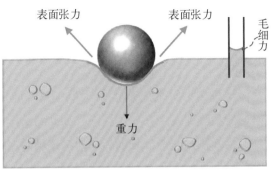

表面张力　　　　　表面张力　　　毛细力

重力

图 9.29　表面张力

近平衡状态时,表面层面积在趋向于最小的同时,还应满足一定的力学平衡条件,从而产生了另一种力来使表面积趋向于最小。因为这种力所指的方向是沿着表面层的切线方向,故称为表面张力。表面张力是由于形成表面而造成的(不平衡)分子作用力,其物理意义是界面上每单位面积的自由能,即形成单位表面所需的功。随着尺度的减小,表面张力的影响越来越大。

　　在毛细现象中,其净驱动力是由表面张力、固—液—气界面的几何形状、三相边界线上固相表面的几何形状三者共同控制的。对于微机电系统来说,如果封装得不好,在 65% 的相对湿度下水就会产生毛细现象。在毛细力的作用下,如果结构的恢复力不强,那么微结构中就会发生额外的接触现象,引起系统结构失效。此外,在微表面加工过程中需要不断经历清洗过程。在从水中取出时,在结构的两个平板间常常会形成"液桥"(固体间的小液柱,图 9.30),这也是毛细作用的结果。

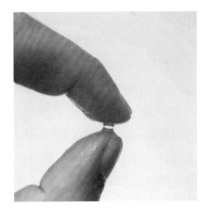

图 9.30　液桥

　　在微纳机电系统中,气体也会对系统的稳定性造成影响。例如,当两个平行平板做相对法向运动时,两板之间的气体会受到挤压而表现出一种阻尼效应,这种阻尼称作压膜阻尼,它在微谐振器等机械结构中出现;当两板进行互相平行滑动时,由于板间气体存在黏性,气体会产生牛顿黏性阻尼力,这种阻尼被称为滑膜阻尼。

　　除上述问题以外,微尺度内液体流动模式转变、液体流速和压力、流体质量、多组分、多相态、微槽道几何结构(图 9.31)、微流控等也是微纳流体力学里常规的研究内容。近年来,与血管内血液输送现象相关的生物力

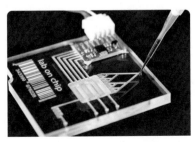

图 9.31　微槽道

学研究也是在该领域理论的基础上建立和发展起来的。

9.5 微纳传热学——热载流子与统计温度

微纳导热 如前文所述,微纳电子器件的热管理是一个重要的问题,因为此时的能量输运发生在一个受限且细微的结构中。根据热力学第二定律,这些能量输运必然有一部分是以热的形式体现的。但是,由于微纳器件设计的紧凑性及经济性,很难设计高速冷却气体带走聚集在基体中的热量。因此,寻找具有高效热传输效能的传热方法来降低这些微纳器件中较高的热源密度,是一个重要的研究方向。

在微纳米尺度上,当物体的尺寸和瞬态作用时间小于一定数值时,传统的热传导理论将不再适用于描述所观测到的现象。现代物理学认为,热传导的主

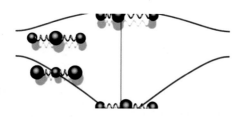

要载流子为电子、声子(图 9.32)和分子等。在纯金属中,热传导性质由其自由电子决定,在绝缘体及半导体中,声子是主要的热载流子,而在气体中

图 9.32 原子振动与声子谱

热则由分子携带。微尺度上的传热主要包括微空间尺度传热与微时间尺度传热,其分别发生于热载流子的特征尺寸变得与器件的尺寸相当、或热载流子在器件中的作用时间与其激发时间相当时。一个简单的例子是在微纳尺度传热中,温度的概念需要重新认识。这是因为温度的定义仅在局域平衡状态下成立,而微尺度上的传热很多时候处于非平衡态,有可能不满足这一前提假设,所以需要采用基于粒子能量统计平均值的有效温度。再举一个例子,如果分子平均自由程远大于热传输间距,则此时的热传导变成了自由分子的弹道过程而非扩散过程,宏观情况下基于傅里叶定律的热扩散理论也不再适用。类似的,宏观连续介质体系中用来定义“热”的其他物理量如压强、内能、熵、焓、热导率等,也可能需要重新定义和解释。

微纳尺度传热学的研究主要包括理论分析和实验测量两个方面。在理论分析方面,现在已经形成了从连续介质模型到量子力学计算的一整套多尺度计算方法,而实验测量的主要努力方向则是追求具有更高空间、时间和能量分辨率的测量结果,以更加直观与有效地观测到更小尺度上的传热行为,并与理论分析相比较。

微纳传热理论 微纳尺度上热传导问题的理论方法主要有玻尔兹曼方程法、分子动力学方法、蒙特卡洛仿真和第一性原理计算等。玻耳兹曼输运方程被认为是分析微纳尺度能量输运最基本的工具,由它可以推导出微纳尺度传热理论中几乎所有的传热和流动守恒及本构方程;分子动力学可以用于解释一般

原子、分子层面上当量子力学效应不明显时的物理现象,它的优点是当确定了相互作用势函数之后,体系的热力学性质都将直接作为最后的计算结果出现,而不需要在计算前进行复杂的条件预设;对于具有较强量子效应的热传导过程,如光与物质的相互作用、金属材料的热传导问题,应当采用量子分子动力学方法或第一性原理计算;蒙特卡罗模拟通常用于计算微纳尺度上的气体传热问题。

微纳传热实测　在微纳尺度传热学的实验测量领域,现在通常采用的测量方法主要有三种。最为广泛的实验手段是利用扫描探针显微镜对微纳器件或系统直接进行热成像(图 9.33),从而获取其中的能量输运信息。另一种实验技术是非接触式光束反射测量技术(图 9.34),但是由于其实验过程受到外界扰动的影响,实验结果常常会存在较大的实验误差。此外,利用微纳加工技术直接制作出具有微加热器及微传感器的微纳测量系统,也正在逐渐被广泛采用[35-36]。

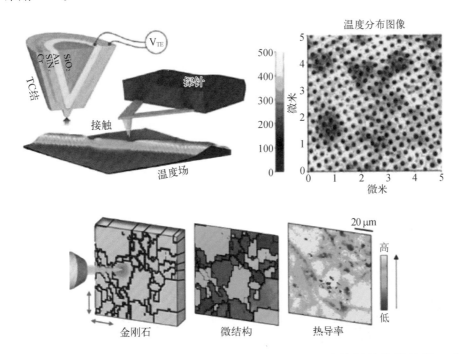

图 9.33　扫描探针显微镜对微纳米结构表面进行热成像

图 9.34　非接触光束测量技术

　　微纳尺度传热研究中另一个重要的研究方向是微纳材料的传热性能。由于这些材料所具有的微纳结构,热载流子在其中的传导行为往往与在宏观块体材料中有所不同。当材料具有完美的晶体结构时,其热导率将仅仅由其中声子自由碰撞的概率所决定。但是,当一种材料具有微纳米尺度上的结构,或是由多个取向不同的晶粒构成,那么其整体热导率将受到热载流子在结构边缘晶界处散射的严重限制。如果将其热导率用热载流子的平均自由程来表示,具有微米尺度结构的材料在常规热导率将比具有毫米尺度单晶材料的热导率低三个数量级。例如,普通石墨在室温下的热导率为 150~200 W/(m·K),但高定向热解石墨(highly oriented pyrolytic graphite,HOPG,其中的每一层平面都具有接近单晶的结构)的室温热导率可高达 2 000 W/(m·K)。

二维材料传热 二维纳米材料中的热传导也有着新的特性。例如,可以认为石墨烯中的热传导仅由在其面内运动的声子来完成,故其物理机制研究对于理解宏观热传导行为有着重要的意义。2010 年,巴兰丁(Alexander Balandin)等利用激光拉曼光谱作为非接触光反射测量系统,测得了单层石墨烯的室温热导率为 2 000~5 000 W/(m·K),高于 HOPG 的室温热导率。此外,由于低能态声子可以发生层间耦合,造成石墨烯的热传导行为具有维度效应,即它的热导率会随着层数的增加而降低,当石墨烯层数增加至 8 层,它的热导率即降为约 1 000 W/(m·K),见图 9.35。这也解释了石墨烯与石墨之间热传导性能的巨大差别[37-38]。

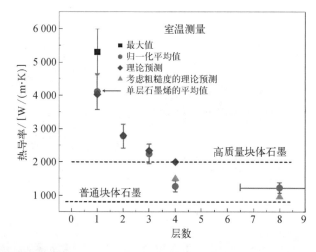

图 9.35　石墨烯层数与热导率的关系

图 9.36　石墨烯材料的热界面应用

由于石墨烯优异的导热性能及其二维结构特性,目前它也越来越多地被作为热界面材料用于各种类型电子器件的热防护领域中(图 9.36)。此外,石墨烯中的热传导还能够表现出二维材料所特有的行为,例如,与块体材料的恒定热导率不同,单层石墨烯的热导率直接体现出较强的尺寸效应,其大小与热传导尺度的对数成正比[37]。

参考文献

1. Feymann R. There is plenty of room at the bottom: An invitation to enter a new field of physics[R]. Caltech: the annual meeting of the APS at Caltech, 1959.

2. Tsien H S. Physical mechanics, a new field in engineering science[J]. Journal of the

American Rocket Society, 1953, 23: 14 - 16.

3. 钱学森. 物理力学讲义[M]. 北京: 科学出版社,1962.

4. 朱如曾. 钱学森开创的物理力学[J]. 力学进展,2001,31(4): 489 - 499.

5. 钱学森. 钱学森手稿[M]. 太原: 山西教育出版社,2000.

6. 蔡锡年. 分子动力学和物理力学[M]. 北京: 科学出版社,1986.

7. Lennard-Jones J E. Cohesion[J]. Proceedings of the Physical Society, 1931, 43(5): 461.

8. 洪友士. 钱学森物理力学思想与力学所的材料力学性能研究[J]. 钱学森科学贡献暨学术思想研讨会论文集,2001,184 - 189.

9. 柯林 T G. 电磁流体力学[M]. 北京: 科学出版社,1960.

10. 吴其芬,李桦. 磁流体力学[M]. 长沙: 国防科技大学出版社,2007.

11. 杨卫. 细观力学和细观损伤力学[J]. 力学进展,1992,22(1): 1 - 9.

12. Ewing J A, Rosenhain W. The crystalline structure of metals[J]. Philosophical Transactions of the Royal Society of London, 1900, 193: 353 - 375.

13. Yang W, Lee W B. Mesoplasticity and its applications[M]. Berlin: Springer-Verlag, 1993.

14. 杨卫. 宏微观断裂力学[M]. 北京: 国防工业出版社,1995.

15. Taylor G I, Elam C F. The plastic extension and fracture of aluminum crystals[J]. Proceedings of the Royal Society of London, Series A, 1925, 102: 643 - 667.

16. Frank F C, Read W T. Multiplication processes for slow moving dislocations[J]. Physical Review, 1950, 79: 722.

17. Hall E O. The deformation and ageing of mild steel: III discussion of results[J]. Proceedings of the Physical Society of London, 1951, 64(9): 747 - 753.

18. Petch N J. The cleavage strength of polycrystals[J]. Journal of the Iron and Steel Institute of London, 1953, 173: 25 - 28.

19. 王自强,段祝平. 塑性细观力学[M]. 北京: 科学出版社,1995.

20. 余寿文. 断裂损伤与细观力学[J]. 力学与实践,1988,12: 12 - 18.

21. Gurson A L. Continuum theory of ductile rapture by the void nucleation and growth[J]. Journal of Engineering Materials and Technology, 1977, 99: 2.

22. Gurson A L. Porous rigid-plastic materials containing rigid inclusions-yield function, plastic potential and void nucleations[J]. ICF4, 1977, 2A: 357.

23. 邱碧秀. 微系统封装原理与技术[M]. 北京: 电子工业出版社,2006.

24. Yang W, Wang W, Suo Z. Cavity and dislocation buckling in electron wind[J]. Journal of the Mechanics and Physics of Solids, 1994, 42: 897 - 911.

25. Yang W. Mechatronic Reliability[M]. Berlin: THU-Springer-Verlag, 2002.

26. Nakamura S. InGaN/GaN/AlGaN-based laser diodes with an estimated lifetime of longer than 10,000 hours[J]. MRS Bulletin, 1998, 23: 37 - 43.

27. Rim K, Chu J, Chen H, et al. Characteristics and device design of sub-100 nm strained

SiN- and PMOS-FETs[J]. Proceedings of Symposium on VLSI Technology, 2002, 98 - 99.

28. 王敬.延伸摩尔定律的应变硅技术[J].微电子学,2008,50.

29. Li J, Shan Z, Ma E. Elastic strain engineering for unprecedented materials properties[J]. MRS Bulletin, 2014, 39: 108 - 114.

30. Shi Z, Tsymbalov E, Dao M, et al. Deep elastic strain engineering of bandgap through machine learning[J]. PNAS, 2019, 116: 4117 - 4122.

31. Yankowitz M, Jung J, Laksono E, et al. Dynamics band-structure tuning of graphene moiré superlattices with pressure[J]. Nature, 2018, 557: 404.

32. He Y, Yang Y, Zhang Z, et al. Strain-induced electronic structure changes in stacked van der Waals heterostructures[J]. Nano Letters, 2016, 16: 3314 - 3320.

33. 高世桥,金磊,刘海鹏,等.微纳机电系统力学[M].北京:北京理工大学出版社,2018.

34. 林建忠,包福兵,张凯,等.微纳流动理论及应用[M].北京:科学出版社,2010.

35. 刘静.微米/纳米尺度传热学[M].北京:科学出版社,2001.

36. 张卓敏.微纳尺度传热[M].程强,王志超,张险,等,译.北京:清华大学出版社,2016.

37. Ghosh S, Bao W, Nika D L, et al. Dimensional crossover of thermal transport in few-layer grapheme[J]. Nature Materials, 2010, 9: 555.

38. Balandin A A. Thermal properties of graphene and nanostructured carbon materials[J]. Nature Materials, 2011, 10: 569.

39. Xu X, Pereira L F C, Wang Y, et al. Length-dependent thermal conductivity in suspended single-layer graphene[J]. Nature Communications, 2014, 5: 3689.

思考题

1. 在微纳尺度上,"温度"这一概念什么时候是适用的,什么时候是不适用的? 请用具体的示例进行说明。如果不适用,那么要采取什么方案来克服这一难题? 试针对具体例子来思考方案进行说明。

2. 钱学森先生提出的"物理力学"可以看作连续介质力学的进阶,它用更广阔的视野和更多样化的方法来解决具体的力学问题,而不再局限于之前基于应力和应变的体系。请从连续介质力学到物理力学的进化过程出发,谈谈你对力学未来发展的看法。

3. 费曼说"在底部有足够的空间",但是在现代社会中"纳米"一词却正在被滥用,各类的"纳米材料"与"纳米技术"层出不穷。而现代的工业和信息产业中,大量使用的实际上依然是具有成熟工艺和较为悠久历史的宏观块体材料,如钢铁、水泥、碳纤维、硅等。请试着拨开笼罩在"纳米"上的这层迷雾,试探讨纳米材料与技术在未来科技中真正可能的应用方向。

第 10 章
材料的力学

"很显然,在任何弹性体内的自然规律和定理是,物体使自己回到自然位置的力和功率始终与所移动的距离或空间呈正比,无论它的各部分是处于互相分离的稀疏态或其各部分是处于相互挤紧的紧密状态都是这样的。这类现象不仅在上述各种物体中可以观测到,在其他多少带有弹性的问题上,例如金属、木料、石块、干土、毛发、兽角、丝、骨骼、筋肉、玻璃及同类物体中都可观测出来。所应考虑的只是物体被弯曲的各自的形状以及弯曲这些物体的方法是方便或不方便的问题。从这个原则出发,很容易算出各种弓……以及古人所用的弩炮的强度……也很容易算出表弹簧的适应强度……同样也很容易说明一只弹簧或受拉绳索的等时振动的原因,以及由这些物体的振动快到足以发出听得到的声音时会产生同一声调的原因。由此也说明了为什么一根弹簧作用在一只表的摆轮上能使共振动相等,无论它们是较大的还是较小的……由此也很容易造出一个不需放置砝码的科学研究用的秤来测量任一物体的重量。"

——胡克,《论弹簧》,1678[1]

10.1 晶体塑性——晶格畸变与物质滑移

弹性与塑性 材料的力学研究可以追溯到最早人造物品的出现。早期的人类在寻找合适制作捕猎武器和搭建房屋时,首先考虑的就是材料抵抗破坏的能力。用科学的方式来研究材料的力学性质最早始于达·芬奇,他进行了不同长度相同直径铁丝的强度实验,并发现长铁丝较同直径的短铁丝的负载能力要小[1]。伽利略也提出了早期的材料强度学说,认为构件最大工作应力达到材料"抗力"时会发生破坏[2]。第一次工业革命时期,生产力得到了迅速的发展,人们在制造各式各样的机器、建筑和工具的过程中迫切需要用定量的方法去分析构件的受力状态和材料的承载能力,并为更耐用、更坚固的构件设计提供理论依据,这就促进了固体力学的初级阶段——材料力学(strength of materials)——的建立。从 17 世纪中叶到 19 世纪末,随着社会生产力的发展和科学技术水平的提高,材料力学不断地发展和完善,力学家们提出了各种强度理论及相应的结构强度设计方法,对当时的生产实践起到了指导作用。这些理论直至今日依然深刻地影响着各种工程实际。

任何固体都将在外力的作用下产生变形。固体受力所发生的变形,一般情况下可以分为两种类型。如果将外力去掉以后,固体能够立刻恢复到原本的形状,那么该变形被称为弹性变形;特别是在弹性变形的前一个阶段,固体中的应力和它产生的应变是以线性关系变化的,且满足胡克定律,二者之比被称为弹性模量,或杨氏模量。如果固体中的应力超过了某一个限度(该限度通常被称为弹性极限),那么即使将外力去掉,固体也不能完全恢复原来的形状,有一部分变形被保留下来,这部分永久的变形被称为塑性变形,开始发生塑性变形的这一过程也被称为屈服。塑性力学就是研究物体发生塑性变形时的应力和变形分布规律的学科。关于弹性体和塑性体的一般理论请参阅 5.6 节和 5.9 节。

在工程上,一般用延伸率(或断后伸长率)来区分以塑性变形为主要变形的材料,或称塑性材料。延伸率是指试件受外力作用发生拉伸变形并最终断裂时,试件伸长的长度与原来长度的百分比。当延伸率大于 5% 时,试件所使用的材料就被划分为塑性材料,而小于 5% 时则被称为脆性材料。在古代西方,由于石料在建筑中的广泛使用,这种典型的脆性材料使当时的力学家们格外关注材料在弹性阶段的行为,如伽利略、胡克、马略特等。柯西是弹性力学的集大成者,他明确地提出了应变、应变分量、应力和应力分量的概念,建立了各向同性以及各向异性材料的广义胡克定律[1]。但是,到了 19 世纪,钢铁开始大规模使用,塑性材料所彰显出来的各种优点,使塑性力学研究很快从工程上和科学领域上发展起来。

塑性力学发展的路径和弹性力学类似,首先以通过实验观察所得的结果为出发点,建立材料发生塑性变形时的基本规律及本构关系,然后再应用这些关系和理论求解具体问题,求出材料在外力作用下的应力和变形的分布,最后与给定的强度条件进行比较,判断材料是否失效。1864 年,特雷斯卡公布了关于金属冲压和挤压的初步实验报告,提出了金属在最大切应力达到某一临界值时就发生塑性屈服这一著名论断,这就是后来所称的特雷斯卡准则,亦参见 5.9 节,该准则直至今日依然在工程中被广泛使用[3]。大约在同一时期,塑性力学的本构关系开始建立。由于塑性变形是不可逆的,不仅取决于最终状态的应力,而且和加载路径有关,因此描述塑性变形规律的本构关系应该是应力与应变增量之间的关系,这样才能追踪到整个加载路径。这与广义胡克定律这种全量的方程是截然不同的。1870 年,圣维南提出了应变增量主轴和应力主轴重合的假设[1],1871 年被其学生列维(Maurice Lévy, 1838~1910)所引用并建立了应力-应变增量关系,即[4]

$$\mathrm{d}\varepsilon_{ij} = \sigma'_{ij}\mathrm{d}\lambda \quad \mathrm{d}\lambda \geqslant 0 \qquad (10.1)$$

这一关系在 1913 年由冯·米塞斯独立地提出后[5]，被广泛地作为塑性力学的基本关系式，也称为列维-米塞斯方程。与该方程对应的材料塑性屈服准则被称为米塞斯屈服准则，即：当某一点应力应变状态的等效应力应变，达到某一与应力应变状态有关的定值时，材料就屈服。1924 年，普朗特提出平面变形问题的弹塑性增量方程[6]，并被罗伊斯（András Reuss，1900~1968）推广至一般状态（普朗特-罗伊斯方程）[7-8]

$$\mathrm{d}\varepsilon_{ij} = \frac{1}{2G}\mathrm{d}\sigma'_{ij} + \frac{1-2\mu}{E}\delta_{ij}\mathrm{d}\sigma_m + \sigma'_{ij}\mathrm{d}\lambda \qquad (10.2)$$

式（10.2）中，E、G、μ、σ_m 分别是材料的弹性模量、剪切弹性模量、泊松比和变形过程中的等效应力。从方程中存在弹性模量和剪切弹性模量也可以看出，与列维-米塞斯方程未曾考虑材料的弹性变形不同，普朗特-罗伊斯方程将弹性变形也考虑了进来，因此前者可以看作后者的特殊情况。

单晶体塑性　随着显微技术的发展，科学家们越来越认识到材料的力学性质与其微结构之间有着密切关系（详见第 9 章），塑性力学的研究也开始从传统的连续介质理论向微纳米尺度进化。特别是对于金属而言，它们大多数都是以晶体的形式存在的。从原子尺度来看，塑性变形的本质是在应力的作用下，材料内部原子的相邻关系发生了改变，因此当外力去除后，原子无法回到原有的平衡位置，而是进入了新的平衡位置，宏观地看就是物体发生了永久变形。

在常温或低温下，单晶体发生塑性变形的方式主要是滑移和孪生（参见第 9 章），此外还包括扭折等。在滑移时，一个滑移面和其上的一个滑移方向组成一个滑移系。滑移系表示晶体在进行滑移时可能采取的空间取向，它主要与晶体的结构有关。晶体中的滑移系越多，滑移就越容易进行，晶体的塑性就越好，见图 10.1。当晶格结构为面心立方（fcc）、体心立方（bcc）、密排立方（hcp）时，其滑移系的数量分别为 12、48 和 3 个。此外，晶体中的滑移是借助于位错在滑移面上的运动来逐步进行的，并且必须在一定的外力作用下才能发生，这也表明了位错运动需要克服来自晶格点阵中的阻力，该阻力被称为佩尔斯-纳巴罗（Sir Rudolf E. Peierls，1907~1995；Frank Nabarro，1916~2006）力，简称 P-N 力[9-10]。单晶体的孪生变形通常出现在滑移受阻的应力集中区，它对塑性变形的贡献远小于滑移，但是孪生变形能够改变晶体的取向，使得滑移转到有利的方位。如果在塑性变形过程中，晶体的一部分发生的变形相对于未变形部分是不对称的，这种变形称为扭折。

多晶体平均　实际使用的晶体材料绝大多数都是由多晶构成，即多晶体。在室温下，多晶体中每个晶粒变形的基本方式与单晶体相同，但是由于相邻晶

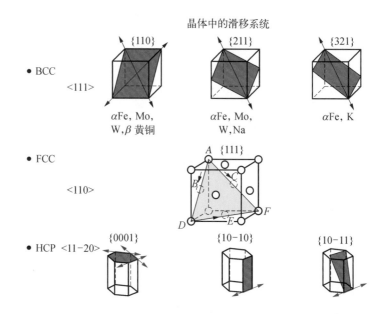

晶体中的滑移系统

图 10.1 不同晶格结构对应的滑移系

粒之间的取向不同,以及晶界的存在,使得多晶体的变形既需要克服晶界的阻碍,又要求各晶粒的变形相互协调与配合,因此多晶体的塑性变形较为复杂。当外力作用于多晶体时,其内部取向不同的各个晶粒所受的应力并不一致,其中一部分处于有利取向的晶粒率先发生滑移,而处于不利取向的晶粒则未开始

图 10.2 晶界处的位错塞积

滑移,从而表现出不同时性。由于晶粒内部的位错难于越过晶界,因此在多晶体的晶界处就会产生位错塞积(图 10.2)和应力集中,进而使得相邻晶粒中的滑移系开动并发生变形,也就是多晶体中的塑性变形是从晶粒到晶粒分批、逐步地发生的。此外,多晶体中的每个晶粒又都处于其他晶粒的环绕之中,其变形需要与周围的晶粒协调配合,以避免产生孔洞或裂纹等。所以,多晶体在变形过程中还需要满足一定的宏观应变协调条件。处理多晶体宏观应变协调的模型主要有 1928 年由萨克斯(G. Sachs)提出的 Sachs 模型[11]和 1938 年由泰勒提出的 Taylor 模型[12],见图 10.3。Sachs 模型假设多晶体中各个晶粒的形变的自由,即多晶体各处的应力状态是连续的,且与外界施加的应力状态相同。但是该假设与实际不符。因为若应力处处相同,则由于各个晶粒的取向不同(或各向异性的本构刚度不同),会造成应变分布的不连续性,从而造成孔洞或裂纹。

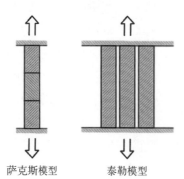

图 10.3 萨克斯模型与泰勒模型

萨克斯模型　　泰勒模型

Taylor 模型则认为,为了保证变形过程中晶界处不产生孔洞或裂纹,则必须保持应变连续。因此,该模型假设多晶体中各个晶粒的变形是均匀的,这样跨过晶界的应变就自然会保持连续,但此时的应力难以保持连续,存在不协调局部应力场。现代细观力学和晶体学的结果表明,为了使多晶体内各晶粒在任意变形时都能够实现宏观变形协调,必须至少有五个独立的滑移系可以开动[13]。在单向拉伸的情况,多晶体的屈服应力以 Taylor 模型的预测值为上限 ($3.06\tau_S$),以 Sachs 模型的预测值为下限 ($2.0\tau_S$),其中 τ_S 为单晶体的屈服剪应力。

　　上述两方面的因素最终的效果就是多晶体的塑性变形相比对应的单晶体要困难,其屈服应力也高于单晶体。此外,晶界对于多晶体的塑性也有很大影响[14]。以一个仅由两个晶粒构成的双晶体为例,在其发生变形后,在晶界处会呈竹节状,这是因为在晶界附近,晶粒内的位错滑移受到阻碍,因此变形量较小,显示出晶界对于塑性变形所起到的阻碍作用,见图 10.4 略微夸大的示意图。因此,多晶体的塑性可以随着晶粒的细化而提高。一般来说,多晶体的屈服强度 σ_S 和

图 10.4　晶界阻碍塑性变形的示意图

其晶粒直径 d 之间满足霍尔-佩奇关系[15-16],即

$$\sigma_S = \sigma_0 + kd^{-1/2} \tag{10.3}$$

式(10.3)中,σ_0 为晶内阻力或晶格摩擦力,k 是与晶格类型、弹性模量、位错分布及位错钉扎程度有关的常数。通过细化晶粒还可以提高多晶体的强度,这种方法也被称为细晶强化。细晶强化是少有的能够同时提高材料的强度、硬度、塑性和韧性的方法。

　　织构　多晶体的晶粒取向如果集中分布在某一个或某些取向附近,这种现象称为织构(texture,图 10.5),也称择优取向。由于塑性变形而产生的织构一般称为形变织构。由于变形总是在取向有利的滑移系和孪生系上发生,这就使得变形后多晶体

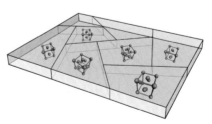

图 10.5　织构示意图

内部的晶粒取向并不是任意的,随着变形的进行,各晶粒的取向会逐渐转向某一个或多个稳定的取向,这些稳定取向取决于材料的晶体结构及发生变形的方式。

10.2 断裂力学——场强与耗能的综合

理论强度与断裂力学　材料的理论强度可根据晶格动力学[17]或第一性原理 的计算得到。作为早期的探索,根据弗伦克尔(Jakov Frenkel, 1894~1952)模型可知[18]:理论预测的材料强度一般是其弹性模量的 1/10 左右(图 10.6)。人们很早就意识到,实际的材料强度很难达到理论强度。后来发现,产生这种现象的原因是材料中裂纹的存在,裂纹周边区域的应力和应变不能用研究理想构件材料力学的理论进行描述。因此,研究带裂纹缺陷构件的断裂力学便应运而生。

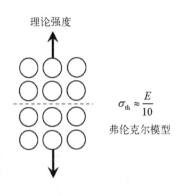

理论强度

$$\sigma_{th} \approx \frac{E}{10}$$

弗伦克尔模型

图 10.6　材料理论强度的弗伦克尔模型

断裂类型　断裂力学是研究裂纹的产生、发展及扩散规律,以及带有裂纹的构件的强度和变形规律的学科。断裂力学建立了构件中的裂纹尺寸、工作应力以及材料抵抗裂纹扩展能力三者之间的定量关系,从而为结构的安全设计及设计新材料提供理论基础。断裂力学将材料中的裂纹划分为三种基本的断裂类型(图 10.7)。第一种是张开型裂纹,也称为 I 型裂纹,特点是外加拉应力和裂纹面垂直,裂纹尖端张开且裂纹扩展方向和拉伸方向垂直。第二种是滑开型裂纹,也称为 II 型裂纹,特点是在剪应力作用下裂纹面平行于其扩展方向前后错开。第三种是撕开型裂纹,也称为 III 型裂纹,同样由剪应力作用产生,但是裂纹面沿垂直于其扩展方向左右错开[19]。裂纹有没有危险主要决定于裂纹形状及尺寸的大小、所受力的大小和方向,而用于描述材料抵抗裂纹开裂扩展的能力即断裂韧性。材料的抗拉强度与断裂韧性一般呈反比关系,即强度越高的材料,阻止裂纹扩展的能力越差。

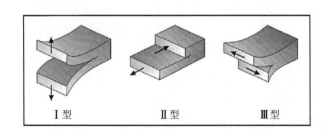

I 型　　　　II 型　　　　III 型

图 10.7　断裂的三种基本类型

在裂纹出现后,很多时候并不会进行扩展,这是因为裂纹尖端继续变形要消耗更大的塑性功,因此使得裂纹继续扩展所需的动力要更大。裂纹尖端出现的塑性区的大小是断裂时消耗能量多少的一个重要标准。当这个塑性区远小于裂纹尺寸时,可将整个裂纹体视为弹性体,此时的断裂为脆性断裂,主要采用线弹性断裂力学进行分析;当塑性区的尺寸不可忽略时,就必须视断裂为韧性断裂,采用弹塑性断裂力学来进行分析。需要注意的是,断裂力学中的脆性断裂概念与工程中常说的脆性材料和塑性材料的概念并不完全一样。工程上所说的脆性材料和塑性材料是用延伸率来划分的,但脆性断裂则主要是从断裂的微观特征来鉴别的。

格里菲斯理论与能量释放率　断裂力学的先驱是英国科学家格里菲斯 (Alan A. Griffith,图 10.8),他建立了线弹性断裂力学的基本框架。在线弹性断裂力学中,裂纹体的力学性能一般用两种方法来分析,一种方法是考察裂纹扩展过程中裂纹体能量变化建立起的能量释放率判据,这是一种全局性法则;另一种方法是基于裂纹尖端的应力应变场建立起的应力强度因子判据,这是一种局部性法则。20 世纪 20 年代,格里菲斯对脆性材料的断裂问题进行了深入研究[20-21]。他用能量的观点分析了裂纹的扩展过程,认为裂纹的扩展过程中同时存在着推动裂纹扩展的动力和阻止裂纹扩展的阻力,只有前者大于后者时裂纹才发生扩展。裂纹扩展的动力来自裂纹扩展过程中裂纹体所释放的应变能,而阻力则来自裂纹扩展后形成新的裂纹面所吸收的能量。弹性变形下,裂纹扩展单位长度时裂纹体所释放的应变能被称为裂纹扩展的能量释放率,为了纪念格里菲斯,通常用字母 G 来表示。

图 10.8　阿兰·格里菲斯(1893~1963)

在此基础上,格里菲斯利用因格力斯 (Charles Inglis, 1734~1816)之前关于含椭圆孔的无线大平板的弹性解[22],提出了一个联系构件强度、材料性能和裂纹长度关系的表达式,即格里菲斯公式(图 10.9):

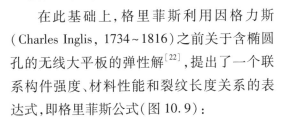

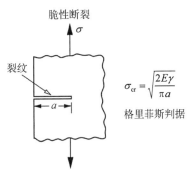

$$\sigma_{cr} = \sqrt{\frac{2E\gamma}{\pi a}}$$

格里菲斯判据

$$\sigma_{cr} = \sqrt{\frac{2E\gamma}{\pi a}} \qquad (10.4)$$

图 10.9　材料理论强度的格里菲斯模型

式(10.4)中,σ_f 为断裂应力;E 为材料的弹性模量;γ 为材料的表面能;a 为裂纹的半长度。

为了纪念格里菲斯的贡献,除了能量释放率以外,无限大平板中穿透板厚的 I 型裂纹也被称为格里菲斯裂纹。为了纪念格里菲斯的划时代著作完成 100 周年,2019 年 4 月在新加坡召开了"断裂力学百年高峰论坛"(Century Facture Mechanics Summit),全世界从事断裂力学研究的顶级学者们齐聚一堂,共同研讨断裂力学的发展、机遇与挑战,见图 10.10。

格里菲斯理论揭示了脆性断裂过程受控于一个称为能量释放率的物理参

图 10.10 断裂力学百年高峰论坛参会专家合影

图 10.11 乔治·欧文(1907~1998)

量。能量释放率也被称为裂纹扩展力,如前文所述,可以近似看作驱动裂纹扩展的动力,因此实际上是一种广义能量力,与载荷、裂纹几何、材料性能和应力状态有关。但是,在格里菲斯理论发表以后的 20 余年内,断裂力学这个学科并没有取得重要进展,其原因在于裂纹体的能量释放率计算颇为复杂。1948 年,欧文(George R. Irwin,图 10.11)[23]和奥罗万[24]各自独立提出了裂纹尖端区域中塑性耗散功的概念,并在此基础上将裂纹区分成两个区域,外区由线弹性材料构成,负责把外力传送到其包围着的内区;而内区则是非线性分离过程起作用的塑性裂纹尖端区,在内区比外区小到可忽略的程度下,在问题的描述上可以作出简化。这就形成了把格里菲斯学说应用于更广泛脆性断裂过程的认识基础[25]。

应力强度因子与断裂韧性 1957 年,欧文进一步凝练出应力强度因子这一现代断裂力学的核心概念[26],很快引起了国际学术界与工程界的重视,断裂力学由此真正发展起来[27]。欧文认为裂纹尖端区域的应力场(图 10.12)是裂纹的核心。对于裂纹尖端附近的任意一点 A,它离开裂纹尖端的距离 r 是已知的,该点拉伸应力 σ 的大小完全由一个参数 K 决定,K 值越高,裂纹尖端附近各点的应力就越大。因此,K 就可以看作控制裂纹尖端附近各点应力大小的物理量,它称为应力强度因子。在裂纹的尖端处 $r = 0$,应力 σ 变为无穷大,这种现

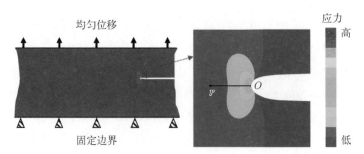

图 10.12 裂纹尖端的应力场

象在数学上被称为奇异性,因此应力强度因子也就成为描述裂纹尖端应力奇异场(或奇性场)的单参量,该奇异场也被称为 K 场。在此基础上,欧文建议了一种临界应力强度因子断裂准则,即当应力强度因子增加到一个特定值时,裂纹就开始失稳扩展。对于 I 型平面应变问题,该特定值通常用 K_{IC} 表示,即当

$$K_I > K_{IC} \tag{10.5}$$

时,裂纹就会发生失稳扩展[26]。K_{IC} 通常被用来代表材料的断裂韧性,它由实验确定,与试验温度、板厚、加载速率及环境有关,一旦这些参数确定下来,K_{IC} 即为材料常数。

欧文进一步证明了对于线弹性裂纹体,格里菲斯的能量释放率准则和应力强度因子准则是等效的,且有如下关系:

$$G_I = \frac{K_I^2}{E'} \tag{10.6}$$

式(10.6)中,E' 在平面应力状态下为 E,在平面应变下为 $E/(1-\nu^2)$,ν 为泊松比。因此,能量释放率也应该具有临界值 G_{IC}(即裂纹扩展阻力),其对应的临界能量释放率断裂准则为

$$G_I > G_{IC} \tag{10.7}$$

当 K_I 达到临界值 K_{IC} 时,G_I 也达到临界值 G_{IC}。

欧文的理论用连续介质力学的方法为断裂问题提供了一个解决方案,其成功的根本原因在于他建立理论时的两个基本出发点:一个是为了更好地应用格里菲斯的理论,需要寻找一种临界参数,最好是一种材料常数,用它来表示对断裂的阻力;另一个是在处理实际材料时,需要找到一种方法建立起对非线性耗散项的普遍性描述。

弹塑性断裂力学　相比于格里菲斯、欧文等研究的理想脆性材料的线弹性断裂行为,裂纹体的弹塑性断裂行为显然更为复杂、也更具有工程实用价值,因为在工程实际中采用的材料往往不是理想脆性材料。弹塑性断裂力学框架建立的难点在于如何对裂纹尖端的塑性区进行有效的处理。例如,20 世纪 60 年代初威尔斯(A. A. Wells)提出以裂纹尖端张开位移作为断裂参量的 COD 理论[28-29],认为如果裂纹尖端张开位移 δ 达到了材料固有的临界值 δ_c 时,裂纹就开始扩展。其他的尝试还包括有达格代尔(Donald S. Dugdale)-巴伦布拉特(Grigory Barenblatt, 1927~2018)内聚区模型等[30-32]。

J 积分　弹塑性断裂力学真正的突破来自 J 积分的诞生。1968 年莱斯[33]和切列帕诺夫[34]定义了一个新的断裂参量。考虑如图 10.13 所示的一个二维裂纹体,围绕着其中的裂纹尖端取任意光滑封闭回路 Γ,由裂纹下表面任一点

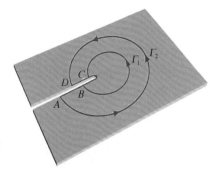

图 10.13 J 积分的定义示意图

开始,沿逆时针方向环绕裂纹尖端并终止于上表面任意一点,定义 J 积分为如下回路积分:

$$J = \int_{\Gamma} W \mathrm{d}y - p_{\alpha} \frac{\partial u_{\alpha}}{\partial x} \mathrm{d}s \quad (10.8)$$

式(10.8)中,W 是裂纹体的应变能密度。可以证明 J 积分是与路径无关的,即 $J_{\Gamma_1} = J_{\Gamma_2}$,因此 J 积分具有守恒性。根据诺特定理,它对应的对称性是材料中的奇点在均匀材料中所具有的平动不变性。

J 积分具有明确的物理意义,它与能量释放率 G 是等价的,可以用来表征裂纹尖端弹塑性应力应变场的奇异性强度。此外,J 积分的守恒性使得我们可以避开裂纹尖端附近的应力应变场,选择远离裂纹尖端的远场路径来求精确值。这两个性质让我们能够选用 J 积分作为弹塑性材料裂纹起始扩展准则,即当 J 积分达到临界值 J_{IC} 时,裂纹开始扩展,其中 J_{IC} 为材料平面应变断裂韧性。计算的优势和断裂准则的建立使得 J 积分迅速成为弹塑性断裂力学的核心。

HRR 场 在线弹性断裂力学中,K 场被用来刻画材料裂纹尖端应力应变奇异场的特征,而能量释放率 G 则被用来表征该奇异场的强度。相应的,在弹塑性断裂力学中,J 积分被用来表征裂纹尖端应力应变奇异场的强度,那么该奇异场的特征也必然存在着一种描述方法。这就是著名的 HRR 奇异场。

同样是在 1968 年,哈钦森(John W. Hutchinson,图 10.14)[35],莱斯(James R. Rice)和罗森伦(G. Rosengren)[36]给出了幂硬化材料 I 型裂纹尖端奇异场的理论解,证明了其中应力的奇异性为 $r^{-\frac{1}{n+1}}$,而应变的奇异性则为 $r^{-\frac{n}{n+1}}$。这一理论解后来由三位发现者的姓氏首字母被简称为 HRR 奇异场,它的奇异性强度完全由 J 积分来表征,称为 J 场。由此,弹塑性断裂力学诞生了重要的理论基础。

图 10.14 约翰·哈钦森(1939~)

断裂过程区 J 积分作为单参数能够控制裂纹行为的重要条件是其描述的 HRR 奇异场包围了裂纹的尖端区域,即所谓的 J 积分主导性。HRR 奇异场所包围的裂纹尖端区域被称为**断裂过程区**(图 10.15),它是裂纹扩展过程中材料实际发生分离的区域,属于宏观与微观相结合的研究区域范围[37]。在断裂力学中,通常假定处于临界状态的裂纹沿着一条平直的途径向前扩展,而很少注重裂纹尖端断裂过程区内由损伤所引致的形貌变化。在实际的试验中,预置裂纹试件却时常表现出非线性的裂纹扩展形貌,如尖劈、钝劈、超钝化、矛头、双分叉、三分叉等。这些损伤形貌反映了裂尖区变形的高度非均匀性,它与基于材料微结构的细观损伤规律密切相关。对这些形貌的研究在高强韧材料的设计中具有重要的意义[38]。

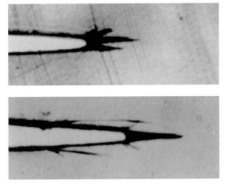

图 10.15 断裂过程区   图 10.16 粉笔与贝壳

尺度关系 断裂力学能够协助分析与设计高强韧材料的一个典型例子是粉笔与贝壳(图 10.16)。粉笔与贝壳的主要成分都是碳酸钙,但是二者的力学性质截然不同。粉笔是非常典型的脆性材料,但是活体贝壳却具有非常高的强度和韧性。这种差异的主要原因在于,贝壳中的碳酸钙以微米量级的文石晶片形式存在,通过有机胶进行黏接。这些晶片中有着多级向微观尺度延伸的自相似嵌套微结构,类似于俄罗斯套娃,这种结构一体化的力学设计将裂纹扩展的可能路径长度进行了几何级数的扩展(图 10.17)[39],从而使裂纹扩展需要消耗能量增加,即裂纹尖端受到的扩展阻力增大,因此断裂韧性也增大。而未经过结构设计的粉笔,因为在受力时在局部会通常会产生很大的应力,很容易超过碳酸钙的强度极限,从而引起脆断[40]。

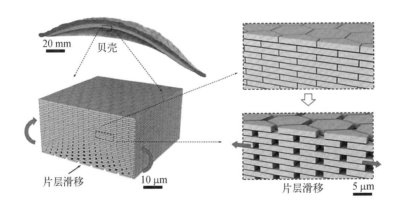

图 10.17 贝壳中裂纹扩展的可能路径

需要指出的是,目前的线弹性断裂力学(Griffith-Irwin 理论)和弹塑性断裂力学(HRR 奇异场)都是基于两个同样的出发点,即裂纹扩张前不发生明显钝化,且应力应变具有奇异性。但是,这两点都与事实不符。在工程实际中,许多材料的裂纹尖端会不可避免地发生塑性变形,因此导致不同程度的钝化,同时应力应变从来不会达到无穷大[41]。但是,断裂力学依然成功地在某些裂纹体中建立了控制裂纹尖端附近的特征奇异场,从而提供了能够定量分析断裂过程的单参数方法,并且该参数还能够包含载荷信息、裂纹几何信息及部分材料信息,从而得以建立具有良好操作性的宏观断裂准则,进而改变了许多工程部门的传统设计思想,使他们开始注重对构件中应力应变的计算或测量,并在材料断裂韧性的基础上计算构件破坏的临界裂纹尺寸,以此作为衡量构件是否合格的标准[42]。

10.3 复合材料力学——硬相与软相的优化组合

复合连通度 复合材料(图 10.18)指由有机高分子、无机非金属或金属等几类不同材料通过复合工艺组合而成的新型材料,它既能保留原有组分材料的

图 10.18 复合材料（碳纤维）

主要特色,又通过材料设计使各组分的性能互相补充并彼此关联,从而获得新的优越性能,与一般材料的简单混合有本质的区别[43]。在复合材料中,连续的相称为基体相,而被基体相所包围的分散相则成为增强相。基体相和增强相之间的交界面称为复合材料界面。虽然基体相和增强相的组分保持其相对独立性,但是彼此之间的协同作用却能够极大程度地弥补原本单一材料的缺点,这与简单混合有着本质的差别。例如,复合材料通常具有较大的强度和刚度、出色的耐疲劳性能、抗冲击性能和加工性能等。

复合材料有着多种分类方法。按照其来源,可以分为天然和人工复合材料;按照基体相种类,可以分为树脂基复合材料、金属基复合材料、陶瓷基复合材料、C/C 复合材料等;按照增强相形态,可以分为颗粒增强、短纤维或晶须增强、连续长纤维增强、多维编织布增强、三维编织体增强复合材料等;按照应用领域,可以分为结构、功能、智能和生态复合材料等;按照增强相种类,可以分为玻璃纤维、碳纤维、有机纤维复合材料等;按照增强相尺度,可以分为纳米复合材料、常规复合材料等。复合材料中基体相和增强相所用材料和结构具有庞大的排列组合可能,这给了复合材料以巨大的发展空间。一般来说,基体相与增强相之间原本结构与性能之间的差异越大,二者就越具有复合价值,但前提是二者之间必须具有可匹配性。复合材料中的增强相对复合材料起着增强、增韧的作用,它们可以为颗粒体,如高强度、高模量、耐高温的陶瓷和石墨等非金属

材料的微细粉末;可以为短纤维或晶须,如长径比 5 到 1 000 之间,直径 1 到 10 微米的含缺陷很少的单晶纤维,包括金属晶须、氧化物晶须、氮化物晶须、硼化物晶须和无机盐类晶须等;也可以是纤维及其织物,如植物纤维、动物纤维、碳物纤维、合成纤维等;也可以是编织而成的骨架。从这些增强相和基体相的维度出发,引入相的"连通性"概念(图 10.19),理论上可将复合材料结构划分为 0-3 型(颗粒-块体型)、1-3 型(纤维-块体型)、2-2 型

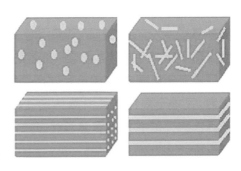

图 10.19　基体相和增强相的"连通性"

(薄膜-薄膜型)、2-3 型(薄膜-块体型)、3-3 型(块体-块体型)等多种典型结构。

　　下面简要介绍几种主要的复合材料类型。

　　树脂基复合材料　树脂基复合材料也称聚合物基复合材料,其基体相通常由热固性或热塑性聚合物构成。前者的熔体或溶液黏度低,易于浸渍与浸润,成型工艺性好,其内部由交联固化成网状结构,尺寸稳定性、耐热性好,但是材料的脆性较高;而后者在溶体或溶液状态时黏度大,浸渍与浸润困难,成型工艺性差,其内部多为线性分子结构,抗蠕变和尺寸稳定性差,但材料的韧性较好。树脂基复合材料的增强相主要是纤维,包括碳纤维、玻璃纤维等,这些纤维与树脂基体间的相容性和浸润性通常较差,因此需要进行表面处理或改性后才能实现好的复合效果。树脂基复合材料的力学性能可在很大范围内进行设计,如单向玻纤增强环氧复合材料的拉伸强度可达 1 GPa 以上,比钢的拉伸强度还高,而密度却仅为钢材的五分之一。而且,树脂基复合材料在制造过程中,可以根据构件受力状况进行局部加强,从而既提高了结构的承载能力,又能节约材料、减轻自重。此外,树脂基复合材料还具有隔热、隔音等其他多种优异性能。

　　金属基复合材料　金属基复合材料的基体相一般是铝、镁、钛、镍等轻金属及其他们的合金,这些金属的比强度和比模量相对较高;增强相则为强度、模量和熔点远高于金属基体相的金属或非金属材料,如碳纤维、钨丝、陶瓷颗粒等。金属基复合材料在保持金属材料特性时(如高韧性与抗冲击性),还可以实现比金属基体相高得多的强度、模量、抗疲劳性,并可沿用大部分金属成型加工方法,适合于用于中高温结构材料。

　　陶瓷基复合材料　陶瓷基复合材料的基体相为氧化铝、氮化硅、碳化硅、玻璃等特种陶瓷,这些陶瓷具有高模量、耐高温、耐化学腐蚀、耐磨、抗氧化等优点,但是也具有脆性高、抗震性差、缺陷敏感等缺点;增强相可以为碳纤维、氧化铝-硼酸盐纤维、钨丝、不锈钢丝等,通过这些添加材料实现对陶瓷基体相的增

韧。陶瓷基复合材料适合作为高温结构材料使用,但是因为其中的基体相与增强相材料都具有高模量、高耐温等特点,使得其界面处的残余应力很大,在加工过程中会导致微裂纹的出现,因此在制造过程中必须注意二者热膨胀系数的匹配度。

碳/碳复合材料 C/C(碳/碳)复合材料中仅由碳元素构成,但是碳的形态与结构十分复杂,其基体相可以是各种一般的石墨或无定型碳形式,而增强相则为高性能碳纤维及其织物。经过复合,C/C复合材料能够在保持碳材料低密度、低蠕变、高导热、高抗热震性、高耐温、耐烧蚀等优点的同时,还具有高强度、高模量、抗疲劳等额外优势,可以用作高温结构材料、耐烧蚀材料、各类高性能运动器材(见15.4节)等。

复合材料由于其高性能和轻质化的结合,通常被应用于国防与航空航天领域,用来降低结构质量和提高结构效率,从而增加飞行器的有效载荷、射程和续航能力、机动性能,减小其能耗和降低成本。在波音和空中客车两公司各自生产的最大型客机A380和波音787(图10.20)中,均采用了复合材料用于机体制造。此外,在国家基础设施、海洋石油工业、新能源工业等民用领域,复合材料也都正在发挥越来越重要的作用。

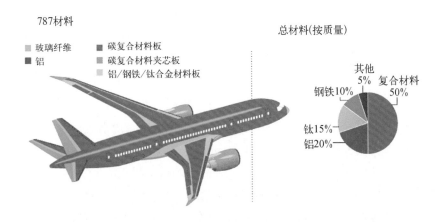

图 10.20 波音 787 客机的使役材料

除了常规的材料力学问题外,复合材料由于其各向异性、多相性、内部微结构及其损伤的随机性、损伤模式的多样性和损伤材料的离散性、对环境影响的敏感性等特点,还带来了许多新的力学问题。相比于一般材料,复合材料的本构关系和强度准则有着显著不同,控制方程、边界条件和初始条件的数量增多且形式复杂,几何参数和材料性能数据也大大增加,这就使得复合材料力学问题的求解难度和工作量大大增加。随着复合材料的应用范围越来越广泛,复合材料力学也越来越成为固体力学研究的热点领域。

多铁材料 还有一类特殊的材料是多铁材料(或多铁性材料),它于1994年由瑞士科学家施密德(Hans Schmid, 1931~2015)明确定义[44]。作为最常见的金属,铁具有一些特殊的物理性质,包括铁电性(反铁电性)、铁磁性(反铁磁性、亚铁磁性)、铁弹性等(图 10.21)。铁电性(ferroelectrics)是指某些晶体在一定温度范围内具有自发极化,而且其自发极化能够随外电场做可逆转动的性质;铁磁性(ferromagnetism)是指晶体中相邻原子或离子的磁矩由于它们的相互作用而在某些区域中大致按同一方向排列,当所施加的磁场强度增大时,这些区域的合磁矩定向排列程度会随之增加到某一极限值的现象;而铁弹性(ferroelasticity)则是指在一定温度范围内,晶体的应变相比于应力有滞后现象,二者之间呈非线性关系的现象。三种特性对应的表征曲线分别称为电滞回线、磁滞回线(图 10.22)和力滞回线。多铁材料是指材料的同一个相中包含两种及两种以上铁的基本性能,是一种集电性、磁性与弹性等于一身的多功能材料。常见的多铁性材料有 $BiFeO_3$、$TbMnO_3$、Ca_2CoMnO_6 等。早在 1894 年,皮埃尔·居里(Pierre Curie,1859~1906,居里夫人的丈夫)就通过对称性分析即推断在某些材料中电场可以诱导磁化,磁场也可以诱导电极化。1959 年,苏联科学家戴兹阿洛幸斯基(Igor E. Dzyaloshinskii,1931~)从理论上预言了第一个磁电耦合材料 Cr_2O_3,并在次年得到实验证实[45]。1966 年,研究者们发现了第一种多铁材料,具有弱铁磁性和铁电有序性的硼酸盐 $Ni_3B_7O_{13}I$ 单晶[46]。2003 年,马里兰大学的拉麦什(Ramamoorthy Ramesh,1960~)研究团队合成了在室温下具有强磁性和强铁电极化的 $BiFeO_3$ 薄膜,这是近年来多铁材料领域的最重要突破[47]。

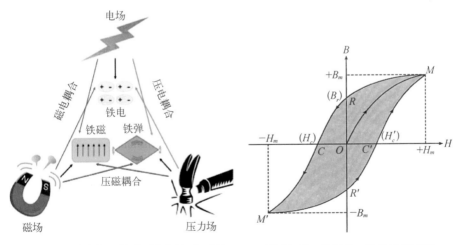

图 10.21 铁的物理性质:铁电性、铁磁性与铁弹性

图 10.22 铁磁性:铁的磁滞回线

一般而言,多铁材料主要分为三种类型:单相材料、颗粒复合材料和薄膜复合材料,后两类统称为多铁复合材料。颗粒复合材料主要是将铁磁磁致伸缩相和铁电压电相的纳米颗粒混合,通过烧结形成多铁性陶瓷材料,主要是为了

追求较好的铁磁和铁电性能,比如软铁磁性、大的介电常数和磁电耦合系数等。薄膜复合材料是将铁电相和铁磁相的片状材料通过黏合剂黏合而成,从早期的铁电相和铁磁相两层结构,到目前常用的铁电-铁磁-铁电的三层结构等,其主要特点是材料结构与制备方法简单,最主要的优点是可以得到很大的磁电耦合系数,远远高于颗粒复合材料的值。

多铁材料最重要的一个应用是磁电效应,其原理是在磁场的作用下,多铁

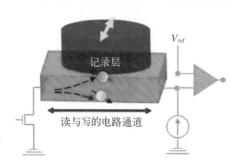

材料中的铁磁相由于磁致伸缩产生形变,从而对压电相产生力的作用,进而产生电极化现象,最终在材料的两端产生一个电压差。磁电效应能够被应用于磁数据存储中(图 10.23),应用多铁性磁电材料作为存储介质,利用电场实现信息写入过程,利用磁头实现读出过程,这将有助于推动存储器件小型化和多功能化的发展。

图 10.23 磁数据存储示意图

10.4 软物质力学——流体与固体的过渡

图 10.24 德·热纳(1932~2007)

软物质 软物质由固、液、气基团或大分子等基本组元构成,是处于理想流体和固体之间的复杂体系,其结构单元相互作用远小于晶体相互作用,在物理学上也称为软凝聚态物质。在过去的研究中,软物质通常被称为复杂流体。1991 年,德·热纳(Pierre-Gilles de Gennes,图 10.24)在其诺贝尔物理学奖颁奖致辞中明确提出了"软物质"的概念[48]。他指出,"(软物质)有两个主要特征:(1)复杂性(complexity)。……在本世纪(指 20 世纪)上半叶原子物理学的剧变中,一个自然的结果是软物质,其基础是高分子、表面活性剂、液晶,还有胶体粒子。(2)柔性(flexibility)。……非常轻微的化学作用竟然会导致力学性能的激烈变化——这是软物质的典型特征。"2005 年,著名学术期刊《科学》(Science)在创刊 125 周年之际提出了 125 个世界性科学前沿问题,其中 13 个直接与软物质交叉学科有关[49]。

大部分软物质是由小分子自组装形成的化学结构复杂、分子功能复杂的聚合体,如高分子聚合物、液晶、表面活性剂、胶体、乳状液、泡沫、颗粒物质及生物大分子等,使得软物质虽然具有流体的特性,但是却具有晶体的结构。此外,自然界无处不在的颗粒状物质也可以看成是软物质的一种,每个颗粒本身虽然具有固体的性质,但是其聚集体却能够表现出软物质的特性,如沙丘等。人类聚集体甚至人类社会也可以看作广义软物质(见第 19 章)。一些典型的软物质见图 10.25。高分子聚合物是最重要的软物质之一,它包括塑料、橡胶、纤维、涂

料和黏合剂等。橡胶是最早和最广泛被使用的一种软物质,据说在 2 500 年前,在亚马逊河流域的印第安人就把巴西三叶胶树汁涂抹在脚上,在其固化后凝成靴子。1493 年,航海家哥伦布(Cristoforo Colombo,1451~1506)在南美洲看到印第安人在抛掷橡胶小球;1736 年,法国科学家康达敏(Charles de Condamine,1701~1774)从秘鲁带回有关橡胶制品及橡胶树的相关详细资料;1770 年,英国化学家普里斯特利(Joseph Priestley,1733~1804)正式将橡胶命名为 rubber;1839 年,美国人固特异(Charles Goodyear,1800~1860)发明了橡胶的硫化法,使橡胶具有较高的弹性和韧性,橡胶才真正进入工业实用阶段。19 世纪末汽车工业的兴起,更激起了对橡胶的巨大需求。

图 10.25 典型的软物质

软物质有两个基本特征。首先,它能够对外界的微小作用产生显著的宏观效果。例如,天然橡胶分子(C_5H_8)$_n$ 经过轻微硫化,就会从液体变成具有弹性的固体;而一滴卤水就能使一锅豆浆凝结成豆腐(卤水点豆腐,图 10.26)。其次,软物质通常具有熵弹性。当软物质受力时,原本处于卷曲状态的长分子链沿应力方向伸展,此时体系的熵较小,而当外力去除后,熵增大的自发过程将使分子链重新回复到卷曲状

图 10.26 卤水点豆腐

态,产生弹性回复,参见 5.6 节。软物质的这两个与受力和变形相关的特征也使得其迅速成为近年来力学研究的一个热点和增长点。

在力学上,通常以弹性模量作为界定物质"软""硬"的标准,但是二者之间并没有明显的界限。所谓"软"是指材料受到较小外力而发生较大变形,而"硬"则是指受到较大外力却发生较小变形,但是二者是对立和统一的。同一

材料有时可以被看作软材料,但其他时候也可以被看作硬材料,而且材料的"软"和"硬"在某些条件下还可以互相转化(图 10.27)。例如,高分子聚合物在不同的温度、不同的受力状态下,可呈现玻璃态、高弹态、黏流态等三种力学状态。当聚合物处于玻璃

图 10.27 沥青能够实现"软"和"硬"之间的相互转化

态时,呈现为一般的硬物质特性;当聚合物处于高弹态时,表现出软物质的高变形能力;熔融状态下的聚合物还可以表现为黏流态,此时非牛顿流体的特性会出现。在工业界,往往将硬物质与软物质加以综合使用,通过刚柔相济的设计充分发挥其各自的功能,以硬物质来承载、储能、作动、支撑、防护等,而以软物质实现表面物理和化学的各种功能,例如表面修饰、抗氧化、自清洁、密封、降噪等[52]。

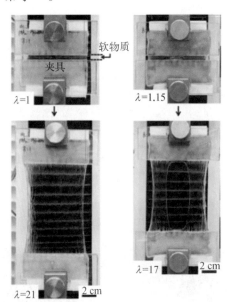

增韧 目前两类受到广泛关注的软物质是增韧软物质(图 10.28)和功能软物质。如前所述,韧性是表示材料在塑性变形和断裂过程中吸收能量的能力。许多高分子材料,如常见的聚氯乙烯(PVC)、聚苯乙烯(PS)等通用性塑料,均属于脆性材料,因此在某些特殊应用中需要对其进行增韧。增韧的常用方法是在基体相中引入软弹性体颗粒。以 PVC 为例,可采用丁腈橡胶(NBR)等弹性体对其增韧改性,其增韧机制是由橡胶颗粒来诱发 PVC基体产生大量的银纹和剪切带,直接

图 10.28 增韧软物质

吸收冲击能,并且剪切带还可以终止银纹,阻止其发展成为裂纹,最终起到增韧的作用。然而,在弹性体增韧中,会随着弹性体用量的增大而使材料的刚性下降。除弹性体增韧外,还可以采用有机刚性粒子、无机刚性粒子等实现对高分子材料的增韧。

增韧型水凝胶 增韧型水凝胶是目前广泛吸引着实验室力学研究者目光的一类软材料。在水中添加一点溶于水的高分子长链物质,水就会变成软物质,这样的软物质被称为水凝胶(图 10.29)。隐形眼镜、面膜等都是生活中常见的水凝胶材料。水凝胶由物理或化学交联的聚合物三维网络和大量水组成,水的含量甚至可以高达99%,而聚合物网络的大量亲水基团使得水凝胶表现出

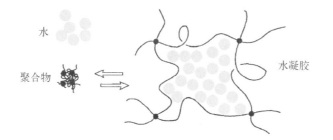

图 10. 29 水凝胶结构示意图

优异的亲水性,且在吸水溶胀后不溶解;水分子和聚合物网络通过弱键聚合,使水凝胶表现出液体的特性,而聚合物网络通过强键交联,使得水凝胶又可以类似于固体。但是,较弱的力学性能限制了水凝胶材料的进一步应用,因此研究者们近年来致力于研制各种增韧型水凝胶,主要方式有采用纳米颗粒增强相的纳米复合水凝胶,采用增强聚合物网络之间相互作用的化学交联强韧型双网络水凝胶(图 10.30)[51]、物理键-共价键复合交联的强韧型水凝胶和纯物理交联的强韧型水凝胶等。双网络水凝胶的增韧要义在于使断裂过程中可以释放出更多的(在双层网络中存储的)变形能[52]。

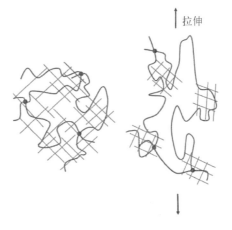

图 10. 30 双网络水凝胶结构示意图

功能软物质 除了增韧软物质之外,软物质研究也在向着多功能化、智能化的方向发展,即功能软物质。功能软物质是指一类能够响应外界作用(如力、热、磁、电、光、热、pH 等)并引起整个系统的量变乃至质变的软物质。在外场的诱导下,软物质内部微结构发生化学或者物理变化,从而导致某些宏观性质出现较大的变化,以达到某种智能控制的目的。功能软材料中最重要的一类是以电场作为驱动的电活性聚合物,如介电高弹体(图 10.31)、离子聚合物等,能够在电信号下产生较大的变形响应并带来相应功能,具有质量轻、价格低廉、

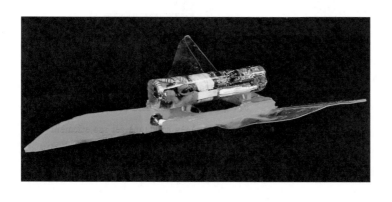

图 10. 31 利用介电高弹体制作的软体机器鱼

响应速度快、变形大等优点[53]，现在已经被广泛应用于传感器、人工肌肉、柔体机器人等领域。

自 20 世纪末开始，具有各种功能的软物质已经开始为工程应用提供了许多新的可能。从柔性机器到可穿戴电子，从组织工程到药物释放，以高分子聚合物为代表的软物质正在成为更多应用型研究领域持久关注的焦点之一。

10.5 跨层次力学——不同物质描述层次的穿越

细观与纳观 固体力学的核心是认识材料在外力作用下发生变形和破坏的过程。既然材料的特性源自材料的细观结构，那么要挖掘材料变形与破坏的本质，就必须在较深的层次上找出问题的根源。利用对细观结构的认识去更好地预测材料的宏观性质，这一目标驱动了跨层次力学方法（图 10.32）的出现，即通过引入计算机仿真和高分辨率材料结构表征，建立起容纳宏-微-纳观多重尺度的统一理论框架，更加深刻地揭示材料从变形、损伤、局部化开裂直到破坏的物理机制。跨层次力学主要是通过结合连续介质力学、细观分析、分子动力学、第一性原理等来实现的。

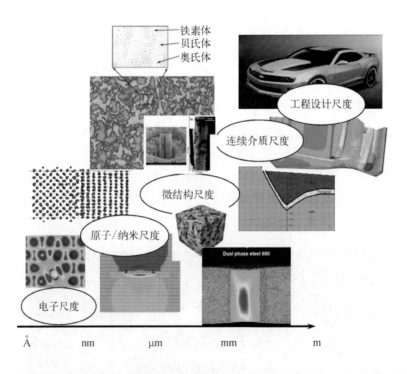

图 10.32 跨层次力学方法

跨层次力学分析在纳观层面上最主要手段是分子动力学方法，它扬弃了宏观力学的连续介质假设，直接深入到原子层次，通过研究粒子在势函数作用下的运动,来讨论固体在纳观尺度下的力学行为。分子动力学仿真的可靠性取决于对原子间相互作用势的准确描述,在研究的对象为金属原子时,可采用原子镶嵌方法对上述对势模型进行多体修正,借助插入一个原子到给定密度的电子云中所需的能量,引入对周围原子相互作用的考虑,从而为描述含缺陷晶格中的原子运动提供有效工具[54]。对分子动力学的进一步论述可参见 6.3 节。

第一性原理计算　在经典分子动力学中,每一个原子被视为在势场力作用下按牛顿定律运动,它一般不考虑电子运动的影响,精度不如量子力学计算;而从模拟的自由度来说,量子力学的计算常限于上百个原子,又远不如分子动力学的数千万甚至数亿个原子。但是,如果将二者有机耦合起来,就可以兼顾计算的精度和速度。实现量子力学与分子动力学耦合的三种基本方法是哈特里-福克(Douglas Hartree,1897～1958;Vladimir A. Fock,1898～1974)方法、电子密度泛函方法和紧束缚法。哈特里-福克方法和电子密度泛函方法属于第一性原理方法,也称为 ab initio 方法,意为"从源头开始",即第一性原理方法是从原子结构出发的最源头方法。紧束缚法则是一种介于第一性原理及经验方法之间的方法。这三种方法的共同特征是利用量子力学方法来对电子能带和电荷分布进行分析,获得分子动力学仿真所需的原子间相互作用势,但是彼此之间也有区别。哈特里-福克方法是一种近似计算电子-电子相互作用能的方法,其核心思路是平均场近似,即认为一个电子受其他电子的总体的作用可以用一个等效的场来表示[55-57]。电子密度泛函方法的基础是电子密度泛函理论(density functional theory,DFT)[58]。该理论认为,一个相互作用系统其内部电子的能带可完全由电荷密度分布决定,并可以通过求解薛定谔方程的波函数得到(图 10.33)。区别于哈特里-福克方法只考虑了电子-电子间的交换能,电子密度泛函方法也同时考虑了其关联能,因此可以具有更高的精度。紧束缚法则先将波函数写成原子轨道函数的线性组合,然后引入一个哈密顿矩阵来描述电子轨道间的干涉,通过实验数据、第一性原理能量及能带信息的比较来确定矩阵元素,最后将哈密顿矩阵对角化来获得能带的能量。相比于哈特里-福克方法和电子

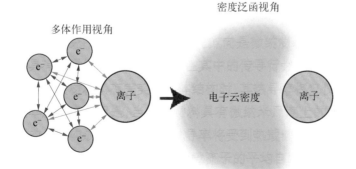

图 10.33　电子密度泛函理论示意图

密度泛函方法这两种第一性原理方法,紧束缚法用最简单的量子力学框架求解原子间的相互作用,虽然其计算精度相对较低,但其能处理的原子数要高出一个数量级左右[59]。

MAAD 是英文 Macroscopic, Atomistic, Ab initio Dynamic 的简写,代表了一种新的多尺度方法[60],其基本思想是将紧束缚法、分子动力学和有限元法用一种统一的方法连接起来,以同时进行具有量子、原子以及宏观尺度的计算,从而跨越量子、原子、细观和宏观尺度。MAAD 方法不仅通过原子间的势函数将原子区与连续介质区耦合起来,而且还将紧束缚原子区嵌入到经典的原子区中,这使得量子力学表征的电子运动与原子的运动耦合起来。在同时进行这三种运算时,一方面要将一种方法运算的结果传递到其他两种计算区,同时也要接受由其他方法计算传递来的信息。

握手区 对各个交界附近被称为"握手区"的过渡区的处理是各种跨层次力学的关键所在。例如,对于某一材料体系,连续介质局部化本构关系的特性意味着其中任一点所产生的应变值取决于该点处的应力。但任意原子在运动中受的力,则不仅取决于该点直接接触的原子,还取决于其领域内与其不直接接触的原子,它们由势函数所决定,而势函数截断区域的选取,则会给结果造成显著区别。因此,在握手区,两种计算方法会造成受力不平衡或变形不协调的出现。如何对这种情况进行有效处理,也是目前跨层次力学研究的一个热点[61]。近年来机器学习技术的兴起,为更高效率处理握手区的难题提供了一个新的契机。

10.6 低维材料力学——极限维度与极限性能

低维材料 在我们生活的空间中,材料总是表现出长、宽、高三个维度,因此我们认为它们是三维材料,或者称为块体材料。当这些材料逐渐地变薄变细变小,在某些维度或全部维度上的尺寸足够小时,比如达到一个分子乃至一个原子的尺度范围时,就会成为"低维材料",展现出不同于块体材料的力学、光学、磁学等特性。低维材料中的"低"指代其维度数少于常见材料的三维,如量子点、富勒烯等零维材料,碳纳米管、硅纳米线等一维材料,石墨烯、二硫化钼等二维材料都可以纳入低维材料的范畴(图 10.34)。本节中将对有代表性的几种低维材料的力学性质进行简要介绍。

石墨烯力学 石墨烯是由单层碳原子构成的以蜂窝状六元环为单元的二维薄膜,其中的碳原子之间以 sp^2 杂化键的形式结合,形成较强的面内作用,而未成键的 p_z 电子轨道则垂直于石墨烯平面,构成环域大 π 键,这也是多层石墨烯之间互相堆叠时的范德华力来源(图 10.35)。1934 年,朗道和佩尔斯指出,

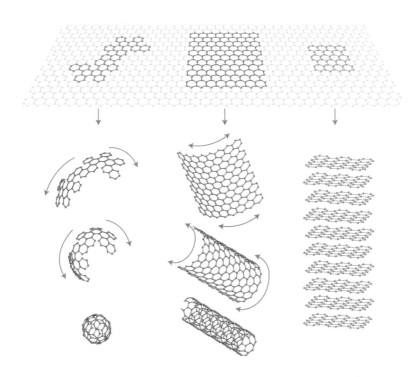

图 10. 34　低维碳材料家族：从零维到二维

准二维晶体材料由于其自身的热力学不稳定性,在常温常压下会迅速分解[62,63],1966 年提出的梅尔铭(Nathaniel D. Mermin, 1935 ~) - 瓦格纳(Herbert Wagner,1935~)理论也进一步指出表面起伏会破坏二维晶体的长程有序[64],因此石墨烯只能是一个理论上的结构,不会实际存在。但是 2004 年英国两位科学家盖姆(Andre Geim,图 10. 36 左)和诺沃肖洛夫(Konstantin Novoselov,图 10. 36 右)通过透明胶带微机械剥离高定向热解石墨,第一次成功地获得了稳定的单层石墨烯,并在之后证明石墨烯上有大量波幅约为 1 纳米的波纹,并能

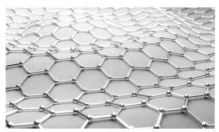

图 10. 35　石墨烯结构示意图

图 10. 36　安德雷·盖姆(左)与康斯坦丁·诺沃肖(右)

通过调整自身的碳碳键长以适应热运动[65]。此外,石墨烯还可以通过在表面形成褶皱或吸附其他分子来维持自身的稳定性,这些表面粗糙结构是石墨烯具有较好稳定性的根本原因。2010 年,盖姆与诺沃肖洛夫因为发现了石墨烯而荣获诺贝尔物理学奖。

石墨烯具有着优异的力学性能。石墨烯或是已知材料中强度和硬度最高的晶体结构,其抗拉强度和弹性模量分别是 125 GPa 和 1.1 TPa[66],抗拉强度极限为 42 N/m²,约为普通钢材的 100 倍。当多层石墨烯构成堆垛时,其层间剪切模量为 4 GPa[67],剪切强度为 0.04 MPa[68]。相比于单晶石墨烯,多晶石墨烯的力学性能也不遑多让,晶界处的强度仅比单晶石墨烯下降约 20% 左右,依然可以称为最强的晶体材料[69]。但是另一方面,石墨烯的断裂性能相对较差。无论单晶还是多晶石墨烯,其断裂韧性都小于 10 MPa$\sqrt{m}$ [70,71],并且在断裂过程中表现出脆性材料的特征,沿着锯齿状边缘这一优势方向发生快速的裂纹扩展。

　　早期对石墨烯力学性质的研究多是通过分子动力学或有限元方法计算获得,这是因为实验上对单原子层材料进行力学加载和测量具有较高的难度。2008 年,美国哥伦比亚大学霍恩(James Hone)课题组用原子力显微镜对悬空在微米级孔洞上的单层石墨烯进行了纳米压痕(图 10.37)[66],首次验证了单晶石墨烯的弹性模量等力学特征,并在 2013 年用同样的方法实现了对多晶石墨烯的测量[69]。目前,广泛应用于石墨烯力学研究的实验手段还包括原位电子显微镜、原位扫描拉曼光谱技术等。例如,可以通过在扫描电子显微镜下加载石墨烯,实现了对其高达 5% 的完全可回复弹性变形,见图 10.38[72]。

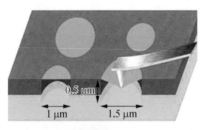

图 10.37　石墨烯的纳米压痕实验示意图

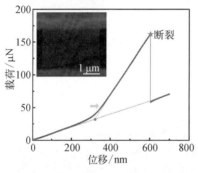

图 10.38　石墨烯可回复弹性变形的实现

　　作为典型的纳米材料,石墨烯在力学性质上也具有典型的尺度特征。例如,石墨烯的弹性模量会随着石墨烯尺寸的增加而增大,而泊松比则正好相反;由于边缘原子自由度增加导致的较强作用影响,石墨烯的层间剪切强度也会表现出尺寸依赖性,随着尺寸的增加而降低[73]。此外,石墨烯所提供的亚纳米级平整表面,能够使两片石墨烯在彼此非公度接触时实现结构超润滑,即发生摩擦力降为接近于零的现象(图 10.39)[74]。这对于未来低能耗器件设计乃至各类机械工业节能都有着重要的潜在价值。

　　石墨烯纳米带力学　石墨烯纳米带(图 10.40)是宽度在几十纳米及以下的石墨烯条带,可以看作一种一维材料。石墨烯纳米带在力学性质上与二维石墨烯有所不同。例如,分子动力学仿真结果显示(图 10.41),当沿着晶格的不同方向拉伸时,小应变下的弹性模量接近,为 710~720 GPa,但是根据对称性的不同,其破坏行为却有所不同。当沿锯齿形(zigzag)方向加载时,最大应变为

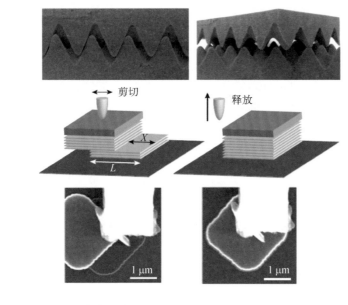

图 10.39　石墨烯层间超润滑示意图及实验

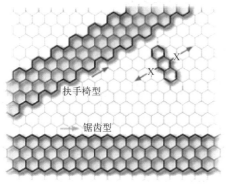

图 10.40　石墨烯纳米带结构示意图

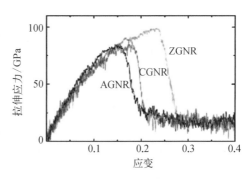

图 10.41　石墨烯纳米带应力-应变曲线的分子动力学仿真结果

24%,拉伸强度为 98 GPa;而当沿扶手椅(armchair)边缘方向拉伸时,其最大应变为 16%,而拉伸强度为 83 GPa,如果沿这两个方位的中间方向拉伸,则介于两者之间,最大应变为 17.5%,拉伸强度为 85 GPa[75]。石墨烯纳米带的边缘也给其力学性质带来了崭新的力学性质,例如,负的边缘应力会导致石墨烯纳米带产生失稳,使其一般处于空间卷曲状态[76]。

相比于二维石墨烯,目前仅能通过含苯环的小分子在金催化剂上进行自组装后部分实现石墨烯纳米带的可控制备,而将这些宽度仅有几个纳米的一维条带进行加载并进行力学测量迄今依然难度极大。因此,目前关于石墨烯纳米带的各种力学性能数据大多数依然来自理论或计算机仿真结果。

碳纳米管力学　日本电镜学家饭岛澄男(Sumio Iijima,图 10.42)在 1991 年报道了一种有趣的纳观结构——碳纳米管[77],其直径可从小于 1 纳米(单壁碳纳米管)至数百纳米(多壁碳纳米管),而长度可长达数米,是一种典型的一

维材料,通常被看作由石墨烯沿着晶格的某一方向卷起后所形成的管状结构,因此,碳纳米管也具有良好的力学性能,弹性模量也可达 1 TPa,抗拉强度可为 50 GPa 至 200 GPa。碳纳米管的长径比一般在 1 000 以上,是理想的高强度纤维材料,因而被称"超级纤维",并被认为可以在未来作为制造"太空电梯(图 10.43)"的唯一理想材料。但是,如何将纳米级直径的碳纳米管"编织"成宏观纤维并依然保持碳纳米管原本优异的力学性质,依然是研究中的难点。2018 年,清华大学的研究者们通过纳米操纵的方法对碳纳米管管束中的初始应力进行释放后,可将管束拉伸强度提高到 80 GPa,接近单根碳纳米管的拉伸强度,朝实现这一目标迈出了重要一步[78]。

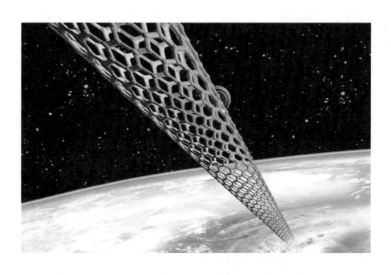

图 10.43　太空电梯

　　碳纳米管还可以通过自身或者与石墨烯结合,构成类似于橡胶的材料(如气凝胶,图 10.44)[79],能够像弹簧一样在多次大变形后依然能够恢复原状,具有良好的韧性,这能够在各类工业领域用作轻质化减震装置。若将其他工程材料为基体相、碳纳米管为增强相制成复合材料,可使材料表现出良好的强度、弹性、抗疲劳性及各向同性,给材料的性能带来极大的改善。

　　当今低维材料的研究趋势是追求材料的性能极限——更轻、更薄、更细、更柔、更强,为人类提供性能更优异的基础材料,通过对物质和能量的有效调控,实现对智能生活、航空航天、深地深海探测等领域的升级变革。这些极限性能的实现离不开对低维材料力学性质认识的不断深入。目前,由于各种低维材料依然存在各种由于制备导致的结构缺陷(图 10.45),使得其力学性能远无法达到理论所预测的数值。因此,低维材料何时可以走出实验室,走入各个亟须其优异性能的领域,依然需要相关研究者的不断努力。

图 10.44　碳纳米管与石墨烯制作的气凝胶

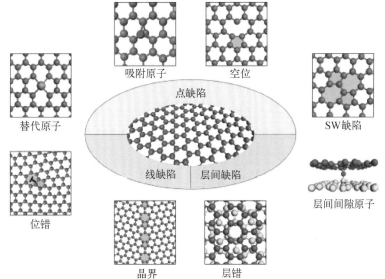

图 10.45　低维材料中的缺陷

参考文献

1. 铁摩辛柯 S P. 材料力学史[M]. 常振檊,译. 上海:上海科学技术出版社,1961.

2. 伽利略. 关于两门新科学的对话[M]. 武际可,译. 北京:北京大学出版社,2006.

3. Tresca H. Mémoire sur l'écoulement des corps solides soumis á des fortes pressions[J]. Comptes rendus de l'Académis des Sciensis, 1864, 59: 754.

4. Lévy M. Mémoire sur les équations générales des mouvements intérieurs des corps solides ductile au delà limites où l'élasticité pourrait les ramener à leur premier état[J]. Comptes Rendus hebdomadaires des séances de l'Académie des Sciences, Paris, 1870, 70: 1323－1325.

5. Von Mises R. Mechanik der festen Körper im plastisch-deformablen Zustand [J]. Nachrichten von der Gesellschaft der Wissenschaften zu Göttingen. Mathematisch-Physikalische Klasse, 1913: 582 - 592.

6. Prandtl L. Spannungsverteilung in plastischen Körpern[J]. Proc. 1st Int. Congr. Appl. Mech. (Delft) , 1924: 43 - 46.

7. Reuss A. Berücksichtigung der elastischen formänderung in der plastizitätstheorie[J]. Zeitschrift für Angewandte Mathematik und Mechanik, 1930, 10: 266 - 274.

8. Reuss A. Fließpotential oder gleitebenen? [J]. Zeitschrift für Angewandte Mathematik und Mechanik, 1932, 12: 15 - 24.

9. Peierls R E. The size of a dislocation[J]. Proceedings of the Physical Society, 1940, 52: 34 - 37.

10. Nabarro F R N. . Dislocations in a simple cubic lattice[J]. Proceedings of the Physical Society of London, 1947, 59: 256 - 272.

11. Sachs G. Zur ableitung einer fließbedingdung[J]. Zeitschrift des Vereines Deutscher Ingeniere, 1928, 72: 732 - 736.

12. Taylor G I. Plastic strain in metals[J]. Journal of the Institute of Metals, 1938, 62: 307 - 324.

13. 王自强,段祝平. 塑性细观力学[M]. 北京: 科学出版社,1995.

14. 路易赛特·普利斯特. 晶界与晶体塑性[M]. 江树勇,张艳秋,译. 北京: 机械工业出版社,2016.

15. Hall E O. The deformation and ageing of mild steel: III discussion of results [J]. Proceedings of the Physical Society of London, 1951, 64(9): 747 - 753.

16. Petch N J. The cleavage strength of polycrystals [J]. Journal of the Iron and Steel Institute of London, 1953, 173: 25 - 28.

17. Born M, Huang K. Dynamical Theory of Crystal Lattices[M]. Oxford: Clarendon Press, 1956.

18. Frenkel J. Zur theorie der elastizitätsgrenze und der festigkeit kristallinischer körper[J]. Zeitschrift für Physik, 1926, 37: 572 - 609.

19. 罗辉. 揭开材料破坏之谜——断裂力学入门[M]. 北京: 机械工业出版社,1989 年.

20. Griffith A A. The phenomena of rupture and flow in solids [J]. Philosophical Transactions of the Royal Society of London A, 1921, 221: 163 - 198.

21. Griffith A A. The theory of rupture[J]. Proceedings of the First Congress of Applied Mechanics, 1924: 55 - 63.

22. Inglis C. Stresses in a plate due to the presence of cracks and sharp corners[J]. Transactions of the Royal Institute of Noval Architects, 1913, 55: 219 - 241.

23. Irwin G. Fracture dynamics, in fracture of metals[J]. American Society for Metals, 1948: 147 - 166.

24. Orowan E. Fracture and strength of solids[J]. Reports on Progress in Physics, 1949,

12：185.

25.　劳恩 B R，威尔肖 T R.脆性固体断裂力学[M].北京：地震出版社,1985 年.

26.　Irwin G. Analysis of stress and strains near the end of a crack transversing a plate[J].
Journal of Applied Mechanics, 1957, 24：109－114.

27.　王自强,陈少华.高等断裂力学[M].北京：科学出版社,2009 年.

28.　Wells A A. Unstable crack propagation in metals：cleavage and fast fracture[J].
Proceedings of the Crack Propagation Symposium, 1961, 1：84.

29.　Wells A A. Application of fracture mechanics at and beyond general yielding[J]. British
Welding Journal, 1963, 10：563－570.

30.　Dugdale D S. Yielding of steel sheet containing slits[J]. Journal of Mechanics and
Physics of Solids, 1960, 8：100－104.

31.　Barenblatt G I. On the equilibrium cracks due to brittle fracture：straight-line cracks in
flat plates[J]. Journal of Applied Mathematics and Mechanics, 1959, 23：434.

32.　Barenblatt G I, Cherepanov G P. On the equilibrium and propagation of cracks in an
isotropic medium[J]. Applied Mathematics and Mechanics, 1961, 25：1954.

33.　Rice J R. Path independent integral and the approximate analysis of strain concentration
by notches and cracks[J]. Journal of Applied Mechanics, 1968, 35：379－386.

34.　Cherepanov G. On crack propagation in solids[J]. International Journal of Solids and
Structures, 1969, 5：863－871.

35.　Hutchinson J W. Singular behavior at the end of a tensile crack tip in a hardening
materials[J]. Journal of the Mechanics and Physics of Solids, 1968, 16；13－31.

36.　Rice J R, Rosengren G. Plane strain deformation near a crack tip in a power law
hardening material[J]. Journal of the Mechanics and Physics of Solids, 1968, 16；1－12.

37.　黄克智,余寿文.弹塑性断裂力学[M].北京：清华大学出版社,1985.

38.　杨卫.宏微观断裂力学[M].北京：国防工业出版社,1995.

39.　Yin Z, Hannard F, Barthelat F. Impact-resistant nacre-like transparent materials[J].
Science, 2019, 364：1260－1263.

40.　蒋持平.材料力学趣话——从身边的食物到科学研究[M].北京：高等教育出版
社,2019.

41.　范天佑.断裂力学基础：第一版[M].南京：江苏科学技术出版社,1978.

42.　黄克智,徐秉业.固体力学发展趋势[M].北京：北京理工大学出版社,1995.

43.　师昌绪,主编.材料大辞典[M].上海：化学工业出版社,1994.

44.　Schmid H. Multi-ferroic magnetoelectrics[J]. Ferroelectrics, 1994, 162：317.

45.　Dzyaloshinskii I E. On the magneto-electrical effect in antiferromagnets[J]. Journal of
Experimental and Theoretical Physics, 1959, 10：628.

46.　Ascher E, Rieder H, Schmid H, et al. Some properties of ferromagnetoelectric nickel-
iodine boracite, $Ni_3B_7O_{13}I$[J]. Journal of Applied Physics, 1966, 37：1404.

47.　Wang J, Neaton J B, Zheng H, et al. Epitaxial $BiFeO_3$ multiferroic thin film heterostructures[J]. Science, 2003, 299(5613): 1719.

48. De Gennes P G. Soft Matter[R].

49. American Association for the Advancement. The 125th Anniversary Issue of Science [M]. 2005.

50. 冯西桥,曹艳平,李博. 软材料表面失稳力学[M]. 北京: 科学出版社,2018.

51. Gong J P, Katsuyama Y, Kurokawa T, et al. Double-network hydrogels with extremely high mechanical strength[J]. Advanced Materials, 2003, 15: 1155-1158.

52. Sun J Y, Zhao X, Illeperuma W R, et al. Highly stretchable and tough hydrogels[J]. Nature. 2012, 489: 133-136.

53. Li T F, Keplinger C, Baumgartner R, et al. Giant voltage-induced deformation in dielectric elastomers near the verge of snap-through instability[J]. Journal of the Mechanics and Physics of Solids, 2013, 61: 611-628.

54. Daw M. Embedded-atom method: derivation and application to impurities, surfaces and other defects in metals[J]. Physical Review B, 1984, 29: 6443.

55. Hartree D R. The wave mechanics of an atom with a non-Coulomb central field[J]. Mathematical Proceedings of the Cambridge Philosophical Society, 1928, 24: 111.

56. Fock V A. Näherungsmethode zur Lösung des quantenmechanischen Mehrkörperproblems [J]. Zeitschrift für Physik, 1930, 61: 126.

57. Fock V A. Selfconsistent field mit austausch für natrium[J]. Zeitschrift für Physik, 1930, 62: 795.

58. Hohenberg P, Kohn W. Inhomogeneous electron gas[J]. Physical Review B, 1964, 864: 136.

59. 范镜泓. 材料变形与破坏的多尺度分析[M]. 北京: 科学出版社,2008.

60. Abraham F, Broughton J Q, Bernstein N, et al. Spanning the continuum to quantum length scales in a dynamic simulation of brittle fracture[J]. Europhysics Letters, 1998, 44: 783.

61. Guo Z, Yang W. MPM/MD handshaking method for multiscale simulation and its application to high energy cluster impacts[J]. International Journal of Mechanical Sciences, 2006, 48: 145-159.

62. Peierls R E. Quelques proprietes typiques des corpses solides[J]. Annales the L'Institut Henri Poincare, 1935, 5: 177-222.

63. Landau L D. Zur Theorie der phasenumwandlungen II[J]. Physikalische Zeitschrift der Sowjetunion, 1937, 11: 26-35.

64. Mermin N D, H. Wagner. Absence of ferromagnetism or antiferromagnetism in one- or two-dimensional isotropic Heisenberg models [J]. Physical Review Letters, 1966, 17: 1133-1136.

65. Meyer J C, Geim A K, Katsnelson M I, et al. The structure of suspended graphene sheets[J]. Nature, 2007, 446: 60-63.

66. Lee C G, Wei X D, Kysar J W, et al. Measurement of the elastic properties and intrinsic

strength of monolayer graphene[J]. Science, 2008, 321: 385.

67. Kelly B T. Physics of graphite[M]. London: Applied Sicence Publishers, 1981.

68. Wang G R, Dai Z H, Wang Y L, et al. Measuring interlayer shear stress in bilayer graphene[J]. Physical Review Letters, 2017, 119: 036101.

69. Lee G-H, Cooper R C, An S J, et al. High-strength chemical-vapor-deposited graphene and grain boundaries[J]. Science, 2013, 340: 1073.

70. Zhang T, Li X, Gao H. Fracture of graphene: a review[J]. International Journal of Fracture, 2015, 196: 1.

71. Zhang Z, Zhang X, Wang Y, et al. Crack propagation and fracture toughness of graphene probed by Raman spectroscopy[J]. ACS Nano, 2019, 13: 10327.

72. Cao K, Feng S, Han Y, et al. Elastic straining of free-standing monolayer graphene[J]. Nature Communication, 2020, 11: 284.

73. Zhang Z, Liu J, Zhang X, et al. Interlayer mechanical coupling in two-dimensional van der Waals stacks[J]. unpublished, 2020.

74. Hod O, Meyer E, Zheng Q S, et al. Structural superlubricity and ultralow friction across the length scales[J]. Nature, 2018, 563: 485.

75. Xu Z. Graphene nano-ribbons under tension[J]. Journal of Computational and Theoretical Nanoscience, 2009, 6: 625－628.

76. Shenoy V B, Reddy C D, Ramasubramaniam A, et al. Edge stress induced warping of graphene sheets and nanoribbons[J]. Physical Review Letters, 2008, 101: 245501.

77. Iijima S. Helical microtubules of graphitic carbon[J]. Nature, 1991, 354: 56.

78. Bai Y X, Zhang R F, Ye X, et al. Carbon nanotube bundles with tensile strength over 80 GPa[J]. Nature Nanotechnology, 2018, 13: 589－595.

79. Sun H Y, Xu Z, Gao C. Multifunctional, ultra-flyweight, synergistically assembled carbon aerogels[J]. Advanced Materials, 2013, 25: 2554－2560.

思考题

1. 按照摩氏硬度标准(Mohs hardness scale)，硬度共分 10 级，金刚石为最高等级。但是，燕山大学的田永君院士却合成出具有超细纳米孪晶结构的金刚石，其硬度两倍于天然钻石。固体的结构和价键是如何影响其硬度的？固体最硬可以有多硬？请调研相关文献并试思考这一问题。

2. 金刚石一般被认为是最强的晶体材料。它的杨氏模量为 1～1.1 TPa，因此根据 Frenkel 和 Griffith 模型，其强度的理论极限为 100～150 GPa。燕山大学与浙江大学的研究团队通过对纳米柱金刚石进行弯曲加载，实现了约 125 GPa 的应力，达到了该理论极限的范围。请思考：固体的强度受到什么因素的制约？该强度与固体的尺寸是否有关系？如果希望"打造"接近理论强度的固体，可以采用哪些方案？

3. 固体是"可以长期承受剪切的状态",在该定义中并未包含与固体质量相关的内容,而材料的力学特性与其质量也并没有直接的关联关系。此外,还可以通过结构的设计,实现一些甚至轻于气体的固体的设计,如浙江大学发展出的石墨烯气凝胶,其密度就仅有空气的六分之一。那么请思考,固体到底可以有多轻?

第 11 章
工程力学

本章扼要叙述力学在"大土木"领域中(包括结构、岩土、水利、风沙、采矿、环境和地震工程等)的应用,统称其为工程力学。力学研究形成了这些工程学科的"脊梁"。

11.1 结构力学——承力骨架

李国豪(1913～2005)、何有声(1931～2018)所编著的《力学与工程》(2000)一书[1]描述了在我国建设中遇到的一系列工程力学问题。本节集中叙述结构力学问题。结构问题的力学发展历经了四个阶段。第一个阶段是材料力学的阶段,即采用简化分析,把工程架构简化为材料力学中有关杆、轴、梁、柱、桁架、刚架的组合来进行分析。第二个阶段是结构力学的阶段,即发展出系统的结构力学分析方法,包括板与壳的分析、能量法和离散法,从而能够较为精确地对各种结构做出刚度、强度、稳定性、振动、破坏的分析。第三个阶段是计算力学的阶段,以有限元为代表的计算方法成为 20 世纪下半叶发展最迅速的计算手段,使得工程师们得以精确、真实地得到结构中任意点的力学量,参见6.2 节。第四个阶段将是设计力学的阶段,即采用数字孪生的手段,对拟设计结构形成可供优化的数值体,设计师可以从力、热、光、电、声的耦合维度,顾及结构与环境的流固耦合,兼容结构、功能与形貌的美学设计和工艺设计,求证天人物合一的最佳设计解决方案。

结构静力学 结构静力学探讨结构的静响应,重点是结构的静刚度、静强度和静力稳定性。典型的结构方式有:梁柱结构、桁架-板结构、柱筒结构、薄壳结构、网架结构、曲拱结构、拓扑优化结构等。力学的分析方法包括材料力学、结构力学、计算力学、断裂力学、结构优化等。中国大多数传统住宅结构为梁柱结构,结构的刚度与变形往往由"四梁八柱"所决定,柱体主要承受压应力,梁身主要承受弯曲应力;结构的刚度与稳定性在很大程度上取决于梁柱之间和梁与梁之间的连接,上海世博会中的中国馆建筑构架是这类连接的一个范例,见图 11.1。

图 11.1　典型的梁柱结构——上海世博会中国馆

　　桁架-板结构是高层建筑常用的结构：桁架多采用钢结构，往往施加水泥砂喷涂以增加刚度；楼板起着横向支撑的作用，其一体性进一步改善了结构的刚度与稳定性；且由于质量较低，具有较好的抗震功能。柱筒结构采用圆柱筒构型，其刚度尤佳，但质量较大。由于柱筒对轴压的高缺陷敏感性，在稳定性方面对轴压可能有 2 到 3 倍的折减因子[2]。薄壳结构大量地应用于水平跨度较大的场馆，国家大剧院是其典型的例子，其外壳和内部的诸剧院均采用了薄壳结构，见图 11.2。

图 11.2　典型的薄壳结构——北京国家大剧院

　　网架结构见诸各种体育场馆，其网架主要承受拉伸应力，对其结点要进行专门的受力分析。著名的科学装置"天眼"（FAST）中直径为 500 米的半球型碗状射电天线就采用了网架结构，其背部有数千根致动杆来塑造天眼的眼形变化。2008 年北京奥运会的主会场"鸟巢"是一座造型优美、但承力状况尚未达到最佳的网架结构，其曲梁形式使得结构必须承受弯曲应力[3]。曲拱结构是传统的中国建工结构，如陕北的窑洞结构。河北的赵州桥是举世闻名的双曲拱桥，其结构有效地分散了桥面的载荷，见图 11.3。

　　拓扑优化的理论发展使得曲拱结构得到了新生。新建成的北京大兴国际机场由伊拉克裔英国女建筑大师哈迪德（Zaha Hadid, 1950~2016）设计，其结构思想就体现了现代曲拱结构,见图11.4。

图 11.3　典型的曲拱结构——天下第一桥:赵州桥

图 11.4　典型的现代曲拱结构——北京大兴国际机场

　　结构完整性　结构完整性是结构力学的一个关键问题,也折射出断裂力学在结构强度方面的应用。一个有趣的例子是水利设施,如承受着满额静水荷载的高坝。可以三峡大坝为例来说明这一问题,见图11.5。

图 11.5　三峡大坝

对三峡大坝完整性的主要威胁在于大坝浇筑时可能产生的裂缝,它们由不均匀凝固和残余应力所引发。混凝土结构裂缝扩展过程可用双 K 断裂准则来刻画,它包括起裂韧度和失稳韧度两个材料参数:起裂韧度可作为初始裂缝起裂的预警;失稳韧度可求出针对结构构件失稳破坏的极限承载力[4]。在 2002 年三峡大坝的二期工程中,大坝出现了裂缝,引发了国际社会的关注。工程单位对迎水面裂缝进行了分析:如果裂缝尖端应力强度因子超过失稳韧度,就对该处裂缝进行工程加固;如果远小于失稳韧度,该部位大坝就不用加固。该分析在保证工程质量的前提下提高了裂缝处理质量,确保了二期大坝安全。三峡大坝二期建成安全运行已经近 20 年。2005 年,以双 K 断裂理论为基础制定了我国第一部水电行业标准《水工混凝土断裂试验规程》[5]。施工单位在三期大坝建设中采用起裂韧度作为开裂控制参数,在近 3 年的施工期共浇筑混凝土 570 余万立方米。2006 年 5 月,国务院三峡工程质量检查专家组对三期工程大坝混凝土施工质量进行现场检查,其完成的混凝土浇筑没有发现一条裂缝,打破了坝工界"无坝不裂"的定论。

结构动力学　结构动力学研究结构,尤其是相对柔性的结构,对动载荷的响应。三个典型的问题是:高层建筑在飓风下的颤振、抗地震的建筑结构、高层建筑在突发冲击下的完整性。现在分别举例说明其力学分析特征。高层建筑在飓风下的抖振涉及流固耦合,一般用可模拟阵风谱的流固耦合计算来进行分析,关键在于规避可能出现的共振现象,以及卡门涡街行为;也可以采用环境风洞来进行试验研究。在上海东方明珠电视塔的设计中专门采用了空心筒体加斜撑的结构方案,使电视塔的塔体具有良好的抗风性能,并进行了大量的风工程试验研究,考虑了对电视天线舞动行为的抑制,见图 11.6(a),亦参见文献[1]。在台北 101 高楼的设计中,仿照竹节结构,每 8 层楼为一个结构单元,建筑面内斜 7 度,形成一组自主构成的空间,化解了高层建筑引起的气流对地面造成的风场效应,见图 11.6(b)。

对抗地震的建筑结构,其力学设计的要点在于屏蔽(或削弱)地震波与结构物的相互作用,以达到抑制振动的效果。日本是一个地震频发的国家,建于公元 1164 年的京都莲华王院的三十三间堂(Sanjusangendo),南北长 125 米,以柱相隔,为世界最长木造建筑之一。该建筑历经 8 个半世纪而不倒,应归结于其层状地基结构,有效地隔绝了剪切波的传递。在当代,由于抗震技术的发展,在日本也可以建造摩天大厦了。如横滨高达 296 米的地标塔大厦,采用了可容纳地震力的柔性吸收机构,且在地震波到达时,可启用反相位的主动抑制装置。在台北 101 高楼的顶部内庭,悬挂着一个大型质量球,它始终把晃动的楼体拉往正中矗立位置,起到了被动抑制振动的效果。采用地震台可以模拟各种地震谱下结构物的动响应。可以利用超重力离心机来研究结构物的动响应。如正

(a) 上海东方明珠电视塔

(b) 台北101高楼

图 11.6 典型可抗风颤的高层建筑

在浙江大学建造的高负载低加速度离心机,离心加速度范围 $50 \sim 600\ g$(g 为重力加速度),最大工作容量可达 $2\,200\ g \cdot t$,有效回转半径 10 m,可搭载超重力单向振动台等机载装置,是可以有效减小空间尺度、加快时间进程的抗震研究实验平台[6]。

高层建筑在突发冲击下的完整性是事关安全的重大问题。突发性的冲击不仅仅破坏了高层建筑的局部,还可能引起连锁性反应,引起高层建筑的整体性坍塌。著名的例子就是在"9·11"事件中,恐怖主义分子骑劫多架飞机撞向世贸大厦双子楼上部,导致世贸大楼的整体坍塌,遇难者总数 2 996 人,见图 11.7。

世贸中心的钢结构由密集排列的钢柱组成,无论其建筑材料还是结构设计都遵循了按照当时的建筑规范,且考虑了波音 707 的撞击情景。两座双子塔大厦的倒塌并不完全是由于飞机撞击的结果,而是由于撞击后发生火灾,大楼的钢骨架在火焰高温下软化,最终承受不住撞击点上方的重力而轰然倒塌的。著名的工程力学专家、美国西北大学的巴桑特(Zdeněk P. Bažant, 1937~)教授在事后不久(2001 年 9 月 13 日成稿)于美国土木工程师学会的《工程力学》期刊上发表了一篇名为《世贸大楼为什么坍塌:简单分析》的论文对此进行了机制性的分析[7]。文章指出:大量使用钢材的建筑有一个致命的缺点,就是怕火,钢材遇到高温会变软,丧失原有强度。在长时间大火的炙烤下,撞击部位的钢材软化,最终承受不住上方(约 20 层)楼层的质量,钢结构丧失承压的稳定性。被撞层的钢结构立柱,从残缺处开始,发生横跨整个断面的延展式逐步失稳。当失稳的立柱足够多时,残存的立柱已经无法支撑顶部大楼的质量,造成顶部

图 11.7 世贸大楼的坍塌

(a) 波音 727 撞击第 80 层,造成建筑残缺,并由航空燃油引起大火;(b) 大楼顶部整体垮落,引起中下部建筑势如破竹的坍塌;(c) 垮塌过程接近于终结的世贸大楼残墟

图 11.8 世贸大楼坍塌的机制图

由左至右:波音飞机撞击第 80 层,造成建筑残缺,并由长时间大火引起残缺部分的钢结构软化;大楼顶部的重力引起钢结构立柱逐一失稳;失稳后残存的立柱已经无法支撑顶部大楼的质量,造成整体垮落;20 层楼的质量以自由落体的运动下落,引起相邻楼层段在贯顶冲击下的坍塌;多米诺效应引起中下部建筑势如破竹的坍塌

20 层楼的整体垮落。20 层楼的质量以自由落体的运动下落,引起相邻楼层段在贯顶冲击下的坍塌,并由于多米诺效应引起中下部建筑势如破竹的坍塌,见图 11.8。

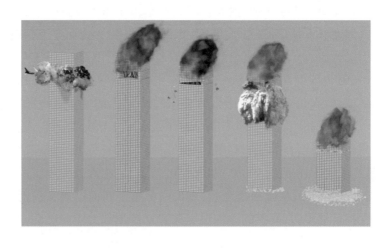

11.2　地震动力学——断续体的波动力学

地幔动力学　地幔动力学(mantle dynamics)研究发生在地幔内部的地质、地球物理和地球化学作用的动力学过程与机制。该学科通过物理和数值模拟来了解地幔对流的基本特征,特别是通过地幔密度分布的不均一来建立地幔内部物质运动的动力学模型。由于地幔深理于地下,人类只能通过地球物理探测技术和岩石探针技术对地幔进行研究。科学家对地幔动力学的全貌还知之甚少[8]。

断层　断层是岩层或岩体顺破裂面发生明显位移的构造。它是地壳的最重要构造之一,是构造运动中广泛发育的构造形态。在地幔的对流作用下,地壳板块会发生碰撞与隆起。在这些地壳运动中,可对地壳本身产生强大的地应力,包括压力、张力、剪力。这些地应力如果超过岩层本身的强度,就会对岩石产生破坏作用,由此而形成断层。断层破坏了岩层的连续性和完整性。岩层断裂错开的面称为断层面。若两条断层中间的岩块相对上升,而两边岩块相对下降时,则将相对上升的岩块称为地垒;若两条断层中间的岩块相对下降、而两侧岩块相对上升时,则形成地堑,即狭长的凹陷地带。大的断层常常形成裂谷和陡崖,如著名的东非大裂谷。地壳断块沿断层的突然运动是地震发生的主要原因。

地震　地震又称地振动,是地壳快速释放能量过程中造成振动、且在振动期间以应力波的形式来产生地震波的一种自然现象。地球上板块之间的挤压碰撞在板块边沿及板块内部产生错动(faulting)和破裂(rupture),是引起地震的主要原因。地震的发生地称为震源,震源正上方的地表面称为震中。破坏性地震的地面震动最烈处称为极震区,它往往也是震中所在的地区。地球上每年发生 500 多万次地震,其中绝大多数不能被人们感觉到,必须用地震仪才能记录下来。图 11.9 给出世界从 1900 年到 2017 年的主要地震分布。

我国是地震常发生国。地震常导致灾难性的后果,近期发生的最严重地震是位于龙门山断裂带上的 2008 年汶川地震,其摧毁性效果见图 11.10(a)。我国及周边地区的地震源分布,图 11.10(b)给出造就了汶川地震的龙门山断裂带。汶川地震后沿龙门山断裂带的余震情况见图 11.10(b)。

震级　度量地震中释放能量大小的方式是震级。震级的标度最初由美国地震学家里克特(Charles F. Richter, 1900~1985)于 1935 年研究加利福尼亚地震时提出,即"里氏震级",它规定以震中距 100 km 处以"标准地震仪"(或称"伍德-安德生(H. O. Wood;John A. Anderson, 1876~1959)扭力式地震仪",其周期为 0.8 s,放大倍数为 2 800,阻尼系数为 0.8)所记录的水平向最大单边

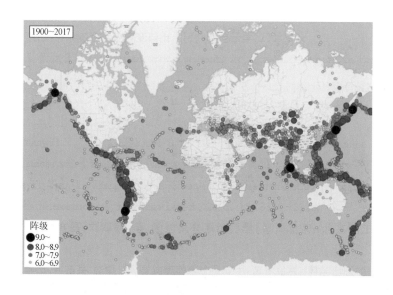

图 11. 9 世界从 1900 年到 2017 年发生的五级以上地震分布

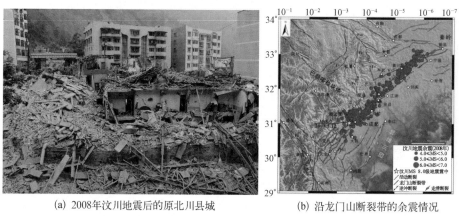

图 11. 10 汶川地震破坏及其附近余震

(a) 2008年汶川地震后的原北川县城

(b) 沿龙门山断裂带的余震情况

振幅(以微米计)的常用对数为该地震的震级。远台及非标准地震仪记录也可以换算为里氏震级。

地壳的破裂速度 在强大的地应力下,已经弥合的断层可以重新产生破裂。地震源就是破裂的起始点。地震一旦萌发,就将持续地破坏邻近的已弥合断层。与断裂力学中的裂纹扩展相似,地质断层的破坏也有 I 型(张开型)、II 型(滑开型)和III型(撕开型)三种。前者为拉应力驱动(多由相邻层的逆向滑错或岩浆中的反向涡旋所造成),后两者分别由面内和离面的剪应力驱动。地震波以应力波的方式向远方传播,涉及纵波、两种剪切波(SH 与 SV)、表面波(瑞利波)和界面波[也称"斯通利(Robert Stoneley,1894~1976)波"]等形式。地壳破口的延展速度可以是亚声速(低于瑞利波速度)、跨声速(称为 super shear,指高于横波但低于纵波速度)或超声速破裂(高于纵波速度)。地震所产生的危害与地壳的破裂速度有关。对以亚声速传播的断层破裂,源于破裂顶点的地震波由椭圆形方程所控制,传递的能量比较小;当以跨声速或超声速传播时,控制方程为部分或完全双曲型,会出现一道或两道向外延展且基本不衰减的激波,对地面的破坏比较大。

可举若干个例子来说明这一点。发生于 1999 年的土耳其伊兹米特地震,断层破坏为滑开型,见图 11.11。破口处由图中的五角星标示。破口后往西侧的扩展为亚声速,地面记录的振动位移幅度较小;而往东侧的扩展为跨声速,地面记录的振动位移幅度较大。地震引起的破坏也是东侧远大于西侧[9]。

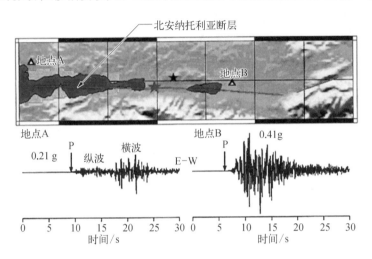

图 11.11　1999 年土耳其伊兹米特地震

2003 年,在中国青海的格尔木附近发生了里氏 8.1 级的大地震。对该地震美国科学家布雄(M. Bouchon)与瓦利(M. Vallee)在 2003 年 8 月 8 日的《科学》期刊上做了报道,题目是"在 8.1 级昆仑山地震的长程超剪切观察"[10]。文中指出:破口以低于瑞利波的方式开始,断裂带向东延展达 400 千米,平均传播速度为 3.7~3.9 千米/秒。后 300 千米的速度是超剪切的,大约为 5 千米/秒。我国 2008 年的汶川地震在龙门山断裂带上的映秀镇发生破口,向东南的一侧不久就止裂了,而向西北的一侧经都江堰附近的停留与迂回,转变为超剪切地震(破裂速度超过 4 千米/秒),经北川上行,引发了极大的破坏,见图 11.10(a)。

地震模拟　地震的过程即可以采取数值模拟,也可以采取实验室模拟。前者的一个例子如图 11.12 所示。这是美国科学家在一份假想报告中推测了洛杉矶发生里氏 7.8 级大地震后的详细情况:它将撕开墨西哥边境以北加州境内巨大的圣安地列斯断层;不到两分钟,洛杉矶及其郊区会像一碗果冻剧烈晃动起来,整个过程中地震波的传播、地面的晃动(放大 1 000 倍)和断层的滑移都在模拟中清晰可见。

地震的实验室模拟起始于罗萨基斯(Ares J. Rosakis, 1956~)团队的工作,他是加州理工学院工学部主任、冯·卡门讲座教授。在力学试验机的纵压下,

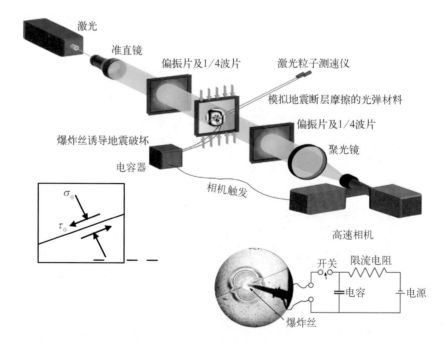

图 11.12　洛杉矶 7.8 级地震的数值模拟（致谢美国加州理工学院罗萨基斯教授）

他们采用沿给定角度斜面压合的两块试件来模拟断层,由压合面的粗糙度可模拟出需要的摩擦系数。采用起爆装置来模拟地震的破口,释放的能量驱动压合面自破口处向外的断层滑错,用高速光测技术可得到断层扩展过程的图像。在这一实验室地震的模拟中,"破裂"被诠释为沿着摩擦黏合的非共格界面的滑错。罗萨基斯团队得以观测到亚声速、跨声速乃至于超声速(后两者都有明晰可见的一道或两道马赫锥)传播的地震破裂过程。同样的研究手段还应用于高速冲击、跨声速断裂和深度撞击过程。图 11.13 给出了实验装置的设立。亦参见文献[11]。

图 11.13　实验室地震的模拟(加州理工学院罗萨基斯团队)

上图为光测实验原理图,中间受压的光弹性试件有一个摩擦系数可控的倾斜压合面,模拟在地应力作用下的断层。左下图为该试件的加载及在摩擦界面(模拟断层)上的应力分析。右下图显示了模拟地震破口的起爆装置

地震的前兆　地震前,自然界出现的可能与地震孕育、发生有关的征兆称作地震前兆,大体有两类。一类是微观前兆:指人的感官不易觉察,须用仪器

才能测量到的震前变化。例如,地面的变形,地球的磁场、重力场的变化,地下水化学成分的变化,小地震的活动等。另一类是宏观前兆:指人的感官能觉察到的地震前兆,多在临近地震发生时出现。如井水的升降、变浑,动物行为反常,地声、地光等。

当前的科技水平尚无法系统性地预测地震。未来相当长的一段时间内,地震也是难于预测的。成功预测地震的例子,基本都是前兆比较明显的情况。并不是所有的地震都会有前兆。地震的破口是一种强非线性行为,它可能是积小破口而触发大破口,也可能是在无任何小破口的情况下突然发生。著名固体力学专家和地震力学专家、美国哈佛大学的莱斯教授曾经探讨过作为一种混沌过程的地震前兆和无法确定性预测的问题[12]。

11.3　风沙力学——两相流的湍动

风沙力学是研究风与沙相互作用及其所产生一系列灾害效应的力学过程与机制的学科。它是认识土壤风蚀、沙尘暴以及风沙灾害本质,从而实现防治的基础。

风与沙的两相流　风沙是风与沙的两相流,其关键是湍流运动机制。风沙的运动机制涉及多尺度、多场耦合、随机性、非线性、尺度效应和复杂系统等科学问题,涉及扬沙、风沙流、沙尘暴、固沙、沙丘演化等自然现象。

湍流边界层　风沙的主要驱动力和形成因素是大气与砂质土壤界面处的湍流边界层。当雷诺数足够大时(取决于尺度与风速),在层流边界层附近可出现湍流层。由于湍流既有涡流动,也有随机的脉动,其流动随空间和时间而发生变化;所以湍流边界层的内部结构比层流边界层复杂得多,有垂直流向的动量交换。可把湍流边界层近似地看作由内区和外区组成。根据实验数据,内区包括贴近壁面的黏性底层,占边界层全层的 20% 左右;该层中的剪应力最大,由许多小漩涡组成;向上是缓冲层,再向上直到边界层外区是大尺寸漩涡组成的动量交换较大的湍流层。外区是从这个湍流层一直到速度与外流相近处。

对湍流边界层的描述有两种理论:一种是统计理论,另一种是半经验理论。在统计理论中,把流体看作连续介质,把流速、压力等的脉动值视为连续的随机函数,通过各脉动值的相关函数和谱函数来描述湍流流动,再按统计平均法,从中找出脉动结构,把各种平均值代入 N-S 方程,得出所谓雷诺方程。但统计理论主要用于研究均匀各向同性湍流,对湍流边界层流动并不适合。在半经验理论中,因为湍流边界层方程的数目少于未知量的数,方程组是不封闭的,因而需要补充一些半经验的关系式来封闭求解。因为其中有些系数是从实验中求出的,所以这些半经验理论算出的结果常与实验较吻合。但它们的适用范围有局部性。湍流模式理论就是一类常用的半经验理论。对湍流边界层的研究，实验是很重要的手段。一般实验是在风洞内进行的。所用的流场显示法有烟迹法、热线法、热膜和激光测速、激光全息摄影等。对边界层的更多介绍，参见7.1 节。

沙尘暴　沙尘暴是沙暴(sand storm)和尘暴(dust storm)的总称。它指强风从地面卷起大量沙尘，使水平能见度小于 1 千米，具有突发性和持续时间较短特点的概率小危害大的灾害性天气现象。其中沙暴是指大风把大量沙粒吹入近地层所形成的挟沙风暴；尘暴则是大风把大量尘埃及其他细颗粒物卷入高空所形成的风暴。图 11.14 展示了沙尘暴的肆虐情况。

图 11.14　沙尘暴的来临

起沙　当风力逐渐增大到某一临界值以后，地表沙粒开始脱离静止状态而进入运动，使沙粒开始运动的临界风速称为"起动风速"(threshold wind velocity)。大于起动风速的风称为起沙风。

沙尘电　沙尘暴本质上是带有负电荷的硅酸盐气溶胶。干旱是沙尘暴形成的原因之一。土壤、黄沙主要成分是硅酸盐。当干旱少雨且气温变暖时，硅酸盐表面的硅酸失去水分，这样硅酸盐土壤胶团、砂粒等表面就会带有负电荷，相互之间有了排斥作用，成为气溶胶而不能凝聚在一起，从而形成沙尘暴。沙尘暴不仅会改变空气的绝缘性能，而且由于沙尘颗粒之间的摩擦，会在空间产生强烈的电场，即沙尘电。因此，沙尘暴与沙尘电是一对孪生兄弟。目前对风沙电场的研究工作主要局限于近地表附近。沙尘暴过境经常有放电现象并对人类造成危害。可利用大型风洞对沙尘暴中蠕移跃移扬沙、悬移扬沙和加水悬移扬沙的电场状况进行模拟实验。

全场观测野外阵列　兰州大学风沙环境力学研究组从野外测量和风洞实验、理论建模和计算模拟等方面对风沙运动及其影响进行了系统的研究。他们揭示了沙粒带电机制和规律,认识到风沙电场的方向和强度与大气电场有着显著的差异,并定量地预测了风沙电场对输沙强度和电磁波衰减的影响。他们建成了世界少有的含沙流动全场观测野外阵列,见图 11.15。

图 11.15　含沙流动全场观测野外阵列

该野外阵列实现了对大气边界层风沙流与沙尘暴的全方位(三维风速、粉尘浓度、温湿度、风沙电场)实时同步的全场观测,累积了长达 5 年的观测数据,为国际上野外壁湍流雷诺数最高的装置,大气表面层的雷诺数可达 10^6。借助于这一观测装置,他们获得了沙尘暴过程信息最齐全的实时同步数据,揭示出具有超大尺度结构特性的湍流边界层。通过对壁湍流的野外观测与结构特征解析,可揭示大气表面层超大尺度结构起源的"自上而下"机制,揭示净风和含沙超大尺度结构的尺度规律和倾角随摩阻风速降低的规律。利用该装置对沙尘电的研究表明:沙尘暴中存在垂向电场的分层现象,沙尘浓度空间变化趋势分层造成了这一现象,垂向电场大小由沙尘颗粒荷质比所主导。随大气温度的增加,垂向电场强度增大[13]。

沙面演化与沙丘　自然界的沙丘是由风堆积而成的小丘,常见于海岸、河谷以及旱季时的干燥沙地表面。沙丘的存在是风吹移未固结的沙化物质所致。沙丘通常与风吹沙占据的沙漠地区有关。图 11.16 显示了典型的沙丘图像。在广袤的撒哈拉沙漠,沙的沉积约占 700 万平方千米。

沙丘沙的移动有两种方式。第一种,通过跳跃的过程,风把沙粒刮起,吹移一段距离后再落下。第二种,跳跃的沙粒再一次碰撞地面,并借助冲击力将别的沙粒推向前进,这种运动称作表层蠕动。形成沙丘最简单的方式是:一个障碍物,如地面上的凸起物,阻止了气流,使沙子在顺风一侧堆积起来。沙丘逐渐增大,对风携带的沙所起的阻挡作用就更大,在下风隐蔽处截住跳跃的沙粒。沙丘增大后,开始顺风缓慢移动,呈更不对称的形状。沙丘对气流的干扰越来越大。这时在沙丘向风的一面风速加大,跳跃沙粒被吹动向上,并越过丘峰,下落到下风丘坡的上部,造成比较陡峭的滑面。沙丘沙粒的直径往往小于 1 毫

图 11.16　沙丘

米,可使沙粒停住的休止角约为 35 度。当滑面更为陡峭的上段达到或超过这个角度时,丘坡变得不再稳定。沙子最终滑下滑面,于是沙丘便向前推进。这就是沙丘会移动的原因。

由障碍物导致形成沙丘的说法不能解释沙丘如何在平滑、水平的表面上形成,并构成由许多大小形状相近的沙堆组成的沙海。从力学的观点来看,沙的流动取决于空气(平行于沙面)的吹拂力和地面的摩擦阻力。从平整的沙面上形成沙丘有两种机制:一是波动机制,由于吹拂力的波动性而形成,类似于沙波纹在河床或海滩上形成的方式;二是失稳机制,由于吹拂力对沙面曲率的敏感性而形成,类似于液流失稳的瑞利稳定性。

兰州大学风沙环境力学研究组提出了风沙流和风成地貌(沙纹及沙丘)形成及发展过程的理论预测方法;建立了可再现数百平方千米沙漠的形成和演化过程,并预测其发展的跨尺度理论模型,其预测的沙源厚度、粒径,风场风速、方向等因素对沙丘形态、移动速度的影响规律,均与野外观察定量相符。在理论预测、固沙结构有效尺寸的分析、风成地貌主要特征的计算机模拟等方面的研究基础上,他们对一种工程固沙(草方格)方法给出了设计的理论公式,通过对草方格的尺寸设计以及铺设布局方案进行优化,可定量预测其遏制沙漠扩展的效果[14]。

11.4　环境力学——力学的共融之道

毛细作用　毛细作用是指浸润液体在细管里升高的现象和不浸润液体在细管里降低的现象(见 9.4 节)。由于表面张力沿着液面作用,凸形的液面(不浸润)所对应的表面张力有向下的合力,凹形的液面(浸润)所对应的表面张力有向上的合力。于是,浸润液体在毛细管内上升,不浸润液体在毛细管内下降。植物茎内的导管、砖块吸水、毛巾吸汗、钢笔吸墨水都是常见的毛细现象,这些物体中的细小孔道起着毛细管的作用。液体的表面张力、内聚力和附着力的共同作用使水分可以在较小直径的毛细管中上升到一定的高度。

土的毛细性是指土中水在表面张力作用下,沿着细的孔隙向上及向其他方向移动的现象。这种细微孔隙中的水被称为毛细水。土颗粒形状、大小、排布及颗粒间的孔隙情况等与毛细现象息息相关。公路工程中,由于毛细水的侵蚀作用导致了较多的路基病害,引起人们对毛细上升现象的重视。

吉布斯-汤姆森效应　当土中的孔隙水开始冻结时,毛细水与冰之间形成一个弯曲的界面,冰水界面产生的表面张力使水压力小于冰压力。毛细水压力比纯水压力低,因此其化学势降低,对应于冻结温度降低。由孔隙的毛细作用引起水的冻结温度降低的现象,被称为吉布斯-汤姆森效应(Gibbs-Thomson Effect)。[15]土的孔隙越小,吉布斯-汤姆森效应越明显,冻结温度也就越低。吉布斯-汤姆森效应降低土的冻结温度还体现在土中的含水量上:水在土中首先填充小孔隙再填充大孔隙,如果土中的含水量较小,则水分只填充在较小的孔隙中而大孔隙没有水,小孔隙的毛细作用更显著,冻结所需的冻结温度更低。因此,土中水分越少冻结温度越低。

未冻水　对于纯净水,只要温度低于 0℃,水最终会全部冻结成冰。在土中的水却不是这样。土的温度降低到冻结温度以下时,土开始冻结,但是冻结后土中的水并没有全部转变为冰,仍然有一部分过冷的液态水没有被冻结,被称为未冻水。随着温度的进一步降低,先前的未冻水中又有一部分冻结成冰,因此冰含量逐渐增大而未冻水含量逐渐减小。在接近冻结温度时,未冻水含量变化幅度大;当温度很低时,未冻水含量变化幅度较小。在冻土研究中,未冻水含量随温度的变化曲线被称为"土的冻结特征曲线"。

冻结温度和未冻水含量是冻土明显区别于一般土和溶液的两个物理量,是冻土领域内很多研究方向的基础。在冻土中存在着过冷的未冻水,这些未冻水可以通过毛细作用达到输运水和土的效果,导致在冻土带地面和路基在结冻和熔融的季节变化中产生波状起伏的地貌,对冻土区的道路造成致命威胁。人们对冻结温度和未冻水的认识正在逐渐深入,一些分子动力学、表面物理的相关理论被应用来解释和模拟冻土中冰晶体的生长过程,不断提出更加精确的冻结温度和未冻水含量的数学模型。这些新的理论和模拟方法可以用来指导冻土带的道路施工。

泥沙理论　泥沙,是指在土壤侵蚀过程中,随水流输移和沉积的土体、矿物岩石等固体颗粒。泥沙颗粒的大小通常用泥沙的直径来表示,常用单位是mm。由于泥沙形状不规则,直径不易直接测定,理论上采用等容粒径,即用与泥沙颗粒体积相等的球体直径来表示。单位体积泥沙的质量称为容重,单位为吨/立方米或克/立方厘米。泥沙在静水中下沉到一定程度,泥沙重力等于阻力时,泥沙会匀速下沉。泥沙在静水中的均匀沉降的速度称为泥沙的水力速度。根据泥沙运动情况,可将泥沙区分为推移质、跃移质和悬移质。跃移质是推移质和悬移质之间的泥沙运动中间状态。

悬移质是泥沙运动的重要方式。悬移质运动的形式是随水漂流。紊动作用是引起泥沙悬浮的主要因素。悬移质运动时受到两种力的作用:一是重力,使泥沙向河底沉降;另一是水流推动力,使泥沙沿河向下游运动。泥沙向下游运动的速度与水流速度有关,泥沙输送量可间接地代表泥沙向下游运动的速度。流量越大,可带走的泥沙量也越多。泥沙的运动常受河底地形和水流内摩擦的影响而产生涡流。悬移质在沉降过程中被涡流带回上层,使泥沙上下漂移,沉降速度变慢,因此细颗粒泥沙可被带到下游的远方。

推移质以沙波形式运动。它的运动可用艾里(Sir George Airy,1801~1892)定律来说明,即河底滚动的推移质的直径与水流速度的平方成正比,推移质重量与水流速度的六次方成正比。河流上游河段的流速变化很大,洪水时常能推动巨大的砾石,洪水稍为退落,推动力迅速减弱,巨砾当即停留不动。在上游河段及其附近河槽,常见巨砾堆积。

泥沙起动　河床上的泥沙颗粒从静止状态转入运动状态的现象称为泥沙起动。水流沿河床流动时,床面上的泥沙颗粒受到水流拖曳力和上举力的作用。拖曳力为水流绕过沙粒时在沙粒顶部发生分离现象而在沙粒前后产生的压力差。上举力是水流流过沙粒时,由于沙粒顶部和底部流速不同,形成压力差而产生;由伯努利定律可知该力的合力向上。拖曳力和上举力使泥沙颗粒运动,而泥沙颗粒的有效重力(对于细颗粒泥沙还有颗粒的黏结力)与沙粒表面间的摩擦力则阻抗泥沙颗粒起动。当水流强度增大到某个临界值时,泥沙颗粒将从静止状态转入运动状态。

判别泥沙起动临界状态的水流条件称为泥沙起动条件,主要有:起动拖曳力,即床面泥沙颗粒从静止状态转入运动状态时的临界水流切应力;起动流速,即床面泥沙颗粒从静止状态转入运动状态时的临界水流平均流速;起动功率,即床面泥沙颗粒从静止状态转入运动状态的临界水流功率。用水流对床面切应力的某临界值作为判别泥沙起动的标志是最直接的。但切应力中包含难以准确测量的比降因素,因此也常用水流平均流速来判别泥沙的起动。起动功率则较少使用[16]。

泥石流　含沙量每立方米达到数百乃至上千克以上的高含沙水流有两种基本的流态:一种是高强度紊流,另一种是湍流。高含沙水流携带大量泥沙,当进入下游河段,比降减小,流速变缓时,就容易大量淤积。在山区或者其他沟谷深壑、地形险峻的地区,因为暴雨、暴雪或其他自然灾害引发的山体滑坡并携带有大量泥沙以及石块的特殊洪流。它们中有一种含沙量极高(1 300~2 300千克/立方米)的突发性高速水流,称为泥石流。

典型的泥石流由悬浮着粗大固体碎屑物并富含粉砂及黏土的黏稠泥浆组成。在适当的地形条件下,大量的水体浸透流水山坡或沟床中的固体堆积物质,使其稳定性降低。饱含水分的固体堆积物质在自身重力作用下发生运动,就形成了泥石流。泥石流是一种灾害性的地质现象。泥石流经过的典型画面见图 11.17(a)。泥石流流动的全过程一般只有几个小时,短的只有几分钟,是一种广泛分布于世界各国一些具有特殊地形、地貌状况地区的自然灾害。2010年 8 月 7 日夜,甘肃甘南藏族自治州舟曲县发生特大泥石流,致使 1 434 人遇难,331 人失踪;舟曲 5 千米长、500 米宽区域被夷为平地。典型泥石流发生的示意图见图 11.17(b)。它是山区沟谷或山地坡面上,由暴雨、冰雪融化等水源激发的、含有大量泥沙石块的介于挟沙水流和滑坡之间的土、水、气混合流。它

(a)

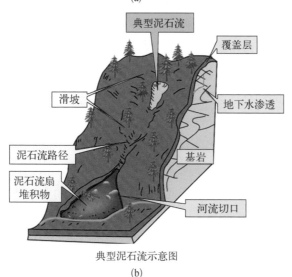

典型泥石流示意图

(b)

图 11.17　泥石流

与一般洪水的区别是：洪流中含有足够数量的泥沙石等固体碎屑物，其体积含量最少为15%，最高可达80%左右，因此比洪水更具有破坏力。

从力学的角度来说，消解泥石流的破坏力取决于实现水与泥石的分离。其方法有三种：一是防止出现过饱和的含水土壤，其关键在于形成有效的植被；二是在泥石流可能形成的路径上消解其动能，其关键在于造成迂回的路径以降低单位时间中释放的势能；三是在泥石流可能下泄的路径构筑栅状隔离，形成水与泥石的分离，从而抑制随泥石流裹挟而下的大石。

河流污染　在混合物中，若各组分存在浓度梯度时，会发生分子扩散。分子质量扩散传递同分子的动量扩散传递一样，是分子无规则运动的结果。某个组分在单位时间内通过垂直于传质方向上单位面积的质量称为质量通量。陆表侵蚀作用导致一定的沉积物从物源区搬运到沉积区，通常采用沉积物通量来描述，代表单位时间内通过某一断面水体中的沉积物的量。沉积物中的一个有害的部分为污染物。在河流的泥沙运动中，往往不仅要控制其泥沙量，还要控制其携带的污染物量。污染物通量可以被定义为在单位时间内通过单位面积的污染物流量[17]。当污染物与泥沙处于一个合适的匹配比例时，由于生态化学反应，它们之间可能产生对环境有利的转化，如酸碱中和、微生物与氨氮的作用、富氧化物质的植物化等等。所以，关键并不在于控制泥沙通量或污染物通量，而在于形成和谐的泥沙/污染物悬浮液，利用生态化学反应，使得输送到河流下游的环境通量为最优值。

气溶胶　污染物除了沿着河流传输外，还可以在大气中传播，其主要的形式是气溶胶。气溶胶由固体或液体小质点分散并悬浮在气体介质中形成的胶体分散体系组成，其分散相为固体或液体小质点，其大小为 0.001~100 微米，分散介质为气体。液体气溶胶通常称为雾，固体气溶胶通常称为雾烟。介于固体与液体之间的气溶胶也称为霾。天空中的云、雾、霾、尘埃，工业上和运输业上用的锅炉和各种发动机里未燃尽的燃料所形成的烟，采矿、采石场磨材和粮食加工时所形成的固体粉尘，人造的掩蔽烟幕和毒烟等都是气溶胶的具体实例。气溶胶的消除，主要靠大气的降水、小粒子间的碰并、凝聚、聚合和沉降过程。热电站中的静电除尘，就是利用静电场造成小粒子间的碰并、凝聚而形成大粒子，从而通过沉降过程而分离。汽车的尾气除尘，是利用催化手段造成化学反应，从而凝聚和聚合成大粒子而分离。由于我国的大气普遍呈酸性，除了排放的一次粒子外，还有更小的固态团簇和固态团粒，通过几十种化学反应或生物反应，而形成二次粒子（也叫新粒子）。二次粒子对 PM2.5 的贡献大概要占到60%左右[18]。

11.5　岩土力学——非正交塑性流动

岩土　岩土(rock and soil)是对组成地壳的诸种岩石和土的统称。岩土可细分五大类,分别为:坚硬的(硬岩)、次坚硬的(软岩)、软弱联结的、松散无联结的、具有特殊成分、结构、状态和性质的。习惯将前两类称岩石,后三类称土,统称为"岩土"。

岩土工程　土木工程中涉及岩土的部分称为岩土工程。岩土工程以工程地质学、土力学、岩石力学为手段,以求解岩体与土体工程问题,包括地基与基础、边坡和地下工程等问题,作为自己的研究对象。岩土工程的主要研究方向有三个。(1)城市地下空间与地下工程:以城市地下空间为主体,研究地下空间开发利用过程中的各种环境岩土工程问题,地下空间资源的合理利用策略,以及各类地下结构的设计、计算方法和地下工程的施工技术[如浅埋暗挖、盾构法、冻结法、降水排水法、沉管法、岩石隧道掘进机(Tunnel Boring Machine,简称TBM)法]及其优化措施等。(2)边坡与基坑工程:重点研究基坑开挖(包括基坑降水)对邻近既有建筑和环境的影响,基坑支护结构的设计计算理论和方法,基坑支护结构的优化设计和可靠度分析技术,边坡稳定分析理论以及新型支护技术的开发应用等。(3)地基与基础工程:重点开展地基模型及其计算方法、参数研究,地基处理新技术、新方法和检测技术的研究,建筑基础(如柱下条形基础、十字交叉基础、筏形基础、箱形基础及桩基础等)与上部结构的共同作用机制和规律研究等。

本构描述　岩土力学的主要难点在于其本构描述。自罗斯科(Kenneth H. Roscoe, 1914~1970)与他的学生创建剑桥模型至今[19],各国学者已发展了数百个涉及岩土的本构模型,但得到工程界普遍认可的极少。岩体的应力-应变关系比较复杂,难以建立能反映各类岩土的本构模型。在实际工程中,岩土的应力-应变关系非常复杂,具有非线性、弹性、塑性、黏性、剪胀性、各向异性等等特征。同时,应力路径、强度变化以及岩土的状态、组成、结构、温度等均对其有影响。

剪胀与压力敏感　与金属塑性不同,岩土本构关系的力学特征是剪胀性与压力敏感性。剪胀规律有两种描述方法。一是剪切引起的增厚效应,即当试件沿剪切面滑错时,剪切体随剪位移的发展而发生的、垂直于剪切面的增厚现象。二是剪切引起的体积膨胀,指相对坚实的土体或岩体在剪应力作用下产生的塑性体积应变,称为脆性材料的剪胀性。岩土材料多为多孔材料,其塑性流动除了取决于分解剪应力外,还受到静水应力的影响,这一现象称为岩土材料的压力敏感性。

非正交流动律　与金属材料经常遵循的 J_2 流动规律不同,岩土材料的塑性流动不仅取决于应力偏量,也取决于球形应力张量,这时屈服面会沿着静水轴发生变化。同时,塑性变形不仅仅引发应变偏量,也引发体积应变。综合上述两点,正交式的塑性流动律不再成立,而应该代替以非正交流动律,如莱斯-鲁德尼基(John Rudniciki, 1951~)本构关系[20]。

岩土的本构模型研究可以从两个方向开展:一是努力建立用于解决实际工程问题的实用模型;二是建立能进一步反映某类岩土体应力应变特性的理论模型。理论模型包括各类弹性模型、弹塑性模型、黏弹性模型、黏弹塑性模型、内时模型和损伤模型,以及细观模型等。

11.6　高边坡与剪切带——岩土体的纵横钉扎

岩土的液化　在山体或堆积物底部,由于降水或液体涌入,含大量孔隙的岩土体中会出现孔隙水压增加,再由于正压、围压等有效约束应力降低,使原来由颗粒骨架体承受主要应力的结构发生破坏,而进入到由液体承受应力的受力状态。这一过程称为岩土的液化过程。在地震过程中,它也针对土体被震实下沉、土体中的水漂上来的现象,将会导致建筑物下的含水量加大,丧失对横向剪切变形的承载力。液化严重时会导致建筑物倾倒。影响液化的因素有:颗粒级配(包括黏粒、粉粒含量等)、透水性能、相对密度、土粒结构、水饱和度、动载荷(包括振幅、持时等)等。液化往往是岩土体破坏的前奏和诱因。

剪切带　剪切带指发育在岩石圈中具有局部化剪切应变的变形带。该变形带可以是应变不连续的面状构造(断层),也可以是在露头尺度上未见几何不连续性而呈连续应变的韧性剪切带。自然界存在不同尺度的剪切带,可以从微观的剪切面到几十米、几十千米、甚至几百千米长的巨型剪切带。

地质上的剪切带可以分为 3 种类型:(1)脆性剪切带,即断层。一般在不高的温度、压力和高应变速率的条件下形成。(2)韧性剪切带,一般为产在较深部位的剪切应变带。(3)脆-韧性剪切带,即宏观上表现为一条韧性剪切变形带,但其中可见岩石错开或羽状拉张裂隙。后一类剪切带往往形成于前两者之间的过渡带内。

高边坡　"边坡"一般指自然斜坡、河流水岸坡、台塬边缘、崩滑流堆积体以及人工边坡(交通道路、露天采矿、建筑场地与基础工程等所形成)等坡体形态的总称。也可以将边坡广义地定义为地球表面具有倾向临空的地质体,主要由坡顶、坡面、坡脚及下部一定范围内的坡体组成。按照坡高可以分为:低边坡、高边坡、特高边坡;按照边坡成因可分为:人工边坡、自然边坡;按照物质组成可分为土质边坡、岩质边坡、二元结构边坡等。对于高度大于 20 米但小于 100 米的土质边坡或高度大于 30 米但小于 100 米的岩质边坡,其边坡高度因素将对边坡稳定性产生重要影响,此时边坡稳定性分析和防护加固工程设计应进行特别设计计算,这些边坡称为高边坡。

滑坡　高边坡的破坏形式主要为滑坡,即上部岩土体沿着一条或多条剪切带相对于下部岩土体实行以滑移为主的溃降。滑坡时的剪切带生成,包括剪切带角度、临界载荷和后失稳所能容纳的滑移量,可由固体力学的稳定性分析给出,我国学者白以龙(1940~)等为此做出了贡献[21]。剪切带的角度与岩土体的本构响应有关,后者亦与岩土体的液化程度有关,因此就必然与岩土体中的含水量有关。在三峡大坝修建前的大江截留分洪时,截留的堆石面呈现出自然的双折形坡面,水面以上是一个较为陡峭的堆石面,而水面以下是一个相对平缓的堆石面。

锚固与监测　高边坡的防护工程有坡面防护、支挡结构防护、网状包覆三类。坡面防护常用的措施有灰浆或三合土等抹面、喷浆、喷混凝土、浆砌片石护墙、锚喷护坡、锚喷网护坡等。此类措施主要用以防护开挖边坡坡面的岩石风化剥落、碎落以及少量落石掉块等现象。防护的边坡应有足够的稳定性,对于不稳定的边坡应先支挡再防护。支挡结构的类型较多,如挡土墙、锚杆挡墙、抗滑桩等。这些支挡结构既有防护作用,又有加固坡体的作用。见图 11.18。网状包覆防护系统是以钢丝绳网为主的各类柔性网覆盖包裹在所需防护斜坡或岩石上,以限制坡面岩石土体的风化剥落或破坏以及危岩崩塌(加固作用),或将落石控制于一定范围内运动(围护作用)。

图 11.18　高边坡的防护

对高边坡防护,还可以采用植物群落固坡。但它不能涉及深层土壤的坍塌或极其厚重土层的滑动。对于高陡边坡,若不采取工程措施,植物生长基质则难以附于坡面,植物便无法生长。因此,植被护坡技术必须是植物措施与工程措施相结合,发挥二者各自的优势,才能有效地解决边坡工程防护与生态环境破坏的矛盾。

11.7 盾构力学——大地深处的破坏力学

盾构施工法 盾构机是一种使用盾构法的隧道掘进机。区别于敞开式施工法,盾构的施工法是掘进机在掘进的同时构建隧道之"盾"(指支撑性管片)。在我国,习惯将用于软土地层的隧道掘进机称为盾构机,将用于岩石地层的称为岩石隧道掘进机。盾构机的基本工作原理就是:一个圆柱体的钢组件沿隧洞轴线边向前推进,边对土壤进行挖掘。该圆柱体组件的壳体即护盾,它对挖掘出的还未衬砌的隧洞段起着临时支撑的作用,承受周围土层的压力,有时还承受地下水压以及将地下水挡在外面。挖掘、排土、衬砌等作业在护盾的掩护下进行。一言以蔽之,盾构是在保护罩与破坏过程同步施加的力学过程,是大地深处的"力之歌"。

我国学者针对盾构掘进中界面失稳引起地面坍塌、载荷突变使关键部件失效、方向失准造成隧道掘进偏离设计轴线的三大国际性难题,提出了界面稳定性、载荷顺应性、姿态预测性的盾构设计理论和技术体系,为攻克这些难题做出了贡献[22]。目前,我国已突破了土压、泥水和复合全部三大类盾构核心技术,支撑了 5 家国内盾构生产龙头企业形成自主设计制造能力,目前这 5 家企业生产的盾构已占绝大多数国内市场并批量出口,实现了我国盾构装备产业的跨越发展。图 11.19 显示了我国生产的大型盾构机。

图 11.19 我国生产的大型盾构机

盾构施工的力学 盾构施工涉及岩土力学、切削力学、实验力学和动力学与控制。对岩土力学来讲,盾构前方岩土性质的感知至关重要;需要做好对不同类型岩土物质的本构建模,并通过应力波的办法进行三维探构来给出盾构前方岩石、土质、解理、断层、水流和空隙的形貌。对切削力学来讲,可以根据盾构前方岩土的本构性质和解理形貌来解算盾构的切削过程,确定主要切削参数,并将实测的切削进度与模拟的结果进行对照,以更新数值模拟孪生体的参数集。对实验力学来讲,用电测法可以获得盾构机上各特征部位的力学量,用光测法可得到切削过程的几何量,进而利用大数据的手段对大地深部的盾构施工工程和地质情况进行深度感知。对动力学与控制来讲,要点在于把握盾构机的动力学宏观量,控制好掘进轨迹、盾构机进给量与转速。黄黔(1942～2014)所著的《盾构法隧道施工中的力学和控制论》一书总结和分析了力学理论在盾构法隧道的应用情况和适用范围,并从控制论的角度分析盾构法隧道施工控制理论上的可行性,从施工信息流的角度分析盾构法隧道施工控制工程上的可行性,并按系统控制原理、辨识模型、控制模型进行了论述[23]。

参考文献

1. 李国豪,何友声.力学与工程——21世纪工程技术发展与力学的挑战[M].上海:上海交通大学出版社,1999.

2. Hutchinson J W. Knockdown factors for buckling of cylindrical and spherical shells subject to reduced biaxial membrane stress[J]. International Journal of Solids and Structures, 2010, 47(10): 1443-1448.

3. 董石麟.中国空间结构的发展与展望[J].建筑结构学报,2010,(6):38-51.

4. 徐世烺,赵国藩.混凝土结构裂缝扩展的双K断裂准则[J].土木工程学报,1992,25(2):32-38.

5. 中华人民共和国电力行业标准.水工混凝土断裂试验规程[S].DL/T 5332-2005,含Ⅰ型断裂韧度试验的标准测试方法.北京,2005.

6. 浙江大学超重力离心模拟与实验装置国家重大科技基础设施. http://chief.zju.edu.cn/.

7. Bazant Z P, Zhou Y. Why did the World Trade Center collapse? — Simple analysis[J]. Journal of Engineering Mechanics-ASCE, 2001, 128: 2-6.

8. 王仁.大地构造分析中的一些力学问题[J].力学进展,1989,19(2):145-157.

9. Bouchon M, Bouin M, Hayrullah Karabulut, et al. How fast is rupture during an earthquake? New insights from the 1999 Turkey Earthquakes[J]. Geophysical Research Letters, 2001, 28(14): 2723-2726.

10. Bouchon M, Vallee M. Observation of long supershear rupture during the magnitude 8.1 Kunlunshan earthquake[J]. Science, 2003, 301(5634): 824-826.

11. Xia K, Rosakis A J, Kanamori H et al. Laboratory earthquakes along inhomogeneous faults: directionality and supershear[J]. Science, 2005, 308(5722): 681-684.

12. Rice J R. Theory of precursory process in the inception of earthquake rupture[J]. Gerlands Beitrage Geophysik, 1979, 88: 91-121.

13. G. Wang, Zheng X. Very large scale motions in the atmospheric surface layer: a field

investigation[J]. Journal of Fluid Mechanics, 2016, 802: 464－489.

14. 黄宁,郑晓静.风沙运动力学机理研究的历史、进展与趋势[J].力学与实践,2007, 29: 4.

15. Perez M. Gibbs-Thomson effects in phase transformations[J]. Scripta Materialia, 2005, 52(8): 709－712.

16. 钱宁,万兆惠.泥沙运动力学[M].北京:科学出版社,1983.

17. 倪晋仁,刘元元.论河流生态修复[J].水利学报,2006,37(9):1029－1043.

18. Wang G H, et al. Persistent sulfate formation from London Fog to Chinese haze[J]. PNAS, 2016, 113(48): 13630－13635.

19. Roscoe K H,Schofield A N, Wroth C P. On yielding of soils[J]. Geotechnique, 1958, 8(1): 22－53.

20. Rudniciki J W, Rice J R. Conditions for the localization of deformation in pressure-sensitive dilatant materials[J]. Journal of Mechanics and Physics of Solids, 1975, 23(6): 371－394.

21. Bai Y L, Dodd B. Adiabatic shear localization: Occurrence, theories, and applications [M]. Oxford: Oxford University Press, 1992.

22. 杨华勇.见证国产盾构的逆袭之路[J].中国统一战线,2016,70－74.

23. 黄黔.盾构法隧道施工中的力学和控制论[M].北京:科学出版社,2014.

思考题

1. 分别对梁柱结构、桁架-板结构、柱筒结构、薄壳结构、网架结构说明其结构力学特点,并进行相互比较。

2. 为什么在台北 101 高楼的顶部内庭悬挂着一个大型质量球,就可以起到一定的被动抑制振动的效果?

3. 假设你在一建筑物中突然遭遇地震情景,震中距离你有 200 千米。你在房中首先感觉到纵波而产生的跳动式振动,在可能会倾倒建筑物的横波到达前,你还有多少时间从建筑物中跑出?

4. 在风沙肆虐时,密度大于空气的沙尘为什么可以飘浮在空中?

5. 若对泥石流进行部分的泥水分离后,泥沙为什么就会迅速沉积?

6. 假定已知岩土材料的本构关系,你如何判断其发生剪切带的临界条件?

7. 如何定量地描述岩土材料在垂直于剪切面的增厚现象? 如何定量地描述岩土材料在剪切时引起的体积膨胀?

第12章
流程力学

12.1　多相流——多相介质的传质与传热

流程工业　流程工业(process industry)也称过程工业,是指通过化学、物理和力学的手段来改变物料性能的加工业。凡是涉及热量传递、能量传递及质量传递的连续性过程的工业,均属于流程工业。化工、炼油、冶金、轻工、建材、制药等行业都是流程工业。流程工业总的趋势是自动化、集中化、集成化、整体化。从原料到产品的工艺流程由为数众多的功能单元构成,每个单元由实现该功能的设备来完成,将这些单元设备连在一起便构成流程装备。流程装备包括以下六类:(1)流体动力过程及设备;(2)传热过程及设备;(3)传质过程及设备;(4)热力过程及设备;(5)机械过程及设备;(6)化学过程及设备。与流程工业相关联的有三个学科:(1)控制工程学科,对流程装备及其系统的状态和工况进行监测、控制,确保生产工艺有序稳定运行,提高流程装备的可靠度和功能可利用度,其理论基础为动力学与控制。(2)动力工程及工程热物理学科,研究能量以热、功及其他相关形式在转化、传递过程中的基本规律,以及按此规律有效地实现这些流程的应用科学,其理论基础为流体力学。(3)流程装备学科,包括流程装备设计与制造、高效节能装备的开发、设备结构及强度理论、过程安全理论等,其理论基础为固体力学。

多相流　流程工业的物理科学内涵是多相流理论,主要集中于多相介质的传热与传质[1]。在自然界、人体及其他生物过程存在着多种复杂的多相流行为:(1)大气圈行为,如地球表面及大气中常见的风云际会、风沙尘暴、雪雨纷飞、泥石流、气蚀瀑幕等;(2)地质圈行为,如地质、矿藏的形成与运移演变等;(3)生态圈行为,如生态与环境的变迁、保护、可持续开发利用等;(4)生物圈行为,如生命的起源与人类健康发展等。它们均遵循多相流科学的基本理论与规律。多相流泛指对气态、液态、固态物质的混合流动过程的研究,这里的"相"指不同物态或同一物态的不同物理性质或力学状态。多相流研究不同相态物质共存且有明确分界面的多相流体中具有流体力学、热力学、传热传质学、燃烧学、化学和生物反应的共性科学问题。人们迄今仍未能从根本上掌握多相流及其传递过程的基本规律及其数理描述方法。多相流的简单形式为各种形态的两相流。例如：（1）气-液两相流，如泄水建筑中的掺气水流等；（2）气-固两相流，如含尘埃的大气流动、气流输送粉料等；（3）液-固两相流，如天然河道中的含沙水流等。

多相流具有过程复杂、交叉性强等特点，必须针对复杂流场、复杂离散相、复杂连续相、复杂相间作用多相流开展研究。需要深入研究的问题包括：（1）多相湍流的流动控制，多相流的相分布与相运动规律；（2）多相流的稳定性和多相流的湍流封闭模式；（3）超声速气流与固相颗粒的相互作用；（4）微重力条件下的界面特性；（5）沙尘和污染物颗粒与高雷诺数大气表面层的相互作用机制，污染物在水环境中的输运、沉积与控制；（6）离散相颗粒与变形颗粒的动力学，离散相对连续相特性的影响，以及离散相之间的相互作用；（7）极端条件与复杂几何流道中流动传热的规律和极限、瞬态过程流动传热与临界及超临界效应；（8）多相连续反应体系复杂过程热力学与微尺度多相流动力学、非均质多相流光化学与热化学；等等。

近年来，我国力学家在多相流领域取得以下进展：（1）提出了求解纳米颗粒数密度方程的泰勒级数矩方法，提高了计算精度和效率；（2）建立了精度和稳定性更高的气泡动力学数值模拟方法，可更细致地捕捉环形气泡的演化特性；（3）提出了精度、效率和稳定性俱佳的直接力-虚拟区域方法，并用于揭示颗粒和流体相互作用的机制；（4）建立了多相界面复杂流动的移动接触线模型，并揭示了接触线的运动机制；等等。

反应过程　流程工业化学的科学内涵是反应过程。冶金、石油炼制、能源及轻工等流程工业中常用的手段就是用化学方法将原料加工成产品。化学反应过程可视为一种传递现象，即通常所说的"三传一反"，它包括动量传递、热量传递、质量传递，再加上化学反应。化学反应种类繁多，按照反应的类型可以分为合成、分解和异构化三类。采用化学方法加工时，都包括三个组成部分：原料的预处理、化学反应的进行、反应产物的分离与提纯。

燃烧过程　燃烧过程（combustion process）是可燃物质从预热到着火的历程。固体、液体、气体这三种状态的物质燃烧过程是不同的。固体是有一定形状的物质，它的化学结构比较紧凑。可燃固体的燃烧需要经过预热、熔化、蒸发、分解等过程才能被点燃。有的固体物质可以直接受热气化分解，进而燃烧；而另一些固体物质需在受热后先熔化为液体，然后汽化燃烧。液体是一种流动性物质，没有一定形状。可燃液体只有在一定的温度下产生出足够量的蒸汽时才能被点燃，燃烧时，液体挥发性强，表面上漂浮着一定浓度的蒸汽，遇到火源即可燃烧。不同化学成分的液体，其燃烧过程有所不同。汽油、酒精等易燃液体的化学成分比较简单，沸点较低，燃烧时，可直接蒸发生成与液体成分相同的气体,与氧化剂作用而燃烧。化学组成比较复杂的液体燃烧过程就比较复杂。比如,原油是一种多组分的混合物,燃烧时原油会逐一蒸发为各种气体组分,而后再燃烧。易燃、可燃气体的燃烧不需要像固体、液体物质那样经过熔化、蒸发等准备过程。气体在燃烧时,所需要的热量仅用于氧化或分解气体和将气体加热到燃点,容易燃烧,且燃烧速度快。气体燃烧有两种形式:如果可燃气体与空气边混合边燃烧,就称其为扩散燃烧;如果可燃气体与空气在燃烧之前就已混合,遇到火源立即爆炸而形成燃烧,就称其为动力燃烧。简单可燃性气体在助燃介质中可直接点燃,氧化产生的热量使燃烧持续下去;而复杂气体要经过受热、分解才能开始燃烧。

物质燃烧可分为完全燃烧和不完全燃烧。凡是物质燃烧后仅残留不能继续燃烧的新物质,就称为完全燃烧;凡是物质燃烧后,产生还能继续燃烧的新物质,就称为不完全燃烧。物质出现两种不同形式的燃烧,是因为燃烧物质所处的供氧条件不同。物质燃烧时,如果空气(或其他氧化剂)充足,就会发生完全燃烧;反之就发生不完全燃烧。物质燃烧后产生的新物质称为燃烧产物,其中散布于空气中的云雾状燃烧产物叫做烟雾。物质完全燃烧后的产物称为完全燃烧产物,物质不完全燃烧所生成的新物质称为不完全燃烧产物。图 12.1 给出了不完全燃烧和烟雾的例证。

图 12.1　汽车轮胎的不完全燃烧

12.2　多尺度模拟——力之贯通与流之协调

对多相流的研究需借助于多尺度模拟。有两个原因:一是对气-液两相流和液-液两相流,常伴随有湍流的产生,而湍流本身就具有内禀意义的多尺度性。二是对液-气、液-固这两类颗粒流(液体为体积相,固体或气泡为颗粒相),颗粒分布常表现为外源意义的多尺度性。在这两类多尺度模拟中,都需要确保力的贯通性与流的协调性。下面分别从连续介质尺度、细观尺度和气体动力学尺度加以讨论,并随后阐述宏观和微观的关联。

连续介质尺度 对多相流而言,在连续介质尺度进行研究有两种途径。一是分相模型:即分别建立多相流动模型和基本方程组,分析各相的压力、速度、温度、表观密度、体积分数、悬浮物的尺寸及分布等。如对双相流,可采用双流体模型。对于两相比例相当的情况,可分别建立单相各自的数学物理方程,并考虑相间的阻力、相对位移、动量和热量的传递等物理因素。二是混相模型:对于两相掺混均匀的流动,可概化为均质模型和扩散模型,沿用经典水力学方法进行分析,即把多相流处理称为多个相的混合体,研究多相流动的压力降、稳定性、临界态,以及相间相互作用等,其关键在于讨论多相混合体的等效本构关系。20世纪70~80年代,德鲁(D. A. Drew)等学者从基本守恒原理出发,经严格的数学演绎导出了两相流基本方程,但并未被广泛接受[2]。

对多相流的建模与数值仿真结果可以在物理模型下进行实验测量验证,其中量测技术至关重要。例如:观测流型、流态用高速摄影、全息照相、流动显示技术等;量测速度用激光流速仪(LDV)、粒子图像测速技术(PIV)等;检测液流中气泡浓度用光纤传感器;测断面平均浓度用放射性同位素法;等等。我国学者通过实验揭示了热对流系统中的热羽流和大尺度环流结构的起源、演化几何和统计特性,以及对传热效率的影响,参见文献[3]的综述。

在连续介质尺度,就是在均相流动中也可能发生湍流。湍流具有内禀的层次律,不同尺度的涡流能量遵循-5/3次方的级串尺度律。经典的湍流理论一度认为湍流脉动是一种完全不规则的随机运动,而近年随着高精度实验测量和数值模拟技术的进步,研究发现湍流拥有极其复杂的多尺度拟序结构,是多尺度湍流结构与不规则随机运动的叠加。这些湍流结构对工程应用中的力、热、声等过程的演变可起到主导作用。我国学者在湍流多尺度结构方向开展了系列工作:(1)针对湍流的多尺度非线性耦合问题,提出了处理湍流概率密度方程中高阶导数的映射封闭理论,提出了基于物理的约束大涡模拟方法;发展了基于拉格朗日力学的跟踪湍流结构生成方法。(2)基于湍流的时间尺度特性,提出了湍流时空关联的EA(elliptic approximation)模型,并发展了相应的大涡模拟方法;发展了可压缩湍流时空关联的随机下扫模型,并对时空关联进行了系统和全面的数值研究。(3)提出了湍流起源于孤立波,孤立波控制湍流产生的动力学过程;表明了湍流产生有共性物理本质,即不同来流条件都存在具有相同物理结构的孤立波。(4)在壁湍流转捩中发现了三维非线性波结构、二次涡环等关键结构,揭示了相关动力学过程,并发展了精细的近壁流动测量方法。(5)对风沙两相流等自然过程,我国学者在更大的参数空间内测量了湍流的输运行为,证明了克拉奇南(Robert Kraichnan, 1928~2008)终极湍流状态的存在。(6)揭示了高雷诺数条件下净风(及含沙)大气表面层流场中湍流统计量的雷诺数效应、导致超大尺度流动结构产生的机制、超大尺度流动结构的三维尺度及其变化规律[4]。

细观尺度 在细观尺度,目前通用的方法是统计群模型。对于颗粒群(气泡、液滴和固体颗粒统称为颗粒)悬浮体两相流,可引用随机分析来建立统计群(颗粒群)模型。李静海(1956~)所著《颗粒流体复杂系统的多尺度模拟》[5]概述了颗粒流体系统的基本概念以及颗粒流体系统模拟的基础知识,阐述了颗粒流体系统的复杂性以及多尺度结构。林建忠(1958~)等所著的《纳米颗粒两相流体动力学》[6],对于颗粒流体系统多尺度模拟的能量最小多尺度模型、双流体模型、确定性颗粒轨道模型以及拟颗粒模拟,详细介绍了其基本原理、基本方法以及相应的数值计算技术,并给出了这些模型、方法在颗粒流体系统研究中的一些应用成果。

采用细观层次的模型,可以更细致地考察三方面的问题。一是可以从细观层次上区别颗粒相的形状:如等轴状、椭球状、纤维状等,从而有颗粒悬浮流、纤维悬浮流等流动方式[6]。二是可以更直观地显示出颗粒相浓度的影响:当浓度较低时,细观层次的求解将趋于稀溶液的简单混合律;当颗粒相的浓度较高时,相含量与相形状的耦合效应便会发生。三是可以有参照性地研究尺度效应:采用多尺度多相流体渗流模型时,若孔隙尺度与颗粒相尺度相当时,或在微流体力学中微槽道的尺度与颗粒相尺度相当时,必须采用细观模型才能够研究多相流的梗堵问题。

气体动力学尺度 对在稀薄气体中的颗粒流尘埃、气溶胶等的模拟中,因为分子自由程较长,适宜采用气体动力学的模拟方法。这类模拟方法包括格子玻尔兹曼方法(lattice Boltzmann method, LBM)[7]和分子动力学方法[8]。与传统计算流体力学方法相比,格子玻尔兹曼方法是一种基于介观模拟尺度的计算流体力学方法,其建模介于微观分子动力学模型和宏观连续模型之间,具备流体相互作用描述简单、复杂边界易于设置、易于实现并行计算、程序易于实施等优势,被广泛地认为是描述流体运动与处理工程问题的有效手段。当前,已开发出若干 LBM 开源软件如 OpenLB、MESO 等,它们能够并行处理不同尺度下的计算流体力学问题。

分子动力学方法详见 6.3 节。目前分子动力学方法的主要短板是:(1)原子间相互作用势大多为未知,且实验确定不易;(2)时间尺度为飞秒量级,无法做扩散、阻尼等滞后态的速率问题计算;(3)空间尺度受到限制,原子自由度目前限制在 10~100 亿以内。该方法当前的发展方向是:(1)由第一性原理的计算来获得可供分子动力学使用的原子间相互作用势(参见 10.5 节);(2)由机器学习的方法来学习可供大规模计算所用的原子间相互作用势;(3)对不同的能垒类型,发展可把握能垒跃迁概率的时间加速算法;(4)发展大型、可并行计算、计算量仅随自由度数等比上升(scalable)的分子动力学算法。

宏细微观模拟   多尺度计算的中枢环节是宏细微观的贯通。该贯通要保证力的贯穿性和流的协调性。这也是多尺度力学的发展前沿。目前有三种技术方案：（1）自下而上（bottom-up）法，又称逐级平均法，即通过对下一层的"代表单元"的力学结构性计算得到上一层的平均本构律，在层次平均时要保证不同层次上合力的相等和每层构元的变形协调；（2）自上而下（top-down）法，又称逐级细化法，即通过对上一层的力学总体计算给出每一局部点的力学环境，得到指定局部位置处应施加于底一层单元上的外载条件，在层次细化时要保证不同层次上传递的合力相等和几何连续；（3）交互（interactive）法，又称交互增强法，即首先建立一个跨层次的、适合机器学习的相互增强算法，通过层次间的卷积神经网络（convolutional neural network）设置来保证层次之间的力之贯穿与流之协调，同时增强每一个层次的受力与流动信息。

燃烧过程的流体力学模拟是一个挑战性的科学问题。它本身具有多尺度性，这是由 N-S 方程所带来的湍流燃烧所具有的内禀多尺度性造成。它涉及多相流，很多情况下属于气-液-固三相并存的境况，气为燃气、液为油滴、固为烟灰。燃烧时可并发进行多重化学反应，有各种反应热行为与物质的转化。燃烧时往往伴随着爆轰等动力学燃烧行为，有各种激波的出现与转捩的发生。对燃烧过程的力学模拟常采取将 DNS（direct Navier-Stokes，直接 N-S 方程求解）与 PDF（probability density function，概率密度模型）方法相结合的手段，并在传质、传能和传热计算中嵌含有多种化学反应，参见波普（Stephen B. Pope）的著作[9]。作为其简化手段，常借助于大涡模拟（large eddy simulation，LES）的计算方法[10]。图 12.2 给出了在大涡模拟算法下的湍流射流模拟。

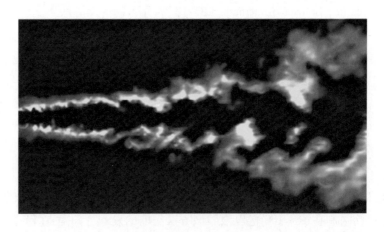

图 12.2 湍流射流火焰的大涡模拟

12.3 流变学——流者恒流、变者善变

流变体   流变性是指物质在外力作用下的流动与变形行为，尤其是加工过

程中应力、形变、形变速率和黏度之间的联系。"流变学"(rheology)一词是宾汉(Eugene C. Bingham，1878～1948)教授根据其同事雷纳(Markus Reiner，1886～1976)的建议于 1920 年首创。这个词受到赫拉克利特(Heraclitus of Ephesus，公元前 540～公元前 480)的名言[实际上来自辛普里丘斯(Simplicius of Cilicia，490～560)的著作]"panta rhei"(一切可流)的启发[11]。流者恒流、变者多变，流体的黏性不同，施加在流体上的剪切应力与剪切应变(剪切速率)之间的定量关系也不同。流变学是一门研究材料形变与流动规律的学科。其研究方法有连续介质流变学和结构流变学。

流变力学是力学的一个分支，它主要研究在外力作用下物体的变形和流动[12]，研究对象是流体和软物质。该研究的一个重要内容是物体流动过程中剪切应力与剪切速率的变化关系。流变体在外力的作用下呈层流时，流速不同的层间会产生内摩擦力，阻碍液层的相对运动。层流间剪切应力(记为 τ)与速度梯度(记为 $\mathrm{d}v/\mathrm{d}y$)之间可呈现一类复杂的泛函关系，并随着时间、温度、流体性质和流速的变化而产生很大的差别。若考虑与历史记忆无关的简单情况，层流间剪切应力与速度梯度之间关系可用函数来表示。在这一类关系中，最简单的一种数学描述就是牛顿流体，τ 的表达式为

$$\tau = \eta \frac{\mathrm{d}v}{\mathrm{d}y} \tag{12.1}$$

式(12.1)中，η 为黏度或动力黏滞系数。

一般来讲，可绘出流变体的剪切应力与剪切速率之间的关系曲线，此类曲线称为流动曲线。图 12.3 示意性地绘出各种不同的流动曲线。牛顿流体剪切应力与剪切速率间关系为一条通过原点的直线，其斜率为常数 η。黏度不为常数的流体可称为非牛顿流体[13]。关于牛顿流体与非牛顿流体，详见 5.3 节。

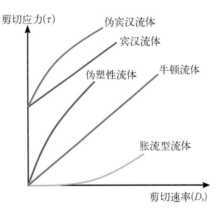

图 12.3　流动曲线

本构模拟　将上述讨论推广到三维状态。联系应力张量与应变张量(或应变速率张量)的关系式称为本构方程，也称为流变状态方程。本构模拟可以分为流体类本构模拟与固体类本构模拟两种。

其中，流体类本构模拟可分为对牛顿流体和非牛顿流体的模拟，后者包括宾汉流动型、剪切变稠型、剪切变稀型、伪塑型、触变型、震凝型流体等，现分述如下。

1) 宾汉流动型：宾汉流体(Bingham plastic，也称塑性流体)是非牛顿流体

中的一种,其流动特点是当剪切应力小于某一数值 τ_0(亦称为屈服应力)时,就不能流动,只产生有限的弹性变形;大于 τ_0 后,才开始流动。该类流体由于絮凝性很强而形成网络结构,当 $\tau < \tau_0$ 时流体仅发生弹性形变;当 $\tau > \tau_0$ 时,网络破坏并开始流动,剪切应力随流速梯度而变化。

2)剪切变稠(膨胀,dilatant)型:黏度随流速梯度增大而增大。其流动特点是只要施加外力就能流动,黏度随着剪切速率增加而增大,流动曲线为通过坐标原点且凹向剪切应力轴的曲线。这是因为当颗粒浓度很高并接近最紧密排列时,两层间的相对运动使颗粒偏离最紧密排列,体积有所增加,需消耗额外能量,也可能因为流速增加使颗粒动能增高,从而越过能垒到达第一极小能值点并发生絮凝,使黏度增大。

3)剪切变稀型:黏度随流速梯度增大而减小。这是因为在颗粒层间距较大时,位能曲线上有一个第二极小能值点,它将导致颗粒间形成较弱的絮凝,而流速增大时将破坏这种絮凝使黏度减小。也可能因为颗粒为棒状或片状,静止时颗粒运动受阻,当受到剪切时,颗粒因形成队列而黏度减小。塑性流体的黏度随应变速率的增大而减小。

4)伪塑型:伪塑(pseudo-plastic)型流体也是非牛顿流体一种,它的剪切变稀的性质更为突出。其流动特点是只要施加外力就能流动,其黏度随着剪切速率的增加而减小,而流动曲线为通过坐标原点且凸向剪切应力轴的曲线。

5)触变型:在剪切作用下可由黏稠状态变为流动性较大的状态,而剪切作用取消后,要滞后一段时间才恢复到原来状态。这是由于絮凝网络经剪切破坏后,重新形成网络需要一定时间。触变型的一个重要标志是物体保持静止后有重新稠化的可逆过程。这类流体的黏度不仅随剪切速率变化,而且在恒定的剪切速率下,它的黏度也随着时间的推移而下降,并达到一个常数值。当剪切作用停止后,黏度又随时间的推移而增高,大多数触变型流体,经过几小时或更长的时间,可以恢复到初始的黏度值。它的曲线形态表现为,在流动曲线图中"上行曲线"不再与"下行曲线"重叠,而是两条曲线之间形成了一个封闭的"梭型"触变环。

6)震凝型:该流体能在剪切作用下变稠。剪切取消后,也要滞后一段时间才恢复变稀。

固体类本构模拟主要指黏弹性、黏塑性等类型的本构模拟,多用于有机聚合物[13]。从基本类型上,黏弹行为可以分为线性和非线性的,线性黏弹性具有正比性和加和性;从应力作用方式来看,又可以分为静态和动态的。静态黏弹性现象主要表现在蠕变和应力松弛;动态黏弹性现象主要表现为滞后效应。麦克斯韦模型由一个黏壶和一个弹簧串联而成,适用于模拟线性的应力松弛过程;此外还可以有福伊特模型(黏壶与弹簧并联)和线性标准模型(黏壶与弹簧先并联再串联),参见图 5.12。高分子材料的动态黏弹行为除了具有频率依赖性外,还具有温度依赖性。根据时温等效原理,在一定程度上升高温度和降低外场作用频率是等效的,由此可以转换得到在更长或更短时间内的数据。更长时间内的数据可从较高温度时的数据得到,更短时间的数据则可从较低温度时的数据得到。

率相关流变过程　非牛顿流体在自然界和工程技术界都非常普遍,对它的研究具有重要价值,已成为近代流体力学中最具挑战性的研究领域之一[14]。近年来,我国力学家在率相关流变过程方面取得了如下进展:(1)建立分数元本构模型,可刻画更复杂的黏弹性流体的流动特性;(2)提出了贝叶斯(Thomas Bayes,1701~1761)数值算法以优化黏弹性本构模型的参数估计,提高了模型的计算精度;(3)发展了用于研究几类非牛顿流体的积分相似变换和李(Marius S. Lie,1842~1899)群相似变换法;(4)提出了渐进展开与长波估计相结合的方法,揭示了剪切稀化薄膜流动的非线性波演化机制,揭示了黏弹性湍流流动的机制;等等。

在石油、化工和食品工业流程中遇到的复杂流体给非牛顿流体力学研究提出新的挑战。需要深入研究的问题包括:(1)非牛顿流体的新型本构关系、流动稳定性与湍流机制;(2)非牛顿效应对生物流体的复杂流动和传热传质的影响;(3)分数阶微积分在黏弹性流体力学中的应用;(4)非牛顿流体的浸润、流动减阻和热对流;(5)磁流体的稳定性与湍流行为。

12.4　力化学——力场下的化学行为

力化学(mechanochemistry)是在分子水平上研究力的传导及其对化学反应影响的学科,它研究物质在力场的主导作用下发生的化学变化或物理化学变化,包括相组成与结构的变化、晶型转变、结晶度降低、表面性质改变、活化作用、诱发力化学反应等[15]。力化学过程可发生于物质的各种聚集态。力化学是一门新兴交叉学科,已在固体材料的改性,新型无机、有机及高分子材料的合成,磁性材料的研制,力学冶金等领域得到广泛的应用。力化学研究对象的特殊性使其具有与热化学不同的特点,如力化学反应与热化学反应常有不同的机制,反应速率可比热化学反应快几个数量级,受温度、压力等外界条件的影响小,可建立有别于热化学平衡的力化学平衡等。

反应热力学　反应热力学是物理化学和热力学的一个分支学科,它主要研究物质系统在物理和化学变化中所伴随着的能量变化,从而对化学反应的方向和进行的程度作出准确的判断。反应热力学的核心理论表现为三点:(1)所有的物质都具有能量,能量是守恒的,各种能量可以相互转化;(2)事物总是自发地趋向于平衡态;(3) 处于平衡态的物质系统可用若干个可观测量来描述。这些基本规律就是热力学第一定律、第二定律和第三定律。从这些定律出发,用数学方法加以演绎推论,就可得到描写物质体系平衡的热力学函数及函数间的相互关系,再结合必要的热化学数据,解决化学变化、物理变化的方向和限度,这就是反应热力学的基本内容和方法。经典热力学是宏观理论,它不依赖于物质的微观结构。它只处理平衡问题而不涉及这种平衡状态是怎样达到的,只需要知道系统的起始状态和终止状态就可得到可靠的结果,不涉及变化的细节,不能解决过程中的速率问题。要想解决上述局限性问题,需要其他学科如统计力学、反应动力学等的帮助。

反应动力学 化学动力学(chemical kinetics),也称反应动力学,是研究化学过程进行的速率和反应机制的物理化学分支学科。它的研究对象是性质随时间变化的非平衡的动态体系,主要解决过程的速率问题。它的主要研究领域包括: 分子反应动力学、催化动力学、基元反应动力学等。化学动力学往往是化工生产过程中的决定性因素。时间是化学动力学的一个重要变量。经典的化学动力学实验方法不能制备单一量子态的反应物,也不能检测由单次反应碰撞所产生的初生态产物。完全用非平衡态理论处理反应速率问题尚不成熟。量子化学的计算至今还不能得到反应体系可靠的、完整的势能面。因此,现行的反应速率理论仍不得不借用经典统计力学的处理方法。这样的处理必须做出某种形式的平衡假设,因此这些速率理论不适用于非常快的反应。分子束(即分子散射)特别是交叉分子束方法对研究化学元反应动力学的应用,使在实验上研究单次反应碰撞成为可能。分子反应动力学将是现代化学动力学的一个前沿阵地。

催化过程 催化过程起源于古代,当时人们利用酶来酿酒、制醋;中世纪时,炼金术士用硝石作催化剂以硫黄为原料制造硫酸;13 世纪,人们发现用硫酸作催化剂能使乙醇变成乙醚。最早记载有催化现象的资料,可追溯到 1597 年德国历史学家、诗人、医生、炼金术师利巴菲乌斯(Andreas Libavius, 1550~1616)所著的《炼金术》(Alchymia)一书。"催化作用"成为一个化学概念,要归功于贝采里乌斯(Jöns Berzelius, 1779~1848)。1835 年,贝采里乌斯总结了此前 30 多年间发现的催化作用,并首先采用了"催化"(catalysis)这一名词,提出催化剂是一种具有"催化力"的外加物质,在这种作用力影响下的反应叫催化反应。1894 年,德国化学家奥斯特瓦尔德(Wilhelm Ostwald, 1853~1932, 1909 年诺贝尔化学奖获得者)认为催化反应中的催化剂是一种可以改变化学反应速度,而自己又不存在于产物之中的物质。催化剂之所以有所谓的"催化能力",是由于生成了中间化合物。随后,活性的中间化合物的假说得以被证实和完善,同时均相催化理论也得到了发展。人们又发现催化剂作用不仅是均相地进行,这一类反应更多的是在多相中进行,且反应物在相界面上的浓度更大,这种现象被称为"吸附作用"。科学家们把吸附分为两种类型,一种是简单的物理吸附;另一种是吸附的同时形成化学键,称为化学吸附。催化反应的吸附理论由意大利科学家波拉尼(也是 3.6 节中发现位错的三位科学家之一)在 1914 年提出的。他认为,由于吸附作用使物质的质点相互接近,因此它们之间容易发生反应。当时 23 岁的波拉尼的这项工作由其导师布雷迪格教授(Georg Bredig, 1868~1944)送给爱因斯坦审读,爱因斯坦回信说"你的(学生)M. 波拉尼的论文令我极为欢愉。我核查了论文的要义,发现它们完全正确"。但该项工作随后受到一些学者的批评,以至于该理论在近 50 年后才得到正名[16]。朗缪尔(Irving Langmuir, 1881~1957)在 1916 年间,发表了一系列关于单分子表面膜的行为和性质,以及关于固体表面吸附作用的研究成果,促进了催化理论的形成。英国化学家泰勒(Sir Hugh Taylor, 1890~1974)于 1925 年首先提出了活性中心理论,他认为催化剂的表面是不均匀的,位于催化剂表面微型晶体的棱和顶角处的原子具有不饱和的键,因而形成了活性中心,催化反应只发生在这一活性中心。泰勒的理论解释了催化剂制备对活性的影响以及毒物对活性的作用。20 世纪 50 年代以后,随着固体物理的发展,催化的电子理论应运而生,科学家们将金属催化性质与基电子行为和电子能级联系起来,在量子化学的意义上寻找具有高活性的活化中心。在纳米科学突飞猛进的今天,催化的活性作用不断地向低维情景展开,纳米催化、团簇催化、单原子催化逐渐成为力化学的重要内容[17]。

12.5　压裂过程——大地深处的断裂与渗流

压裂　在地壳中蕴藏的大量碳氢化合物为人类提供了宝贵的油气资源。如何开发这些资源是能源领域的科学工作者所面临的重大问题。常规的油气资源开发借助于钻井、采油、炼油这一常规的油气开采流程。随着这些易于开采的油气资源日趋枯竭,人们开始借助于定向井与丛式井、水平钻井、水力压裂、加速渗流的这一新流程来开采页岩气和页岩油,见图 12.4。新流程体现了大地深处的断裂力学与渗流力学。

压裂流程的主控段是水平段,其关键在于水平钻井和随后的水力压裂(hydraulic fracturing, 又简称为 fracking),见图 12.5。

定向井与丛式井　石油工业由垂直井发展到定向井、丛式井,是一个历史性的飞跃。定向井是指可以定向控制井眼轨迹的井。丛式井是指在一个井场或平台上,钻出若干口甚至上百口伞骨状分布的定向井,它们的井口集中在一个有限范围内,如海上钻井平台、沙漠中钻井平台、人工岛等。这一飞跃带来了土地资源的节约和钻井成本的降低,解决了如救险、绕障及海洋钻探等复杂工程问题。以海洋石油开发为例,定向井、丛式井技术使得大型海洋钻探平台技术成为可能,见图 12.6。

水平钻井　石油钻井从定向井发展到水平井被誉为革命性技术进步。在定向井、水平井钻井工程中,如何控制井眼轨迹沿设计轨道钻达地下目标,是一

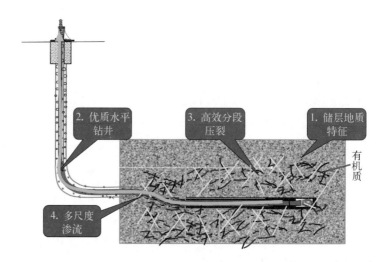

图 12.4　大地深处的压裂过程

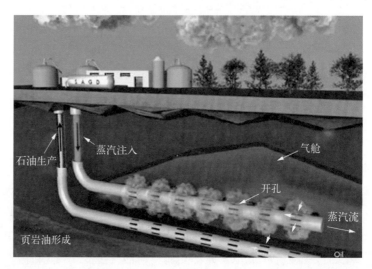

图 12.5　水平钻井与压裂区域设计

图 12.6　海洋石油981 深水半潜式钻井平台与丛式井技术

个复杂的科学和技术难题。水平钻井的关键在于井眼轨迹控制,即通过钻具组合的控制来确定钻头的走向,这是一个力学问题,参考文献[18]。该项工作从研究地层的各向异性及井下钻井系统的造斜特性入手,建立了钻头与正交各向异性地层的相互作用模型;提出了正交各向异性钻井理论,并将地层按各向异性划分为 12 类,分别探讨了它们对井眼轨迹漂移的影响规律;对井下钻井系统(或底部钻具组合)进行了深入研究,建立了相应的三维非线性动态控制方程,并求解底部钻具组合的三维大挠度纵横弯曲非线性力学问题,提出了定向控制的技术对策;突破传统静力学防斜理论(基于钻柱自转)的限制,提出了基于钻柱涡动的"动力学防斜理论"。

水力压裂　水力压裂就是利用地面高压泵,通过井筒向储油层挤注具有较高黏度的压裂液。当注入压裂液的速度超过油层的吸收能力时,就在井底油层上形成了较高压力,当这种压力超过井底附近油层岩石的破裂压力时,油层将被压开并产生裂缝。这时,继续不停地向油层挤注压裂液,裂缝就会继续向油层内部扩张。裂缝的三维扩展规律可以采用断裂力学的理论加以预测或模拟,压裂模拟的常用软件有 FracPro PT、Stimplan 和 GOHFER。为了保持压开的裂缝处于张开状态,接着向油层挤入带有支撑剂(通常石英砂)的携砂液。携砂液进入裂缝之后,一方面可以使裂缝继续向前延伸,另一方面可以支撑已经压开的裂缝,使其不至于闭合。最后,注入的高黏度压裂液会自动降解排出井筒之外,在油层中留下一条或多条长、宽、高不等的裂缝,使油层与井筒之间建立起一条新的流体通道。压裂之后,油气井的产量一般会大幅度增长。页岩气和页岩油开采的关键问题是:(1)非连续各向异性页岩的物理力学性质;(2)应力敏感性页岩多尺度渗流机制;(3)页岩多分支断裂动力学与缝网体压裂控制;(4)井眼轨迹的动力学控制和水平钻井技术;(5)低成熟度页岩油气的原位催化开采:(6)页岩油气开采可能引起的地应力重新分布和诱发地震;(7)压裂液可能造成的地下水污染问题[19]。

渗流　渗流是指流体在多孔介质内的流动,普遍存在于自然界及许多工程领域。"渗流"的基本含义是泛指流体在任何多孔介质内的流动。天然和人造的多孔介质的普遍特征是:空隙尺寸微小,比表面积数值很大。因此,渗流的特点是:表面分子力作用显著;毛细作用突出;流动阻力较大;流动速度较慢;惯性力往往可忽略不计。渗流力学是流体力学的一个分支,研究流体在多孔介质内的运动规律。自 1856 年法国工程师达西(Henry Darcy, 1803~1858)提出线性渗流定律以来,渗流力学一直在向前发展。渗流力学在我国的石油开采中起到关键的作用,其新近的研究范围包括非等温渗流、物理化学渗流、非牛顿流体渗流、生物流体渗流、细观渗流等领域[20]。由图 12.4 可知,多尺度渗流过程在油气开采过程中具有重要作用。蕴含油气的资源可以固体、液体、气体不同形态出现,可以纳米、微米、毫米不同尺度存在,可以不同的成熟程度出现。由于我国的油气蕴藏多以陆相沉积为主,围绕陆相湖泊盆地形成,其地质年代相对年轻,成熟程度普遍较低,因此渗流行为较差。近年来,我国力学家在该领域取得如下重要进展:(1)考虑非常规油气资源的复杂多孔介质,建立了考虑微纳尺度流体运移机制、孔隙介质表面物理化学性质变化以及复杂多孔介质结构特征的孔隙网络模型;(2)改进了传统的只适用于描述达西流动的单一尺度孔隙网络模型,大大增加了孔隙网络模型的适用性;(3)建立了能够更准确描述裂缝和溶洞对地层流体渗流影响的离散缝洞网络模型;(4)提出了标量辅助变量法,大幅度提高了梯度流的计算效率;(5)改进了 LBM 流动模拟方法,可实现多孔介质中特殊条件(高温、高压、高密度比)下的特殊流动机制,如对吸附、滑移等的流动模拟;(6)发展了考虑微观渗流机制的多尺度、多物理场、多相流体渗流模型。

参考文献

1. 郭烈锦. 两相与多相流动力学多相流[M]. 西安:西安交通大学出版社,2002.

2. Drew D A. Mathematical modeling of two-phase flow[J]. Annual Review of Fluid Mechanics, 1983, 15:261 - 291.

3. Lohse D, Xia K Q. Small-scale properties of turbulent Rayleigh-Bénard convection[J]. Annual Review of Fluid Mechanics, 2010, 42:335 - 364.

4. 杨卫. 中国力学 60 年[J]. 力学学报,2017,49(5):973 - 977.

5. 李静海. 颗粒流体复杂系统的多尺度模拟[M]. 北京:科学出版社,2005.

6. 林建忠,于明州,林培锋. 纳米颗粒两相流体动力学[M]. 北京:科学出版社,2013.

7. Mohamad A A. Lattice Boltzmann Method — Fundamentals and Engineering Applications with Computer Codes[M]. Berlin:Springer, 2011.

8. Ma X L, Yang W. MD simulation for nanocrystals[J]. Acta Mechanica Sinica, 2003, 19(6):485 - 507.

9. Pope S B. Turbulent Flows[M]. Cambridge:Cambridge University Press, 2000.

10. Yang Y, Wang H F, Pope S B, et al. Large-eddy simulation/probability density function modeling of a non-premixed CO/H_2 temporally evolving jet flame[J]. Proceedings of the Combustion Institute, 2013, 34(1):1241 - 1249.

11. 中国化学会、中国力学学会流变学专业委员会网站[OL]. http://www.rheology.org.cn/.

12. 袁龙蔚. 流变力学[M]. 北京:科学出版社,1986.

13. Christensen R M. Theory of Viscoelasticity[M]. New York:Academic Press, 1971.

14. 陈文芳. 非牛顿流体力学[M]. 北京:科学出版社,1984.

15. Fernández-Bertran J F. Mechanochemistry:An overview[J]. Pure and Applied

Chemistry，1999，71（4）：581.

16. Polanyi M. The potential theory of adsorption［J］. Science，1963，141（3585）：1010‒1013.

17. Qiao B T, et al. Single-atom catalysis of CO oxidation using Pt-1/FeO$_x$［J］. Nature Chemistry，2011，3（8）：634‒641.

18. Gao D L. Modeling & Simulation in Drilling and Completion for Oil & Gas［M］. Duluth，USA：Tech Science Press，2012.

19. 柳占立、王涛、高岳，等.页岩水力压裂的关键力学问题［J］.固体力学学报，2016，61（1）：34‒49.

20. 郭尚平、刘慈群、黄延章，等.渗流力学的新发展［J］.力学进展，1986，16（4）：441‒454.

思考题

1. 试写出一个两相流的定解条件，包括控制方程和初值、边值条件。

2. 请描述如何应用粒子图像测速技术得到流场分布。

3. 对图 12.3 的各种流动曲线，写出其数学描述。

4. 对率相关本构关系和率无关本构关系，各给出例子，并写出数学表达式。

5. 你认为可以如何控制钻具组合来实现给定的井眼轨迹？

第 13 章
制造力学

力学塑就中国制造的脊梁。在制造过程中,其成形的加工原理来自力学;其组织的造就原则来自力学;其加工的量化过程取决于力学变形;其成品的服役行为取决于力学功效。本章从成形力学的基本原理出发,考察在制造过程中的流动变形与组织变化,并结合常规武器的攻防过程来阐述毁伤与防护的力学对抗。

13.1 成形力学——压应力主导下的塑性流动

成形力学是材料成形的力学原理。材料成形制造的方法有三类:一是减材制造的方法,如机械加工、电解腐蚀、冲裁剪切等;二是增材制造的方法,如焊接铆接、电镀沉积、三维打印等;三是保材制造的方法,如冲压拉延、锻压轧制、挤压拉拔等。其中,最后一类制造过程的主脉络为压应力主导下的塑性流动过程,在工程上称为压力加工。

压力加工 利用固体在外力作用下产生的塑性变形,来获得具有一定形状、尺寸和力学使役性能的坯件或零件的加工工艺,称为压力加工。压力加工的目的在于使工件产生指定的永久变形。永久变形必然是塑性变形,通过精心设计的材料流动而实现。根据其力学特征,可将压力加工分为四类:(1)锻压:在锻压设备及工(模)具作用下,使坯料或铸锭产生塑性变形,以获得指定几何尺寸、形状和质量的锻件的加工方法。(2)轧制:将坯料在两个回转轧辊的缝隙中受滚压变形以获得各种产品的加工方法。(3)挤压:坯料在挤压模内受压被挤出模孔而变形的加工方法。(4)拉拔:将坯料拉拽过模孔而产生径向(与轴向)指定变形的加工方法。压力加工的优点在于:(1)塑性变形是固体的体积转移过程,少、无切削加工,材料利用率高;(2)可以获得合理的流线分布,组织改善,结构致密,性能提高,强度、硬度、韧度俱佳;(3)多数的压力加工方法(尤其是轧制、挤压)以材料连续变形的方式出现,且变形速度很快,所以生产率高[1]。

压力加工原理　压力加工的力学基本原理是:(1)材料通过最便捷的流动路线来实现指定的塑性变形,又称为最小阻力原理;(2)变形时应该尽量避免拉应力,使材料保持完整致密,又称为压应力主导原理;(3)通过足量的材料流动来改善坯料的原始组织(如铸造枝晶),又称为形变通透原理;(4)在最终的工件形状上扣除(由残余应力等因素造成的)回弹的影响,又称为回弹控制原理。确定压力加工原理后,压力加工的过程还会受到三个因素的影响:即应力状态、摩擦与润滑、型腔控制。

应力状态　材料的塑性流动受到其各点的应力状态的影响。物体内各点产生屈服或断裂都与该点所处的应力状态有关。由第 4 章可知,物体内各点的应力状态由应力张量决定。应力张量可分解为球形应力张量与偏斜应力张量。前者代表静水应力。对压力加工来讲,静水应力应以压应力为宜(对应于压应力主导原理),以避免在材料加工过程中产生疏松、孔洞损伤等缺陷;适度的静水压应力可使材料在压力加工后更加致密。过大的静水压应力却会造成不必要的设备能力需求,或造成回弹过大,或在材料变形时形成不流动的死区。压力加工时的偏斜应力张量定义了材料中各点在应力屈服面上的位置,在正交性流动法则下,也就定义了各点的塑性应变率方向,并可以由一致性条件进一步确定塑性应变率的大小。材料上各点的流线便可以由此确定。

摩擦与润滑　在实施冲压、挤压、轧制、锻压等压力加工过程时,由于模具或压砧的限制,在材料塑性变形中会出现摩擦。摩擦与润滑这两个工艺因素在压力加工中相伴而行。摩擦往往加剧变形体局部的静水压力,如造成压砧下方摩擦锥区域和凹角处的变形死区。于是导致变形力的持续增大和变形的不均匀,并且会在一定程度上损伤对应的成型工具。变形体和变形工具之间存在的摩擦力大多属于有害摩擦力,起到阻止材料顺畅流动的作用。所以,压力加工中的润滑就显得非常关键。以坯体的镦粗为例,在压砧与工件端面的摩擦力作用下,镦粗的锻坯会出现鼓肚形,且形成流动集中的 X 形剪切带。要实现均匀一致的单向塑性压缩,需处理好工件上下端面的润滑[1,2]。

型腔控制　在模锻设备上,可利用模具使毛坯精确成形为复杂形状。该方法生产锻件的典型例子包括锥齿轮、叶片、曲轴、连杆等。模锻有以下三个优点:(1)利用模腔来约束和引导材料的流动,锻件的形状可以比较复杂。(2)内部的锻造流线按锻件轮廓分布,提高了零件的力学性能并延长了零件的使用寿命。(3)操作简单,易于实现机械化,生产率高。图 13.1 给出了锻模的型腔示意图。

材料的模锻过程蕴含着丰富的变形力学内容。主要包括以下五个方面:(1)材料的本构建模,如金属材料的晶体塑性本构理论或高分子材料的非牛顿黏性流体本构理论、锻造温度与变形速率选定等;(2)塑性变形过程的数值模

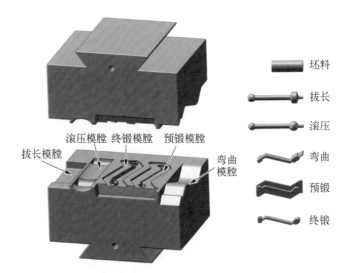

图 13.1 锻模的型
腔示意图

拟,如大变形塑性有限元方法,摩擦与润滑边界的处理,模锻的多级压下工况
等;(3)变形材料的细观塑性理论和组织生成,包括材料各区域的塑性变形历
史与锻透性,形变剪切带的发育与抑制,坯件的冷却及变形生成热,材料的形变
回复和形变再结晶过程的定量描述,锻模型腔的辅助流动设计等;(4)终锻件
的回弹分析,包括模锻件的脱模分析,模锻件的残余应力分析,卸载过程的回弹
分析,型腔的反回弹补偿矫正等;(5)总变形力和锻压设备能力需求,包括变形
力的谱分析,设备能力需求,设备的强度、疲劳和维修周期等。

13.2 相变力学——材料组织的再造

材料的相图 材料的性能决定于其内部的组织与结构。材料的组织由基
本的物相来刻画。由一个相组成的组织叫单相组织,由两个或多个相组成的组
织叫两相或多相组织。在材料的热加工过程中,其组织结构可能会发生变化,

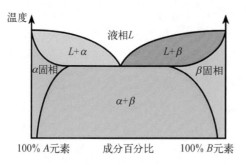

图 13.2 二元相图

称为相变。相变的描述基础为材料
的相图[3,4]。对某一特定材料,相图
标示其不同聚集态所各自占据的空
间域。以图 13.2 显示的二元相图为
例,它标示出二元混合物中的稳定相
所占据的平面区域,这些相区域是成
分百分比和温度的函数(也可能依赖
于气压)。相图上混合相区域的任一点都可以按照等温延伸线与相邻的单组元
区的边界线相交,并根据力学中的杠杆原理来确定两侧对应组元的比例。

相变热力学 在热力学变量(如温度、压力、组成元素的浓度等)所构成的

空间中,相图代表各相所占据的区域划分,体现热力学平衡的产物。它无法说明趋于平衡的动力学过程,也不能判断体系可能出现的亚稳相。确立相图的基础是不同相所对应的自由能[5]。在热力学平衡下,所呈现的相应该是其热力学自由能为最小的相或相混合。涉及物态变化的相变(如固态、液态、气态之间的变化)称为零级相变,这时自由能本身发生阶跃式变化。零级相变的发生是由于某一物相在给定的热力学条件下成为不稳定的物态,该相可通过结构的变化或成分的重组而形成自由能更低的新相。从原子的组态变化来说,相变可以通过三个基本方式来进行:(1)结构的变化,如熔化、凝固、多晶型转变、马氏(Adolf Martens,1850~1914)体相变、块型转变等;(2)成分的变化,如具有溶解度区间的物系中一个相分解为两种与原来结构相同而成分不同的相;(3)有序程度的变化,如黄铜的有序化。大多数转变兼具两种或三种过程。这些变化都伴有相应的自由能变化。相变热力学主要研究相变发生的条件、其驱动力来源与大小、相变的终点和相变产物的相对稳定性。

液态凝固的形核与长大 现讨论从液态到固态的相变过程。低于临界温度(即两相自由能相等的温度)时,由于液态相的粒子自由程较大,该(零级)物态相变可通过形核与长大过程来进行。液态凝固的形核可通过自发形核(也称均匀形核)来完成[3]。该过程系指在均匀单一的母相中形成新相的结晶核心的过程。这些晶核常以一定速率形成。现考察自发形核时的能量变化。新相形核时,其单位体积的自由能减少,而新相表面的表面自由能(即表面能)增加,结果是新相的晶核必须具有或超过一定临界尺寸才呈稳定态,称为临界晶核。形核的实质是:固态晶胚不断从液态相中得到原子而继续长大。可将液固相变时单位体积的自由能减少记为 ΔG_v,每单位面积固液界面的表面能记为 σ_S。 对半径为 r 的球形晶胚,结晶产生的自由能变化为

$$\Delta F = -\frac{4\pi}{3}r^3\Delta G_v + 4\pi r^2\sigma_S \qquad (13.1)$$

该自由能是晶胚半径的函数。当晶胚在临界半径形核时,系统的总自由能最高。随后的晶胚长大可以自发进行。令式(13.1)右端的导数为零,可以得到临界形核半径 $r_{cr} = \dfrac{2\sigma_S}{\Delta G_v}$。在该半径下的形核功称为临界形核功,它恰为临界晶核表面能的 1/3。这部分能量靠液态相中的能量起伏来提供[3]。

过冷与冷却过程图 过冷是液固相变的基本条件。只有过冷才能造成固态相的自由能低于液态相的自由能;也只有过冷才能使液态金属中出现能量起伏,从而使得液态原子团经由短程有序的排列结构变为晶核。结晶的理论温度与实际温度之差称为过冷度。材料中的相变并不总在热力学平衡的情况下发

生。在非平衡的一般热力学过程中,需要引入与热力学控制参量有关的动力学曲线。以钢为例,常用 C 曲线(因其形状类似于英文的"C"字而得名)来表示不同温度下过冷奥氏(Sir William Roberts-Austen,1843~1902)体转变量与转变时间的关系曲线,也称为过冷奥氏体等温转变动力学曲线[3]。通常比较注重转变的开始和结束时间,而不需要了解某时刻的转变量,所以可将这种曲线绘制成温度-时间曲线,见图 13.3[3,4]。C 曲线也称作等温转变曲线或 TTT(time, temperature, transformation)曲线,其横坐标为时间,纵坐标为温度。它反映了钢从高温奥氏体冷却过程中,按照不同冷却速度所得到不同的组织。图 13.3 中,A 代表奥氏体;F 代表珠光体;C 代表渗碳体;M 代表马氏体;标注的百分比表示马氏体相变的比例;Ms 表示马氏体相变的起始温度;A$_1$、A$_2$ 代表临界温度。

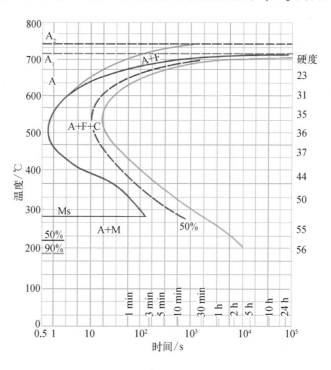

图 13.3 钢的 TTT 等温冷却曲线

相变动力学 相变动力学研究相变的发生和发展,相变速度和终止过程,以及其影响因素。制约相变动力学的关键是描述相变进程的动理学(kinetics)方程。这类方程描述一个能量上有利、但却要跨越一个能量势垒的过程。其相变的速率具有阿伦尼乌斯(Svante Arrhenius,1859~1927)率形式:

$$v = v_0 \exp(-\Delta Q / k_B T) \qquad (13.2)$$

式(13.2)中,v 为相变速率;v_0 为无能垒时的参照相变速率;ΔQ 为相变激活能;k_B 为玻尔兹曼常数;T 为绝对温度。

由上述有关形核的讨论可知:临界尺寸的晶核是由原子热运动引起新相

组态的起伏所产生的。若记 N 为单位体积母相中的新相形核地点的总数，N_c 为具有临界尺寸的晶核数，ΔG_c 为形成临界晶核的单位体积自由能，则有

$$N_c = N\exp(-\Delta G_c/k_BT) \tag{13.3}$$

临界尺寸的晶核出现后，为了获得能够长大的晶核，邻近原子必须向临界晶核表面上跃迁。如这种跃迁的激活能为 E_a，则形核率 R 为

$$R = \alpha N\exp\left[(-\Delta G_c - E_a)/k_BT\right] \tag{13.4}$$

式(13.4)中，α 为跳入临界晶核的原子跃迁率。上述形核方式假定形核地点均匀分布于母相之中，称为"均匀形核"。如果母相存在晶体缺陷及界面(包括晶粒间界及孪晶界)、成分偏析、第二相及各种夹杂物，那么这些区位有可能提供有利的形核条件，使晶核在某些地点优先形成，称为"非均匀形核"。

新相晶体的长大可通过临界晶核的增容来进行，原子从母相通过界面转移到新相。这种转移可以通过扩散进行，也可用非扩散位移(即改变近邻原子位置)来完成，或兼而有之。晶核的长大可以由体扩散、界面扩散或沿位错扩散等不同方式进行。记晶核特征尺度的增长量为 Δr，晶核长大率为 $\Delta r/r$。当体扩散为主要原子转移方式时，长大率正比于时间的 1/3 次方；当表面或界面扩散为主要原子转移方式时，长大率正比于时间的 1/2 次方；当位错扩散控制时，长大率正比于时间的 1/5 次方；当相界面的运动为主要原子转移方式时，相界的移动速度与时间呈线性关系。相变的进程(包括形核与长大)受许多因素(如温度、成分、静水压力、应力和应变、晶体缺陷、形变速度，以及电场、磁场、重力场等)的影响。这些因素通过不同机制影响相变进程：如温度影响两相自由能的变化、扩散速度、获得相变激活能的概率等；晶体缺陷则影响新相生核的地点、扩散通道、扩散机制以及新相长大的助力和阻力等。

固态相变　形貌保持为固态，但是原子的堆垛形式发生变化(如在不同布拉菲点阵之间的变化)称为固态相变。其对应的自由能函数值还是连续的，但其对热力学自变量的导数值却发生突变，称为一级相变。当一种固相由于热力学条件(如温度、压力、电场、磁场等)的变化成为不稳定时，如果没有对相变的障碍，将会通过相结构(原子或电子组态)的变化，转变成更为稳定或平衡的状态。以金属学为例[3]，固态相变常指一种组织在温度或压力变化时，转变为另一种或多种组织的过程，如多晶型转变、珠光体相变等。在相变时，物系的自由能保持连续变化，但其他热力学函数如体积、焓、熵等发生不连续变化。根据吉布斯自由能对热力学自变量的高阶导数发生不连续的情况，可以将固态相变进一步进行分级：相变时体积及熵(它们均为对自由能的一阶导数)变化间断的相变为一级相变，如多晶型相变，该过程中伴有结构变化和相变潜热。若点阵

的堆垛形式基本保持不变,但其交排方式发生变化,如有序无序转变,这时其对应的自由能函数值的一阶导数值还是连续的,但其二阶导数值(如焓、热膨胀与压缩系数等物理量)却发生突变,称为二级相变。在力场、电场、磁场加载下,铁电或铁磁材料在居里点的畴变是二级相变的例子[5]。

马氏体型相变 无扩散型相变又称为马氏体型相变。在该类相变过程中不发生扩散,只通过在材料一定区域内高速发生的剪切变形,产生点阵结构变化。这类相变大多在降温时发生,但有时也在恒温下进行;不仅在无机体(如纯金属、合金、无机化合物)中发生,也在有机化合物中出现,如聚乙烯在应力作用下由斜方晶系向单斜晶系的转变。

块型转变 在某些纯金属或合金中(如纯铁和β-黄铜),母相原子以扩散方式发生结构变化转入新相,而不发生成分变化。其新相长大速度很快,并可以越过母相晶界。这种热激活多晶性相变的产物成块状,其转变过程称为块型转变,又称为 G-M 相变(A. B. Grininger;T. B. Massalski)[4]。

有序无序转变 这种转变一般有三种类型:(1)位置无序化,固体中原子排列可以完全有序、完全无序或两者之间。在有序态时,一个组元的原子均占据晶胞中一定位置,而无序态时则处于任意位置。(2)取向无序化。(3)电子或核自旋无序化,如磁转变(铁磁-顺磁)等。晶体中的缺陷亦可发生位置的有序化,如空位的有序排列。形变后晶体在受热回复时,位错可重组为规则排列,导致晶粒中产生多边形亚晶(也称次晶粒)。

亚稳分域 在二元系合金及玻璃体中,当自由能随成分的变化曲线出现两弧相交的尖点时,任何围绕尖点的成分起伏将导致自由能下降。这时,将自发地发生上坡扩散,形成成分不同的区域,区域大小随分解温度下降而缩小。这种转变被吉布斯称为亚稳限,后来被命名为 spinodal 分解,中文意为"亚稳分域",其定解的数学物理方程是坎恩-希拉德(John W. Cahn, 1928~2016;John E. Hilliard)方程。

软模 软模(soft mode)指固体点阵的振动模软化。由于振动能量量子化的结果,在温度邻近相变点时,其频率平方接近于零。在马氏体型相变前,可观察到点阵的失稳,即声子模的软化现象。软模也可以在其他相变中观察到:如磁转变、铁电转变、超导转变、金属态-绝缘体相变等。这些效应可以用弹性常数、电阻、弥散 X 射线衍射、中子散射、拉曼谱、正电子湮没等手段进行研究。

畴变 在压电材料中,外场可引起电畴的畴变。如在力场下,铅直方向压应力可引发 90°畴变,电畴由铅直取向的 c 畴转变成水平取向的 a 畴。这其中的 c 畴与 a 畴都是四方相,畴变只发生了点阵参数的改变,即引起了畴变应变,但并不改变点阵的堆垛方式(即相结构变化)。在电场作用下,既可以引发上述的 90°畴变,也可以引发 180°畴变,但后者所对应的畴变方向与前者不同,畴变应变量也大为减少。不同类型的电畴(或磁畴)间的边界称为畴界。畴界两侧的电畴多取对应点阵的首尾连接形式,以降低畴界上的电磁能和弹性应变能[6]。

相变应力　相变将不可避免地产生相变应力场。首先应计算在无约束情况下相变相对于母相所产生的错配应变,称为相变应变[7]。对晶体来说,相变应变可以根据两相的点阵常数得到,然后将产生该相变应变的夹杂嵌入至母相,计算其引起的应力,即得到相变应力场[7]。关于相变应力场的计算是细观力学的核心问题,其全面的论述可参见 Mura[8] 与内马特·纳瑟(Sia Nemat-Nasser, 1936~)[9]的著作。对于各向同性的线弹性体,由椭球形相变夹杂所引起的相变应力场的奠基性计算由埃塞尔比给出[7],该论文是固体力学界引用量最高的论文之一。对压电弹性体的椭球形夹杂计算由我国学者王彪[10]给出。我国学者郑泉水(1961~)、杜丹旭给出了非椭球形夹杂的解[11]。

形变能　材料经过一定程度冷塑性变形后,组织和性能都发生了明显的变化。由于各种缺陷及内应力的产生,导致其处于热力学不稳定状态,有自发向稳定状态转化的趋势。根据其显微组织及性能的变化情况,可将这种变化分为三个阶段:回复、再结晶和晶粒长大。在外力使材料冷变形所做的功中,有一部分以变形能的形式储存在材料之中。该部分能量主要是因位错密度增大而产生的应变能,它是回复与再结晶的驱动力[3]。

回复　回复是指冷塑性变形后的材料在加热温度不高时(一般为材料熔点的 1/4~1/3)发生的组织及性能变化的过程。在回复过程中,固态原子发生短距离扩散,晶格畸变减少,但变形的晶粒形状和大小不变。回复使材料的强度和硬度略有下降、塑性略有升高、内应力显著降低。在塑性形变所造成的形变亚结构中,回复使位错密度降低,位错胞状组织逐渐消失,出现清晰的亚晶界和较完整的亚晶。回复时形成的亚结构主要借助于点缺陷间彼此复合或抵消、点缺陷在位错或晶界处的湮没、位错偶极子湮没和位错攀移运动。它们使位错排列成稳定组态,如排列成位错墙、构成小角度亚晶界等[3,4]。

可举一例来说明回复的作用。冷加工变形所导致的内应力通常是有害的。经深冲工艺制成的黄铜(含 30% 锌)弹壳,放置一段时间后会自动发生晶间开裂[称为"季裂"(season cracking)]。其出现是由于冷加工残留内应力的作用,加上外界气氛对晶界的腐蚀,导致晶界处出现应力集中而开裂,即"应力腐蚀开裂"。要解决这个问题,只需在加工后在 260℃进行"去应力退火",就不再会发生应力腐蚀开裂。

再结晶　将冷加工变形的晶体材料加热到适当的温度(称为再结晶温度)并保温,可在其内部实现(由内应力驱动的)重新形核和晶核长大,从而得到释放了内应力并消除了加工硬化的材料组织。这种不发生相变的结晶过程称为再结晶,它使加工硬化的晶体不经过相变而进行软化。它是一个新晶粒不断长大,直至原来的变形组织完全消失,材料性能也发生显著变化的过程。与固态相变类似,再结晶也有转变孕育期,但再结晶前后,材料的点阵类型无变化。

再结晶核心一般通过两种形式产生。其一是原晶界的某一段突然弓出,深入到畸变大的相邻晶粒,吸收该区域的形变储能,形成新晶核。其二是通过晶界或亚晶界合并,生成一个无应变区,即再结晶核心;四周则由大角度边界将它与形变且已回复了的基体分开。大角度边界迁移时,为释放更多的应变能,再结晶核心将朝取向差大的形变晶粒长大,所以再结晶过程具有方向性特征。再结晶后的显微组织呈等轴状晶粒,以保持较低的界面能。再结晶有如下规律:(1)如果材料的预变形程度小于某临界值时,在退火过程中不发生再结晶。(2)再结晶后晶粒的尺寸同变形程度和原始晶粒大小有关。原始晶粒越小,越能促进晶核的生成,使再结晶晶粒变细;变形程度越大,则经过再结晶后新晶粒尺寸越小,分布也越均匀。(3)再结晶温度随变形程度和退火时间的增加而降低。(4)新晶粒通过"吞并"其周围变形晶粒而长大,被吞并的晶粒与新形成晶粒之间的点阵取向必须有确定的位相差,否则无法发生晶界的迁移[4]。

外延生长 外延生长指在单晶衬底上生长一层与衬底晶向相同(但可以是异质晶体)的单晶层,犹如原来的晶体向外延伸了一段。外延生长的新单晶层可在导电类型、电阻率等方面与衬底不同。还可以生长不同厚度和不同要求的多层单晶,从而大大提高器件设计的灵活性和器件的性能,这一类工艺称为异质外延。对异质外延来讲,两种物质点阵的不匹配可以引起错配应变,也称为外延应变。外延应变可以根据两种物质的点阵常数计算。由外延应变在外延体(含基体和外延层)产生的应力场可由细观力学的方法,借助于布西内斯克(Joseph V. Boussinesq,1842~1929)的半空间弹性力学解来确定。对均匀外延层来讲,若外延层相对较薄,其中的外延应力场近似为均匀,而基体中的外延应力场会沿着外延面法向呈指数衰减。对有边缘的外延层,外延应力在边缘角点处会出现奇异性。若异质外延的界面处出现位错,称为错配位错,它们可以释放部分外延应力。但是,错配位错的出现往往弊大于利,一是造成界面缺陷密度增大,二是为穿层位错提供形核点,两者均会损害异质外延结构的电子学功能[12]。外延应变的出现可以改变外延层材料的能带结构,如改变其禁带深度,从而可以调控其在绝缘体/半导体/导体间的转换,并调制其载流子密度和时钟速度。不同的应变张量分量对物质的能带结构有着不同的作用特征,因此需要从整个应变空间中研讨其能带结构的力电子学(mechatronics)特征。由应变来操控器件并获得高效的力电子学行为的工艺实践称为应变工程(参见9.3节)。由半导体工业近20年的发展可知,对硅基半导体集成电路的进展,约有三分之一来自应变工程的贡献。今后,纳米技术的进展,使得深度应变工程成为可能,并且金刚石有可能替代硅成为第四代超宽禁带半导体材料[13]。目前,对天然金刚石施加高达 13.4%的拉伸应变已经成为可能[14]。有关微纳电子器件,亦可参阅 9.3 节。

13.3　材料加工——塑性流动与局部化

材料加工包括切削、冲压、挤压、锻压、轧制等过程,其加工过程的实质在于在预设应力场下引发被加工的材料的塑性流动与局部化失稳过程。有关细观塑性理论在材料加工中的应用可参阅杨卫与李荣彬的专著[15]。

切削　切削指借助于切削工具(包括刀具、磨具和磨料),利用切削过程中出现的局部化剪切,切除坯料或工件上多余的材料层,使工件获得指定的几何形状、尺寸和表面质量的加工方法。任何切削加工都必须具备三个要素:切削工具、工件和切削运动。三者联系紧密,缺一不可。切削工具应有刃口,其材质必须硬于(并且更耐磨于)工件。切削加工中,要设计切削刀具和工件的相对运动,不同的刀具结构和切削运动形式构成不同的切削方法。图 13.4 给出了切削过程的示意图。

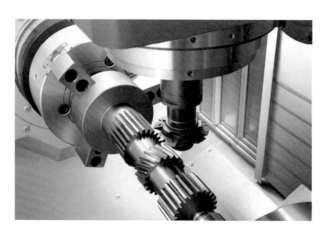

图 13.4　切削过程的示意图

对切削过程的研究范畴包括切屑的形成和变形、切削力和切削功、切削热和切削温度、刀具的磨损机制和刀具寿命、切削振动和加工表面质量等。从力学的角度来看,切屑的形成过程就是在切削力作用下的刀具把一叠材料片推到另一叠新位置的过程,材料片之间相互滑移表示材料切削区域的局部化剪切变形。经过这种变形后,与刀具接触的切屑又在刀、屑界面处产生进一步的摩擦变形。通常,切屑的厚度比切削厚度大,而切屑的长度比切削长度短,这种现象称为切屑变形。材料被刀具前刀面所挤压而产生的剪切变形是其切削过程的力学特征。

冲压 冲压加工是借助于冲压设备的冲击压力,使板料在模具里直接受到变形力并变形,从而获得一定形状、尺寸和性能的产品零件的生产技术。板料、模具和设备是冲压加工的三要素。在冲压过程中,板料在冲模之间受压产生剪切带,并进一步引致分离或成形。可按冲压加工温度分为冷冲压和热冲压。前者在室温下进行,是薄板常用的冲压方法;后者适合于对变形抗力高、塑性较差的板料加工。冲压工艺可分为分离工序和成形工序两大类。分离工序也称冲裁,其目的是使冲压件沿给定轮廓线从板料上分离,同时保证分离断面的质量要求。成形工序的目的是使板料在不破坏的条件下发生塑性变形,制成所需立体形状和尺寸的工件。冲裁、弯曲、剪切、拉伸、胀形、旋压、矫正是几种主要的冲压工艺。

冲压所使用的模具称为冲模。冲模是将材料(金属或非金属)批量加工成所需冲压件的专用工具。冲模设计的力学关键为凸凹模之间的间隙确定和冲延的深度、道次的确定。冲压设备的选取关键在于从力学上确定所实现冲压工序的变形抗力。汽车的车身、底盘、油箱、散热器片,锅炉的汽包、容器的壳体、电机、电器的铁芯硅钢片等都是冲压加工的。仪器仪表、家用电器、自行车、办公机械、生活器皿等产品中,也有大量冲压件。图 13.5 给出了各种冲压件一览。

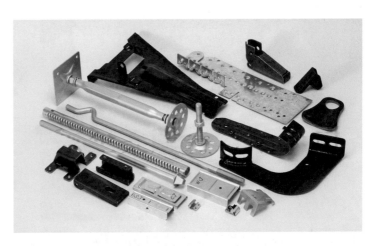

图 13.5 各种冲压制成件一览

挤压 挤压指用冲头或凸模对放置在凹模中的坯料加正压或旋压,使之产生塑性流动,从而获得相应于模具的型孔或凹凸模形状的制件的一种压力加工方法。挤压时,坯料中产生三向压应力,即使是塑性较低的坯料,也可被挤压成形。按坯料的塑性流动方向,挤压又可分为:流动方向与加压方向相同的正挤压,流动方向与加压方向相反的反挤压,以及坯料向正、反两个方向流动的复合挤压。

按坯料温度区分,挤压又有热挤压、冷挤压和温挤压 3 种。坯料处于再结晶温度以上时的挤压为热挤压；在常温下的挤压为冷挤压；高于常温但不超过再结晶温度的挤压为温挤压[16]。热挤压广泛用于生产铝、铜等有色金属的管材和型材等。钢的热挤压既用于生产特殊的管材和型材，也用于生产带有难以用冷挤压或温挤压成形的实心和孔心（通孔或不通孔）的碳钢和合金钢零件。热挤压件的尺寸精度和表面光洁度优于热模锻件，但配合部位一般仍需要经过精整或切削加工。冷挤压件精度高、表面光洁，可以直接用作零件而不需经切削加工或其他精整。它原来只用于生产铅、锌、锡、铝、铜等较软的金属管材、型材。20 世纪中期冷挤压技术开始用于碳素结构钢和合金结构钢件，后来又用于挤压高碳钢、滚动轴承钢和不锈钢件。温挤压是介于冷挤压与热挤压之间的挤压工艺，在适宜的情况下采用温挤压可以兼得两者的优点。温挤压需要加热坯料和预热模具，高温润滑尚不够理想，模具寿命较短。

　　锻压　锻压主要用于生产金属制件。可以按照变形温度对锻压进行分类，分为热锻压、冷锻压、温锻压和等温锻压等。热锻压是在金属再结晶温度以上进行的锻压，见图 13.6。提高温度能改善金属的塑性，有利于提高工件的内在质量，使之不易开裂。高温还能减小金属的变形抗力，降低所需锻压机械的吨位。当加工工件大、厚，材料强度高、塑性低时（如特厚板的滚弯、高碳钢棒的拔长等），都采用热锻压。但热锻压工序多，工件精度差，表面不光洁，锻件容易产生氧化、脱碳和烧损。为使一次加热完成尽量多的锻压工作量，热锻压的始锻温度与终锻温度间的温度区间应尽可能大。然而，始锻温度过高会引起金属晶粒生长过大，造成过热现象，会降低锻压件质量。冷锻压指在常温下的锻压。经冷锻压成形的工件，其形状和尺寸精度高，表面光洁，加工工序少，便于自动化生产。但这时金属的塑性低，变形时易产生开裂，变形抗力大，需要大吨位的锻压机械。将高于常温、但又不超过再结晶温度下的锻压称为温锻压。温锻压

图 13.6　热锻压过程

的精度较高,表面较光洁而变形抗力不大。等温锻压是指在整个成形过程中坯料温度保持恒定值的锻压,它从而能够充分利用某些金属在等同均一温度下所具有的高塑性,或是为了获得特定的组织和性能。等温锻压需要将模具和坯料一起保持恒温,仅用于如超塑成形等特殊的锻压工艺。

锻压的特点是:(1)锻压可以改变金属组织,提高金属性能。铸锭经过热锻压后,原来的疏松、孔隙、微裂等被压实或焊合;原来的枝状结晶被打碎,使晶粒变细;原来的碳化物的偏析和不均匀分布被改变,使组织均匀。(2)锻压是使金属坯料进行塑性流动而制成所需形状的工况。金属坯料受外力产生塑性流动后,其体积变化甚微,且材料总是向阻力最小的部分流动。生产中,常根据这些规律控制工件形状,实现镦粗拔长、扩孔、弯曲、拉深等变形。(3)常用的锻压机械有锻锤、液压机和机械压力机。锻锤具有较大的冲击速度,产生高应变率塑性流动,但会引起振动;液压机用静力锻造,有利于锻透金属和改善组织,工作平稳,但生产率低;机械压力机行程固定,易于实现机械化和自动化。锻压工艺的发展趋势是:(1)提高锻压件的机械性能(强度、塑性、韧性、疲劳强度)和可靠度。这需要更好地应用塑性力学理论,采用晶体塑性理论和数字孪生技术。(2)进一步发展精密锻造技术。降低回弹程度,采用锻坯无氧化加热。(3)发展柔性锻压成形系统(应用成组技术、快速换模等),使多品种、小批量的锻压生产能利用高效率和高自动化的锻压设备或生产线。(4)发展新型材料,如粉末冶金材料、液态金属、纤维增强塑料和其他复合材料的锻压加工方法,发展超塑性成形、高能率成形、内高压成形等技术[1,2],尤其需考虑锻造技术与三维增材制造的结合。

轧制　轧制指将坯料由摩擦力拽入一对旋转轧辊的间隙(布有各种辊型),因受轧辊的压缩进行塑性变形的过程。在轧制过程中,使材料截面减小、长度增加的压力加工方法,主要用来生产具有一定尺寸、形状和性能的型材、板材、管材等。轧制分热轧和冷轧两种。轧制方式按轧件运动分为纵轧、横轧和斜轧。纵轧过程就是轧材在两个旋转方向相反的轧辊之间通过,并在其间产生塑性变形。在横轧过程中,轧件变形后运动方向与轧辊轴线方向一致。在斜轧过程中,轧件做螺旋运动,轧件与轧辊的两条轴线呈锐角。

13.4　装甲力学——矛与盾之歌

对装甲的撞击与侵彻过程是装甲力学的一曲矛与盾之歌。体现了极致的侵彻能力与尽力的防护能力这一对反向而行的追求,其基础是固体冲击动力学[17]。

高速碰撞　进行高速相对运动的物体之间的相互碰撞,是固体冲击动力学的一个研究内容。高速碰撞可导致物体严重变形、破坏,甚至熔化或气化。自然界的陨石碰撞、流星体与航天飞行器之间的碰撞、常规武器中穿甲弹或破甲弹与装甲的碰撞等都属于高速碰撞的范围。

除恒星、行星、卫星外,在宇宙间高速运动且由于掠过大气层而燃烧发光的小天体称为流星体。流星体落到地面后的残存部分称为陨石。陨石同地球、月球及其他行星和卫星的碰撞、流星体同人造卫星或空间飞行器的碰撞等都属于高速碰撞现象。由于流星体的动量与质量成正比,而作用于流星体的大气阻力与流星体质量的三分之二次方成正比,因此只有大的流星体才能穿过大气层落到地面成为陨石,并在与地面碰撞前保持高的相对运动速度。高能量的陨石与地面碰撞会形成相当可观的陨石坑。力学家们对陨石(或流星体)碰撞的力学问题进行了大量的研究,有两个原因:(1) 为了保证人造卫星和空间飞行器安全飞行,需要研究微流星体与飞行器壳体的碰撞问题,并设计相应的防护结构。(2) 有些自然现象需要用陨石碰撞来解释。如关于行星形成的一种学说认为,流星体间的碰撞是物质聚集的一种主要机制,行星是在宏观物体间无数次碰撞过程中演化而成的。为了深入认识陨石碰撞现象,学者们一边进行实验室的小型模拟实验,总结实验结果[18],一边建立适用于高速碰撞条件的流体弹塑性体模型和开发相应的计算机数值模拟技术。在地球面临较大尺寸天体的碰撞危险时,科学家们即可以启动相应的"深度撞击计划"瓦解来撞天体,保护人类家园。

侵彻　弹丸与装甲的侵彻过程是另一个涉及高速碰撞的问题[17,19]。侵彻过程如图 13.7 所示。根据速度和几何形状可将弹丸分为三类:(1) 普通穿甲弹,速度为每秒数百米,长径比为 2~3;(2) 高速脱壳穿甲弹,速度约为每秒1 500 米,长径比为 5~10,碰撞时伴随有脱壳过程;(3) 破甲弹,其金属射流速度为每秒 2 000~8 000 米,长径比一般为数百。与穿甲弹和破甲弹相碰撞的是装甲板。普通装甲采用单一材料制成,如钢装甲、铝合金装甲等,又称均质装甲。描述碰撞的参数为长厚比 l/t(l 为弹体长度,t 为均质装甲板厚度)、速度参数 $\rho v/2Y$(ρ 为弹材密度,v 为弹速,Y 为均质装甲板的材料流动应力)和初始碰撞角 θ(弹丸飞行方向同装甲板法向的夹角)等。这些参数不同,碰撞现象会有很大差异。

对穿甲弹而言,在其他条件不变而 θ 角过大时,会发生跳弹。弹丸战斗部或战斗部爆炸后形成的破片、弹头、箭形弹、聚能射流等,凭借其动能侵入目标引起毁伤作用的过程称为侵彻过程。侵彻力也称为贯穿力,指弹头穿透物体的能力。侵彻力的大小主要取决于弹头质量、弹头能量的大小和弹体物质的性质,通常以侵彻某指定物体的深度来表示。侵彻过程又可以分为穿甲过程与破甲过程[19,20]。

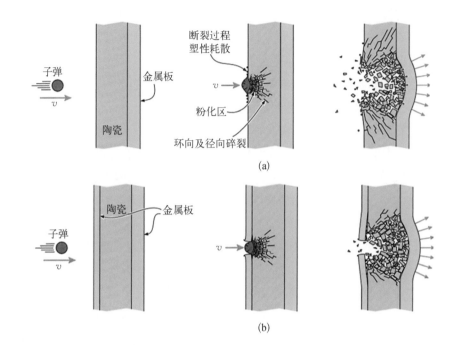

图 13.7　侵彻过程

穿甲过程　穿甲过程对应于穿甲弹的侵彻过程。穿甲弹是一种依靠弹丸强度、质量和速度来穿透装甲的动能弹。现代穿甲弹弹头很尖,弹体细长,采用钢合金甚至贫铀合金等制成,强度极高。它主要依靠弹丸强大的动能强行穿透装甲,其特点为初速快、弹道为笔直的直线、射击精度高、穿甲能力强,是坦克炮和反坦克炮的主要弹种。线膛炮使得炮弹本身在发射的时候具有极高的转速,从而最大限度地消除炮弹的章动(nutation)效应,提高射击精度,但是当距离过远时会出现炮弹顺着旋转方向偏离瞄准线的现象。高转速本身消耗了部分火药能量,因此线膛炮穿甲弹中需要设置稳定尾翼,来降低炮弹的自转速度,使弹头获得更大的线动能。滑膛炮发射的炮弹由于炮身没有膛线导致炮弹不能自转,使得炮弹本身的章动效应对精度影响很大。图 13.8 是尾翼稳定脱壳穿甲弹,它依靠出膛的速度来击穿敌方地面设施。脱壳穿甲弹

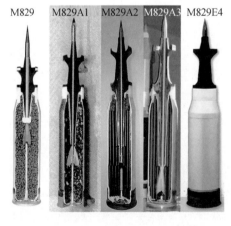

图 13.8　长杆式穿甲弹

所设置的尾翼是为了炮弹在出膛后具有自转能力,提高飞行稳定性。尾翼稳定的超速脱壳穿甲弹又称为长杆式穿甲弹,其飞行弹体由风帽、弹体、尾翼等部件组成。弹托由铝合金制成,有花瓣型和马鞍型两种典型结构;弹体材料多为钨合金或贫铀合金。杆式穿甲弹的长径比可达 12~20,具有穿甲能力强、飞行速

度损失小等优点,初速可达 1 500~1 800 米/秒,可击穿 300~550 毫米的垂直均质装甲。

破甲过程　破甲弹(High-Explosive Anti-Tank)又称空心装药破甲弹,是以聚能装药爆炸后形成的金属射流穿透装甲的炸弹,是反坦克的主要弹种之一。破甲弹是基于门罗(Charles E. Munroe,1849~1938)效应(也称聚能效应)的化学能反装甲弹种,将锥型中空的装药在距离装甲板一定高度的位置起爆,以聚焦的高温高速射流击穿装甲板并对人员器材进行杀伤,破甲过程参见图 13.9。通过合理设计装药形状和炸高(理论上的理想炸高为直径五倍)并加装金属药型罩,现代破甲弹的静破甲深度通常可达药型罩直径的五倍以上。一些静破甲深度超过 1 000 毫米的反坦克导弹应用的是串联破甲战斗部,对爆炸反应装甲有较好效果[20-21]。

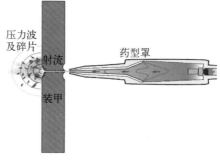

图 13.9　破甲过程

穿透深度　破甲的穿透深度由以下公式给出:

$$P = L\sqrt{\lambda \rho_j / \rho_t} \tag{13.5}$$

式(13.5)中,P 是穿深;L 是金属射流的长度;ρ_j 和 ρ_t 分别为金属射流和被打击的装甲的密度;λ 是一个复合系数,反映多方面的影响。由式(13.5)可见,金属射流的长度越大,穿深越大。破甲弹对均质装甲十分有效,通常可以穿透弹径 5 倍以上厚度的均质钢板。由于射流的首尾速度并不一致,在射流前进过程中,首尾的间隔也会不断增大。若能将射流首尾分离到不发生迸裂的最大程度,可产生最大的射流长度,穿深也最大。但当首尾间距加大到一定程度时,射流会破裂成许多小段,失去穿透能力。所以设计破甲弹时,要将其起爆距离设置得正好可以在撞击装甲前形成连贯且绵长的金属射流,通常在弹头前端装置探杆来达到这一目的。探杆的长度根据弹体的不同构造而定,通常为弹头直径的 4~7 倍。探杆撞击装甲时引爆弹头的炸药,这样在弹头接触装甲表面前就开始形成射流,能提前达到理想的长度和密度。但大口径的破甲弹,探杆也必须很长,长探杆构造会受到弹药的设计与使用的制约。

在破甲过程中,射流首部的马赫数在 25 左右,远远超出撞击装甲后冲击波的传递速度,所以不受冲击波形成的拉压应力脉动的影响,不会折断或者碎裂。但金属射流的密度并不高,一些高硬度的板块可以有效地抵御它的侵袭,使射流在表层大量消耗。比如,陶瓷装甲模块或金属与非金属材料的层合装甲结构可以有效地削弱射流的穿透能力,图 13.10 显示了 T-72C 坦克的复合装甲防护。

图 13.10   T - 72C 坦克的装甲防护

复合装甲   随着反坦克炮弹、导弹和火箭弹的穿透能力不断增大,坦克设计师转而以多层装甲来应对侵彻防护过程,这就是复合装甲。复合装甲系由两层以上不同性能的防护材料组成的非均质坦克装甲,是由物理性能不同的材料按照一定的层次比例复合而成,依靠各个层次之间物理性能的差异来干扰来袭弹丸(射流)的穿透,消耗其能量,并最终达到阻止弹丸(射流)穿透的目的。这种装甲分为金属与金属复合装甲、金属与非金属复合装甲以及间隔装甲三种,它们均具有较强的综合防护性能。复合装甲有多层,穿甲弹或破甲弹每穿透一层都要消耗一定的能量。由于各层材料硬度不同,可以使穿甲弹的弹芯或破甲弹的金属射流改变方向,甚至把穿甲弹芯折断。因此,复合装甲的防穿透能力比均质装甲要高得多。在装甲的单位面积质量相同时,复合装甲抵抗破甲弹的能力比均质钢装甲可提高两倍[22]。

反应装甲   反应装甲是指坦克受到反坦克武器攻击时,能针对攻击作出反应的装甲。由于破甲弹所产生的金属射流的速度为每秒 8 000~10 000 米,只有炸药爆炸,才能产生与之速度相同的爆炸物去高速切割金属射流,从而减轻其对坦克的破坏。现代的"反应装甲"是以色列首先于 70 年代末 80 年代初在装甲车辆上采用的,见图 13.11。在坦克的前面装有排列整齐的惰性炸药块,也就是反应装甲。惰性炸药对小一点的冲击(如子弹、小口径炮弹)不会作出反应;但当反坦克导弹、反坦克动能弹、聚能破甲弹这些可以击穿坦克主装甲的武器攻击坦克时,惰性炸药就会向外爆炸,有效地降低这些反坦克武器的破坏效果,达到保全坦克的目的。1982 年,以色列在入侵黎巴嫩的战斗中首次使用反应装甲。此后,英国和苏联等国家相继把反应装甲应用于坦克装甲车辆。

图 **13.11**　装备反应装甲的以色列 **M60A1** 主战坦克

　　反应装甲也存在着一些重大问题,例如:特种枪弹的诱爆和自身殉爆,会使其失去效力;爆炸力伤害友邻步兵及车内的乘员与设备;不能有效对付穿甲弹;随后发展的多级串联空心装药破甲弹对反应装甲构成威胁等。针对上述问题,新一代反应装甲开始出现。美国陆军采用美国和以色列合作生产的主动/被动混合式反应装甲单元,装配了 175 辆"布雷德利"步兵战车。法国陆军正用 GIAT 工业公司(现奈克斯特公司,Nexter Systems)生产的布伦努斯(Brenus,法高卢时代酋长)反应装甲,装配了两个坦克团的 AMX30B2 坦克。该反应装甲相当于 400 毫米以上轧制均质装甲钢抗 60°倾角入射破甲弹,以及 100 毫米以上轧制均质钢抗穿甲弹的防护能力。新一代反应装甲的研究和发展趋势是:(1)发展防殉爆的反应装甲。俄罗斯钢铁科学研究所发明了由多个相互连接盒单元构成的反应装甲,四个侧壁采用声阻抗变化的三层或四层复合材料,相邻两层材料的声阻抗之比不小于 2,从而衰减和消耗了爆炸冲击波,使相邻的盒单元既不会发生殉爆,也可有效抗破甲弹和穿甲弹。(2)无炸药的反应装甲。美国食品机械化学(FMC)公司采用无炸药的被动式箱形反应装甲单元,当穿甲弹或破甲弹射入该单元时,飞板被烧蚀和破碎,将对应的爆炸力变为机械侵彻抗力。(3)反应-被动式复合装甲。其基础结构是:钢面板+炸药层+惰性材料层+钢背板。(4)具有隐身功能的反应装甲。采用内装多个爆炸反应构件的箱形反应装甲单元,外箱全部用 S2 玻璃/环氧复合材料制成,其余部分则用钢制造。(5)集反应装甲、短距离传感器网与计算机为一体的主动反应装甲系统。该系统将计划用于 M1 主战坦克上,预计可抵御 120 毫米动能弹[23]。

参考文献

1. 王仲仁.塑性加工力学基础[M].北京：国防工业出版社,1989.

2. 魏立群.金属压力加工原理[M].北京：冶金工业出版社,2008.

3. 徐祖耀.金属学原理[M].上海：上海科学技术出版社,1964.

4. Meyers M A, Chawla K K.金属力学原理及应用[M].程莉,杨卫,译.北京：高等教育出版社,1989.

5. Landau L D, Lifshitz E M. Course of theoretical physics, 10 volumes[M]. Butterworth-Heinemann, 1977.

6. Yang W. Mechatronic reliability[M]. Berlin：THU-Springer-Verlag, 2002.

7. Eshelby J D. The determination of the elastic field of an ellipsoidal inclusion and related problems[J]. Proceedings of the Royal Society A, 1957, 241：376－396.

8. Mura T. Micromechanics of defects in solids [M]. Amsterdam：Springer Netherlands, 1987.

9. Nemat-Nasser S, Hori M. Micromechanics：Overall properties of heterogeneous materials [M]. Amsterdam：Elsevier, 1999.

10. Wang B. Three-dimensional analysis of an ellipsoidal inclusion in a piezoelectric material [J]. International Journal of Solids & Structures, 1992, 29(3)：293.

11. Zheng Q S, Du D S. An explicit and universally applicable scheme for the effective properties of multiphase composites which accounts for inclusion distribution[J]. Journal of the Mechanics and Physics of Solids, 2001, 49：2765－2788.

12. Freund L B, Suresh S. Thin film materials：Stress, defect formation and surface evolution[M]. London：Cambridge University Press, 2003.

13. Banerjee A, Bernoulli D, Zhang H, et al. Ultralarge elastic deformation of nanoscale diamond[J]. Science, 2018, 360：300－302.

14. Nie A M, Bu Y Q, Li P H, et al. Approaching diamond's theoretical elasticity and strength limits[J]. Nature Communications, 2019, 10：5533.

15. Yang W, Lee W B. Mesoplasticity and its applications [M]. Berlin：Springer-Verlag, 1993.

16. 吴诗淳.冷温挤压[M].西安：西北工业大学出版社,1991.

17. 白以龙,段祝平.高速变形下金属的动力学性能(一)[J].兵器材料与力学,1981,(5).

18. Gabuchian V, Rosakis A, Bhat H, et al. Experimental evidence that thrust earthquake ruptures might open faults[J]. Nature, 2017, 545(10)：1038.

19. 钱伟长.穿甲力学[M].北京：国防工业出版社,1984.

20. 郑哲敏,谈庆明.破甲机理的力学分析及简化模型[R].科技参考资料(52研究所),1977.

21. 郑哲敏.破甲弹射流稳定性的研究[J].爆炸与冲击,1980(1).

22. 陈小伟、陈裕泽.脆性陶瓷靶高速侵彻/穿甲动力学的研究进展[J].力学进展,

2006,36(1): 85 - 102.

23. 坎比.能爆炸的装甲——反应式装甲[J].兵器知识,2005,(8).

思考题

1. 假设你在自由锻上拉长一个坯料。锻锤头部为长方形截面。若想得到最好的拉长效率,被锻的坯料的轴向应与锤头长方形截面的长边成何种角度?为什么?

2. 当对坯料进行墩粗时,若考虑坯料两端面与锤头(铁砧)之间的摩擦,坯料变形的主要流动带在哪里?

3. 考虑图 13.2 的二元相图,对任一种物质成分,试说明在自液态(L)冷却时,在不同的温度下的各种相。你能确定不同相之间的组成比例吗?

4. 马氏体相是固态相变的产物,往往呈片状或针状,如何确定马氏体片的厚度或马氏体针的直径?

5. 考虑一无限大各向同性弹性体中的一个球形同质夹杂,若其产生 1% 的(无应力)体积相变应变,试给出夹杂内和夹杂外的应力场。

6. 试推导式(13.5)。

第 14 章
交通力学

　　交通,包括水运、陆运与空运,是力学(包括流体力学、固体力学和动力学)的宏图大展之地。第 7 章中已经对与空运有关的飞行器力学做了专门介绍。本章旨在介绍水运与陆运中的交通力学,包括水运中的船舶(14.1 节与 14.2 节)与潜航器(14.3 节)和陆运中的高铁(14.4 节~14.6 节)与汽车(14.7 节~14.9 节)。本章的阐述表明:交通力学,是力学横贯天下之路。

14.1　船舶流体力学——流线与波浪

　　本节讨论船舶流体力学。先从外廓流畅的船舶体谈起。

　　流线型　流线型是一个源自流体力学的名词,即在流体中穿行的物体与其流线相贴合。大千世界中有形形色色的伯努利意义下的流线型物体:如水中的鱼、飞翔的鸟、翱翔的飞机、疾驶的汽车、潜行的潜艇、破浪的船,它们通常表面光滑、前圆后尖、曲面过渡自然。水中游弋自如的鲨鱼就是一个最好的例子。

　　流体阻力　当物体穿行于流体之中时,会受到阻力。流体阻力缘于流体的黏性。黏性是流体的物理属性,根据伯努利方程,对于速度为 U 的流体,惯性力可近似用 ρU^2 来表示,这里 ρ 为流体的密度。于是雷诺数可表示为

$$Re = \frac{\rho U^2}{\mu(U/L)} = \frac{\rho UL}{\mu} = \frac{UL}{\nu} \qquad (14.1)$$

式(14.1)中, $\nu = \mu/\rho$ 为空气的分子运动黏性系数(简称动黏性系数),表征了由层流流体各层之间的分子运动所引起黏性力的大小。 Re 较大时,惯性效应起主要作用;反之,黏性效应起主要作用。

　　摩擦阻力与压差阻力　阻力可分解为两个分量:摩擦阻力与压差阻力。摩擦阻力系指流体在物体表面产生与物面相切的摩擦力的合力;压差阻力系指与物面相垂直的压力合成的阻力。摩擦阻力来自流体与其流经表面的摩擦,与边界层形成有关,与雷诺数成正比。当阻力由黏性阻力主导时,称其为流线体,

流线体貌似一个小攻角的机翼;若其由压差阻力主导,则称为钝体(bluff),钝体貌似一个钝柱体,或一个大攻角的机翼。究竟是黏性阻力主导还是压差阻力主导,取决于船舶体的形状。流线型通常表现为平滑而规则的表面,没有大的起伏和尖锐的棱角,它是表面气流没有明显分离的物体形状。沿流线型物体表面的流动主要表现为层流,很少有湍流发生,这保证了物体受到较小的阻力。当流体流过非流线型表面时,边界层就会发生湍流,造成压差阻力。这种阻力与尾涡的形成有关,在钝尾或物体表面形状变化剧烈处会造成漩涡脱离,造成流动分离。而钝体的流动阻力主要由压差阻力产生。摩擦阻力对应于附着流动(即没有涡分离),它与流动的暴露表面积有关;压差阻力对应于分离流,它对雷诺数不如摩擦阻力那样敏感,而与物体的横截面有关。一艘方形的驳船,在行驶时会激起巨大的涡流状水波,增大行驶阻力。而流线型的设计则前圆后尖,就像一艘潜水艇,能够避免涡流的出现。流线型的船只划过水面时,会将水向两边推开。水流在经过流线型的船只后,又合拢复原,不会另起波澜。

对于给定的头部截面积和速度,流线体具有比钝体低得多的流动阻力。比如,一个直径为 D 的圆柱,其阻力可能达到同样厚度流线体的 10 倍,参见图 14.1[1]。可将柱体和球体考虑为钝体,因为当雷诺数较大时,其阻力由尾部丧失的压力所决定。

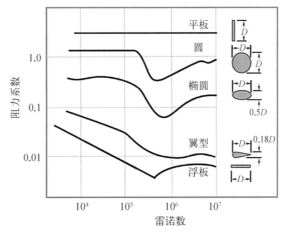

图 14.1 钝体与流线体的阻力系数

球鼻艏劈波 船舶航行时的阻力主要来自两方面,一是船身与水的摩擦阻力和黏滞阻力;二是船首劈波斩浪时的碰波和兴波阻力。很多轮船头部有一个状似鼻子的轮廓,应了唐代沈仲昌的诗句"驔(音 diàn,意为脊毛黄色的黑马)鼻大如船"[2]。该凸起可称为"球鼻艏(音 shǒu)"(英文名是 bulbous bow),目的是减少船舶航行时的兴波阻力。

波浪理论 波浪是水动力学的产物,但波浪理论的应用却不限于此,比如用于金融力学来描述股市的变动。对无黏流,不考虑惯性作用的流体力学方程简化为拉普拉斯方程,称为势流[3]。与时变过程有关的动能项是引起波浪的首要原因。在时变因素下,无黏流的拉普拉斯方程变化为波动方程,它成为波浪产生的数学渊源。无论是行波解,还是驻波解,都是波动方程的解。前者对应于无限域,后者是历经多次的边界反射后稳定下来的结果,由各种驻波的叠加态组成。波浪的大小和形状可用波浪要素来诠释,包括波峰、波顶、波谷、波底、波高、波长、周期、波速、波向线和波峰线等基本要素。其中,波高指波峰到波谷之间的垂直距离;波长是两个波峰之间的水平距离。海浪是发生在海洋中的一种波动现象,可分为风浪、涌浪和近岸浪 3 种。海浪形成的原因有三种:第一种是风浪,风吹动海水形成的,其周期为 0.5~25 秒,波长为几十厘米到几百米,波高为数厘米到 30 米。第二种是潮汐,由于太阳和月球引力形成的。第三种是海啸,由于水下地震、火山爆发或水下塌陷和滑坡等活动产生震波,震波使海水翻滚形成的。

伯格斯方程　伯格斯方程(Burgers equation,这里的 Jan Burgers 与 3.6 节中位错 Burgers 向量的提出者是同一人)是一类模拟动能波传播和反射的非线性偏微分方程。它与不考虑压力项的 N-S 动量方程有关。伯格斯方程数学上可解,该方程的间断性数学结构诠释了激波产生的浪峰和浪谷[1]。此外,在研究浅水中小振幅长波运动时,荷兰数学家科特韦格(Diederik Korteweg, 1848~1941)和德弗里斯(Gustav de Vries, 1866~1934)共同发现了一个以他们的姓氏首字母命名的 KdV 方程的单向运动浅水波偏微分方程。KdV 方程是孤立波理论的基础,它可以用逆散射技术求解[4]。

波浪与船舶的相互作用　波浪与船舶的相互作用是船舶流体力学的重要问题[5]。在风浪作用下,船舶在其平衡位置所作的周期性振荡运动称为船舶摇荡,包括横摇、纵摇、摇首、纵荡、横荡和垂荡等类型。对船舶影响较大的是横摇、纵摇和垂荡,可用摆幅和周期(或频率)来表征其严重程度。船舶设计师无法完全避免船舶的摇荡,但可设法减小摇荡幅度,适当增大摇荡周期。船舶的摆幅主要取决于波幅(波倾角)、船舶固有周期和波浪相遇周期的比值;船舶的摇摆周期则等于波浪相遇周期。船舶的摇荡性能是船舶耐波性的主要方面,摇荡性能以摆幅小、周期长为优。为了减少颠簸,船体的宽度应该大于浪峰的间距,比如双体船在抗颠簸方面就显著优于单体船。

减摇　采用减摇设备可减小摇荡幅度。目前采用的减摇装置有三种:舭(音 bǐ)龙骨、减摇鳍、减摇水舱。舭龙骨是装设在舭部外侧,沿着水流方向的一块长条板,其作用是减小船舶横摇,但会对船舶的航行产生一定的附体阻力。减摇鳍是一个剖面为机翼型的长方体,安装在船中央附近两舷的舭部。通过调整机翼剖面相对于水流的攻角,使减摇鳍在两舷产生的升力形成一个阻碍船舶横摇的力偶矩,并使该力偶矩方向的改变与船舶横摇同步,便可以有效地减小船舶横摇。减摇水舱是在船内横向设置的 U 形水舱。船横摇时,水舱内的水位移动与船的横摇之间形成相位差,水的重力所形成的力矩可减小船舶的横摇。

横倾　当顺着风浪航行时,会出现难以驾驭的情况。风浪愈剧烈,其困难就愈大。可能会因为舵效不足,偏出很大的角度而无法控制。船不断地偏转,直到它正横地对着浪,同时产生一个很大的倾角,倾向下风一侧,这种情况称为横倾。横倾严重时,船舶可能被波浪击伤或倾角增大,甚至使其倾覆。如果风与浪的方向相同,"打横"的情况将进一步恶化。历史上比较著名的是 1968 年"女冲浪者(Wahine)"号渡轮在新西兰惠灵顿港附近遭遇"吉赛尔"风暴的船难,以及葡萄牙海军驱逐舰在大西洋的打横经历。

舟自横　唐人韦应物的名篇《滁州西涧》中有"野渡无人舟自横"的名句。自然状态下的小舟为何呈"横"态(垂直于堤岸)而不是呈"纵"(平行于堤岸)态呢?可以从伯努利原理和流体的稳定性两个角度来解释。伯努利原理表明:在流体系统中,流速快的一侧压力小。假设小舟从垂直于堤岸的方向偏离一定角度。由图 14.2(a)可见:小舟与堤岸中间的水道是由窄变宽的,当河水从此流过时,便会在河道较宽的地方减速。而小舟的另一侧由于河道由宽变窄,水流加速。根据伯努利原理,小舟靠近堤岸的一侧受到的水流压力要大于另一侧,在这一横向压力差的作用下,小舟便会恢复到垂直于堤岸的状态,即出现"舟自横"的现象。

还可以从稳定性的角度来分析这一问题。将小舟视作椭圆,这样便成为流体力学中常见的绕流问题了,见图 14.2(b)。对椭圆在流体中的受力情况可分析出:只有当河水流动方向和椭圆长轴的夹角(即上图中的 α)为 0°或 90°时,小舟所受的合力矩才等于零。研究者们发现,对于平行于堤岸的小舟,其合力矩变化的方向和小舟偏离的方向是相同的,力会使小舟越来越偏离原来的位置;而对于垂直于堤岸的小舟,合力矩变化的方向和小舟偏离的方向却是相反的,力会使小舟重新回到原来的位置。这说明小舟只有在垂直于堤岸时,它的平衡才是稳定的,这便是"野渡无人舟自横"的原因[6]。

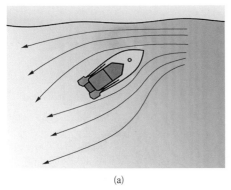
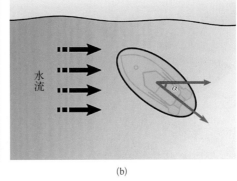

(a)　　　　　　　　　　　　　(b)

图 14.2　"野渡无人舟自横"的流体力学解释

船舶/海水界面　在海水、海生物等各种因素的联合作用下,船舶与海水的界面处容易产生腐蚀,它会严重影响设备的正常运转和船舶的安全运行。在船舶设计与建造过程中采取合适的防腐措施,能有效减轻海水系统腐蚀,延长船舶海水系统的使用寿命,降低船舶运行成本。船舶/海水的界面设计也可以实现好的力学成效,这里用两个例子加以说明。第一个例子是仿鲨鱼皮的艇体表面,这类表面可以在游弋体表面造成较宽的湍流边界层,增加驱动体表面的摩擦力,并得以控制转捩点的位置。类似的情况发生在 15.3 节的"鲨鱼皮"泳衣中。另一个例子是毛糙型船舶吃水面。在毛细力和重力的共同作用下,毛糙性船舶吃水面可以实现优化的承载能力和机械稳定性的组合。利用超疏水表面,以及封存在这类船舶/水界面中的气体,可以进一步改进该类界面的水动力和水浮力性能[7]。

艇桨舵系统 船舶的推进往往通过船桨舵系统来实现。推进的有效与平顺和船桨舵系统的流体力学密切相关。这里可列举下述 6 个有关的船舶力学问题。(1)船舶推进的有效性与船体尾涡和桨舵系统的相互作用相关;(2)桨体推进的效率与其频度和力度的优化组合有关,而两者分别定义了桨涡的间距与强度;(3)桨与舵的水动力作用影响着船尾部的水流动力噪声;(4)桨叶的个数决定着桨叶尾流的组合模态,呈素数的桨叶个数不容易引起桨叶尾流的共振行为;(5)靠近桨舵的船鳍也与桨叶产生水动力交互作用;(6)桨叶与桨毂的交互作用可能会引起旋转性尾部涡流。

气垫船 气垫船是一种利用表面效应原理,依靠高于大气压的空气在船体与支撑面(水面或地面)间形成气垫,从而使船体(全部或部分)脱离支撑面航行的高速船舶[8]。气垫是用大功率鼓风机将空气压入船底,由船底周围的柔性围裙或刚性侧壁等气封装置限制其逸出而形成的。按气垫的安装方式,可分为全垫升气垫船和侧壁式气垫船两种。气垫船的航行阻力很小,航速可为 60~80 千米/时。气垫船多用作高速客船、交通艇、货船和渡船,尤其适合在内河急流、险滩和沼泽地使用,见图 14.3。

图 14.3 气垫船

1953 年,英国人科克雷尔(Sir Christopher Cockerell, 1910~1999)创立气垫理论,经过大量试验后,于 1959 年建成世界上第一艘气垫船,横渡英吉利海峡取得成功。欧洲野牛级(Zubr)气垫登陆艇由俄罗斯圣彼得堡"阿尔马兹"(Almaz)中央设计局造船股份公司设计建造,全长 57.4 米,艇宽 22.3 米,据称是世界上最大的气垫军舰,见图 14.3。

水翼船　水翼船(hydrofoil)是一种高速船。船身底部有支架,装上水翼。当船速增加时,水翼提供的浮力会把船身抬离水面(称为水翼飞航,foilborne),从而大大减少水的阻力,增加航行速度,见图 14.4。美国人米查姆(William E. Meacham)于 1906 年在《科学美国人》上发表关于水翼原理的文章。发明家贝尔(Alexander G. Bell,1847~1922)画出类似水翼船的草图,然后与鲍德温(Casey Baldwin,1882~1948)合作,在 1908 年进行了关于水翼的实验。他们采用两副 350 马力*的发动机,在 1919 年 9 月创下时速 114 千米的纪录。二次世界大战时,德国人冯·舍特尔(Baron Hanns von Schertel,1902~1985)在德国研究水翼船。战后舍特尔本人到了瑞士,并成立了 Supramar 公司,于 1952 年建造出首艘来往瑞士与意大利的载客水翼船 PT10,质量为七吨,载客 32 人,采用 U 型半浸式水翼,速度达 32 节(1 节 = 1.852 千米/时)。1974 年,美国的波音公司建造了 6 艘约 40 米长的 PHM 型全浸式水翼船军舰。同时,波音亦发展了民用的全浸式水翼船渡轮,船身长约 27.4 米,质量约 100 吨,载客量可达 250 人,航速达 45 节。现今存在的水翼船大多不超过 1 000 吨,并以近海航行为主。

图 14.4　水翼船

与其他的高速舰艇技术相比,水翼船的主要优点是能够在恶劣的海情下航行,船身的颠簸较少。而且高速航行时所产生的行波较弱,对岸边的影响较低。水翼所能提供的浮力与舰长成平方关系,但是船的质量却与舰长成立方的关系(平方/立方定律),因此制造更大型的水翼船存在一定的难度。要进一步提高速度,水翼在高速下会产生空蚀(cavitation)的问题,亦需要解决。此外,全浸式水翼的结构和控制较为复杂,水翼船使用燃气引擎花费燃料较多,亦会影响其商业运作的考虑。

---

*　1 马力 = 735 瓦特。

14.2 船舶结构力学——从骨架式到框架式

船体的龙骨设计 中国古代船舶的龙骨结构是造船业中的一项重大发明，其仿生的力学设计对世界船舶结构的发展产生深远的影响。龙骨是在船体的基底中央的一个纵向构件。它连接船首柱和船尾柱，用于承受船体的纵向弯曲力矩，保证船舶结构强度。宋代尖底海船甲板平整，船舷下削如刃，船的横断面为 V 形，尖底船下设置贯通首尾的龙骨，用来支撑船身，见图14.5。该结构使船只更坚固，同时吃水深，抗御风浪能力十分强。欧洲船只从19世纪初才开始采用这种龙骨结构。龙骨的另一个作用是扩大了船的侧面面积，提高了船在水中的并联阻抗，防止了侧风转向，这对逆风航行尤为重要。在帆船上的龙骨受到中部或是骨架边的斜撑的支持。此外，龙骨还对船的稳定有作用，减少了船的倾斜或是反向转动。

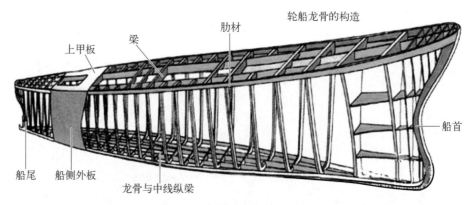

图 14.5 船舶的龙骨与侧撑构造

密封舱体技术与低应力脆断 随着船舶吨位的增加与尺度的加大，船体结构开始更多地采用框架隔舱技术。其力学的特点是：(1)在同样的结构质量下，增加了截面的抗弯模量，加大了船体结构抵抗各个方向弯曲的能力；(2)采取了隔水密封舱式的结构，可以按照不同的密封舱组合来调整船体的重心，密封舱可以有的装人、有的装货，即使个别舱出现漏水，不至于蔓延到其他舱；(3)即使出现船体的断裂扩展，也可以在结构中引入止裂功能。在第二次世界大战期间，美国生产了大量(2 710艘)的"自由轮"(Liberty Ships)，见图14.6，来从事横跨大西洋的货运与兵运。除了游弋在水下的德国海军U2潜艇的攻击外，船体的低应力脆断造成了大量的事故(据统计有1 500起之多)。英国剑桥大学的蒂珀(Constance Tipper，亦与泰勒在1925年共同奠基了晶体滑移理论，见9.2节)经过研究表明是北大西洋的冰冷海水低于船体焊缝材料的韧脆转变温度所致。二战以后，针对在"自由轮"中大量出现的低应力脆断现象，在美国海军研究署工作的欧文提出了应力强度因子理论，创造了断裂力学发展的一个里程碑，参见10.2节[9]。

潜艇的耐压性、续航性与静音性 潜艇的主要性能指标是其耐压性、续航

(a) 外观   (b) 内部舱体构造

图 14.6 二战中大量使用的"自由轮"

性与静音性。耐压性确定了其安全性,潜艇一旦出现耐压性事故,往往伴随着艇毁人亡;耐压性定义了下潜深度,后者是重要的航行与作战指标;耐压性同时表征了其抵御深水炸弹的能力。续航性体现了潜艇的独有优势,核动力潜艇在续航力上占有优势。常规潜艇要以动力的使用效率、设备的完好性、艇员的心理素质来体现其续航性。我国目前保持着常规潜艇续航天数的世界纪录。静音性是潜艇生死攸关的指标,将在 14.3 节中专门阐述。

潜艇的主承力艇体设计 潜艇的主承力艇体位于乘员活动舱(该处保持一个大气压的压力)和外界水环境联通舱(该处保持相应海水深度的水压)的界面处。该潜艇耐压船体(往往由球壳、环肋圆柱壳、圆锥壳等连接而成)的设计需要尽可能地减少局部弯曲应力。潜艇耐压船体的不同壳段连接处多为应力集中处,破坏与壳体失稳多在此处发生[10]。

对常规潜艇来说,其头部与锥形艇身的连接十分重要,见图 14.7。对核动力潜艇来说,其放置核动力装置的中部往往需求大到 10 米左右的直径,采取近似于柱壳的构型,见图 14.8。对携带有多枚洲际战略导弹的核动力潜艇,其多个垂直发射管与柱形潜艇艇身的相贯设计是强度和稳定性问题的典型难题[11]。

图 14.7 常规潜艇的外形

图 14.8　战略核动力潜艇

在潜艇的密封舱中都有舱门。潜艇的舱门形状是设计师根据它们在潜艇上的位置、功能、水密性能要求及强度要求等多方面因素决定的,其中尤以水密性能要求及强度要求最为重要。从结构强度角度上说,圆形舱门的门框周围受力均匀,水密性能容易得到保证,也可以较好地避免应力集中现象。根据艇上实际需要,可以将非耐压舱门设计成方形或圆形,主要考虑艇浮上水面时人员出入的方便。潜艇的舱门之间有很厚重的密封圈,这些密封圈由紫铜制造,相对柔软但是可以承受高水压。

14.3　潜艇的减振降噪——从敲锣打鼓到洋底寂舟

机械振动噪声与水流动力噪声　常规潜艇的不依赖空气的动力装置(air independence power,简称 AIP 系统)和核潜艇的核电混合推进系统(SSN/AIP)相继研制成功,使得潜艇不用上浮便可以持续推进。于是,降噪成为潜艇生存的第一要务。潜艇的噪声有三类:由发动机到传动轴到螺旋桨的机械振动噪声;由艇身、艇鳍、艇舵、螺旋桨到桨毂的水流动力噪声;潜艇运行时的工作与生活噪声。本节主要讨论前两种,它们占潜艇噪声的主体部分。在过去,我国的潜艇出行被称为"敲锣打鼓",其噪声为 160~180 分贝,很容易被非合作方发现。随着减振降噪技术的不断推出,越来越安静的艇种不断出现,我国潜艇噪声已经逼近静音分界线,潜艇即将成为洋底寂静的渡舟。

动力系统减振降噪　机械振动的噪声问题主要依靠对潜艇动力系统的减振降噪来化解。其主要抑制思想是:(1)尽量减少动力系统的振源;(2)将振源与艇身隔绝开来;(3)让多个振源的振动尽可能地互相抵消;(4)尽量控制传播远、难抑制的低频模式;(5)减少从机械振动到声频噪声的能量转化。上述减振降噪思想的实施,依赖于振动力学中的功率谱方法。其做法是:采用数值模拟和模型测试的方法,得到潜艇的振动频谱与噪声频谱,可将其表达为潜艇功率的函数。再考虑应用力学中减振降噪的方法予以抑制[12-15]。

浮筏隔振　国内外常用的一种减振模型是浮筏模型(raft model),即将振动源以一定的方式置于浮筏之上,与艇体进行隔绝。可由浮筏实验确定最佳的浮筏参数。对多个振动源的情况,可采用多浮筏模型(每个浮筏中有一个振动源)、复合浮筏模型(多层拓扑结构或浮筏中有多个振动源)或立体浮筏模型(框架式三维结构)来模拟。并注意有效地安排各振动源的异相位抵消。在浮筏模型下可有效地进行功率流分析[13-15]。图 14.9 展示了装有浮筏隔振装置的潜艇结构原理图。

图 14.9　浮筏隔振

螺旋桨设计　螺旋桨的设计与机械噪声和水流噪声均有关联。从力学的角度来看,涉及如下三个问题。一是桨叶与桨毂的耦合作用而引起的涡旋和湍流噪声问题,改变两者的相对位置和几何形状可以显著地抑制湍流噪声。二是螺旋桨各桨叶的同相位谐振问题,通过优化桨叶数、错频设计等方法可得以部分解决。三是在柔性轴技术框架下可能导致的桨-轴-艇体的耦合振动问题,尤其以低频振动最为危险。

低频振动与群模式　低频振动是指潜艇在螺旋桨各桨叶旋转时,产生的纵向群模式振动,沿着柔性传动轴产生低频振动,并且耦合到艇体产生低频振动。

国内外习惯将其称为"伞效应",国内也有研究者称其为"水母模式"。该振动模式可以通过调整轴的振动频率、改变螺旋桨桨叶的形状或刚度加以抑制[14]。

桨-鳍-舵一体化设计　关于水流动力的一体化设计有三层境界:一是从尾流的层面,即前面提到的桨叶与桨毂的一体化设计,主要用于抑制桨叶后的螺旋状湍流;二是从潜水艇后部流动的层面,探讨螺旋桨与艇舵的一体化设计,主要用于调制艇舵与螺旋桨的干涉噪声;三是从环潜水艇水流全貌的层面,探讨桨-鳍-舵的一体化设计[15]。

数值潜艇　除现场的水下实验以外,要想得到潜水艇完整的噪声分析,还可以采用数值潜艇的模拟手段。该模型包括:(1)潜水艇的结构力学分析模型,包括艇内的机械振动、传动轴系的变形及耦合噪声的产生;(2)考虑艇-桨-鳍-舵形貌的水动力学计算,具备涡流和湍流模拟能力,还可以扩展到与洋底的地貌相关;(3)流固耦合计算,考虑艇外形(包括桨-鳍-舵)的弹性变形对水动力学的影响。数值潜艇将是继数值风洞以后,力学模拟平台的又一个里程碑[16]。

14.4　高铁动力学——速度的力之歌

我国高速铁路取得了举世瞩目的成就,成为国家的一张靓丽名片,见图 14.10,速度可达每小时 600 千米的超高速列车已经下线,其中饱含着力学的研究成果与贡献(图 14.10)[17]。在高铁动力学上速度的力之歌主要体现在下述五个方面。

图 14.10　高速列车

高速列车的分布式动力驱动　在高速行驶时,要保证列车运行有足够的加速力。但高速运转时黏着系数降低,为此需要提高轴重(动力集中)或增加轴数(动力分散)。前者虽成本低,但是轴重过大会增加对线路的破坏作用。与常规的列车驱动不同,高速列车采取了分布式的动力驱动。通过电力线缆将直流电送给转向架上的分布式电机,使每台电机可以在一节车厢的近程内来驱动其对应的质量中心,增加了列车整体的平顺性,降低了累积的摩擦损耗。同时,降低了车厢之间的连接力要求。若进一步采用直接驱动轮轴的永磁电机,还可以省去传动系统(如减速箱等)的质量。

列车的气动阻力　高速列车的气动阻力是提升其运行速度的主要障碍,高速列车车头都采用流线型的车头形状,外表面光滑并使玻璃窗与外部齐平,以达到最优的空气动力外形。气动阻力与下列五个因素有关:(1)列车的速度,在其他因素保持恒定的前提下,气动阻力与行车速度的平方成正比,速度越快,阻力越大。(2)车厢的横截面积,横截面越大,阻力越大。(3)列车头部的形状,复兴号的鹰嘴形状是从10种车头廓形的空气动力学分析中遴选出来的最优形状。(4)车厢间与车底的紊流,高速列车需要尽可能地封上车厢间的缝隙,降低车底的回流。(5)受电弓的设计,高速列车的气动力阻力有相当大的部分来自受电弓的阻力,需要通过气动模拟和风洞实验的方式来优选其设计。

高速列车的升力与脱轨系数　除了考虑气动阻力以外,在空气动力学设计中还应该尽可能利用列车掠过时产生的气动力,将列车压贴在铁轨之上。其设计与飞机机翼的设计思路相反:飞机机翼要求尽可能地提高升力,而高速列车的设计要求尽可能地降低升力、提高下压力。由于高速列车的纵截面大体呈上凸下平的轮廓,按照伯努利原理,产生升力是难免的。但应该要求其升力大大低于列车的自重。此外,复兴号的鹰嘴设计,使得一部分气流能够绕掠车头向下后方逸去,产生额外的压力。

由于车轨和轮辐接触而产生的最大侧向力,与列车在高速行驶下的总压力之比,是高速列车的脱轨系数。安全行车对脱轨系数的范围有着严苛的要求。此外,列车在高速行驶下的总压力乘以轮轨之间的摩擦系数,是高速列车的牵引力。随着车速的增加,牵引力不断下降,阻力不断上升。若两者相等,按照牛顿第二定律,对高速列车的进一步加速将不再可能,车厢轮轨处出现滑行。

高速列车与基础结构的动力相互作用　随着高速列车的行车速度日益提高,机车车辆与线桥基础结构之间的动力相互作用不断加剧,高速列车运行安全性与乘车舒适性成为高铁设计与运营中必须解决的重大问题。我国学者翟婉明(1963~)针对这一国家重大需求,运用动力学理论开展跨学科创新研究,创建了车辆-轨道耦合动力学理论体系,建筑了高速列车-轨道-桥梁动力相互作用理论,开发了具有自主知识产权的大型工程动力学仿真系统与安全评估技术,为中国铁路提速及高速铁路动态安全设计提供了先进理论方法和关键技术支撑,见图 14.11[18]。该理论与技术已广泛应用于我国时速 160~250 千米提速铁路及时速 200~350 千米高速铁路重大工程,特别是各种复杂结构桥梁的动力分析、设计优化与安全评估,支撑了我国高铁的快速发展。我国学者开发了具有自主知识产权的大型工程动力学仿真系统 TTBSIM 与安全评估技术。为中国铁路提速及高速铁路动态安全设计提供了先进理论方法和关键技术支撑[18]。

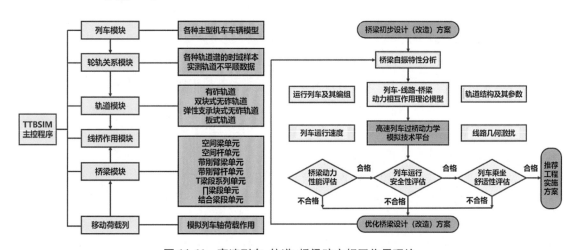

图 14.11　高速列车-轨道-桥梁动力相互作用理论

高速列车的减振设计与舒适性　高速列车的最高行驶速度一般要达到 200 km/h 乃至 300 km/h,在高速时要保证其快捷舒适、平稳安全、节能环保。高速列车的舒适性基于其减振降噪方面的力学设计,包括以下三个方面。一、高速铁路路基与轨道的平顺化设计,包括(1) 轨道选线全部由直线和大半径弧线组成,降低高速行驶中的侧摆力;(2) 采用防沉降的高架路基、无砟轨道面和无缝轨道等技术,铺就尽量平顺的路轨;(3) 在路基中嵌有沉降调控装置来处理软基和不均匀沉降问题;(4) 在线路运行前和运行中,由装有实验力学探测设备的科学探测车来获取线路的平顺性数据,并用其来指导线路的修正。二、车辆悬挂的减振设计,包括(1) 从轮轨、轴系、转向架、外车厢到内乘客厢的多级悬挂减振设计,有效地阻断高功率振动的波谱;(2) 杜绝各种可能发生的共振现象;(3) 定期检测轮轨的磨损,避免由磨损演化而成的振动源;(4) 设计进行振动观测的物联网,及时给出详实的振动全貌数据。三、车辆减噪的气动阻力设计,包括(1) 车辆的气动声学设计,在车厢间实行全封闭遮盖,给出最优的气动噪声谱分布;(2) 特殊路段(如隧道、桥梁等)的噪声聚集分析;(3) 会车时的噪声互传机制;(4) 降速驶入站区的噪声分析。

14.5　高铁可靠性——血染的理论

　　高铁运行中的事故在世界各国都是重大新闻。1998 年 6 月 3 日,德国城际快车(Inter City Express)ICE884 次发生重大脱轨事故,12 节车厢全部脱轨并损毁,铁路跨线桥坍塌,101 人死亡、88 人受重伤。德国铁路局为此支付了 2 500 多万欧元的赔款,成为德国史上最严重的列车事故。2001 年 1 月 14 日,日本 JR 山形新干线"翼 102 号"列车于山形县南阳市与一列轻型货运列车相撞,货运列车司机伤重不治身亡,为山形新干线的第一次事故。2011 年 7 月 23 日 20 时 30 分 05 秒,甬温线浙江省温州市境内,由北京南站开往福州站的 D301 次列车与杭州站开往福州南站的 D3115 次列车发生动车组列车追尾事故。该次事故共有六节车厢脱轨,造成 40 人死亡、172 人受伤,中断行车 32 小时 35 分,直接经济损失 19 371.65 万元,见图 14.12。2015 年 11 月 14 日,一辆法国高速列车在接近法德边境的斯特拉斯堡的路段突然出轨坠河,至少造成 10 死 32 伤。在高铁的可靠性保障中,力学研究起着重要的作用。下面从三个方面来加以说明。

图 14.12　温州动车追尾事故

　　行车网与信号安全控制　温州动车组列车追尾事故发生前 1 小时,有雷电击中温州南站沿线铁路牵引供电接触网或附近大地,并通过大地的阻性耦合或空间感性耦合在信号电缆上产生浪涌电压。由于当时列车控制中心设备存在设计缺陷、雷击导致设备故障后应急处置不力等因素,导致后续时段实际有车占用时,列车控制中心设备仍按照熔断前无车占用状态进行控制输出,致使温州南站列车控制中心设备给出错误的区间控制信号,升级为保持绿灯状态,从而酿成该重大事故。温州动车追尾事故起因于行车网与信号安全控制,其理论基础源于力学中的动力学与控制。基于控制的可靠性理论的一条基本原则是：一旦出现由不可抗力而引起的突发事件时，整个系统的状态应该切换到最安全的状态，而不是保持在原来的状态。当时使用的列车控制中心设备未能保障这一原则。

运行线路的防沉降设计 大多数高铁线路建设在桩基深植于基岩的高架线路上，其运行线路的沉降得到了有效控制。但还有为数不少的高速铁路建设在我国东部沿海地区的软土地基上，因此轨道沉降便成了轨道路基面临的一大难题[19]。轨道沉降会让轨道变得不平顺，甚至引起轨道结构的损坏。列车在这样的轨道上行驶，乘坐舒适度降低、脱轨风险增大，甚至不得不限制车速，同时也减少了高铁的服役寿命。对高铁路基沉降的研究需要借助于车辆-轨道-路基的耦合动力分析理论，并通过这一理论来细致地刻画列车运行引发路基沉降的种种复杂效应，如列车高速行驶的速度效应对轨道路基的影响、列车反复驶过对路基沉降的循环累积效应、地铁盾构施工造成的扰动效应等。可以通过严格控制实验参数的实验力学测试方法，借助于高速铁路全比尺动力试验创新装置所积累的大量数据（见图 14.13）将这些因素从模糊的概念变为得到实验严格标定的定量预报公式。

图 14.13　高速铁路全比尺动力试验装置

按照这一思路，还可以进一步提出控制和修复路基沉降的方法。如采用"假车真路"的想法，实验人员能够建成与现场条件相同的路基，在实验室里就能模拟全国各地的高铁运行，再由激振器模拟不同速度的列车驶过的情况，现实中长达数年的列车载荷带来的路基沉降，靠实验室中的"假车"，在几个星期就能完成模拟试验。还可以通过向路基注水来模拟雨雪和地下水升降等更加复杂条件，实现可控条件下路基沉降试验。在京沪、沪杭等高速铁路段，这些路基沉降研究的最新成果已经用于路基的修复，路基沉降修复最大抬升量达 45 毫米，经过验证 2 年后期沉降小于 1.5 毫米，解决了高铁沉降的不停运修复难题。

轮轴的高周疲劳可靠性 高速列车的另一个可靠性命题是转向架轮轴的

高周疲劳可靠性。对采用永磁电机的转向架,由于轮轴的异形,会加大其可靠性的挑战。高速列车每天要运行约 3 000 千米,大约经历 300 万个载荷循环。如果轮轴的检测周期为一年,则在每个检测周期要经历 10 亿次载荷循环,是典型的十亿循环疲劳(giga-cycle fatigue)问题。对这类微动循环,要发展特殊的疲劳载荷试验机来对轮轴钢进行试验研究[20]。对轮轴钢来讲,其疲劳强度在常在 $10^6 \sim 10^7$ 周出现的疲劳极限水平渐近线后,在随后的超高周疲劳测试中还会继续下降。因此,原先适用于高周疲劳的 S-N 曲线不再适用,只用 10^7 周以内的数据作为疲劳设计的依据是危险的。材料超高周疲劳的 S-N 曲线可以表现出另两种有别于传统规范的 10^7 极限类型,即持续下降型和阶梯下降型。疲劳的源发点不仅仅来自轮轴表面的缺陷,还更可能源自轮轴内部的三晶交处。

14.6　轮轨关系——碰撞导致的蠕滑与振动

轮轨关系　轨道车辆和线路的作用问题是铁路轮轨接触式运输的基本问题,是典型的三维滚动摩擦接触问题。该问题在力学上有三个特点。一是轮轨的相互作用:机车车辆在铁路线路上运行时,受线路不平顺的影响产生振动。二是轨道变形:机车车辆的重力和运行中产生的其他载荷通过车轮作用在钢轨上,又引起钢轨弹性变形和轨道下沉,从而加剧线路的不平顺。三是接触碰撞损伤:在高速和重载的双重负荷下,钢轨的波磨、车轮的多边形磨耗、车轴与轴承的疲劳损伤问题变得更加严重,见图 14.14(a)。其中,第一个是柔性系统的动力学问题;第二个是弹性基础上的接触力学问题;第三个是轮轨接触下的蠕变疲劳问题。这些问题的产生都与轮轨间作用力有着直接的关系[18]。

由于轮轨关系自身的复杂性,研究理论和模型往往基于下述假设:(1)法向接触满足赫兹(Heinrich Hertz, 1857~1894)接触条件;(2)轮轨接触副视为弹性半空间;(3)接触表面是理想光滑连续的,忽略接触表面之间第三介质的影响;(4)忽略高速轮轨滚动接触时的惯性力。由轮轨接触的不平顺性可以引起机车车辆的垂向振动与横向振动。

垂向运动　轨道垂向不平顺引起的机车车辆的垂向振动在轮轨间产生垂向的动作用力。可以用近似于钢轨接头下沉状态的余弦曲线来表示轨道的垂向不平顺,也可以用有代表性的轨道实测所得的随机干扰函数来表示。机车车辆垂向振动和对轨道的动作用力,与转向架一系和二系弹簧悬挂装置的弹簧刚度和阻尼系数有关。适当选择这两个参数,可使车体振动加速度达到最小。除此以外,车轮对轨道的动作用力还取决于转向架的簧下质量。因此,机车车辆应尽可能地减轻簧下质量,对高速机车车辆尤为如此。

横向运动 机车车辆在直线线路上运行,踏面锥形产生蛇行运动,且在通过曲线线路时,车轮和钢轨间产生横向作用力。机车车辆蛇行运动时,左右轮缘不断打击钢轨,这不仅会恶化机车车辆的运行平稳性,严重时甚至会造成脱轨事故。蛇行运动是机车车辆提高运行速度的主要障碍。

(a) 钢轨的波磨

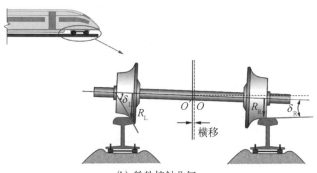

图 14.14

(b) 轮轨接触几何

轮轨碰撞力学 考虑如图 14.14(b)所示的轮轨接触几何。锥形或凹形车轮踏面的轮对在横移时,左右车轮接触点的位置、滚动半径差、轮轨接触点切线和水平面的夹角(接触角)等都发生变化。机车车辆各轮对中必然有一根轴或几根轴的一侧轮缘与钢轨接触,借钢轨作用于轮缘的横向力,来平衡轮轨之间的摩擦力和作用于机车车辆在通过曲线线路时因超高不足而产生的未被平衡的离心力。这就是轮缘导向。车轮踏面外形对蛇行稳定性有重要作用。对于凹形踏面不能如锥形踏面一样用斜度来表示其几何特征,而只能用等效斜度来表示。轮对横移时,由于左右接触角不等,接触角所确定的法向反力的方向和大小也不相同,各法向反力的横向分力的合力具有使轮对复原至中央位置的作用,有利于轮对的横向稳定性。此复原力与轮对横移量之比称为重力刚度。

蠕滑 当轮对沿钢轨滚动并自正中位置横移或偏转时,轮轨间在纵向、横向和垂直于接触平面的回转方向产生相对位移。这种相对位移称为蠕滑,属于弹性滑动,是介于纯滚动和纯滑动之间的一种中间形式。蠕滑的程度用蠕滑率表示,蠕滑现象引起轮轨间的纵向和横向蠕滑力,其大小为蠕滑率的函数。蠕滑率较小时,蠕滑力与蠕滑率呈线性关系,其比例系数称为蠕滑系数。由滚动体弹性接触理论可以确定蠕滑系数的值,它与正压力、弹性模量、泊松比、接触半径有关。蠕滑率较大时,蠕滑力与蠕滑率的关系是非线性的,其极限值为摩擦力。理论上计算得到的蠕滑系数适用于接触面完全洁净的条件,实际上轮轨表面常有异物,蠕滑系数只有理论值的一半左右。作用于轮轨接触面的蠕滑力和重力在接触面内的分力,对机车车辆横向运动有重要的影响。

横向稳定性　随着运行速度的提高,机车车辆的蛇行运动逐渐加剧,以致横向振动丧失稳定,这时的运行速度称为临界速度。计算临界速度、探讨影响临界速度的各因素和寻求提高临界速度的措施,是横向稳定性的研究内容。在初步研究中通常采用线性理论,即假定蠕滑力与蠕滑率的关系是线性的,轮轨几何参数与轮对横移量的关系是线性的,转向架悬挂元件的特性是线性的,并且不考虑轮缘接触,把在刚性平直轨道上以一定速度运行的机车车辆看作一个线性自激系统,列出它的运动微分方程,从方程式解的形式判别系统是否稳定,并确定其临界速度。改变系统的参数,临界速度就有变化,借此来研究参数的影响。

曲线通过理论　机车车辆曲线通过理论以下列假定为基础:(1)车轮踏面为圆柱形,忽略踏面锥度的影响;(2)各轴保持平行,无相对转动,即导向架一系的悬挂回转刚度极大;(3)各轮在滚动的同时绕一个中心回转,在轮轨间产生阻挠曲线通过的摩擦力。机车车辆曲线通过性能与走行部的设计有关。曲线通过性能差的机车车辆要靠轮缘导向。轮缘导向在通过曲线线路时会产生很大的轮轨横向力,使轮缘和钢轨侧面严重磨耗,线路展宽,还可能使轮缘爬越钢轨而造成脱轨事故。改善机车车辆曲线通过性能的措施有:(1)减小导向架一系和二系悬挂回转刚度;(2)减小导向架一系横向刚度;(3)减小轴距;(4)增大踏面锥度。可是这些措施恰恰就是造成蛇行不稳定的因素,所以机车车辆的蛇行稳定性和曲线通过性能是互相矛盾的。这就要求转向架的设计应在保证蛇行稳定性的条件下,尽量改善曲线通过性能。

防脱轨设计　20世纪60年代以来,对轮轨几何关系和蠕滑的理论认识不断深化,使轮轨间横向作用力的研究取得进展。现代高速机车车辆的轮对和转向架之间都用弹性定位,通过曲线时,各轴可以相对于构架偏转而不再平行。理论研究和试验都证明,踏面锥度对曲线通过性能有很大的影响,不能忽视。60年代后期,出现了曲线通过的新理论,考虑到轮对的弹性定位和踏面的锥度,并根据蠕滑理论分析车轮踏面上纵向和横向蠕滑力的方向和大小,认为在轴箱纵向定位刚度较低、曲线半径较大的情况下,机车车辆实际上可以完全靠蠕滑力导向,轮缘不与钢轨接触。这就是蠕滑导向。实现蠕滑导向要满足两个条件:一是轮对在曲线上的横移量不超过轮轨间隙,否则轮缘必然与钢轨接触而成为轮缘导向;二是车轮踏面上横向和纵向蠕滑力的合力应小于轮轨间的最大摩擦力,否则车轮在轨面上将产生滑行而导致轮缘接触。因此只有在较大半径的曲线线路上,合理选择机车车辆的悬挂参数,才有可能实现蠕滑导向。在中等半径和小半径的曲线线路上,轮缘总要和钢轨接触,产生轮缘力来导向。至于曲线半径小到何种程度,轮缘才开始与钢轨接触,则取决于车辆结构。

抑制轮轨接触碰撞振动　在曲线半径较小的线路上,为减少轮缘和钢轨的磨耗,抑制接触碰撞振动,可采取如下措施:减小轮缘力;减小轮缘和钢轨侧面的摩擦系数;降低轮缘和钢轨侧面的摩擦速度。为了减小或消除轮缘力,须改进转向架的设计,并且尽可能扩大蠕滑导向的工作范围。为了降低轮缘和钢轨侧面的摩擦系数,可以对钢轨侧面或对轮缘进行润滑。轮缘和钢轨侧面的摩擦速度受车轮对钢轨的冲角的影响,冲角越大,轮缘磨耗愈烈。各国铁路广泛采用凹形踏面,凹形踏面不仅能在较长时间内保持踏面的基本形状,而且使轮轨在曲线上只有一点接触,因此轮轨磨耗大为降低。还可以采用高速轮轨关系试验台及其数字孪生样机来研究对轮轨接触碰撞的抑制。可应用多体动力学仿真软件建立轮轨关系试验台的机构运动模型,应用多体摩擦接触元件建立轮轨接触摩擦模型,并应用高速轮轨关系试验台数字样机进行轮轨黏着的数字试验研究。

14.7　汽车力学:动力链——吸-压-燃-排的四重奏

汽车发动机　汽车发动机是汽车的心脏。它为汽车提供动力,决定着汽车的动力性、经济性、稳定性和环保性。根据动力来源不同,汽车发动机可分为柴油发动机、汽油发动机、电动汽车电动机以及混合动力发动机等。常见的汽油机和柴油机都属于往复活塞式内燃机,是将燃料的化学能转化为活塞运动的机械能,并对外输出动力。当今汽车发动机很多是热能动力装置,简称热力机。热力机是借助工质的状态变化将燃料燃烧产生的热能转变为机械能。

1876 年,德国科学家尼古拉斯·奥托(Nicolaus A. Otto, 1832~1891)在大气压力式发动机的基础上发明了往复活塞式四冲程汽油机。由于采用了进气、压缩、做功和排气四个冲程,发动机的热效率从大气压力式发动机的 11% 提高到 14%,而发动机的质量却减少了 70%。其子古斯塔夫·奥托(Gustav Otto, 1883~1926)为飞机与飞机发动机工程师,是宝马汽车公司(BMW,前身为飞机工厂)创办人。1892 年,德国工程师鲁道夫·狄塞尔(Rudolf Diesel, 1858~1913)发明了压燃式发动机(即柴油机),实现了内燃机历史上的第二次重大突破。由于采用高压缩比和膨胀比,热效率比当时其他发动机又提高了 1 倍。1926 年,瑞士工程师布希(Alfred Büchi, 1879~1959)提出了废气涡轮增压理论,利用发动机排出的废气能量来驱动压气机,给发动机增压,成为内燃机发展史上的第三次重大突破。1967 年德国博世(Bosch)公司首次推出由电子计算机控制的汽油喷射系统(electronic fuel injection，EFI)，开创了电控技术在汽车发动机上应用的历史。由于电控技术的应用，发动机的污染物排放、噪声和燃油消耗大幅度地降低，改善了动力性能，成为内燃机发展史上第四次重大突破。

四冲程汽油机　由于汽油和柴油的不同特性，汽油机和柴油机在工作原理和结构上有差异。现仅以汽油发动机的工作原理为例进行说明，见图 14.15。四冲程汽油机是将空气与汽油以一定的比例混合成良好的混合气，在吸气冲程被吸入汽缸，混合气经压缩点火燃烧产生热能，高温高压的气体作用于活塞顶部，推动活塞作往复直线运动，通过连杆、曲轴飞轮机构对外输出机械能。四冲程汽油机在进气冲程、压缩冲程、做功冲程和排气冲程内完成一个工作循环。

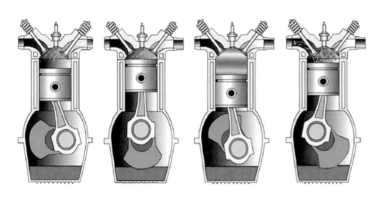

图 14.15　四冲程汽油机的工作原理

1）进气冲程(intake stroke)

活塞在曲轴的带动下由上止点移至下止点。此时进气门开启，排气门关闭，曲轴转动 $180°$。在活塞移动过程中，汽缸容积逐渐增大，汽缸内气体压力从 p_r 逐渐降低到 $p_a = (0.80 \sim 0.90)p_0$，$p_0$ 为大气压强，空气和汽油的混合气通过进气门被吸入汽缸，并在汽缸内混合形成可燃混合气。进入汽缸内的可燃混合气的温度可升高到 $340 \sim 400$ K。

2）压缩冲程(compression stroke)

压缩冲程时，进、排气门同时关闭。活塞从下止点向上止点运动，曲轴转动 $180°$。活塞上移时，工作容积逐渐缩小，缸内混合气受压缩后压力和温度不断升高，到达压缩终点时，其压力 p_c 为 $800 \sim 2\,000$ kPa，温度为 $600 \sim 750$ K。

3）做功冲程(power stroke)

当活塞接近上止点时，由火花塞点燃可燃混合气，混合气燃烧释放出大量的热能，使汽缸内气体的压力和温度迅速提高。燃烧最高压力 p_z 为 $3\,000 \sim 6\,000$ kPa，温度 T_z 为 $2\,200 \sim 2\,800$ K。高温高压的燃气推动活塞从上止点向下止点运动，并通过曲柄连杆机构对外输出机械能。随着活塞下移，汽缸容积增加，气体压力和温度逐渐下降，到达最低点时，其压力为 $300 \sim 500$ kPa，温度降为 $1\,200 \sim 1\,500$ K。在做功冲程，进气门、排气门均关闭，曲轴转动 $180°$。

4）排气冲程（exhaust stroke）

排气冲程时，排气门开启，进气门仍然关闭，活塞从下止点向上止点运动，曲轴转动180°。排气门开启时，燃烧后的废气在汽缸内外压差与活塞排挤的共同作用下，向缸外排出。排气终点温度 T_r 为 900~1 100 K。

发动机气缸就是一个把燃料的内能转化为动能的场所。燃料在汽缸内燃烧，产生巨大压力推动活塞上下运动，通过连杆把力传给曲轴，最终转化为旋转运动，再通过变速器和传动轴，把动力传递到驱动车轮上。这一做功原理与蹬踏自行车的曲轴驱动做功十分相似，见图 14.16。发动机之所以能源源不断地提供动力，得益于气缸内的进气、压缩、做功、排气这四个行程的有条不紊地循环运作。

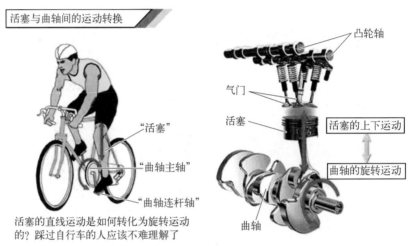

(a) 曲轴-活塞的工作模式与自行车的对比

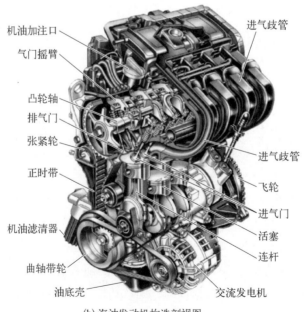

(b) 汽油发动机构造剖视图

图 14.16

对四冲程汽油机的工作机制进一步分析,又可得到两条推论:

(1)发动机能产生动力其实是源于气缸内的爆燃力。在密封气缸燃烧室内,火花塞将一定比例汽油和空气的混合气体在合适的时刻里瞬间点燃,就会产生巨大的爆炸力,而燃烧室是顶部是固定的,巨大的压力迫使活塞向下运动,通过连杆推动曲轴,在通过一系列机构把动力传到驱动轮上,最终推动汽车。

(2)火花塞是引爆高手。要想气缸内的燃爆的威力大,适时的点火非常重要。气缸内的火花塞扮演了引爆的角色。火花塞头部有中心电极和侧电极,两个电极之间有个很小的间隙(称为点火间隙),当通电时能产生高达 1 万多伏的电火花,可以瞬间引爆气缸内的混合气体。参见图 14.17。

图 14.17　汽油在气缸内的爆燃示意图

汽车排放　汽车排放系指从汽车废气中排出的一氧化碳(CO)、碳氢化合物(C_xH_y 或 HC)、氮氧化合物(NO_x)、微粒和碳烟(PM)等有害气体的含量。除了选择低排放的燃油、适中的巡航速度范围和合适的胎压外,对排放的抑制主要体现在对燃烧过程的控制。仍以汽油车为例加以说明。对汽车发动机内部的调试来讲,应该减少喷油提前角,以降低发动机工作的最高温度,减少氮氧化合物的生成量,还可以改善喷嘴质量,控制燃烧条件(空燃比、燃烧温度、燃烧时间)、达到燃烧完全,减少一氧化碳、碳氢化合物和煤烟的排放。对发动机内部,还应该采取净化处理措施,主要是采用曲轴箱强制通风系统(PCV)、废气再循环系统(EGR)和二次空气喷射。对发动机外部尾气的净化,还可以采用三元催化转化器(TWC),将一氧化碳氧化为二氧化碳,碳氢化合物氧化为二氧化碳和水,氮氧化合物还原成氮气。

轮胎　轮胎是在各种车辆或机械上装配的接地滚动的圆环形弹性橡胶制品。通常安装在金属轮辋上,能支承车身,缓冲外界冲击,实现与路面的接触并保证车辆的行驶性能。轮胎在行驶时承受着各种变形、力以及高低温作用,必须具有较高的承载性能、牵引性能、缓冲性能。同时,还要求具备高耐磨性和耐屈挠性,以及低的滚动阻力与生热性[21]。世界耗用橡胶量的一半用于轮胎生产,可见轮胎耗用橡胶的能力。

1845 年,出生于苏格兰的土木技师汤姆森(Robert W. Thomson, 1822~1873)发明了充气轮胎,并以《马车和其他车辆的车轮改良》为题,获得了英国政府的专利。同时,第一条充气轮胎诞生。1847 年《科学美国人》(Scientific American)杂志介绍了汤姆森的充气轮胎,称其为划时代的改良。初期的充气轮胎使用涂有橡胶的帆布作胎体,但是因为帆布的纵线和横线互相交叉,行走时由于轮胎的变形,导致线的互相摩擦,这样线就很容易被磨断,使得当时的轮胎只能跑 200~300 千米。1903 年斜纹纺织品的发明促成了交叉层轮胎的发展,使轮胎的寿命向前跨了一大步。斜叉的胎体不会因轮胎的行走而引起摩擦,帘线不容易被磨断,寿命大大加长。1930 年米其林兄弟(André Michelin, 1853~1931;Édouard Michelin, 1859~1940)制造了第一个无内胎轮胎;1946 年又发明了子午线轮胎(radial tire)。

子午线轮胎的帘线排列方向与轮胎子午断面一致,其帘布层相当于轮胎的基本骨架。由于行驶时轮胎要承受较大的切向作用力,为保证帘线的稳固,在其外面又包有若干层由高强度、不易拉伸的材料制成的带束层(又称箍紧层),其帘线方向与子午断面呈较大的交角。子午线轮胎中的钢丝带具有较好的柔韧性,以适应路面的不规则冲击。它的帘布结构还意味着在汽车行驶中有比斜交线小得多的摩擦,从而获得了较长的胎纹使用寿命和较好的燃油经济性。子午线轮胎本身具有的特点使轮胎无内胎成为可能。无内胎轮胎有一个公认优点,即当轮胎被扎破后,不像有内胎的斜交线轮胎那样爆裂,而是使轮胎能在一段时间内保持气压,提高了汽车的行驶安全性。与斜交线轮胎比,子午线轮胎还有更好的抓地性。

抓地性 抓地性是轮胎的一项关键力学指标。增加轮胎抓地性的方法有:(1) 增加路面的摩擦系数;(2) 选用胎面处橡胶材质较软的轮胎,增加轮胎本身的摩擦系数;(3) 选用较宽的轮胎,增加轮胎与地面的接地面积,或选用胎纹较少的轮胎,增加轮胎与地面实际的接触面积;(4) 增加轮胎的垂直荷重,即增加每单位轮胎接地面积内橡胶分子和地面的附着力。抓地力太强太差都会影响过弯的流畅性。

胎压并不会直接影响橡胶分子和地面的附着力,但却会影响轮胎接地面内有多少橡胶分子实际与地面接触。胎压过高会造成轮胎中间的磨损,过低则轮胎两边易磨损。扁平比对抓地性的直接影响并不大,但是对轮胎的滑移角(slip angle)有影响。在相同的负荷情况下,扁平度比较低的轮胎会有较小的滑移角。胶质软的轮胎具有较高的摩擦系数,橡胶分子对地面也有更佳的附着力,整体的抓地性将会提升。但这只有在轮胎还没有过热时才成立。软质的轮胎虽有较佳的抓地性,但其磨损也比较快。抓地力和耐磨性就如同操控性和舒适性一样,是鱼与熊掌不可兼得的两个相互冲突的方面。

14.8　汽车力学：成形加工——压力变形的精准控制

大型结构件的锻压加工　对底盘和车身中的大型结构件的锻压加工是汽车力学中的一个关键问题。其包括 3 个与力学相关的方面：一是大型模锻件的设备制成,包括数万吨的压机的设计与制造,需要精准的力学结构设计和安全的部件连接装置;二是锻件形状的优化设计,如采取拓扑优化的模拟思路;三是锻压工艺的设计,需要保证关键部位的锻透,保证材料中杂质的流向平行于使役时的最大拉伸主应力方向。在热成形方面,我国力学工作者针对辐照效应和高温作用下的晶体塑性变形、多相材料热变形组织演化等因素建立了考虑微观机制的力学模型,发展了高效的多尺度计算方法[22]。

板材加工　汽车的车体大多由板材压力加工制成。板材加工多采用冷冲压或温热挤压而成,采取模压工艺。板材加工的质量取决于四个要素,均与力学相关。其一是冲压设备的吨位和行程控制精度,钣金件的尺寸越大,形状越复杂,就需要越大的设备吨位。其二是冲压或挤压的工艺设计,要充分考虑材料的塑性变形与组织形成,多需要采用大变形弹塑性有限元程序进行模拟计算作为先行,对材料的模拟有时还需要采取晶体塑性、滑移系有限转动和具有再结晶能力的用户自生成本构单元。在工艺设计中需要考虑截面变化处转角、压边力和多次拉延等因素。其三是精准的模具设计,要精确地考虑几何形状的制备可能性、表面强化工艺和工件在模压力卸除后的弹性回弹。其四是薄板焊接技术,要求对焊接薄板件的热变形有精确的控制。对大型钣金件的精度控制的一个范例是美国汽车工业界在 20 世纪末实施的 2 毫米工程,即要求汽车各个门缝均为均匀的 2 毫米。"2 毫米工程"是当年全球汽车制造业公认的车身质量控制模式,涉及薄板件冲压成形、自动装配线、焊接、检测等技术,包括对车身尺寸"全方位检测""数据分析""实时改进"等分系统。

我国力学工作者在汽车力学的成形加工中取得了一系列的成果：(1)系统研究了冲压工艺与模具设计理论、计算方法,以及薄板冲压工艺与模具设计的关键技术,为薄板冲压技术中的起皱、回弹和拉裂等瓶颈问题提供了全套解决方案[23];(2)对注塑成型模拟技术开展了系统和深入研究,发展和完善高聚物成形过程的物理和数学模型,使高聚物成形加工及模具设计建立在科学定量的基础上[24];(3)研发出汽车车身结构及部件快速精细设计、制造分析软件系统,为我国汽车车身部件自主设计、制造,提供了具有完全自主知识产权的核心软件技术[25]。

　　机器人装配线与工业 4.0　进入 21 世纪,汽车的装配生产线已经大量采用机器人装配线,以更好地控制质量、提高生产率。机器人的设计与制造涉及大量的动力学、振动与控制的问题;机器人的动作精度涉及大量的刚柔耦联的多体系统动力学问题。多体系统动力学研究具有相对运动的多个物体构成的复杂耦合系统,揭示系统及其环境的相互作用动力学行为,研究相应的动力学建模、计算、设计和控制方法,发展计算软件与实验技术。

　　随之出现的工业 4.0(Industry 4.0)更以汽车业作为标志性的应用领域。工业 4.0 是基于工业发展的不同阶段作出的划分:按照目前的共识,工业 1.0 是蒸汽机时代;工业 2.0 是电气化时代;工业 3.0 是信息化时代;工业 4.0 则是智能化时代。工业 4.0 是基于网络物理系统、物联网、云计算以及人工智能技术的一项综合性制造技术,它通过"万物互联",使工厂生产流程更加透明、高效和智能。其特点是物联网和务联网,其实施基础是实验力学中的电测力学和光测力学技术。该概念最早在 2013 年的德国汉诺威工业博览会上推出,旨在通过充分利用信息通信技术和网络空间虚拟系统——信息物理系统(cyber-physical system)相结合的手段,将制造业向智能化转型[26]。对汽车工厂来讲,其特征是:(1)万物互联——所有元素实时在线;(2)互联运输——将数字化互联网技术同生产物流运输连接起来,让整个运输流程更加透明;(3)高度自动化——车间内实现 L5 级自动驾驶,员工用 AR 眼镜、数字手套等来扫描最新零件的状态;(4)无纸化办公——每一个装载零部件的容器都会被打上一个独有的二维码,可识别零件的供应商、存储位置,然后在专用 App 上显示出相关信息以及需要进一步进行的工作。对力学工作者来讲,应该与人工智能相结合,发展基于大数据的多体系统辨识方法、复杂传动链的精细化建模方法、柔体高速运动的高精度观测方法、多体系统的动力学实时仿真和优化方法。在工业4.0 条件下产生的新的数据学习与数据驱动机器人问题将在第 18 章中进行介绍。

14.9　汽车力学:轻量化——比强度与塑性动力学

　　轻量化　汽车发展的一个重要方向在于轻量化,它给固体力学提供了用武之地,参见本书第 10 章和第 13 章中的内容。轻量化就是在保证汽车强度和安全性能的前提下,尽可能地降低汽车整车质量,从而提高汽车动力性、减少燃料消耗、降低排气污染。由于环保和节能要求日趋严格,汽车轻量化已成为世界汽车发展的趋势。数据显示,汽车整体油耗的约 75% 与整体质量有关,汽车质量每下降 10%,排放下降 4%,油耗下降 8%,燃油效率可提升 6%~8%。汽车轻量化的关键在于选用比强度更高的材料,即铝合金、镁合金和复合材料。这时就遭遇到成本与车重的博弈。

铝合金 铝合金是汽车轻量化的第一选择。铝的密度仅有钢的 1/3,且具有良好的可塑性和回收性,是理想的汽车轻量化材料。铝合金具有较高的强度,成本不高,在汽车中的使用逐渐增加。著名咨询公司达科国际(Ducker Worldwide)公布的研究数据表明,欧洲汽车平均用铝量自 1990 年已经翻了 3 倍,由 50 kg 增长到目前的 151 kg,并将在 2025 年增长至 196 kg。北美的汽车平均用铝量数据表明:从 1975 年到 2030 年会有长达 55 年的用铝量攀升,见图 14.18。对于整车的轻量化而言,车身的轻量化起着举足轻重的作用。据 2016 年欧洲车身会议资料显示,铝合金应用率已经达到典型高端车型白车身(即完成焊接但未涂装的车身)质量的一半以上。如阿斯顿·马丁(Aston Martin)DB11 跑车中铝合金应用率高达 86.1%。时至今日,全铝车身制造依然是一项处于金字塔尖的技术,只在部分高端车型上得以应用。

图 14.18 北美汽车用铝量随年度的变化

目前汽车用铝合金可分为压铸铝合金和变形铝合金。铸造铝合金是汽车上用量最大的铝合金种类,广泛用于车轮、发动机部件、底架、减振器支架以及空间框架等结构件。在汽车工业中,铸造铝合金轮毂是普及最快、铝化率较高的零部件。目前,绝大多数铝合金车轮采用 A356 合金通过低压铸造法制造,部分高档车轮则采用挤压铸造(液态模锻)、锻造或旋压技术制成。此外,铸造铝合金在减振器支架、电动车电池包、结构箱体等结构件中得到大量应用。由于这些部件多为形状复杂的薄壁件,故多采用 Al-Si 合金由高压铸造方法制造。

变形铝合金在汽车上的平均应用份额还较少,仅占车用铝合金的 34%左右。变形铝合金又可以分为轧制板材(18%)、挤压型材(11%)及少量锻压件(5%)。在部分采用全铝车身的高端车型上,变形铝合金的份额远远高于铸造

---

* 1 磅 = 0.454 千克

图 14.19 挤压型材制造的"日"字形吸能盒

（左侧为碰撞前，右侧为碰撞吸能后）

铝合金。除轧制板材，挤压型材也是重要车用变形铝合金，一般适用于等截面的结构件，如保险杠、吸能盒、前纵梁前段、门槛、后纵梁后段。图 14.19 展示了碰撞吸能前后的挤压型材制造的"日"字形吸能盒。

铝合金在汽车轻量化浪潮中也面临着重要挑战。轻量化并不仅是要求减重，而且是要做到车辆的性能、安全、成本和质量四者之间的平衡。目前，车用铝合金面临的核心阻力仍然是高昂的成本，这使得全铝车身的应用只能局限于高端车型而暂时无法向数量庞大的经济车型拓展。铝合金的性能限制，也是制约其发展的重要因素。在某些部件上，它仍然无法取代钢铁。同时，铝合金的连接技术，尤其是铸铁-铝、钢-铝、镁-铝等多材料连接技术也是铝合金在汽车上应用受阻的一项因素。

镁合金　与传统合金材料相比，镁合金的优点是：（1）密度小，镁金属是广泛应用的金属中密度最小的金属，按 $\rho = 1.8 \ \text{g/cm}^3$ 计算，镁合金比塑料轻 20%，比铝轻 30%。（2）比强度高，具有一定承载能力。（3）弹性模量小，刚性好，长期使用不易变形，抗震力强。（4）色泽鲜艳美观，耐腐蚀，能长期保持外观质量。（5）是环保型材料，其废料可以回收利用。镁合金的缺点是：（1）镁合金质脆，最大的风险在于断裂，在碰撞荷载下会发生大变形，因此不太适合用于大变形的结构，如保险杠、门栏梁、B柱等。（2）加工工艺难度大，熔融的镁液易燃易爆，压铸件成品率低。（3）由于电位腐蚀而必须避免与其他材料如铝、钢的直接连接，使装配方面产生难度。

从发展路径来看，汽车轻量化将经历从高强度钢到铝合金，再到镁合金发展过程。我国镁资源丰富，整体数量占全球 50% 以上，且镁合金产量呈现整体增长态势。在不考虑加工难度、加工成本的前提下，镁甚至比铝更加便宜。材料本质上的区别导致镁合金对铝合金只能部分替代，如应用于方向盘、座椅骨架、仪表盘的支出结构等，这些部件在碰撞的时候不需要承受大变形的压力。整体来看，镁合金结构件的使用可以在铝合金结构件的基础上实现 30% 左右的减重效果。

近几年来，镁合金的新加工技术和创新应用在全世界不断涌现。镁合金逐渐用作汽车零件的原材料，例如方向盘、汽车轮毂、变速器壳体和发动机罩。从欧洲开始，一些汽车制造厂开始在方向盘、车门、发动机缸体上应用镁合金来代替原用材料。从应用程度来看，镁合金在汽车结构中主要运用在散热器、电池壳体、座椅骨架、方向盘骨架、镁合金轮毂、仪表板管梁等位置。图 14.20 给出了典型的镁合金部件。图 14.21 给出了超级跑车的铝镁合金车体图。中国汽车工程学年会发布的《节能与新能源汽车技术路线图》[27]指出,预计到 2030年,乘用车单车镁合金用量将达到 45 千克/辆。镁合金的未来挑战是:镁合金相关原材料标准制定,镁合金表面处理工艺,镁合金零部件设计,异质材料连接、量产工艺应用,镁合金挤压成型尺寸精度和表现质量,镁合金应用整车防腐标准设定等。

图 14.20　典型镁合金部件

图 14.21　超级跑车的铝镁合金车体

碳纤维增强复合材料　碳纤维增强复合材料(carbon fibre-reinforced polymer,简称 CFRP)是以碳纤维或碳纤维织物为增强体,以树脂等为基体所形成的复合材料。碳纤维增强复合材料的特性主要表现在力学性能、热物理性能和热烧蚀性能三个方面。(1) 具有很高的强度和弹性模量。它的密度低,一般为 $1.70 \sim 1.80$ g/cm³;高温下的强度好,2 200℃时仍能保持室温时的强度,为 1 200~7 000 MPa;有较高的断裂韧性,抗疲劳性和抗蠕变性;纤维取向明显影响材料的强度,在受力时其应力-应变曲线呈现"伪塑性效应",即在施加载荷初期呈线性关系,后来变成双线性关系,卸载后再加载,曲线仍为线性并可达到原来的载荷水平。(2) 热膨胀系数小,比热容高,能储存大量的热能,导热率低,抗热冲击和热摩擦的性能优异。(3)耐热烧蚀的性能好,可通过表层材料的烧蚀带走大量的热量,阻止热流入材料内部。碳纤维复合材料具有比金属材料更高的刚性和抗冲击性能,碳纤维复合材料的能量吸收能力比金属材料高4~5倍。

早在1979年,福特(Ford)汽车公司就在实验车上作了试验,将其车身、框架等160个部件用碳纤维复合材料制造,结果整车减重33%,汽油利用率提高44%,同时大大减少了振动和降低了噪声。碳纤维增强复合材料用于制造汽车车身、发动机零件等,可有效降低汽车自重并提高汽车性能。碳纤维增强复合材料的应用可使汽车车身、底盘减轻质量40%~60%,相当于钢结构质量的1/6~1/3。英国材料系统实验室曾对碳纤维复合材料减重效果进行研究,结果表明碳纤维增强聚合物车身质量为172 kg,而钢制车身质量为368 kg,减重约50%。但由于碳纤维成本过高,碳纤维增强复合材料仅在一些F1赛车、高级轿车、小批量车型上有所应用,如宝马公司的Z-22的车身(见图14.22)、福特公司的GT40车身、保时捷公司的GT3承载式车身等,碳纤维增强复合材料以其优异的性能取得了飞速发展并且在社会各领域得到了越来越广泛的应用。1992年通用汽车公司介绍了超轻概念车(ultralite concept car),该车的车身采用碳纤维复合材料,整体质量为191 kg。用碳纤维取代钢材制造车身和底盘构件,可减轻质量68%,从而节约汽油消耗40%。丰田设计的"1/X"混合动力车,由于车身骨架采用碳纤维材料,创造出百千米耗油仅2.7升的超低燃耗记录。数年来,F1车队一直采用碳纤维复合材料制造其赛车的碰撞缓冲构件,从而显著减少了这顶级汽车运动项目中的重伤事故。

图14.22　宝马汽车的碳纤维乘客舱

碳纤维增强复合材料在汽车中的应用仍存在着下述问题:(1)碳纤维增强复合材料所用的纤维和基体材料价格高,是该材料在汽车工业广泛应用的最大障碍。生产碳纤维的原丝——聚丙烯腈丝较贵,美国正在研究以纺织商品级的聚丙烯腈丝为原丝并能够快速生产廉价碳纤维的工艺,可望将碳纤维的价格降为约6美元/千克。(2)缺乏大批量、高生产效率的碳纤维复合材料汽车零部件的生产方法。（3）缺乏复合材料的快速、大批量连接技术。（4）复合材料汽车零部件的回收再利用问题;碳纤维增强热固性树脂基复合材料的回收尚存在一定问题。（5）复合材料汽车零件的设计数据、试验方法、分析工具、碰撞模型等尚不完善。

国际上已将碳纤维复合材料在汽车中的应用列为汽车轻量化材料发展计划的关键内容,并取得了重大进展。国际碳纤维市场发展迅速,需求量的不断增长也给中国碳纤维行业提供了难得的发展机遇。受益于庞大的内需市场,碳纤维增强材料汽车零部件这一细分市场必将有巨大的增长空间。

交通事故　交通事故是生命安全的核心问题,牵动着全世界人心。世界每年发生各种各类伤害事故约 1 亿起,产生非正常死亡 400 万人。在这张事故单子上,交通事故名列前茅。每年全世界由于汽车交通事故引起的各类伤害事故约 300 万起,车祸产生非正常死亡 120 万人。后者相当于全世界每天坠毁 10 架波音 747 飞机,每架飞机平均乘客 320 人。中国的公路交通事故每年造成 7 万人死亡,占全国各类非正常死亡数目的 70% ~ 80%,是头号杀手。路上跑的每一万辆车,会导致 3.6 人死亡。

耐撞性　降低车祸死亡人数的关键措施之一在于提高汽车的耐撞性,而固体力学与动力学在其中起着关键的作用。耐撞性(crashworthiness)是指通过牺牲特定结构、吸收碰撞能量来提高系统的碰撞抵抗能力,从而保护成员及货物的安全。汽车的耐碰撞设计并不是要把汽车设计为像坦克或装甲车辆那样的无坚不摧的刚体,因为这会导致汽车过度笨重,增大动力消耗,减少有效载荷;也不是要把汽车设计为弹性体,汽车碰撞后产生的动能无法被汽车弹性变形的弹性应变能所消耗,造成弹性波在车身的传播,且碰撞后产生的压缩波一旦反射回来,变成拉伸波,便会十分危险。汽车的耐碰撞设计是要把汽车设计为弹塑性体,利用塑性动力学的原理来消耗碰撞后需要吸收的大部分动能。在一定范围的碰撞动能下,由车体中被牺牲的一部分结构,通过塑性变形的耗散方式来容纳吸收其主要的能量部分;少量的能量由车体中拟保护的其他部分,通过弹性变形而逐渐辐射给外围环境。这里涉及三个力学问题:(1)全方位碰撞有效防护,在不同的碰撞方位下(如正面撞击、追尾、侧撞、斜剐蹭等)可有效防护的碰撞牺牲结构;(2)针对不同撞击能量可梯次消耗的碰撞牺牲结构;(3)可通过长行程、高阻力来高效吸收能量的碰撞牺牲结构。多胞可折叠式塑性变形的能量吸收结构(参见图 14.19)和复合材料结构是大家关注的能量吸收结构[28]。

为了将有关耐撞性研究更好地应用于实际路况和驾驶员的安全,还可以在控制条件下,用实验力学的研究方法来进行实证性的耐撞性实验,包括撞墙实验、对撞实验、侧撞实验等,见图 14.23 所示。实验中,车速与碰撞角度可以严格地进行控制,碰撞时的汽车三维动力学轨迹可以实时精确测量,密布于车体的传感器群可以记录下实时信息,在特定牺牲结构附近布置的光电信息采集装置将会形象地探知其展开情况。所有这些实证信息可以对试验车辆的数字孪生体进行验证与互动,以提高数值模拟的精度与可靠性[29]。

图 14. 23 实车的撞墙试验

参考文献

1. Batchelor G K. An introduction to fluid dynamics[M]. Cambridge：Cambridge University Press, 2000.

2. 沈仲昌[唐].状江南·仲秋[M].

3. Landau L D, Lifschitz E M. Fluid mechanics：volume 6 of course of theoretical physics[M]. 2nd ed. Amsterdam：Elsevier Science, 1987.

4. Korteweg D J, De Vries F. On the change of form of long waves advancing in a rectangular canal, and on a new type of long stationary waves[J]. Philosophical Magazine, 1895, 39：422 - 443.

5. 何友声.船舶流体力学的某些进展[J].船舶工程,1981,(4).

6. 王振东.诗情画意谈力学[M].北京：高等教育出版社,2008.

7. Xiang Y L, Huang S L, Lv P Y,et al. Ultimate stable underwater superhydrophobic state[J]. Physical Review Letters, 2017, 119(13)：134501.

8. 李杰,王旭东.不信扁舟钓船——访地效飞行器专家崔尔杰院士[J].兵器知识,2002,(11).

9. Irwin G. Analysis of stress and strains near the end of a crack transversing a plate[J]. J. Applied Mechanics, 1957, 24：109 - 114.

10. 郭日修.纪念船舶结构力学学科创建 100 周年[J].力学与实践,2009,31(6)：87 - 89.

11. 张锦岚,刘勇,李铭.加筋圆柱壳开孔结构强度分析[J].舰船科学技术,2017,(1)：12 - 16.

12. 邹明松,吴有生.船舶声弹性力学理论及其应用[J].力学进展,2017,(1)：385 - 428.

13. 赵应龙,何琳,黄映云,等.船舶浮筏隔振系统冲击响应的时域计算[J].噪声与振动控制,2005,25(2):14-17.

14. 吴崇健.浮筏隔振与双层隔振比较研究[J].舰船工程研究,1998,80(1):29-32.

15. 马骋,蔡昊鹏,钱正芳,等.螺旋桨与毂帽鳍集成一体化优化设计方法研究[J].中国造船,2014,55(3):101-107.

16. Shi B,Yang X,Jin G, et al. Wall-modeling for large-eddy simulation of flows around an axisymmetric body using the diffuse-interface immersed boundary method [J]. Applied Mathematics and Mechanics, 2019, 40(10):1007.

17. 杨国伟,魏宇杰,赵桂林,等.高速列车的关键力学问题[J].力学进展,2015,45(1):217-460.

18. 翟婉明.车辆-轨道耦合动力学[M].北京:科学出版社,2007.

19. 边学成,曾二贤,陈云敏.列车交通荷载作用下软土路基的长期沉降[J].岩土力学,2008,29(11):2990-2996.

20. 王清远.超高强度钢十亿周疲劳研究[J].机械强度,2002,24(2):81-83.

21. 郭孔辉.汽车轮胎动力学[M].北京:科学出版社,2018.

22. 杨合,孙志超,詹梅,等.局部加载控制不均匀变形与精确塑性成形研究进展[J].塑性工程学报,2008,2(15):6-14.

23. Hu P,Ying L, He B. Hot stamping advanced manufacturing technology of lightweight car body[M]. Beijing: Science Press Beijing, Springer, 2017.

24. Shen C,Wang L,Li Q. Numerical simulation of compressible flow with phase change of filling stage in injection molding[J]. Journal of Reinforced Plastics and Composites, 2007, 4(4):353-372.

25. Zhong Z H. Finite element procedures for contact- impact problems[M]. Oxford:Oxford University Press, 1993.

26. 罗兰·贝格,王一鸣,郑新立,等.弯道超车:从德国工业4.0到中国制造2025[M].上海:上海人民出版社出版,2015.

27. 中国汽车工程学会.节能与新能源汽车技术路线图[R].中国汽车工程学会年会,2016.

28. Lu G,Yu T X. Energy absorption of structures and materials [M]. Cambridge:Woodhead Publishing Limited, 2003.

29. 钟志华.汽车碰撞安全技术[M].北京:机械工业出版社,2003.

思考题

1. 你能得到缓慢流体对球体的阻力公式(斯托克斯公式)吗?此公式曾被爱因斯坦用于求解布朗运动。

2. 为什么伯格斯方程可以描述后浪追前浪的运动及激波的形成?

3. 试说明气垫船与水翼船的类似之处与不同之处。

4. 为什么潜艇的横截面基本为圆(环)形,而不是 V 字形、梯形或矩形?

5. 构筑一个单层、单振源浮筏的简单力学模型,说明浮筏的隔振功用。

6. 考虑高速列车的气动阻力、气动升力、重力、轮轨接触力、轮轨牵引力,你能由此得到其极限速度吗?

7. 按照上题所建立的模型,你能分析高速列车运行时的脱轨系数吗?

8. 若想要提高小汽车的耐撞击性,受撞部位应该刚硬一点还是柔软一点?撞击后的塑性形变是应该大一点还是小一点?

第 15 章
运动力学

华南虎是唯一原产于中国的老虎品种,是国家一级保护动物;目前仅在各地动物园有数十只,野生华南虎已基本绝迹。2007 年 10 月 12 日,陕西林业厅公布了一系列由农民周正龙拍摄到的野生华南虎照片。随即,其真实性就受到网友及专家的质疑,迅速演变为全国关注的新闻事件。此后,围绕照片真假各方争论不休,虎照甚至被世界权威科学杂志《科学》刊登。在发现照片中老虎与 2002 年所印制的一张老虎年画极为相似之后,这一舆情热点达到了顶峰。2008 年 1 月 14 日,当年第一期中国科协学术会刊《科技导报》发表了来自国防科技大学光测图像技术团队的研究论文,其通讯作者为实验力学专家于起峰(1958~)。他们利用基于光测力学的三维重建技术,认定周正龙所摄的华南虎是一只"平面虎",用严谨的科学方法为结束这一场旷日持久的争执吹响了终场哨。2008 年 6 月,陕西省政府宣布周正龙拍摄虎照造假,11 月 17 日,周正龙被判处有期徒刑两年零六个月,缓刑三年。

国防科技大学的"打虎"故事验证了他们在论文最后所说的那句话:"用科技手段解决社会关注的热点问题是科技工作者的职责,希望该研究工作可为有关方面最终确定'华南虎事件'真相提供一个科学的参考。"[1]

在本章中,我们从运动姿态的科学测量说起,延伸到与运动有关的力学问题,目的在于体现力学的活泼与丰富多彩。

15.1 运动的力学测量——运动学状态的闪照

运动体的测量 对运动体的测量通常体现为对其运动量的测量。运动量是描述物体运动的量,包括位移、速度和加速度,运动体的测量是测量许多其他物理量如力、压力、温度、振动的前提[2]。

运动体的位移测量包括线位移测量和角位移测量,常用的方法有积分法、回波法、位移传感器法、线位移和角位移相互转换法等。积分法先测量运动体的速度或加速度,然后通过积分或二次积分求解运动体的位移,通常用于惯性导航等技术中。回波法利用介质的分界面对波反射的原理进行位移测量,在测量中从测量起始点到被测面是一种介质,在被测面之后则是另一种介质。例如,在激光测距(图15.1)中,向某被测物发射激光,获得在被测物上的反射信号后,通过时间差可以推算出激光发射点与被测物之间的距离。由于时间测量精度近年来大幅度提升,长度的基准已经由激光测距的时间基准来替代。位移传感器法是通过位移传感器将被测位移量的变化转换成其他物理量(如电量等)的变化,基于二者之间的固定关系来获得位移量数据,这是目前应用最广泛的一种位移测量方法。

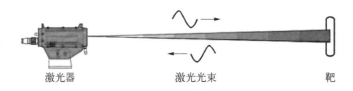

图 15.1　激光测距示意图

激光器　　　激光光束　　　靶

运动体的速度测量可以分为线速度测量和角速度测量,常用的方法有位移时间相除法、微积分法、速度传感器法、线速度和角速度相互转换测速法、多普勒频移法等。位移时间相除法是通过测量距离和经过该距离的时间后,求出二者的商。子弹速度和运动员赛跑平均速度均是通过这种方法测量。微积分法通过对运动体的加速度进行积分,或者对运动体的位移进行微分来得到运动体的速度。例如,应用振幅计测得振动体的位移信号后,经过微分运算可得到振动速度。速度传感器法是利用各种速度传感器将速度信号变换为电、光信号等其他易测信号,如采用光纤陀螺仪(fiber-optic gyroscope, FOG)等。与位移测量类似,速度传感器法也是速度测量最常用的一种方法。线速度和角速度相互转换测速法是利用运动体线速度和角速度的固定关系,在测量时以互换的方法进行测速。当被测量是线位移时,若测量角位移更方便,可以通过测角位移再换算成线位移;而当被测量是角位移时,也可先测线位移再进行转换。此即为线位移和角位移相互转换法。汽车的里程表就是利用这种方法通过测量车轮转数再

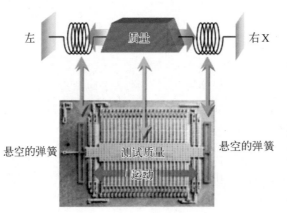

左　质量　右X

悬空的弹簧　　测试质量 运动　　悬空的弹簧

图 15.2　加速度计的结构与原理

乘以周长而得到汽车里程数的。多普勒频移测速技术与光纤陀螺仪介绍详见后文"激光测速与测角技术"部分。

运动体的加速度测量主要是通过加速度传感器(加速度计,图15.2)来进行的,它属于惯性测量的一种,即基于运动体的惯性所进行的测量。

加速度传感器有多种类型,如压电式、压阻式、应变式、电容式、振梁式等。其基本原理是利用这些信号对加速度计内由质量所产生的惯性力进行测量,再利用牛顿第二定律换算出加速度的值。加速度测量在航空航天、精确制导、交通运输、电子器件等领域中均有着重要的应用。

图 15.3　三维重建示意图

三维重建技术　位移测量的重要拓展之一是三维重建(3D reconstruction,图 15.3)技术,这也是当前发展最迅速的技术之一。广义的三维重建是指通过测量工具与解算方法,获取目标局部点三维坐标、面三维结构和体三维模型;狭义的三维重建指通过重建技术,获取包括结构、纹理、尺度等目标完整三维信息。

进行三维重建首先需要通过位移测量获得目标的三维数据。我国古代在这方面有着辉煌的成就,三国时代数学家刘徽(约 225~295)即著有《海岛算经》,"使中国测量学达到登峰造极的地步"[3],也被美国数学家斯韦茨(Frank J. Swetz)认为使得"中国在数学测量学的成就,超越西方约一千年"[4]。在书中,刘徽采用了与现代思想类似的测量方法,在海岛上使用一根高度为三丈的表杆进行前后测量,表杆与地面垂直,人眼贴地,望表杆顶和岛上山顶对齐,这时测得人眼和前表杆的水平距离叫"前表却行",数值为一百二十三步;再将表杆往后移动,两表杆间距称为"表间",数值为一千步,依法测出"后表却行",数值为一百二十七步。然后再通过勾股定理,即可知道山的高度为四里五十五步,山距离前表杆的距离为一百二里一百五十步,计算方式为"以表高乘表间为实;相多为法,除之。所得加表高,即得岛高。求前表去岛远近者:以前表却行乘表间为实;相多为法。除之,得岛去表里数"[5]。参见图 15.4,取自清代《古今图书集成》"窥望海岛之图"。

图 15.4　《海岛算经》中测量山体高度的方法图

现代对目标三维数据的位移测量可以通过接触式和非接触式两种方法进行。典型的接触式三维重建测量是利用三坐标测量机,将一个结构测量探针沿目标表面各个方向移动,获取每一点的空间位置和整体表面结构。因为其测量精度高,适合用于小型精密工件。非接触式测量主要是采用光测定位的方法,分为主动式和被动式两种。主动式测量通过向被测物体发射可控制信号(如激光、电磁波、声波等)并接收和分析返回信号,计算被测物体表面各点相对信号源的空间位置,例如蝙蝠就是依靠自身发出的超声波信号和其反射信号来判断前方物体和前进方向。被动式测量则与刘徽的思想接近,不主动发出测量信号,而是利用环境光源直接拍摄待测物体图像,通过图像分析获得目标表面三维数据[6]。如果是通过单一视角图像结合其他已知信息推算目标三维结构,称为单目视觉(monocular vision)法;若通过不同视角所采集的同一时刻图像进行密集匹配和立体视觉交会,再计算待测物面各点三维空间点坐标,进而获得物体三维模型并进行测量,则称为立体视觉(stereo vision)法[7]。

"华南虎"照片的鉴定　在周正龙"拍摄"的华南虎照片产生争议之时,国防科技大学团队对照片中的老虎进行了三维重建,发现照片中老虎面部、躯干、四肢等部位的测量特征点在空间中基本分布于与像面平行的同一个平面上(图15.5),换算到空间中从虎头到虎臀的长度最多只有10厘米,这不符合实际老虎的三维立体结构特点,因此可以证明照片中的老虎是假的。同时,他们还对华南虎照片与年画虎的相似性进行了分析,结果表明照片中华南虎与年画中华南虎的主纹理骨架和轮廓基本重合,相似率为99.86%,意味着周正龙所拍摄的华南虎照片就是利用年画偷梁换柱得到的[1]。

 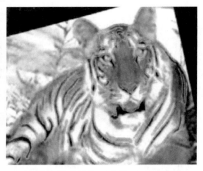

(a) 叠加轮廓的照片老虎局部图　　(b) 叠加轮廓的年画虎校正后效果图

图 15.5　"华南虎"照片的鉴定

激光测速与激光测角　激光测速技术是速度测量的一种,主要分为脉冲法和多普勒频移法(图15.6)。激光脉冲法是在激光测距的基础上,利用脉冲激光在某段时间内对运动体进行连续的距离(位移)测量,获得该时间内的平均速度。由于脉冲时间极短,因此该平均速度可认为是运动体的瞬时速度。激光多普勒频移法则是基于多普勒效应的测速方法。1842年,奥地利科学家多普

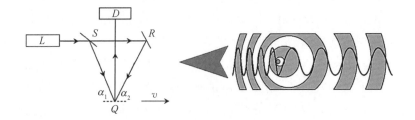

图 15.6　激光脉冲法(左)与多普勒频移法(右)测速示意图

勒发现,在声波的传播过程中,波源、接收器、传播介质或散射体的运动都会使声波的频率发生变化[8]。1905 年,爱因斯坦在《论运动物体的电动力学》一文中指出,当光源与观测者有相对运动时,观测者接收到的光波频率与光源频率不同,即光波也存在多普勒效应[9]。相比声学多普勒效应,光学多普勒效应不受传播介质影响,因此在运动测量上具有更高的精度。在测量中,由光源向运动体或由运动体向测量点发射固定频率的光波或电磁波,二者间的相对运动会使接收信号的频率相对于发射信号发生多普勒频移,其频移数值正比于运动体相对于光源或测量点的速度。例如,在道路的雷达测速中,就是由固定光源向行进中的汽车发射已知频率的红外线,根据反射回来的频率变化来判断汽车的速度。此外,还可以通过对比宇宙中某星体上特定元素的发光频率与地球上该元素的发光频率,计算该星体靠近或远离地球的速度,如图 15.7 所示。激光多普勒频移技术由于测量精度和空间分辨率高、方向灵敏度好等优点,已经被广泛应用到流体力学、空气动力学、燃烧学、工业生产等

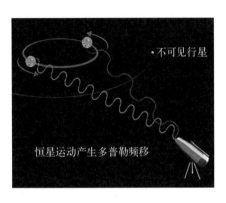

图 15.7　利用星体光线的多普勒频率测量其到地球的距离

领域中。但是,这一技术对光路要求严格且设计复杂。在远程和精度不高的情况下,速度测量一般用功率较大、光路简单、易于操作的激光脉冲测速法来实现。

　　激光也可以用于测量角度,包括小角度测量和任意角度测量。对小角度的激光测量包括自准直法、内反射法、干涉法和圆光栅法等。自准直法(auto-collimation method,图 15.8)是把激光投射到被测物体上并反射后,当物体发生转动时反射像点也随之移动,通过该移动量可以反解出物体转动的角度;内反射法是利用全反射条件下入射光与反射率间的关系,通过反射率的变化来测量入射角的变化;干涉法是以迈克耳孙干涉仪为基础,将角度的变化转换为长度的变化来进行测量;圆光栅法是把两块角栅距接近的圆光栅重叠后,根据光照所产生的莫尔条

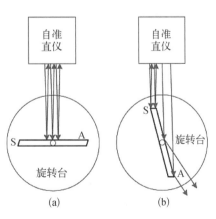

图 15.8　自准直法测角原理

纹(Moiré patterns)来进行角度测量,基于这种方法制造的光栅基准器也是目前采用的最高精度角度基准和测量器件[10]。对任意角度的测量可使用环形激光法、双平面反射镜法、双定值角干涉法等,它们都是基于光的干涉原理进行的。

环形激光法(图 15.9)是光纤陀螺仪常用的技术,通过测量环形干涉仪转动时光线沿其顺时针和逆时针方向光程差所引起的干涉条纹变化来达到测角的目的,这也被称为萨格纳克(Georges Sagnac,1869~1928)效应[11,12]。双平面反射镜法和双定值角干涉法则是利用两块或多块具有固定夹角的反射镜和分光镜,根据物体转动前后反射光和入射光所发生的干涉条纹变化情况,对转动的角度进行测量。激光测角技术具有测量精度高、信号均匀性好、信噪比高等优点,在各项现代测量及基准建立中具有广泛的应用[13]。

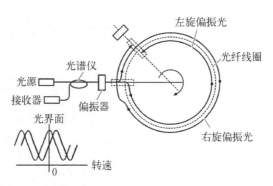

图 15.9 环形激光法测角原理

高速摄影运动分析 高速摄影运动分析系统(high-speed-photography-based motion analysis system)是利用摄影手段对被测对象进行连续高速拍摄并据此进行运动参数分析的专用系统,也是光测定位技术的一种。高速摄影运动分析系统(图 15.10)通常由高速摄影机及其附件、控制分析计算机和运动分析软件组成,可实现对多种运动量的非接触式测量,并具有设备方便、测量精度高、可靠性强、可重复使用等优点[14]。高速摄影机是高速摄影运动分析系统的核心,其拍摄速率可高达每秒数千帧至数亿帧,从而可以将研究对象以一连串图像的方式连续记录下来。控制和分析计算机用于控制高速摄影机,完成其拍摄和图像下载、传输和转换,同时配合运动分析软件完成对被测对象的运动参数分析。运动分析软件可以根据高速摄影机的拍摄结果,利用图像分析技术得到图像上运动对象的运动量,如位移、速度、加速度等。

高速摄影运动分析系统可以进行多目标、多运动参数的无接触同步测量,

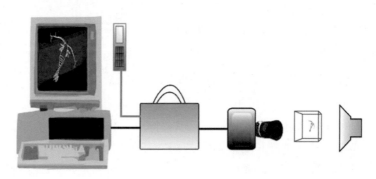

图 15.10 高速摄影运动分析系统组成示意图

且具有很强的抗干扰能力,已被广泛应用于各种运动监测和分析。例如,在爆炸力学中,可以利用高速摄影运动分析系统观测爆炸的瞬变过程,如破甲弹爆炸时形成的金属射流、弹体出膛瞬间的火药喷发(图 15.11)、材料受到高速冲击时的激波速度、材料的变形和破坏等,并可将时间放大到数百万倍以上,从而对爆炸中瞬息变化的微小过程进行观察[15]。此外,可以用高速摄影机拍摄火箭或导弹的运动过程来求解其弹道参数,如运动轨迹、速度、加速度,以及三维姿态参数如俯仰角和偏航角等,从而对火箭的运动状态和气动参数辨识进行精确分析和把握[16]。

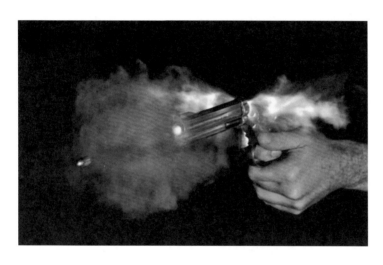

图 15.11 子弹从枪口射出的瞬间

光学相干层析成像 光学相干层析成像(optical coherence tomography,OCT)是 20 世纪 90 年代逐步发展形成的一种三维层析光学成像技术,通过测量生物组织或材料内部的被散射光强度和相位来重构出结构的二维或三维图像。光学相干层析成像可分为时域光学相干层析成像和频域光学相干层析成像两种。时域光学相干层析成像(图 15.12)是把同一时间从组织反射回来

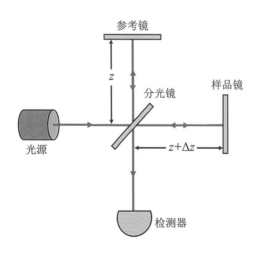

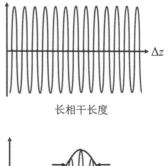

长相干长度

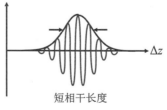

短相干长度

图 15.12 时域光学相干层析成像原理示意图

的光信号与参照反光镜反射回来的光信号进行干涉,而频域光学相干层析成像则是通过改变光源光波的频率来实现信号的干涉。光学相干层析成像具有非接触、非侵入、成像速度快、探测灵敏度高等优点,在临床诊疗与科学研究中具有广泛的应用。例如,可以用于眼科中测定神经纤维的厚度和视网膜结构、脑外科及神经外科手术中的深层组织探测、人体软组织的早期癌变情况观察等[17]。

15.2　运动的流体力学——凭流而翔

香蕉球　体育运动与流体力学之间有着密切的关系。最典型的例子之一便是足球中的"香蕉球"(screw shot,图 15.13),它是指足球在飞行过程中仿佛改变了方向、沿着一条如香蕉的弧线直接飞进球门的现象。"香蕉球"的成因与飞行器中升力的来源在本质上是一致的。根据伯努利定律,流体速度的增加将导致压强减小,而流体速度的减小将导致压强增加。当足球具有旋转时,一侧会带动着表面的空气运动,在与前方气流迎面相遇后引起绕球气流的流

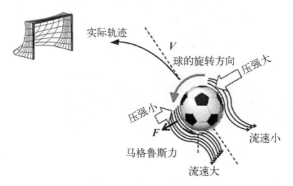

图 15.13　香蕉球的原理

速降低,而另一侧则引起绕球气流流速增加,这样就导致旋转的足球在垂直运动方向上具有压力差,并形成横向力。从而像上帝之手改变了足球的运动方向。

流体中旋转物体的角速度矢量与质心的线速度矢量不重合时,物体飞行轨迹发生偏转的这种现象也被称作马格努斯(Heinrich Magnus, 1802~1870)效应[18,19]。除了"香蕉球"以外,马格努斯效应可以用来解释许多其他球类运动中的高难度技巧,如乒乓球、网球和高尔夫球中的弧线球等。

奥运的皮划艇设计　皮划艇(canoe and kayak,也称 canoeing)是一项运动赛事,分为皮艇(kayak)和划艇(canoe)两个项目。皮艇起源于格陵兰岛上爱斯基摩人用鲸鱼皮、水獭皮包在骨头架子上所制作的一种小船,而划艇则起源于加拿大划船运动。现代皮划艇运动产生于 1865 年,苏格兰人麦克格雷戈(John MacGregor, 1825~1892)以独木舟为模板,制造出第一支皮划艇"诺布·诺依"(Rob Roy)号。1936 年皮划艇开始被正式列为奥运会比赛项目,现在共分为 16 个项目,属于奥运金牌大户项目之一。其中,在天然或人工湖面进行的静水项目共 12 枚金牌,在水流湍急的河道进行的激流项目(图 15.14)共 4 枚金牌。

图 15.14　皮划艇激流项目

　　皮划艇的合理设计(图 15.15)对于取得更好的比赛成绩有着重要影响。19 世纪末德国人发现将皮艇制造成鱼形可以提高船速,之后英国人发现船体越长则阻力越小、速度越快。但是,在正式比赛中不可能对艇长无限制地增加,这样会造成船体质量增加和运动员能耗加大。因此,为促进公平竞争,国际皮划艇联合会(International Canoe Federation, ICF)对比赛用艇的长、宽、最低质量、形状要素等进行了统一规定,要求造艇者在此规定范围内进行设计[20]。例如,在激流项目中要求单人皮艇长 3.5 米、宽 60 厘米、质量为 9 千克,而单人划艇长不少于 3.5 米,宽不少于 65 厘米,质量不小于 10 千克。此外,所有皮划艇都必须要保证艇侧"无凹面"。在此范围内经过流体力学优化,目前的皮划艇设计均采用流线型外形,又轻又窄且表面光滑,形状如梭子。艇上除运动员座舱敞开外,前后甲板完全封闭。艇身大多为木制船架,而艇壳多使用航空胶合板或玻璃钢制造,从而在最大程度上保证了船体的轻便、强度、刚度、韧性和抗冲击性等。

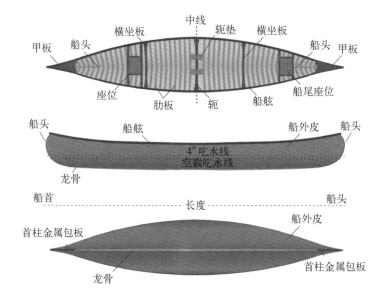

图 15.15　皮划艇的外形设计

赛艇的前进力 赛艇(rowing,图 15.16)也是奥运会的艇类竞技项目之一,由一名或多名桨手坐在艇上,背向艇前进的方向,通过桨和桨架之间的简单杠杆作用进行划水并使艇前进。纪实文学《激流男孩(The Boys in the Boat)》中写道:"赛艇是一项了不起的艺术,也是一项精致的艺术。这是一首运动的交响乐。如果你能把船艇划好,那么就接近一种完美;而接近完美的时候,就是碰触到了神性;碰触到了内在的你,那就是你的灵魂。"

图 15.16 赛艇

图 15.17 艇类运动的划桨方法

不论皮划艇还是赛艇,船体在水中的运动都是通过运动员的划桨动作实现的,所获得的动力与桨叶可实现的流体动力性能有关,因此可以运用流体力学理论找出艇类运动中合理的技术方法。首先,为了提高前进的动力,运动员要尽量把静止的水往后推以增加水对桨叶的阻力,如图 15.17 所示。按照船体的分离体图,该阻力即为推动船体向前的外力。而桨叶面越大,这种阻力也越大,所以桨杆与船体垂直时,推进效率最高。运动员在划桨的第一阶段即抓水阶段,需要快速以最大角度将桨叶插进水中,其一旦被水淹没即开始沿水平方向划动,并在出水时保持垂直状态。其次,由于运动员的划桨动作是循环往复的,在完成一个划水动作以后要接着做一个返回动作,而返回过程中桨的运动方向与艇前进的方向一致,此时会产生艇前进的空气阻力,因此还要尽量降低返回时桨叶的迎风面积和回返速度,所以桨叶要在此时从垂直变成水平状态。最后,还要综合考虑划桨时的频率、浸角深度等其他多方面因素[21]。

艇类竞技要求运动员以最大的速度和效率进行短距离做功[22]。例如,在一次赛艇运动中,每位运动员需要在几分钟内完成两百次以上的划桨动作,并且每次的划桨力均要保持在四百牛顿以上,全程下来需要总共近十万牛顿的力做功。因此,对这项运动中流体力学原理的深入理解,将有助于大幅度提高划桨技术和节省体能,提高比赛成绩[21]。

泳姿的进步　与器械类水中运动不同,游泳是一种人体与流体发生直接接触并相互作用的运动,因此流体对人体的作用是至关重要的。在游泳中的流体作用力包括推力和阻力。游泳中的推力需要人体利用脚和手在水中的运动姿态来实现。脚的动作(图 15.18)是获得更快游泳速度的核心要素,这是因为用脚打水能够获得最大的向前推力。打水时通过人的屈膝将静水往后推,在这个过程中要求脚要打到最大

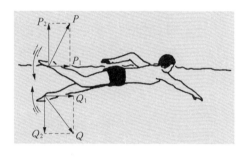

图 15.18　游泳时脚步动作受力图

静水量、要加速以获得较大的推进力,以及要有较长的打水途径以使力持续一段时间来获得较大冲量[23]。对于自由式打腿的上下幅度,大约 60 厘米时效果最好,超过该数值后前进速度反而不能继续增大。并且,仅用小腿打水并不能获得最佳的推进力;而双腿交叉上下打腿则会搅乱漩涡,因此打水时髋关节的位置格外重要。另一种代表性的打水动作是海豚式打水(又称"海豚踢",dolphin kick),该动作在下打开始时两膝外分,以鞭状动作向下,下打结束时两膝并拢,接着大腿为克服腿部自下而上的惯性开始上打,此时小腿放松,在水的压力下保持伸直状态,整个循环中运动员的腿部姿态类似于海豚尾部的动作,如图 15.19。海豚式打水能够提供远高于其他打水动作的推进力,因此在游泳比赛中也受到了严格的限制。例如,2004 年雅典奥运会上,日本运动员北岛康介(Kousuke Kitajima,1982~)凭借海豚式打腿夺取了蛙泳金牌后引起巨大争议,2005 年国际泳联(Fédération Internationale de Natation,FINA)宣布在蛙泳比赛中选手在转身后仅被允许

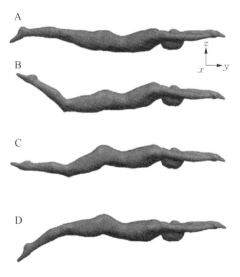

图 15.19　海豚式打水动作示意图

做一次海豚式打水动作[24]。

划臂动作 除了脚以外，手划水时也要切实与水产生作用力，以划到较多的水。在20世纪60年代之前，游泳理论中并未深刻认识到这一点，当时的主张是履带式游泳，即采用直线式划水方式，划水路线越直、动作方向越靠后，获得的推进作用就越大[25]。但是这些理论与游泳运动的实际发展不符。正确的方法是着重研究划水动作与水之间的关系，由此进化出了现代泳姿中的划水动作，要求划臂路线呈不同的曲线形去划到更多静止的水，具体来说是自由泳的划臂路线呈倒问号形，仰泳的划臂路线呈水平面的S形，蝶泳的划臂路线呈双S形，蛙泳的划臂路线呈心脏形，如图15.20所示。直线形划臂路线和Z字形划臂路线在所有泳姿中都是不可取的。手入水时最好如刀切水一样避免溅起过多的水花，手离开水面时应减少出水时的阻力，划水到最后阶段应该用力，手离开水面时应尽最避免向上溅水[26]。

图15.20 四种基本泳姿的划臂动作前示图

更多关于游泳中减小阻力的讨论，详见15.3节。

15.3 运动的减阻——边界层的功效

高尔夫球 体育运动中的阻力主要来自流体，包括以下3种类型：(1) 由于流体的黏性所引起的摩擦阻力；(2) 由于流动时流束变形及出现涡旋时在物体的前方和后方产生的压差阻力（也称形状阻力）；(3) 由于自由液面的波浪所产生的兴波阻力与人体在其中的动作引起的碎波阻力[27]，亦参见14.1节。因此，对流体中运动物体的减阻，就要全面考虑各种阻力的影响，并制定出相应的解决方案。

以高尔夫球的减阻设计为例（图15.21）。在高尔夫球的快速飞行中，由于流体的黏性，在球后方的流体分子会贴着球运动一段时间再脱离球面，即发生边界层的分离，并同时产生涡旋。由于涡旋的中心压力较小，但是球的迎面气流压力较大，高尔夫球会受到一个很大的压差阻力。球的飞行速度越大，边界

层的分离就越早,球后面形成的涡旋区域也越大,阻力也就相应的越大。所以在以前使用光滑表面的高尔夫球时,它能够飞行的距离就非常有限。现代的高尔夫球表面则布满了"小坑",深度约 25 微米,数量为 300~500 个。这些"小坑"能够使高尔夫球表面流过的空气形成一层很薄的湍流边界层,其中的小涡旋压力较小,产生的吸力使高尔夫球表面流过的空气分子保持附着状态,将边界层的分离点大幅度推后。这种情况下,在球后方所形成的大涡旋低

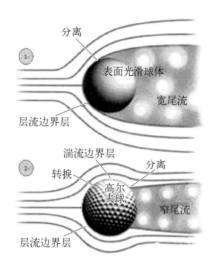

图 15.21　高尔夫球的减阻原理

压区便比光滑情形下小很多,球体前后的压差阻力也大大减小,其飞行距离也相应地提高数倍[28]。

"鲨鱼皮"泳衣　在游泳中,为了减阻通常要求人体尽量保证流线型(图15.22)。例如要头戴泳帽、整理头发、将头和胸部压入水中、身体保持平直、划水时让身体截面最小等,其目的大部分也是为了减小压差阻力。此外,还要注意在比赛中两侧选手由于破水前进时身体产生波浪时的兴波阻力。但是,与人体泳姿动作的改进相比,对游泳辅助器械——也就是泳衣——的改进更容易使选手们获得更好的成绩。

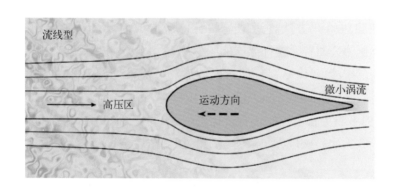

图 15.22　流线型的流体力学原理

关于穿什么样的泳衣能游得更快,人们已经探索了很多年。日本人曾提出裸泳能取得最好成绩,但荷兰人很快证明这种说法是错误的,他们证明了在水中不穿泳衣的阻力更大,原因是泳衣可以使运动员的身体变成流线型。后来,为了使水的阻力更小,人们开始尝试对泳衣材料进行改进,如日本人曾尝试用丝绸做泳装,但实践效果不佳。1976 年,杜邦公司(DuPont)生产的聚氨酯(polyurethane)纤维被用于制造泳衣,大幅度地提高了泳衣的性能。使用这一材料的泳衣沿用了 20 多年的时间。

仿生(bionics)技术为泳衣的进一步变革指明了道路。自然界的生物体已有数十亿年的进化史,它们身上的很多巧妙原理与结构,对于人类的技术创新有着重要的指导作用。鲨鱼位于海洋中食物链的顶端,它能够在水中快速前进的核心原因就在于它的表层皮肤。鲨鱼的皮肤上具有大量粗糙的 V 字形皱褶[图 15.23(a)],能够像高尔夫球表面的小坑一样产生大量水的涡旋来延迟表面边界层的分离,使鲨鱼获得很高的游速。1998 年英联邦运动会上,英国速比涛(Speedo) 公司推出了基于鲨鱼皮仿生技术开发的"快速皮肤(fast-skin)"织物泳衣[图 15.23(b)],其纤维表面仿照鲨鱼皮肤设计,可以将水阻力降低约3 %,这在以 0.01 秒决胜负的游泳比赛中具有非凡的意义。此外,这种泳衣还融合了动力原理,布料如肌肉般富有超弹性,而接缝则模仿肌腱来为运动员的打水与划水动作提供动力。1999 年 10 月,国际泳联正式允许运动员穿着这种"鲨鱼皮"泳衣参赛,澳大利亚运动员凭借它在 2000 年悉尼奥运会上大放异彩,索普(Ian Thorpe, 1982~)夺得三金二银。2004 年雅典奥运会,速比涛公司推出了第二代"鲨鱼皮"泳衣,更加接近鲨鱼皮特性,能够通过压迫身体来减少肌肉震动和能量损耗,并在流体力学计算与实验的基础上,在运动员全身的突出部位增加了微小凸起物,以进一步减低阻力。2007 年推出的第三代"鲨鱼皮"泳衣,由防氧弹性纱和特细尼龙纱组成,增加了弹性并进一步降低了游泳能量消耗,使得各国运动员在接下来不到一年的时间里改写了 21 项世界纪录。2008 年 2 月,速比涛公司推出了第四代"鲨鱼皮"泳衣"LZR Racer"系列,采用与第三代类似的超伸展纤维面料,并利用全身超声波黏合技术去掉了泳衣上的接缝,并用强压迫式方法将运动员的身体塑造成一种最适合水中进行的体型[29]。速比涛公司宣称这件泳衣能减少4%的水阻力和5%的氧气消耗。2008年 3~4 月,身着第四代"鲨鱼皮"泳衣的运动员们改写了 25 次世界纪录,在北京奥运会上菲尔普斯(Michael Phelps, 1985~)更是凭借它勇夺 8 枚金牌。高科技泳衣的不断更新换代使得竞技比赛失去了其原本的意义,而 2009 年罗马世锦赛上 43 人次打破世界纪录的疯狂也最终给"鲨鱼皮"泳衣的使用画上了句

 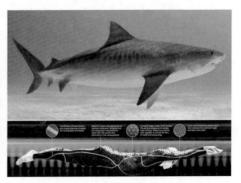

图 15.23　　　　　　(a) 鲨鱼皮肤表面结构　　　　　(b) 基于鲨鱼仿生设计的"鲨鱼皮"泳衣

号。当年,国际泳联迫于强大的舆论压力以及美国泳协的抗议,宣布从 2010 年
1 月 1 日起全面禁止高科技泳衣在比赛中的使用,而只允许使用"纺织物"制造
的短款泳衣[30]。但是,各国科研人员对泳衣的研发工作并没有停止,各式新型
泳衣纷纷在 2012 年伦敦奥运会上亮相,从它们产生的效果来看并不比高科技
泳衣逊色。

　　冰雪运动　冰雪运动中运动员受到的阻力与游泳中略有不同,主要分为
空气阻力和摩擦阻力两种,而空气阻力又占阻力中的绝大部分。由空气动力
学可知,物体受到的空气阻力与运动速度的平方成正比。因此,运动员的速
度越快,他或她受到的空气阻力也越大。压差阻力是空气阻力最主要的构成
部分,它与迎风面积有着最直接的关系,因此减小空气阻力最重要的出发点
是优化运动员的运动姿态和改进运动服装。在运动姿态方面,运动员需要在
运动速度、身体振动和身体攻角(身体运动向相对于气流的夹角)等方面做
出优化,使身体努力趋近于流线型,例如常见的滑冰运动员均会在比赛中尽
量下压重心并保持身体前躬等(如图 15.24 所示)。在运动服装方面,和"鲨
鱼皮"泳衣类似,合理设计的滑雪/滑冰服也能够通过改进服饰外形、织物材
料和表面粗糙度、接缝的种类和位置等方面来控制表面气体边界层,进而减
少空气阻力[31]。

图 15.24　我国运动员武大靖的速滑减阻动作

　　摩擦阻力　摩擦阻力(图 15.25)是冰雪运动中的重要阻力。冰雪运动中
的摩擦力理论主要分为干摩擦、湿摩擦,
以及混合摩擦理论三种。干摩擦理论通
常将冰雪器械与接触面之间的相对运动
视为固体间的相互作用,这是最基本的摩
擦力模型。但是理想的干摩擦并不存在。
因为,接触面上总会存在由摩擦生热产生

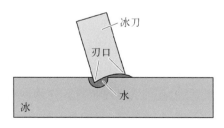

图 15.25　冰刃与冰面接触中的摩擦阻力

的纳米级液态膜,对固体间摩擦起到了润滑作用,需要用湿摩擦理论来描述。混合摩擦理论结合了干摩擦和湿摩擦两种理论,将接触面沿着运动方向划分为多个微元,单独计算每个微元上的干摩擦和/或湿摩擦,最终以合力的形式求解总摩擦力[32]。由于冰雪运动中摩擦阻力只发生在与冰雪的接触面处,因此这种减阻需要通过改进冰鞋底部器械来实现。例如,一般的冰鞋上都有冰刀,其刀刃很窄,刀前部呈弯月形但中部内凹,与冰面的接触面积非常小。当人穿上冰鞋后,冰面受到的压强会大幅度增加,使冰的熔点降低,产生了更多的液态膜,增加了湿摩擦的比重,从而减小了冰鞋与冰面之间的摩擦阻力。此外,速度滑冰比赛中使用的冰刀相比于普通冰刀刀体更长,刀刃窄且相对较平,同时兼顾了减小摩擦阻力和增加蹬冰面积这两个要素,能够更有效地帮助运动员提高竞技成绩。

15.4 高性能运动器械——弹性与储能

设计原则与选材 弹性与储能往往是高性能运动器械的核心需求。传统的运动器械大多由木材、钢材、铝合金等制成。由于这些材料各自性能上的缺陷,制成器械之后常常限制了运动员实力的发挥。运动器械在使用中,都是以人为载体。因此,除了某些特殊项目器械对质量有明确要求以外,其他的都是越轻越好,这样有助于人更好的发力。减重的关键策略在于使用更轻的材料。此外,选材上还要注意高强度、高韧性,有时还需要高模量。因此,具有高比强度、比韧性、比模量的材料能够在体育器械中发挥更大的作用。

金属(如铝合金或不锈钢)虽然有着优异的力学性能,但是其密度较大,在比强度、比模量等方面并不占优势。目前,采用金属材料制造的运动器械所占的比重越来越小。近年来使用最为广泛的材料是纤维基复合材料,并且通过不断优化和升级换代,其各种优势得到了充分发挥,更好地满足了运动器械在实用性和耐用性等方面的要求。此外,纤维基复合材料还具有良好的可加工性,能够实现对运动者进行个性化定制,这也是木材等其他材料无法比拟的优点。

用于运动器械的纤维基复合材料中最重要的一种是碳纤维。碳纤维具有耐高温、高强度、高韧性、低密度、热膨胀系数小、防腐蚀性好等特性。而且由于其并联受力的特点,即使一部分纤维出现了问题也不会影响整体功能,具有高安全性。此外,碳纤维较易加工,并可以通过调节碳纤维与其他材料的比率设计出不同强度不同质量的器械,满足不同运动的需要。这使得碳纤维的特性与运动器械所需的力学性能有着极好的契合性。不仅可以提高各类器械的使用舒适性,还能大幅度提升其使用寿命,特别是在对安全和减重有较大需求的运动器械(如自行车、冲浪板、高尔夫球杆、各类球拍等),碳纤维及其复合材料占据着非常大的市场[33]。

撑杆　撑杆跳高(pole vault)是田径项目一种,是由运动员通过助跑后借助撑杆支撑,以悬垂、摆体、举腿、引体过杆等杆上动作来使身体越过一定高度。在撑杆跳高中,运动员唯一的器械就是手中的撑杆,它对最终的成绩起着核心作用。运动员几乎所有的技术动作都要以撑杆为基础进行协调(图 15.26),且撑杆还必须兼顾到运动员在竞技中的安全。在起跳时,运动员跑动的动能转换为撑杆的弹性能,该弹性能一经释放,转化为运动员的重力势能。比赛规则中对撑杆的长度和直径没有特别限制。撑杆短了虽然技术难度

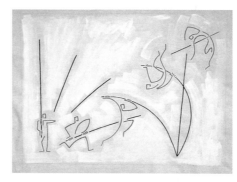

图 15.26　撑杆跳中运动员的动作示意图
(该图为运动员在比赛时手绘)

低,但是能跳的高度也较低;而撑杆过长又很难撑起来。所以需要根据每个运动员的体重、身高、力量、起跑速度等条件来选择不同的撑杆。撑杆跳高运动员在每次比赛的时候都会带多根撑杆,这样可以根据比赛当天的场地、跨越高度、天气等因素挑选最合适的撑杆。

在撑杆制作中,选材是最重要的因素。在运动员跳跃时,要求撑杆能够产生大幅度的弯曲以储存较多的应变能,从而在随后的能量转换中推动运动员更好地向上运动。因此,撑杆在设计上应采用质量轻但弹性和韧性较大的材料,同时需要足够的强度以保证运动员的安全。撑杆的发展到目前为止,经过了木杆、竹杆、金属杆、玻璃纤维杆及碳纤维杆等阶段。木杆硬而脆,而且弹性较差,无法有效地将运动员的水平动能转换为应变能。竹杆质量轻且弹性和韧性好,在替代木杆后大幅度地提高了比赛成绩,但是存在着强度差的缺点。金属杆特别是轻质合金杆,具有质量轻、模量大、强度大等优点,但是模量大也造成了其在插杆后的反冲力较大,对运动员的身体素质有较高的要求,而且其弹性相对较差。玻璃纤维杆(图 15.27)的出现,使撑杆跳高运动发生了一场革命,它的弹性好,能够承受较大的载荷,质量轻且

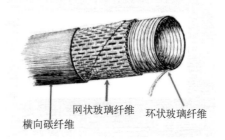

横向碳纤维　网状玻璃纤维　环状玻璃纤维

图 15.27　玻璃纤维与碳纤维混合材料撑杆

经久耐用,而且对运动员动能与撑杆应变能的转换效率高,所以玻璃纤维杆迅速成为撑杆跳高运动中的主流[34]。现阶段还出现了使用碳纤维等复合材料制造的撑杆,它的优势在于具有更优越的弹性变形性能,能够更加显著地储存应变能,并高效率地将其转化为动能和势能,提高运动员的竞技水平和成绩。另外,材料的组装方式也对撑杆跳的成绩有影响。制造撑杆时复合材料必须采用

图 15.28 伦敦奥运会古巴选手撑杆断裂事故

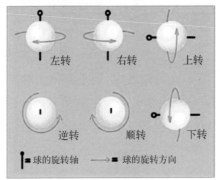

左转　　右转　　上转

逆转　　顺转　　下转

▮ 球的旋转轴　　→ 球的旋转方向

图 15.29 球拍动作与乒乓球的运动

层压工艺,一般采取纤维缠绕方式,其缠绕角度、交叉部分决定了撑杆能实现的弯曲强度和刚度[35]。

虽然随着材料的不断改进,撑杆的质量也越来越好,但是撑杆跳高是一项需要复杂技术的运动,与运动员的助跑速度、起跳与跨越技巧、力道、协调性等息息相关,稍有不慎就会造成撑杆因为承受的载荷过大而断裂(图 15.28)。在 2004 年雅典奥运会、2011 年大邱田径世锦赛、2012 年伦敦奥运会、2019 年世界军人运动会等世界级比赛中,均发生过由于撑杆断裂造成的运动员事故。

球拍　在乒乓球、网球等运动中,当球被球拍迅速撞击的一瞬间,球的动能会迅速转化为球拍的应变能,然后再变为球进行反方向运动(包括质心运动与围绕质心的旋转运动,如图 15.29)的动能与弹性变形能。因此,能够在这个过程中最大效率进行能量转化、并具有对球高度可控性的球拍便成为决定运动员发挥的"利器"。这些球拍制造技术的不断改进,也使这些球类竞技的水平不断提高。

乒乓球被看作我国的"国球",它也是技巧与球拍联系颇为紧密的一项运动。在所有的球类中,乒乓球是最轻的,最容易在与球拍的接触中受到影响。乒乓球运动中最重要的特点之一是旋转,而影响其旋转的主要因素是击球瞬间球拍的挥动速度、球拍表面与球之间的摩擦系数等[36]。由此可见,球拍的性质是至关重要的。在乒乓球运动还没有形成正式的打法类型之前,球拍采用的是羊皮纸拍。20 世纪初胶皮拍的发明大幅度增加了对球的摩擦力,削球打法由此而诞生。此后,海绵球拍带来了长抽打法,而套胶球拍则带来了近台快攻打法和弧圈打法等。套胶球拍是目前的主流,它包括底板和套胶两部分,见图 15.30。底板要具有良好的弹性性能以保证能够充分储存应变能,使运动员在不同距离击球时都能处于有利的状态;套胶则为球的控制提供了千变万化的可能,使比赛更具有竞技性和观赏性。

乒乓球拍的底板分为纯木和复合材料两种类型。纯木底板中木板的层数

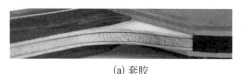
(a) 套胶

(b) 底板

图 15.30　乒乓球拍

越多,硬度、弹性也更大,但乒乓球的速度也更快且控制性变差,主要适合快攻为主的打法;而层数少的底板则硬度较差,但是对球的控制性也相应变好,主要适合弧圈为主的打法。由于木板的质量依然相对较重,可设计性也较差,不利于竞技动作及时、准确、快速和灵活地发挥。复合材料底板的出现在很大程度上弥补了这一不足。复合材料底板主要有碳纤维、芳基纤维、芳碳混合纤维和玻璃纤维四种类型。芳基纤维和玻璃纤维底板弹性好,适合弧圈为主的打法;碳纤维底板硬度较大,适合快攻为主打法;芳碳混合纤维底板则能够实现刚柔并济和更好的控制性[37]。

与底板一样,乒乓球拍套胶的进化也是围绕着提高速度、增强旋转和保持稳定性三个方面进行的。套胶中的胶皮(图 15.31)主要分为颗粒朝内的反贴胶皮和颗粒朝外的正贴胶皮两大类,而根据颗粒长短的不同,正贴胶皮又可以分为正胶、生胶、长胶等。正胶

图 15.31　乒乓球拍胶皮

颗粒的高度与直径相等,具有弹性好、速度快、击球稳、不吃转的特点,适合近台快攻打法。生胶颗粒直径大于高度,特点是击球下沉、搓球时的旋转较弱,通常被用于横拍反手。长胶的颗粒比正胶和长胶要细且高,可以通过反常旋转带来飘忽不定的回球,多用于削球打法。此外,这些不同的胶皮还要跟不同的海绵搭配,才能实现各打法的优点。例如,同厚度的海绵,硬度越大弹性越大;而同硬度的海绵,厚度越厚弹性越大。

网球也是一项重要的体育赛事。一把具有高科技含量的网球拍对于提高运动员竞技水平起着重要作用。它的制造要综合考虑质量、平衡、硬度、弹性等多方面的因素,这些都是通过材料的革新实现的。网球拍由拍框、拍柄和弦线构成,见图 15.32。拍框和拍柄的发展经历了木制时代、金属时代和后金属时代三个时期。目前中高端的网球拍都是用碳纤维复合材料制造,强度、硬度、韧性和可塑性都比较好,能够装备具有较大张力的网线,而且减震吸能性

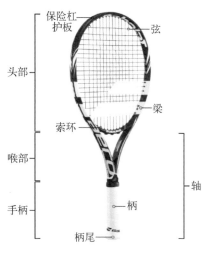

图 15.32　网球拍的结构

良好,可以降低甚至消除击球时球拍的振动,提高运动员的握持感和挥拍的舒适感。如果在碳纤维中掺杂其他成分,如玻璃纤维、陶瓷等,球拍还能够获得其他的优异性能,如更大的硬度、更小的质量等;使运动员更好地将球拍与自身的

图 15.33 网球拍的弦线放大图

控制与力量结合,进一步提高击球水平[38]。此外,网球拍弦线(图 15.33)的好坏也直接影响球拍的使用性能。常见的弦线有凯夫拉(Kevlar)、聚酯纤维(即涤纶,polyester fiber)、天然肠线以及尼龙(nylon)等类型。凯夫拉是美国杜邦公司研制的一种芳纶纤维材料,具有高硬度和低密度的特点。聚酯纤维的耐用性和硬度较高。天然肠线的弹性好但易磨损,对其进行聚酯纤维、碳纤维等掺杂后可以克服这一缺点,并能够提高可靠性、弹性和持久性,但是价格较高,受到专业网球运动员的青睐。尼龙线常被称为“合成肠线”,是目前网球爱好者最为常用的弦线材料,其外形美观,但弹性稍差,而且受气温的影响较大,温度低时发脆易断。在实际使用中,还可以把不同的弦线穿插使用,如使用聚酯纤维作竖线以提高耐用性,用羊肠线作横线以提高手感和旋转[35]。

蹦极 蹦极(bungee jumping)是一项充满刺激性的户外活动。蹦极者把一根一端固定的安全绳绑在脚踝处,由高 40 米以上的桥梁、塔顶、高楼上,以头朝

图 15.34 蹦极绳的截面图

下的姿态跳下去。绑在蹦极者脚踝上的安全绳很长,而且具有很大的弹性,能够使蹦极者在空中进行大范围的自由落体,并在离地面一定距离时绷紧并将人拉起,反复多次直到绳的弹性消失。因此,蹦极安全绳要求有较高的阻尼,对于动能和应变能能够实现较高的转化效率。常见的蹦极安全绳由多根弹性乳胶丝编成(图 15.34),拉伸强度大且弹性强,能够在比较低的跳跃速度下实现比较高的反弹,提高了蹦极活动的刺激性。

15.5 弹道动力学——射击者的制胜轨迹

弹道设计 弹道(trajectory,图 15.35)是指弹丸(射击装置发射的圆柱形弹体)质心运动的轨迹。研究弹道的学科被称为弹道学(ballistics),它包括外弹道学和内弹道学两方面。外弹道学是研究弹丸在发射之后进行空间运动时的飞行轨迹和姿态规律的科学。史前人类追逐猎物时投掷的第一块石头可能是

外弹道学最早的例子,而它作为一门科学的建立则始于伽利略,他推导出第一个抛物线轨道。之后,牛顿的《自然哲学的数学原理》则为外弹道学彻底奠基,并随着欧拉、罗宾斯(Benjamin Robins,1707~1751,弹道摆发明者)、惠斯通(第一次弹丸运动时间的精确测量)等和热武器的不断进化而迅速发展。内弹道学的开端较晚,它是研究弹丸发射时弹膛内所发生的力学、气体动力学、热力学和热化学过程的科学。该学科最早始于 14 世纪黑火药的应用,其科学的形成则始于 17 世纪的火药弹道学研究[39]。

图 15.35　弹道

现代弹道武器系统的发展将弹道学研究提升到了前所未有的重要地位。弹道武器系统包括导弹、地面设备、工程设施和指挥、通信系统,其核心是弹道导弹(图 15.36),即能够按照预先设计好的弹道飞行并击中预定目标的导弹。由于弹道导弹要求对攻击目标实现百发百中,因此要特别注意对其弹道设计,也就是根据各种约束条件和性能指标优化出最为理想的弹丸飞行轨迹。

图 15.36　弹道导弹

以导弹的弹道设计为例。导弹弹道设计常用的坐标系有地球坐标系、发射坐标系、弹体坐标系、速度坐标系等,并可实现相互转换。这是因为在导弹的飞行过程中,导弹的固有运动特性虽然独立于参考系的选择,但是恰当地变换参考系却可以使弹道的数学模型大为简化。从地球参考系来看,一条典型的弹道包括动力飞行并进行制导的主动段弹道、气动力作用的再入段弹道和地球引力作用的自由飞行段椭圆弹道,这是导弹质心的运动轨迹,如图 15.37 所示。而在弹体坐标系中,导弹还会发生绕质心的旋转运动。在弹道动力学控制(详见后文)的基础上,对导弹的受力、运动姿态与弹道间的关系进行深入研究,并针对打击目标设计出最佳的弹道,是进行弹道武器系统总体设计的重要内容,并贯穿于弹道导弹研制的各个阶段。即使是同一导弹,选用不同姿态的弹道也会具有不同的飞行性能。因此,为了能够正确和充分发挥导弹的攻击性能,必须需要对弹道进行全面而精确的设计[40]。

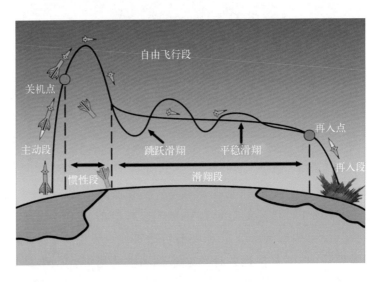

图 15.37 典型的弹道示意图

弹膛内推进过程 对于弹丸类武器,弹丸在弹膛内的推进过程(图 15.38)也是非常重要的。内弹道学主要研究这些内弹道过程,该过程赋予了弹丸以一定的初速、转速和飞行方向,这些运动规律决定了弹丸出弹膛时的运动状态,并进一步决定了弹丸飞行的初始条件,也会在很大程度上影响弹丸的弹道。

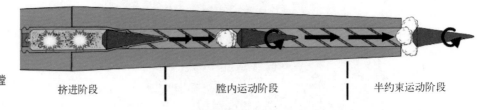

图 15.38 弹丸的膛内推进过程

内弹道过程系指化学能迅速转变成喷射气体热能、膨胀做功后又转化为弹

丸动能的过程,大致可分为三个阶段。第一阶段为挤进阶段,由击发底火开始,
到弹头全部嵌入膛线;该过程中弹头受弹膛的强烈挤压和摩擦而产生塑性变
形,而弹膛也会相应发生磨损。第二阶段为膛内运动阶段,是弹体在弹膛内推
进的主要过程,从弹头全部挤进膛线开始到弹丸前端到弹膛口为止,此时弹头
保持在膛内,在压力作用下将其速度从零加速到接近发射速度。第三阶段为半
约束运动阶段,随着弹丸前部逐渐失去弹膛压力和摩擦,喷射气体继续做功加
速弹头的运动,使弹丸飞离弹膛口瞬间其速度增加至发射速度[41]。

　　弹丸在装填、发射过程中受到各种不平衡因素的干扰,并在高温气体的推
动下不断产生弹与膛之间的相互作用,形成了复杂而耦合的动力学过程。此
外,弹丸在弹膛的推进过程中,不仅包括弹丸质心的快速运动,弹丸还会在弹膛
内发生高速转动。因此,分析这一推进过程必须全面考虑弹丸质量偏心、弹丸
起始装填位置偏差、弹丸与弹膛的摩擦与振动、弹丸出膛口的旋转、位移和攻角
等数据,来推导弹丸在膛内运动时所受的各种力与力矩,在力学理论的基础上
建立用于描述其膛内运动的模型,或借助有限元模型对其进行仿真。

　　弹道动力学控制　弹道学是进行弹道武器总体设计、弹体结构设计和制导
与控制系统设计的基础。弹道学中最为关键的一部分内容是弹道动力学控制
(图 15.39),即运用刚体和空气动力学知识分析飞弹运动状态和其受力(发动
机推力、控制力、地球引力、空气动力等)之间的关系,并预先及实时地加以
控制。

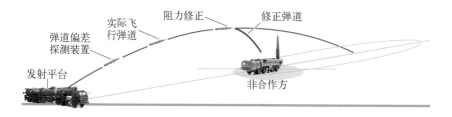

图 15. 39　弹道的动
力学控制

　　在弹道动力学控制中,一般将飞弹视为一个理想的变质量质点系(或刚
体)来进行研究,针对各种控制力和外界干扰力作用下对其弹道的影响来对弹
道进行控制和修正,从而实现弹体的稳定性、操纵性和机动性,这也是其控制系
统设计与分析的核心。

　　在飞弹的外弹道过程中,作用于弹体上的力有推力、控制力和控制力矩、地
球引力、空气动力等。推力是发动机推动飞弹飞行的力,也是作用于飞弹上的
主动力,其大小主要取决于推进剂的性能和发动机的结构。控制力和控制力矩
是由控制机构产生的力和力矩,其作用是控制飞弹按预定的弹道稳定飞行。控
制机构分为空气动力型、气体动力型及混合型三类。气体动力型的控制机构有
燃气舵、摆动喷管、摇摆发动机、二次喷射及燃气活门等,空气动力型的控制机

构则有空气舵、可转动机翼等(图 15.40)。地球引力是来自地球对飞弹的万有引力作用。真实地球具有复杂的形状,其质量分布也不均匀,在不同的近地空间位置具有重力梯度分布,这给确定作用于导弹上的地球引力的大小和方向造成了一定的困难。因此,地球上各处的重力梯度分布测量是确保弹道精确性的必要数据。当要求精度不高,或可以采用末制导来最后修正弹着点的情况下,可以在弹道设计中把地球视为质量分布均匀的旋转椭球体,其中心与地心重合,旋转轴与地轴重合,且与地球具有相同的质量。此旋转椭球体称为总地球椭球(图 15.41),又称正常椭球,并以此来计算地球引力。空气动力是大气层作用在飞弹上的力与力矩,它是由于飞弹在大气层中运动时所承受的不均匀压强产生的。空气动力可以分为空气阻力、空气升力和空气侧力,空气动力矩可分为滚转力矩、偏航力矩和俯仰力矩。

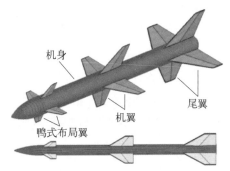

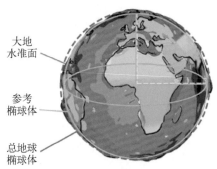

图 15.40　导弹的空气动力学控制机构　　图 15.41　总地球椭球体

　　基于上述参数即可以得到描述飞弹弹道的变系数非线性常微分方程组。由于方程组中的许多变系数值不是以解析式表示,而是以数表或图线的形式给出,因此只能用数值积分的方法求数值解,无法求出解析解。根据弹道方程组的特性和对弹道计算精度的要求,经常采用的数值积分方法有龙格-库塔法、阿达姆斯法(ADAMS,automatic dynamic analysis of mechanical systems)等。在数值解的基础上,就可以对弹道设计进行优化。同样,弹道优化问题是一个非常复杂的具有强非线性、多约束的最优控制问题,求解方法主要有直接法、间接法、动态规划法、微分法、多目标优化法、伪谱法等方法[42]。

　　除了上述确定性的动力学问题之外,在飞弹的实际飞行过程中还会存在制导与控制系统的误差、引导误差、随机干扰、弹体惯性等其他影响因素,因此在很多情况下还需要引入飞弹相对于所需弹道的偏离量及其概率,并结合弹道的各种实际测量技术,来进一步分析制导的准确度问题。

参考文献

1. 李立春,张小虎,刘晓春,等."华南虎"照片的摄像测量研究[J].科技导报,2008,26:

59 - 67.

2. 王伯雄. 测试技术基础[M]. 北京：清华大学出版社,2012.

3. 吴文俊. 中国数学史大系・第三卷[M]. 北京：北京师范大学出版社,2000.

4. Swetz F J. The sea island mathematical manual, surveying and mathematics in ancient China, 4.2：Chinese surveying accomplishments, a comparative retrospection[M]. State College：The Pennsylvania State University Press, 1992.

5. 刘徽. 海岛算经[M]. 北京：中华书局,1985.

6. 于起峰,陆宏伟,刘肖琳. 基于图像的精密测量与运动测量[M]. 北京：科学出版社,2002.

7. 丁少闻,张小虎,于起峰,等. 非接触式三维重建测量方法综述[J]. 激光与光电子学进展,2017,5：070003.

8. Doppler C A. Über das farbige licht der doppelsterne und einiger anderer gestirne des Himmels[J]. Abh Königl Böhm Ges Wiss, 1843, 2：465 - 482.

9. Einstein A. Zur elektrodynamik bewegter körper[J]. Annalen der Physik, 1905, 17：891 - 921.

10. 李金阳,吴简彤,韩慧群. 小角度测量的光学方法及应用[J]. 应用科技,2006,33(7)：15 - 18.

11. Sagnac G. L'éther lumineux démontré par l'effet du vent relatif d'éther dans un interféromètre en rotation uniforme[J]. Comptes Rendus, 1913, 157：708 - 710.

12. Sagnac G. Sur la preuve de la réalité de l'éther lumineux par l'expérience de l'interférographe tournant[J]. Comptes Rendus, 1913, 157：1410 - 1413.

13. 陶卫,浦昭邦,孙运斌. 角度测量技术的发展[J]. 激光杂志,2002,23(2)：15 - 18.

14. 盛德兵,周志卫,张建. 高速摄影运动分析系统测量误差研究[J]. 科技视界,2013,1：57.

15. 中国科学院北京力学研究所二室六组. 高速摄影在爆炸力学研究中的某些应用[J]. 力学学报,1975(04)：191 - 195.

16. 于起峰,孙祥一,陈国军. 用光测图像确定空间目标俯仰角和偏航角的中轴线法[J]. 国防科技大学学报,2000,22(2)：15 - 19.

17. 秦玉伟. 谱域光学相干层析成像(OCT)技术及应用[M]：北京：科学出版社,2018.

18. Magnus G. Über die abweichung der geschosse[J]. Abhandlungen der Königlichen Akademie der Wissenschaften zu Berlin, 1852：1 - 23.

19. Magnus G. Über die abweichung der geschosse, und：Über eine abfallende erscheinung bei rotierenden körpern[J]. Annalen der Physik, 1853, 164(1)：1 - 29.

20. Canoe sprint competition rules 2019, International Canoe Federation homepage[OL]. https：//www. canoeicf. com/sites/default/files/rules_canoe_sprint_2019. pdf.

21. 韩小燕. 赛艇运动的项目特性和训练指导思想分析[J]. 体育时空,2015,000(016).

22. 刘东升,朱英民. 皮划艇桨叶流体动力分析研究[J]. 吉林体育学院学报,2011,27

（1）：83-84.

23. 郑亦华,叶永延.人体运动力学[M].北京：人民体育出版社,1981.

24. ABC News：FINA changes rules after Athens controversy[OL]. https：//www. abc. net. au/news/2005-07-23/fina-changes-rules-after-athens-controversy/2064972.

25. 上海体育学院图书馆资料室.运动技术力学分析[M].1980.

26. 康西尔曼.四种泳姿的正确力学原理[J].杨更生,译.体育科研,1981,7.

27. 运动生物力学编写组.运动生物力学[M].北京：北京体育大学出版社,2019.

28. 武际可.从麻脸的高尔夫球谈起——流体中运动物体的阻力和升力[J].力学与实践,2005,5：88-92.

29. 王渝生.仿生科技助奥运"鲨鱼皮"点缀"水立方"[J].科技导报,2008,26(15)：98.

30. FINA homepage：PR37-FINA commission for swimwear approval (The Dubai Charter) [OL]. http：//www. fina. org/news/pr37-fina-commission-swimwear-approval

31. 沈梦,胡紫婷,刘莉.基于空气动力学的高山滑雪竞赛服减阻分析[J].冰雪运动,2019,41(4)：16-20.

32. 王天柱,吴正兴,喻俊志,等.冰雪运动生物力学及其机器人研究进展[J].自动化学报,2019,45(9)：1620-1636.

33. 陈伟,白燕,朱家强,等.碳纤维复合材料在体育器材上的应用[J].产业用纺织品,2011,8：35-38.

34. 于祥,张孔军,陈孺.撑杆跳高技术进步与材料发展[J].金属世界,2014,3：10-12.

35. 迈克·詹金斯.运动器材用材料[M].郭卫红,汪济奎,译.北京：化学工业出版社,2005.

36. 刘维曾,郭少安.对乒乓球旋转规律的剖析[J].体育科技资料,1974,13：10-25.

37. 刘琼.简析乒乓球球拍的演变与革新[J].运动,2016,152：134-136.

38. 邹云明.论网球拍的演变及未来发展趋势[J].体育科技文献通报,2013,21(1)：129-132.

39. Farrar C L. 弹道基础[M].周兰庭,隋树元,赵川东,译.天津：兵器工业出版社,1990.

40. 张雅声.弹道与轨道基础[M].北京：国防工业出版社,2019.

41. 王俊,蒋泽一.弹丸膛内运动研究[J].装备制造技术,2014,4：65-66.

42. 李新国,方群.有翼导弹飞行动力学[M].西安：西北工业大学出版社,2005.

思考题

1. 除了采用激光进行运动测量外,其他形式的波(包括电子)是否能用于进行运动的测量？如果可以,那么它的优点和缺点各是什么？并针对某一具体的测量目标(如加速度),构思一个实验原理图。

2. 在国际泳联允许的泳姿中,自由泳是速度最快的。而在所有泳姿中,完全在水下的潜泳则是最快的。请查找文献后,从游泳动作与力学原理的关联上对最快泳姿做出解释。

3. 球类运动中,在有对手的情况下合理使用"旋转球"是制胜的重要武器之一,如足球、乒乓球、羽毛球等,旋转球往往可以攻"对手"以不备,拿下关键的分数。但是,在一些个人竞技项目中,如高尔夫球,以将球更快送入球洞作为获胜方式,此时使用旋转球有可能造成轨道难以预测、旋转带来目标的偏差等,给自己带来麻烦。那么,类似高尔夫球的球类运动是否需要"旋转球"呢?

第三篇

力学前瞻——力学 3.0：学科的嬗变

力学在新世纪的跃进以其建模方法迁移至"形而上"（meta-physics）领域为特征。本篇试图勾勒这一力学发展的新趋势，其内容包括在生命科学方面的企划——生命力学，信息科学方面的探索——信息力学，数据科学方面的驱动——数据学习与数据驱动机器人，以及在社会科学方面的耕耘——社会力学。我们力图表达，在力学 3.0 的时代，学科将出现从物质基础到上层建筑的嬗变，以体现"宇宙之大，基本粒子之小，从物质到精神，力无所不在"的理念。

三元世界 力既表征物质之间的相互作用，也表征信息之间的相互影响，还表示生命的活力。力不仅仅存在于物理空间之中，也存在于赛博空间（cyberspace，也称信息空间、网络空间）和生命空间之中，参见图 16.0。科学界正在致力于发展一个称为 CPH 理论（cyber-physical-human）的三元世界学说，其前期的 CPS 理论（cyber-physical system，又称信息物理系统）已经发展得小有规模[1]。这一学说中假定存在三个互相影响的空间：物理空间、赛博空间、生命空间。若按照力与流的关系将其进行构架，便得到图 16.0 所示的关联对应。

可由物理时空来描述物理世界。在物理空间中，存在着四种物理力，即万有引力、电磁力、强相互作用力、弱相互作用力。物理空间中具有支配性的规律为物理规律。这些物理规律的一条发展主线是力学。以力学的体系来说，有早期的牛顿力学，在理论方面建立的四大力学（拉格朗日-哈密顿力学、热力学与统计力学、电动力学、量子力学）与相对论力学，和在应用方面建立的以连续介质力学为基础的应用力学。随力学的发展阶段不同，其框架体系和适用范围便有力学 1.0、力学 2.0、力学 3.0 等阶段。

在信息世界中，可由赛博空间来描述。在赛博空间中，可定义不同语义之间的信息力，其表现为影响力、传播力、意识形态力、潜意识力等形式。在赛博空间中，信息的产生、流动、传播与滞失遵循着信息规律。其中，信息之间的作用可由信息力学来加以刻画。知识产生、知识传播是信息力作用下产生的信息源和信息流。信息流动可采用固定网络（如互联网）、移动网络（如移动互联、云互联）和人-人、人-机、机-机交流互联等方式进行。

在生命空间中，存在有生命力，如生命创造力、生命传承力、生命进化力等。在生命空间中遵循生命规律，其中生命的原动力可由生命力学来加以刻画。生命进化有三种方式，参见泰格马克所著《生命 3.0》一书[2]。泰格马克认为，生命是具有一定复杂性的系统，这个系统会不断复制自我。生命有硬件也有软件，硬件是生命有形的部分，用来收集信息；软件是生命无形的部分，用来处理信息。生命的复杂性越高，版本就越高，可以分为生命 1.0、生命 2.0 和生命

3.0。生命 1.0 指的是，系统不能重新设计自己的软件和硬件，两者均由 DNA 决定的，只能通过缓慢的代际进化才能带来改变。生命 2.0 指的是，系统虽然还不能重新设计自己的硬件，但是，它能够通过脑的塑造，重新撰写自己的软件，可以通过学习获得很多复杂的新技能。人类就是生命 2.0 的代表，人体本身仍只能由 DNA 决定，依然要靠一代一代的进化，才能发生缓慢的改变。生命 3.0 指的是，生命体能不断升级自己的软件和硬件，不用等待缓慢的代际进化。

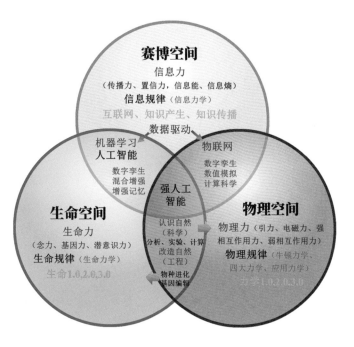

图 16.0　三个空间的关联图

在三元世界中存在着交叉重叠的融合区域（或界面）。在连通生命空间与物理空间的界面上，既体现生命世界对物理世界的作用，也体现物理世界对生命世界的作用。对前者来说：人类可以认识自然——这就是科学，也可以改造自然——这就是工程。认识与改造自然可以通过分析、实验、计算、数据关联等多种方法进行。对后者来说：自然可以改造生命体本身，这里既有生命 1.0 和生命 2.0 中体现"物竞天择、适者生存"的缓慢代际进化的途径，即达尔文（Charles R. Darwin，1809~1882）的进化论，也有在生命 3.0 中的渐次升级的科学干预的进化途径，如通过基因编辑的方法。毋庸置疑，对后者的实施规范要在严谨的伦理学指导下进行。

赛博空间对物理空间和生命空间的作用多通过数据驱动和机器学习这类方式进行。物联网是它与物理空间交互的一种常见方式，它对物理世界的作用可以通过数字孪生、数值模拟等计算科学的方式进行。机器学习是它与生命空间交互的一种常见方式，它对生命世界的作用可以通过数字孪生、记忆增强、混合增强等人工智能的方式进行。

三元世界的交汇点则是通用型人工智能或强人工智能。它也是物理力学、信息力学与生命力学的交汇点,这时的力学框架为力学3.0。

本书将在第16章和第17章中分别探讨生命力学和信息力学。

第 16 章
生命力学

16.1　生命体中力的产生——力之源泉

本节将简述生命体中力的产生。生命体是活力的象征。肌肉在电化学反应下产生(用物理仪器可度量的)收缩力,神经网络在意念激励下产生着(标志紧张程度的)神经张力,生命体中分子通道在信息程序控制下产生力环境,力决定分子运动的靶向和生命聚集体的形貌[3]。

分子马达　力的产生得益于生命体中三磷酸腺苷(ATP)酶的激励。在意念的调控下,ATP 以电化学反应的速度转变为能量。类似于在物理世界中以蒸汽来驱动蒸汽机、以电力来驱动电动机、以核能来驱动核电站,由酶转化形成的能量可以驱动分子马达。三 位 科 学 家 索 瓦 日 (Jean-Pierre Sauvage,1944~)、斯托达特(J. Fraser Stoddart,1942~)、费林加(Bernard L. Feringa,1951~)由于在分子马达方面的工作分享了 2016 年度的诺贝尔化学奖。[4](图 16.1)

图 16.1　分子马达研究获 2016 年诺贝尔化学奖

希尔模型　肌肉是一个形象的力载体。分子马达可以驱动肌丝间的相互运动。肌肉由肌丝组成,粗的肌丝(fascicle)又由细的肌丝束(muscle fiber)构成。细的肌丝(myofibril)中的主动发力部分包括互相作用着的肌动蛋白纤维(actin,后简称为肌动纤维)和肌浆球蛋白纤维(myosin,后简称为肌球纤维)。1938 年,英国学者希尔(Archibald V. Hill,图 16.2)根据他所做的蛙缝匠肌的大量实验,提出了肌肉收缩的力学模型(Hill 模型),为肌肉力学奠定了基础[5](图 16.3)。在这之前,希尔还由于在肌肉中热生成的研究与迈尔霍夫(Otto Meyerhof,1884~1951)分享了 1922 年度的诺贝尔生理与医学奖。

图 16.2　阿奇博尔德·希尔 (1886 ~ 1977)

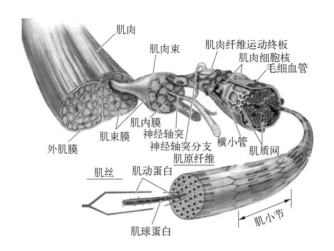

图 16.3　肌肉力学
模型

希尔以蛙缝匠肌为试样,将一条肌肉保持在长度 L_0,然后施加电刺激使其挛缩,产生张力 T_0,T_0 强烈地依赖于 L_0。随后将试样一端松开,肌纤维即以速率 v 缩短,张力 T 也随之降低。根据测量,希尔得出如下经验关系:

$$(T + a)(v + b) = b(T_0 + a) \tag{16.1}$$

这就是著名的希尔方程,式(16.1)中,a 与 b 为独立参数。

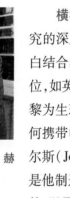

图 16.4　安德鲁·赫
胥黎(1917~2012)

横桥动力学模型　希尔模型是一个现象学的模型。随着对肌肉微结构研究的深入,赫胥黎(Andrew F. Huxley,图 16.4)于 1957 年提出了横桥与肌动蛋白结合的横桥动力学模型,即赫胥黎模型[6]。赫胥黎曾经担任过重要的学术职位,如英国科协主席(1976~1977)和英国皇家学会会长(1980~1985)等。赫胥黎为生理学和生物物理学做出过三项重要贡献。一是发现了神经中的离子如何携带电信号,他因为该项工作与霍奇金(Alan Hodgkin,1914~1998)和埃克尔斯(John Eccles,1903~1997)分享了 1963 年度的诺贝尔生理与医学奖。二是他制造了一个双光束干涉显微镜,使用它发现了肌肉是如何产生力量和缩短的,以及电信号是如何激活肌肉收缩的。三是他描述了分子马达是如何导致肌肉收缩和发力,以及电活动是如何触发肌肉纤维的收缩的。赫胥黎与尼德格克(Rolf Niedergerke,1921~2011)在 1954 年发表了"纤维滑行"假说[7]:在肌肉收缩变短时,肌球纤维与肌动纤维做相向滑行运动;在肌球纤维上的分子马达沿肌动纤维运动时,会与肌动纤维周期性地连接形成横桥结构,类似于划桨或棘轮效应那样,推动纤维的滑行,见图 16.5。赫胥黎模型是以骨骼肌微观解剖结构和生理收缩为基础的生理-力学模型。它对肌肉收缩机制有着较为详细的阐述。他用横桥和肌动蛋白结合的横桥动力学方程从细观上研究了张力-速度变化关系。赫胥黎等的这一想法为之后一系列分子马达和细胞运动机制的阐述提供了基础。后人发现这一由于横桥结构的动力学运动而产生的收缩机制,

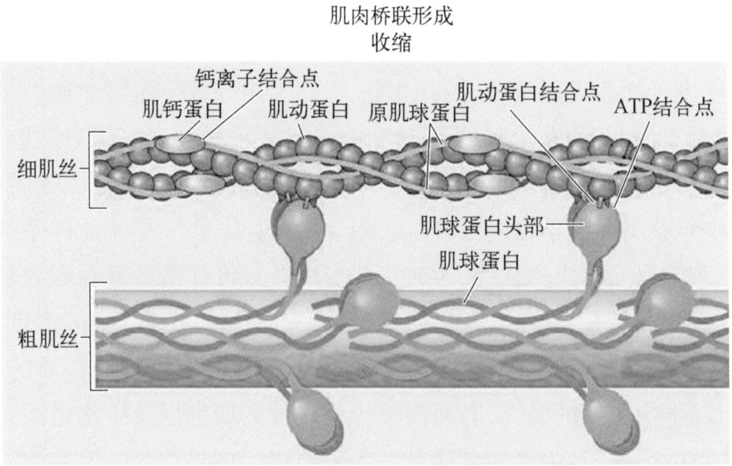

肌肉桥联形成
收缩

钙离子结合点
肌钙蛋白　　肌动蛋白　原肌球蛋白　肌动蛋白结合点　ATP结合点

细肌丝

肌球蛋白头部
肌球蛋白

粗肌丝

图 16.5　横桥动力学模型

在心血管和神经系统亦有体现,在癌症发生中也具有重要作用。

在赫胥黎模型中对横桥理论做了若干假设,其滑动速率方程为

$$\frac{\partial n(x,\ t)}{\partial t} - v(t)\ \frac{\partial n(x,\ t)}{\partial x} = f[\ 1 - n(x,\ t)\ ] - gn(x,t) \qquad (16.2)$$

式(16.2)中,$n(x,\ t)$为横桥的结合数目,$v(t)$为肌丝相对滑行的速率,f 与 g 分别为横桥的结合率和脱黏率。由于横桥的结合,在整个横截面上产生的肌丝作用力为

$$p(t) = \frac{mskA}{2l} \int_{-\infty}^{\infty} n(x,t)x\mathrm{d}x \qquad (16.3)$$

式(16.3)中,m 为单位体积的肌丝密度;s 为肌小节长度;k 为横桥的弹性常数;A 为横截面积。在一定范围内,该预测从数值上与希尔方程非常接近。近年来,不少学者把肌肉的力学性能视为肌球纤维与肌动纤维之间的动力学进程。

16.2　康复力学——应力与生长

康复力学　康复是对有健康状况(包括急性或慢性疾病、异常、损伤或创伤等)的个体进行治疗以降低残疾,使其功能最大化的医疗过程。康复主要针对的是损伤、非传染性疾病、老龄化以及残疾等功能障碍。世界卫生组织在 1978 年颁布的《阿拉木图宣言》中将康复作为初级保健的核心部分。康复医学和工程是一门横跨预防医学、临床医学和保健医学的新型学科,康复主要是力功能的恢复,康复力学在其中起到了引领作用。

图 16.6　冯元桢
（1919～2019）

生物力学　康复力学的理论基础是生物力学（biomechanics）。这一理论以美籍华人科学家冯元桢（Yuan-Cheng Fung，图 16.6）先生的工作为奠基。冯元桢 1919 年生于江苏省武进县，他在生物力学、航空工程、连续介质力学等领域有重要成就。他在 1966 年以后致力于新兴交叉领域——生物力学的开拓，是举世公认的生物力学的开创者和奠基人，曾任世界生物力学组织主席等职务。他于 2000 年获美国科学最高荣誉"美国国家科学奖章"，是获此殊荣的首位生物工程学家。冯元桢先生认为，生物力学是将"生物科学的原理和方法与力学的原理和方法相结合，从而（定量地）认识生命过程的规律，并用于维持、改善人的健康"。冯元桢和他领导的实验室取得了三项具有里程碑性质的成就，即生物软组织本构关系的研究，肺血流动力学规律的研究以及生物组织器官生长和应力关系的研究，其中第三项成就尤为重要。

应力与生长　生物力学的核心是应力与生长的关系。冯元桢在 1983 年提出关于应力与生长的关系的基本假说，即"生物体的组织和器官都是在一定的应力场中实现其功能的；在正常生理条件下，组织和器官内的应力分布可符合其功能优化的需要"[8]。对活性的连续介质来说，其总变形不仅包括应力产生的变形，还应包括长期应力作用下造成的组织生长，而后者的稳态应该使组织和器官内的应力分布符合其功能优化的需要。这一思想非常深刻，不仅对皮肤适用，对肌肉适用，对血管也适用，对骨骼还适用。皮肤伤创处的应力会造成愈合初期的瘢痕生长，以及愈合后期在功能优化机制下的逐渐平复；运动员的长期高负荷锻炼使其肌肉因不断受到应力作用而饱满隆起；血管在长期脉动血压的作用下形成稳态分布的残余应力，该残余应力的分布可以由切开血管后的张开角来标定；骨骼的生长和痊愈需要对其施加应力的牵引疗法，从而实现优化的骨钙质分布。这些都是应力引起生长的范例[9]。

反映应力与生长关系的例子俯拾皆是。地球的重力，以及由于重力而造成的应力分布，是各种生物代际演化的一个核心因素，基于应力与生长的关系的重力生物学可以揭示这些演化的发展趋势。在血流动力的影响下，血管壁流产生的切应力造成组织生长，导致血栓的形成。血栓的不断长大和突然脱落是大量心血管类疾病的主控原因，如何控制血栓形成稳态，或使血栓不断融消，在其演变过程中不产生灾难性的脱落，是一个重要的生命力学问题。

冯元桢先生在跨世纪之交时潜心研究组织反应学，并将之应用于汽车安全设计，他的努力促成了安全带等保护手段被法律所规定，从而使车祸死亡率降低 30%。他还根据人体皮肤和组织的特点发展了烧伤治疗理论。冯元桢先生在康复力学的贡献使得他在 2007 年获得地位堪比诺贝尔奖的"拉斯奖"（Russ Prize），以表彰他"鉴别与确定人体组织的结构与功能，使之有助于创伤的预防及减轻"的贡献。

16.3 细胞力学——细胞与分子层次的力生物学

力生物学 在细胞与分子层次,力环境的影响往往与信息的传导更为紧密相连,也比较隐喻。这时,对宏观的现象关联让位于对微观机制的把握,力学、生物学、化学产生深度交融。

将生物力学由宏观层面(包括器官和组织等层次)推向微观层面(包括细胞和分子生物学等层次)的掌旗学者是华人生物力学家钱煦(Shu Chien,图16.7)。钱煦先生出生于中国北京,祖籍浙江杭州。他是钱学森先生的族亲,也是冯元桢先生的至交好友。钱煦是生物医学工程、生理学、生物力学和生物流变学家,他创立了世界上首个生物医学工程系,并于 2011 年获得美国国家科学奖章。他长期探讨力对基因表达和信号转导的影响[10]、组织细胞分子生物工程、细胞膜的分子结构和生物力学特性、大分子跨血管内膜的传输以及生理和病理状态下血液流变学和微循环动力学研究。以钱煦先生为代表的学派提出了下述力学-化学-生物学耦合规律:"生物体细胞和分子的力学信号通过传递和转导的方式转化为化学信号和生物学信号,并经过细胞重建和分子重构、从而形成新的生物学稳态"。

**图 16.7 钱煦
(1931~)**

"力生物学"(mechano-biology)描述了力场主导下生命体成长和信息传播的规律。人们越来越认识到,力学因素及其调控作用在生命活动和疾病发展中扮演着重要的角色。细胞所处的力学微环境,包括细胞外基质硬度、拓扑结构、几何尺度等对其发育、生长、增殖、分化、凋亡、免疫应答等生命活动有重要影响[3]。可以采用实验力学手段,如光镊夹持拉伸或可控压力微泡的技术,对细胞进行力学测试。力学微环境对细胞的黏附、铺展、迁移、增殖和分化等行为有重要影响[11]。例如,在机体发育初期阶段,力学信号参与了胚胎干细胞向成骨细胞以及骨髓间充质干细胞向心肌细胞的分化。在受损心肌组织纤维化发展过程中,心肌成纤维细胞向肌成纤维细胞表型转化,引起细胞的刚度微环境异常升高,这种异常升高的刚度微环境又进一步促使心肌成纤维细胞表型转化,导致心肌纤维化以正反馈的形式增加,最终影响心功能甚至导致猝死[12]。

力学-化学耦合 人体组织对力学微环境信号的感知和响应是一个多尺度的力学-化学耦合过程,涉及分子-细胞-组织多尺度力生物学问题。在分子尺度,蛋白分子可以感知力学刺激,发生构型的变化;在亚细胞尺度,如黏附斑和细胞骨架可以产生聚合和解聚;在细胞尺度上,可以发生细胞-基质、细胞-细胞间黏附的变化,以及细胞极化、迁移、增值等方面的变化。但是,力学刺激是如何在不同尺度上传递、增强、转化、表达,以及在同一个尺度不同信号是如何协调的,这些科学问题的答案仍未见雏形。

在分子、细胞和组织尺度,研究细胞对力学微环境的响应机制及其调控信号通路,实现分子、细胞及组织器官的跨尺度研究非常重要。在这一情景下,生命体的力学表征包括下面四个基础科学问题和应用挑战:(1)生命体的力学特性对微环境中多种典型细胞的表型分化及生长的作用;(2)细胞微环境中的力-生-化信号耦合的细胞间信号网络的演化动力学;(3)集群迁移行为的力学影响机制和调控机制;(4)细胞、组织微环境与生物材料互作的体外仿真实验技术。

图 16.8 苏布拉·苏雷什(1956~)

红细胞的拉伸 细胞的力学特征对人体的健康运行有重要影响。这里以红细胞的力学特性为例加以说明。人体中的红细胞呈外径为 8 微米的面包圈形状,平时非常柔软,以至于在受到 ATP 酶作用时,可以挤为长条形,穿过直径只有 1 微米的通道。受到疟疾病毒的感染,红细胞变硬,难于穿过通道,使得患者产生间歇作用的冷热交替"打摆子"现象。苏雷什(Subra Suresh)教授(图16.8)的研究团队用实验力学的方法,通过光镊固定手段准确地测量了红细胞的刚度,发现该数值与医学界以往的猜测值有量级上的差异,由此导致以往医嘱的用药量明显低于实际需要量。改变了用药量后,在东南亚和非洲等地的疟疾治愈率大大上升。采用实验力学的手段,还可以观测红细胞在生命体中各种细胞通路的扩散过程,为研究癌细胞的扩散及防治提供了新的思路[13]。

细胞通道 细胞本身有细胞壁、细胞核和功能体。细胞壁上有各种可能的通道,在通道口有担当"警卫"的"门禁系统",探测欲进入物体的"身份",并可以征召"免疫部队"来消灭入侵的病毒。这一细胞的防病毒机制是生命体保护自身的必要措施。人体的免疫系统掌握着可能有害于自身的病毒库,这一病毒的"黑名单"可以不断更新。若对病毒进行纳米膜包覆,则有可能骗过细胞的防卫和生命体的免疫系统。同样,也可以对抗体进行纳米膜包覆,使其进入细胞,消灭入侵的病毒。入侵物体的鉴别与包覆是一个典型的生命力学问题。

细胞凋亡 此外,对细胞还可以启动程序性死亡(称为凋亡)机制。细胞凋亡(apoptosis)指为维持内环境稳定,由基因控制的细胞自主的有序的死亡。细胞凋亡与细胞坏死不同,细胞凋亡不是一桩被动的事件,而是主动的过程,它涉及一系列基因的激活、表达以及调控等的作用,它并不是病理条件下自体损伤的一种现象,而是为更好地适应生存环境而主动争取的一种安息过程。在凋亡过程中,细胞逐渐收缩为葡萄串的形状。随后,一粒粒"葡萄"脱落,由循环系统带出,为其他生长的细胞补充能量[14]。这一程序性凋亡的过程是力生物信息学(mechano-bioinformatics)的重要内容。

基因编辑 基因编辑技术,包括对基因段的剪切、插入、敲除等手段,是人类在分子水平上改造生命的主要研究方向。基因编辑技术能够让人类对目标基因进行"编辑"。继第一代"锌指核酸内切酶(ZFN)"、第二代"类转录激活因子效应物核酸酶(TALEN)"之后,已经出现了以 CRISPR/Cas9 为代表的第三代"基因组定点编辑技术",被认为能够在活细胞中有效、便捷地"编辑"任何基因。基因编辑的力化学内涵体现在编辑时所用的基因剪刀。后者指在一定条件下,某些 RNA 通过碱基配对与底物 RNA 结合,催化底物 RNA 在特异位点断裂,从而实现基因的剪切。靶 RNA 分子一旦被切割就不能翻译,也就阻止了特定蛋白的合成,因此也将核酶称为"基因剪刀"。核酶可以化学合成,也可由载体持久或瞬时转染后表达而成。对基因编辑的力学研究是生命力学的一项重要内容[15]。

生命体修复　人体的组织、器官修复和功能增强,是生命科学、医学、材料科学及力学学科的前沿课题。在 21 世纪,生命组织的干细胞修复已经成为重要的临床实践,其修复的对象包括骨节、脊椎、心脏、创伤、烧伤等。如可采用 3D 打印的方法将活细胞(包括干细胞)和营养剂打印在可降解的骨架上。目前组织工程的发展水平离组织损伤的完美修复与再生的目标还有很大的距离,其中一个很重要的原因是,对于细胞和组织与人机交互所引起的动态力微环境之间的相互作用及其对细胞生物学行为的调控机制,人们还缺乏清楚的认识。因此,建立适宜组织再生的力学微环境,研究力学刺激下细胞生物学响应以及细胞与材料表面间相互作用,考察力学微环境对细胞生长、增殖、分化及迁移、组装的调节及相关规律,对组织器官体外构建与体内修复具有十分重要的意义。最近,首都医科大学对受损伤的猴子脊椎进行了活体再生修复和功能康复,标志着生物力学在康复方面的新进展[16]。

16.4　生命体的柔性电子诊测——人机界面的多物理对话

柔性电子　传统的电子器件基于无机电子材料,其硬而脆的性质使得它们无法与人体完美集成,造成器件与人体失配。这种失配会导致器件无法适应人体的复杂变形,易受到运动伪影、外界噪声的干扰,无法精准感知人体的生理信息。为实现电子器件与人体的完美集成,亟须将电子器件实现可延展柔性化,突破器件的刚性物理形态,解决在复杂力学环境下器件与人体之间的失配。

可延展性　微小的坚硬硅芯片可以做成以柔性导线相连的"岛桥结构"[17],其组合由于蜿蜒导线可忽略不计的弯曲刚度而变得柔韧可展。2006年,美国西北大学罗杰斯(John A. Rogers)和黄永刚(Yonggang Y. Huang)(图 16.9)团队将条带状硅薄膜转印到预拉伸的柔性衬底上,释放衬底所受的预拉

伸应变，在硅薄膜中形成连续波纹状的褶皱结构，如图 16. 10 所示，从而实现了硅薄膜的柔性和可延展性[18]。基于预应变释放而得的屈曲结构，他们提出了可延展柔性电子概念。

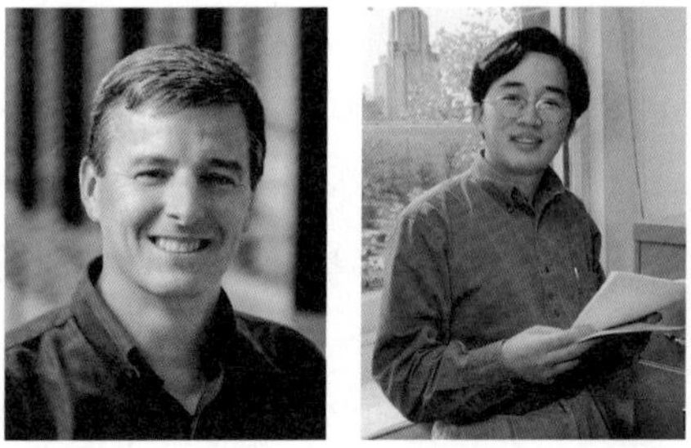

图 16. 9　约翰 · 罗杰斯 (1967~) ; 黄永刚 (1962~)

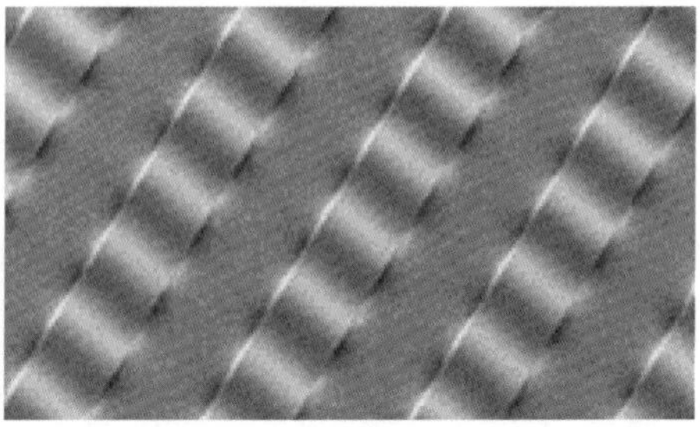

图 16. 10　波纹状互连导线

岛桥结构　波纹结构只能提供延展性至约 20%，为实现超大延展性（>100%），科学家们又借助于岛桥结构设计。这时，离散的岛（刚性功能器件）粘在预拉伸的柔性基体上，各个岛之间通过桥（互连导线）连接。岛与基体保持强黏接，桥与基体保持弱黏接。释放基体的预应变会导致桥产生离面屈曲变形，从而保证功能器件中的应变水平较低，使器件具有延展性。根据互连导线的形状，岛桥结构可分为直互连岛桥结构[图 16. 11(a)]和蛇形互连岛桥结构[图 16. 11(b)]。使用分形导线互连方式[图 16. 11(c)]可以进一步提升器件的可延展柔性性能。近年来，研究者们又提出了折纸结构、剪纸结构和三维螺旋结构[图 16. 11(d) ~ (f)]等可延展柔性设计方案[19]。

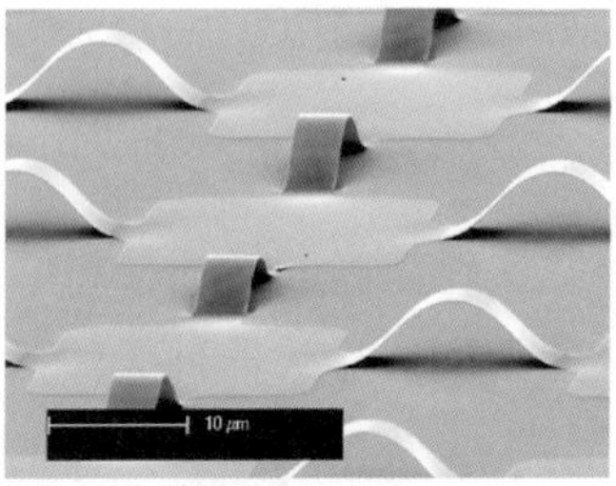

(a) 直互连岛桥结构

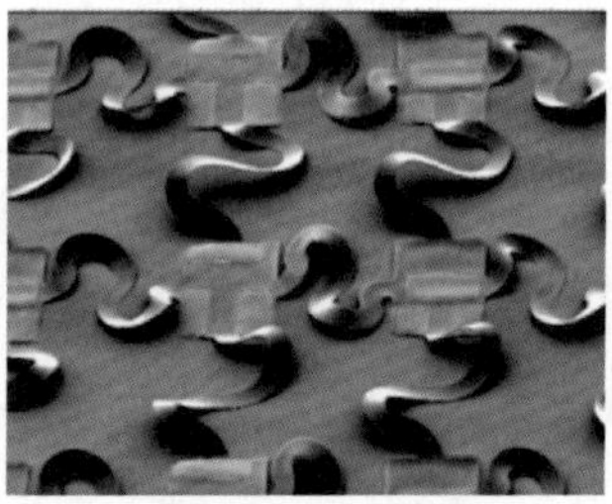

(b) 蛇形互连岛桥结构

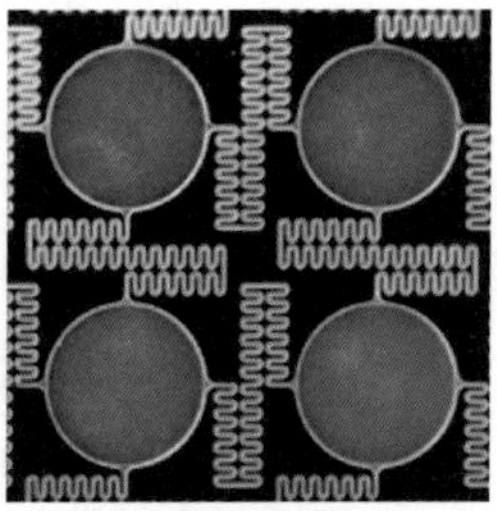

(c) 分形互连岛桥结构

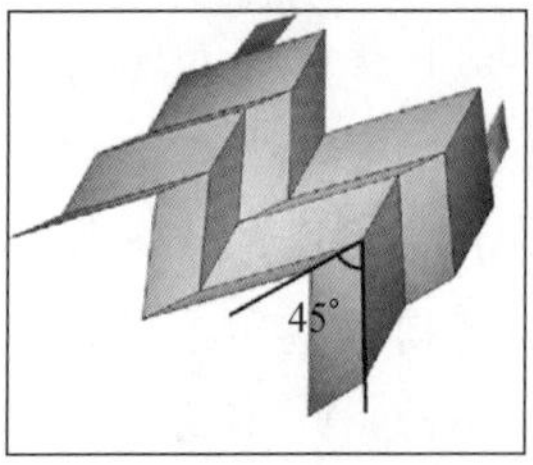

(d) 折纸结构

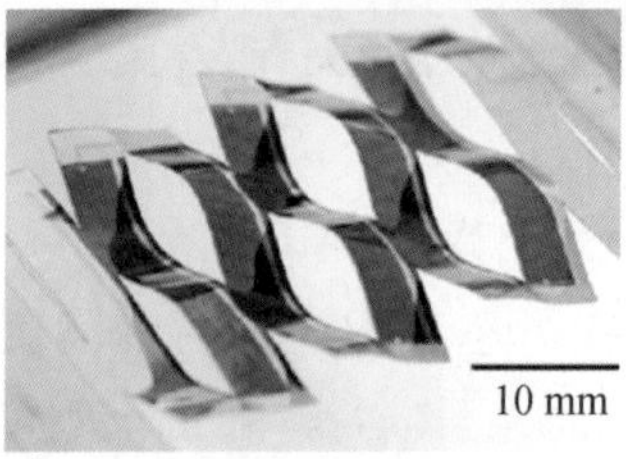

(e) 剪纸结构

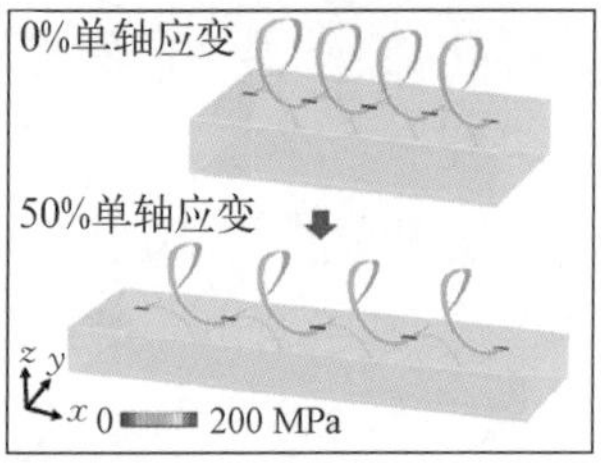

(f) 三维螺旋结构

图 16. 11　可延展柔性化设计

(a) 直互连岛桥结构；(b) 蛇形互连岛桥结构；(c) 分形互连岛桥结构；(d) 折纸结构；(e) 剪纸结构；(f) 三维螺旋导线结构

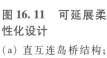

　　柔性医疗器械　这一概念随之被拓展到柔性显示、柔性马达/泵,以及柔性医疗装置。对健康监测来说,具有传感和制动功能的超软装置可以用类似于文身或生物协调胶带的方式粘贴于人体的指定位置,见图 16.12[20]。该位置可以娇嫩到宛若婴儿的皮肤或大脑/器官的表面。这些表面传感装置具有四个特征:(1)自然黏附;(2)与皮肤相容;(3)精确测量;(4)信号无线传输。对柔性电子的进一步改进是适用于大脑的三维神经感知网络。该三维神经感知网络由三维矩阵布列的纳米团组成,每个纳米团可以自我展开为伞状网架[21]。

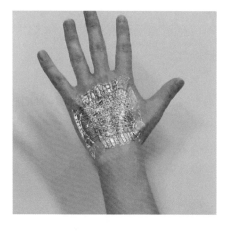

图 16.12　人体及其组织器官的非可展曲面上的柔性电子检测

　　界面多物理对话　对柔性电子医疗器械来说,其首要的能力指标是可以对多少种生理参数进行测量,其依据的测量原理多为实验力学中的电测原理,见第 6 章。图 16.13 显示了当今已经发展成系列产品的可延展柔性生物传感器,包括表皮温度/应变传感器、汗液成分检测、心脏温度/pH 测量、测量数据的无线传输、无创血糖、血氧检测。

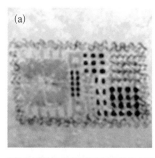

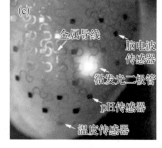

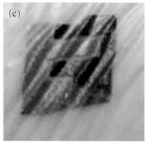
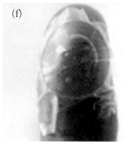

图 16.13　可延展柔性生物传感器

(a)表皮温度/应变传感器;(b)汗液成分检测;(c)心脏温度/pH 值测量;(d)无线传输;(e)无创血糖;(f)血氧检测

　　柔性电子器件的空间尺寸和质量受到严格的限制,要在有限资源的器件上实现人体生理信息监测,其检测原理势必与传统的医疗器械有所不同。例如:传统血压测量需要充气袖带,而柔性电子器件无法支撑充气袖带,无法用传统方法实现血压监测。此外,人体多参数生理信息会产生相互耦合作用,干扰柔性电子器件的测量精确性。为实现人体多模态生理信息的精准感知,亟须发展适用于柔性电子器件的人体生理信息监测新原理和新方法,解决柔性电子器件尺寸和质量限制对人体生理信息动态监测带来的约束,同时建立人体生理信息精确反演解耦模型,解耦人体中各自生理参数的耦合影响,保证测量精确性。

对生命体的柔性电子诊测相当于生命体和诊测元件在其介入界面上的多物理对话。现已对血糖的实时柔性电子测量为例加以说明。清华大学冯雪团队研制出柔性无创血糖传感器(图 16.14)[22],通过离子导入的方式改变组织液渗透压,调控血液与组织液渗透和重吸收平衡关系,驱使血管中的葡萄糖按照设计路径主动、定向地渗流到皮肤表面,从而得到测量值[22]。

图 16.14 类皮肤柔性电化学耦合测量:无创血糖测量

多尺度力生物学　在人机交互过程中,会涉及分子-细胞-组织多尺度力生物学问题。力学因素及其调控作用在生命活动和疾病发生发展中扮演着十分重要的角色。人机交互中生物植介入体与宿主微环境的相互作用是实现临床应用的关键基础科学问题。一方面,生物功能材料与细胞微环境中的复杂要素间可发生力-生-化耦合的动态互作,这将改变微环境原有的平衡状态,通过分子、细胞、组织多尺度的一系列级联反应,引起包括宿主免疫排斥、慢性炎症、组织损伤等不良反应,导致治疗失败。另一方面,细胞微环境的力-化反馈也往往加速植介入体的功能失效。因此,以恢复细胞微环境良性动态平衡为目标的植介入体设计与调控,已成为组织工程和再生医学的国际研究热点[23]。

16.5　脑科学——意念、信息、质流三元聚顶

脑核磁　大脑是最复杂的生命体。大脑是意念的产生体,大脑是信息中枢,大脑又是流动的物质。在大脑中,完美地实现了意念、信息、质流的三元

聚顶。

典型的大脑核磁共振影像见图 16.15。大脑的主体为脑浆,它由水凝胶质地上的神经网络构成,中间填充有浆体有机质。脑浆中的填充成分主要是脑灰质、脑白质、神经元、记忆元和水。它们为神经网络的运行提供水、能量和数据储备。核磁共振方法(MRI)是研究分子扩散的基础。大脑的运行过程可表象为神经纤维束中的水分子扩散行为,它可以用核磁影像中水的扩散行为来表征。在图 16.15 的左图和中图中标示了脑灰质和脑白质,而其右图是一个扩散张量影像彩图,显示了大脑中的脑白质束簇("信息高速公路")。

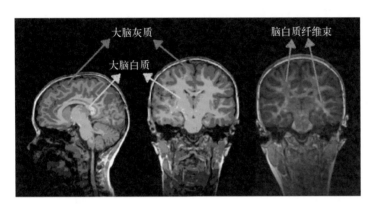

图 16.15　典型的脑核磁共振图

脑机接口　探究脑科学的一个重要领域是神经心理学,其主要的探测手段是脑机接口。脑机接口为建立脑-机界面、调控大脑机能、诊断和治疗脑部疾病提供了重要手段。以往常用非接触式的脑电"头盔"来间接地探测脑电信号。随之发展的一代脑机接口采用坚硬的脑电极阵列来读取大脑浅部皮层的数据,不可避免地会对大脑组织造成损伤。新一代的智柔脑健康监测器,可对大脑的复杂曲面实现完美贴合,不会对脆弱的脑部组织造成机械伤害。在活体脑组织的环境下柔性集成的力电系统,还可以利用柔性结构的自主变构来适配复杂动态的脑皮层表面。

对脑机接口这类神经界面而言,神经科学研究的关键问题是如何记录和刺激人体的神经活动。神经界面植介入体不仅被用于神经科学研究,还被用于疾病治疗的非药物方法。美国食品与药物监督管理局(FDA)批准了一系列植介入式神经接口系统,用于治疗多种神经系统疾病,例如帕金森(James Parkinson,1755~1824)症、特发性震颤、失明与抑郁症等。目前,由硅、金属等材料制成的神经探针[如密歇根型探针、犹他微电极阵列(见图 16.16)

图 16.16　犹他微电极阵列

和深部脑刺激探针]是神经科学研究和临床治疗的主要工具。这些神经接口系统存在电荷注入能力不足、界面阻抗高以及与神经组织内在生物力学性质不匹配的问题[24]。如植介入后会引发瘢痕组织形成,包裹植介入体并致其性能退化。研究人员从材料与结构层面做了尝试,以解决上述脑机接口界面的生物协调性问题。一方面,利用导电聚合物、水凝胶、硅胶等软材料的柔软性与功能性,将植介入体整合到生物组织中,可减少炎症与胶质生成,促进细胞黏附和神经元生长,从而提高生物相容性和信号保真度。另一方面,通过整体尺寸微型化以及采用与神经组织相匹配的构型设计,可以增强植介入体的长期稳定性与生物相容性。植入设备的微型化,减小了插入过程造成的组织损伤和与长期手术引起的持续刺激与神经胶质反应。新一代探针具有光学刺激、神经记录和药物输送功能,其弯曲刚度比前一代的钢微丝探针低一个数量级,在体内的神经胶质反应可忽略不计。

脑机接口还可以采用非直接接触的方法,如光学控制的方法。光遗传学融合了光学与遗传学的技术,通过传递光至神经,来刺激或者控制神经元细胞的活动,近年来在神经科学领域取得了突破性的进展[25]。但如何提高光在生物组织中的传输效率仍然是一个亟待解决的科学问题。传统的光纤材料如石英、玻璃等硬且脆,会造成周围组织的损伤以及炎症反应,使植入体周围形成一层功能绝缘层,干扰了光对神经组织的刺激。针对传统硬质光纤的局限性,哈佛医学院尹锡贤(Seok-hyun Yun)课题组将 PEG 或 PEG-AAm 水凝胶作为纤芯材料、海藻酸/钙离子水凝胶作为包层,制备了阶跃式可植入光纤,其可见光波段的光损耗系数达到了 0.30 dB/cm,可用于检测葡萄糖浓度[26]。该课题组还制备了无包层结构的 PDMS 光导纤维,并利用光导纤维掺杂染料后的传输特性设计了可拉伸的应变传感器[27]。罗杰斯等发展了无线的柔软可拉伸的植入式微型光电系统,实现了对脊髓以及周围神经系统的光遗传学调控[28]。虽然植介入体在神经界面工程中已取得了巨大的进步,但是这些设备在功能性及兼容性方面与人体组织仍然存在极大的差异,如何确保植介体入的长期稳定使用,是生物医学工程中亟待解决的关键问题。

脑起搏器 类似于心脏起搏器,脑起搏器可以用来调控大脑的神经紊乱行为。其刺激的位点受益于对神经环路的研究,刺激的节律融合了神经动力学的认知。对癫痫、帕金森症这类脑神经疾病可以用深部脑刺激(deep brain stimulation, DBS)来进行治疗[29]。帕金森病的病因与中脑多巴胺能性黑质的减少有关,导致下丘脑核和神经回路中球囊外侧区兴奋性增强,导致过度抑制。DBS 通过植入电极和弱电流脉冲来控制与运动相关的神经核,抑制帕金森病的异常症状,消除帕金森氏症引起的身体机能障碍。图 16.17 为清华大学航天航空学院李路明团队所发展的 DBS 装置[30]。DBS 手术分为刺激电极植入和脉冲发生器植入。刺激电极植入是通过第五代立体定向脑技术实现的。植入电极，用临时刺激器模拟脑电深度刺激的情况，根据患者的反应，对电极的位置和治疗效果进行调整优化。如果术中效果满意，可立即植入脉冲发生器。DBS 手术是一种完全可逆的无损治疗。手术保留了正常脑组织的神经功能，植入的刺激电极可以完全切除，留下进一步治疗的可能。DBS 治疗也可以采用实验力学和神经动力学的方法进行研究。

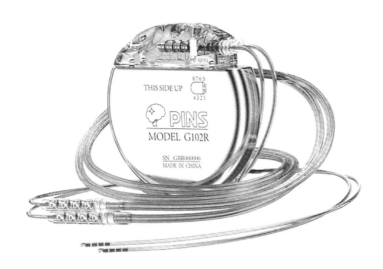

图 16.17 深部脑刺激装置

智慧软物质 大脑的力学建模是一个具有挑战性的前沿问题。大脑的力学建模需要考虑物质建模、信息建模和意念建模三个互相影响的层面。

物质建模在于构建"智慧软物质"的本构模型。该模型既有宏观层次的力学模型，又有细微观层次的组织结构模型。从宏观力学的角度上讲，大脑是典型的软物质，具有低模量、高断裂应变、黏性、非线性等特点，其模型可建立在有限变形连续介质力学基础上。随着凝胶、细胞、组织等软物质研究中实验方法的演进，其力学理论框架不断被拓宽。外界的力、热、光、电、化学等环境信号可诱发软物质性能的改变。因此，对软物质的力学理论建模，需要考虑多物理场耦合条件下发生的物质与能量的交换，以及随之产生的变形和运动。哈佛大学锁志刚（Zhigang Suo，图 16.18）研究组通过耦合大变形连续介质力学和电化学理论研究了聚电解质凝胶在离子溶液中的溶胀行为[31]；同校的贝托尔迪（Katia Bertoldi）研究组基于热力学理论框架建立了介电弹性体的大变形连续介质力-电耦合理论[32]。

图 16.18 锁志刚（1963~ ）

智慧软物质是一种新型的人造物质，微结构复杂而富有层次，且不同的内嵌微观单元或子结构可能具有全然不同的功能或性能，相互之间各司其职又相互配合，而自我学习、复制进化等特殊性能尚未在传统的固体/流体介质上有所呈现。需要在微观尺度上整合具有信息感知、处理和执行等功能的活性生物单元,可按需进行能量释放和能量转换,具备自修复、自重构、复制遗传、变异增强等一种或多种特殊能力,因此本质上是一个开放的、非平衡的、可作出自主反应和具有自我学习能力的智能系统。从力学的角度对这样的复杂系统进行宏观描述与分析无疑是一个挑战。力学家们必须突破已有连续介质力学理论框架,特别是多种守恒律(能量、质量、动量)可能不再成立,需要建立合适的非平衡演化方程,将自我学习、反馈调节等特殊性能作为其理论体系的重要架构。建立这样的理论体系,需要多学科交叉融合,从而最终达到精确预测在复杂环境影响下智慧软材料的力学、化学、电学信号等的耦合关系及其性能演化。生命/类生命活性物质的引入会赋予软物质自主调控的能力和行为。同时,在大脑中存在的力学环境与大脑中存储信息的关系是脑功能中一个异常深奥的问题。这里所指的力学环境可以包括头颅中的脑压、神经网络中存在的心理张力、外界冲击产生的应力波传播与脑震荡,以及脑血管中的梗死或溢血等。

类脑计算　大脑的信息建模就是类脑计算。可仿照脑神经网络来构造信息计算模拟器,探究神经通道与大脑功能和行为之间的关系。可以按照生物神经网络采用神经形态器件构造类脑计算机系统,采用微纳器件模拟生物神经元和突触的信息处理功能,采用大脑皮层神经网络结构作为基础体系结构,通过多传感器接收环境刺激以及和其他主体的交互来获得和发展智能。与经典计算相比,类脑计算有三大特点:一是低功耗:类脑计算机系统在体系结构上借鉴生物大脑而大幅度降低能耗;二是高集成度和高容错:类脑计算的基本元器件是模拟生物神经元和突触的神经形态器件,其特征尺寸与生物对应物相当或更小,不仅可比晶体管更小,而且部分器件出错不影响系统基本功能;三是高效率:类脑计算机主要采用通过环境刺激和交互训练实现感知认知等基础性智能,其效率更高,获得的智能也更适应复杂环境。2016 年被誉为是类脑计算机元年,美、英、德相继推出了第一款类脑计算机,这是通往通用人工智能的关键基础。清华大学类脑计算研究中心于 2015 年 11 月成功地研制出国内首款超大规模的神经形态类脑计算"天机"芯片,同时支持脉冲神经网络和人工神经网络[33]。

神经元激发　大脑的意念建模需要考虑整个的神经生理和心理过程。神经中的意念传递过程是由神经元(neurons)的不断激发(fire)为物质基础的,神经元沿着神经网络中各突触运行,通过点燃过程将神经信号传递给下一个神经元,见图 16.19。大脑中的力环境对信息的储存位置、对神经元的点燃过程、对神经信号传导通道的选择都产生影响[34]。

意念力　在一定的心理意念下,意念力对脑神经网络的形成与生长有着重要的作用。大脑的主体部分是幼童在 3 个月至 6 岁时形成的,是在学习得到的知识转变为意念的驱动下形成的神经网络,类似于神经应力与神经网络生长的关系。神经突触的形成与可塑性的动力学,以及它们与意念力的关系,为意念

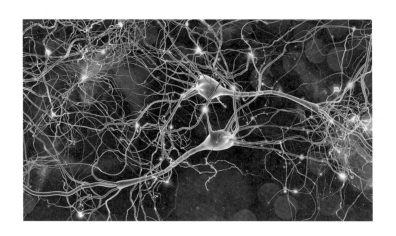

图 16.19　神经信号沿突触的传递与点燃过程

与物体之间的紧密联系提供了新的认识空间。当前的神经科学发现显示：我们的大脑和意识都是物质性的,意识的身心二元论是不能成立的,应该回归于大脑一元论[35]。同时,科学家们还发现,在意念驱动下,神经突触能够产生可观察到的凸起[36]。也就是说,人们在凝思苦想之际,其意念促进了神经突触的生长,有可能造成新的神经回路的形成,引导了创新思想的产生。

扩散张量影像　神经信号的传导可由神经介质的电化学行为来反映,其宏观体现为神经元群体的扩散行为。设沿任一斜截面(其单位外法线为 n)所扩散传递的信息向量为 I_n,则神经扩散的表征量应为一个以信息向量为 I_n 和横截面法向向量 n 所并矢表征的二阶张量,称为神经扩散张量(diffusivity tensor)。与 4.3 节对柯西应力张量的讨论相类似,可借助对该张量的探测来探究大脑的神经活动情况。目前所使用的扩散张量的核磁共振影像(DTI)利用了扩散的各向异性来为大脑组织提供可用的细节。它使得确定脑白质束簇的方向成为可能,从而可以对大脑组织进行直接活体检查。

神经网联　大脑中的神经连接非常复杂,美国开展了人类神经网联计划(Human Connectome Project)来映射出整个脑神经系统的连接图谱[37]。利用功能核磁共振技术(fMRI)有效地映射出脑神经连接的栩栩如生的影像,见图 16.20。这一影像还可以帮助脑外科医生寻找可以在对脑神经伤害最小的情况下,进行脑瘤摘除的手术通道。时空分辨日益提高的结构和功能表征技术推动着蛋白质结构组学、神经连接组学研究的不断深入,神经网络的连接图谱以及神经元复杂的信息整合、传递、处理和运算功能正得到实验的初步揭示[38];单个神经元树突最近也被发现具有执行复杂运算的能力[39]。

智能介质力学　在新世纪,力学的研究对象开始转向包含电子-离子-分子相互作用和运动的智能介质。智能介质是以天然或者人工方式嵌含有智能的物理介质,智能的体现有其微观动力、细观构筑、宏观涌现和能量-信息循环。虽然最简单的拟神经忆阻介质的使用已然开启了类脑智能芯片的新篇章[40],

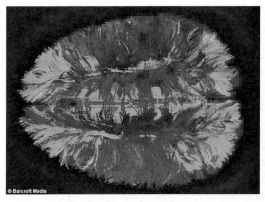

图 16.20 大脑的扩散张量图像

但面对类脑介质和人脑等智能系统,现有的力学理论和认识顿显无力[41]。智能介质力学既体现在以力为主导的多场环境作用对介质智能的激发、引导与控制,又体现在智能产生过程中介质内的多层次动力学过程。

首先,智能介质力学的研究重点从连续介质的力与变形/运动的关系、信息功能介质的物理力学多场耦合,推进至生命复合体系的电子-离子-分子动力学耦合、局域场与外场环境共同作用,以及物质相变与能量转换等的多相-多场-多尺度耦合。其次,智能介质力学需以力为纲来梳理和认识多层次的物质-信息-能量关联动力学,它从生命体的多相-多场-多尺度耦合,跨越到细胞的生命功能和神经元的物质-信息-能量耦合,再到神经网络的智能涌现和人脑高级智慧的产生。虽然构成大脑的物质组分能够遵循力学规律,但现有的力学理论(包括量子力学理论)却难以描述大脑的功能和意识[42]。再次,从生命物质的分子跨越到细胞器、细胞膜(包括膜蛋白),再到普通细胞和神经元,其中广泛存在的有序组装、控制和感知以及能量与信息的传递不仅依赖分子层次的局部耦合,也涉及长程的介观以至宏观层次的互动[43]。这种多层次动力学决定着介质智能的宏观涌现。因此,面向神经系统的智能介质力学需要解决的关键问题包括:如何描述这类室温非平衡体系的物质-信息-能量关联? 如何通过能量和信息共同激发的物理场变化,实现介质与系统智能的全域性融入与涌现?最后,从结构的优化设计或介质的功能化拓展到人工介质的智能化,从研究介质的被动响应跨越到探索并控制介质的智能行为,迫切需要智能介质力学建模、算法与控制等方面的突破性创新。可见智能介质力学的内涵需要突破现有的力学理论框架,才能深入探究物质、信息和能量的关联性及其与智能的联系,进而实现介质与系统的智能融入与涌现。

16.6 生命力——源与泉

生命力的三方面 如何对生命力进行理论定量化,将是力学 3.0 的一项核心内容。生命力是一个复杂的组合体,其组成架构应包容生理、心理、信息三个方面。信息为念,心理为源,生理为泉。从生理方面来讲,生命力是物理化的力,如肌肉产生的收缩力、心脏产生的泵动力、脑神经中存在的张力等。从心理方面来讲,生命力是可由意念驱动的力,是一种电化学力,意念驱动着酶的输送和神经元的点燃,并进一步激发其物理化表达的力。从信息方面来讲,生命力是信号传输的力,包括程序化指令的传输、免疫大军的调动、细胞通道的开启与关闭等。

四种关联形式　类似于物理学中的四种力(万有引力、电磁力、强相互作用力、弱相互作用力),也可以尝试地列出生命力的四种关联形式。对应于万有引力的是万有念力,它也对应着赛博空间的意识形态力,它以长程作用的形式,如理想、初心、理念、使命等意识形态形式,以感召的方式作用于每一个生命体。每个生命体都拥有念力,人的念力远超过动物的念力,动物的念力远超过植物的念力。心智发育成熟的人的念力超过幼童的念力。每个国家有国家意识形态所产生的念力,地球有人类命运共同体所辐射的念力。生命体之间的念力作用可由万有念力定律来刻画,非常类似于牛顿的万有引力定律。对应于电磁力的是生命体的组成力和协调力,它在意念场的笼罩下,以电化学反应的方式,根据多层次的生命体的细微观结构,来确保生命系统的运行和协调有效。其协调过程包括神经元的点燃、分子马达的开动、横桥的连接和脱黏、细胞通道的开启与关闭等。强相互作用力是维系原子核稳定的力,它对应的是生命体的传承力,也可以称为是基因力,通过基因组碱基对的排列体现传承。除非发生"核"反应,也就是基因敲出、基因嵌入、基因编辑等,传承力的强大使得生命系统在生命 1.0 和生命 2.0 时代都得以按照达尔文的进化论,以缓慢的代际演化的形式绵延下去。弱相互作用力制约着原子的放射性现象,它对应于生命体的潜意识力,这种力以潜在的、不易察觉的、后台的形式作用于生命体,其长期累积的结果却可以起到潜移默化的作用。潜意识力的作用主要体现在对信息的影响力和弱改造力,在信息空间中也会有所反应。

关于生命力的探究是一门宏大的学问。目前仅仅露出的冰山一角已经让每一个力学工作者神往不已。我们看到:(1)力的来源造就生命,造就生命之力源的分子马达给出了从能量化身为力的物理图像;(2)力的作用改变传承,执掌生命传承的基因组可以在分子力剪刀的作用下进行基因编辑;(3)意念之力塑造回路,意念力的作用可以造成神经突触的凸起,从而造就可产生创新思想的神经回路;(4)力的汇聚重塑哲学,关于生命力学的新进展将可能导致哲学上从意识的身心二元论回归到大脑一元论。

除了形而上的探索之外,生命力学的发展还可以造福人体的健康、增进人体的能力。简举三个例子。其一是大脑:脑机接口将为大量神经外科疾病提供解决方案,还将为未来在伦理学指导下的人机融合提供信息融合的手段,届时将以沉浸式机器人作为自然人在智力和体力上的延伸,以深部脑刺激作为体现信息律调节念力的方式,来为人类的退行性疾病提供新的手段,利用"双脑计划"进一步体现混合智能[44]。其二是心脏:生命力学的进展将大大推动有关心血管疾病的治疗[45],柔性电子技术将可以连续实时地得到心血管的主要生理参数,数字孪生心脏将可以对心脏的健康运行提供优化的诊疗方案,对血流的智能控制将有利于实现心血管血栓的稳态。其三是眼视光学:水凝胶亲水衬底将与柔性电子打印术实行有机融合,而塑造出与人眼协调、可塑形矫正眼球形状、实现人体视网膜与孪生视网交互补充、目视信息与遥感电子信息融为一体的新一代隐形眼视光学系统[46]。

参考文献

1. NIST cyber-physical systems website. https[OL]: //www. nist. gov/el/cyber-physical-systems.

2. 迈克斯·泰格马克. 生命3.0:人工智能时代——人类的进化与重生[M]. 汪婕舒,译. 杭州:浙江教育出版社,2018.

3. Wei Q, Huang C, Zhang Y, et al. Mechanotargeting: Mechanics-dependent cellular uptake of nanoparticles[J]. Advanced Materials, 2018, 30(27): 1707464.

4. Barnes J C, Mirkin C A. Profile of Jean-Pierre Sauvage, Sir J. Fraser Stoddart, and Bernard L. Feringa, 2016 Nobel Laureates in Chemistry[J]. Proceedings of the National Academy of Sciences of USA, 2017, 114(4): 620－625.

5. Surhone L M, Tennoe M T, Henssonow S F. Hill's Model, Archibald Vivian Hill, state equation, skeletal muscle[M]. New York: Betascript Publishing, 2010.

6. Huxley A F. Muscle structure and theories of contraction[J]. Prog Biophys Biophys Chem, 1957, 7: 255－318.

7. Huxley A F, Niedergerke R. Structural changes in muscle during contraction: Interference microscopy of living muscle fibres[J]. Nature, 1954, 173: 971－973.

8. Fung Y C. Biomechanics: Motion, flow, stress and growth[M]. Berlin: Springer-Verlag, 1990.

9. Fung Y C. Biomechanics: Mechanical properties of living tissue[M]. Berlin: Springer-Verlag, 1981.

10. Chien S. Mechanotransduction and endothelial cell homeostasis: The wisdom of the cell[J]. American Journal of Physiology and Heart Physiology, 2007, 292(3): H1209－24.

11. Gao H, Shi W, Freund L B. Mechanics of receptor-mediated endocytosis[J]. Proceedings of the National Academy of Sciences of USA, 2005, 102: 9469－947.

12. Tomasek J J, Gabbiani G, Hinz B, et al. Myofibroblasts and mechano-regulation of connective tissue remodeling[J]. Nature Reviews Molecular Cell Biology, 2002, 3(5):

349－363.

13. Suresh S. Biomechanics and biophysics of cancer cells[J]. Acta Biomaterialia, 2007, 3 (4)：413－438.

14. Kim H E, Jiang X, Du F, et al. PHAPI, CAS, and hsp70 promote apoptosome formation by preventing Apaf－1 aggregation and enhancing nucleotide exchange on Apaf－1[J]. Molecular Cell, 2008, 32(6)：888.

15. Zhu H, Zhang L, Tong S, et al. Spatial control of in vivo CRISPR－Cas9 genome editing via nanomagnets[J]. Nature Biomedical Engineering, 2019, 3：126－136.

16. Rao J S, Zhao C, Zhang A F, et al. NT3－chitosan enables de novo regeneration and functional recovery in monkeys after spinal cord injury [J]. PNAS, 2018, 115 (24)：E5595－E5604.

17. Lacour S P, Wagner W, Huang Z Y, et al. Stretchable gold conductors on elastomeric substrates[J]. Appl. Phys. Lett., 2003, 82(15)：2404－2406.

18. Khang D Y, Jiang H, Huang Y, et al. A stretchable form of single crystal silicon for high performance electronics on rubber substrates[J]. Science, 2006, 311：208－212.

19. Jang K, et al. Self-assembled three dimensional network designs for soft electronics[J]. Nature Communications, 2017, 8：15894.

20. Someya T, Bao Z, Malliaras G G. The rise of plastic bioelectronics[J]. Nature, 2016, 540(7633)：379－385.

21. Zhou T, Hong G S, Fu T M, et al. Syringe-injectable mesh electronics integrate seamlessly with minimal chronic immune response in the brain[J]. PNAS, 2017, 114(23)：5894－5899.

22. Chen Y, Lu S Y, Zhang S S, et al. Skin-like biosensor system via electrochemical channels for noninvasive blood glucose monitoring[J]. Science Advances, 2017, 3：12.

23. Gao B, Yang Q Z, Zhao X, et al. 4D bioprinting for biomedical applications[J]. Trends in Biotechnology, 2016, 34(9)：746－756.

24. 樊瑜波. 植介入医疗器械的生物力学[C]. 第十届全国生物力学学术会议暨第十二届全国生物流变学学术会议论文摘要汇编, 2012.

25. Pastrana E. Optogenetics：Controlling cell function with light[J]. Nature Methods, 2011, 8：24－25.

26. Yetisen A K, Jiang N, Fallahi A, et al. Glucose-sensitive hydrogel optical fibers functionalized with phenylboronic acid[J]. Advanced Materials, 2017, 29(15)：1606380.

27. Guo J, et al. Highly stretchable, strain sensing hydrogel optical fibers[J]. Advanced Materials, 2016, 28(46)：10244－10249.

28. Park S I, et al. Soft, stretchable, fully implantable miniaturized optoelectronic systems for wireless optogenetics[J]. Nature Biotechnology, 2015, 33(12)：1280－1286.

29. Okun M S. Deep-brain stimulation for Parkinson's disease[J]. The New England Journal of Medicine, 2012, 367(16)：1529－1538.

30. 李路明,郝红伟,张建国,等.国产脑起搏器的研制与临床试验进展[C].中国生物医学工程学会成立 30 周年纪念大会暨 2010 中国生物医学工程学会学术大会壁报展示论文,2010.

31. Hong W, Zhao X, Suo Z. Large deformation and electrochemistry of polyelectrolyte gels [J]. Journal of the Mechanics and Physics of Solids, 2010, 58(4): 558 – 577.

32. Henann D L, Chester S A, Bertoldi K. Modeling of dielectric elastomers: Design of actuators and energy harvesting devices[J]. Journal of the Mechanics and Physics of Solids, 2013, 61(10): 2047 – 2066.

33. Pei J, Deng L, Song S, et al. Towards artificial general intelligence with hybrid Tianjic chip architecture[J]. Nature, 2019, 572: 106 – 111.

34. Li C Y, Li T, Poo M M, et al. Burst spiking of a single cortical neuron modifies global brain state[J]. Science, 2009, 324(5927): 643 – 646.

35. Bao A M, Luo J H, Swaab D F. Viewpoints concerning scientific humanity questions based upon progresses in brain research[J]. Journal of Zhejiang University, 2012, (7).

36. Lai K O, Ip N Y. Synapse formation and plasticity: Roles of ephrin/Eph receptor signaling[J]. Current Opinion in Neurobiology, 2009, 19: 1 – 9.

37. What is the connectome coordination facility? [OL]. https://www. humanconnectome. org/.

38. Markram H, et al. Reconstruction and simulation of neocortical microcircuitry[J]. Cell, 2015, 163: 456.

39. Gidon A, et al. Dendritic action potentials and computation in human layer 2/3 cortical neurons[J]. Science, 2020, 367: 83.

40. Sangwan V K, Lee H S, Bergeron H, et al. Multi-terminal memtransistors from polycrystalline monolayer molybdenum disulfide[J]. Nature, 2018, 554: 500.

41. Poldrack R A, Farah M J. Progress and challenges in probing the human brain[J]. Nature, 2015, 526: 371.

42. Koch C, Hepp K. Quantum mechanics in the brain[J]. Nature, 2006, 440: 611.

43. Lichtman J W, Denk W. The big and the small: Challenges of imaging the brain's circuits[J]. Science, 2011, 334: 618.

44. 吴朝晖,俞一鹏,潘纲,等.脑机融合系统综述[J].生命科学,2014,26(6): 645 – 649.

45. Mancini D, Colombo P C. Left ventricular assist devices: A rapidly evolving alternative to transplant[J]. Journal of the American College of Cardiology, 2015, 65(23): 2542 – 2555.

46. Childs A, Li H, Lewittes D, et al. Fabricating customized hydrogel contact lens[J]. Scientific Reports, 2016, 6: 34905.

思考题

1. 你能举出 3~5 个由于人的意念而产生力的例子吗？这时由意念到产生

力的传播路线是什么?

2. 你能比较详尽地导出赫胥黎的横桥动力学方程吗?

3. 冯元桢先生强调了应力与生长的关系,如何在连续介质力学的运动学描述中嵌入这一关系?

4. 骨伤后常采用牵引疗法,你能用应力与生长的关系来说明牵引治疗的重要性吗?

5. 红细胞为直径为 8 微米左右的面包圈形状,但当收到能量或氧激励后,却可以穿过直径只有 1 微米的生物孔道,为什么? 当红细胞收到疟疾病毒侵入时,会发生什么情况? 会使疟疾患者产生什么症状?

6. 要使微电子元器件能够与人体器官(皮肤、肌肉、脑)之间有效地感知和传递信息,需要这些元器件在力学上具有什么特性? 如何实现这些力学特性?

7. 考虑脑机接口,若想做得比图 16.16 所示的犹他微电极阵列还好,在力学上应该做哪些改进?

8. 通过神经的信号传递可以视为一个信息扩散过程,为什么把神经扩散的度量用一个二阶张量来表示?

第 17 章
信息力学

17.1 物理时空与信息时空的关联——信息力学与牛顿力学的相似性

物理时空与信息时空的关联,可从 11 个方面来进行阐述,它们之间具有惊人的相似性。

时空观 物理时空采用牛顿时空或爱因斯坦时空,其中时间为牛顿时间或爱因斯坦时间(速度增加时间变慢),但都具有单一指向的性质;空间为物理空间,其度量或许仅依赖于距离,或许还与质量间的引力有关(爱因斯坦公式),后者在广义相对论体系下具有引力波的表现形式,是当代物理学的热点。

信息时空采用赛博时空(cyber space-time)。其中的时间也可以用牛顿时间来度量,具有单一指向性;空间可定义在学科空间、知识空间或语义空间(semantic space)之上。前两者中的距离为知识点之间的距离,可以按照相关性来定义;有关语义空间的理论相对比较成熟[1],其距离为语义的差异,既包含客观内容的差异,也包含主观意识判断的差异。信息空间中承载着大量的数据,这里既有无结构的数据,也有结构化的数据;既有公开数据,也有不公开数据。作为初步近似,可将语义空间视为一个 N 维、各向同性的欧几里得空间。信息在物理空间中有不同的传递方式,如网络传播、电信传播、人际传播等,每种传递方式均有其对应的特征时间。信息在语义空间中也有不同的影响方式。

驱动量 物理时空的主要驱动量为能量。能量的空间变化率即为力(或能量力),是驱动物理世界运动的原动力。能量的起伏与涨落体现为热,是分子运动的表征。通过爱因斯坦质能关系式,能量还与物质的存在相关。因此,在物质世界中,从宏观到微观层次,能量是物质运动与存在的驱动者。按照量子力学的语言,能量是量子化的。物质所能释放的最大能量可由著名的爱因斯坦公式算出为质量乘以光速的平方。

信息时空的主要驱动量为信息量。信息量是信息发生的频次与活力的组合;频次越高、数据的震惊度越大("越抓眼球")、信息停留时间越久,信息量就越大。我们称语义空间中每一点的数据量(或信息发生的频次)为该点的信源量,称数据的震惊度为信源热度。照此理解,可将信息量视为在单位时间内信源量与信源热度乘积的平均值。在语义空间的某一点上沉积的信息量相当于物理空间某一点的能量,其语义空间的分布构成信息场。信息场的梯度在赛博空间上产生信息作用力,类似于物理空间中的能量力。除震惊度以外,信息量还可以用信息的价值来度量,它类似于物理空间的温度或分子运动力。因此,在信息世界中,不同语义之间的作用通过信息场的梯度与长程作用来实现。源于对信息量的比特计数,信息量也是量子化的。

作用力　物理时空的作用力为物理力,其本原包括万有引力、电磁力、强相互作用力、弱相互作用力四种。也可以借助于能量的空间变化率来定义力,称为广义能量力。物理力是物理世界中万物联系的纽带:宇宙之大,基本粒子之小,力无所不在。

信息时空的作用力为信息力。信息力可能包括影响力(与万有引力相像)、传播力(与电磁力相像)、意识形态力(与强相互作用力类似)、潜意识力(与弱相互作用力类似)等类型。信息力往往对有意识的生命体才有作用。影响力与传播力是语义空间中的长程作用力;意识形态力是仅针对特定语义的短程作用力;而潜意识力为长期、中程作用的弱作用力。信息力是信息量对语义空间距离的导数,它影响人们对信息的信任程度。信息力是赛博空间内不同语义相互联系的纽带。

熵　在物理时空中,可用物理熵来刻画物理世界的混乱程度。物理熵可包括振动熵、混合熵、构型熵等多种类型。物理熵与温度的乘积代表着不能自由释放的(即在自由能中应当扣除的)能量。对于封闭物理系统,熵趋于极大,环球同此凉热。

在信息时空中,可用信息熵来刻画信息世界的混乱程度。信息熵也称为香农(Claude E. Shannon, 1916~2001)熵,可用来表达信息的混乱性、跃动性和真伪并存性。信息熵与信源热度的乘积代表了无法产生置信作用的信息量。这些不可信的信息会随着时间的消逝变成矛盾的信息,变成对宏观语义不造成影响而被扬弃的信息。类似于力学上的自由能,可将自由信息量视为是信息量减去热度与信息熵的乘积。自由信息量是可以释放出来,对语义空间的全部都施以影响的信息。对于封闭信息系统,信息的普遍交流可能造成信息的结构化,造成统一意识的形成,造成熵减。类似于物理空间(基于热力学第二定律)的熵增,信息空间的熵减是封闭空间内的一种自然发展过程,即实证与沟通会导致熵减。而另一方面,信息零和博弈的结果将使全球出现信息麻木,造成信息空间的熵增。这种零和博弈针对着非合作情形,这时产生了大量无法置信的信息,因此自由信息量不断减少,信息产生的置信作用不断降低,造成信息受体对信息影响的麻木。

介质 在物理时空下,可将物质的聚集表达为时空连续体(space-time continuum)。这些连续介质按照其抗剪切性质的不同,又可以分成固体、流体等介质。介质的本质构成用本构关系(constitutive laws)描述。本构关系定义了力学量与变形量(或热力学力与热力学流)之间的互动和依赖关系。

在信息时空下,可将不同语义的信息聚集体表达为信息介质(information continuum)。按照其信息流动性质的不同,这些连续介质又可以分为屏蔽体、流通体等介质,其本质构成由逻辑关联关系所描述。逻辑关联关系定义了信息力和信息流之间的互动和计算的法则。逻辑关联关系确定了算法,也就确定了赛博空间的本构行为。按照其保护方式不同,信息介质的本构关系也有可观察和不可观察等类型。

基本规律 物理时空的基本规律为牛顿力学或相对论力学或量子力学理论。为简单起见,这里仅类比牛顿力学理论。牛顿力学的基石在于万有引力定律和牛顿力学的三大定律:第一定律——惯性定律;第二定律——物体的动量变化率等于作用于其上的冲量;第三定律——作用力等于反作用力。由牛顿力学的基本规律可以导出宇宙中宏观运动的万象。

信息时空的基本规律为信息力学基本定律。与牛顿力学类似,信息力学也有与万有引力定律和牛顿运动三定律相对应的形式。对应于万有引力定律,(无传播障碍的)语义空间的万有影响力定律为[2]

$$F_{12} = C \frac{I_1 I_2}{R(r)} \tag{17.1}$$

式(17.1)中,F_{12} 代表语义空间中信息点 1 与信息点 2 之间的影响力;I_1 与 I_2 代表该两个信息点上各自承载的信源量;C 为万有影响力常数;r 为在语义空间中信息点 1 与信息点 2 之间的距离;$R(r)$ 为相对于 r 的单调递减函数。若信息空间呈均匀、各向同性状,$R(r)$ 应为 r 的齐次函数。仿照胡克对万有引力的推导过程,对 N 维信息空间,$R(r)$ 应为 r 的 $N-1$ 次幂函数。对应于牛顿运动三定律,语义空间中有:第一定律——信息惯性定律,在未经删除、改写或屏蔽下,信息内容保持不变,信息传播动量保持恒定;第二定律——信息动量的变化率等于作用于其上的影响力(或信息力)的冲量;第三定律——在语义点 1 与 2 之间作用力等于反作用力,影响力等于受影响力。由信息力学的基本规律可以展现在赛博空间中信息宏观运动的动力学特征,包括其波传播过程。

缺陷 物理时空中的缺陷表现为在物质连续体的间断,多以几何缺陷的形式体现,如体缺陷(孔洞与夹杂)、面缺陷(表面与界面)、线缺陷(位错与三晶交)、点缺陷(空位与异质原子)等。缺陷的运动与发展是相变、扩散、损伤、断裂、疲劳等输运与破坏过程的具体体现。

信息时空的缺陷主要表达为在信息空间中的漏洞或逻辑矛盾。这些缺陷有的是孤立的,即语法错误不具有传导性,类似于点缺陷;有些具有传导性,可以在语义空间中以线运动或面运动的方式传播,计算机病毒就是这类感染模式;还有些可以选择性地攻击语义空间的某些区域,如针对关键词列表的搜寻与封杀。发现缺陷并识别缺陷运动方式是网络攻防战的主要抓手。

破坏 物理时空的破坏行为指缺陷的灾难性发展,如点缺陷辅助下的蠕变行为,位错大量繁衍而引起的过量变形行为,裂纹的灾难性扩展,孔洞萌生、长大、汇聚而引起的延性破坏行为等。材料对缺陷运动(热力学流)的阻力与缺陷运动的驱动力(体现为全体系的能量释放率或广义能量力这类热力学力)制约着破坏进程。

信息时空的破坏行为指其漏洞(或逻辑矛盾)的灾难性传播。在网络战中,发现对方信息体系的逻辑矛盾只是网络攻击的一个可能的出发点,往往需要从该漏洞出发,通过迭代侦查(或蠕虫搜索)得到该漏洞可能的传导性,再进行攻击。为了防范对方的反制回击,往往通过整个体系映射攻击的形式(相当于信息空间的全域能力)进行全体系的驱动式攻击,从而压制对方的修复和反击能力。

隔离 物理时空的隔离通过边界来实现。边界包括表面和界面。在边界上可施加不同的边界条件(如自由、固定、滑动、弹性、相互扩散、各种施力条件,以及它们的各种组合)。基本规律、破坏规律、初始条件和边界条件组合在一起,才构成一个完整的初边值问题。

信息时空的隔离通过防火墙来实现。防火墙可以有多道,来增加保护核心机密的可靠性。防火墙的设置主要用来实现物理隔绝、信息交互隔绝、意识形态隔绝、漏洞扩展隔绝等功能。其作用是保护高价值数据,防范对其漏洞的映射攻击。对个人机密、企业商业机密、公共数据机密、国家安全机密都可以设置防火墙进行保护。根据防火墙对不同类型网络攻击的防范模式,可以抽象出其对应的边界条件。在完全有效的防火墙中的信息空间可视为一个孤立系统。

外界作用 在物理时空中,外界作用主要通过物理外力作用来体现。按照其遍布特征,物理外力可分为面力与体力两类。面力(如边界力、不同体域之间的作用力等)施加于边界之上;体力[如重力、电磁力、科氏(Gaspard-Gustave de Coriolis,1792~1843)力等]施加于整个体域。外界作用有超距性(如量子纠缠)和波传性(如光波、声波或应力波)等施加方式。

在信息时空中,外界作用主要通过外界信息影响的方式来体现。按照其分布特征,外界信息影响也分为面型信息力与体型信息力两类。对隔离的系统来讲,面型信息力代表隔离域外的非合作方(如竞争对手、黑客等)对防火墙的攻击力。在网络博弈中,以网制网的方式代表不同体域之间的信息作用力,互相施加于双方的防火墙之上。在语义空间中,体力是一种意识形态力,遍布于整个体域之中。外界体力的施加有超距性(如信息纠缠)和波传性(如借助于声光电媒介的传播)等施加方式。

转变 物理时空中的转变主要指相变。按照朗道 - 利夫希茨(Evgeny Lifshitz, 1915 ~ 1985)理论[3],零级相变指聚集形态(如固态、液态、气态)的转变;一级相变指固体点阵形态(如14种布拉菲点阵)之间的转变;二级相变指固态畴变(即对称度的变化)。

信息时空的转变主要指逻辑转变。零级信息相变涉及逻辑联系形态(如指令性逻辑、指导性逻辑、松散逻辑)间的转变;一级相变涉及指令性逻辑不同关联形态(如无质疑执行、讨论后执行、实证后执行)之间的转变;二级相变涉及映射逻辑的变化。

17.2 虚拟现实关联——数字孪生与混合增强

虚拟影像 对物理世界中任一现实事件,可以利用计算机图形学在赛博空间中建立足够逼近的影像,称为虚拟现实关联。从计算力学的角度,这一虚拟现实关联(virtual/reality bridging)[4]任务可由四个方面的技术演进来完成:(1)虚拟影像的建立与运动学映射;(2)虚拟影像的沉浸式体验;(3)虚拟与现实的动力学关联;(4)虚拟与现实的混合增强。

虚拟影像的建立主要依赖于计算机图形学。其中有些影像为编程制造。另有一类影像是从参照的物理现实图像出发,按照连续介质力学中的运动学映射来形成赛博空间的虚拟影像(即取物理现实图像为参考构形,赛博空间中的虚拟影像为即时构形,利用变形梯度张量来完成这一映射)。后者的优点在于一旦建立起运动学映射关系,就可以根据物理现实图像的连续视频来自动生成虚拟影像的连续动作。其典型的例子就是电影《阿凡达》(*Avatar*)中对诸位阿凡达及其各种动作的塑造,以及后来俄罗斯、日本等国以阿凡达命名的数字孪生机器人的研制计划。

虚拟影像的沉浸式体验有三个发展阶段:一、虚拟世界的沉浸式体验,如大多数沉浸式影院和观影平台,其主要依赖4维时空的影像表达技术,力学中的各种流形分析术(如动态自适应网格生成、流固耦合数值分析算法、动边界条件下流动状态显示等)确立了影像数值实现的可行性;二、虚拟世界和参与者的互动式体验,主要体现计算机科学中的人机交互作用,尚没有完全体现物理世界的现实感;三、模拟现实的虚拟影像的科学仿真研究。各种力学的数值仿真平台是后者的范例。力学家们最先实现的是数值风洞平台,即用空气动力学数值模拟部分代替风洞实验过程,用数值再现各种空天飞行器、车辆和建筑物在模拟空气动力条件下的行为,旨在确定重要的设计参数和物理参数。美国已经在斯坦福大学莫因(Parviz Moin,图 17.1)教授领导下建立了具有较完备功能的数值风洞[5]。比数值风洞更具有挑战性的是数值潜航器平台[6]。它不仅要考虑以水动力学为表征的流体力学行为,还需要体现以艇身、桨鳍舵、动力轴系为代表的固体结构的变形与振动过程,以及对应的流固耦合作用和声学特征输出。最具有挑战的是数值航空发动机平台,除上述的所有数值模拟复杂性以外,它还具有非常复杂的几何构型(如诸多可变形叶片)、多相湍流、复杂的燃烧过程和上百种化学反应等复杂因素[7]。

图 17.1　帕维兹·莫因(1952~)

　　计算机图形学中的影像并不具有质量,它们的动作方式与现实世界中遵守牛顿力学定律的真实物体颇为不同,其密度分布、自然形态、各组成部件中心、腾跃能力等都有变化。虚拟现实关联的下一步应演进为动力学关联。这时,运动学映射拓展为动力学映射。这时,除了影像的运动学映射外,参照构形中的每个点都会被赋予相对应的质量,并且关联到即时构形之上,并要求在变形过程中遵守牛顿运动三定律(包括连续介质力学框架下的线动量方程和角动量方程)。飞行员训练的飞行模拟器、汽车驾驶员训练的驾驶模拟平台、自动驾驶系统的研制、4D 影院中的按照动力学规律施加作用力的座椅等,均贯彻了这一原则。下一章还将专门讨论数据驱动的机器人动力学。

　　数字孪生技术　虚拟现实关联中的混合增强技术借助于虚拟体与现实体的功能互补,并进一步发展为虚拟与现实互为映照、共同增强的数字孪生(digital twin)技术[8]。该技术是一个充分利用物理模型、传感器更新、运行历史等数据,集成多学科、多物理量、多尺度、多概率的仿真过程。它在虚拟空间中完成映射,并反映出对应实体装备的全生命周期过程。它的启发意义在于实现了现实物理系统向赛博空间数字化模型的反馈。这是一次工业领域中逆向思维的尝试。人们试图将物理世界发生的一切,转移到数字空间中。只有带有回路反馈的全生命跟踪,才是真正的全生命周期概念。这样,就可以在全生命周期范围内,保证数字与物理世界的协调一致。在力学的范畴下,可以将其视为在闭环条件下计算力学和实验力学的孪生。

　　数字孪生的具体操作可分为三个层面,见图 17.2。第一个层面为操纵层,见左图,由操纵者的肢体语言及意念语言产生数字形式的操纵指令;该指令通过界面层,见中图,传递给所操纵的机械,体现了一个人手与机器手的握手连接过程;经过界面层传递的该指令通过机械孪生的方式传递至应用层,见右图。逆向的反馈也是可能的。应用层的机械装备可通过其传感器获取的多模信息,在界面层进行融合,并传递到操纵层,使操纵者得到增强现实的信息。

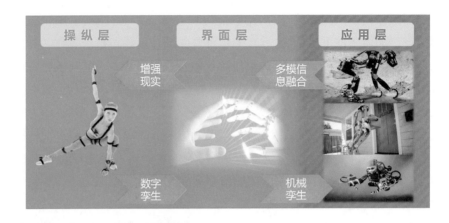

图 17. 2　数字孪生的三个层面

图 17. 3　郑南宁（1952~ ）

混合增强　郑南宁（图 17.3）指出：借助于人与人工智能的混合增强[9,10]可望在未来大幅度地超过单纯人体所能实现的功能。虽然人工智能在搜索、计算、存储和优化领域比人类有更高效的优势，但它的高级认知功能（例如感知、推理等方面）目前还远远比不上人脑。人工智能与人的融合体现在相互之间的功能增强和信息增强，并借助于计算机的高速度、大数据等优势和人的强视觉、高灵感、原创力等优势实现优化增强和极限增强，从而开辟通往强人工智能之路。

目前，混合智能主要有两种形态[9]。"人在回路的混合增强智能"是将人的作用引入到智能系统中，形成人在回路的混合智能范式。在这种范式中，人始终是这类智能系统的一部分；当系统中计算机的输出置信度低时，人主动介入调整参数，给出合理正确的问题求解，构成提升智能水平的反馈回路。而"基于认知计算的混合增强智能"则是指在人工智能系统中引入受生物启发的智能计算模型，构建基于认知计算的混合增强智能。

混合增强的一个例子是下一代战机的研制。当代的战机要求的是"信息为王"，即战机应具有超视距的攻击能力，良好的隐身功能，独特的突防能力，与整个空战体系（如雷达预警机、多机协同作战等）的融合等。未来的战机要求的是"智能为王"，即在双方空中力量体系的格杀中，能起到智能尖刀的作用，这就是利用"人在回路"的混合智能模式，在飞行员和人工智能系统的共同努力下，通过高想象力的飞行轨迹和空战策略、数据增强的决策辅助支撑、闪电般瞬间完成的方案论证，逐一优化地攻击敌方的战机。人工智能与飞行员的结合，才能做出最独特的攻击路线,抓住"一瞬即逝"的攻击方案,将空战中的一对多分解为多个一对一的攻击实施计划,从而逐一完胜对手。

虚拟实验技术　以数值模拟技术和先进测试技术为基础,虚拟实验技术可以突破实验的局限性,克服由于软硬件条件限制而无法测试或无法全工况测试的难题[11]。虚拟实验技术可划分为材料级、部件级和结构级。材料级虚拟实验技术的核心是通过 CT 扫描材料真实结构,提取微结构特征,开展数字化几何重构,进行材料性能预测。部件级虚拟实验技术的核心在于开展元件渐进损伤分析,揭示损伤演化机制和失效模式,替代部分部件级实验。结构级虚拟实验技术的核心是开展多尺度高效算法研究,与结构实验相互验证和补充。在该方向需要重点关注的问题包括:(1)基于人工智能的分布式传感网络设计与实验数据反演识别方法;(2)基于真实结构的材料性能检测、表征与寿命预测一体化的高通量分析与预测;(3)基于材料与结构性能数据库的虚拟强度实验与寿命评估方法。

17.3　数据驱动——数据的流与力

大数据研究　当前,数据科学得到了世界各强国的高度重视。美国于 2012 年发布了"大数据研究和发展计划"[12],认为大数据科学是国家核心竞争力的一部分,以数据科学为基础发展起来的各领域技术将直接决定国家的未来。大数据的概念已经融入世界科技、经济和社会领域的发展。在数据科学蓬勃发展的大背景下,其与力学学科的主要学科结合点是数据动力学(data dynamics),这将在第 18 章中加以展述。

数据类型　计算机信息化系统中的数据可分为结构化数据、非结构化数据,以及半结构化数据。结构化数据,是指由二维表结构来逻辑表达和实现的数据,严格地遵循数据格式与长度的规范,主要通过关系型数据库进行存储和管理。它也称作行数据:数据以行为单位,一行数据表示一个实体的信息,每一行数据的属性是相同的。非结构化数据,是数据结构不规则或不完整,没有预定义的数据模型,不方便用数据库二维逻辑表来表现的数据,它包括所有格式的办公文档、文本、图片、HTML、各类报表、图像和音频/视频信息等等。半结构化数据是结构化数据的一种形式,虽不符合关系型数据库或其他数据表的形式关联起来的数据模型结构,但包含相关标记,用来分隔语义元素以及对记录和字段进行分层。因此,它也被称为自描述的结构。

数据的统计性　若不同的数据之间不存在因果或关联关系,数据之间的独立性使其具备统计学的样本条件。统计学的基本原理,如大数定律、中心极限定理等,可以适用于非关联数据。而关联性的数据,如微信中的群数据,具有或强或弱的因果或关联关系,不能将每个数据都视为具有统计学意义的独立个体,统计学的基本定律可能无法适用,但却为数据的关联研究提供了渠道。

西安交通大学的徐宗本院士(图 17.4)梳理出下述有关大数据的科学问题:(1) 大数据高维问题;(2) 大数据的重采样问题;(3) 大数据的分布式计算问题;(4) 大数据的信息融合问题;(5) 大数据的可视分析问题。这些问题都涉及深刻的计算力学诉求[13]。

图 17.4 徐宗本
(1955~)

数据驱动与传播 每个数据在赛博空间中具有高低不等的价值。该价值具有使用价值和交换价值的两重性。对某些数据的需求造成其使用价值,并由该需求进一步形成数据流动的驱动力。部分数据的独有性和非共享性产生了对数据流动的阻力和禁锢力。如知识产权的保护就为数据流动提供了一定时间段的阻力。数据流动的驱动力与阻力的平衡定义了数据的交换价值。网络战就是对高价值数据的攫取和保护。数据动力学就是探讨结构和非结构数据在赛博空间(或物理空间)中产生、流动和扬弃的动力学规律。

在无障碍的情况下,数据在物理空间的传播可以用接近于光速的速率进行。因此,数据在物理空间的流动主要取决于网关动力学和末梢的非网络传播。网关动力学主要取决于网关的带宽、配送方式、数据的分解/整合规律、网关排队优化等。动力学与控制是其基础理论。数据经常表示为多媒体方式,对其流动的优化控制需要用到跨媒体计算。跨媒体计算还可以用于标定数据的价值。

数据驱动的力学研究 开展力学与数据科学的交叉研究可谓正逢其时。力学研究中大量运用的力学计算与数据科学有着天然的联系。一方面,基于数据(如外载荷、初边值条件等)并通过算法产生数据(如边值问题的数值解)正是力学计算的核心任务;另一方面,数据科学研究所利用的效益函数优化、数据拟合等方法也可以从力学计算中找到其基本思想的渊源。事实上,如果在加权残值法框架下构造目标泛函,完全可以建立起人工神经网络训练过程与系统总势能极小化之间的对应关系。因此,力学与数据科学的交叉研究最有希望在计算力学和动力学等方向上率先取得突破,并在更大范围内催生力学计算范式的重大变革。

尽管基于数据驱动的力学计算研究近年来受到高度重视,相关工作大量涌现,但仍需解决一系列基础科学问题才能实现内涵式发展。在面向机器学习的数据生成和同化方面,当前工作大多简单套用图像处理、模式识别领域的既有模式,尚需结合具体问题的力学背景,综合运用量纲分析、对称性分析等手段来确定更合适的数据流形结构,个性化地确定学习对象(也即学习什么)。机器学习从本质上说是从数据样本中发现隐藏的流形结构和定义于其上的概率分布。但如何借助力学原理确定学习能力更强、稳定性更好的编码映射参数化表示(也即如何学习),目前相关研究还几近空白。美国加州理工学院迈克尔·奥尔蒂斯(Michael Ortiz,图 17.5)团队新近提出:可放弃经典本构关系,而采取数据驱动的边值问题求解算法[14-16]。该方法在概念上有一定新意,但还必须突破二阶收敛率丧失、计算效率低下等瓶颈,才有可能应用于复杂工程结构的力学分析。此外,如何评价数据驱动边值问题解的可置信性,也是尚未得到充分研究的重要问题。另一方面,力学计算的理论与方法也可有力促进人工智能研究。事实上,从泛函极小化的概念出发,结构拓扑优化的基本思想也可应用于人工神经网络架构等的优化设计。

图 17.5　迈克尔·
奥尔蒂斯(1954~)

　　我国学者在数据驱动的力学计算研究方面起步较早并取得了一系列成果。我国学者提出了基于数据驱动、可高效预测非均质材料非线性性能的新型能量原理;还将基于人工神经网络训练得到的隐式本构映射与数据驱动的计算力学框架结合,构造了具有二阶收敛率的高效算法。我国学者还发展了基于 CT 观测的图像有限元方法;结合模型减缩技术建立了针对梁-板-壳复合结构的结构基因驱动求解框架。今后可期待如下方面研究:(1)基于力学原理实现人工神经网络等机器学习架构的拓扑优化;(2)基于数据驱动的跨尺度/多尺度数值分析算法;(3)数据驱动下先进结构与超材料的优化设计;(4)数据驱动下边值问题数值解的界限估计和不确定性分析;(5)数据驱动力学计算方法与经典方法的协同融合;(6)基于原位观测的数字孪生模型构造技术[17]。

17.4　CPH 三元互动——智-质-志融合

　　信息物理系统　CPS(信息物理系统)作为计算进程和物理进程的统一体,是集成计算、通信与控制于一体的下一代智能系统[16]。CPS 通过人机交互接口的实现和物理进程的交互,使用网络化空间以远程的、可靠的、实时的、安全的、协作的方式操控一个物理实体。

　　在知识产生方面,CPS 包含了将来无处不在的环境感知、嵌入式计算、网络通信和网络控制等系统工程,使物理系统具有计算、通信、精确控制、远程协作和自治功能。CPS 在环境感知的基础上,深度融合计算、通信和控制能力的可控、可信、可扩展的网络化物理设备系统。它通过计算进程和物理进程相互影响的反馈循环,实现深度融合和实时交互,并给系统增加或扩展新的功能,最终以安全、可靠、高效、实时的方式检测或者控制一个物理实体。这里,知识是在物联网的体系下悄然产生的。物联网可以看作 CPS 的一种简约应用。大部分的知识以分布式的方式存在,并不通过中枢控制系统或控制人。这些知识以大数据的形式存在,无意识或有意识地进行着知识传播,它们的宏观语义表征将为中枢控制系统或控制人服务。

信息物理系统可分为 3 个层面,分别是感知层、网络层和控制层。感知层主要由传感器、控制器和采集器等设备组成。感知层中的传感器作为信息物理系统中的末端设备,主要采集的是环境中的具体信息。感知层主要通过传感器获取环境的信息数据,并定时地发送给服务器,服务器接收到数据之后进行相应的处理,再将相应的信息返回给物理末端设备,物理末端设备接收到数据之后要执行相应的变化。数据传输层是连接信息世界和物理世界的桥梁,主要作用是数据传输、为系统提供实时的网络服务、保证网络分组的实时可靠。应用控制层根据认知层的认知结果,根据物理设备传回来的数据进行相应的分析,将相应的结果返回给客户端,并以可视化的界面呈现给客户。

三元智-质-志融合　CPS 赋予了人类和自然界一种新关系。CPS 将计算、网络和物理进程结合在一起。物理进程受到网络的控制和监督,计算机收到它所控制物理进程的反馈信息。在 CPS 系统中,物理进程和其他进程紧密联系、相互关联,充分利用不同系统间结构的特点。CPS 意味着监测各项物理进程,并且执行相应的命令来改变它。换句话说,物理进程被计算系统所监视着。该系统和很多小设备互相关联,他们拥有无线通信、感知存储和计算功能。在现实物理世界中,各项物理进程是自然发生的,而 CPS 是一种人为物理系统,或者说是一种将人类和物理世界结合得更为复杂的系统。在 CPS 的基础上,信息-物理-生命的三元世界可以实现互动,它是智慧(智)、物质(质)、意志(志)的三元智-质-志融合。可将智-质-志融合视为一个复杂的三元空间,在其中人类、机器与自然环境和谐共存,高效率地分享赛博空间、物理空间和社会空间的资源,在不同空间中通过新模式的涌现而共融演化。

三元智-质-志融合的主要信息力学问题可概括为以下四个方面。(1)数据驱动的动力学研究:包括数据的感知、高价值数据的挖掘、数据驱动的拓扑框架、数据的驱动力、数据的流媒体动力学。(2)在物理世界与信息世界间的数字孪生与数值模拟:物理系统和信息系统最大的不同是物理系统随着进程的改变而不断地发生实时变化,而信息系统则随着逻辑间的改变而变化。CPS 融合这两者的特点,并建立相应动态模型。(3)智-质-志融合的信息安全:其安全机制包括访问控制策略、隐私数据保护、感知执行层的安全威胁、感知数据传输层的安全威胁、感知应用控制层的安全威胁等。CPS 一般拥有较高的鲁棒性和安全性。(4)计算科学:包括可计算性、跨媒体计算、多层次互动计算、云计算与透明计算等。

17.5　人工智能缘起——三个力学来源与组成部分

2016 年 10 月 13 日,美国白宫科技政策办公室下属的国家科学技术委员会发布了《人工智能——未来已来》和《国家人工智能研究与发展战略规划》两份重要报告,将发展人工智能提升至国家战略层面,并制定了详尽的发展蓝图。2017 年 7 月 8 日,我国国务院印发《新一代人工智能发展规划》,为我国人工智能发展指明了方向。该规划明确提出：到 2030 年,我国人工智能理论、技术与应用在总体上应达到世界领先水平,中国应成为世界主要人工智能创新中心[19]。

图 17.6　高文(1956~)

　　人工智能的三个来源　按照计算机科学家高文(图 17.6)的说法：从人工智能的历史发展来看,它有三个来源或三个组成部分,呈互相关联但又此起彼伏的发展态势[20]。按照神经心理学的称谓,这三个来源分别是：符号主义、行为主义和连接主义。

　　符号主义将智能诠释为符号的演绎。这一符号演绎的逻辑又称为逻辑主义。逻辑主义在哲学上起源于亚里士多德的三段论法,以及近代黑格尔的逻辑学,其数学的来源是数理逻辑和数据解析。我国著名数学家吴文俊(图 17.7)就在数学定理的机器证明上做过开创性的工作[21]。符号主义的力学发源地是计算力学的发展。计算力学把力学量的场计算用算法语言转化为数组、变量、数据、符号和逻辑关系之间的符号计算,是符号主义最先得到数值实现的一片沃土。横跨虚拟-现实的机器学习、数字孪生和混合增强计算,将是人工智能在计算力学场景中的主要抓手。

图 17.7　吴文俊
(1919~2017)

　　行为主义又称为进化主义,它为人工智能提供了物理学和生物学背景。行为主义的核心为控制论,可以覆盖从机器人控制到神经控制的广袤领域。行为主义的力学发源地是动力学与控制。动力学与控制将行为的决策和实施过程转化为由一组微分方程定义的动力系统,它为人工智能的行为提供了牛顿力学的物理内涵和控制论所展示的各种决策机制。比如,由计算动力学的动态子结构法,可演绎至人工智能的区块链技术；由多刚体/多柔体的动力学理论,可以扩展到现在的共融机器人技术；由非线性力学发展出的结构性混沌控制技术,可以融入现代的模糊控制技术之中。以行为主义为基础、面向刚柔交叉的孪生机器人是信息力学的一个重要发展方向。

　　连接主义为人工智能提供了认识事物的世界观与方法论,它又代表了人工智能的生理学派或神经网络学派。跨层次学习与增强记忆是其重要内容。连接主义的力学发源地是多尺度力学,它包括多层次力学和多种层次并行的生物力学与实验力学。在传统的多尺度力学中,不同尺度或层次之间的连接多采取串行方案,如从微观到细观再到宏观的均匀化(homogenization)方案、从宏观到细观再到微观的差异化(heterogenization)方案、湍流中从大涡到小涡的能量级串传递、实验力学中的串行金相学方案等。借助于人工智能的理念,还可以提出基于视觉系统的多层互动、逐渐增强的方案,见图 17.8[2]。在连接主义的方向下,信息力学的未来发展可指向深度数据分析力学,它本身应该具备层次交叉融合的自觉性,如大连理工大学新近发展的基于机器学习的实时拓扑优化方法,为机器学习与物理空间的设计提供了连接。

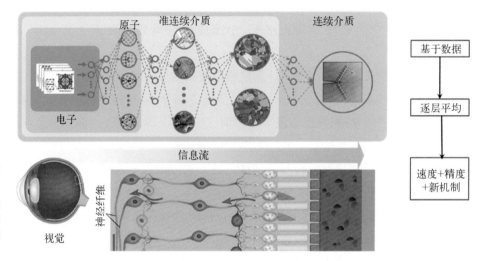

图 17.8 多尺度力学与视觉系统

上图为材料多层次计算的串行连接过程;下图为仿照视觉过程的逐次增强多层互动连接过程

力学信息学 作为信息力学的一个分支,力学信息学(mechano-informatics)是力学与信息学交叉融合的一门新兴学科。它旨在借助人工智能和机器学习技术,从海量数据中挖掘力学规律、构建力学理论体系。传统上,科学家利用人脑智慧总结力学规律。在信息学、数据处理技术高度发达的今天,电脑在代替人脑处理海量数据并形成科学规律的过程中逐渐显示出独特优势,已成为加速推动基础理论发展的必要手段。生物信息学、化学信息学、材料信息学等新兴学科也应运而生,并在各自领域取得重大进展。借助人工智能技术,可加快数据处理和模型建立速度,从而使数据更快地转换为知识。人工智能与力学结合,为力学本构模型和控制方程的建立、材料和结构力学行为的预测提供了全新的高效途径。因此,有必要建立和发展力学信息学,为力学开辟一个新的学科生长点。

我们当前发展的人工智能,还停留在专用人工智能的阶段,即人工智能只能在有限的专业能力方面超过人。其所对应的信息力学是尚无法达到全面自主阶段的信息力学,其哲学命题是:我们只有"自在"之力,而没有"自为"之力。机器与人尚没有整合为一体,心理、生理与物理的研究没有在力的框架下融于一体。我们在未来可能进入通用人工智能或强人工智能阶段,这时人工智能与人的融合体会在全方位上超过人。通用人工智能所对应的信息力学是达到全面自主阶段、呈现"自为"之力的信息力学,即机器与人融合为一体,心理、生理与物理的研究在力的框架下融于一体,数据与思想融为一体。

参考文献

1. Wu Z, Chen J. Semantic grid：Model, methodology, and applications［M］. Berlin：Springer, 2008.

2. Yang W, Wang H T, Li T F, et al. X-Mechanics：An endless frontier［J］. Science China-Physics Mechanics & Astronomy, 2019, 62(1)：014601.

3. Landau L D, Lifshitz E M. Course of theoretical physics, 10 volumes［M］. Butterworth-Heinemann, 1977.

4. Freund E, Rossmann J. Projective virtual reality：Bridging the gap between virtual reality and robotics［J］. Robotics and Automation, IEEE Transactions, 1999, 15：411－422.

5. Moin P, Kim J. Tackling turbulence with supercomputers［J］. Scientific American, 1997, 276(1)：62－68.

6. Shi B, Yang X, Jin G, et al. Wall-modeling for large-eddy simulation of flows around an axisymmetric body using the diffuse-interface immersed boundary method［J］. Applied Mathematics and Mechanics, 2019, 40(10)：1007.

7. 吴瑜, 于龙江, 朴英. 基于VC++的航空发动机数值仿真平台［J］. 计算机工程, 2008(7)：263－265.

8. Grieves M. Digital twin：Manufacturing excellence through virtual factory replication, A Whitepaper［R］. 2016.

9. 郑南宁. 混合增强智能——协同与认知, 人机增强学习的混合增强智能沙龙文集的序［C］. 2017.

10. 郑南宁. 人工智能本科专业知识体系与课程设置［M］. 北京：清华大学出版社, 2019.

11. 王国权. 虚拟试验技术［M］. 北京：电子工业出版社, 2004.

12. U. S. Government. Big data research and development initiative［OL］. http：//www. whitehouse. gov/sites/default/files/microsites/ostp/big_data_press_release_final_2. pdf.

13. 邢黎闻. 徐宗本院士：从科学的角度说大数据的科学问题［J］. 信息化建设, 2017, (6)：13－15.

14. Kirchdoerfer T, Ortiz M. Data-driven computational mechanics［J］. Comput Method Appl Mech. , 2016, 304：81－101.

15. Kirchdoerfer T, Ortiz M. Data-driven computing in dynamics［J］. International Journal for Numerical Methods in Engineering, 2018, 113(11)：1697－1710.

16. Stainier L, Leygue A, Ortiz M. Model-free data-driven methods in mechanics：Material data identification and solvers［J］. Computational Mechanics, 2019, 64(2)：381－393.

17. 国务院学位委员会第七届力学学科评议组. 中国力学学科发展报告［R］. 2019.

18. NIST cyber-physical systems website［OL］. https：//www. nist. gov/el/cyber-physical-systems.

19. 国务院. 新一代人工智能发展规划［OL］. http：//www. gov. cn/zhengce/content/2017－07/20/content_5211996. htm.

20. 高文.人工智能发展现状与趋势[R].中共中央政治局第九次集体学习,2018.

21. 吴文俊.几何定理机器证明的基本原理[M].北京:科学出版社,1984.

思考题

1. 什么是语义空间？不同的语义之间如何施加相互影响？

2. 试论述信息熵的概念,并给出信息熵的表达式。将该表达式与物理时空中的热力学构形熵表达式进行对比。

3. 举出至少一个可由数字孪生手段而受益的具体应用。

4. 试针对空战的场景,讨论混合增强的方式和效益。

5. 统计学的前提之一是被统计的对象具有独立性。试讨论由于微信群的存在而对这一统计规则的影响。如何能够修正这一影响？

6. 你能构造一个力学建模例子,该例子可在本构关系未知的情景下,采取数据驱动的边值问题求解算法？

7. 你能够通过一个关于 N-S 方程求解的算例,来得到采用流体力学的湍流模式理论求解的闭合(closure)条件吗？

第 18 章
数据学习与数据驱动机器人

18.1 深度学习——向深度发掘的函数构造方式

视觉识别 随着数据科学的发展及算力的显著提升,基于深度学习的机器学习算法在处理数据量大、难以建模的复杂问题上涌现出巨大的优势。当前的深度学习浪潮最初是在机器视觉领域兴起的。2006 年,届时在普林斯顿大学任教的华人计算机科学家李飞飞(Fei-Fei Li)创立了 ImageNet 数据库(图 18.1)。在她的推动和组织下,2010 年至 2017 年每年都会举行 ImageNet 大规模视觉识别挑战赛(ILSVRC),比赛的内容是图像识别、场景分类和检测等复杂的机器视觉问题。2012 年,由于大型深度卷积神经网络的应用,成功地将机器视觉识别物体的错误率从 26% 降低到了 15.3%。到 2016 年,机器视觉的物体识别错误率已经降低到了 3%(图 18.2),优于人类的水平(5.1%)。也正因为在深度学习加持下,机器视觉算法错误率大幅降低,该比赛于 2017 年宣告结束,标志着深度学习进入了一个新的阶段。

图 18.1 李飞飞(1976~)

深度前馈网络 乌克兰数学家伊瓦赫年科(Oleksiy Ivakhnenko)奠立了分组数据处理方法(group method of data handling, GMDH),被称为“深度学习之父”(图 18.3)。他与拉帕(V. G. Lapa)在 1967 年发表了第一篇可用于监督深度前馈多层感知机(perceptron)工作的学习算法[1]。他在 1971 发表的论文描述了在 GMDH 算法训练下一个具有 8 层深度的网络[2]。因此,深度前馈网络(deep feedforward network)也被称为前馈神经网络或多层感知机。之所以被称为网络,是因为其构造是由不同函数复合在一起得到的。通常采用有向无环的

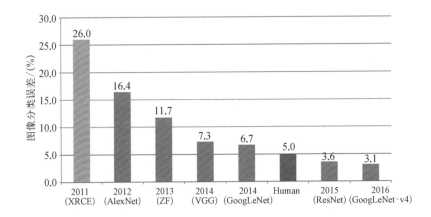

图 18. 2　ImageNet
历届比赛性能

图 18. 3　奥列克西·
伊瓦赫年科（1913~
2007）

图与前馈神经网络相关联,图的结构描述了复合函数的构造形式,这种图称为计算图。其代表的复合过程如图 18.4 所示。

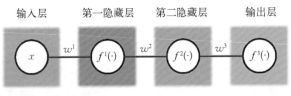

$$y=f^3\{w^3f^2[w^2f^1(w^1x)]\}$$

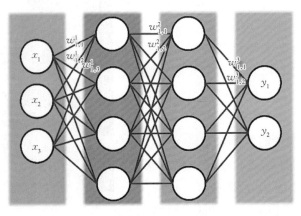

$$y=f^3\{w^3f^2[w^2f^1(w^1x)]\}$$

图 18. 4　深度前馈
网络示意图

假设有三个基函数 $f^1(\cdot)$、$f^2(\cdot)$、$f^3(\cdot)$,可以用不同方法来构造函数,例如用加权平均方法得到

$$y = f(x) = w^1f^1(x) + w^2f^2(x) + w^3f^3(x) \tag{18.1}$$

式(18.1)中,参数 w^i 是待定参数。这种构造相当于在不同的基函数之间进行广度发掘。但是如果采用加权复合函数方法则给出形式为

$$y = f(x) = f^3 \{ w^3 f^2 [w^2 f^1 (w^1 x)] \} \qquad (18.2)$$

这种复合的链式结构就是神经网络中最为常见的结构,体现了连接不同的基函数所进行的深度发掘。在这种情况下,$f^1(\cdot)$ 被称为网络的第一层,$f^2(\cdot)$ 被称为网络的第二层,以此类推。这种链式结构的全长称为深度。也正因此产生了"深度学习"这个名词术语。网络的最后一层称为输出层。一旦网络的结构被确定下来,通过不断调整参数 w^i 到最优的参数集 w^*,即可实现 x 到 y 的最优映射 $y = f^*(x; w^*)$。对于最优的定义则取决于网络具体的应用场景。对参数调整的过程一般称为训练。高效的训练算法是得以应用大型复杂网络的前提。为此,科学家发明了反向传播算法、随机梯度下降法、自适应矩阵估计法等。追求更快的训练算法仍然是科学家努力的方向。

这些网络之所以被称为神经网络,是因为它们的发明或多或少地受到了神经科学的启发(参见 16.5 节)。人的神经系统基本结构是神经细胞。神经细胞的信号传输过程如图 18.5 所示。神经细胞分为细胞体和突起两部分,突起则分为树突和轴突。树突短而分枝多,直接由细胞体扩张突出,形成树状状,其作用是接受其他神经元轴突传来的冲动并传给细胞体。轴突长而分枝少,为粗细均匀的细长突起,主要功能是将神经冲动由胞体传至其他神经元或效应细胞。人脑大约有 1 000 亿个神经元。通过这些神经元特定的连接方式组成复杂的智力系统,可以协调、控制人体的生理活动。深度前馈网络就是在大脑神经元组成方式的启发下而发明的。网络中的每个单元相当于一个神经细胞,接收其他单元传输来的信号,并根据收集到的信号产生新的信号传到其他单元中。这种信号产生的过程由函数 $f^i(\cdot)$ 完成,后者一般被称为激活函数。

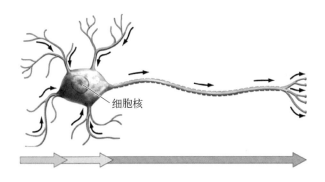

细胞核

图 18.5　神经细胞的信号传输过程

激活函数通常选用非线性函数(有时会在输出层选择线性函数),否则网络将失去构造复杂函数形式的能力,只能够产生输入输出之间的线性映射关系。早期研究中采用 sigmoid 函数作为激活函数,其函数形状像 s 字母。一种常见的 sigmoid 函数是逻辑函数,是物理意义上最接近生物神经元的激活函数。Sigmoid 函数是连续、光滑、严格单调的函数,同时能将输出值限定在 0～1。现代研究中,激活函数往往是根据数学和工程实际的需要而设计的,诸如 ReLU、Tanh 等都是常用的激活函数,参见图 18.6。

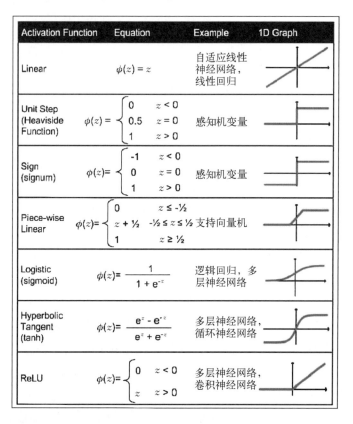

Activation Function	Equation	Example	1D Graph
Linear	$\phi(z) = z$	自适应线性神经网络,线性回归	
Unit Step (Heaviside Function)	$\phi(z) = \begin{cases} 0 & z < 0 \\ 0.5 & z = 0 \\ 1 & z > 0 \end{cases}$	感知机变量	
Sign (signum)	$\phi(z) = \begin{cases} -1 & z < 0 \\ 0 & z = 0 \\ 1 & z > 0 \end{cases}$	感知机变量	
Piece-wise Linear	$\phi(z) = \begin{cases} 0 & z \leq -\frac{1}{2} \\ z + \frac{1}{2} & -\frac{1}{2} \leq z \leq \frac{1}{2} \\ 1 & z \geq \frac{1}{2} \end{cases}$	支持向量机	
Logistic (sigmoid)	$\phi(z) = \dfrac{1}{1 + e^{-z}}$	逻辑回归,多层神经网络	
Hyperbolic Tangent (tanh)	$\phi(z) = \dfrac{e^{z} - e^{-z}}{e^{z} + e^{-z}}$	多层神经网络,循环神经网络	
ReLU	$\phi(z) = \begin{cases} 0 & z < 0 \\ z & z > 0 \end{cases}$	多层神经网络,卷积神经网络	

图 18.6 神经网络中常用的激活函数表达式与示意图

深度前馈网络在解决最优映射的思路与以往的方法不一样。传统实现最优映射的方法是设计一系列基函数,最后对基函数进行线性组合,从而实现最优映射。但是这种基函数的选择依赖于手工设计。针对不同应用场景、不同领域的问题,基函数的设计差异很大,彼此之间难以借鉴。随着问题规模增大,这种手动设计基函数的难度将会显著提升。深度学习的解题思路则是希望能够学习出原本方法所蕴藏的基函数,而这种学习出的基函数则以隐藏层的形式来体现。最终通过学习出的基函数的线性组合实现最优映射。随着问题规模的提升,深度学习方法只要对应地调整网络的结构,诸如增加网络的深度、扩展网络的宽度,就能够生成大规模的最优映射模型。从理论上来说,参数越多的模型,其复杂度越高,模型的柔度越大,这意味着模型能够学习更加复杂的任务。而深度前馈网络恰恰是一种以简单形式就能提供大量待确定参数的模型。其简单形式在于可以通过设定固定的激活函数,通过改变网络的形状(即网络的深度和每层网络的单元数),就能够改变模型可处理问题的复杂度。随着计算机处理能力的提升,这种程式化的操作将变得尤为简单,告别以往研究人员根据特定问题、结合学科背景知识、手动设计基函数的过程。

我们将以一个回归问题为例,进一步体现深度学习对复杂问题的适应性和可扩展性。待拟合的数据由 $y = f(x) = 0.1e^x + 0.2x + 0.3\sin(2\pi x)$, $x \in [-1, 1]$ 生成。采用深度前馈网络进行建模,网络的激活函数统一采用 tanh 函数。若固定训练过程中的其他参数一致,仅改变网络的深度和宽度,比较其拟合效果。实验结果证明,随着深度、宽度的增加,深度前馈网络拟合复杂函数的能力将增强,见图 18.7。

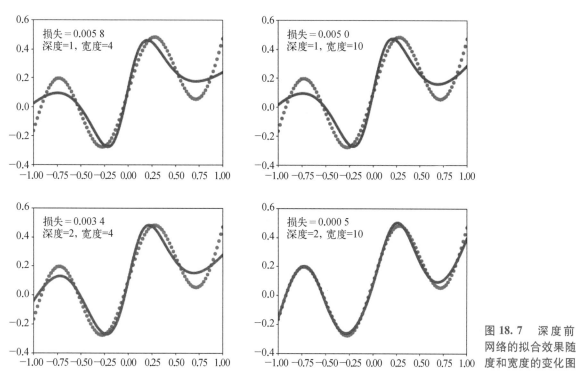

图 18.7　深度前馈网络的拟合效果随深度和宽度的变化图

万能近似定理(universal approximation theorem)[3]表明,如果一个前馈神经网络具有线性输出层和至少一层具有"挤压"性质的激活函数(如 sigmoid,tanh 等)的隐藏层,只要给予网络足够数量的隐藏单元,就可以用任意的精度来近似从一个有限维空间到另一个有限维空间的博雷尔(Émile Borel, 1871 ~ 1956)可测函数。在 R^n 的有界闭集上的任意连续函数都是博雷尔可测的,因而都可以用前馈神经网络拟合。前馈网络的导数也可以任意精确地近似函数的导数。

卷积神经网络　虽然通过调整深度前馈网络的深度和宽度可以提升模型产生复杂函数的能力,但是随着网络深度和参数数量的增加,深度前馈网络的训练过程变得代价高昂。为了节省训练的开销,科学家们提出了一种权重共享和稀疏链接的方法。这种方法在卷积神经网络(convolutional neural networks, CNN)中发挥了重要的作用[4]。在力学的本构描述或黏性响应中,对时间的卷

积常用来表示的记忆效果;在神经网络中,卷积往往沿着网络相邻层的粒度进

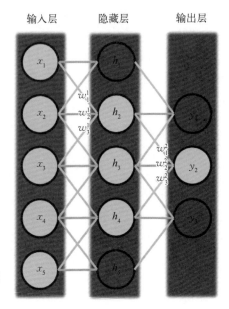

行,体现一种错位的关联效果。以图 18.6 所示的网络为例,网络的输入输出关系的表达式与深度前馈网络类似。由于只有一个隐藏层,可写为

$$y = f(x) = f^2 \left[w^2 f^1 (w^1 x) \right]$$

(18.3)

该式与深度前馈网络最大的区别在于连接权重 w 的形式不一样。原则上,在深度前馈网络中,连接权重 w 的每个值都不一样,且不为零。而在卷积神经网络中却存在大量重复的连接权重,并且也存在大量的零连接权重。如图 18.8 所示的输入层和隐藏层的连接权重为

图 18.8 卷 积 神 经
网络示意图

$$w^1 = \begin{bmatrix} w_2^1 & w_3^1 & 0 & 0 & 0 \\ w_1^1 & w_2^1 & w_3^1 & 0 & 0 \\ 0 & w_1^1 & w_2^1 & w_3^1 & 0 \\ 0 & 0 & w_1^1 & w_2^1 & w_3^1 \\ 0 & 0 & 0 & w_1^1 & w_2^1 \end{bmatrix}$$

(18.4)

这种方法不仅仅能够大大地降低参数个数,所采取的三对角带状结构还体现了其局部作用特征。从直观上来讲,卷积神经网络认为输入层的每个神经元代表相同的含义,例如一个神经元对应于图像中一个像素的灰度值;而隐藏层的神经元则代表了一组像素的某些特征,例如局部灰度平均值。于是,每个隐藏层神经元和输入层神经元具有确定的对应关系,由此权重系数也一致,通过这种方式极大地减少了待定的权重系数数量,降低了计算的复杂程度。这一局部作用特征是加拿大神经内科专家休伯尔(David H. Hubel, 1916~2013)和瑞典神经内科专家威泽尔(Torsten N. Wiesel, 1924~)在研究猴与猫的视觉神经信息处理时发现,并分享了 1981 年诺贝尔生理与医学奖。因为零连接权重的存在,使得输出层不会和输入层每个元素都有关系,而是只与若干连接到的元素有关。这种性质在以图像作为输入层时的效果非常显著。因为图像中的信号往往是局部相邻像素点之间存在明显的信息关联,而其左上角和右下角的像素值之间通常是没有任何联系。卷积神经网络已经成为机器视觉领域的最常用的

网络架构。

循环神经网络 循环神经网络(recurrent neural network,RNN)是一类用于处理序列数据的神经网络。就像卷积神经网络是专门处理类似图像的网格化数据的神经网络,循环神经网络是专门用于处理序列 x^1,x^2,…,x^t 的神经网络。前面所介绍的两种神经网络的示意图中没有出现闭环,而循环神经网络则是添加了闭环这一特点,见图 18.9。

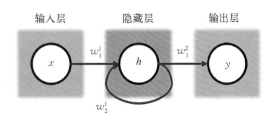

输入层 隐藏层 输出层

图 18.9 简单循环神经网络示意图

对图 18.9 所示的这种简单的循环网络结构,其表达式可以写为

$$h^t = f(w_1^1 x^t + w_2^1 h^{t-1})$$
$$y^t = w_1^2 h^t \tag{18.5}$$

从式(18.5)可见,循环神经网络能够将序列数据建立前后递推联系,输出的结果耦合了前后序列数据。正是由于这种特性,循环神经网络广泛用于处理时间序列的信号(诸如声音、视频信号等),且需要将前后数据关联建模的应用领域。目前的自然语言处理中,诸如语言翻译、上下文语义理解中,各种改进后的循环神经网络表现出了优异的性能,诸如长短期记忆网络(long short-term memory,LSTM)等[5]。

18.2 最优控制与强化学习——沿不同角度:尝试,失败与反思

最优控制 最优控制理论是应用数学的一个分支,致力于寻找一段时间内动力学系统的最优控制规律,从而优化目标函数。它在科学和工程领域有着广泛的应用。比如,对一个从地球飞往月球的航天器的动力学系统,航天总师所考虑的一个目标是如何控制航天器的火箭推进器,以使整个任务过程中的能耗最小。最优控制根据航天器飞行时间以及状态,对火箭推进器的推力、方向进行调整,从而实现最优的控制方案。不同的系统所关心的问题和控制对象不一样。再如,针对机器人系统而言,正如第 8 章所指出的,工程师们往往关心的是机器人对参考指令的跟随偏差 e 和作动器输出力 u,目标量一般写为

$$J(e,u) = \int_{t_0}^{t_f} (e^T Q_x e + u^T Q_u u) dt \tag{18.6}$$

其中对作动器的主要考虑是降低控制过程对驱动器的要求,这样不仅能够降低实际机器人驱动器的载荷,也能降低系统的能耗。

从数学的角度来看,最优控制可以理解为在系统动力学和其他条件约束下,对以控制量和运动状态为变量的性能指标函数(泛函)求极值的过程。针对线性系统,利用 LQR 控制器(参见 8.3 节)可以得到最优控制函数的显式表达。机器人系统往往是一个具有约束的非线性动力学系统,LQR 算法并不适用。为了得到非线性系统最优控制的近似解,研究人员发展了不同的求解算法。正如第 8 章所介绍的,通过缩短所关心的时段,在该时段内进行离散化,直接对离散的控制量进行优化,可以得到一种在线的最优控制方法,即模型预测控制算法(参见 8.4 节)。在保持离散系统的时间步长不变的情况下,随着该时段的起点逐渐接近于其终点,所得的控制量就接近理论上的最优解。由于模型预测控制算法无法给出全部状态空间的显式控制律 $u(x)$,需要进行在线计算,因此控制的实时性依赖于系统模型的复杂程度。

强化学习 强化学习(reinforcement learning,也称增强学习)的基本思想是通过学习者的不断试错,结合环境反馈,来不断提升学习效果。强化学习算法一般从任意初始化控制器开始,依据交互过程中的反馈来动态调整控制器的参数直至收敛,从而实现最优控制。而所谓的"强化"就是指控制效果不断变好的过程。强化学习的思想受到了自然界的包括人类的学习过程的启发。当婴儿玩耍、挥动手臂、环顾四周的时候,环境会对婴儿的动作给出反馈。这种反馈通过视觉、触觉甚至痛觉等感官信息体现。再如流水线上的工人,通过对工艺的不断尝试和操作,并能够观察到每种操作所带来的生产效率的变化,最终将所有的操作形成固定的肌肉记忆,实现最优的操作方案。图 18.10 展示了电影《摩登时代》中卓别林(Charlie Chaplin, 1889~1977)所饰演的具有固定肌肉记忆的流水线工人。

图 18.10 电影《摩登时代》中的卓别林

这种动作-反馈的过程可以让人们学习并提取其中的因果联系和规律。这些规律则可以指导人们优化动作来实现特定目标。在人的一生中,这种交互过程无疑是认识自己和环境之间关系的主要知识来源。无论是学习、走路、骑车还是其他过程,人们都会敏锐地认识到其动作所带来的结果,然后通过这种规律来指导自己按照所期待的结果进行动作。不过强化学习算法并不是对人或者动物的学习机制的直接模仿,也无法解释生物学习的机制,它通过设计数值算法建立状态和动作之间的映射关系,以实现奖励的最大化。

在连续系统控制问题中,常采用强化学习算法中的策略梯度算法(policy gradients)[6]。在强化学习领域,策略通常表示为条件概率分布函数 $\pi(a\mid s)$。其含义是:当智能体处于状态 s 时,采取动作 a 的概率为 $\pi(a\mid s)$。在有限状态集合 S 和有限动作集合 A 中,当智能体处于状态 s 并采取动作 a 时,都会获得一个奖励信号 $r(s,a)$,参见图 18.11。这个反馈信号的具体形式取决于优化目标。

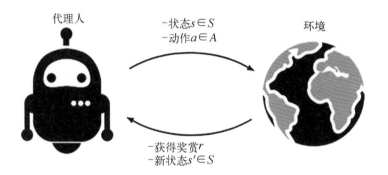

图 18.11　强化学习过程示意图

条件概率函数 $P(s'\mid s,a)$ 表示当智能体在状态 s 时,采取动作 a 之后,智能体的状态变为 s' 的概率。这个概率被称为状态转移概率,是一种利用随机过程方法对环境所建立的数学模型。智能体根据策略不断与环境交互直至终止状态 s_T 的过程叫作轨迹 τ,表述为

$$\tau := <s_1, a_1, s_2, a_2, \cdots, s_T> \tag{18.7}$$

根据策略 $\pi(a\mid s)$ 和状态转移概率 $P(s'\mid s,a)$ 的定义,可以得到轨迹 τ 在策略 π 情况下出现的概率 $p^{\pi}(\tau)$:

$$p^{\pi}(\tau) = p(s_1)\prod_{t=1}^{T}\pi(a_t\mid s_t)P(s_{t+1}\mid s_t, a_t) \tag{18.8}$$

式(18.8)中, $p(s_1)$ 表示选择初始状态 s_1 的概率; T 为终止时刻。

所谓策略梯度算法就是直接优化策略 $\pi(a\mid s)$,使得累积奖赏的期望达到最大。策略的模型表示为 $\pi_{\theta}(a\mid s)$,其具体形式可以是任何以 θ 为参数的概率密度函数。从直观上讲,可将其视为按照不同角度的轨迹来进行考察的过程。优化过程就通过对策略参数 θ 的调整来最大化轨迹上的累计奖励信号的期

望值。

$$\theta^* = \mathrm{argmax}_\theta J(\theta)$$

$$J(\theta) = E_{\tau \sim p^{\pi_\theta}} R(\tau) = \int p^{\pi_\theta}(\tau) R(\tau) \mathrm{d}\tau, \ R(\tau) = \sum_t r(s_t, a_t)$$

(18.9)

式(18.9)中,E 代表数学期望。

策略优化可以通过目标函数的梯度下降方法来实现。因此,将累计奖励的期望对策略参数求梯度可得

$$\nabla_\theta J(\theta) = \int \nabla_\theta p^{\pi_\theta}(\tau) R(\tau) \mathrm{d}\tau = E_{\tau \sim p^{\pi_\theta}(\tau)} [\nabla_\theta \log p^{\pi_\theta}(\tau) R(\tau)] \quad (18.10)$$

将式(18.10)中的轨迹 τ 在策略 π_θ 下出现的概率用策略 $\pi_\theta(a \mid s)$ 和状态转移概率 $P(s' \mid s, a)$ 来表示,可以得到

$$\log p^{\pi_\theta}(\tau) = \log \left[p(s_1) \prod_{t=1}^T \pi(a_t \mid s_t) P(s_{t+1} \mid s_t, a_t) \right]$$

$$= \log p(s_1) + \sum_{t=1}^T \log \pi_\theta(a_t \mid s_t) + \sum_{t=1}^T \log P(s_{t+1} \mid s_t, a_t)$$

(18.11)

可以观察到,式(18.11)中只有 $\sum_{t=1}^T \log \pi_\theta(a_t \mid s_t)$ 与策略参数 θ 有关,因此式(18.10)中的梯度可以简化为

$$\nabla_\theta J(\theta) = E_{\tau \sim p^{\pi_\theta}(\tau)} \left\{ \sum_{t=1}^T [\nabla_\theta \log \pi_\theta(a_t \mid s_t) r(s_t, a_t)] \right\} \quad (18.12)$$

在实际计算过程中,公式中的期望由同时进行的多次采样的方法来近似。若进行 N 次测试就会产生 N 条轨迹,梯度的表达式为

$$\nabla_\theta J(\theta) \approx \frac{1}{N} \sum_{i=1}^N \left\{ \sum_{t=1}^T [\nabla_\theta \log \pi_\theta(a_t^i \mid s_t^i) r(s_t^i, a_t^i)] \right\} \quad (18.13)$$

式(8.13)中,a_t^i 表示第 i 条轨迹在第 t 次状态转移时所采取的动作,s_t^i 表示第 i 条轨迹在第 t 次状态转移时所处的状态。图18.12展示了强化学习的轨迹采样过程,它也是一个尝试、失败与反思的过程。

每次采样 N 条轨迹之后,策略的参数按照梯度进行更新:

$$\theta \leftarrow \theta + \alpha \nabla_\theta J(\theta) \quad (18.14)$$

利用更新的策略,对参数重新进行测试采样,直至 $J(\theta)$ 达到收敛。回顾上述推

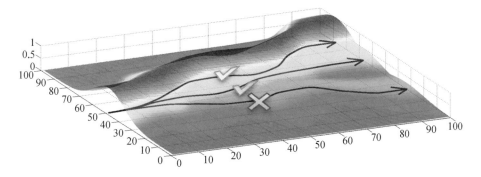

图 18.12　强化学习的轨迹采样

导过程,虽然在推导每条轨迹出现的概率时使用了系统的模型 $P(s' \mid s, a)$,但是在求解目标函数关于策略的梯度时却与系统的模型无关。这种无模型的特性为利用强化学习方法生成复杂系统的最优控制方案提供了便利。

为了提升策略梯度方法的训练效率,研究者在此基础上发展了 Actor-Critic、PPO、TRPO 等算法[7-9]。除了这种直接基于策略进行训练的方法外,还有一类强化学习算法受到了最优控制问题里的贝尔曼方程的动态规划求解方法的启发(参见 2.4 节),采用价值函数迭代(value iteration)或策略迭代(policy iteration)的方法实现最优控制,常用于离散状态空间系统的最优控制。

18.3　步态学习——足式动物的力学智慧

步态行为　数据学习不仅仅是对离散的数字的学习,还包括对形态、影像和步态的学习。步态是动物、人类的肢体在运动过程中的一种固定模式,体现了他们对行走这一动力学过程的优化控制。大多数的动物会使用多种步态,它们会根据速度、地形、机动性需求和能量效率这些情况来选择。不同的动物可能会采用不同的步态(图 18.13)。这可能是由于其生理学结构的差异所导致的,当然也不排除因为动物生存环境的不一样而产生的先天偏好。经典的步态是根据动物落足点的图案所划分的。但是随着对人、动物的研究日益深入,科学家逐渐开始采用动物运动的动力学模型内在规律——诸如极限环现象——来定义步态。在这种情况下,研究发现步态行为不仅存在于有腿的动物,水中的生物也会表现出步态的行为。

步态转换　步态的选择,即选择走路还是跑步,这对于人而言是自然而然的,以至于人只要顺从本能就可以实现慢速行走和高速奔跑之间的转换。这种随着速度变化而转换步态的过程几乎发生在所有动物身上。但是科学家一直着迷于步态转移的机制,即究竟是什么因素导致动物进行步态转换。1981 年,哈佛大学比较生物学教授霍伊特(Donald F. Hoyt, 1942~)等发表了关于马的

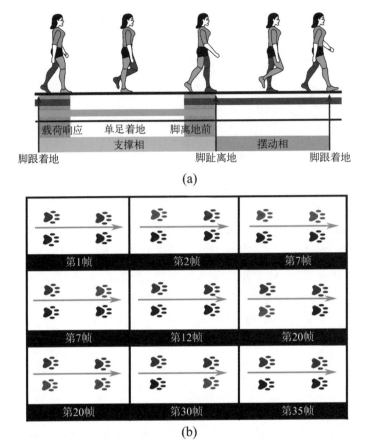

(a)

(b)

图 18.13 不同生物的步态行为

（a）人走路姿态分析；
（b）狮子走路姿态分析

新陈代谢速率和运动速率在不同步态下的关系[10]。实验结果发现，在特定步态下，马匹前行每米的氧气消耗量与前进速度呈现出抛物线关系，见图 18.14。每段抛物线的最低点表示了对应步态下的最优前进速度，可以实现奔跑给定距离的能量消耗最小。因此，步态的选择是足式动物的力学智慧。实验数据同时

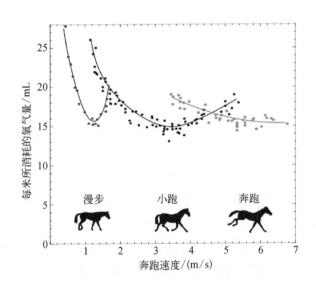

图 18.14 单位距离耗氧量与马奔跑速度的关系

显示了在最优速度下,不同步态运行特定距离所消耗的能量基本一致。这一实验结果意味着动物在不同速度下的步态选择是倾向于降低能量消耗的选择。

对生物步态行为的研究为机器人学家带来了两点启示:第一,可利用步态将足式机器人的机械腿进行耦合,这样便减少了控制过程中的变量,降低了控制的难度。足式机器人的运动是靠足与地面有规律的交替接触产生的相互作用力来推进身体的持续运动和姿态调整,而生物的步态能够为人们设计这种规律提供参考;第二,可借鉴自然界步态的选择,为足式机器人提升能量效率,为创造高能量效率的足式机器人提供潜力。尽管足式机器人具有更好的环境适应性,但是受限于机器人的智能程度和能量效率,目前足式机器人在实际的作业场景中的普及率远低于轮式和履带式机器人。而生物通过步态调整来适应不同的奔跑速度从而提高能量效率的方法,为开发高能量利用效率的足式机器人提供了理论依据。

步态动力学模型 仿真计算(图 18.15)[11]表明:当机器人处于低速运行的时候,漫步的步态所消耗的能量较小;而当运行速度增加时,快步、疾行和狂奔步态所消耗的能量都低于走路的步态;跳步步态在所有运行速度条件下消耗的能量均较高。仿真的结果验证了步态的切换对于机器人提升能量效率的意义。

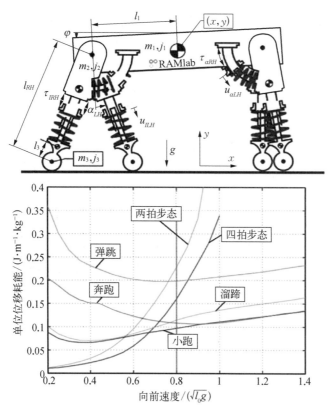

图 18.15 机器人建模与不同步态下的耗能

18.4　生物的数字孪生体——数据 驱动的步态自适应生成

生物的数字孪生体　对步态做出自适应的调整是生物用来降低自身能耗的本能反应。本节将介绍如何利用深度学习的方法来发展具有自适应能力的步态生成算法。基于数据驱动的步态自适应生成算法的要义在于通过对生物运动数据的采集,形成生物的数字孪生体。利用机器学习算法直接挖掘生物运动数据的规律,产生对应的步态生成网络。

运动步态　为了挖掘四足动物运动步态的规律,爱丁堡大学研究团队利用姿态捕获设备,对狗的运动数据进行采集,然后利用深度前馈网络模型进行训练,实现了四足动物步态自适应生成网络(图 18.16)[12]。该模型可以结合运动状态(如身体姿态、质心速度和当前步态等)和人机交互的指令(诸如站立、停止、蹲下、跳跃等)实时生成运动步态。这种智能的步态生成算法得益于该团队开发的数据采集方法、狗的运动状态描述方法以及多层次的深度前馈网络模型。

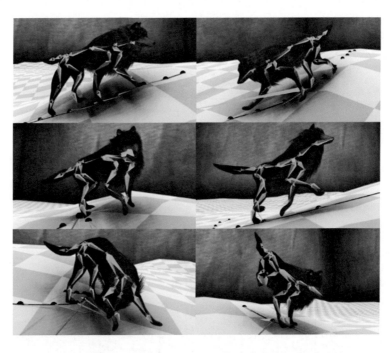

图 18.16　深度前馈网络生成的狗运动

研究团队连续采集了一只狗 30 分钟的运动数据,包含了漫步、快走、奔跑、跳跃等运动状态,以及爬姿、坐姿和立姿等静息状态。这种数据采集的办法有效地记录了真实狗的各种运动数据。更重要的是也记录了狗在不同步态、不同状态之间的运动转变过程,这为最终步态生成器能够实现步态间的自然过渡转换提供了可能。狗的运动状态 x_i 由三部分信息构成,分别是当前运动状态、质心运动轨迹以及身体姿态。质心轨迹由过去的轨迹和预计的将来轨迹两部分组成。这种描述方法将狗当前的状态和未来的运动趋势信息都蕴含在内,实现对狗运动特征的完备描述(图 18.17)。

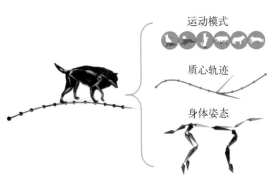

图 18.17 四足动物运动状态的描述

监督学习 步态生成问题可以描述为如何根据当前的运动状态 x^t 推测下一个时刻的运动状态 $x^{t+\Delta t}$。研究团队采用监督学习方法来寻找前后两个时刻运动状态的映射关系,即 $x^{t+\Delta t} = f(x^t)$。为了实现更高效的训练,减少待确定的参数数量,研究人员设计了一种两级的前馈神经网络结构来拟合这种复杂的映射关系。其中第一级为专家网络,将根据当前运动状态生成若干个权重;第二级为同样数量的运动预测网络,最终的步态是第二级网络输出的加权平均结果。实验证明,第二级仅需要 8 个运动预测网络就能够实现很好的步态生成功能(图 18.18)。

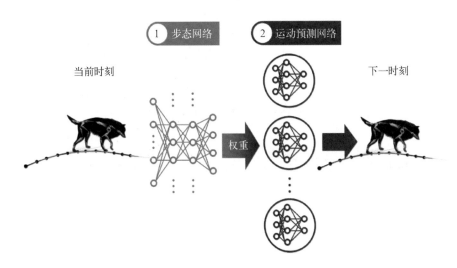

图 18.18 用于自适应生成步态的分层次的深度前馈网络

由于降低了网络参数,层级结构的网络模型在训练时收敛得更快。有趣的是,虽然层级网络是作为一个整体来进行训练,但每个子网络对应了特定形式的运动。如果将子网络对应的专家参数重置于零,则步态生成器会失去某些步态(比如跳跃步态)的生成能力。因此,这种架构可以理解为一种"动作库"的方法,每个子网络都能够生成一组特定的动作。而步态网络则赋予一种广义的自由度,将每个子动作进行加权平均,生成复合的动作。

步态生成算法　基于动物数据进行步态生成方法的核心在于通过深度学习模型将动物运动数据中的规律以参数的形式固定下来。一旦确定网络的参数，就可以通过该模型复现出生物运动的状态。网络模型还记录了生物在不同运行速度下出于节能考虑对步态的选择，以及步态之间的转化规律。这种数据驱动的步态生成算法为解决当前足式机器人控制中的步态生成难题提供了解决思路。

由于机器人和四足动物的动力学特性不一样，驱动器能力也不一样，需要在两者之间建立相应的映射关系。在三维动画电影和三维游戏开发领域，这种思路获得了广泛应用。《阿凡达》电影拍摄的时候，利用动作捕获设备采集动作演员的动作来控制动画中的虚拟人物运动。但是用同样的方法来拍摄动物电影将会变得困难重重，因为动物很难按照人的要求进行运动。而这种基于数据驱动的步态生成方法的模型可以结合人机交互，生成逼真的运动，避免人工运动轨迹设计，提升动画、电影的制作效率，如右图所示的 CG（computer graphics）电影《狮子王》的制作（图 18.19）。

图 18.19　CG 电影《狮子王》

18.5　数据驱动的足式机器人——由虚拟走向现实

新的挑战　当前机器人技术已经取得了长足的进步。随着足式机器人控制技术的发展，尤其是控制算法中针对机器人的机动性能的优化，以及对扰动的鲁棒控制的优化，目前的机器人已经可以实现高速稳定的奔跑，在崎岖地面上的自适应控制，甚至可以执行复杂的跳跃、后空翻等杂技任务。但是足式机器人的机动性与灵巧性仍然难以企及自然界的动物的水平，见图 18.20 的数据比较。这些差距来自多个方面，如机构自由度、被动动力学特性、驱动器功率密

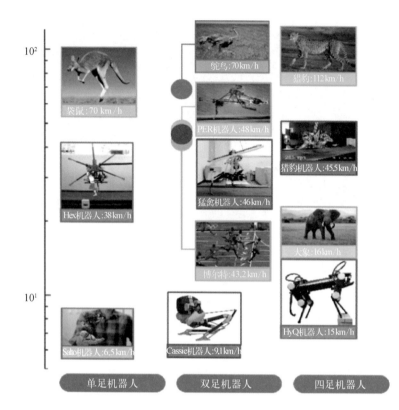

图 18.20　典型机器人与生物速度比较

度、控制方式等。

著名的豹崽（Cheetah-cub）机器人在设计的过程中，将马的动态步态特征嵌入了机构的被动动力学设计中，因而通过简易的舵机驱动就可以实现鲁棒的高速运动，达到每秒 6.9 倍体长（1.42 m/s）[13]。当然这种设计方案还需要考虑到驱动器的能力、控制算法等方面因素。在麻省理工学院团队设计猎豹 I 时，充分模仿了猎豹脊柱的动力学特性[14]。但是受到驱动能力和控制复杂性的限制，这种仿生结构并没有在大型的高机动足式机器人上发展起来。因此，足式机器人的新挑战将集中在控制问题上[15-17]。由于数据学习和机器人动力学的发展，目前已经涌现出一些新技术手段有望用于改善这些问题，从而进一步推动高机动性足式机器人的发展。

深度强化学习　深度强化学习是深度学习与强化学习的结合，继承了深度学习的学习能力和强化学习的"尝试-反馈-强化"的特性，为处理复杂决策、控制问题提供了可行的思路。由深度思维（DeepMind）公司开发的阿尔法围棋（AlphaGo）算法[18]就是基于深度强化学习实现的（图 18.21）。算法通过自我博弈以及和人类围棋手博弈的双重过程，不断提升技艺，甚至最终全面超越人类围棋手，展现了深度强化学习算法的巨大应用潜力。

灵巧操作算法　受到 AlphaGo 的启发，深度强化学习为复杂的机器人控制问题带来了新的解决思路。其中最著名的案例就是开放人工智能（OpenAI）公

图 18.21 由深度思维公司开发的阿尔法围棋

司开发的灵巧操作算法[19],实现了对具有 24 个自由度的仿生机械手的智能控制(图 18.22)。它的挑战性在于自由度多、接触物理模型复杂,因此掌内灵巧操纵一直是机器人领域的难题。而深度强化学习的应用则有效地克服了这些挑战。首先是直接利用视觉作为控制器输入的一部分,用于估计掌内物体的姿态。然后利用循环神经网络,根据物体的姿态和手指位置生成控制方案,驱动 24 个自由度进行运动,从而实现按照人的指示来把玩物块,控制物块在掌内的姿态与位置。在 2019 年,该算法已经升级到能够单手还原三阶魔方,再一次证

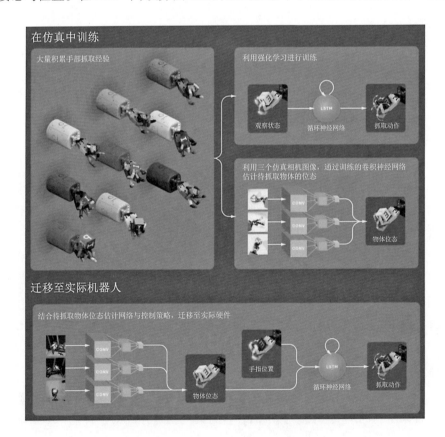

图 18.22 开放人工智能公司开发的灵巧操作算法

明了深度强化学习在控制复杂机器人系统的能力。

向实际机器人迁移 深度强化学习可以直接基于控制器和机器人动力学系统的交互数据,进行无模型的最优控制算法探索。但是,出于效率和机器人的安全,一般都基于仿真环境来开展控制器的学习过程。如何将实际的机器人特性在仿真环境里面重现,以及如何将仿真环境训练的控制器模型结果迁移到实际的机器人,是巨大的挑战。

为了缩小真实物理世界和虚拟仿真环境之间的差距,可将基于仿真数据训练的控制器直接迁移到实际的机器人系统,从而显著提升机器人的运动效果[20]。为了将实际的机器人迁移到仿真环境中,典型的方法就是借助动力学计算引擎加机器人建模。机器人建模就是根据机器人的几何尺寸、肢体连接关系、身体转动惯量以及其他动力学参数,建立对应机器人的多刚体动力学模型。由于大部分机器人建模的过程非常类似,因此在机器人领域开发了一款统一的机器人描述格式(unified robot description format, URDF)。大部分机器人动力学仿真软件可直接读取根据 URDF 的规范编写的机器人模型,生成对应的刚体动力学模型。动力学计算求解器则可以进行物理系统的模拟,诸如刚体动力学、碰撞检测甚至是连续体动力学仿真。在这个过程中,机器人的驱动系统一般被设置为理想的线性模型。然而受到铁磁材料的非线性、摩擦力等因素的影响,真实的电机往往具有非线性模型。为了让最优控制器能够考虑实际电机的非线性,需要在仿真环境中建立电机的非线性模型。研究人员利用深度前馈网络建立了电机输入指令和实际输出力矩之间的映射关系,并将该模型引入到仿真计算中。通过引入电机测试数据建立的输入-输出模型,可缩小仿真环境中的机器人和真实机器人之间的差距。

数据驱动四足机器人 为了将基于仿真环境数据学习到的最优控制器迁移到实际的四足机器人系统(图 18.23)[19],研究人员对机器人参数(如仿真机

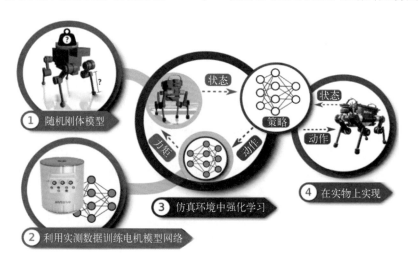

图 18.23 苏黎世理工提出的四足机器人控制框架

器人的身体负载和机械腿的尺寸)施以随机扰动,并通过该扰动来保证控制器的鲁棒性,保证控制器的泛化能力,避免出现类似回归问题中的"过拟合"现象。

通过这两种方法生成的控制器无须任何的调整,可以直接部署在实际的机器人处理器中,实现最优的控制。实验表明,数据驱动的四足机器人控制方法可有效地降低机器人运动过程中对力矩的需求与能量的消耗。与对简化模型进行模块化控制的方法相比,数据驱动产生的控制器将机器人的最高奔跑速度提升了25%,充分挖掘了机器人的硬件潜能。除了提升机器人已有的性能外,研究人员还利用深度强化学习算法对机器人摔倒后的自动恢复问题进行尝试。实验证明:该算法能够控制机器人在摔倒后 100% 成功地站起来(图18.24)[20]。而出于机器人和环境的复杂接触问题,采用简化模型建模的办法几乎无法实现机器人在摔倒后站立。这证明了深度强化学习对于复杂系统的学习和控制能力,也为机器人适应人类所处的动态、非结构化的环境,提供了宝贵的解决方案。

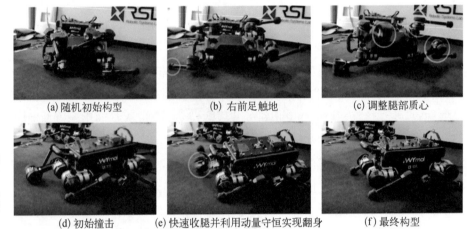

图 18.24 苏黎世理工利用深度强化学习控制 ANYmal 四足机器人摔倒后重新站立

(a) 随机初始构型　　　　(b) 右前足触地　　　　(c) 调整腿部质心

(d) 初始撞击　　(e) 快速收腿并利用动量守恒实现翻身　　(f) 最终构型

深度模仿学习　可以将增强学习过程简单地理解为"探索-反馈-优化",将强非线性优化问题的求解转化为搜索问题,同时将复杂问题用仿真代替,为几乎是黑盒子的优化问题赋予了物理图像,使得优化的过程更加透明。其算法复杂程度本身对于非线性问题不敏感,因此具有良好的鲁棒性。但是,随着机器人自由度的增加,增强学习需要探索的空间急剧增加,控制器参数的收敛速度变慢。例如对图18.24 中介绍的 ANYmal 机器人,研究团队运行了 11 个小时的增强学习训练才完成了机器人能够从任意摔倒状态恢复站立的控制器。

虽然强化学习算法受到人类学习过程的启发而发明,但是在现实中,人们往往能够通过教学和他人的示范迅速学会新的知识技能,而强化学习算法并不存在这种模仿学习的机制。为了解决该问题,研究人员发明了直接模仿学习算法。假定我们获得了一批人类提供的专家决策轨迹数据 $\{\tau_1, \tau_2, \cdots, \tau_m\}$,每批决策数据包含了状态和动作的序列如下：

$$\tau_i = < x_1^i, u_1^i, x_2^i, u_2^i, \cdots, x_{n_i+1}^i >$$

式中，n_i 表示每条决策轨迹数据中决策的次数。有了这批数据，就意味着告诉了控制器在什么状态下该采取什么策略，因此可以采用监督学习方法直接学习状态 x 和控制量 u 之间的最优映射 $u = u_0(x)$。由于这个过程中不需要进行仿真，可直接利用已有的数据进行拟合，所以控制器的参数可以快速收敛。由于不同的动力学系统之间存在差异，专家数据对每个机器人而言都是一个重要的参考值，但并不一定是最优的控制方案。因此，直接模仿学习的第二步是在 $u = u^0(x)$ 的基础上，继续执行强化学习算法，让控制器针对具体的机器人系统进行进一步的优化，从而收敛到适合每个机器人的最优控制方案。

模仿学习算法借助了监督学习，能够对控制器进行很好的初始化，从而加快参数收敛的速度。但是，在机器人控制中最常见的问题是人们只提供了参考轨迹，比如利用运动采集设备采集人体的运动或者动物的运动。我们希望机器人能够完成这些示范的动作，但是每个关节的输出力矩却很难通过测量得到。为解决这一问题，加州伯克利大学研究组开发了深度模仿学习（deep mimic）算法，利用深度强化学习来控制机器人实现示范运动（图 18.25）[21]。这个算法

回旋踢

后空翻

侧手翻

跑

图 18.25　利用深度强化学习实现机器人示范运动

的核心在于其代价函数的设计和训练过程中有效状态的初始化。深度模仿学习算法的代价函数由四部分加权得到,分别是机器人关节角度和参考关节角度之间的距离,机器人关节角速度和参考关节角速度之间的距离,机器人手、脚位置和参考手、脚的距离,以及机器人质心位置和参考质心位置之间的距离。在训练过程中,该算法在参考轨迹附件位置进行随机初始化,并且当机器人远离参考状态就立刻终止当前的探索。通过这种方法可以缩小探索空间,将搜索空间限制在所关心的参考轨迹附近,避免大量无效的探索。实验结果表明:模仿学习算法可以为高自由度机器人系统快速生成最优的控制方案来完成示范动作。

随着计算机的发展,计算能力不断增强,因此深度学习搜索空间可以不断加大,提升了非线性问题全局优化的能力,同时,我们通过专业知识可以不断缩小搜索空间,如模仿学习等。有鉴于此,深度学习在生成足式机器人控制器方面具有巨大的潜力。

参考文献

1. Ivakhnenko A G, Lapa V G, Scripta T I. Cybernetics and forecasting techniques[M]. American Elsevier, 1967.

2. Ivakhnenko A G. Polynomial theory of complex systems[J]. IEEE transactions on Systems, Man, and Cybernetics, 1971(4): 364 – 378.

3. Hornik K, Stinchcombe M, White H. Multilayer feedforward networks are universal approximators[J]. Neural networks, 1989, 2(5): 359 – 366.

4. LeCun Y, Bengio Y. Convolutional networks for images, speech, and time series[J]. The Handbook of Brain Theory and Neural Networks, 1995.

5. Hochreiter S, Schmidhuber J. Long short-term memory[J]. Neural computation, 1997, 9(8): 1735 – 1780.

6. Silver D, Lever G, Heess N, et al. Deterministic policy gradient algorithms[C]. Beijing: Proceedings of the 31st International Conference on International Conference on Machine Learning-Volume 32. 2014: 387 – 395.

7. Degris T, White M, Sutton R S. Off-policy actor-critic[J]. arXiv: 1205.4839, 2012.

8. Schulman J, Wolski F, Dhariwal P, et al. Proximal policy optimization algorithms[J]. arXiv: 1707.06347, 2017.

9. Schulman J, Levine S, Abbeel P, et al. Trust region policy optimization[C]. Lille, France: International conference on machine learning. 2015: 1889 – 1897.

10. Hoyt D F, Taylor C R. Gait and the energetics of locomotion in horses[J]. Nature, 1981, 292(5820): 239 – 240.

11. Xi W, Yesilevskiy Y, Remy C D. Selecting gaits for economical locomotion of legged

robots[J]. The International Journal of Robotics Research, 2016, 35(9): 1140-1154.

12. Zhang H, Starke S, Komura T, et al. Mode-adaptive neural networks for quadruped motion control[J]. ACM Transactions on Graphics (TOG), 2018, 37(4): 1-11.

13. Spröwitz A, Tuleu A, Vespignani M, et al. Towards dynamic trot gait locomotion: Design, control, and experiments with Cheetah-cub, a compliant quadruped robot[J]. The International Journal of Robotics Research, 2013, 32(8): 932-950.

14. Hyun D J, Seok S, Lee J, et al. High speed trot-running: Implementation of a hierarchical controller using proprioceptive impedance control on the MIT Cheetah[J]. The International Journal of Robotics Research, 2014, 33(11): 1417-1445.

15. Fankhauser P, Bjelonic M, Bellicoso C D, et al. Robust rough-terrain locomotion with a quadrupedal robot[C]. Brisbane, Australia: 2018 IEEE International Conference on Robotics and Automation (ICRA). IEEE, 2018: 1-8.

16. Kim D, Di Carlo J, Katz B, et al. Highly dynamic quadruped locomotion via whole-body impulse control and model predictive control[J]. arXiv: 1909.06586, 2019.

17. Katz B, Di Carlo J, Kim S. Mini Cheetah: A platform for pushing the limits of dynamic quadruped control[C]. Montreal, Canada: 2019 International Conference on Robotics and Automation (ICRA). IEEE, 2019: 6295-6301.

18. Silver D, Huang A, Maddison C J, et al. Mastering the game of Go with deep neural networks and tree search[J]. Nature, 2016, 529(7587): 484.

19. Andrychowicz O A I M, Baker B, Chociej M, et al. Learning dexterous in-hand manipulation[J]. The International Journal of Robotics Research, 2020, 39(1): 3-20.

20. Hwangbo J, Lee J, Dosovitskiy A, et al. Learning agile and dynamic motor skills for legged robots[J]. Science Robotics, 2019, 4(26): eaau5872.

21. Peng X B, Abbeel P, Levine S, et al. Deepmimic: Example-guided deep reinforcement learning of physics-based character skills[J]. ACM Transactions on Graphics (TOG), 2018, 37(4): 1-14.

思考题

1. 机器学习在图像识别、语音识别、自然语言处理,甚至在图像合成、制作动漫等领域取得了巨大的成绩。以人脸识别为例,基于模型的做法,我们一般采取类似于特征提取的方法,用重要的几何参量,如双眼之间的距离、鼻子的形状等,然而这些提取的特征往往难以完全表征对象的所有信息。对这些难以模型化的问题,机器学习的思路则非常简单,利用神经网络建立起人的脸部图像与身份之间的映射,网络参数可以通过对已有的数据集进行拟合来确定,这一过程可以用迭代的方法来实现,一般称为"学习"。映射与大脑记忆行为有一定的类似性,这也使得早期机器学习往往通过心理学汲取灵感。你能通过一些更具体的例子讲讲两者之间的区别吗?

2. 动力学与控制是一门成熟的学科,有完整的理论体系,即使如此在处理复杂问题时依然需要巧妙的算法以及强大的算力,我们在第 8 章介绍的基于模型预测的控制方法在处理四足机器人运动方面起了重要作用。在第 8 章,动力学模型是用微分方程描述的,它建立了连续时刻状态之间的关联。对于类似的时间序列问题,你认为什么样的神经网络形式可能会更好?

3. 控制方程给出了自然规律的严格数学表达,例如量子力学的薛定谔方程、电动力学的麦克斯韦方程、固体力学的纳维方程等,对于少数的简单问题,可以严格给出封闭的理论解,而对多数问题我们可以用数值解法。从数学上来看,神经网络可以无限逼近任意函数形式,那么我们能否利用机器学习方法获得控制方程的神经网络解?

第 19 章
社会力学

牛顿力学在物理空间和物质空间所取得的伟大成就,让更多学科的研究者们开始属意于用力学解释一切,甚至包括人类在社会空间中行为的方式。社会力学的基础便是这些研究者在 20 世纪以前所获得的有关运动和物质的力学知识。他们相信,既然力学能够告诉我们由基本单元原子所组成的物质会如何演变,那么作为社会基本单元的人聚在一起后会如何行动,力学也同样能够揭示出答案。爱尔兰著名哲学家与政治经济学家埃奇沃斯(Francis Edgeworth, 1845~1926)在他的巨著《数理心理学》中就如是写道:"'社会力学'不像早些时候以《天体力学》为题的著作那样,能引起一般人的礼赞,这是因为前者的正确只能靠信念之眼才能分辨。一个所具有的雕像般的美是十分明显的,而另一个天仙般的容颜和动人的身段却被遮掩……电的力量是看不见的,而拉格朗日的出色方法却能够把握住它;快乐的能力是看不见的,但也可能以类似的方法与之打交道。"[1]

19.1 社会物理学——机械世界观的问世

机械世界观 伽利略和牛顿的力学定律几乎是放之四海而皆准。在人类文明史上形成的智慧结晶中,这些定律有着最优美的形式和最深刻的内涵。这也影响了与两人同一时代许多其他学科的研究者们,他们希望能够用力学来解释一切现象,甚至是社会运行的奥秘。1651 年,英国政治哲学家霍布斯(Thomas Hobbes, 1588~1679)出版了著作《利维坦》(*Leviathan*,图 19.1),在其中系统地阐述了国家学说的社会结构。这本书就是一次用机械世界观来归纳政治理念的尝试。霍布斯希望借助类似伽利略分析运动行为的科学逻辑,来

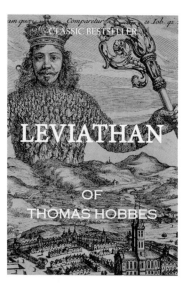

图 19.1 《利维坦》英文版封面

推导出人类应当以何种方式来管理自己[2]。在《利维坦》问世后的两个世纪内,经典力学愈发辉煌的成就让研究者们更加钟爱,他们越来越相信社会其实也是一部巨大的机器,每日有条不紊地运行着,而人则是机器的零件。曾任牛顿助手的德萨吉利埃(Jean T. Desagulier,1683~1744)在《寓言诗:世界的牛顿系统——最好的政府模式》中,认为引力的概念"在政治领域中就如同在自然哲学领域一样,很是通用"[3]。苏格兰哲学家休谟(David Hume,1711~1776)也提出了"政治可以还原为科学"的观点,表示自己想成为伦理学领域的牛顿,将人类的本性还原为基本原理[4]。

社会力学 那么,用力学的方式研究社会运动要如何进行?答案是社会力学(social mechanics 或 sociomechanics),它是社会物理学(social physics)的一个重要分支。社会物理学是一门专门研究社会的物理属性的学科,是一门自然科学性质的社会科学。1830 年左右,法国社会学家孔德(Auguste Comte,图 19.2)发表了著作《实证哲学教程》,在其中正式提出了社会学(sociology)和社会物理学的概念。孔德强调以事实为依据来研究社会学,在观测、实验、比较的基础上,可以获得与自然哲学体系类似的社会学知识。孔德认为,"人类的思维已经认识了天上和地下的物理学,认识了力学、化学,以及动物和植物的有机科学,剩下来有代替的科学就只有一门了,这就是观察性的社会物理学。这门知识是目前人类最需要的。将它建立起来是我们当前的主要目标。[5]"受到经典力学影响,孔德将他的社会物理学分为类似于"静力学"和"动力学"的两种类型,社会静力学用来分析人类社会的基本结构,社会动力学则用来分析社会结构的演化过程。因此,这时候的社会力学和社会物理学二者是完全等价的。

图 19.2 奥古斯特·孔德(1798~1857)

社会生产力 在早期的研究者们看来,社会和牛顿自然体系一样具有确定性。因此,之后的社会力学领域发展出了很多其他源自牛顿定律的模型,如人口迁移模型、城市引力模型等。和孔德同一时期的德国哲学家马克思(图 19.3)也被认为是社会力学思想的主要奠基人之一,他提出了社会介质或社会物质(social matters)的概念。马克思更著名的论断是"社会生产力(social productive forces)",用来代表人类在生产实践中形成的改造和影响自然以使其适合社会需要的物质力量[6]。"社会生产力"可归属于社会力学中"力"的范畴,它具有力学中"力"的一般属性,由自然和社会之间的"势场梯度"产生,该梯度的来源是二者之间在物质、能量、信息等方面的"能量"差异,即

图 19.3 卡尔·马克思(1818~1883)

$$生产力\ F = \nabla V(物质,能量,信息,\cdots)_{自然\to社会} \tag{19.1}$$

在社会力学基础上,马克思将社会现象看作大自然的高级运动形式,因此具有客观性,这也是马克思主义作为唯物主义的物质基础。

社会统计学 但是,用确定性的方法研究社会现象一开始就存在着争论。

一部分学者认为,社会学关心的是人的群体行为,而人的群体应该会表现出统计规律。法国哲学家、数学家孔多塞(Marie Condorcet,1743～1794)就是其中的代表之一,他就认为如果确实存在着某种有关人的科学、且该科学中包含某些公理和定理的话,那么它一定会是一种统计性的科学[7]。后来,法国社会学派创始人涂尔干(Émile Durkheim,图 19.4)正式地把统计学方法引入社会学研究。他利用统计学方法建立了一整套把经验研究与社会学理论相结合的方法体系,开创了量化研究并发现社会规律的先河。这种用统计学手段来揭示有关社会的自然定律的方式已经超出了社会力学的范畴,更多地被称为社会统计学(social statistics),也构成了社会物理学的另一个分支。

图 19.4　埃米尔·涂尔干(1858～1917)

社会物理学　后来,弹性经济动力学、社会熵理论、社会相变理论、社会重整化理论等学科接连兴起,丰富了社会物理学这一学科。需要注意的是,社会物理学是将人类的群体看作像原子聚集行为一样完全客观性的,忽略了人的主观能动性(图 19.5),因此也常常被人诟病:"由物理科学确定的新秩序,一旦用于描述或诠释社会事实,实在会有限之至。有血有肉的人、实打实干的公司、矗立在大地上的城市,到了法律和政府的眼里,就都成了想象中的东西,而诸如神圣权力、绝对法则以及国家和主权等纯属构想的产物,反倒成了真实的存在。摆脱了对公司和他人依赖的个人,便会成为脱离社会、无所依附的'解放个体'——逐权的原子,无情地追求凡权所能调动的一切。"[8]

图 19.5　社会物理学以群体的方式考虑社会行为

社会实验室　社会物理学研究社会现象的主要方式是"社会实验室(social laboratory)"。就像小孩子用透明容器装满凝胶来观察蚂蚁群体的行为那样(图 19.6),社会实验室是将某一个人类群体,如社区、乡镇、城市甚至国家等,放进一个假想的"容器"里(图 19.7),记录下群体里个体和整体的行为、沟通和

图 19.6　观察蚂蚁聚居行为的透明凝胶玩具

互动的所有细节,并且保持足够长的一个观察周期,然后从中抽丝剥茧般总结出一些共同的数学化规律。社会物理学的最终目标是希望能够对人类如何在空间中行动、如何做出决断、如何迁移、如何形成群体、如何建立市场、如何产生政治冲突和合作等行为,都能够予以解释并在某些情况下进行预测。但是,因为社会现象的不易观测性和数据的难以获得性,研究者们目前还很难像物理学一样给出一些普适性的方程对其进行描述,但是它在交通、市政规划、灾后重建等领域所取得的成绩,让许多社会学家和物理学家对其未来的发展充满信心。正如美国社会学家伦德博格(George Lundberg, 1895~1966)所指出的:"可能社会科学的下一重大发展不会是出自专业的社会科学家,而是来自在其他领域培育者的学者。"亦参见王飞跃(1961~)所著的文献[9]。

图 19.7　东京涩谷街头:俯视下的一个"社会实验室"

19.2　社会体的连续介质描述——社会介质的时空观

社会空间　经典力学的研究现象发生于物理空间,而固体力学和流体力学的研究现象则发生于物质空间。为了研究社会现象,则有必要将其发生的"场所"以类似的方式进行定义,即引入"社会空间"(social space)的概念。正如物质空间是连续介质力学的载体一样,社会空间也是社会力学的载体。马克思将社会学中的"空间"视为生产场所的总和,是"被时间和日益自由的资本的运作所'克服'的一个天然的距离冲突的来源"[10]。涂尔干认为社会空间是特定社会组织形式的投射,便于人们在该空间中安排具有不同社会意义的事物。社会空间与在这个空间中发生的社会行为有着密切关系。一方面,社会空间通过社会行为才得以建立,另一方面,社会行为也在社会空间中发生演变,也就是说,"在任何形式的公共生活和权利的任何操演当中,空间都是根本性的"[11]。总结来说,社会空间是人、事、物之间相互关系及状态所发生场所的抽象反映,它像物质空间一样,包含从微观(如邻里、街道和社区)、介观(乡镇、城市等)到宏观(如国家和世界范围)的多个层次,作为个体的人类在社会空间中进行流动或聚集。

　　社会介质　社会介质是发生在社会空间中的社会行为,主要物质载体是个体、群体和社会网络(图 19.8)。个体即每个自然人,可以类比于物质空间中的原子;群体是由两个或两个以上具有共同认同感和团结感的个体所组成的集合,群体内的成员相互作用和影响,可以类比于物质空间中的基团或团聚体,他们之间由信息力的作用(见第 17 章)而产生团聚的作用力;社会网络则是个体和群体进行交互的连接方

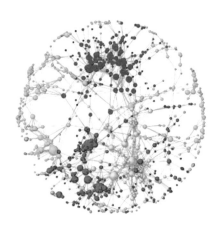

图 19.8　社会网络抽象示意图

式,可类比于物质组分之间的物理或化学交联,或赛博空间中的信息交联。群体可分为初级群体和次级群体两种,前者内部存在着因"传承"(如血缘、师承等)或"约束"(如婚姻)而产生的强烈群体认同感;后者则是为达到某种特殊目标而存在的,其成员之间缺乏情感深度,如公司或办公室的同事、某学会的成员、微信群等。最重要的初级群体是家庭,而次级群体则是现代社会最常见的群体形式。社会网络对于其内部传递的物质、能量或信息产生放大作用,最终能够实现被连接后的群体整体大于部分总和的效果。

　　连续介质描述　一个社会系统中的个体、群体和社会网络共同构成了马克思所提出的社会介质。社会介质具有高度的空间连续性,所以可以将物理空间中的连续介质力学方法在社会的连续介质描述基础上进行推广。以应力-应变关系曲线为例,对一个社会介质可以建立它相应的扰动与变形的关系曲线。社会介质所面对的扰动可以包括地震、洪涝等自然灾害,也可以包括污染、疾病等涉人风险,还可以包括人口迁移、阶级分化等社会行为,而社会变形则主要是社会系统内部的社会结构、系统职能、经济与文化等要素离开原有"平衡"位置的幅度。当社会变形不超过某个幅度时,社会介质呈弹性状态,在扰动消失后社会系统能回归到原有的平衡态。但是当扰动过大时,社会介质将产生塑性变形

并发生屈服,甚至有时会发生"断裂",进而使整个社会系统崩溃。以应力应变关系曲线为例,对一个社会介质可以建立它相应的扰动与变形的关系曲线(图 19.9)。

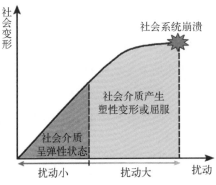

图 19.9　社会介质的扰动-变形关系曲线

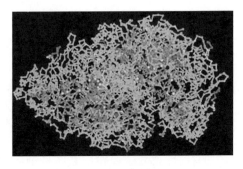

图 19.10　分子动力学模拟中分子和基团的形貌

社会化学　与社会力学类似,化学也可以用于对社会系统的研究,即社会化学(social chemistry 或 sociochemistry)。社会化学也被称为化学社会学(chemical sociology),是研究一个社会系统内部发生的"化学反应"的科学。社会化学将社会中的个体和群体当作化学反应的基团或分子(图 19.10)来处理,以获得对社会演变的解释与说明。社会如何发生"化学反应"有着多种不同的解读方式。例如,有研究者认为社会化学是人类社会产生的根源,"在社会化学中人不断吸引着人,就像在化合物中分子不断连接着分子一样。为了安全人们会在已有房屋附近建造新的房屋,然后很快就会开始农业,接着铁匠会在农场旁边制造耕作器具,然后轮子制造商也会出现在铁匠旁边,以此类推,工业就开始诞生"[12]。而英国生物学家赫胥黎(Thomas Huxley,图 19.11)则更多地将社会化学定义为政治(politics):"每一个社会,无论大小,都是一个复杂的大分子,其中的原子是每一个社会中的个体,他们的欲望和意志能够表现出各种各样的吸引力和排斥力……政治在社会中承担着社会化学的角色,它的任务是,当把社会视为一个具有复杂结构的分子时,为了避免这个分子的分解,政治需要去找出作为其中原子的人类有哪些欲望需要被鼓励,而哪些欲望需要被压制。"[13]

图 19.11　托马斯·赫胥黎(1825～1895)

广义软物质　将社会整体看作一个分子聚集物空间,能够为用科学理论去分析社会学现象提供更多的思路。例如,结合社会连续介质力学与社会化学,可以提出社会的"广义软物质"理论(图 19.12)[14]。软物质是指存在状态处于固体和理想流体之间的物质,又称软凝聚态物质,一般由大分子或基团组成,参见 5.2 节。1991 年诺贝尔物理学奖得主德热纳在他的诺贝尔奖演讲中提出,软物质的两大特征是"柔性"与"复杂性"。因此,将软物质的概念进行拓展,可发展出广义软物质,即那些兼具柔性和复杂性、内部同时具有固态和液态特征的物质。人类社会具有最高的复杂性,既能够表现出如固体般的稳定性,又能够表现出如流体般的流动特征,所以是一种典型的广义软物质。它是一种固态相(类似于多层高分子网络)和液态相(代表由社会化学所刻画的黏滞流体特征)的融合介质。将社会视为广义软物质,也许能够为它的力学分析提供很大的便利。

图 19.12　社会与软物质类比

19.3　社会韧性与社会安全——社会介质的断裂与修复

韧性　韧性(resilience)最早是一个力学概念,定义为"具有回弹和弹性的行为",即物体受外力作用后改变外形,一旦去除外力就能恢复原状。在固体力学中,resilience 用来表示在弹性范围内材料抵抗变形的能力。resilience 与另一个代表"韧性"的名词 toughness 的区别在于,后者通常用来表示材料抵抗破坏的能力,如 fracture toughness(断裂韧性)。1973 年,加拿大生态学者霍林(Crawford Holling,图 19.13)将 resilience 这一术语引入生态学领域,指生态系统能够恢复原来状态的能力,强调了"可恢复性"[15,16]。20 世纪 80 年代之后,韧性的概念逐渐扩展到社会学等领域[17],代表社会系统在扰动下具有的恢复原有秩序和系统职能的能力。如果一个社会系统越能承受外界扰动,那么它的韧性也就越大,它就越不容易从原来的状态变成另一种状态,其内部的结构等要素也越不容易发生破坏,从而表现出面对冲击时更强的适应能力[18]。

图 19.13　克劳福德·霍林(1930 ~ 2019)

社会韧性　社会韧性强调社会各部分之间的结构性和连接性,它可以体现在社会生活的各个方面。例如,社会系统在受到扰动时多大程度上能维持主要功能,社会系统对冲击的容纳(吸收)能力和复原速度,社会系统从过去事件中汲取经验并形成应对的能力等。社会韧性的基础是社会系统在扰动前已建构好的社会资源,依赖于其前期的预防和储备,即它可能会受到社会结构、经济资本、自然环境等多方面的影响,并被它们之间的社会网络产生放大或缩小效果。

$$R(社会韧性) = f[社会网络 \cdot (社会结构, 经济资本, 自然环境, \cdots)]$$

$$(19.2)$$

因此,如果希望提高社会韧性,可以相应地从这些方面着手,如经济适度增长、加大社会投资、积极的社会政策、社会心理建设、自然的可持续发展等,并格外注意在各个因素之间建立起高效有机的联系。

可恢复性 在扰动发生前就培养一个社会系统的韧性是非常重要的,这能够让它有最大把握去应对即将到来的自然和人为扰动。需要指出的是,当社会系统受到扰动后,在某一特定范围内它可能会呈现"线性般"的可恢复性,大致回到扰动前的平衡点。这就是社会介质的弹性阶段,其对应的恢复能力即为social resilience。但是,如果社会系统因外界扰动而变得面目全非,超出了社会介质的弹性阶段,甚至产生了社会"裂痕",即如固体中出现了裂纹并开始进行扩展,此时的社会系统实际上进入了塑性变形阶段。它所面对的问题不是如何回到原来的平衡点,而是如何保持现有的稳定性并且不再恶化,这时候的韧性对应于social toughness,表示社会体中的"缺陷"(即原来较为"脆弱"的社会介质部分)不发生萌生裂纹或失稳扩展的能力。social toughness保证了社会系统能够对抗扰动以不至于崩溃到另一种更差的形态。在社会学中,对 social resilience 和 social toughness 并不作严格区分,"社会韧性"统一用 social resilience 表示,同时含有"弹性"和"恢复力"两方面的内涵。在任何扰动作用后,社会系统最终都会在旧的社会韧性的基础上形成新的平衡状态,并对应性地产生新的社会韧性,有时新旧二者在社会恢复的复杂动态过程中会进行不断调试,之间并无明显界限。

社会韧性对于如何重建社会系统有着重要的指导意义。只有充分调动相关社会资源,才能最大限度维持社会系统的结构均衡和秩序稳定,才能增加该系统对再次扰动的适应能力。例如,在灾后重建时(图19.14),不仅仅要恢复社会原有的功能,而且要着重培养它的再造能力,让重建后的社会比原有状态更加稳固才可以,因为相同的自然灾害很有可能再次来袭。

社会韧性非常难以进行实际观察与准确测量,而且有关研究大多止于概念和案例研究层面,缺乏定量表述。此外,对于不同社会系统的韧性研究,也需要进行具体问题具体分析,有时还要从时间的尺度上进行长期观察。例如,现代

图 19.14　汶川在地震后与现在对比

中国形成了面对内在问题和外在冲击时始终坚忍不拔的韧性,其原因一方面是有中国特色社会主义制度下的国家治理结构,另一方面则是中国几千年的历史和文化积淀,二者缺一不可。这种韧性在西方社会的条件下是不可能形成的。

　　力学描述　社会韧性理论探讨社会的推动力、变形与适应性。然而,它却缺乏两个赖以建构连续介质力学表述的重要内涵:(1) 一个可适当定义社会介质的空间;(2) 一个用来定义格里菲斯[19]意义上断裂韧性的社会缺陷尺度。当讨论社会韧性问题时,可采用 19.2 节中所引述的社会空间来作为讨论的背景(如以社会地位、阶层、财富等为维度);当进行城市(或区域)韧性研究时[20-21],可采用物理空间来作为背景。社会的分离可能在社会介质中造成不均匀或缺陷。社会介质的韧性由其可塑性和可再生性的能力来度量,并与执政党和政府的领导力相关。作用于社会介质上的载荷有两类:长期的应力与突发的冲击。前者由持续的不充分、不平衡造成,如贫富差异、竞争、居住短缺、社会不公等。后者由突发的自然灾难、饥饿、战争、传染病等造成,对社会引发冲击和波传播。与断裂力学的出发点相一致,社会安全或社会韧性事宜可视为社会缺陷的萌生、扩展、能量耗散和修复的过程。当断裂的驱动力超过对临界缺陷尺寸的社会韧性时,社会的断裂就会发生。

　　双网络　社会韧性的基础是通过社会网络来进行物质、能量和信息的输运,这些输运的效率会影响到社会系统中各组分的行为,进而影响到社会介质的弹性和恢复力,因此社会网络是社会韧性中最核心的因素,可以作为社会韧性放大或缩小的系数。当社会系统受到扰动时,如果社会介质的变形程度大,可以从广义软物质的角度出发,将社会介质向(旧或者新)平衡点演变时的行为简化为一个双网络模型,其中具有两种不同类型的互穿网络(图 19.15)。第一层是紧密交联的硬而坚网络,属于强连接,类似于原

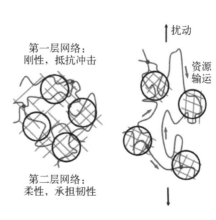

第一层网络:
刚性,抵抗冲击

扰动

资源输运

第二层网络:
柔性,承担韧性

图 19.15　社会介质力学行为的双网络模型

子间的化学键作用,主要分布于微观层次的社会空间中,如邻里、街道、社区之间,将个体连接为群体,从而为社会介质提供一定的刚度,在遭遇扰动时起到分散外界冲击的作用。第二层是松散交联的软而韧网络,属于弱连接,类似于分子和基团间的氢键和范德华力作用,主要分布于介观和宏观层次的社会空间中,如城市、国家之间,用于将群体连接在一起,为社会介质提供一定的柔性,并且填充于第一层网络中,也为社会介质提供了支撑来保持它的"形状"。对社会网络来说,采取资源配置(如救助,图 19. 16)和颁布新的社会政策这些损伤控制措施,可有效地修复和重建社会介质。这样刚柔兼顾的双重网络,能够使其对应的社会介质同时具有极高的刚性、韧性和稳定性。

图 19. 16 由国家与政府层面提供的救助措施

自然灾害 我们以一个社会系统遭遇自然灾害这一常见扰动来说明双网络对社会介质与社会韧性的影响。自然灾害可以包含地震、海啸、龙卷风、水旱灾害、疫情等,能够夺走生命、破坏基础设施、摧毁日常与商业活动、打断商品与服务的流通等。我们将"回到平衡点"定义为遭遇自然灾害的社会系统基本恢复到灾害发生前的样子,例如曾经撤离的幸存者返家、新居民人口增加、设施重建、社会原有职能重新开始等。当社会双网络开始运作时,第一层网络中的个体间具有较紧密的联系与很强的信任感,不但能够对信息进行最迅速的反馈和执行,而且能够更有效地进行集体行动,还在各类救灾资源的分配上具有优势,以确保群体内的大多数成员能够公平地获得资源。这就保证了在发生变形的社会系统中,这一部分的社会介质能够以最大的程度保持其完整性,并且最大限度地减少救灾过程中的物质、能量和信息的无谓消耗。这类似于在物质空间中,仅需要提供较小的临界力就可以让固体发生塑性变形,其原因就在于仅部分区域产生了位错,而大部分区域其实都保持了原有结构。第二层网络的运作与第一层有显著的不同,其中输送的驱动力主要是行政手段。行政手段通过第二层网络连接政府资源、社会资本和当地居民,接收第一层网络中提供的信息并进行分析与反馈,从而整合物资需求,为各群体分配和输送资源,利用宏观调控手段来更加快速地引导和影响个体与群体的救灾行为。因此,第二层网络实际上是一个高效的管理网络,可以根据灾情的具体情况来对物质、能量、信息等进行宏观引导和管理,将它们在社会网络中的无序流动转变为有序流动。例如,在各种救灾事务的执行过程中,政府通常利用其管理的某些第二层网络——如军队、警察、城市管理人员等——来输送各类资源到家庭、街道、社区等群体中,再由第一层网络来分配到个人,这种方式远较受灾个人去政府机构排队领取救济更具有优越性。这也保证了第二层社会网络在整个社会介质中能够为韧性提供大部分支持,使得社会介质不会发生"断裂失效"。

社会伦理　如前文所述,在中国由于传统历史和文化观念的影响,基本伦理价值是以家庭或血缘为基础的共同体,极强的家庭观念以及教育和赡养义务的自觉,使得家庭的每个成员对其他成员都承担着无私的责任和义务。这也使得家庭超越了个体变成了中国社会系统的基本单元,在遭遇扰动时能够产生共同的行动方针。这种牢不可破的个体连接形式,能够进一步增加第一层网络的刚性,从而在很大程度上增加中国整体的社会韧性。此外,与家庭类似,家族或宗族这些群体也能够在中国的社会系统中形成强有力的第一层网络连接,提高社会的韧性。因此,相比于其他社会形式,中国的社会也具有更高的社会稳定性与安全性。

水凝胶模型　如前文所述,可以用广义软物质模型作为社会介质的类比[14]。该社会介质的本构方程可以类比于充填有黏性介质的社会网络的宏观平均。这恰与双网络增韧水凝胶类似[22-23]。在双网络之间充填的流体可以采用麦克斯韦流体的表述方式,代表着文化、财政和服务方面的交互作用,其黏性由社会化学的要素来决定。社会韧性主要取决于对社会断裂的能量耗散,而社会发生断裂的三种境况与不同类型水凝胶的断裂韧性刻画十分类似。第一种境况是:如果社会网络贫弱且社会黏性(由社会化学决定)低,社会在载荷下会产生解理型断裂。就像常规水凝胶的脆断一样,不存在可用于容纳断裂能的断裂过程区。这时的社会是冷淡且脆弱的,社会韧性仅由社会缺陷的尺度来决定。第二种境况是:如果社会网络贫弱但社会黏性强,社会在载荷下会产生延性断裂,出现高化学势的断裂过程区,就像单层网络水凝胶的破断一样。社会韧性不仅取决于社会缺陷的尺度,还取决于社会化学的要素。第三种境况是:如果社会网络与社会黏性都很强,社会网络将会有效地将社会介质中的能量输送到传播中的裂纹尖端,从而实现超乎寻常的社会韧性。后者所描述的机制,与双层网络水凝胶的增韧机制相吻合[22-23]。此外,具有强大组织性网络的快速修复将促进社会裂纹的修复,使之不会达到产生灾难性破坏的临界尺寸。在有关韧性城市的研究中可贯穿相同的理念[19-20,24]。

社会韧性概念的出现,为行政机构提供了新的社会治理理念。营造有韧性的社会系统,将会提高社会介质的承灾能力、适应能力和恢复能力。目前,提升社会韧性已成为全球有效抵御风险的重要策略之一,是实现风险评估、灾害预防、应急管理与可持续发展等多方进行有机融合的重要路径。

以社会介质为基础的社会连续介质力学理论如何在社会学中发挥更多更重要的作用还需要进一步的探讨。这需要力学家与社会学家共同合作,将各自分别擅长的抽象模型表示和社会关系分析融合在一起,沿着从数据到模型再应用于现象这一力学理论建立的基本途径,去发掘社会过程中人、物、事交互的表象、实质、机制及数学描述,从而更好地为社会行为动力、群体规则、结构演化等各方面的预测来服务。

19.4　社会的多层次跨界流动——多相流力学

人口动力学　人口研究在社会学研究中占有十分重要的地位,这是因为人是社会的最小和最基本的组成单位。用力学方法研究人口问题的典型方式是人口动力学(population dynamics)。人口动力学关注的是社会空间中人口"体积(即总量)"和"形状(即流动)"的变化以及驱动这种变化的"力"("结构性力量"),并给出两者之间的动力学与数学描述。

人口在社会空间中的变化主要有生育、死亡和迁移三种类型。随着经济和医疗手段的发展,死亡在人口变化中所占的比重日益下降,生育与迁移所占的比重不断增加。需要注意的是,由于观念的改变,在很多地区的出生率也在不断下降中。英国政治学家马尔萨斯[Thomas R. Malthus,图 19.17(a)]是人口学的奠基者,他的人口模型[图 19.17(b)]为后续的人口学说奠定了基础。马尔萨斯认为,在没有约束的情况下,人口将按指数规律无限度进行增长,满足的增长方程和动力学方程为[25]

$$x(t) = x_0 e^{rt} \qquad \frac{\mathrm{d}x}{x} = xr \qquad (19.3)$$

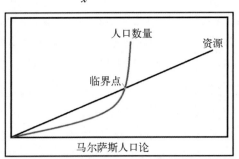

图 19.17　马尔萨斯以及其人口学模型
　　(a) 托马斯·马尔萨斯
　　　　(1766~1834)
(b) 马尔萨斯人口学模型

式(19.3)中,r 代表人口的净增长率。马尔萨斯所提出的人口将呈指数增长这一特征在现今社会仍然适用。这一关系也提示我们,一个社会系统的人口变化过程具有极大的惯性,人口一旦增长到某一数量,短期内不可能有明显下降,除非发生了大规模的灭绝行为。

　　除了人口的生育,人口迁移则是社会演变的更集中反映。人口迁移的研究主要是由社会学家和经济学家进行的,但是为了将人口迁移的成因机制、决定因素、制约条件和对社会系统的反馈更好地结合起来,则必须要对人口迁移进行动力学分析。人口迁移会受到多种外界因素的影响,如经济和教育水平、政策和产业结构、水和能源供给、大气与环境状况等。这些因素以非线性的动态方式作用在人类群体上,驱动着"人流"的形成。这类似于一个流体力学过程,可以通过选取合适的驱动力和群体内部运行的参数来预测这一运行的轨迹。除流体力学外,系统动力学方法擅长处理高阶、非线性的含时问题,因此在人口迁移中结合系统动力学,可以评估不同错综复杂因素对人口迁移所产生的影响(如图 19.18),包括分析迁移动力学方程平衡点的存在性和唯一性、人口变化状态的稳定性等,最终建立起定性且定量的力学模型,在很大程度上预测出人口宏观而长期的变化趋势及未来的人口规模。著名力学家古尔廷(Morton E. Gurtin, 1934~)在 1973 年间建立了人口迁移与人口动力学的全套方程[26],他与麦克卡姆(R. C. MacCamy)共同提出的克尔廷-麦克卡姆方程[27]是现在非线性年龄相关的人口动力学的主流方程。

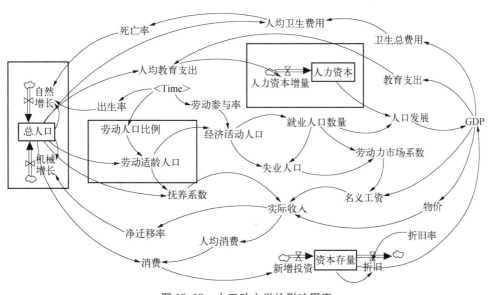

图 19.18　人口动力学的影响因素

　　20 世纪 70 年代美国人口学家安德烈·罗杰斯(Andrei Rogers)首先提出了区域和城市的人口迁移经典动力学模型(图 19.19)[28],之后许多学者在其

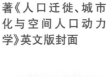

图 19.19 罗杰斯所著《人口迁徙、城市化与空间人口动力学》英文版封面

图 19.20 皮特林·索罗金(1889~1968)

基础上不断进行改进。90年代以后,分叉、分形、混沌等方法开始被引入人口迁移这一研究领域,使人口动力学研究进入了非线性理论与应用研究的全新时期。

多相流 人口迁移属于社会流动(social mobility)的一种。美国社会学家索罗金(Pitirim Sorokin,图19.20)是社会流动研究的创始人,他认为社会流动可以被理解为个体或社会对象或价值由于被人类活动创造或修改,从而从一个位置转变到另一个位置[29]。因此,从更加广义的范畴来看,一个社会系统中所有物质、资源和信息的流动都可以被纳入社会流动,如职业、收入、贫困、福利、教育等,因此是一个"多相流"的过程。社会流动可以分为垂直流动和水平流动两种。垂直流动(图19.21)是跨界流动的一种,流动的起点和终点处于两个不同的阶层之中;不属于垂直流动的社会流动为水平流动。社会流动研究是对社会结构的动态分析,一直是宏观社会学研究的一个重点问题。社会流动一方面是社会结构被外界扰动所产生的结果,另一方面它又是实现社会系统新稳定点的关键因素。因此,通过社会流动可以对演变中的社会系统有更深入的了解。社会流动发生的原因是"空穴位"的产生,即由于城市化和产业结构升级,或者生育率下降等原因造成了更优越的社会位置空缺。社会流动最终将表现为社会结构的变动,所以可以作为社会发展或社会现代化的重要标志,也是社会运行与发展的重要协调机制和动力机制。

图 19.21 社会的垂直流动

社会可塑性 社会流动是否具有稳定性取决于社会的可塑性。将社会视为连续介质时,由于各种物质、能量和信息的流动,使得社会必然在弹性之外也具有塑性,因为扰动后的社会系统无法回到与扰动前完全相同的状态。塑性是指材料受外力作用而发生形变时,如果超过了弹性极限,材料不能恢复原状的性质。相应的,可塑性是指材料在外力作用下发生并保持形变的能力,见图19.22。

图 19.22 材料的可塑性

社会系统不是一个固化、既定和封闭的体系,由此可断定社会介质一直处于形变之中。例如,从刀耕火种发展到信息时代,从奴隶制发展到民主制等。现代社会内部的构成要素众多、运行机制复杂,于是具有更高的可塑性(图 19.23),可以更好地适应各种外界扰动,抵御更大的风险。社会可塑性的关键在于社会网络对资源的传输、整合与分配,在这个过程中个体和群体与社会进行交互和协调,社会介质的"形状"也随之不断发生变化,社会介质因此不断达到新的平衡点。例如,在三峡大坝的建造过程中,大量

(a) 原始社会形态

(b) 现代社会形态

图 19.23　现代社会中共存的社会形态

当地居民迁移进入其他省份并迅速安定下来。从宏观上看,整个中国社会一部分社会介质的形态发生了变化,但是在迁移前后,两种形态下的社会介质均处于稳定平衡状态,这就代表了中国社会介质所具有的巨大可塑性。

城市 3.0　城市是社会空间中最复杂的社会系统,自其形成以来便持续地遭受着来自外界和自身的各种扰动;从地震、洪涝等自然灾害,到传染病、战争等人为灾难,再到能源短缺、气候变化等长期环境因素冲击。在这些扰动的作用下,现代城市的发展速度越来越快,社会人口不断向中心城市迁移,城市市政设施越来越庞大,最终使得城市的社会介质越发复杂。城市如何提升自身韧性以增强对抗扰动的能力,从而实现可持续发展,是目前广受关注的一个社会学问题。钱学森提出了关于建立城市学的设想[30]。"城市 3.0"的概念将为城市发展提供一个有效的路径。

一个城市的具体组成包括硬件、软件、居民等。硬件即城市所具有的社会介质,包括市政设施、交通、社会群体、社会网络等;软件是城市的软实力,包括城市形象、城市文化、城市信念等;居民则是城市中硬件的使用者和软件的承载者,同时也担任着硬件的一部分。以这三个概念界定,可以将城市的进化过程划分为城市 1.0,城市 2.0 和城市 3.0 三个阶段。

城市 1.0 是城市无法对自身的硬件进行大规模强化、城市韧性较差,且不具有成熟的软件发展能力的阶段,主要产生于工业革命开始之前。在这个阶段里,城市中很难有高大的建筑或者鲜明的城市形象,而居民的主要诉求是合作与生存,但是城市 1.0 阶段中也会有一些先进的城市提前进入 2.0 阶段,如中国唐代的长安城。城市 2.0 是在工业革命的驱动下城市进化的产物,能够对自

身的硬件进行大规模的强化,城市韧性相较以前也大幅度提升,并且逐渐形成了软件,即鲜明的城市形象或文化等,如北京、上海、杭州等,其中居民的主要诉求是生活与交际。城市 3.0 是则是城市进化的新阶段,是具有自我全面发展内驱动力的都市,其社会系统具有通用人工智能或强人工智能的更新能力("城市大脑"),见图 19.24,能不断升级自己的软件和硬件,而其中居民的主要诉求是品质与便利。判断一个城市是否处于 3.0 阶段,可以从四个方面要素着眼:一是城市的硬件必须具有独特的品质韧性和可扩展度;二是城市的软件必须具有领先性、辐射性、通用人工智能品质和自我代替更新能力;三是城市的居民必须具有思想性、高素质与和谐相处;四是城市的管理体系必须具有和谐的自我驱动能力。因此,建设城市 3.0 除了关注其硬件方面外,还需要注意城市软件的先进性建设和提高对城市居民生活品质的关注,要以居民对城市的归属感为目标、以城市的社会介质建设为基础、以城市的软件锻造为主线、以大数据和人工智能等先进技术为辅助、以未来的可自我进化及可持续发展为方向,合理有序地进行城市的建设和运营。

图 19.24 城市 3.0:城市的信息大脑

参考文献

1. Edgeworth F Y. Mathematical psychics:An essay on the application of mathematics to the moral sciences[M]. London:Kegan Paul & Co., 1881.

2. 霍布斯.利维坦[M].黎思复,黎廷弼,杨昌裕,译校.北京:商务印书馆,2017.

3. Desagulier J T. The Newtonian system of the world[M]. London:Allen & Unwin, 1981.

4. Hume D. That politics may be reduced to a science[M]. Oxford:Oxford University Press, 1993.

5. Comte A. Cours de philosophie positive[J]. Quoted in Bierstedt, 1830－1842.

6. 卡尔·马克思.资本论[M].郭大力,王亚南,译.上海:上海三联书店,2009.

7. De Condoret J A N. Essao sur l'application de l'analyse à la probabilit é des de décisions rendues à la plurité des voix[M]. London：Faber & Faber, 1999.

8. Mumford L. The culture of cities[M]. London：Secker & Warburg, 1938.

9. 王飞跃.关于社会物理学的意义及其方法讨论[J].复杂系统与复杂性科学,2005,3：13－22.

10. Soja E W. Postmodern geographies：The reassertion of space in critical social theory[M]. London & New York：Verso, 1989.

11. Foucault M. Space, knowledge, and power[M]. New York：Pantheon, 1984.

12. Pelletan E. Address to the cotton king[M]. New York：Messager Franco-Americain, 1863.

13. Huxley T. Administrative nihilism[J]. Fortnightly Review, 1871：536.

14. Yang W, Wang H T, Li T F, et al. X-Mechanics：An endless frontier[J]. Science China-Physics Mechanics & Astronomy, 2019, 62(1)：014601.

15. Holling C S. Resilience and stability of ecological systems[J]. Annual Review of Ecology and Systematics, 1973, 4(3)：1－23.

16. Holling C S. Resilience and stability of ecological systems[J]. Annual Review of Ecology and Systematics, 2003, 4(1)：1－23.

17. Adger W N. Social and ecological resilience：Are they related? [J]. Progress in Human Geography, 2000, 24(3)：347－364.

18. Folke C. Resilience：The emergence of a perspective for social-ecological systems analyses[J]. Global Environmental Change, 2006, 16(3)：253－267.

19. Griffith A A. The phenomena of rupture and flow in solids[J]. Philosophical Transactions of the Royal Society A, 1921, 221：582－593.

20. Godschalk D R. Urban hazard mitigation：Creating resilient cities[J]. Natural Hazard Review, 2003, 4(3)：136－143.

21. 仇保兴.复杂科学与城市规划变革[J].城市规划,2009,4：11－26.

22. Gong J, Katsuyama Y, Kurokawa T, et al. Double-network hydrogels with extremely high mechanical strength[J]. Advanced Materials, 2003, 15：1155.

23. Sun J Y, Zhao X, Illeperuma W R, et al. Highly stretchable and tough hydrogels[J]. Nature, 2012, 489：133－136.

24. 范维澄,刘奕,翁文国,等.公共安全科学导论[M].北京：科学出版社,2013.

25. 马尔萨斯.人口学原理[M].陈小白,译.北京：华夏出版社,2013.

26. Gurtin M E. A system of equations for age-dependent population diffusion[J]. Journal of Thermal Biology, 1973, 40：389－392.

27. Gurtin M E, MacCamy R C. Non-linear age-dependent population dynamics[J]. Archive for Rational Mechanics & Analysis, 1974, 54(3)：281－300.

28. Rogers A. Migration patterns and population redistribution[J]. Regional Science and Urban Economics, 1979, 9(4)：275－310.

29. Sorokin P A. Social mobility[M]. New York：Harper，1927.

30. 钱学森. 关于建立城市学的设想[J]. 城市规划，1985，4：26 - 28.

思考题

1. 在社会力学或社会物理学中,会将社会的力学行为与热力学或统计力学进行类比。但是在热力学中,分子的运动是完全随机的,其整体发展是一个"熵增"的过程;在社会中虽然个体的行为也是随机的,但是如果考虑人的主观能动性,那么人行为的选择大致有"趋利避害"的特点。试思考一个包含该特征作为模型参数的社会力学模型。

2. "幽灵堵车"是一种看似没有任何事故起因的道路堵塞。《都市快报·好奇实验室》曾经组织 23 辆汽车进行过模拟实验,发现这种现象在道路上无法避免。"幽灵堵车"的起源,很可能在某一位司机不经意间的一脚刹车上。在他的车尾灯亮起后,后车需要反应时间才能制动,接着不断向后传递,各车反应时间逐渐累加,最终造成了道路的滞缓。这一过程类似于从一个源头产生了一个向后逐渐传播的波。试用你所知道的力学知识进一步解释这一现象。

3. 阿里云创始人王坚(1962~)认为,如果用城市这个维度来观察世界,人类城市的发展至少经历了三个非常重要的阶段:马力时代、电力时代,以及当前我们所处的算力时代。他提出,"城市大脑是算力时代全新的基础设施。"在杭州高架上每一辆车怎么进高架都会被测算,使得不增加道路面积、不增加车道、也不增加红绿灯的时候能够通过算力,让车行速度在最快的地方提高50%,最慢的地方提高10%~15%。这些结果证明,在现有资源无法满足城市发展的情况下,算力完全可以优化资源配置,并且提升资源利用率。试从社会力学角度讨论"城市大脑"在人类文明演变中的作用。

结束语

作为本书的结束语,我们旨在从五个方面向读者进一步展示力学学科的特点,谓之曰:力学之先行;力学之广袤;力学之交叉;力学之根骨;力学之未来。

力学之先行

在力学的1.0时代,力学曾是经典物理学的基础和先行。后因具有独立的理论体系和一以贯之的认知方法,在工程技术需求推动下从物理学中独立出来,成为一门应用性较强的基础学科。

力学之先行体现在其应用的先行。在力学的2.0时代,力学是工程科技的先导和基础,是科学技术创新和发展的重要推动力。力学以工程系统作为研究的出发点和应用对象,源于工程且高于工程,发掘蕴含在工程中的基本规律和定量设计准则。力学为航空、航天、船舶、兵器、机械、材料、土木、水利、能源、化工、电子、信息、生物医学工程等发展提供解决关键技术问题的理论和方法。

力学之先行体现在其学科观的先行。力学在促进人类文明和现代科技进步中发挥了重要作用,具有独立性和不可替代性。在力学的3.0时代,力学的定义演化为:力学研究介质运动、变形、流动的宏微观行为,揭示力学过程及其与物理、化学、生物学等过程的相互作用规律[1,2]。这一新的学科观拓展了新力学的宽广视野,过去是先行者,当今是普及者,未来是引领者。

力学之先行体现在其认识论的先行。现代科技、经济和社会发展促进着力学学科的认识论呈现出如下转变:(1)更加重视宏观与微观相结合;(2)更加重视超常环境与复杂系统;(3)更加重视学科交叉与融合。

力学之先行体现在其方法论的先行。新的方法论体现在:(1)更加重视人机共融环境下的深层次发掘、学习与分析;(2)更加重视物理世界、信息世界与生命世界的融通;(3)更加重视高性能计算手段与数字孪生技术;(4)更加重视兼具各种物理、化学、生物手段的先进实验技术。

力 学 之 广 袤

力学之广袤体现在它服务于工程和经济建设的广度,其若干个突破点如下面列述[3,4]:

航空航天 航空航天工业根植于力学。力学家在高超声速飞行器、载人航天、月球探测、大型飞机、新型战机的设计与研发中做出了关键的贡献。

一是围绕高超声速飞行器在大气层实现有动力飞行必须解决的关键问题,开展的相关空气动力学和超燃科学的前沿基础研究。钱学森先生很早就提出了高超声速飞行的力学原理和机身构型[5]。随着高超飞行器的出现,很多力学问题(如乘波体的内外流一体化设计,空气动力和燃烧问题的一体化设计,气动、传热和结构的一体化设计,跨流域飞行等问题)都成为高超飞行的关键问题。我国力学家通过独创的反向爆轰驱动方法,建成了 JF12 激波风洞,在国际上首次实现了马赫数 5~9 的高超高焓飞行条件,并正在新建由正向爆轰驱动的 JF22 激波风洞,可模拟马赫数 10~25、温度为 10 000 K 的高超高焓飞行条件。我国已相继建成高超声速风洞、脉冲燃烧风洞等一批具有世界先进水平的空气动力试验设施,并应用于临近空间飞行器的气动力、热、辐射问题研究。

二是在大型飞机的研制方面,其减阻降噪的关键包括:(1)考虑湍流与转捩、非定常流动、漩涡/分离与激波干扰、发动机内流精确预测等空气动力学计算/实验模拟问题;(2)绿色航空对航空飞行器提出的舒适性、安全性、经济性、可靠性的苛刻要求。

三是通过纳米示踪粒子与激光散射、仿复眼成像等飞行器流场测量技术,突破超声速流场与三维流场"看不见、测不出"的瓶颈问题,实现了流场、速度场、密度场等关键力学信息可视化测量,服务于我国重大型号关键部件气动优化设计。

四是围绕未来航天器结构多功能融合、结构轻量化发展趋势及增材制造技术等新制造工艺技术,发展结构/材料一体化技术、超常环境材料力学、复合材料结构力学、结构拓扑优化等方法。

五是为解决高超声速飞行器极端热环境下的测试难题,为航天部门多种类型号飞行器的气动热问题进行实验研究。

六是在运载火箭系统、载人飞船系统、载人航天器交会-对接、月球探测器着陆、柔性航天结构控制、在轨服务航天器技术、飞行器结构完整性分析、飞机载荷谱实测等领域开展系列工作,支撑我国航空航天事业的快速发展。

武器装备 武器装备的主要效能可概括为"打的远、打的准、打的狠",提高这三项效能都离不开力学。力学家在提升武器装备的效能上做出重要贡献。

例如,在深侵彻战斗部研究中,通过对复杂介质与结构的高速侵彻规律、钝感高能炸药点火起爆、安全性设计与控制等关键力学问题研究,构建了深侵彻战斗部设计的力学理论体系,解决了斜侵彻抗跳弹、深侵彻规律、装药安全性设计和爆炸毁伤效能等关键问题。又如,针对潜射武器所特有的力学问题,综合运用水动力学、超空泡力学、振动控制的研究手段,建立水中兵器仿真计算和实验研究平台,研究潜射武器装备动力学、复杂海况下高速航行体动力学等问题,为武器装备的关键技术攻关做出了重要贡献。再如,通过结构优化提升武器装备轻量化与功能化设计水平,在航母舰载设备、国产核主泵等研制中做出贡献。

高端装备 动力是各种机械装备的心脏,也是我国装备制造业的软肋。力学家勇于攻坚克难,为改变我国动力落后的局面做出贡献。例如,积极参与航空发动机与燃气轮机重大科技专项的论证和研究,在燃机高温叶片先进冷却结构设计、热障涂层失效机制、热障涂层制备工艺改进等核心技术领域取得重要进展,并将研究成果用于我国 F 级重燃自主研发,建立了航空发动机服役环境下热障涂层性能的表征理论、检测与评价技术[6]。又如,对多种反应堆内不同构形构件的流致振动、稳定特性、核燃料组件安全、组件结构高温动态屈曲、控制棒落棒过程等核岛核心部件的安全可靠性进行计算模拟或实验测试,开发了核电关键部件无损检测方法与检测装置,推动了我国核电、压力容器等国防装备可靠性评价与技术的进步。

盾构装备是地下设施建设的重型装备。在以前,我国缺乏盾构装备的核心技术,长期依赖进口。力学家在攻克盾构核心部件的数字化设计、掘进载荷建模、刀具状态监测等关键技术中取得突破,参与了我国具有自主知识产权的首台复合式盾构和首台岩石隧道掘进机的刀盘数字化设计工作,为国内盾构制造龙头企业自主研发提供技术支撑[7]。

在举世瞩目的我国高速铁路工程中,高速列车运行安全性与乘车舒适性是设计与运营必须解决的重大问题。力学家基于动力学理论开展跨学科协同创新,率先创建了车辆-轨道耦合动力学理论体系,建立了高速列车-轨道-桥梁动力相互作用理论,开发了具有自主知识产权的大型铁路工程动力学仿真系统与安全评估技术,为我国铁路提速及高速铁路系统动态安全设计提供了先进理论和关键技术支撑,解决了轨道交通重大工程中的一系列难题[8]。

海洋装备是国家安全发展战略中的新领域,力学家主持深海空间站研制[9],主持深海潜水"蛟龙号"自主研制,参与大型舰船动力传动推进装置的设计制造,发展舰船装备核心部件数字化仿真算法与检测技术;在载人潜水器安全性设计、安静级潜水艇研制、复杂环境下精准操控、大功率船舶动力推进系统动态仿真、高能效低激振优化等关键问题的攻坚克难中发挥作用,为实现深海等极端条件下装备安全性服役贡献力量。

基础设施建设 力学家积极参与特大灾害治理、特大事故调查等工作。例如,参加汶川特大地震后的抗震救灾和灾后重建工作,利用破坏力学理论与检测技术,为灾后的房屋和工程结构的安全性进行勘察和定损;承担灾后部分受损公路、大桥和隧道等交通设施恢复重建中的检测和评估工作;开展地震废弃物混凝土再利用和结构加固修复等专项研究。又如,参与天津港瑞海公司危险品仓库特别重大火灾爆炸事故调查工作,利用自主研发的高精度爆炸计算软件对事故进行数值模拟,确定事故爆炸能量和着火物,为事故调查提供科学依据。

力学家积极参与西部大开发等重点工作,发挥力学学科的独特作用。例如,在我国西南地区基础设施建设中运用力学理论及重大地质灾害防控技术,在大型远程滑坡-碎屑流灾害早期识别、怒江流域高山远程泥石流预警、堆填及复杂场地深基坑支护技术、滇东北峨眉山玄武岩灾难性滑坡防控等一批基础设施建设工程中取得成果,为川藏铁路和西南地区特殊地质条件下的公路与水利设施建设积极出谋划策。又如,在我国西部沙漠边缘地区防治沙害工作中,采用力学在风沙领域研究成果,结合大量野外观测数据,通过数值模拟方法对沙障结构进行优化,提出了斑马线状的等施工模式,为地区防风固沙提供了指导[10]。再如,对雾霾这类环境污染问题,其对应着诸多力学问题:如多相流问题,湍流边界层问题,气溶胶传输问题,颗粒物与包裹水滴的碰撞、聚集、疏散、尺度效应等问题,静稳天气形成机制问题等。

美国由于攻克了页岩气开采的压裂技术,解决了其能源依赖问题。我国页岩油气的埋藏量不低于美国,但还没有掌握开采技术。压裂应该是液体、固体和气体耦合的过程,包括断裂、如何引发裂缝、裂缝的丰度和广度、如何增进页岩油气的成熟度、如何通过控制温度场来增加渗流性等,参见 12.5 节。

力学家积极参与国家的海洋工程、海岸资源开发等重大项目,从中提炼出更好的科学问题。例如,在海洋防灾减灾关键技术领域,提出深水/寒区海洋工程装备抗冰设计理论与方法,发展了海洋工程结构海冰风险预警技术,并应用于我国冰区海洋工程结构抗冰设计与安全保障;研发海洋工程装备腐蚀防护与监测软硬件系统,并应用于"海洋石油 981"钻井平台。又如,开展海啸成灾机制与预警方法研究,对海啸生成、传播与成灾过程进行理论建模与数值模拟,开展基于多浮标观测的南中国海啸震源参数反演及预警方法等方面研究,为建立南中国海海啸预警系统发挥了重要的作用。

力 学 之 交 叉

力学是一门交叉性突出而丰富的学科,具有很强的开拓新研究领域能力,不断涌现出新的学科生长点。力学之交叉可以从两个维度来展示:一是学科的交叉,二是研究命题的交叉。我们先讨论学科的交叉。由于力学理论、方法的普适性,以及力学现象遍及自然和工程的各个层面,力学与数学、物理、化学、天文、地学、生物等基础学科,以及与几乎所有的工程学科相互交叉,产生了众多新兴交叉学科。力学学科的这一特点不断地丰富着力学的研究内涵,并使力学学科保持着旺盛的生命力。在交叉力学的研究中,科学问题多从所交叉的领域提出,而其凝练过程和机制阐述多借助于力学原理或方法。顾名思义,力学(mechanics)就是对机制(mechanism)的探究。交叉力学是一种由力学理念和方法论来解释当今世界的新尝试。交叉力学没有边界,不能人为地限制其应用领域。交叉力学没有尽头,无法预言其天际线。它围绕着力学的核心融通而成,同时向不同的学科辐射。交叉力学具有四个特征:自我感知、自我学习、自我驱动、自我向上,这使它永远年轻。交叉力学总是寻求新领地,持之以恒地探知新方向,如最近出现的力化学、力生物学和信息力学。交叉力学建构在力学与其他学科在每次交集中产生的新知识、新方法和新规律之上,并从未停止它的征程。交叉力学拥有一颗具有生命力的力学核心,绝不缺少其手段和自尊。交叉力学在发展的每一步中,总是眼观大局,求是创新,总是追求更高的高度,总是自上而下地洞察全局。根据以上原则,在最近一段时期,交叉力学应重点考虑的研究方向有:数据动力学、物理力学、力学与材料、力化学与环境力学、生命力学、智能介质力学。

数据动力学 研究数学和数据科学的动力学特征。通过对数据演化和数据云流动的动力学分析获得数据繁衍的宏微观或因果性规律,并助力于数据学习过程和计算表征。借助于非线性动力系统的定性框架和计算力学的定量手段,数据动力学可适用于研究不确定性非常大或具有多层数据结构和代际传承的复杂问题。研究重点包括:大数据计算力学、数据动力模式识别、动力型深度学习、混沌动力学、稀疏优化、数字孪生等。

物理力学 物理力学起源于钱学森先生的倡议[11],旨在从物质科学的微观、细观、宏观诸表征层次的关联出发,阐述其力学行为的物理本源,参见9.1节。除体相物质外,物理力学还可以应用于探讨低维物质。物理力学还致力于探讨在力、热、声、光、电、磁、核、能量、信息、生命等多因素作用下的耦合力学行为。研究重点包括:细观力学、物质的跨层次理论、多场耦合力学、低维物质力学、爆炸力学、等离子体力学、核爆过程稳定性等。物理力学的发展既瞄准学科前沿,注重与材料科学、计算科学、物理化学的交叉融合,研究介质的宏微观力学性质和运动规律,发展跨时空尺度的理论和计算方法以及大型仪器设备,加强实验观测与大规模数值模拟的有机结合,又瞄准国家重大工程需求,着力解决核武器、激光武器、能源技术发展中的关键物理力学问题。需要深入研究的问题包括:(1)基于物理力学,从微观角度自下而上地设计具有特殊功能的新材料;(2)发展新型装备和大型计算方法,实现深海、深空等极端条件下的材料和器件服役性能模拟和服役可靠性保障;(3)表面、界面设计等概念在先进材料、微纳系统、生物医学、软体机器等领域的应用;(4)设计和制备低维材料、微纳结构新材料、新型智能材料、结构和器件等;(5)发展爆炸力学研究,既注重解决传统爆炸过程带来的力学问题,又非常关注强激光、电磁场等多场耦合下的物质相互作用;(6)发展高温、低温、空间与天体等离子体力学研究,在磁约束等离子体物理过程和燃烧等离子体物理过程研究、热等离子体研究、大气压非平衡等离子体研究、空间和天体过程的等离子体力学中取得进展。

力学与材料 该方向为美国国家科学基金会(NSF)长期设定的交叉领域,旨在研究力学和材料科学的交叠区中的重要科学问题,成为力学的机制性和材料科学的多样性的完美结合。该方向新的交叉点包括:计算材料学与材料基因组、低维材料力学、多功能与多层次复合材料、超材料、纳米材料力学、能源材料力学、仿生材料力学等。力学建模和分析计算往往可起到提纲挈领的作用。

力化学与环境力学 力化学(参见12.4节)已经成为新的交叉力学前沿。宏观与微观力环境对化学反应有调控作用,化学键价状况对局部力学行为(如断裂、黏接、界面滑错、相变、钝化)等有主导作用,力环境对生物介质(如细胞)中化学过程的信号传递有诱导作用,力化学氛围对功能材料的化学势触发有着总体控制作用。环境力学的发展既围绕国家经济和建设需求,又立足科学前沿。需要深入研究的问题包括:(1)环境领域的共性力学问题,包括流动与输运的基本理论和方法,气、液、固界面的相互作用,多相、多组分、多过程耦合,环境力学中模型实验的尺度效应等;(2)针对西部和沿海经济开发、城市化进程及重大工程中的实际问题,包括西部干旱环境治理(土壤侵蚀、沙尘暴、荒漠化治理等),河流、河口海岸泥沙、污染物输运及其对生态环境的影响规律,城市空气污染,重大环境灾害发生机制及预报(热带气旋,洪水、滑坡/泥石流、全球变暖)等。

生命力学 在器官、组织、细胞、分子诸层次,生物力学都有翔实的内容。当生物力学上升到生命力学的层次(参见第16章),力学家们所追求的目标是:更具有定量预测性、深入到信号传导通路和分子层次、体现出生命过程的多样性、并逐步阐明生命力的本质。生命力学的发展既高度关注生命科学的最新进展,尤其是干细胞、癌细胞、神经与脑科学、多组学、免疫学等领域的研究进展,开辟新的研究领域,又积极与计算科学、人工智能、新材料、先进制造、机器人、微纳米技术、新的力声光电磁热测试技术等相结合。需要深入研究的问题包括:(1)在细胞分子力学与力生物学方面,关注生命科学的纵深区域与最前沿地带,包括干细胞、神经科学与脑科学、免疫等的生命力学;(2)在细胞、组织和器官的多尺度生物力学方面,研究从分子、亚细胞、细胞到组织等不同空间和时间尺度的实验测量技术与理论模型;(3)在特殊环境的生命力学方面,研究微重力和超重环境对人体生理功能的影响及其防护、组织细胞响应微重力或超重环境的力生物学机制;(4)在生物材料力学与仿生学方面,研究天然生物材料的多尺度力学理论模型与计算方法,生物材料与细胞、组织交互作用中的力学问题。

智能介质力学　智能介质力学的核心科学挑战是智能介质的物质-信息-能量关联与其全域智能响应的联系。这包括两个方面:一是物质-信息-能量关联规律。智能介质的力学响应与物质-信息-能量运动紧密关联;除物理场驱动形变和产生功能性之外,信息场也可以驱动形变。智能介质在上述激励作用下可做出主动性响应,其本身属于开放系统,对连续介质框架下的确定性原理、局部作用原理、守恒性、熵增原理等形成了挑战。揭示智能介质与系统的物质-信息-能量关联规律需要发展新的力学理论,以克服如下科学挑战:(1)描述非平衡态气-液-固多相体系中电子-离子-分子间的动力学耦合、局域场与外场耦合、物质运动变形、信息态与能量转换等的多相-多场-多尺度耦合。(2)理解神经元与神经系统等室温非平衡体系,描述智能介质与系统在物理场、信息场、控制场作用下的智能激发、引导与控制及其多层次动力学过程。二是介质及系统的智能融入与涌现。在人造介质及系统中实现智能融入与涌现对其设计、建构、表征和功能表达提出了挑战,需要发展新的力学理论和设计理念对神经系统等天然介质的智能行为进行深入研究和理解;需要构筑以气-固-液为构成特征的智能介质,表征其自组装、自重构、可生长、自修复等非平衡过程,研究上述过程与信息场、能量场的关联及其宏观智能涌现。介质及系统的智能融入与涌现主要涉及两方面的问题:(1)结合物质-信息-能量关联规律和智能介质的建模,掌握介质与系统智能融入的理论基础;(2)发展多相多功能介质的构筑方法和力-化-生-控耦合智能特性的融入与表征技术,实现介质与系统的凝智、获能、论理、塑形等智能涌现。

研究命题的交叉　第二类交叉是研究命题的交叉,包括介质交叉、层次交叉、质智交叉、刚柔交叉等[12]。这些命题的交叉往往催生新的学科。如介质交叉,即流体与固体的交叉,可以产生广义软物质力学,其研究领域可拓展至水凝胶力学、脑物质力学、社会力学等分支。社会发展的动力学,包括学科树、学科交叉图等,都可以用动力学的办法进行研究,参见第19章。有些社会科学的问题,比如农民工流动的问题,可处理为可相变的两相流,将农民工变成城镇人转变过程列为由关联资源流和信息流所确定的相变条件。再如层次交叉,将其与信息科学中的深度学习、机器学习相结合,可以产生第17章所描述的信息力学,其内容包括多层次深度学习、赛博空间力学、数据驱动动力学等。又如质智交叉,其进一步的发展可导致神经心理力学,与心理学从古典心理学发展为神经心理学的态势相类似。若考察扩散张量场与应力场、应变场的关系,与脑密度、水含量等标量场耦合在一起,会导致对脑的思维环境起着宏观调控作用的神经心理研究。最后提及刚柔交叉,有关的研究可以涉及动力学与控制学科与机器人科学的交叉,探讨设计具有最优力学性能的机器人之路。

力 学 之 根 骨

力学以机制性、定量化地认识自然与工程中的规律为目标,兼具基础性和应用性。统揽力学学科的发展,其发展规律——或称力学的根骨——有三条。发展规律之一:力学发展具有"应用性与基础性——双力驱动"规律,既紧密围绕物质科学中所涉及的非线性、跨尺度等前沿问题展开,又涉及人类所面临的健康、安全、能源、环境等重大需求。应该在力学的基础研究和应用研究上同时发力,并谋求两者之间的良性互动。发展规律之二:"不断提升模型的描述和预测能力"。力学是一门基于模型进行定量研究的学科,现代力学所需模型更加精准,并不断追求计算方法和实验技术的更新,所以应该重视提出新模型、新计算方法、新测试技术,并在开发新软件、新仪器上抢占制高点。发展规律之三:"积极谋求与其他学科进行交叉创新"。力学现象的普遍性和力学研究方法的普适性,提供了力学与其他学科产生交叉的前提。现代力学不仅重视传统的力学交叉学科领域,而且投入更大的精力研究与新兴学科相关的力学问题。

若要成为一名优秀的力学工作者,应该具有三个能力。一是战略性思维能力,要尽可能地精通流体和固体,了解实验、计算、分析和信息的主要手段,能够对技术科学大部分学科的基本原理了解清楚。二是批判性思维能力,对任何一个研究分支,要善于提出问题,最好是针对前人没有想到的问题或者切中比较薄弱的环节。从不满足,也从不停留在重复他人的工作,这些批判性的思维是为了认识上的进步。三是创新性思维能力,要不断涉猎新的领域、开辟新的研究问题、探讨新的研究方法,要不断从新的问题中发掘力学问题,开辟力学的天地。

力 学 之 未 来

力学之未来发展有三个维度。一是从宏观到微观,实现宇宙之大、基本粒子之小,力无所不在的目标。力学的一个未来的新方向是极端力学。极端力学(extreme mechanics)研究极软或极硬的物质,在极高或极低的温度下,承受极强或极迅速的加载方式,所呈现的特殊力学行为。该方向将极大地拓展力学学科的疆域。其前沿方向有:400 GPa 力学、软物质力学、超强-超硬物质构造、超硬材料力学、极高温力学与极限耐高温结构、温热物质力学、低温力学、冰力学、超高压力学、高超声速流体力学和超燃,超高速冲击动力学等。

二是从物质到精神。力学的 1.0 版本是建构体系,目标在于研究物质本元的"形之力";力学的 2.0 版本是辐射应用,体现力学与相关学科的"融之力";力学的 3.0 版本是解析精神,探讨意念的"念之力"。我们在第 16 章关于生命力学的描述只是对这一探讨的入门描述,关于精神与物质的相互作用、神经信号传导与控制的力学机制、生命的力化学过程等许多问题还有待于 21 世纪的努力。

三是从必然王国到自由王国。这涉及力学研究对象的逐步延拓与力学方法论的不断发扬光大。与牛顿、爱因斯坦的奠基性工作相辉映,人类科学从必然王国到自由王国的飞跃必定始于力学。

我国拥有完整的力学学科体系,是世界公认的力学大国。21 世纪以来,我国力学学科既积极开展面向学科前沿的探索和创新,又注重与材料、物理、化学、控制、生物、信息、数学等学科的交叉,不断提出新的科学问题,催生新的研究方向。我国力学家在各力学分支都产生了一批具有国际影响力的学术成果。在中国力学学会成立 60 年时,我国的力学工作者已经成为全世界力学领域最大的一支队伍,中国已经是力学大国;我们的下一个目标是在中国力学学会成立 80 周年之际,中国成为力学强国[3]。为了实现这一力学梦,中国的力学工作者应该努力做到:(1)力学成果服务于国民经济和工程,在我国的建设中到处都能显现出力学工作者的身影。(2)力学发展成为培育领军人才的平台。力学在诸多技术科学的发展中往往起到抓总的作用。我们祝愿更多的力学工作者成为领军人才。(3)将力学的思想注入国家的思想库和智库。力学的传统是思想在前,希望力学的思想为国家的思想库和智库服务。让力学的思想来指导国家科学技术和工程政策的制定。

参考文献

1. 钱令希.中国大百科全书·力学卷(1985)[M].第一版.北京:中国大百科全书出版社编辑部/中国大百科出版社,1985.
2. 国家自然科学基金委员会,中国科学院(2012).未来 10 年中国学科发展战略:力学[M].北京:科学出版社,2012.
3. 杨卫.中国力学 60 年[J].力学学报,2017,49(5):973-977.
4. 国务院学位委员会第七届力学学科评议组.中国力学学科发展报告[R],2019.
5. Hallion R P. The hypersonic revolution, case studies in the history of hypersonic

technology，Vol. I：From max valier to Project PRIME（1924-1967）[M]. Airforce History and Museum Program，1998.

6. 王铁军.先进燃气轮机设计制造基础专著系列[M].西安：西安交通大学出版社,2019.

7. 黄黔.盾构法隧道施工中的力学和控制论[M].上海：科学出版社,2014.

8. 翟婉明.车辆-轨道耦合动力学[M].北京：科学出版社,2007.

9. 张保淑.中国迈向深海空间站时代[N].人民日报海外版,2017-06-28.

10. 黄宁,郑晓静.风沙运动动力学机理研究的历史、进展与趋势[J].力学与实践,2007,29(4).

11. 钱学森.物理力学讲义[M].第一版.北京：科学出版社,1962.

12. Yang W, Wang H T, Li T F, et al. X-Mechanics — An endless frontier[J]. Science China-Physics Mechanics & Astronomy, 2019, 62(1)：014601.

思考题

1. 从航空、航天、船舶、兵器、机械、材料、土木、水利、能源、化工、电子、信息、生物医学工程等学科中选取两到三门你所关注的学科,对其各举出两到三个力学在其发展里程碑上提供了解决关键技术问题的理论和方法。

2. 就你所了解的武器装备来讲,在哪个关键技术问题中流体力学、固体力学与动力学作出了关键性的贡献?

3. 与数学、物理、化学与生物相比,如何表述力学更具有理论性与应用性?如何理解"力学吃百家饭"?

4. 考虑极端力学的例子,在那些极端的条件下,现有的连续介质力学理论与方法不再适用或需要修改?